Max Bense

Ausgewählte Schriften

Band 2

Philosophie der Mathematik, Naturwissenschaft und Technik

Max Bense

Ausgewählte Schriften in vier Bänden

Herausgegeben und mit Einleitung, Anmerkungen und Register versehen von Elisabeth Walther

Verlag J. B. Metzler
Stuttgart · Weimar

Max Bense

Ausgewählte Schriften

Band 2
Philosophie der Mathematik, Naturwissenschaft und Technik

Verlag J.B. Metzler
Stuttgart · Weimar

Dieses Werk wurde unterstützt durch:
Baden-Württembergische Bank AG
Stiftung Landesgirokasse
Landeshauptstadt Stuttgart

Dieses Werk wurde gefördert
mit Mitteln der
Adolf Würth GmbH & Co. KG.

Die Deutsche Bibliothek – CIP-Einheitsaufnahme

Bense, Max:
Ausgewählte Schriften : in vier Bänden / Max Bense. Hrsg. und mit Einl., Anm. und Reg. vers. von Elisabeth Walther. – Stuttgart ; Weimar : Metzler
ISBN 978-3-476-01564-8

Bd. 2. Philosophie der Mathematik, Naturwissenschaft und Technik. – 1998
ISBN 978-3-476-01566-2

ISBN 978-3-476-01566-2
ISBN 978-3-476-03715-2 (eBook)
DOI 10.1007/978-3-476-03715-2

Ursprünglich erschienen bei J. B. Metzlersche Verlagsbuchhandlung und Carl Ernst Poeschel Verlag GmbH in Stuttgart 1998

Inhalt

Einleitung

Von Hause aus Physiker und Mathematiker. Der Philosoph Max Bense

1989 in einem Interview auf seine Philosophie hin angesprochen, antwortete Max Bense: »Ich bin von Hause aus Physiker und Mathematiker, dann wissen Sie ja, was los ist«.[1] Sein Gesprächspartner August Häfner fand die Antwort »trocken«, und das nicht ganz zu unrecht, denn wissen wir wirklich, was los ist, wenn ein Philosoph den Ordnungsraum, in dem sich sein Wissen und Denken konstituiert hat, mit den Koordinaten Mathematik und Physik bestimmt? Für Häfner erklärte sich aus Benses Präferenz für die exakten Wissenschaften die vehemente Verteidigung der Rationalität und die strikte Ablehnung von allem, was die Ratio mißachtet. Doch damit sind noch keineswegs alle Modalitäten und Konsequenzen erschlossen, die das Denken eines Grenzgängers zwischen den mathematisch-naturwissenschaftlichen und den philosophisch-literarischen Diskursen auszeichnen.

Als Bense Philosophie, Mathematik und Physik zu studieren anfing, hatten sich die Grundlagen der naturwissenschaftlichen Erkenntnis auf revolutionierende Weise geändert.[2] Mit der speziellen und allgemeinen Relativitätstheorie begannen sich neue Vorstellungen von Raum und Zeit sowie eine neue Auffassung vom Universum durchzusetzen. Indem die Relativitätstheorie verlangt, daß der Standpunkt des Beobachters einbezogen werden muß, erschütterte sie die Fundamente der klassischen Physik zwar erheblich, setzte sie jedoch nicht völlig außer Kraft. Die Entdeckung einer bis dahin noch unbekannten Naturkonstanten, des Wirkungsquantums, durch Max Planck im Jahre 1900 leitete dagegen einen spektakulären Wandel in den Denkkategorien der Physik ein.

Die Beobachtungen im mikrophysikalischen Bereich offenbarten zum einen, daß mit einer grundsätzlichen Stetigkeit des Naturgeschehens nicht gerechnet werden kann. Zum anderen stellte man fest, daß Strahlung und Materie eine Doppelnatur aufweisen. Beide lassen sich sowohl als Teilchen als auch als Wellen beschreiben. Diese der Alltagserfahrung sowie der klassischen Logik durch die Aufhebung des Identitätsprinzips widersprechenden Erkenntnisse erfuhren mit dem Ausbau der Quantenmechanik noch eine Radikalisierung. Als Werner Heisenberg 1926 die Unschärferelation formulierte, mußten die Physiker zu ihrem Entsetzen feststellen, daß bis zu diesem Zeitpunkt unbezweifelte Grundfesten ihrer Wissenschaft in Frage gestellt wurden. Die Unbestimmtsheitsrelation legt in Form eines Naturgesetzes fest, daß im mikrophysikalischen Bereich keine raumzeitliche Beschreibung eines Bewegungsvorganges im klassischen Sinne möglich ist. Seit Galilei und Newton waren die Physiker davon ausgegangen, daß der Zustand eines Systems exakt vorhergesagt werden kann, wenn man über alle Details des Zustandes zu einem früheren Zeitpunkt verfügt. Entgegen dieser Prämisse der klassischen Physik muß im Bereich der kleinsten Teilchen anhand von Wahrscheinlichkeitsaussagen mit Hilfe der Statistik operiert werden, weil nie alle Details des Zustandes eines mikrophysikalischen Systems durch Messungen in beliebiger Genauigkeit ermittelt werden können. Daß man gezwungen war, die Statistik zu Hilfe zu nehmen, hätte die Physiker nicht allzusehr beunruhigt, denn auf sie griff man auch bei der Betrachtung von Gasen zurück. Weil es meßtechnisch nicht möglich ist, jedem einzelnen Gasmolekül eine bestimmte Geschwindigkeit zuzuschreiben, ermittelt der Physiker statistische Mittelwerte und erhält auf diesem Weg zutreffende Werte zur Bestimmung des Gasdruckes. Doch in Bezug auf die Welt der kleinsten Teilchen lag kein meßtechnisches Unvermögen vor. Die Quantenphänomene selbst zwingen zur Statistik.

Die Physiker waren auf eine Erkenntnisschranke gestoßen, die ihnen der atomare Bereich auferlegte. Die Welt der kleinsten Bestandteile war zwar der mathematischen Beschreibung zugänglich, aber sie konnte unmöglich im Sinne der gewohnten Realitätsvorstellungen beschrieben werden. Um dies mit dem bis dahin gültigen Bild der Natur in Einklang zu bringen, mußten die Physiker die Grenzen ihrer Disziplin überschreiten und erkenntnistheoretische sowie ontologische Fragestellungen reflektieren. Die Beobachtungen schienen nur dann innerhalb eines theoretischen Gebäudes schlüssig erklärt werden zu können, wenn das traditionelle Verständnis der Subjekt-Objekt-Relation innerhalb des Beobachtungsprozesses, alte Konzepte des Substanzbegriffes und der Glauben an einen lückenlosen Ursache-Wirkungs-Zusammenhang neu überdacht wurden. Es entspann sich im Kreise der Physiker in den Jahren nach der Formulierung der Unschärferelation eine Diskussion, inwieweit eine vom Beobachter unabhängige, d.h. objektive Beobachtung überhaupt möglich ist und inwieweit die Welt der kleinsten Teile, aus der man sich unsere Erfahrungswelt aufgebaut gedacht hatte, von Akausalität bestimmt ist, ja inwieweit überhaupt noch an der Vorstellung einer gegenständlichen Materie festgehalten werden kann.

Die Physiker diskutierten jedoch nicht nur in ihren eigenen Reihen. In einer Fülle von allgemeinverständlichen Beiträgen in Zeitungen und Zeitschriften versuchten sie auch den nicht-naturwissenschaftlich ausgebildeten Zeitgenossen die neuen Resultate der Physik und die möglichen Erschütterungen, die sie dem naturwissenschaftlichen Weltbild beifügten, nahezubringen. Die zeitgenössischen Philosophen wie Ernst Cassirer, Moritz Schlick oder Ortega y Gasset wurden schnell aufmerksam, als sie bemerkten, daß die Physiker ihr angestammtes Terrain verließen und die altbekannten philosophischen Probleme auf einer neuen Stufe naturwissenschaftlicher Erkenntnisse zu erörtern begannen.[3] Auch der Student Max Bense war von den Entwicklungen, die sich in der Physik vollzogen, fasziniert. Er verfolgte die Resultate der physikalischen Forschung nicht nur, sondern er berichtete immer wieder über sie, so vor allem auf den Wissenschaftsseiten der überregionalen *Kölnischen Zeitung*.[4]

1937 veröffentlichte Bense in der *Kölnischen Zeitung* einen Beitrag mit dem Titel »Was ist Substanz?«[5] Bevor er die neuesten Erklärungsansätze der Physiker darlegt, leitet er seinen Artikel mit einer allgemeinen Betrachtung ein. Er verweist darauf, daß die Frage nach der Substanz eine »alte Lieblingsfrage« der Philosophen sei, die dennoch nie eine befriedigende Antwort gefunden habe. Die Ursache hierfür sieht er in der feindlichen Spannung, die zwischen Philosophen und Physikern herrsche. Letztere klebten allzu eifrig an nackten Tatsachen. Die anderen glitten aus ihrer Liebe zur Spekulation ins Reich der Phantasie ab. Seit dem Entstehen der Quanten- und der Relativitätstheorie glaubt er jedoch erste Schritte in Richtung einer »notwendigen Zusammenarbeit zwischen dem exakten Naturwissenschaftler und dem Philosophen« erkennen zu können. Die Tatsache, daß die Resultate der modernen Physik direkt in erkenntnistheoretische und ontologische Probleme führten, schien ihm die beste Voraussetzung für solch einen Brückenschlag.

Bense trat bereits in seiner Studienzeit für eine Verbindung von Philosophie und mathematisch-exakter Naturerkenntnis ein. Doch er begnügte sich keineswegs mit dem Plädoyer für eine Zusammenarbeit. Mit einer im Rahmen seiner Promotion verfaßten Abhandlung machte er sich daran, selbst an der von ihm geforderten Zusammenführung von Philosophie und Naturwissenschaft mitzuwirken. In seiner 1938 veröffentlichten Dissertation *Quantenmechanik und Daseinsrelativität* versucht er eine philosophische Grundlage der modernen Physik zu erarbeiten, indem er die Quantenphänomene vor dem Hintergrund von Max Schelers phänomenologischem Konzept eines »Stufenreichs der Daseinsrelativität der Gegenstände«[6] deutet.

Scheler entwickelte vor allem in seinem Spätwerk und seinen erst posthum veröffentlichten Manuskripten die Vorstellung einer relativen Erkenntnis, die nicht auf der Subjektivität des erkennenden Subjekts basiert. Gegenüber Kants Annahme, daß sich Wirklichkeit nur in Form der sinnlichen Erfahrung manifestiert, während das »Ding an sich« dahinter unsichtbar bleibt, postuliert Scheler eine Realität, in der eine erkennbare, aber gleichzeitig vom Denken unabhängige Ordnung herrscht. Die im Erkenntnisprozeß aufgedeckten Wesensstrukturen korrespondieren mit den in der Realität enthaltenen, außerhalb des Bewußtseins liegenden Strukturen.[7] Wissen ist für ihn weder eine Transformation noch eine Abbildung der Wirklichkeit im Bewußtsein, sondern Produkt einer ständigen Wechselwirkung zwischen Bewußtsein und Realität. Es ist »Teilnahme und Teilhabe eines konkret Seienden (des wissenden Subjekts) an dem Sosein von anderem konkret Seiendem«. Daseiend bedeutet für ihn zwar außerhalb und unabhängig des Bewußtseins daseiend, aber »gleichwohl nur relativ, d.h. abhängig vom Dasein eines so oder anders seienden und (im objektiven Sinne) bestimmten realen Trägers dieses Wissens«.[8] Je nachdem, »auf *was* an dem teilhabenden Seienden, zum Beispiel dem Menschen, die betreffende Stufe der Daseinsrelativität eben ›daseinrelativ‹ ist und *auf* was nicht mehr; zum Beispiel auf den Menschen als Körperding überhaupt, als Lebewesen überhaupt, als endlichen erkennenden Geist überhaupt, oder relativ im Universum der ausgedehnten Körper oder auf keinen *besonderen* Standort mehr«[9], enthüllt sich dem Denken eine ganz spezifische Wirklichkeitsstruktur. Die Sonne, die ein wahrnehmendes Subjekt von einem Fenster aus betrachtet, kann auf den augenblicklichen Bildinhalt begrenzt als roter Feuerball am Himmel angesehen werden. Sie kann als Sonnenball, der hinter den Bergen verschwindet, ohne dabei seine Identität aufzugeben, verstanden werden. Sie kann aber auch unabhängig vom Standpunkt des Betrachters auf der Erde und seinen psychophysischen Eigenschaften als Sonne im Sinne der astronomischen Erkenntnisse, als Körper in Wechselbeziehung zu anderen Körpern im Universum, bis hin zum chemischen Aufbau oder den nur noch mathematisch beschreibbaren mikrophysikalischen Strukturen begriffen werden.

Anhand Schelers Lehre von der Daseinsrelativität entwirft Bense ein Erklärungsmodell der Doppelnatur von Strahlung und Materie. Nach den Anschauungen der klassischen Physik, die an der Erfahrung der Alltagswelt geschult war, stellte es ein Paradox dar, daß Materie sowohl Eigenschaften von Wellen und von Teilchen aufwies, daß ein und derselbe Sachverhalt sich sowohl mit einem Teilchen- als auch mit einem Wellenbild beschreiben ließ. Für Bense hebt sich dieser Widerspruch zwischen den beiden Beschreibungsmodi Welle und Teilchen auf, weil er auf Schelers Theorie aufbauend davon ausgeht, daß von zwei sich widersprechenden Sätzen nur dann einer falsch sein muß, wenn sich die Sätze auf dieselbe Stufe der Daseinsrelativität beziehen. Seiner Ansicht nach sprechen die Experimente, die den Wellencharakter, und jene Experimente, die den Teilchencharakter der atomaren Erscheinung ermitteln, jeweils eine andere Stufe der Daseinsrelativität eines physikalischen Gegenstandes an. Die heisenbergschen Unschärferelationen kennzeichnen laut Bense die Schnittstelle zwischen moderner Physik und Phänomenologie, weil sie zwei Gegebenheitsstufen, Welle und Teilchen, eines einheitlichen physikalischen Tatbestandes begrenzen. Demnach hat die Quantenmechanik durch eine Verfeinerung der Experimente eine neue Stufe der Daseinsrelativität der physikalischen Wirklichkeit freigelegt. Aus dieser Sicht steht die moderne Physik nicht konträr zur klassischen Physik, sondern schließt sich ihr an und ergänzt sie.

Die Tatsache, daß die Quantenmechanik nicht in der Lage ist, ein anschauliches Modell für den Aufbau der mikrophysikalischen Welt zu liefern, sondern nur eine rein mathematische und auf Wahrscheinlichkeitsaussagen beruhende Beschreibung ihres Beobachtungsgegenstandes gibt, wertet Bense nicht als Erkenntnisverlust. In Anlehnung an Heidegger[10] unterscheidet Bense zwischen einer endlichen und einer unendlichen Erkenntnis, die jeweils zwei verschiedenen Stufen der Daseinsrelativität der Gegenstandsarten entsprechen. Die klassische Physik, die ihre Gegenstände anschaulich bestimme, ordnet er der endlichen Erkenntnis zu. Die moderne Physik dagegen, die ihre Gegenstände nur noch formal, in der mathematischen Symbolsprache beschreibe, gehört für ihn zur unendlichen Erkenntnis, insofern sie das »Seiende im Entstehen-lassen«, als Möglichkeit zeige. Die mathematischen Formeln sind folglich nicht dem physikalischen Tatbestand aufgepfropft, sondern geben den geistigen Blick auf das »Ding an sich« frei.

Auflösung des Widerspruchs von Welle und Teilchen und positive Bewertung der Unanschaulichkeit sind nur zwei Punkte aus Benses Einbettung der modernen Physik in Schelers Lehre der Daseinsrelativität. Sie genügen jedoch, um auf einen wichtigen Aspekt des argumentativ-rhetorischen Aufbaus von Benses Dissertation aufmerksam zu machen. Benses Arbeit ist mit dem Ziel konzipiert, die moderne Physik als eine Fortführung der klassischen Naturwissenschaft darzustellen. Es kommt ihm darauf an zu verdeutlichen, daß die Quantenmechanik weder die Physik im speziellen oder die Rationalität im allgemeinen in eine Krise geführt hat, noch völlig losgelöst und abgehoben von der Realität und dem Menschen steht. Um diesen Ansatz richtig verstehen zu können, bedarf es einiger Hinweise auf die historische Situation, in der Benses Promotionsarbeit entstand.

Als Bense zu studieren begann, befand sich die Physik nicht nur unter dem Einfluß der Relativitäts- und Quantentheorie, sondern auch unter dem Eindruck der »Deutschen Physik«. Bereits in der Weimarer Republik hatten die Physiker Philipp Lenard und Johannes Stark begonnen, eine Wissenschaftstheorie auf der Basis der nationalsozialistischen Rassenideologie zu entwickeln. Sie wurden allerdings nicht sonderlich ernst genommen. Nach 1933 erhielten die beiden jedoch als alte Parteigänger einflußreiche Stellen. Lenard wurde schon 1933 Präsident der Physikalisch-Technischen Reichsanstalt und Stark 1934 Präsident der Deutschen Forschungsgemeinschaft. Ihre Wissenschaftstheorie ging davon aus, daß nur der Arier richtige Physik betreiben kann. Unter richtiger Physik verstanden sie eine Physik, die auf physikalischen Experimenten aufbaut und für die die Theorie nur eine anregende Wirkung hat. Die experimentell gewonnenen Ergebnisse sollten in anschaulicher Weise beschrieben, gedeutet und erklärt werden. Sie sollten fest auf dem Boden der klassischen Physik stehen.[11] In diesem Sinne wurde die Relativitätstheorie als großer »jüdischer Weltbluff«, als theoretische Magie und als ein Formelsystem aus völlig unbewiesenen und lückenhaften Überlegungen und ungeheuerlichen Extrapolationen diffamiert.[12] Die Quantentheorie wurde ebenso wie die Relativitätstheorie wegen des hohen Grads an Mathematisierung und wegen der Unanschaulichkeit als »jüdische Physik« verschrien. Heisenbergs Unschärferelation erklärte man zu einer metaphysischen Phantasie. Die Mehrheit der deutschen Physiker, selbst jene, die Gegner der Relativitäts- und Quantentheorie waren, lehnten zwar die »Deutsche Physik« ab, dennoch schufen Lenard und seine Anhänger ein unangenehmes Klima. 1936 kulminierte die ideologische Hetze in der Beschimpfung Werner Heisenbergs, Max von Laues und Arnold Sommerfelds als »weiße Juden«, weil sie die formalistischen und unanschaulichen Tendenzen der modernen Physik in ihren Forschungen weiterverfolgten. Erst 1941 wurde aus pragmatischen Gesichtspunkten von offizieller Seite die Relativitätstheorie und die Quantentheorie mit allen mathematischen Hilfsmitteln und Formalismen als fester Bestand der Physik bestätigt.[13]

Im November 1936 reagierte Max Bense mit einem kritischen Artikel in der *Kölnischen Zeitung* auf Lenards Bestrebungen einer »Deutschen Physik«.[14] Was Lenard in seinen Lehrbüchern[15] präsentiert, ist in seinen Augen eine Physik, die auf dem Stand von 1900 stehengeblieben ist. Indem er darauf hinweist, daß an der Entwicklung der modernen Physik »echt deutsche Männer und Forscher andrer germanischer Länder« beteiligt waren und daß die mathematischen Grundlagen der Relativitäts- und Quantentheorie auf »zwei unzweifelbar deutsche[n] Forschergestalten: Leibniz und Gauß« zurückgehen, versucht er zu zeigen, wie absurd die Trennung in eine jüdische und deutsche Physik ist. Den Grund für Lenards Ablehnung der modernen Physik vermutet Bense ganz woanders. Provokant stellt er die Frage, ob es Pädagogik sei, »daß man neuere Tendenzen, und zwar solche, die nicht von Juden stammen, bloß weil sie einem nicht in die eignen physikalischen Vorstellungen passen, verschweigt«. Den wahren Beweggrund von Lenards Mission für eine »Deutsche Physik« sieht er daher in einem Konservatismus, der es leicht mache, »daß jeder Dilettant, bloß weil er mathematisch unbegabt ist, mit einer Handbewegung Feldtheorie, Quantentheorie und Quantenmechanik als jüdisch ablehnen kann«.

Durch seine Argumentation, mit der sich Bense um eine richtige Einschätzung der modernen Physik als eine unabhängige Wissenschaft bemüht, gerät er bedenklich in das Fahrwasser einer rassistischen Rhetorik, vor allem dann, wenn er betont, daß die moderne Physik »trotz der durch eine falsche Universitätspolitik begünstigten ›jüdischen Wissenschaft‹ eine einzigartige Kontinuität deutscher und echter europäischer Forschung bis in unsere Tage erhalten geblieben« sei.[16] Seine Dissertation zeugt allerdings von einem ganz anderen Geist. Hier werden ebenso Schriften von Albert Einstein und Hermann Minkowski als auch Werke von verpönten Philosophen wie Edmund Husserl, Ernst Cassirer und Moritz Schlick zitiert. Max Scheler, der im Sinne der rassistischen Terminologie »jüdischer Mischling« war, liefert sogar die Lehre, auf der Bense seine Studie aufbaut. Er wählte die von ihm verwandte Literatur somit nicht nach rassistisch-ideologischen Gesichtspunkten aus, sondern danach, inwieweit sie ihm plausibel und einer Verteidigung der rationalen Naturwissenschaft dienlich schien. Damit fügt sich seine Dissertation in ein Konzept ein, dessen Grundstein er bereits 1935 mit seiner Abhandlung *Aufstand des Geistes. Eine Verteidigung der Erkenntnis* legte und in seiner Streitschrift *Anti-Klages oder von der Würde des Menschen* 1937 vertiefte.

Mit diesen beiden Werken bezog Bense Stellung gegen alle geistfeindlichen Tendenzen, die den Geist als Widersacher des Lebens anklagen, ohne Perspektiven dafür zu entwickeln, wie das

Leiden am Geist überwunden werden kann. Geist und Leben, Rationalität und Existenz gehören für ihn zusammen, und er ist sich sicher, daß nur der am Geist leidet, der ihn verloren hat. Die Naturwissenschaften und die Mathematik aufgrund ihrer rational-logischen Methodik als Feinde des Lebens zu kritisieren, ist für Bense ein eindeutiges Symptom einer Geistfeindschaft, die auf dem Verlust von Geist basiert. Aus seiner Sicht sind es gerade die reine Logik, die Mathematik und die theoretische Physik, die zu einer Naturerkenntnis aus der Frage nach der menschlichen Existenz leiten und die zu einer Überwindung der Kluft zwischen Subjekt und Objekt führen. Für ihn gibt es einen Weg, der aus dem »Reich der intuitiven Wahrheiten der Husserl und Bergson in die Mitte der tiefsten Gebiete moderner Quantenphysik«, der von der »tiefen Innerlichkeit Kierkegaards zu den Relationen Heisenbergs« und zu einem Geist führt, der die Betrachtung alles Menschlichen und Außermenschlichen zu verbinden vermag.[17]

Es ist nicht verwunderlich, daß Bense als Verfechter der rationalen Erkenntnis 1942 unter dem Pseudonym Karl Zink ein allgemeinverständliches Buch über die Physik seiner Zeit verfaßt, in dem er vor allem über die mathematischen und theoretischen Zusammenhänge berichtet.[18] Gleich zu Beginn beruft er sich auf Galilei: zusammen mit dem von Kopernikus stammenden Motto »Obgleich ich weiß, daß die Einsicht der Philosophen dem Urteil der Menge entzogen ist, [...] so halte ich doch dafür, daß man Meinungen, die von der Richtigkeit ganz entfernt sind, vermeiden müsse« ein deutlicher Fingerzeig auf die Geschichte, in der sich Erkenntnisse immer wieder gegen ideologische Denkbarrieren durchsetzten mußten[19]. Entsprechend betont Bense, daß Galileis Lehrbuch *Discorsi e Dimostrazioni Mathematiche*, das als Grundlegung der neuzeitlichen Naturwissenschaft gilt, allen »Völkern geschenkt« worden sei. Alle Völker hätten am Aufbau der Physik mitgearbeitet, kein Volk sei wegzudenken.[20] Doch Bense sieht in Galilei nicht allein den Vater einer internationalen Physik, sondern den Begründer einer Methode, die auf »der Sicherheit und Gründlichkeit der Aussage«[21] basiert und der allein die Naturwissenschaften ihren Erfolg verdanken. Für Bense war entscheidend, daß Galileis Naturbeobachtung darauf basiert, einzelne Naturvorgänge durch Experimente aus dem Ganzen des Naturgeschehens herauszulösen, mathematisch zu beschreiben und in ihren Gesetzmäßigkeiten zu verstehen. Die Naturbetrachtung reduzierte sich auf die meßbare, auf die mathematisierte Natur.

In Benses Augen steht Galilei zusammen mit Kopernikus, Newton und Kepler am Beginn einer Entwicklung, die durch konsequente Anwendung der Mathematik zum Aufschwung der modernen Wissenschaften führte. Gleichwohl sollte man nicht dem Irrtum erliegen, die Mathematik stelle für Bense lediglich ein Hilfsmittel der Wissenschaften dar. Seine Verteidigung der modernen Physik war im wesentlichen durch die Verteidigung ihres hohen Grades an Mathematisierung geprägt. Die Verteidigung der Mathematik wiederum vollzog sich unter dem Zeichen einer Verteidigung des Geistes. Mathematik ist für Bense nicht nur eine Sprache, in der die Wissenschaften ihre Beobachtungen und Erkenntnisse fixieren. Sie ist für ihn die klarste und tiefste Form menschlichen Denkens. Parallel zu seinen Arbeiten über die moderne Physik veröffentlichte Bense immer wieder Aufsätze und Rezensionen in der *Kölnischen Zeitung*, in denen er Mathematiker aus verschiedenen Epochen und deren Denkleistungen oder Probleme der zeitgenössischen Mathematik vorstellte.[22] Die 1939 in der von ihm selbst herausgegebenen Reihe *Einheit des Wissens. Natur- und geisteswissenschaftliche Handbücher* erscheinende Abhandlung *Geist der Mathematik*[23] läßt sich einerseits als Zusammenfassung und Vertiefung dieser Zeitungsbeiträge, andererseits als Einleitung seiner *Konturen einer Geistesgeschichte der Mathematik* lesen.

Ohne sich davon abschrecken zu lassen, daß die Mathematik bislang nur dadurch »populär« war, »daß sie gefürchtet wurde«[24], wagt er in diesem Werk den Versuch, dem Leser das mathematische Wissen und die mathematische Methode als eine Möglichkeit des Denkens näherzubringen, das weit über rein mathematische Probleme hinausgeht. Es geht ihm darum, darzulegen, daß Mathematik eine »elementare Äußerung des menschlichen Geistes«[25] ist. Sie ist für ihn weder eine untergeordnete noch eine von anderen Manifestationen des menschlichen Geistes losgelöste Erscheinung. Alle kulturellen Tätigkeiten des Menschen, sei es auf dem Gebiet der Wissenschaft, Technik und Architektur, sei es in der Musik, Kunst, Literatur, Philosophie oder Theologie, korrespondieren mit Entwicklungen im mathematischen Denken, ja der Stand der Mathematik ist für sie entscheidend. Die »Geschichte der Mathematik als Geschichte der Entfaltung des menschlichen Geistes«[26] begreifend, ist es für Bense ausgeschlossen, daß eine Geistes- und Kulturgeschichte geschrieben werden kann, wenn man die Entwicklung der Mathematik nicht berücksichtigt.

Während Bense in *Geist der Mathematik* den Schwerpunkt seiner Darstellung auf die Herausarbeitung von vier Phasen, der Grundlegung der Mathematik durch Pythagoras, Thales und Euklid, ihrer Weiterentwicklung durch Gauß, Descartes und Leibniz, ihr Sturz in eine Krisis durch Cantor, Riemann und Lobatschewski und ihre Überführung auf eine neue Stufe von Hilbert, Russell und Whitehead legt, verlagert sich in den *Konturen einer Geistesgeschichte der Mathematik* sein Interesse endgültig auf epistemologische Zusammenhänge. Statt Axiome und Theoreme, Probleme und ihre Lösungen, Mathematiker und ihre Werke zu behandeln, untersucht er in den beiden Bänden die Wechselwirkung zwischen mathematischem Wissen und Gesamtwissen, das geistige Klima, dem mathematische Theoreme entwuchsen, und die Wirkungen, die mathematisch-logische Grundlagen in anderen Bereichen des Wissens und der Kultur entfalteten.

Mit seinem Gang durch das Wissen von der Antike bis in die Gegenwart zeichnet Bense die zunehmende Ablösung der mathematischen Gedankenbildung von der gegebenen und anschaulichen Wirklichkeit hin zu einem immer subtileren Grad an Abstraktion nach. Die Mathematik der Antike steht seinen Ausführungen zufolge noch zu stark unter dem Einfluß mythisch-philosophischer Ideen und ihrer Kosmologie, als daß sich eine von der sinnlichen Gegebenheit unabhängige Betrachtung der geometrischen Formen hätte durchsetzen können. Erst mit Leibniz' Entwurf einer »mathesis universalis«, mit der nicht nur die Denkprozesse innerhalb der Wissenschaft, sondern auch in der Philosophie und Theologie unter die Operationsregeln der Aussagen- und Schlußlogik der Mathematik gestellt werden sollten, wird die Voraussetzung zur gänzlichen Loslösung vom Primat der Anschauung geschaffen. Im Zuge der Grundlagenkrise der Mathematik durch die mengentheoretischen Paradoxien und die Entdeckung der nichteuklidischen Geometrie behauptet sich eine Mathematik, die nur noch in mathematischen Symbolen und

Symbolreihen über etwas spricht, das eine Leerstelle ist. Die Mathematik wurde in unserem Jahrhundert bei den mathematischen Formalisten zu einer Sprache mit bedeutungsfreien Zeichen, was die mathematischen Intuitionisten jedoch vehement ablehnten.

Auf der Grundlage seines Bildes von der Entwicklung der Mathematik deckt Bense im Verlauf seiner Abhandlung die Vernetzung mit den spezifischen Denkweisen in der Philosophie, Theologie, Kunst, Literatur und anderen Wissenschaften verschiedener Epochen auf. Die Anfänge der antiken Ornamentik, die sich an den Gesetzmäßigkeiten der Natur orientiert, sind für ihn ebenso mit der mathematischen Begriffsbildung verbunden wie die Vorliebe des Barocks für Schnörkel mit der Differentialgeometrie. Calvins Lehre der Prädestination und der Laplacesche Dämon stehen für ihn genauso mit den universalistischen Tendenzen der Mathematik in Zusammenhang wie die technische Rationalisierung des Lebens und die Herausbildung des Kapitalismus. In gleicher Weise läßt sich die Kunst und Literatur des Surrealismus im Konnex mit Paradigmen der Naturwissenschaften und in Abhängigkeit von der Grundlagenkrise der Mathematik sehen. In Einklang mit Leibniz' Idee, daß Geist Form und Form Mathematik ist, gehören für Bense Geistesgeschichte und Geschichte der Mathematik zusammen.

Die Mathematik des 17. Jahrhunderts, vor allem aber Leibniz und seine »mathesis univeralis« bilden den Dreh- und Angelpunkt der *Konturen einer Geistesgeschichte der Mathematik*. Indem Bense alle geistigen Manifestationen des Menschen in Bezug zur Entwicklung und Herausbildung mathematischer Theorien und Methoden setzt, stellt er sich bewußt in die Tradition eines philosophischen Programmes, das menschliches Wissen in einem formalistischen Schema erfassen will. Bereits Descartes ließ nur die Mathematik als einzig verläßliche Methode gelten, mit der sicheres Wissen über die Welt und die Menschen erlangt werden kann. Leibniz radikalisierte diesen Ansatz noch, insofern er nach einer Sprache suchte, die mit anderen Mitteln als reinen Worten Wissen darstellen sollte. Er ging von der Vorstellung aus, daß das menschliche Denken, gleichgültig, ob es sich nun in Worten, Symbolen, Bildern oder Zahlen vollzieht, nichts anderes ist als ein Verbinden und Ersetzen von Zeichen.[27] Infolgedessen kam es Leibniz darauf an, Zeichen zu finden, die dazu geeignet sind, alle unsere Begriffe so definitiv und genau auszudrücken, wie die Arithmetik Zahlen oder die geometrische Untersuchung Geraden beschreibt. Es schien ihm sicher, daß alle menschlichen Aussagen und Behauptungen wiedergegeben und alle logischen Überlegungen exakt untersucht werden könnten, wenn es gelänge, komplizierte Gedanken durch eindeutige Zeichenketten darzustellen und Gesetze für vernünftiges Schließen als Regeln für den Umgang mit den Ketten anzugeben. Nach Leibniz sollte jedem gegebenen Begriff eine Zahl zugeordnet werden. Ein Begriff, der aus einer Kombination anderer Begriffe besteht, sollte durch das Produkt der Zahlen der anderen Begriffe dargestellt werden. Das Prinzip ist einfach: Wird der Begriff »Lebewesen« durch die Zahl 2 ausgedrückt und der Begriff »vernünftig« durch die Zahl 3, dann kann der Begriff »Mensch« durch die Zahl 6 als Produkt aus 2 und 3 ausgedrückt werden. Diese Idealsprache, die »lingua characteristica universalis«, und ihr Regelsystem, das »calculus ratiocinator«, basierten darauf, daß alle logischen Herleitungen auf Algebra reduziert werden. Leibniz war davon überzeugt, daß durch einen Ausbau der von ihm konzipierten Universalsprache, in der Denken und Mathematik vereint sind, alle strittigen Fragen sowohl in der Philosophie als auch in der Theologie gelöst werden können.

Wie Bense in den *Konturen einer Geistesgeschichte der Mathematik* immer wieder hervorhebt, sind es nicht die Monadenlehre oder die Theodizee, die er zu den entscheidendsten Beiträgen von Leibniz für die Geistesgeschichte zählt. Bedeutender scheint ihm, daß Leibniz das logische Schlußverfahren zu einem Rechenprozeß transformierte, bei dem die Bedeutung der Zeichen irrelevant wird, und so die Grundlage zu einer generalisierten Mathematik, einer Mathematik schuf, die sich auch auf nicht-mathematische Gegenstände erstreckt. Erst mit der Fundierung der »mathesis universalis« auf der Basis eines widerspruchsfreien, eines tautologischen Zeichenspiels, gewinnt für Bense die Metaphysik Leibniz' von der besten aller möglichen Welten an Gehalt. In der Beherrschung möglicher und abstrakter Welten sieht er die Voraussetzung, um von einer Repräsentation und Nachahmung der vorgegebenen Wirklichkeit zu einer Realisierung des Möglichen fortzuschreiten. Die Idee einer Universalmathematik, die laut Bense seit Leibniz in den Arbeiten von Frege, Hilbert, Gödel und Russell stetig weiterwirkte, ist für ihn nichts weniger als eine ganz spezifische Art und Weise des Intellekts, sich zu dem Bestehenden, zur konkreten Wirklichkeit zu verhalten: Sie ist eine Ideologie.

In der Vorbemerkung des ersten Bandes der *Konturen einer Geistesgeschichte der Mathematik* stellt Bense die These in den Raum, daß die Mathematik so etwas wie eine »große, geheime Ideologie« sein könnte. Dies zu untersuchen, sei Anliegen seines Buches. Im Nachwort nimmt er diese These noch einmal auf. Er nennt sich so »leibnizisch« gesonnen, daß für ihn die Mathematik eine Ideologie ist. Das mag den Leser zunächst irritieren, wird doch heutzutage in der Alltagssprache unter Ideologie meist eine »Betrugstheorie« verstanden, die nur dann funktioniert, wenn man selber daran glaubt.[28] Wer heute den Begriff »Ideologie« gebraucht, schreibt ihn meist anderen zu, nicht aber sich selber.[29] Aus der ursprünglichen Bedeutung einer »Wissenschaft der Ideen« ist eine Kampfparole, eine Bezichtigungsformel geworden. Auf den ersten Blick verwundert es daher, daß Bense die Mathematik mit einem Terminus in Verbindung bringt, der Assoziationen an verzerrtes Wissen oder intellektuelle Hirngespinste evoziert. Doch Bense schließt sich hier weder in erster Linie der Marx-Engelsschen noch der von Lukács im Rahmen seiner Totalitarismusstudien entworfenen Ideologiekritik an, welche die Ideologiedebatten der sechziger und siebziger Jahre beeinflußten und die in ihrer Vereinfachung die negative Bedeutung des Begriffs in unserem Alltagsverständnis prägte. Benses Verständnis von Ideologie nähert sich eher jenem von Karl Mannheim an, der in der Fähigkeit, nicht nur die gegnerischen, sondern prinzipiell alle Standorte, auch den eigenen, als ideologisch zu begreifen, die Voraussetzung sah, um von einer bloßen Ideologienlehre zu einer Soziologie des Wissens vorzudringen.[30] Mannheim betrachtet Wissens- und Normensysteme nicht in Abhängigkeit zu den Motivationen und Interessen bestimmter Gruppen- oder Individualanschauungen, sondern als Funktionen der Seinslage, als Spezialfall allgemeiner Seinsgebundenheit des Denkens. Vergleichbar vollzieht auch Bense eine Erweiterung des Ideologiebegriffs, indem er das von ihm favorisierte mathematische Denken als ideologisch charakterisiert. Die Ideologie der Mathematik ist für ihn eine besondere Form geistiger Tätigkeit, die sich von dem Ideal einer homogenen Welt leiten läßt, die rational durchschaubar und kritisch analysierbar ist, um so progressive Funktionen übernehmen zu können.

Die Idee der »mathesis universalis«, zu der sich Bense bekennt, ist für ihn keineswegs eine für das konkrete Dasein belanglose Gedankenspielerei. Das Festhalten an der Einheit unserer technisch-sozialen-kulturellen Zivilisation durch die Konzeption eines einheitlichen mathematischen Geistes stellt für ihn eine Notwendigkeit dar, will man den Anforderungen der von den Naturwissenschaften und der Technik beherrschten Lebenswelt genügen. Wird diese Einheit aufgekündigt und werden die Wechselwirkungen zwischen den verschiedenen Äußerungen des Geistes negiert, dann schließt man aus der Sicht Benses eine Kontrolle der zunehmend denaturierten Realität von vornherein aus. In diesem Sinne muß man den zweiten Band der *Konturen einer Geistesgeschichte der Mathematik* als ein Plädoyer für die Zusammenarbeit aller Disziplinen, sei es der Kunst, der Literatur, der Wissenschaften und der Philosophie, bei der Bewältigung von neuen Erkenntnissen und ihren Folgen verstehen. Benses Analyse der Dekonstruktion traditioneller Seh- und Lesegewohnheiten durch den Surrealismus als einen Reflex auf die neuen, noch ungewohnten und der Alltagserfahrung widersprechenden Denkweisen der modernen Physik, als eine Anstrengung, neu entdeckte Realitäten intellektuell beherrschbar zu machen, ist nicht rein kunst- und literaturhistorisch motiviert. Die Koinzidenz von Erscheinungen der Kunst und der Wissenschaft ist für ihn der Beweis, daß die Freiheit des Schöpferischen und die Bestrebungen nach Perfektion und Kalkulierbarkeit in der modernen Zivilisation vereinbar, ja untrennbar miteinander verknüpft sind.

Bense verzichtet in seinen späteren Schriften auf den Begriff »Ideologie der Mathematik«. Dennoch blieb er der Idee einer »mathesis universalis« treu. Seine in den Jahren zwischen 1954 und 1982 ausgearbeitete abstrakte, mathematisch formalisierte Ästhetik,[31] die er bereits im Nachwort des zweiten Bandes der *Konturen einer Geistesgeschichte der Mathematik* gefordert hatte, ist ebenso Dokument seiner Verbundenheit mit Leibniz wie sein Eintreten für eine Naturphilosophie auf der Basis mathematischer Logik[32] oder seine Schriften zur Zeichentheorie. Auch seine Beschäftigung mit der Kybernetik vollzog sich unter dem Leitgedanken der »mathesis universalis«, hatte doch Leibniz die erste Rechenmaschine erfunden, als er versuchte, seine Idealsprache zu mechanisieren.

Denken und alle Manifestationen des Denkens sind für Bense strukturierte Vorgänge und Zustände, die von angebbaren Gesetzen beherrscht werden. Gedankliche Prozesse zu übersetzen und transparent zu machen, das war es, was Bense bereits bei der Abfassung der *Konturen einer Geistesgeschichte der Mathematik* reizte. Als der Mathematiker Norbert Wiener 1949 seine berühmte Theorie der Kybernetik in dem Werk *Cybernetics – or Control and Communication in the Animal and the Machine* der Öffentlichkeit präsentierte, fand Bense darin die Bestätigung, daß Denkprozesse sich nicht nur in mathematischer Sprache beschreiben lassen, sondern daß sie auch in technische Prozesse umgewandelt werden können. Aus seinen fundierten Kenntnissen zur Geschichte der Mathematik heraus begann für ihn die Umwandlung von Gedankenprozessen in mechanische Vorgänge nicht erst mit der Entwicklung von elektronischen Rechenmaschinen und der Nachrichtenübertragungstechnik. Wie er in seinem Artikel »Kybernetik oder die Metatechnik einer Maschine« darlegt, sieht er bereits in Galileis Verlagerung der Naturbetrachtung ins Laboratorium und dem Rückzug auf das Experiment den Beginn der Reproduktion geistiger Akte auf materieller Ebene. Aus dieser Perspektive betrachtet, wurde bereits in der Renaissance der erste Schritt hin zu Überlegungen getan, wie mathematisches Denken technisch nachgebildet werden kann. Meilensteine auf diesem Weg sind Pascals und Leibniz' Rechenmaschinen und der Plan des englischen Mathematikers Charles Babbage zu einer Maschine, die als Speichermedium und für die Programme Lochkarten nutzen sollte und derart bereits die Funktionen moderner Datenverarbeitungssysteme vorweggenommen hatte, die aber erst 50 Jahre später mit den Zähl-, Sortier- und Tabelliermaschinen des amerikanischen Ingenieurs Hermann Hollerith realisiert und bei der Volkszählung 1890 in den USA eingesetzt werden konnten.

Die Ermittlung und Verarbeitung großer Datenmengen, die mit der Lochkartentechnik möglich wurde, hatte nicht nur positive Seiten. Man denke nur daran, daß im zweiten Weltkrieg die

Lochkartentechnik in Deutschland zu einem wirkungsvollen Überwachungs- und Planungsinstrument avanciert war. Bei aller Faszination, die Bense für die neue Technik und die ihr zugrundeliegende Theorie empfand, war er lange, bevor auf jedem Schreibtisch ein Personal Computer stand und der Informations- und Datenaustausch mehr und mehr auf elektronische Übermittlung umgestellt wurde, lange bevor jemand an Cyberwelten dachte, ein Warner vor den Gefahren des Mißbrauchs dieser Entwicklung. Bereits in seinen frühen technikphilosophischen Arbeiten hatte Bense immer wieder betont, daß die Bedrohung des Menschen durch die Technik nur dann abgewendet werden kann, wenn die rationalen Waffen ausgebildet werden, mit denen die Technik geistig zu beherrschen ist.[33] Das Eindringen der Technik in Bereiche, die den Unterschied zwischen Materiellem und Nichtmateriellem verwischen, führt in seinen Augen nicht nur zu den gravierendsten Veränderungen in den Lebensverhältnissen des Menschen seit der industriellen Revolution. Die dabei heraufbeschworenen Gefahren scheinen ihm weit verborgener und gefährlicher. Doch genauso wenig wie Norbert Wiener in seiner kritischen Auseinandersetzung mit der Kybernetik unter dem Titel *The Human Use of Human Beings (Cybernetics and Society)* aus dem Jahre 1949 die positiven Möglichkeiten der neuen Technologie auf Gebieten, die bis dahin als Domäne des Menschen galten, bestreitet, stellt für Bense ein Rückzug der Intellektuellen aus der technischen Welt keine Lösung dar. Die Koexistenz von Technik und Leben sei zwar physisch und metaphysisch zu einem Problem geworden und mit der Existenz von Denkmaschinen glaube man das Vorrecht des Menschen angetastet, schreibt Bense in seinem Vorwort zu der deutschen Ausgabe von Louis Couffignals *Les Machines à Penser*. Er gibt aber zu bedenken, daß es nur einen Anfangspunkt gebe, der das Problem der Lösung entgegenbringe: man müsse sich entschließen, von der Sache Kenntnis zu nehmen.[34] Mit seinem Aufsatz »Kybernetik oder Metatechnik einer Maschine« in der Zeitschrift *Merkur* hatte Bense gezeigt, daß er gewillt war, sich der Herausforderung zu stellen, und daß er bemüht war, die neue alles umwälzende Technologie anderen zur Kenntnis zu bringen.

Bense nennt sich von Hause aus Physiker und Mathematiker. Dies kann nur richtig verstehen, der von der Koinzidenz der modernen Physik mit der Mathematik und vom Umschlag der Technik ins Immaterielle weiß. Die Physik hatte eine Höhe der Abstraktion erreicht, bei der die strikte Trennung zwischen realer und möglicher Wirklichkeit aufzuweichen begann. Die Technik hatte einen Grad an Perfektion erlangt, der die Grenzen zwischen Mensch und Maschine neu definierte. Mit der modernen Physik und der Kybernetik erfüllt sich für Bense das Wesen des Geistigen im »Schöpferischen«[35]. Das Abenteuer des Geistes hatte für Bense viele Facetten, doch kann man seine philosophischen, zeichentheoretischen und literarischen Schriften nur dann adäquat einschätzen, wenn man von der Bedeutung der modernen Mathematik und Physik für sein Werk weiß. Heutzutage ist es in der Wissenschaftsgeschichte selbstverständlich geworden, Stile in der Mathematik[36] oder die gegenseitige Beeinflussung von Computer, Denken und kultureller Entwicklung zu untersuchen,[37] Max Bense jedoch beschäftigte sich mit dieser Thematik, lange bevor die damit verbundenen Probleme ins allgemeine Bewußtsein gedrungen waren. Besonders seine frühen Schriften zur Mathematik, Physik und Kybernetik können als Pionierleistungen gelten, die heute noch Anstöße zur Beschäftigung mit virulenten Problemen der Zeit bieten.

Elisabeth Emter

Quantenmechanik und Daseinsrelativität

Eine Untersuchung über die Prinzipien der Quantenmechanik und ihre Beziehung zu Schelers Lehre von der Daseinsrelativität der Gegenstandsarten

Inhalt

I. Einleitung

Zusammenstellung und kritische Betrachtung bisheriger Versuche zur erkenntnistheoretischen Begründung quantenmechanischer Prinzipien und Resultate

Zweimal in diesem Jahrhundert wurde zu einer kritischen Auseinandersetzung zwischen den exakten Naturwissenschaften, insbesondere der Physik, und der Erkenntnistheorie bzw. Metaphysik angeregt: zunächst bei Gelegenheit der Entstehung der speziellen und allgemeinen Relativitätstheorien (1905–1917) und dann im Zusammenhang mit der Formulierung der Quanten(wellen)mechanik, deren entscheidende Etappen, wenn man Plancks, Einsteins und de Broglies Theorien einrechnet, in die Jahre 1900, 1905, 1913, 1923, 1924, 1926–27 fallen[1]. Beide Male war die Auseinandersetzung vorwiegend gelagert um die Probleme des kantischen Apriorismus, wie er die kritische Erkenntnistheorie des transzendentalen Idealismus fundamentierte, wenngleich auch im Zusammenhang mit den Relativitätstheorien vorwiegend die Raum-Zeit-Frage und im Zusammenhang mit der Quantenphysik vorwiegend die Probleme der Materie und Kausalität diskutiert wurden.

Die Untersuchungen können noch nicht als abgeschlossen gelten. Sonderlich der Umfang und die Tiefe der Auseinandersetzung zwischen Physik und philosophischer Raum-Zeitlehre sind in den bisherigen Versuchen zur philosophischen Begründung der quantenphysikalischen Begriffs- und Prinzipienbildung noch nicht erreicht worden. Darüber hinaus stehen aber auch manche scheinbar vollendeten Klärungen zum erstgenannten Problemkreis wieder in Frage, da bekanntlich mit der Entwicklung der physikalischen Quanten(wellen)mechanik die relativistischen Gesichtspunkte wieder neu aufgerollt werden mußten, so daß gegenwärtig tatsächlich der Eindruck erweckt wird, als könne die philosophische Grundlegung der modernen Physik nur durch eine Untersuchung bewältigt werden, die gleichermaßen von den relativitätstheoretischen als auch von den quanten(wellen)mechanischen Gesichtspunkten ausgeht.

Jedenfalls sind die Auseinandersetzungen, vor allem um den erkenntnistheoretisch-metaphysischen Gehalt der Quantenphysik noch in vollem Fluß. Es ist bereits möglich – das sei hier nur anmerkend und anregend gesagt – neben eine Untersuchung zur historischen Entwicklung der Quantenmechanik eine weitere zu stellen, die den historischen Verlauf der quantenphysischen Auseinandersetzung mit philosophischen Klärungen, besonders aber mit dem transzendentalen Idealismus verfolgt. Im Laufe der vorliegenden Arbeit werden einige Züge dieser zweiten historischen Entwicklung deutlich werden.

Im übrigen geht es in dieser Untersuchung nicht um die Feststellung historischer Züge. Es soll ein Beitrag zur philosophischen Grundlegung der Methoden und Ideen und Erkenntnisse der neueren Physik gegeben werden, die zwar in erster Linie die quanten(wellen)mechanischen Gesichtspunkte verarbeitet, aber dauernd mit den hineinspielenden relativistischen Gedanken korrespondiert. Gerade damit möchte die Untersuchung eine Lücke in der Diskussion um den erkenntnistheoretisch-metaphysischen Gehalt der neueren Physik ausfüllen helfen. Weitere Gesichtspunkte, die unsere Untersuchung leiten werden, ergeben sich aus einer kritischen Zusammenfassung bisheriger ähnlicher Unternehmen.

Bemüht man sich um eine zusammenfassende Kennzeichnung der bisherigen erkenntnistheoretischen (und z. T. auch metaphysischen) Untersuchungen und Betrachtungen über die Prinzipien der Quantenmechanik, so hat man zunächst zwei deutliche Gruppen voneinander zu scheiden: die eine schließt sich, natürlich mehr oder weniger streng, an die sogenannte schulphilosophische Tradition an und versucht von einem durch ein historisches System vorgegebenen philosophischen Fundament die neuen Prinzipien der Naturerkenntnis zu erfassen, die andere aber bricht mit jeder sogenannten schulphilosophischen Tradition, wendet sich bewußt gegen die von ihr geradeso genannte Richtung und begründet, mehr oder weniger positivistisch-antimetaphysisch gesonnen, die philosophische Grundlage der neuen physikalischen Prinzipien unmittelbar aus den neuen Begriffsbildungen und Gedanken selbst.

Beide Gruppen haben ihre Verdienste. Sie sind hier zunächst näher zu bestimmen.

In der ersten Gruppe hat man wieder zwei Untergruppen zu unterscheiden: die größere hiervon bringt das gesamte Problem zwischen Philosophie und Physik auf die Formel »Kant und die naturphilosophischen Prinzipien der modernen Physik«, die andere faßt das Problem von einem allgemeineren erkenntnistheoretischen Standpunkt aus und versucht durch die Position eines anderen Systems der Philosophiegeschichte die Situation zu klären.

Die im philosophiegeschichtlichen Sinne traditionsgebundene Gruppe leugnet also nicht die Möglichkeit einer metaphysischen Vertiefung physikalischer Ergebnisse und wagt es, von den Formalismen aus »ins Transzendente vorzudringen«, wie z. B. Wagner sich ausdrückt[2]. Die radikale, meist positivistisch bzw. neopositivistisch orientierte Gruppe leugnet durchweg jede Möglichkeit einer Metaphysik ab und bestimmt ihre Probleme als reine »Scheinprobleme«, wie z. B. Schlick und Jordan in ihren Arbeiten sich ausdrücken[3] oder will ein für allemal aus dem Drang zur Sicherung der naturwissenschaftlichen Methoden heraus die rein erkenntnistheoretisch-physikalische Fragestellung, Begriffs- und Betrachtungsbildung von den entsprechenden metaphysischen Einstellungen geschieden wissen. So gibt es also auch in der zweiten, nicht traditionsgebundenen Gruppe zwei Untergruppen, deren eine die Metaphysik endgültig als Scheinproblematik verwirft (Schlick, Jordan) und deren andere die methodisch-erkenntnistheoretische Betrachtung nur streng von einer metaphysischen, die den Physiker nichts angehe, scheidet, wie das z. B. bei Popper der Fall ist[4].

Da man sehr leicht zeigen kann, daß die erste der genannten großen, die Grundlagen der Physik untersuchenden Forschergruppen das philosophische Moment betont und die zweite aber zuletzt immer von der physikalischen Begriffsbildung ausgeht, ist es vorteilhaft, allgemein von einer »philosophischen« und einer »physikalistischen« (abgeleitet von »Physikalismus«) Einstellung zu den Grundlagen der moderne Physik zu sprechen.

Zur philosophischen Gruppe gehören u.a. die Arbeiten von Grete Hermann, die *Die naturphilosophischen Grundlagen der Quantenmechanik* hinsichtlich ihres Verhältnisses zur kritischen Philosophie friesscher Prägung untersucht[5]; Alois Wenzl, der das aristotelische Begriffspaar »Potenz« und »Akt« für gewisse begriffliche Schwierigkeiten der Quantenmechanik fruchtbar zu machen sucht und so die gegenwärtige physikalische Situation zum Aristotelismus in Beziehung bringt[6]; Karl Wagner, der auf Zusammenhänge zwischen »Quantenmechanik und Metaphysik« im Anschluß an Schopenhauer hinweist; Bavink, der den metaphysischen Realismus der neuen Vorstellungen herauszuarbeiten versucht[7]; Becker, der in seinen Untersuchungen über die Apriorität des dreidimensionalen euklidischen Raumes von der Phänomenologie her vereinzelt die quantentheoretischen Begriffsbildungen analysiert[8]; Ewald Wasmuth, der aus einem eigenartig formulierten »philosophisch-anthropologischen« Standpunkt die Theorien der neueren Physik klären möchte[9]; alsdann haben vereinzelt Bergmann[10], May[11], Maier[12], Max Hartmann[13] und Vogel[14] auf die Beziehungen (bzw. Verträglichkeit) gewisser quantenmechanischer Postulate und Ergebnisse mit dem Kantianismus bzw. Neukantianismus hingewiesen, wozu dann auch das neueste Werk Cassirers über *Determinismus und Indeterminismus in der modernen Physik* zu rechnen ist[15].

Zur radikalen, physikalistischen Gruppe gehören vor allem jene Untersuchungen, die aus dem »Wiener Kreis« bzw. aus seinem Zusammenhang hervorgegangen sind. Zu nennen sind hier vor allem die Untersuchungen der Reichenbach, v. Mises, Herzberg, L. v. Strauß u. Torney[16], die sich vor allem um eine neue Fixierung des Begriffs »Naturgesetz« bemühen; weiter sind wesentlich die Arbeiten Schlicks[17], die ebenfalls »antimetaphysisch« die Kausalität in eine »nachprüfbare Hypothese« verwandeln und also wie weiterhin Zilsel, O. Neurath und andere Neopositivisten des Wiener Kreises dem Apriorismus ablehnend gegenüberstehen[18]. Eine bedeutende Stellung nimmt alsdann vor allem Jordan[19] ein, der als Mitgestalter des mathematischen Apparates der Quantenmechanik der von ihm so genannten Schulphilosophie mit ihren »Scheinproblemen« eine restlose Absage erteilt. Zu einer gemäßigten physikalistischen Gruppe, der es vor allem um die Sicherung der Methodologie der modernen Forschung zu tun ist, leitet Planck[20] in seinen »physikalisch-weltanschaulichen« Vorträgen über, die weniger die Verwerfung als die Abtrennung der Metaphysik von der Physik fordern. Obwohl nämlich alsdann Wind[21] und Popper[22] einen strengen Empirismus vertreten und anti-aprioristisch vorgehen, leugnen sie doch nicht die Möglichkeit der Metaphysik als solcher. Die Möglichkeit der Abtrennung empirischer von metaphysischen Sätzen leitet ihre Überlegungen. Popper formuliert dementsprechend satztheoretische Abgrenzungskriterien und dringt von ihnen aus in die Grundlagenforschung der Quantenmechanik ein, und Wind verteidigt die Möglichkeit, aus dem negativen Ausgang eines Experimentes auf metaphysische Anzeichen zu schließen. In einem gewissen Sinne weist diese gemäßigte physikalische Gruppe geradezu auf die erkenntnistheoretisch-metaphysischen Überlegungen der philosophischen Gruppe hin.

Wenn diese physikalistische Gruppe oder – wie man sie auch nennen kann – diese positivistisch-logizistische Gruppe (der Name rechtfertigt sich durch eine Bezeichnung, die Schlick einmal angewendet hat), zu deren Mitgestalter übrigens noch Carnap und Frank gehören, Deutungsversuche zu quantenmechanischen Prinzipien und Ergebnissen unternahm[23], so war der erkenntnistheoretische Standpunkt als extrem empiristischer eben kein philosophischer, sondern ein physikalischer, insofern die physikalische Wirklichkeit als die einzig gegebene aufgefaßt wurde. Damit hing es zusammen, daß diese physikalische Wirklichkeit als solche gar nicht Problem wurde, daß also die Vertiefung gar nicht der physikalischen Realität galt, sondern eher einer Verschärfung der Begriffsbildung, d.h. der physikalistischen Begriffsbildung diente. Nicht mit Unrecht bemerkt daher Popper, der Empfindungsmonismus sei durch einen Satzmonismus abgelöst worden[24]. So wenig kam eine mögliche Problematik der vermeintlich eindeutig gegebenen physikalischen Realität ins Bewußtsein der Forschenden, daß nicht sie, also der Inhalt von Aussagen, sondern das wissenschaftliche System der Aussagen selbst zur Untersuchung vorlag. Physikalische Gegenständlichkeit als solche war also nicht Problem, sondern das System der Aussagen über einen Gegenstand, dessen Eindeutigkeit nicht in Frage stand. Erkenntnistheorie galt keinen Inhalten, sondern galt Formen. Abtrennungskriterien zwischen physikalischen und metaphysischen (meta-physikalischen) Sätzen schieden zwischen Satzmannigfaltigkeiten, deren eine ein System bilden konnte, deren andere (die metaphysischen Sätze) aber nicht[25] und also die Geschlossenheit einer Wissenschaft unterbrachen, sofern sie hineingerieten, trennten aber nicht zwei Bereiche des Wirklichen ab. Es wurde also sorgfältig der logische bzw. wissenschaftstheoretische oder auch methodologische Gehalt der quanten(wellen)-mechanischen Forschung geklärt, aber keineswegs der Versuch gemacht, zu einer ontologischen Fundamentierung vorzustoßen. Indem also die physikalistische Gruppe nicht über logische, wissenschaftstheoretische und methodologische Feststellung hinauskam, vernachlässigte sie den Problemkreis der allgemeinen physikalischen Gegenständlichkeit im ontologisch-phänomenologischen Sinne, und so bietet sie ein besonderes Beispiel dafür, wie sehr das eigentliche Erkenntnisproblem tatsächlich – wie Günther in seiner Greifswalder Dissertation zeigt[26] – in Verfall gekommen ist dadurch, daß es die Verbindung mit der Ontologie verlor. Im übrigen hat auch Hartmann in *Grundzüge einer Metaphysik der Erkenntnis* (1921) und *Zur Grundlegung der Ontologie* (1935) auf diese kritische philosophische Situation hingewiesen und vor allem bemerkt, daß die moderne exakte Naturwissenschaft den Zusammenhang mit ontologischen Fragen verloren hätte[27]. Allerdings muß man korrigierend hinzufügen, daß das nicht an der Methode und den Ergebnissen der rein physikalischen Forschung liegt, sondern vielmehr an ihrer physikalistisch-positivistischen Interpretation. Die Untersuchungen der genannten physikalistischen Erkenntnistheoretiker sind also von unermeßlichem Wert für die *Logik der Forschung* (Popper) bzw. für die gesamte Methodologie der Begriffsbildungen innerhalb der Quanten(wellen)mechanik, aber sie geben noch keine Erkenntnistheorie der Physik im philosophischen Sinne, geschweige denn eine Ontologie. Es ist aber gar nicht zu leugnen, daß wissenschaftliche Erkenntnis bereits von sich aus ontologisch eingestellt ist und jenes theoretische Denken, das nicht im Grunde ontologisch wäre, gibt es in keiner Form und ist ein Ding der Unmöglichkeit. Denn jedes Erkennen bzw. Denken enthält ja ein »Etwas« und dieses »tritt jederzeit mit einem Seinsanspruch auf und beschwört die Seinsfrage herauf«[28].

Was nun die bereits genannten Versuche der Hermann, Wenzl,

Maier, Wagner, Bavink usw. anbetrifft, die gewagt haben, aus dem Physikalischen in das Metaphysische vorzustoßen, so kann man zusammenfassend sagen, daß hier zwar ontologische Standpunkte voraussetzend vorliegen, aber durchaus keine Ontologie der physikalischen Zusammenhänge entworfen wird. Es handelt sich also niemals um einen systematischen Vorstoß aus dem physikalischen in den ontologischen Bereich, der aber sowohl die rein physikalischen als auch die rein logisch-methodologischen Forschungen unterbauen müßte. Wenzl geht z.B. von der viel versprechenden Einsicht aus, daß es in der Interpretation der modernen mathematisch-physikalischen Ergebnisse Schwierigkeiten gibt, die nur durch ontologische Betrachtungen zu beheben seien. Er bemerkt, daß die alten Modellbegriffe wie »Welle« und »Korpuskel« an den Tatsachen und den Kalkülen scheitern. Es müssen also neue Begriffe gesucht werden. Wenzl greift auf das alte aristotelische Begriffspaar »Akt« und »Potenz« zurück und bestimmt mit ihrer Hilfe den Seinscharakter der physikalischen Phänomene, die durch die alten Ausdrücke Welle und Korpuskel gemeint sind, d.h. also die neuen Begriffe verlagern etwas Physikalisches tiefer in den Bereich der klassisch-traditionellen Ontologie. Masse oder aufgespeicherte Energie sei Potenz im aristotelischen Sinne. Die stoffliche Grundlage für mögliches Geschehen sei formgebender Akt (S. 9), oder genauer »Licht und Materie sind, wenn sie energetische Erscheinungen liefern, Korpuskeln, in actu Korpuskeln, materialisiert, lokalisiert als Korpuskeln. Zwischen solchen aktuellen energetischen Vorgängen sind sie potentiell und können ebenso als Masse wie als Welle betrachtet werden, denn beide sind der Möglichkeit nach« (S. 24). Alsdann wird bezüglich des Dualismus genau geschieden zwischen einem »anschaulich-physikalischen« und einem »metaphysischen« Standpunkt, die jeweils den Dualismus anders fassen: der eine erkennt den Analogiewert der Bilder im Sinne einer heuristischen Hypothese, der andere entwirft den Dualismus ontologisch durch die Einführung der genannten aristotelischen Begriffe (S. 24/25).

Es ist richtig, daß der begrifflich-anschauliche Dualismus unmittelbar in ontologische Verhältnisse hineinweist. Aber abgesehen davon, daß dem Versuch, hier auf Aristoteles zurückzugreifen, alle von neueren Autoren bemerkten Schwierigkeiten der »alten« Ontologie anhaften, gewinnt ja Wenzl nichts weiter als den Dualismus auf einer anderen als physikalischen Ebene, aber er löst diesen Dualismus nicht auf. Es hat den Anschein, als verwende Wenzl das Begriffspaar Akt und Potenz auch weniger im Sinne der echten Aufweisung eines ontologischen Gehaltes der betreffenden physikalischen Erscheinungen bzw. Begriffe, sondern lediglich als Analogie zu den quantenmechanischen Begriffspaaren Masse und Energie bzw. Welle und Partikel. Dieser Anschein hätte nur dadurch verhindert werden können, daß Wenzl das gesamte quantenmechanische Programm systematisch aus den aristotelisch-ontologischen Prinzipien entwickelte und nicht einfach ein Begriffspaar daraus übernahm. Damit wird also dem quantenmechanischen Dualismus nur im Sinne einer analogisierenden Beschreibung, nicht aber im Sinne echter Erkenntnis gedient. Damit hängt es natürlich auch zusammen, daß Wenzl die Interpretation gewisser anderer für das quantenmechanische Begriffssystem hochwichtiger Fakten nicht einbauen kann; so wird z. B. die Deutung des für die gesamte quantenmechanisch und relativistisch orientierte Atom- und Kernphysik wichtigen Begriffes der Ruhemasse gegenüber Energie und bewegter Masse gar nicht ontologisch bestimmt, eine Vernachlässigung, die nur daraus zu verstehen ist, daß nicht das quantenmechanische Programm, sondern nur ein quantenmechanisches Detail der ontologischen Deutung unterworfen wird. Davor aber hat sich der philosophische Betrachter der physikalischen Zusammenhänge grundsätzlich zu hüten.

Nicht viel anders geht auch Wagner in seinem Versuch über »Quantentheorie und Metaphysik« im Anschluß an die Gedankenwelt Schopenhauers vor. Er geht davon aus, daß die Quantentheorie durch die mathematische Grundlage zwar erweitert und bestätigt, nicht aber erklärt worden ist (S. 39). Denn die Forderungen anschaulicher Erkenntnis werden nicht erfüllt. Damit dringe aber die Physik – unter Entdeckung des »Unerklärlichen« – in die Metaphysik ein. Nun untersucht jedoch Wagner nicht Stufe für Stufe Erkenntnistheorie und Methode der Quantenmechanik anhand der entsprechenden erkenntnistheoretischen, metaphysischen Darlegungen Schopenhauers, sondern beginnt gleich mit dem metaphysischen Ansatz, daß Materie und Naturkraft »Objektivationen des Willens« seien (S. 44). Daraus ergibt sich für ihn, daß im elementaren Wirkungsquantum sich der

Wille der Protonen manifestiere (S. 45). Der metaphysische Ansatz wird also nicht im Zusammenhang mit erkenntnistheoretischen Notwendigkeiten deduziert, sondern es wird einfach eine metaphysische Annahme analogisierend übernommen. Das heißt, es wird der Begriff bzw. die Idee des Wirkungsquantums nicht Schritt für Schritt entwickelt, sondern einfach durch einen neuen Terminismus »Wille« so-seinsmäßig bestimmt. Dadurch wird naturgemäß die gesamte Untersuchung zu einer hinsichtlich der metaphysischen Interpretation recht willkürlichen. Die Verwendung schopenhauerscher Begriffsbildungen, d.h. also die Tatsache dieser Verwendung selbst, erscheint nicht genügend notwendig, nicht genügend berechtigt, was damit zusammenhängt, daß die Verwendung schopenhauerscher Begriffe eben nicht systematisch aus dem heisenbergschen Programm notwendig nahegelegt wird. Vielmehr wird im Grunde nicht mehr und nicht weniger behauptet, als daß der Gegenstand des Physikers, metaphysisch-ontologisch gesehen, nichts anderes als der schopenhauersche »Wille« sei, zweifellos ein ontologischer Standpunkt, aber keine Ontologie.

Man könnte weiterhin darauf hinweisen, daß in Wagners Untersuchung nirgendwo dieser metaphysische Wille aus den quantenphysikalischen Tatsachen phänomenal aufgewiesen wird, aber ganz von diesen Versäumnissen abgesehen, beweist auch Wagners Versuch, daß es ohne parallele Entwicklung von Heisenberg-Programm, erkenntnistheoretischer Schwierigkeiten und systematischer ontologischer Interpretation nicht angeht, von einer metaphysischen Vertiefung der quanten(wellen)mechanischen Erkenntnisse zu sprechen. Zu leicht bleibt man bei Nichtberücksichtigung dieser methodischen Forderung in einer einfachen Standortfixierung oder in einem Analogismus stecken.

Grete Hermann ist es in ihrer Arbeit über *Die naturphilosophischen Grundlagen der Quantenmechanik* darum zu tun, das quantenphysikalische Prinzipiengut in einen Zusammenhang mit dem transzendentalen Idealismus friesscher Prägung zu bringen. Es wird speziell gezeigt, daß die friessche Kategorienlehre, wie sie aus den kantischen Formulierungen hervorgegangen ist, sich restlos im Einklang befindet mit den methodischen Prinzipien der Quantenmechanik, wie sie vor allem von Bohr und Heisenberg ausgebildet worden ist. Offen aber bleibt die Frage, ob die Naturbeschreibung eindeutig oder mehrdeutig ist, eine Frage, die in der klassischen Physik zugunsten der Eindeutigkeit und in der quantentheoretischen Physik zugunsten der Mehrdeutigkeit entschieden zu sein scheint. Damit wird aber gerade der Zugang zu einer möglichen metaphysisch-ontologischen Fragestellung und Deutung versperrt. Wichtig ist, daß die Schwierigkeiten der Quantenmechanik als prinzipielle Schwierigkeiten herausgearbeitet werden, daß sie nicht etwa bloß an der geringen Ausbildung gewisser Methoden hängen (wie vielfach angenommen wurde). Damit und im Nachweis, daß es eine Verträglichkeit zwischen dem friesschen Kritizismus und den quantenmechanischen Prinzipien gibt, erschöpft sich die Untersuchung der Hermann. Es handelt sich also um die Herausarbeitung wichtiger Grundlagen (Schwierigkeitserklärungen, nicht Schwierigkeitsaufklärungen) für eine metaphysisch-ontologische Interpretation, nicht aber um eine solche selbst. Daher scheint uns der Titel auch zu viel verheißend. Daß aber die Untersuchung gleichsam im erkenntnistheoretischen und ontologischen Vorhof stecken bleibt, scheint uns vor allem daran zu liegen, daß hier Erkenntnis als »Akt« in ihrer Besonderheit innerhalb der physikalischen Forschung nicht behandelt wird. Die Behandlung dieses Themas aber gehört unseres Erachtens notwendig zu einer philosophischen Untersuchung über die quanten(wellen)mechanischen Prinzipien.

Man kann also ganz allgemein feststellen, daß die bisherigen von uns als »philosophisch« bezeichneten Untersuchungen zu den Grundlagen der Quanten(wellen)mechanik – ausgenommen jene Arbeiten, in denen bewußt nur Details der Quantenphysik behandelt werden (Maier, Vogel, May, Becker usw.) – beinahe stets darauf ausgingen, gewisse metaphysische Postulierungen in Analogie zu bestimmten quantenmechanischen Begriffsbildungen oder Gesichtspunkten zu setzen und z. T. auch versuchten, Übereinstimmungen (Widerspruchslosigkeit) zwischen bestimmten erkenntnistheoretischen Standpunkten und Annahmen und den physikalischen Prinzipien der Quantenmechanik festzuhalten. Damit aber wird offensichtlich, daß sowohl die so bezeichnete »physikalische« als auch die »philosophische« Gruppe, die beide natürlich erst die grundsätzlichen Schwierigkeiten der hier behandelten physikalischen Theorie herausgearbeitet haben, noch nicht zu einer systematischen erkenntnistheoretisch-ontologisch-metaphysischen Untersuchung und Deutung vorgedrungen sind. Eine solche aber vermag erst eine eigentliche Naturphilosophie der Quanten(wellen)mechanik bzw. der modernen Physik zu liefern. Und eine solche muß sowohl die bisherigen Ergebnisse der erkenntnistheoretischen, logischen, methodologischen und formalen Untersuchungsergebnisse berücksichtigen als auch die Resultate der sachhaltigen physikalischen und phänomenologischen (soweit sie vorliegen) Forschung. Denn nur der breiteste Ansatz vermag in die ontologischen Bereiche der quantenmechanischen Forschungen einzudringen, ein Tatbestand, der vor allem ersichtlich wird, wenn man die Ansätze der vermeintlich philosophischen methodisch-physikalistischen Arbeiten genau fixiert. Hier wird zwar – vor allem bei französischen Autoren, die über die erkenntnistheoretischen Schwierigkeiten der Relativitätstheorien gearbeitet haben, wie z. B. Rougier, Poincaré, Duhem[29], tritt das besonders deutlich zutage – exakt zwischen Methode und Sachgehalt geschieden, aber keineswegs hinterher die philosophische Verbindung dazwischen wiederhergestellt. Vielmehr wird nach der vollzogenen Scheidung meist exakt zwischen verschiedenen Begriffsapparaten zur Erfassung von bestimmten naturwissenschaftlichen Sachgehalten geschieden und die doch nun berechtigt einsetzende Frage nach einer etwaigen sachmäßigen (ontologischen) Schichtung des (bezüglich der verschiedenen Methoden) Gegebenen vernachlässigt. Man bleibt im Methodischen stecken, obwohl man gerade die kürzesten Wege freilegt, um ins Ontologische vorzudringen. Nur zwei französische Denker müssen ausgenommen werden: Boutroux und Borel[30]. Sie gelangen von der Einsicht in die Heterogenität des Methodischen zu einer metaphysischen Heterogenität der Natur, aber ihre Arbeiten stehen in keinem Zusammenhang mit den Problemen der modernen Quantenphysik; ihre Entstehung liegt vor der Ausgestaltung der planck-heisenberg-schrödingerschen Ideen.

Die Orientierung der quanten(wellen)mechanischen Probleme – wir werden das im einzelnen noch sehen – macht es notwendig, das Spezifische dieser physikalischen Theorie noch einmal herzuleiten im Zusammenhang mit dem Thema »Erkenntnis überhaupt«; es ist notwendig, gleichsam aus einem anderen als rein physikalischen Bereich noch einmal zu den quantenmechanischen Forderungen (Heisenberg-Programm) hinzuführen, ähnlich wie der Logistiker das Mathematische sich aus der logischen Sphäre entwickeln läßt.

Dabei ist für die Notwendigkeit der Wahl der fundamentalen Position naturgemäß entscheidend, was die Mitte der Schwierigkeiten der quanten(wellen)mechanischen Prinzipien, vom rein erkenntnistheoretischen Standpunkt aus gesehen, ausmacht und dies scheint eben das ganz speziell gefaßte Thema »Erkenntnis« im Sinne ihres »Aktes« zu sein. Nur innerhalb einer Untersuchung, in der der Akt der Erkenntnis Thema ist, kann das eigentümliche Verhältnis beurteilt und erkenntnistheoretisch-ontologisch eingeordnet werden, das innerhalb der quantenphysikalischen Forschung zwischen Methode (Form) und Gegenstand (Inhalt) besteht und das z. B. erst kürzlich Vogel[31] in einer, seiner ähnlichen Dissertation nachfolgenden Preisschrift in die Behauptung zusammenfaßte, die Naturwissenschaft lasse sich nicht als bloßes Sprachsystem auffassen.

Auch alle weiteren Fragen wie die eines vermeintlichen quantenphysikalischen Relativismus oder Subjektivismus, die einer bloß symbolischen Erkenntnis bzw. die einer vermeintlichen »Spaltung der Wahrheit« (G. Hermann) in verschiedene Kalküle, kurz, das gesamte Problem der Evidenz oder Nichtevidenz in der speziellen physikalischen Erkenntnis, nehmen ihren Ursprung aus der Behandlung des Verhältnisses, das innerhalb der Quantenphysik und darüber hinaus innerhalb der gesamten modernen Physik zwischen Formalismus und Wirklichkeit besteht.

Diese Tatsachen drängen dazu, bei der Entwicklung der quantenmechanischen Erkenntnis als Akt eine Ausgangsposition zu beziehen, wo der Gegensatz zwischen »anschaulicher« und »signativer (leerer) Erkenntnis«, kurz, die Frage der »Evidenz« wirklich analytisches Thema ist. Erst kürzlich ist mit diesen Worten die Aufgabe der Phänomenologie von Fink[32] so umschrieben worden. Und damit ist gesagt, daß unsere Position die phänomenologische ist. Denn von der zentralen Bedeutung abgesehen, die Husserls philosophisches Unternehmen bezüglich der Analyse des Aktes der Erkenntnis besitzt, welche Frage zugleich auch die Mitte der Grundlagendiskussion in der Quanten(wellen)-mechanik darstellt, tritt die Phänomenologie mit drei für die Grundlegung der Naturphilosophie wesentlichen Ansprüchen auf. Erstens will sie totale und reine Philosophie geben, d. h. also bezüglich der Naturphilosophie diese nicht etwa nur im alten, abgegrenzten Sinne als Methodologie oder Erkenntnistheorie einsetzen. Zweitens faßt sie in ihrer bekannten »Hinwendung zu den Sachen« den Begriff des Seins (und damit den ontologischen Ansatz) in einer sonst nicht üblichen Weite, in der sowohl Reales als auch Ideales usw. »Sache« sein kann. Das ist ein Tatbestand, der für die Grundlagenanalyse der modernen theoretischen Physik und ihres philosophischen Problems, denken wir an die Diskrepanz zwischen den mathematischen Kalkülen und den »gemeinten« physikalischen Realitäten, nicht hoch genug angeschlagen werden kann und wodurch unmittelbar die Möglichkeit geboten wird, in die ontologischen Fundamente physikalischer Tatbestände vorzustoßen. Drittens aber hat sich die phänomenologische Forschung wieder darum bemüht, den Absolutheitswert des Denkens festzuhalten, ein Faktum, von dem aus zu einer tieferen denkerischen Erfassung, die über das bloß Formale hinausdrängt oder wenigstens die Wege dazu weist, erst angesetzt werden kann. Was aber schließlich das Unternehmen rechtfertigt, weniger von den husserlschen Urformulierungen als vielmehr von der schelerschen Weiterbildung auszugehen, ist die Tatsache, daß bei Scheler die phänomenologische Forschung eine gewisse realistische Wendung eingeschlagen hat, die den Zugang zu den speziellen Dingen der Naturerkenntnis, wie sie die Quanten(wellen)mechanik darstellt, wesentlich erleichtert.

Im Zusammenhang mit der phänomenologisch-ontologischen Untersuchung der quanten(wellen)mechanischen Prinzipien und Erscheinungen wird zugleich auch die Frage des Verhältnisses der neueren physikalischen Probleme zur philosophischen Tradition beleuchtet und so weit als möglich geklärt. Anfangs schien es, als stehe die moderne Physik mit ihren Theoriensystemen der Relativitäts- und Quantenmechanik der sogenannten klassischen Physik diametral gegenüber und breche so die klassische Naturerkenntnis schroff ab. Nach und nach zeigte sich aber, besonders durch geschickte Formulierungen Heisenbergs und Jordans[33] und durch die Postulierung des Korrespondenzprinzips durch Bohr, daß sich die neuere Quantenphysik asymptotisch der klassischen Naturbeschreibung anschmiegen läßt und daß der Radikalismus doch nicht so scharf ist. Man darf also sagen, daß zuletzt der mit Galilei eingeschlagene Weg einer quantitativ beschreibenden Physik durch die Quantentheorie nicht abgebrochen, sondern nur ein unerwartet weites Stück nach vorne getrieben wurde, daß also in gewissem Sinne die methodisch-physikalische Tradition sehr wohl besteht, wenn auch die klassische und quantentheoretische Physik scharf geschieden werden können. Wie mit den neuen Theorien zunächst die physikalische Tradition endgültig abgebrochen scheint, so glaubt man, vor allem innerhalb der erwähnten physikalistischen Gruppe, daß die physikalischen Probleme der Atome und Quanten zu einer Naturphilosophie drängen, die kaum noch Beziehungen zu voraufgegangenen philosophischen Ideen und Systemen besitzt, obwohl bereits Heisenberg in seinen *Prinzipien* ... (S. 49) darauf aufmerksam gemacht hat, daß manche philosophischen Begriffsbildungen, die für die modernen physikalischen Theorien charakteristisch sind, bereits »in der Philosophie vergangener Jahrhunderte besprochen« wurden. Wenn auch, wie wir im Zusammenhang mit der Nennung verschiedener Arbeiten aus der philosophischen Gruppe darauf hinwiesen, verschiedene Autoren gedankliche Isomorphismen zwischen den erkenntnistheoretischen Standpunkten verschiedener vergangener Systeme und der Methodologie der Quantenphysik aufweisen, so fehlt doch der Nachweis des tiefen und durchgängigen Zusammenhangs zwischen dem philosophischen Gehalt der Quanten(wellen)mechanik und dem der philosophischen Tradition. Der Nachweis oder besser die Aufweisung dieses Zusammenhangs ist aber insofern dringlich, als die Anknüpfung der modernen physikalischen Methodik und Begriffsbildung an die sogenannte klassische Physik längst und deutlich genug sichergestellt werden konnte, wie wir bereits sagten[34].

II. Schelers Lehre von der Daseinsrelativität

1. Die Aufgabe

Es ist unsere Aufgabe zu versuchen, ob die erkenntnistheoretischen bzw. ontologischen Schwierigkeiten der modernen Quantenmechanik durch ihr Verständnis aus den Begriffsbildungen Schelers phänomenologisch fundierter Lehre der Daseinsrelativität der Gegenstandsarten aufgelöst werden können und darüber hinaus der Anschluß des naturphilosophischen Gehaltes der neueren Physik an die philosophische Tradition gewonnen werden kann.

Im einzelnen werden wir folgende Fragenkomplexe der neueren Quantentheorie (d.h. der Quanten(wellen)mechanik) behandeln:

a) Das Heisenberg-Programm im allgemeinen.
b) Die klassische und die quantenmechanische Einstellung zur physikalischen Realität.
c) Den Welle-Partikel-Dualismus.
d) Modell und Analogie.
e) Sprache und Formalismus.
f) Die Unbestimmtheitsrelationen.
g) Mikro- und Makrophysik.
h) Komplementarität und Korrespondenz.
i) Kontinuität und Diskontinuität.
k) Subjekt und Objekt.

Selbstverständlich werden gewisse naturphilosophische Fragen, die aus der relativistischen Physik stammen, behandelt werden müssen. Im ganzen sind damit die entscheidenden Problemkreise der Quantenphysik aufgegriffen, vor allem aber diejenigen, die ins Erkenntnistheoretische und Ontologische vordringen. Gleichzeitig handelt es sich dabei auch um jene Bereiche, die durch die schelerschen erkenntnistheoretischen und ontologischen Formulierungen am leichtesten erfaßt werden können.

Letztere sind in erster Linie durch die Herausgabe von Band I des *Nachlasses*[35] bekannt geworden. Hier findet sich alles in einen mehr oder weniger deutlichen systematischen Zusammenhang gebracht, was z. T. auch schon in früheren wissenssoziologischen, religionsphänomenologischen und ethischen Arbeiten vorgebildet war. In erster Linie kann sich also unsere Untersuchung auf diesen Nachlaß stützen, wenn auch fortlaufend Formulierungen aus den fertigen Werken Schelers übernommen werden konnten.

Scheler hatte bekanntlich die Ausarbeitung einer Erkenntnistheorie vor[36], aber er ist nicht mehr dazu gekommen. Daher kann man nur beschränkt von einer originalen Erkenntnistheorie sprechen, obwohl die phänomenologisch-ontologisch gerichtete Lehre von der Daseinsrelativität der Gegenstandsarten im *Nachlaß* ungemein klar herausgearbeitet ist und so vor allem die phänomenologischen Grundlagen der Erkenntnistheorie (sie gehen nach Scheler immer der Erkenntnistheorie vorauf[37]) Schelers aufzeigt. Sie sind denn auch für das Thema unserer Untersuchung das Wesentliche.

An Hilfswerken zu Schelers Vorstellungen dienten uns vor allem noch zwei Werke, das Kraenzlins über *Max Schelers phänomenologische Systematik* und dann vor allem Pölls ausgedehnte Arbeit über *Wesen und Wesenserkenntnis*, die Schelers Ideen grundsätzlich aus den ersten husserlschen Formulierungen begreiflich macht und die phänomenologischen Begriffsbildungen mit den entsprechenden der Scholastik vergleicht[38].

Die genannten beiden Arbeiten gestatten es uns, auf eine besondere Darlegung von Schelers phänomenologischer bzw. erkenntnistheoretischer Methode zu verzichten. Da es uns auf die Anwendung schelerscher Vorstellungen und Begriffe auf gewisse physikalische Fakten ankommt, scheint uns zunächst nur ein gesonderter Hinweis auf Schelers bzw. der Phänomenologie Verhältnis zur Naturwissenschaft bzw. Naturphilosophie notwendig, wobei dann überhaupt das Verhältnis von Phänomenologie und positiver Wissenschaft gestreift wird.

2. Phänomenologie und Naturwissenschaft

Die Stellung der Phänomenologie zur Wissenschaft entbehrt nicht der Zweideutigkeit. Einerseits geht die frühe phänomenologische Forschung (bei Husserl selbst) wissenschaftskritisch vor[39] und Scheler grenzt, wie wir noch deutlicher sehen werden, klar die Phänomenologie gegen die sogenannten positiven Wissenschaften ab[40], andererseits jedoch lag es in der Entwicklung der phänomenologischen Forschung, daß sie versuchte (auf Grund des von ihr, wie bereits erwähnt, so ungemein weit gefaßten Begriffs der »Sache«), ihre Methode auf positive Wissenschaften anzuwenden und den Sachgehalt dieses oder jenes Wissensgebietes phänomenologisch aufzuhellen. Wir sagten schon, daß die Ursache die ontologische Weite ist und fügen hinzu, daß das mit der Tatsache zusammenhängt, daß die Phänomenologie sich bei manchen Forschern stark von den rein »bewußtseinstheoretischen Voraussetzungen ... losgelöst« hat und in ihrer Eigenschaft als Ontologie bei manchen ihrer Vertreter eine »realistische Wendung« nahm, wie die Meinung Heimsoeths lautet[41]. Bekanntlich hat vor allen Dingen Max Scheler als ein Träger dieser Tendenz zu gelten.

Jedenfalls ist es der Phänomenologie gelungen, verschiedene geisteswissenschaftliche und naturwissenschaftliche Erkenntnisgebiete in ihren Forschungsbereich einzubeziehen. Für uns sind naturgemäß vor allem die drei Wissensgebiete der Biologie, der Mathematik und der Physik wesentlich.

Von den phänomenologischen Untersuchungen über gewisse biologische anthropologische Tatsachen sind vor allem die der Scheler und Plessner bekannt geworden[42], die allerdings in biologischen Fachkreisen (z.B. durch Max Hartmann[43]) fast nur Ablehnung erfahren haben.

Von den phänomenologischen Arbeiten zur Mathematik und der Geschichte der Mathematik sind vor allem die Arbeiten Oskar Beckers zu nennen[44]. Die *Mathematische Existenz* gilt vor allem der Klärung des Verhältnisses von Intuitionismus und Formalismus sowie der Phänomenologie des cantorschen Transfiniten. Beckers Erörterungen sind vor allem für den Grundlagenstreit der modernen Mathematik von Wichtigkeit.

Becker hat auch versucht, gewisse im Zusammenhang mit der

Relativitätstheorie stehende physikalische Begriffe und Gedankengänge, vor allem die Frage der Apriorität des dreidimensionalen euklidischen Raumes, phänomenologisch zu analysieren. Zu den verschiedensten Fragen der modernen Physik konnte er phänomenologische Zugänge freilegen, die für unsere Untersuchung von Wichtigkeit sind und auf die an den einzelnen Punkten zurückgegriffen werden wird[45].

Aus dem phänomenologisch-physikalischen Forschungsbereich wären alsdann zunächst die Arbeit H.H. Grundwaldts über Zusammenhänge zwischen Husserls Phänomenologie und der Forschungsmethode Galileis[46] und die Untersuchungen H. Conrad-Martius' zur realontologischen Erfassung der Farbphänomene[47] zu nennen. Genannt zu werden verdienen auch die verschiedenen Arbeiten F. Heinemanns über die Phänomenologie Goethes[48], die herausstellen, daß Goethes Farbenlehre von der Physik zur Phänomenologie fortschreite. Vor allem aber muß hier darauf hingewiesen werden, daß auch von fachmathematischer bzw. fachphysikalischer Seite aus verschiedentlich der Versuch unternommen wurde, die Deduktion der abstrakten Theorie auf eine phänomenologische Grundlage zu stellen. In der Einleitung zu seinem Werk *Raum, Zeit, Materie*[49] hat Weyl die phänomenologischen Fundamente der Begriffsbildungen der speziellen und allgemeinen Relativitätstheorien angedeutet. Obwohl, wie Weyl in einer Anmerkung selbst schreibt, seine philosophischen Erörterungen sich eng an das Werk Husserls *Ideen zu einer reinen Phänomenologie und phänomenologischen Philosophie* anlehnen, erscheint hier der phänomenologische Standort ein wenig modifiziert. (Zum Beispiel machen sich fichtesche Einflüsse und positivistische Richtlinien bemerkbar.) Es ist jedoch äußerst interessant zu verfolgen, wie hier die strenge mathematisch-physikalische Begriffsbildung etwa für Raum, Zeit und den Substanzbegriff aus gewissen phänomenologischen Feststellungen heraus entwickelt wird. Allerdings muß betont werden, daß Weyl in seinem naturphilosophischen Artikel für das *Handbuch der Philosophie* die positive Stellung trotz vielfältiger Zitierung noch weiter modifiziert und gemildert hat. Wir werden später Gelegenheit haben, einzelne Gedankengänge Weyls exakter zu diskutieren.

Auf die anderen der genannten Arbeiten können wir hier nur

im ganzen hinweisen. Es kommt uns darauf an zu bemerken, daß sie alle Wege gewiesen haben, naturwissenschaftliche Grundlagenfragen mit den Mitteln des Phänomenologen zu behandeln. So scheint uns notwendig zu sagen, daß eine wirklich moderne Naturphilosophie überhaupt nur vom Standpunkt der Phänomenologie am ehesten ausgebildet werden kann. Wenn nun eine Disziplin von sich aus die Tendenz hat, auf erkenntnistheoretische und ontologische Prinzipien hinzuweisen bzw. sogar in diesen Bereich vorzudringen, wie das bei der Quanten(wellen)mechanik ja weitgehend der Fall ist, dann ist die phänomenologische Betrachtung von vornherein nahegelegt, besonders aber dann, wenn es den Anschein hat, als kämen die nichtphänomenologischen Arbeiten zur naturphilosophischen Grundlage bzw. zur erkenntnistheoretisch-ontologischen Sicherung der quanten(wellen)mechanischen Prinzipien nicht über die positivistische bzw. neopositivistisch-methodologische Fragestellung hinaus. So fruchtbar alle diese Erörterungen, wie wir bereits betonten, für die Forschungsmethode sowohl der theoretischen als auch der experimentellen Physik sein mögen, einen fundamentalen, synthetischen Standpunkt gegenüber den quantenphysikalischen Aporien konnten die Erörterungen der Bohr, Heisenberg, Jordan, Frank, Schlick, Neurath, Carnap, Popper usw., wie das z.B. auch von Heisenberg und Jordan gelegentlich zugegeben wurde, nicht erreichen. Dazu kommt, wie man im einzelnen sehr leicht zeigen könnte, daß die positivistische bzw. neopositivistische Einstellung bei all diesen genannten Forschern weitgehend schwankt. Alle bisherigen Versuche beeinträchtigen natürlich keineswegs die umfassende Behandlung des hier in Frage stehenden Problemkreises. Von je mehr Seiten eine Schwierigkeit betrachtet und der Lösung näher gebracht wird, desto umfassender, tiefer, synthetischer wird zunächst einmal die Gewißheit, daß hier tatsächlich eine echte Problematik vorliegt. Eine phänomenologische Untersuchung würde also, selbst wenn sie nicht das Letzte ergäbe, vor allem in perspektivistischer Hinsicht von Wert sein.

3. Phänomenologie und positive Wissenschaft bei Scheler

a) Wir wiesen bereits darauf hin, daß Scheler, trotzdem er sich den Werken des Begründers der phänomenologischen Forschung tief verpflichtet fühlt (wie er selbst sagt[50]), gerade durch die Aufgabe ihres »Transzendentalismus« (Pöll[51]) bzw. durch Lösung von den »bewußtseinstheoretischen Voraussetzungen« (Heimsoeth[52]) die phänomenologische Forschung auf ihre ontologische bzw. realistische Möglichkeit hindrängte. So regte also vor allem Scheler im eigentlichen Sinne phänomenologische Untersuchungen im Bereich der positiven Wissenschaften an. Speziell behandelte er als erster auch gewisse physikalische Fragen von seinem neu gewonnenen philosophischen Standpunkt aus. Denn die Untersuchungen über »Phänomenologie und Erkenntnistheorie« und »Die Lehre von den drei Tatsachen«, die sich im *Nachlaß* (I) finden, stammen, wie die Herausgeber versichern (S. 463), aus den Jahren 1911–1913. Wir möchten hinzufügen, daß diese Arbeiten, die eine Fülle bemerkenswerter physikalischer Analysen enthalten, also vor den entscheidenden Untersuchungen zur allgemeinen Relativitätstheorie bzw. Feldtheorie und vor allem vor Aufstellung der neueren Quantentheorie (Quanten(wellen)mechanik) entstanden sind.

Aufs erste klingt die Tatsache, daß Scheler hier höchst spezielle Fragen der Naturerkenntnis und vor allem der physikalischen Methode phänomenologisch behandelt, widersprechend der anderen, daß gerade er eine so überaus deutliche Unterscheidung zwischen phänomenologischer und wissenschaftlicher Arbeit verlangte. Pöll hat in seiner bereits genannten Untersuchung über *Wesen und Wesenserkenntnis*, darin das Verhältnis zwischen Husserls und Schelers Phänomenologie geklärt wird, darauf hingewiesen, daß der von Scheler so scharf herausgearbeitete Gegensatz Husserl fremd sei. Husserl wolle ja gerade der Philosophie den Rang einer Wissenschaft verleihen, wenn seine Erkenntnisse auch auf allgemein gültige »Wesen« und »Wesenszusammenhänge« ausgeht. Jedoch kann man Pölls Behauptung nur modifiziert gelten lassen. Schon in den *Ideen zu einer reinen Phänomenologie* ... (1913) wird man eine gewisse Unterscheidung von Wissenschaft und Philosophie bemerken. Und in seiner *Formalen und transzendentalen Logik* (1929) spricht Husserl von einer gesonderten Thematik der »positiven« oder »objektiven« Wissenschaften (S. 31, 32). Ihr thematisches Feld vollzieht sich ausschließlich auf der Ebene der Theorie und könne z.B. nicht subjektive Reflexionen (über die jeweilige besondere, geometrische oder physikalische usw. Denkweise) enthalten. Mit letzterem entsteht eigentlich eine Art Wissenschaft, die der positiven oder objektiven Wissenschaft gegenübersteht, sich zu dieser gewissermaßen ergänzend verhält. Stellt also auch Husserl nicht Philosophie und Wissenschaft wie Scheler methodisch gegeneinander, so spricht er doch – indem er Philosophie als Wissenschaft fordert – sehr klar von der Doppelseitigkeit der Wissenschaft, deren eine Hälfte die phänomenologische Wissenschaft, deren andere aber die positive Wissenschaft einnimmt.

Die Forderung Husserls nach der Allgemeingültigkeit der phänomenologischen Einsichten könnte nun den Anschein erwecken, als würde verlangt, daß Wesenserkenntnisse unentwickelbar und unbeeinflußbar von neueren naturwissenschaftlichen Erkenntnissen etwa seien. Pöll hat diesen für uns bemerkenswerten Punkt angeschnitten und ihn als Mißverständnis zurückgewiesen. Jede neue Erkenntnisrelation, so bemerkt er (S. 26), wirke auf die sie fundierenden Erkenntnisse zurück und lasse den bereits erkannten Gegenstand unter neuen Gesichtspunkten in bisher noch nicht bemerkten Momenten seiner Bestimmtheit sehen. Dabei sei es gleichgültig, ob die neuen Erkenntnisse durch »Wesensschau«, »Beobachtung« oder »Induktion« gewonnen sind. Grundsätzlich, das ist für unsere spezielle Untersuchung das wichtige Ergebnis der pöllschen Arbeit, gibt es also eine Korrespondenz zwischen phänomenologischer und positiver Forschung.

Ehe wir diesen Tatbestand bei Scheler im einzelnen verfolgen, möchten wir zuvor auf ein Mißverständnis in der hartmannschen Kritik der Phänomenologie hinweisen[53].

Es kann also offenbar von keiner Abwendung der Phänomenologie von der sogenannten positiven Wissenschaft die Rede sein. N. Hartmanns Einwendungen gegen die husserlsche Philosophie, die von diesem Vorwurf begleitet sind, treffen demnach viel stärker die Lebensphilosophie (Klages) als die Phänomenologie. Es ist daher auch nicht erlaubt zu sagen, die phänomenologische Forschung übersehe die grundsätzlich ontologische Einstellung der Fachwissenschaften oder gar ihrer selbst[54]. Im Gegenteil, die phänomenologische Hinwendung zu den Sachen (deren ontologische Endabsicht von nichtphänomenologischer Seite vor allem Kynast sehr betont hat[55]) ist sogar vielfach in einen Zusammenhang mit dem ontologischen Radikalismus des neueren Positivismus gebracht worden[56]. Und unsere vorstehende aufzählende Betrachtung hat gezeigt, wie es in der Entwicklung der Phänomenologie lag, den sonderwissenschaftlichen Sachgehalt der Mathematik, Physik usw. ontologisch zu erschließen, wenn es dabei auch nicht ohne schärfste Kritik von seiten der Phänomenologie abging.

Schließlich sei hier auch darauf hingewiesen, daß aus all den Gründen, die wir bei Pöll angeführt fanden, auch der Einwurf des Biologen Max Hartmann gegen die Phänomenologie, daß sie (wohl aus der fälschlich angenommenen Mißachtung von Experiment und fachwissenschaftlicher Methode) einer spekulativen Naturerkenntnis zustrebe und zu einer völligen »Entfremdung zwischen Philosophie und Naturwissenschaften« führe, hinfällig wird[57].

b) Nunmehr haben wir im engeren Sinne Schelers Ausführungen über das Verhältnis von Philosophie und Wissenschaft darzustellen. Dabei ist indes zu beachten, daß Philosophie für Scheler eben Phänomenologie ist und daß der Begriff der Wissenschaften auf die positiven Wissenschaften eingeschränkt bleibt. Wir heben weiter hervor, daß es für unsere Untersuchung zweckmäßig ist, Schelers rein erkenntnistheoretische Arbeiten für unser Problem zu berücksichtigen, aber die mit diesem Thema verknüpften wissenschaftssoziologischen Erörterungen im großen und ganzen außer acht zu lassen.

Zunächst einmal richtet sich die phänomenologische Forschung, die primäre Aufgabe aller Philosophie, auf Absolutes, während die wissenschaftliche Erkenntnis von relativem, wahrscheinlichem Charakter ist. »Die Richtung des Erkennens auf die Absolutsphäre oder das Verhältnis zur Absolutsphäre alles möglichen, objektiven Seins und die Richtung auf die Wesenssphäre alles objektiven möglichen Seins im Unterschied zu seiner zufälligen Daseinssphäre – das und das allein macht die Natur des philosophischen Erkennens an erster Stelle aus«, das – so sei angefügt – als »evidente Wesenserkenntnis« zu bestimmen ist (S. 182). Der relative, wahrscheinliche Charakter der wissenschaftlichen Erkenntnis wird jedoch nicht durch den Menschen erzeugt, d.h. die »Erkenntnisgegenstände ..., über die jene Wahrheit« (der Wissenschaft nämlich) »ergeht, sind zwar nicht mensch-relative, aber in ihrem Dasein vital-relative«. (S. 323) Diese Auffassung der Relativität können wir jedoch noch nicht weiter verfolgen, sie steht später ausführlich zum Thema.

Husserl hat in seinen Untersuchungen zwecks Klärung dessen, was unter Erkenntnis zu verstehen sei, die Begriffe »Bedeutung« bzw. »Bedeutungserfüllung« eingeführt. An sie ist zu erinnern, wenn Schelers weitere Bestimmungen verständlich werden sollen. In den *Logischen Untersuchungen* (2, S. 37) legt Husserl dar, daß die Erkenntnis wesensmäßig dadurch zustande komme, daß eine durch die Sprache bestimmte »Bedeutung« in der »Anschauung« eine Erfüllung finde. Scheler spricht im Anschluß hieran bezüglich der Frage, was Erkenntnis sei, von der »Deckung eines anschaulichen Gehaltes mit einer von ihm unabhängigen Bedeutung«. Selbstverständlich sind also »Gegenstand« und »Bedeutung« zu scheiden. Jener ist »jedes Subjekt möglicher wahrer Prädikation«, diese aber meint eine Aussage, die in Bezug auf einen Gegenstand gelten kann. (Vgl. *Ideen*, S. 11)[58].

In dieser Unterscheidung gründet nun auch der phänomenologisch wichtige Vorgang der »Bedeutungserfüllung«. Sofern nämlich eine »Bedeutungsintention« im Anschauungserlebnis ihre Erfüllung findet, gibt es die Möglichkeit der allmählichen Steigerung dieser Erfüllung. Die Grenze ist offenbar jene von der phänomenologischen Forschung gesuchte absolute Erkenntnis, in der das »Gegenständliche« genau das ist »als welches es intendiert ist« (*Logische Untersuchungen*, 2, S. 118). Hier ist das vorhanden, was Scheler als »Deckung« bezeichnet, »die adäquate Selbstdarstellung des Erkenntnisobjektes« (Pöll, S. 9).

Von hier aus läßt sich nunmehr eine bemerkenswerte Feststellung Schelers sehr leicht verstehen. »Selbstgegeben kann nur das sein, was nicht mehr bloß durch irgendeine Art von Symbol gegeben ist, d.h. so, daß es als bloße ›Erfüllung‹ eines Zeichens ›gemeint‹ ist, das vorher irgendwie definiert ist. In diesem Sinne ist die phänomenologische Philosophie eine fortwährende *Entsymbolisierung der Welt.*« (S. 272)

Im Gegensatz hierzu geht nun die Wissenschaft nach Scheler grundsätzlich »symbolisierend« vor. »Alle und jede empirische Wahrnehmung ist eo ipso auch nichtevident und gibt ihren Gegenstand immer nur mehr oder weniger *symbolisch* und ... immer als einen dem Wahrnehmungsgehalt gegenüber *transzendenten.*« (S. 275–76) »Natürliche Weltanschauung ... ja noch mehr die Wissenschaft ... führen beide von sich aus nie zur Selbstgegebenheit.« (S. 272) Damit stehen wir am Zentrum der schelerschen Unterscheidung zwischen phänomenologischer und wissenschaftlicher Erkenntnis. Dazu kommt aber nun noch die Abhebung der »natürlichen Weltanschauung« von sowohl der »wissenschaftlichen« als auch der »phänomenologischen Erkenntnis«. Denn zwischen der »natürlichen« und der »wissenschaftlichen« Weltanschauung besteht wiederum ein offensichtlicher Unterschied. »Die Wissenschaft entrollt uns ein Bild der Welt, deren Gegenstände nicht nur der phänomenologischen Anschauung transzendent sind, sondern auch transzendent der natürlichen Weltanschauung, die doch selbst schon das unmittelbar Gegebene so weit transzendiert. So ist der Himmelsbau der Astronomie völlig transzendent der natürlichen Weltanschauung.« (S. 345) Offenbar kommt diese Unterscheidung durch nichts so deutlich zum Ausdruck wie durch die Tatsache, daß die wissenschaftliche Sprache sich schärfstens von der Volkssprache unterscheidet. Scheler hat diesen Tatbestand eingehend untersucht und stellt heraus, daß die »natürliche Definition« der Dinge durch die Volkssprache und die »wissenschaftliche Definition«, die nach ihm eine künstliche genannt werden muß, weitgehend verschieden sind. (S. 348) Sie sind verschieden wie der gesunde Menschenverstand eben von der wissenschaftlichen Logik verschieden ist. Es sei jedoch zu beachten, daß in der »natürlichen Weltanschauung« noch von einer gewissen »Selbstdarstellung« die Rede sein kann, da Anschauung, Qualität, freilich utilitätsgebunden, noch bis zu einem gewissen Grade erhalten blieben. (S. 272) In gewisser Hinsicht nimmt also die natürliche Weltanschauung eine Zwischenstellung ein zwischen wissenschaftlicher und phänomenologischer Forschung. Die Phänomenologie »sucht ein Sein, so wie es in sich selbst ist, nicht wie es sich als bloßes Erfüllungsmoment für an es herangebrachte Symbole darstellt. ... Sie darf daher sachlich weder den Bestand der natürlichen *Sprache* und ihre Bedeutungsgliederung, noch gar den Bestand irgendeines künstlichen Zeichensystems für ihre Untersuchungen voraussetzen.« (S. 304) In der natürlichen Weltanschauung der Natur figurieren die Dinge niemals »als sie selbst, sondern lediglich so weit gehen schaubare Qualitäten in die Anschauung ein, als sie auch repräsentative Funktion haben für die Unterscheidung und Abschätzung von dinglichen Einheiten ...« (S. 272) Für die wissenschaftliche Forschung aber gilt: »Die Adäquation der wissenschaftlichen Erkenntnis muß nach den dargelegten Beziehungen ... genau im selben Maße abnehmen, als ihre Gegenstände unabhängig vom Gehalt der menschlichen Umwelt werden, d.h. sie werden im selben Maße Erkenntnis durch *Symbole.*« (S. 302f)

Die natürliche Weltanschauung liegt also zwischen der asymbolischen der Phänomenologie und der symbolischen der Wissenschaft. Exakt gibt Scheler folgende Dreiteilung: der phänomenologische Gegenstand ist »selbstgegeben«; jeder Gegenstand der natürlichen Weltanschauung ist »symbolisch gegeben«, stellt sich aber »selbst dar«; der Gegenstand der Wissenschaft ist nur symbolisch gemeint und wird durch ein künstlich gesetztes Zeichen dargestellt (S. 347). Offenbar entwickelte sich – wie ein Historiker leicht zeigen könnte – die Naturerkenntnis in diesen Stufen von der natürlichen zur rein wissenschaftlichen Weltanschauung. Heisenberg hat in seinen *Wandlungen in den Grundlagen der Naturwissenschaft*[59] einige Beispiele für diese Stadien gegeben (unabhängig von Schelers Analyse). Wir haben diese Gesichtspunkte so klar herausgearbeitet, um in späteren Abschnitten klar zu werden über die wissenschaftliche Ausdrucksmethode der quantenmechanischen Physik.

c) Wir wiesen schon einmal darauf hin, daß diese von Scheler herausgearbeitete Gegensätzlichkeit nicht zu der Ansicht verführen darf, als könne nicht die geringste Korrespondenz zwischen fachwissenschaftlicher und phänomenologischer Forschung zustandekommen. Scheler selbst, der seine im *Nachlaß* erschienenen genannten Arbeiten zur Phänomenologie und Erkenntnistheorie unter ständiger Bezugnahme auf Tatsachen und Anschauungen der sogenannten positiven Wissenschaften entwickelt hat, weist auf solche sich scheinbar ausschließenden Beziehungen hin. Wir müssen in diesem Abschnitt genauer bei seinen Ausführungen verweilen, da unser Thema ja von der hier in Rede stehenden Beziehung bestimmt wird.

Indem nach Scheler die Phänomenologie der Erkenntnistheorie vorangeht, nicht nachfolgt (S. 286), geht sie auch den positiven Wissenschaften voran. Sind beide, Phänomenologie und Wissenschaft, auch selbständige Erkenntnisarten, so ist es doch unerläßlich, »daß die Phänomenologie nun auch zeige, wie es zu den Problemen und Erkenntniszielen der positiven Wissenschaft kommt«. (S. 312) Damit liegt nun eine erste prinzipielle Korrespondenz vor. Das philosophische Erkenntnisziel erscheint dem der Wissenschaften vorgeordnet und sogar übergeordnet (S. 324). Es erweist sich deshalb als erforderlich, daß die Phänomenologie die wissenschaftliche Welt umfasse, weil sonst die Meinung aufkommen könnte, sie habe es nur mit »Phänomenen« zu tun in dem Sinne, als handele es sich hier um »Erscheinungen« verborgener, dahinter liegender Realitäten. Das aber widerspräche ja der primären Aufgabe der Phänomenologie, auf »Adäquation«, »Selbstdarstellung« usw. auszugehen. Also gerade weil die Phänomenologie das Gegenteil eines »Phänomenologismus« ist, wie Scheler sagt, will sie darlegen, wieso man von ihren Tatsachen, den »Phänomenen« her zu den »Grundbegriffen der erklärenden Wissenschaft kommt« (S. 313).

Gewiß ist natürlich, daß die »wissenschaftlichen Tatsachen« in erster Linie »Sachverhalte« darstellen, die nicht der natürlichen Wahrnehmung, sondern der wissenschaftlichen Beobachtung entspringen. Echte Qualitäten, Dinge und Ereignisse sind nach Scheler nicht Gegenstand der Wissenschaft (S. 340). Das hieße nicht, so bemerkt er, daß nicht auch die Wissenschaften »Dinge«, »Ereignisse« usw. kennen, aber sie werden doch definitorisch erst zu Sachverhalten bestimmt. Sofern Sachverhalte also »Konstruktionen« aus echten Wahrnehmungen und echten Phänomenen sind, geht Phänomenologie der wissenschaftlichen Forschung voraus, und es ist verständlich, daß Scheler für alle wissenschaftlichen Sätze und Formeln eine Deckung in Erlebnisgehalten sucht (S. 267). Damit hängt es naturgemäß auch zusammen, daß das »Erlebte« oder »Erschaute« als echte »Gegebenheit« auf verschiedene Weise »zur Erschauung« gebracht werden kann, nach Scheler z. B. durchaus auch in einem Experiment (S. 267), was für einen phänomenologischen Zugang zu den physikalischen Prinzipien von höchster Bedeutung ist. Hierin besteht auch keinerlei Gegensatz zwischen Scheler und dem Begründer der Phänomenologie, Husserl, für den ebenfalls verschiedene Möglichkeiten bestehen, etwas zur »Erschauung« zu bringen. Es kommt jedenfalls ganz allgemein darauf an, die Gegebenheiten auch phänomenologisch zu erforschen, und gerade in dieser Wendung liegt es beschlossen, daß Scheler zu den »realistisch gerichteten Phänomenologen« – wie der Terminus Beckers lautet – zu zählen ist[60].

Mit dieser radikalen Besinnung auf das Erlebte rückt die Phänomenologie, wie vielfach bemerkt worden ist, in eine gewisse Verwandtschaft zum (vorwiegend älteren) Positivismus, die freilich nicht überschätzt werden darf. Scheler selbst hat diese Frage eingehend untersucht und zugegeben, daß »der Erlebnisverkehr mit der Welt«, d.h. also mit den »Sachen« des Phänomenologen, diese philosophische Forschung zu einem radikalen »Empirismus und Positivismus« mache (S. 267). Aber dabei ist zu beachten, daß diese Verwandtschaft tatsächlich vorwiegend den älteren Positivismus betrifft. Denn der sogenannte Neopositivismus, von Schlick gelegentlich auch »logizistischer Positivismus« genannt[61], hat die »reine Empfindung« nach und nach durch »Gesetze« bzw. Gesetzeszusammenhänge ersetzt. »Den Gegenstand der Physik bilden nicht Empfindungen, sondern Gesetze«, so heißt es bei Schlick (a.a.O.). Vollkommen an die Stelle des älteren Empfindungsmonismus ist der Gesetzespositivismus vor allem bei den Mitgliedern des sogenannten Wiener Kreises, u.a. bei Carnap und bei O. Neurath getreten.

Das Verhältnis der modernen Quantenmechaniker zum Positivismus ist, das muß hier angefügt werden, recht wenig klar. Einerseits lehnt z.B. Jordan einen Sensualismus machscher Prägung ab, andererseits macht er aber in seiner Fundamentierung der quantenmechanischen Prinzipien die mehr oder weniger reinen logizistischen Konsequenzen des Neopositivismus der Carnap, Neurath und Schlick nicht durchgängig mit, sondern geht, was im Rahmen des Heisenberg-Programms liegt, wie wir noch genauer sehen werden, streng von Beobachtungstatbeständen bzw. Empfindungen aus und nennt ausdrücklich »sinnvoll« nur solche Aussagen, »die sich unmittelbar auf unsere Sinneserlebnisse beziehen«[62]. Läßt man die transzendentale Einstellung der Phänomenologie außer acht – die Jordan als Ablehner der sogenannten »Schulphilosophie«, die von »Scheinproblemen« wimmele (vgl. a.a.O.) verwerfen muß –, so entspricht Jordans positivistisch-sensualistisch-empiristische Grundeinstellung weitgehend jenem »Erlebnisverkehr mit der Welt«, von dem Scheler spricht. Diese philosophische Grundlegung steht natürlich weitgehend gegensätzlich zu dem konsequenten neueren Gesetzespositivismus, der zuweilen sogar, z.B. bei O. Neurath, zu einer beträchtlichen Unterschätzung des Experiments gelangt, und den Becker gelegentlich einen »Neonominalismus« nannte. Dieser logizistische Neopositivismus und dieser Neonominalismus würden für Scheler unter den Rationalismus fallen, den er als gänzlich »symbolisierend« anspricht.

Hier könnte man flüchtig auf die Annäherung von Positivismus und Phänomenologie hinweisen, wie sie bei Laas vorliegt. Beide, Phänomenologie und Positivismus wollen auf die »Sachen« zurückgehen. Den Positivisten sind die Erlebnisse als innere Wahrnehmungen (Erfahrungen) »Gegebenheiten an sich«[63]. Aber indem Laas sich von dieser Wirklichkeitsbehauptung merklich zurückzieht und diese »Gegebenheiten« als für ein »Bewußtsein überhaupt« ansieht, nähert er sich nicht nur immanenzphilosophischen Betrachtungsweisen, wie Maier meint, sondern nähert er den Empfindungspositivismus weitgehend der Phänomenologie im Rahmen der hier zur Rede stehenden schelerschen These.

Genau wie nun weiterhin die Phänomenologie Schelers einen deutlichen Unterschied macht zwischen der echten Gegebenheit in der Evidenz und der wissenschaftlichen Erkenntnis dieser Gegebenheit, so scheidet der physikalische Positivismus, wie er heute zur Deutung der quantenmechanischen Zusammenhänge angesetzt wird, sehr klar zwischen den unmittelbaren Erlebnissen und der wissenschaftlichen Auswertung bzw. Repräsentation dieser Erlebnisse, die eine Konstruktion zu »Sachverhalten«, wie Scheler sagen würde, voraussetzt. So finden wir z.B. bei Jordan, der von allen Quantenmechanikern am stärksten um die philosophische Fundamentierung des physikalischen Theoriensystems bemüht ist, eine Darstellung, die das Verhältnis zwischen wissenschaftlicher und phänomenologischer (d.h. genauer für Jordan:

positivistischer) Erkenntnis gleichwertig der schelerschen Unterscheidung ausdrückt: »Entsprechend arbeitet die Physik dauernd mit Aussagen, die sich nicht unmittelbar auf sinnliche Erlebnisse beziehen, die aber ihre Bedeutung daraus empfangen, daß sie indirekt eine Fülle von Aussagen über sinnliche Erlebnisse in sich zusammenfassen.« Während nun Scheler – wie wir sahen – zwischen symbolischer und asymbolischer Erkenntnis unterscheidet, spricht Jordan von seinem positivistischen Standpunkt aus entsprechend von »symbolischen« und »primären« Aussagen. Von ihnen sagt er: »Natürlich ist in diesem vielverzweigten Aufbau von Definitionen und terminologischen Verabredungen eine einzelne der symbolischen Aussagen, wie wir sie kurz nennen wollen, keineswegs bestimmten einzelnen, unmittelbar sinnvollen Aussagen äquivalent; aber das Gesamtsystem der symbolischen Aussagen ist einer großen Menge von «primären Aussagen» äquivalent, und sein Sinn und Inhalt erschöpft sich mit dieser Äquivalenz.«[64] In seinen Ausführungen über die Grundlagen der axiomatischen Mathematik und der theoretischen Physik legt Weyl in seinem Artikel für das erwähnte *Handbuch der Philosophie* Ähnliches auseinander. In dem Maße offenbar, wie eine Menge von symbolischen Aussagen bzw. also ihr Gesamtsystem einer Menge von primären Aussagen gleichwertig ist, kann der Phänomenologe auch den »Sachgehalt« (phänomenologisch verstanden) der symbolisch dargestellten wissenschaftlichen »Tatsachen« erforschen.

Diese weitgehende Verwandtschaft oder methodisch-erkenntnistheoretische Isomorphie zwischen Phänomenologie und (quanten)-physikalischem (um einschränkend zu bleiben) Positivismus, die mit der von den realontologisch eingestellten Phänomenologen wohlerkannten Korrespondenz wissenschaftlicher und phänomenologischer Forschung, wie wir sahen, zusammenhängt, darf natürlich keineswegs darüber hinwegtäuschen, daß letzten Endes zwischen Positivismus und Phänomenologie weitgehende Unterschiede bestehen, die sich von der Forschungsmethode bis in die metaphysischen Ansätze hinüberziehen. Auch auf diese hat Scheler ganz nachdrücklich hingewiesen. Denn wenn es zwar auch die Möglichkeit gibt, beide, Phänomenologie und Positivismus zuletzt auf den Zentralbegriff »Erlebnis« zurückzuführen, so wird im Positivismus (bzw. Empirismus) das Erlebte nicht unmittelbar Gegenstand der Forschung wie in der Phänomenologie, sondern nur ungeprüfter Anlaß, die wissenschaftliche Konstruktion, den Systementwurf in Zeichen zu beginnen. Dagegen fordere aber die Phänomenologie noch eine phänomenologische Ausweisung der Empfindung selbst (S. 269). Denn auch die Empfindung ist für den Phänomenologen Scheler noch nicht das Ur-Gegebene (S. 269). Phänomenologie geht also nicht nur der wissenschaftlichen Forschung, sondern sogar noch der positivistischen Erklärung wissenschaftlicher Ergebnisse voraus. Denn Erfahrung – so sagt Scheler – darf nicht mit Sinneserfahrung gleichgesetzt werden (S. 270). Hier könnte nun eine weitere Abgrenzung zwischen Positivismus und Phänomenologie beginnen. Denn der radikale Empirismus in der Phänomenologie führt nach Scheler gerade zu einer gewaltigen Erweiterung des Apriorismus, während der Positivismus anti-aprioristisch durch und durch ist. Dieses Thema werden wir jedoch an einer anderen Stelle dieser Untersuchung zu erörtern haben, bei Gelegenheit der Ausführungen über den Apriorismus in der gegenwärtigen Physik. Festgehalten sei nur der methodische Gedanke, daß Phänomenologie, Positivismus und reine wissenschaftliche Feststellung in einem Verhältnis der gegenseitigen Ergänzung gesehen werden können.

4. Die Daseinsrelativität bei Scheler

a) Nunmehr haben wir eine kurze Darstellung der eigentlichen Lehre Schelers von den »Maßstäben der Erkenntnis« und seinem Begriff der »Daseinsrelativität« zu geben.

Wir haben bereits darauf hingewiesen, daß der von Scheler bemerkte »relative« Charakter der wissenschaftlichen Erkenntnis nicht durch den Menschen, sondern durch das »Dasein« des »gemeinten« Gegenstandes bedingt wird. Daher wird auch nicht von »Erkenntnisrelativität«, sondern von »Daseinsrelativität« gehandelt. Diesen wesentlichen Gedanken haben wir für die speziellere Untersuchung quantenmechanischer Grundlagenfragen unbedingt festzuhalten.

Indem Scheler die Erkenntnistheorie als eine Disziplin formuliert, die es mit einer Lehre »von der Erfassung und der denkenden Verarbeitung objektiver Seinsinhalte überhaupt« (S. 286) zu tun hat, geht ihr eine Lehre von diesen Seinsinhalten überhaupt voran, d.h. jede Erkenntnistheorie setzt die »phänomenologische Erforschung vom Wesen der Gegebenheit« voraus. Daß diesem »Wesen« grundsätzlich eine ontologische Bedeutung zugestanden wird, ergibt sich aus der Bemerkung, daß »Wesenszusammenhänge und Wesenheiten ... stets eine von Hause aus ontische Bedeutung« haben (S. 285). In diesem Sinne geht die »Ontologie ... der Welt aller Theorie der Erkenntnis voran«. Daraus wird es aber verständlich, daß die Relativität in der wissenschaftlichen Forschung – phänomenologisch gesehen – nicht erkenntnistheoretischen, sondern ontologischen Ursprungs ist, d.h. daß nicht von »Erkenntnisrelativität«, sondern von »Daseinsrelativität« gesprochen werden muß, eine Tatsache, die für die phänomenologische Untersuchung der quantenphysikalischen Methoden und Ergebnisse von fundamentaler Bedeutung ist, indem sie nämlich einen in diesem Bereich oft erkannten Relativismus klärt. So wird also von Scheler zunächst zwischen »absolutem Dasein« und »relativem Dasein« geschieden. In der »phänomenologischen Selbstgegebenheit des Tatbestandes«, in der »nichts an Form, Funktion, Selektionsmoment, Methode, geschweige eine Organisation des Aktträgers zwischen der puren Idee des Aktes und dem Gegenstande steht«, erscheint dieses »absolute Dasein« (S. 288). »Relativ, und zwar daseinsrelativ, heißen im Gegensatz hierzu alle Gegenstände, die nur in Akten einer gewissen ›Form‹ desgleichen Qualität, Richtung usw. wesensmäßig gegeben sein können.« (S. 288)

Der Begriff der Erkenntnis setzt also im Gegensatz zum Begriff des Gegenstandes notwendig einen Zwischenträger voraus und die Erkenntnis kann nur kontinuierlich und bei »vollster Reduktion« in den Gehalt der Selbstgegebenheit übergehen. Jedoch kann Erkenntnis nie »Selbstsein des Gegenstandes« werden, das in der »Selbstgegebenheit« vorhanden ist. Damit ist die Kluft zwischen wissenschaftlicher und phänomenologischer Forschung noch einmal deutlich gemacht worden. Die wissenschaftliche Forschung erreicht die Gegebenheiten nur als »daseinsrelative Gegebenheiten«. Auf Grund der Tatsache, daß es verschiedene Gegenstandsarten gibt, ist es notwendig, von einem »Stufenreich der Daseinsrelativität der Gegenstandsarten« zu sprechen, das, wie Scheler bemerkt, vor allem für die wissenschaftlichen Gegenstände festzustellen ist. Wir betonen das, weil damit von Scheler ausdrücklich die Möglichkeit zugestanden wird, den Begriff der »Daseinsrelativität« für die Wissenschaft fruchtbar zu machen. Mit Recht darf er zur Sicherung der physikalischen Grundlagen der neueren Forschung verwendet werden. »In der Erkenntnis dieses Stufenreiches findet die Theorie der Erkenntnis eine Aufgabe von fast unermeßlicher Ausdehnung, die bisher noch kaum in exakter Weise angegriffen worden ist.« (S. 288)

b) Die Ausführungen Schelers über die Stufen der Daseinsrelativität sind im einzelnen nicht so umfangreich wie die Darlegungen über das Verhältnis von Phänomenologie und positiver Wissenschaft. Sehr wenig geklärt wird z.B. die Frage, wie sich im einzelnen die Stufen unterscheiden. Grundsätzlich wird nur gesagt, daß sich die Stufen der Daseinsrelativität dadurch unterscheiden, »daß die weniger relativen Gegenstände an immer weniger bestimmte und ihrem Wesen nach durch andere Wesenheiten einseitig fundierte Träger einer Organisation gebunden sind ...« (S. 289) Aber auf der Grundlage dieser Angabe läßt sich Schelers Stufenreich der Daseinsrelativität der Gegenstandsarten, wie er sich ausdrückt, durch den Begriff der Reihenordnung verstehen. Es gibt eine gewisse Reihe der Daseinsrelativität der Gegenstandsarten R, R_1, R_2 ... und R_{-1}, R_{-2} ..., wobei nach Scheler (S. 300) das Minuszeichen die gesteigerte, das Pluszeichen aber die abnehmende Daseinsrelativität bedeutet, immer gemessen an dem, was phänomenologisch als adäquate bzw. inadäquate bzw. vollständig symbolische Erkenntnis bezeichnet wird.

Wie sehr ontologisch Schelers Lehre von der Daseinsrelativität, die sich nicht auf Erkenntnis, sondern Dasein ihrer Gegenstände bezieht, verstanden werden muß, erhellt daraus, daß deutlich darauf hingewiesen wird, daß Urteile wie »wahr« und »falsch«, ja überhaupt die Urteile der formalen Logik, völlig unabhängig von der Relativitätsstufe des Gegenstandes sind (S. 299). Weiterhin sei es völlig ausgeschlossen, wie Spinoza es tut, wahre und adäquate bzw. falsche und inadäquate Erkenntnis zu verknüpfen, ja, zu identifizieren. Der phänomenologische Gegensatz von Adäquatheit und Inadäquatheit hat nichts mit Wahrheit und Falschheit zu tun (S. 298). Das erste Begriffspaar richtet sich an die Gegebenheit des Gegenstandes, das zweite an den »Gegenstand selbst mit allen seinen Merkmalen« (S. 299). So sieht also das Begriffspaar Wahrheit und Falschheit recht eigentlich von der Ontologie des Gegenstandes ab, es nimmt sie hin, stellt sie nicht zum Problem, während dies ja gerade das Wesentliche des anderen Begriffspaares der Phänomenologie ausmacht.

Das phänomenologische Begriffspaar Adäquatheit und Inadäquatheit ist jedoch in besonderer Weise dem Begriffspaar »absolutes« und »relatives Dasein« zugeordnet. »... jede Stufe der Daseinsrelativität eines Gegenstandes enthält im Vergleich mit der weniger großen Daseinsrelativität desselben Gegenstandes eine geringere Fülle der ganzen Welt oder des Weltdinges; und jede Erkenntnis eines relativeren Gegenstandes ist weniger adäquate Erkenntnis der Welt als die Erkenntnis eines weniger relativen, dem absoluten Gegenstande näher liegenden Gegenstandes. Insofern läßt sich die ganze Stufenordnung der Daseinsrelativität auf Adäquationsverschiedenheiten ... reduzieren.« (S. 298)

Hieraus folgert nun Scheler ein Prinzip, das nicht nur für die Erkenntnistheorie von höchster Wichtigkeit ist: »Haben wir widersprechende Sätze der Form A = B, A = non B, so muß einer falsch sein nur unter der Bedingung, daß das A in beiden Sätzen den Gegenstand auf derselben Stufe der Daseinsrelativität bezeichnet.« (S. 300) Ein logisches Urteil über einen Gegenstand vollzieht sich also mit Notwendigkeit innerhalb einer einheitlichen Stufe der Daseinsrelativität.

Ohne weiteres ergeben sich aus diesem bemerkenswerten erkenntnistheoretischen Prinzip einige wichtige Folgerungen und Definitionen. »Jedes Vermeinen, ein Gegenstand A liege auf der Daseinsrelativitätsstufe R, während er faktisch auf der mitgegebenen Daseinsrelativitätsstufe R_{-1} oder R_1 liegt ..., heißt eine metaphysische Täuschung.« (S. 300) Jedes Vermeinen aber, das Selbstgegebenheit an Stelle inadäquater Gegebenheit vortäuscht, heißt ein »erkenntnistheoretischer Irrtum«.

Alle diese Möglichkeiten des »Irrtums« wurzeln aber in der einfachen Tatsache, daß in einem Urteil zwar der Gegenstand als solcher, als Subjekt nämlich, gesetzt ist, aber über seine daseinsrelative Stufe bzw. Gegebenheit nicht das mindeste gesagt ist.

Wir können also auf Grund der schelerschen Formulierungen von einer ontologischen Einschränkung logischer Urteile sprechen oder von einem ontologischen Kriterium für die Gültigkeit logischer Urteile, was natürlich von größter Wichtigkeit für die positiven Wissenschaften ist. Sofern nämlich diese »sachlichen« positiven Wissenschaften von Haus aus – wie neben Scheler auch N. Hartmann deutlich hervorhebt[65] – eine ontologische Tendenz haben, geraten innerhalb ihrer Disziplinen, z. B. der Physik, zuletzt doch die logischen Aussagen und die ontologischen Sachverhalte ineinander. Solange also die physikalischen Aussagen sich wirklich nur an physikalische Gegenständlichkeiten wenden, kann man sagen, daß der rein fachliche Gehalt dieser Wissenschaft unabhängig von der Möglichkeit einer metaphysischen oder erkenntnistheoretischen Täuschung über diese Gegenstände ist, sobald aber die physikalische Aussage jene Hypothetik erreicht, daß sie meta-physikalische Annahmen machen muß oder speziellere metaphysische Grundlagen einbezieht, dann erweist es sich als gefährlich, dem physikalischen Tat- oder Annahmenbestand ungeprüft die Verquickung logischer und ontologischer Formulierungen zu belassen. Es kann dann der Fall eintreten, daß zwei sich scheinbar widersprechende gegenständliche Aussagen zwar logisch unmöglich, aber ontologisch (im Sinne Schelers) doch sehr wohl sinnvoll, berechtigt sind. Scheler spricht von einem »materiellen Irrtum« (S. 301) und versteht darunter die wissenschaftliche Täuschung, daß ein wissenschaftlicher Gegenstand vermeintlich auf der bestimmten Relativitätsstufe X besteht, obgleich es sich in Wirklichkeit um X' handelt. Es ist gerade für die moderne Quantenmechanik von größter Wichtigkeit, daß sie sich über die Stufe der Daseinsrelativität ihrer jeweiligen Gegenstände im klaren ist. Das aber wird der besondere Abschnitt über Schelers Begriffsbildungen und ihre Verwendung für die Grundlagen der Quantenmechanik noch deutlicher machen.

c) Zum Abschluß der Darstellung der schelerschen Begriffsbildungen sei noch auf folgendes hingewiesen: Wir sagten bereits, daß Scheler selbst die Bedeutung seiner Theorie der Daseinsrelativität für die Erkenntnistheorie und Wissenschaftstheorie bzw. Methodenlehre erkannt hat. Darüber hinaus hat er ihre Anwendungsmöglichkeit innerhalb einzelner Disziplinen gefordert und bereits angesetzt. Er will für jeden Grundgegenstand der

Mathematik, für Menge, Gruppe, Zahl usw. die Frage nach der Daseinsrelativität bzw. ihrer Stufe stellen (S. 289). Zu einer ausführlichen Durchführung ist er nicht mehr gekommen. Gelegentlich entwickelte er im Zusammenhang mit den hier in Rede stehenden tragenden Begriffen auch die Kausalitätsproblematik von phänomenologischer Seite (S. 365). Auch das »Wesen der Zeit« wird im Zusammenhang mit physikalischen Fakten bestimmt (S. 377). Physikalische Einzelfragen und -begriffe wie Modell (S. 321), mechanische Erklärungsweise (S. 320), Raum, Zeit, Vorgang (S. 373), Atom, Elektron, Strahlungstheorie (S. 388) u. a. m. werden behandelt und vor allem hinsichtlich ihres Zusammenhanges mit den Begriffen der »natürlichen« und »wissenschaftlichen« Welteinstellung entwickelt, der bei Scheler zu einem Unterschied der Daseinsrelativitätsstufen von Gegebenheiten bzw. Gegenständen sich erweitert (S. 301–302, 309, 310f.).

III. Schelers Phänomenologie und das Heisenberg-Programm

1. Das Heisenberg-Programm im allgemeinen

Die Grundthesen des Heisenberg-Programms formulieren bewußt einen erkenntnistheoretisch-methodischen Standpunkt, der durchaus positivistischen Ursprungs ist[66]. Vor allem galt es, die gesamte Atommechanik so aufzubauen, daß nur »beobachtbare Größen« darin vorkamen. Solche Größen waren in der bohrschen Atomtheorie, trotz ihrer anfänglichen Erfolge, erhalten geblieben. Bohr hatte daraus auch keinen Hehl gemacht, das planetenmäßige Atomsystem war von ihm hypothetisch gemeint. Zu solchen nicht unmittelbar beobachtbaren Größen der bohrschen Theorie gehört vor allem die Behauptung von Elektronenbahnen bzw. Elektronenumlaufsfrequenzen, denen die allein der Beobachtung zugängigen Spektrallinienfrequenzen aber durchaus nicht entsprechen. Die Kritik der bohrschen Theorie ergab einen neuen Ansatzpunkt auf dem tatsächlichen Beobachtungsbefund: Frequenzen und Intensitäten der für die Atome jeweils kennzeichnenden Spektrallinien und die Energiestufen der Atome, deren exakte Werte aus den Elektronenstoß-Versuchen abgeleitet werden konnten[67].

Der so fixierte erkenntnistheoretische Standpunkt des Heisenberg-Programms führt also die Forderung des Positivismus nach einem Primat der unmittelbaren Erfahrung konsequent zu Ende. Denn als »Gegebenes« begreift der (physikalische) Positivismus das in der Beobachtung sinnlich Gegebene. Und »als berechtigter unangreifbarer Kern der positivistischen Richtungen erscheint mir das Prinzip, daß der Sinn jedes Satzes restlos in seiner Verifikation im Gegebenen beschlossen liegt«[68].

Scheler, dem es, wie wir sahen, außerordentlich um eine gegenseitige Abgrenzung einerseits und ein förderliches Einvernehmen zwischen positiver Wissenschaft und philosophischer (phänomenologischer) Forschung anderseits zu tun ist, weist diesen eben dargelegten erkenntnistheoretisch-methodischen Standpunkt des Heisenberg-Programms keineswegs von der Hand. Seine Kennzeichnung der positiven wissenschaftlichen Forschung tendiert in die gleiche Richtung. »Wir fordern also als erste Charakterisierung der wissenschaftlichen Tatsache, daß sie ein ›Sachverhalt‹ ist, der nur in der Beobachtung erscheint.« (S. 344) Offensichtlich entspricht diese Charakterisierung der wissenschaftlichen Forschung der grundsätzlichen Forderung des Heisenberg-Programms.

Wir können gerade hier beobachten, wie bedeutsam die realistische Wendung ist, die Scheler dem phänomenologischen Denken gab. Ursprünglich ist in der phänomenologischen Gedankenwelt ausschließlich von Bewußtseinsinhalten (Husserl) oder Erlebnissen (Dilthey) die Rede. Scheler räumt dann aber auch der »Empfindung« und der »Beobachtung« eine gewisse phänomenologische Bedeutung ein, was naturgemäß keinesweg den Prinzipien der Phänomenologie widerspricht, aber doch eine gelinde Akzentverlagerung erkennen läßt.

Wir wiesen ja auch bereits darauf hin, daß sich in der Geschichte des neueren Positivismus, des physikalischen nämlich, (seit Mach und Avenarius) bemerkenswerte Wandlungen vollzogen haben, derart, daß die ursprünglich so betonte Forderung der »Empfindungsgrundlage« wenn nicht gerade aufgehoben, so doch deutlich eingeschränkt wurde. Bereits Jordan zeigte[69], daß in der Wissenschaft eine Reduktion der Theorie auf unmittelbare sinnliche Erlebnisse nicht immer möglich ist. Aber diese Tatsache bietet keineswegs Schwierigkeiten, denn der »Sinn« der betreffenden wissenschaftlichen »Aussagen liegt darin, daß sie in ganz bestimmter Weise mittelbar Aussagen über sinnliche Erlebnisse machen«. Schlick geht noch weiter: »Den Gegenstand der Physik bilden nicht Empfindungen, sondern Gesetze. Die von einigen Positivisten gebrauchten Formulierungen, Körper ›seien nur Komplexe von Empfindungen‹ ist daher abzulehnen«[70]. Wir können hier anmerken, daß damit der logizistische Neopositivismus neben seiner neo-nominalistischen Tendenz, die Becker, wie bereits zitiert, hervorhob, einen »realistischen« Zug im Sinne der alten »ontologischen Methode« (Ontologismus) erfährt und so innerhalb der Physik und des erkenntnistheoretischen Positivismus mit der Frage, was hier wissenschaftlicher Gegenstand und Wirklichkeit sei, gewisse Probleme des mittelalterlichen Universalienstreites wieder aufleben läßt. Wir werden an späteren Punkten dieser Untersuchung die Frage noch einmal berühren.

Der Begriff der »direkten Beobachtung«, wie er sich in den Grundsätzen der Quantenmechanik immer wieder formuliert findet, darf also nicht allzu positivistisch genommen werden, d. h. er bedarf noch einer Festlegung. Er selbst steht zur Debatte und wir möchten glauben, daß einerseits gerade durch dieses Versäumnis des Heisenberg-Programms sehr viele erkenntnistheoretische und methodische Mißverständnisse aufgetaucht sind, etwa Poppers Einwand, Heisenberg habe sein Programm nicht eingehalten[71], andererseits aber auch gerade durch die an den Begriff der »direkten Beobachtung« grenzenden Fragen die phänomenologische Betrachtung der quantenmechanischen Prinzipien sich als notwendig erweist.

Scheler hat in seinen Ausführungen über die wissenschaftliche Forschung im Gegensatz zur philosophischen den Begriff der »wissenschaftlichen Tatsache« charakterisiert und in diesem Zusammenhang auch Wertvolles über die »Beobachtung« gesagt. In der Wissenschaft, so bemerkt Scheler, tritt an die Stelle der schlichten natürlichen Wahrnehmung der Dinge und Ereignisse die »Beobachtung« (S. 340), die etwas ganz anderes als die natürliche Wahrnehmung sei, die noch »Inhalte gibt, wo die natürliche Wahrnehmung keine mehr gibt«. Wesentlich sei nun, so bemerkt Scheler weiter, daß Beobachtung im Unterschied zur Wahrnehmung immer geleitet ist von der Intention auf ein Etwas, das ich beobachten will. Man darf sich nicht darüber hinwegtäuschen, daß die beobachtbaren Größen des Heisenberg-Programms auch solche aus Intentionen hervorgegangene Größen darstellen. Denn zur schlichten Wahrnehmung verhalten sich die Spektrallinien, Atomstufen usw. durchaus nicht unmittelbar. Scheler setzt nun an die Stelle der Tatsache (in der Wahrnehmung) den Sachverhalt (in der Beobachtung) (S. 340). »Wissenschaftliche Tatsachen sind an erster Stelle ›Sachverhalte‹ und weder je Qualitäten noch Dinge oder Ereignisse.« (S. 340) Aus dieser Auffassung muß auch die Grundlage des Heisenberg-Programms verstanden werden. Denn was als grundsätzliche Beobachtungsgrößen hier angesetzt, erlaubt ist, das sind Intensitäten, Frequenzen und diskrete Energiewerte oder Energiestufen, also bereits begrifflich konstruierte »Sachverhalte«, deren (zahlenmäßige) Wertvariabilität Gegenstand der Theorie bzw. des Experiments ist. (Spektrallinien – Termschema bzw. Stoßversuche). So sind also die »Dinge« und »Ereignisse«, auf die die Quantenmechanik ihr erkenntnistheoretisches und methodisches Programm baut, wie Scheler sagen würde, »nicht gegeben, sondern konstruiert und mittelbar gedacht«. (S. 341)

Selbstverständlich wird damit die im Heisenberg-Programm erhobene Forderung (gegenüber der bohrschen Theorie) nach beobachtbaren Größen nicht entwertet. Denn tatsächlich sind ja die drei fundamentalen Größen, die aus der Spektroskopie und den Elektronenversuchen abgeleitet werden, als solche im echten Sinne beobachtbar, wenn auch aus der Intention heraus, was aber für Elektronenbahnen, von denen bei Bohr im anschaulichen Sinne noch die Rede ist, durchaus nicht gilt. Denn die Elektronenbahnen mögen auch Konstruktionen sein, aber sie sind als Konstruktionen nicht beobachtbar, denn es gibt keine im Experiment realisierbare Größe, die ihnen entspräche. – Scheler wendet sich mit seiner Charakterisierung der wissenschaftlichen Tatsache bewußt gegen den Positivismus, aber ein Satz wie der folgende umreißt schon eine methodische Einstellung, wie sie mit den Prinzipien der Quantenmechanik gegeben wird: »Gerade mit der Ausscheidung dessen, was nur auf Rechnung seiner Empfindung kommt, beginnt der Physiker seine Arbeit. Und nur durch solche Ausscheidung ergibt sich eine Gesetzlichkeit des Zusammenhanges seiner ›Tatsachen‹ ...« (S. 341) Indem das Heisenberg-Programm den Begriff der experimentellen Beobachtung, wie wir sahen, einmal streng definiert, nicht »verschmiert«, setzt es die Möglichkeit der Abscheidung gewisser Größen ein, die zwar der Empfindung und dem Anschauungsbedürfnis dienen (z.B. der Bahnbegriff), die aber nicht experimentell beobachtbar sind und also nicht Größen darstellen, die in einen theoretischen Zusammenhang gebracht werden können. Wieder bemerken wir, daß der Positivismus der Quantenmechanik ein äußerst modifizierter ist, dessen Grundlagen ohne Zweifel phänomenologisch aufgehellt werden können und dessen Grundlagen phänomenologisch (vor allem im Sinne Schelers) erkenntnistheoretisch verstanden werden müssen.

2. Die klassische und quantenmechanische Einstellung zur physikalischen Wirklichkeit

Wir sagten bereits, daß Scheler neben der Gegenüberstellung von phänomenologischer und wissenschaftlicher Erkenntnis bzw. Forschung auch noch streng zwischen natürlicher und wissenschaftlicher Welteinstellung und Tatsache geschieden hat. Die natürliche Weltanschauung (Welteinstellung) baut sich auf natürliche Erfahrung, natürliche Wahrnehmung und natürliches Denken auf. (S. 337–339) Es können keinerlei Theorien in sie hineingetragen werden, sofort würde wissenschaftliche Welteinstellung daraus. Das natürliche Denken entspricht weitgehend dem gesunden Menschenverstand und »dieser gesunde Menschenverstand tritt uns in der Volkssprache in gewissem Sinne objektiviert entgegen, in ihren Kategorien und den ihnen entsprechenden Redeteilen, in ihren Bedeutungseinheiten und Bedeutungsgliederungen, mit denen die wahrgenommenen Dinge, Ereignisse usw. benannt und durch die sie in vager Weise voneinander unterschieden werden«. (S. 339) Wir zitierten bereits die weitere Bestimmung, daß der Gegenstand der natürlichen Weltanschauung zwar nur »symbolisch« gegeben ist, sich aber doch »selbst darstellt«. (S. 347) Es ist selbstverständlich, daß die Forderung des Heisenberg-Programms nach beobachtbaren Größen nicht im Sinne einer Forderung »natürlicher Beobachtung« verstanden werden darf, in der das Gegebene selbst natürlich, nicht konstruiert ist. Das gesamte Heisenberg-Programm gehört bereits in eine »wissenschaftliche Einstellung« zur Welt, wo die Mannigfaltigkeit von Gegebenem (wissenschaftlichen Tatsachen im Gegensatz zu natürlichen) in Symbolen und Konstruktionen aufgeht.

Diese Unterscheidung führt Scheler jedoch vertieft mit Hilfe des bereits eingeführten Begriffs der »Relativitätsstufen des Daseins beiderseitiger Gegenstände« durch. »Die Daseinsrelativität der Gegenstände der *natürlichen* Weltanschauung ist relativ auf die menschliche Organisation dem rein phänomenologischen Gehalte jener Gegenstände nach. Das ist die Enge und Beschränktheit dieser Weltanschauung, die selbst wieder nur den Rahmen abgibt von dem, was die Erlebnisstrukturen von Mann und Weib, der Rassen, der Kultureinheiten von Epochen den Gegenständen noch höherer Relativitätsstufen hineinzeichnen ... Die natürliche

Sprache ist hierbei die wichtigste Art dieses natürlichen Ausdrucks, und ihre Worte und Syntax sind Einheiten ihres Ausdrucks und seiner Gliederung.« (S. 295)

Dagegen wird die wissenschaftliche Weltanschauung folgendermaßen gekennzeichnet: »Im Gegensatz hierzu ist die *wissenschaftliche* Weltbetrachtung auf Gegenstände gerichtet, die nicht relativ auf die Organisation der species homo sind, sondern bezogen auf alle möglichen lebendigen Organisationen und ihre Organisationsdifferenzen als ›absolute‹ Gegenstände gelten dürfen.« (S. 295)

Es gilt nunmehr die Frage zu stellen, wie sich vor dieser Unterscheidung die in den letzten Jahren vor allem herausgearbeitete Teilung zwischen »klassischer« und »moderner« bzw. »klassischer« und »quantentheoretischer« Physik abhebt. Denn offenbar handelt es sich sowohl in der klassischen als auch in der modernen Physik um »wissenschaftliche Tatsachen« bzw. »wissenschaftliche Weltanschauung«, um Schelers Begriffsbildungen zu verwerten, aber gleichwohl besteht ein Unterschied zwischen beiden, der von den Gegenständen her weitgehend bestimmt ist.

Wie wird von den maßgebenden Physikern dieser Unterschied gekennzeichnet?

Bohr hat folgendes Schema gegeben, das die Teilung charakterisiert[72]:

Klassische Theorie	Quantentheorie		
	Entweder	Statistische Zusammenhänge	Oder
Raum-Zeit-beschreibung	Raum-Zeitbeschreibung		Mathematisches Schema nicht in Raum und Zeit
Kausalität	Unbestimmtheits-relationen		Kausalität

In der klassischen Theorie – allgemein gesprochen – in der klassischen physikalischen Weltanschauung sind die Begriffe Kausalität und raum-zeitliche Beschreibung verträglich, in der quantentheoretischen Weltbeschreibung (eine Welt-Anschauung im vollen Sinne dieses Begriffs liegt ja nicht vor) aber nicht.

Heisenberg deutet diese Sachlage folgendermaßen: »In der klassischen Physik war das Ziel der Forschung die Feststellung objektiver, in Raum und Zeit ablaufender Vorgänge und die Kenntnis der Gesetze, die ihren Ablauf aus den Anfangsbedingungen bestimmen ... In der Quantentheorie finden wir jedoch eine völlig andere Situation vor. Schon der Umstand, daß der Formalismus der Quantenmechanik nicht als anschauliche Beschreibung eines in Raum und Zeit ablaufenden Vorganges aufgefaßt werden kann, zeigt, daß die Quantenmechanik gar nicht von der objektiven Festlegung raum-zeitlicher Abläufe handelt.«

Wir bemerken hier also, daß die quantentheoretische, moderne physikalische Weltbeschreibung nicht nur die natürlich-kategoriale Bedeutung der Begriffe Raum und Zeit antastet, sondern auch die wissenschaftlich-kategoriale Bedeutung.

Weiter: »Während in der klassischen Theorie die Art der Beobachtung für den Ablauf unwesentlich ist, spielt ... in der Quantentheorie die Störung, die mit jeder Beobachtung des atomaren Geschehens verbunden ist«, eine entscheidende Rolle (a.a.O., S. 12). Etwas verallgemeinert: »Die klassische Physik stellt jenes Streben nach Naturerkenntnis dar, bei dem wir grundsätzlich von unserer Wahrnehmung auf objektive Vorgänge zu schließen suchen und daher auf die Berücksichtigung der Einflüsse verzichten, die jede Beobachtung auf das zu beobachtende Geschehen ausübt; die klassische Physik hat daher ihre Grenze eben an der Stelle, wo vom Einfluß der Beobachtung auf das Geschehen nicht mehr abgesehen werden kann. Die Quantenmechanik umgekehrt erkauft die Möglichkeit der Behandlung atomarer Vorgänge durch den teilweisen Verzicht auf ihre raum-zeitliche Beschreibung und Objektivierung.« (a.a.O., S. 16)

Klarer kann die Unterscheidung nicht gegeben werden. Beidemal handelt es sich um wissenschaftliche Tatsachen und wissenschaftliche Weltanschauung, die, wie Scheler gezeigt hat, deutlich der natürlichen gegenübersteht. Aber wenn nun Scheler einerseits die wissenschaftliche Weltanschauung (die wissenschaftliche Wahrnehmung, Erfahrung usw.) bloß in dem Maße symbolisch werden läßt, wie sie jene Relativität der Gegenstände auf die spezifisch menschliche Organisation überwindet und andererseits das »Dasein der gesamten Welt der Physik und Chemie ... an das Dasein von Gegenständen vom Wesen des Lebens« noch gebunden sein läßt, so gilt das nur für die klassische, aber nicht für die quantentheoretische physikalische Weltauffassung. (S. 296)

Dieser Punkt ist näher zu beleuchten, denn es ist genau zu unterscheiden, ob man das quantentheoretische bzw. quantenmechanische (formalistisch-mathematische) Schema der Weltbeschreibung in dem eben erörterten Zusammenhang betrachtet oder aber die grundlegenden Ideen dieses Schemas, etwa die der Quantelung selbst, im Auge hat.

3. Der phänomenologische und der formalistische Anteil an den Prinzipien der Quantenmechanik

a) Es ist hier nämlich die merkwürdige Tatsache kurz zu erläutern, daß einerseits zwar in der Quantenmechanik eine konsequente Durchführung der wissenschaftlichen Reduktion vorliegt, andererseits aber doch auch wieder von der »Gegebenheitsordnung« der klassischen Mechanik aus eine phänomenologische Reduktion vorgenommen wird, was rein äußerlich schon aus der Tatsache entnommen werden kann, daß das Heisenberg-Programm, wie wir sahen, auf nur beobachtbare Größen zurückgreift. Dieser Punkt stellt ohne Zweifel eine Fortschreitung aus dem wissenschaftlichen Weltbild der klassischen Mechanik in Richtung des natürlichen dar, von dem Scheler – wie beeits in Abschnitt II ausgeführt wurde – sagt, daß es seinen Ort zwischen der phänomenologischen und der wissenschaftlichen Weltanschauung hat. Seine Gegebenheiten sind zwar zumeist auch schon symbolisch, stellen sich aber selbst dar. Für die spektralen Beobachtungsgrößen, auf die sich die Quantenmechanik zurückzieht, gilt das, wie wir im nächsten Abschnitt genauer zeigen werden, in weitestem Maße. Hier sei nur noch an einigen Beispielen klar gemacht, wie sehr diese neue Mechanik mit ihrer Idee der Quantelung den konkreten, phänomenologischen Bedürfnissen mehr entspricht als etwa die klassische Physik.

Zum Beispiel entspricht gerade die quantentheoretische Auffassung, daß jede Wahrnehmung von einem nicht beliebig kleinen Energieaustausch zwischen Subjekt und Objekt begleitet ist, durchaus den biologischen Grundtatsachen. Schrödinger hat zwar in einer kleinen Arbeit darauf hingewiesen, daß die Energieniveaus eines Systems durchaus »nicht immer eine diskrete Folge mit endlichen Abständen« zu sein brauchten[73], sondern recht gut auch ein Kontinuum bilden könnten. Aber eben diese Unterscheidung zwischen Diskontinuität und Kontinuität bestimmt ja gerade wie ein Kriterium den Unterschied zwischen der alten und neuen Mechanik. Diskontinuitäten sind für die quantentheoretische Mechanik das Charakteristische. Wo die Diskontinuitäten deutlich und entscheidend werden, tritt sie ein, im atomaren Bereich, im mikrokosmischen Bereich möglicher Beobachtungsfehler usw. Dies nur um einigen oft gehörten Einwänden gegen die Deutung quantentheoretischer Zusammenhänge die Wirkung zu nehmen, und den Übergriff auf das biologische Gebiet nicht schon von vornherein hinkend werden zu lassen. Daß überdies auch hier die »Quantelung« der sinnlichen Erfahrung mehr entspricht als die Vorstellung der Kontinuität, beweist das eingeführte Prinzip der Mutation, das vor allem für die Strahlengenetik so ausschlaggebend geworden ist, daß man es neuerdings unmittelbar in einen theoretischen Zusammenhang mit der Quantentheorie gebracht hat[74].

Auch die leib-seelischen Wesen sind der Bedingung des Energieaustausches unterworfen und daher wird man gerade bei ihnen eine »Quantelung« im Wahrnehmungsprozeß vorfinden, die naturgemäß je nach dem betreffenden Sinnesorgan eine quantitativ andere ist. Eine Quantelung bezüglich des Gesichtssinns ist naturgemäß kaum merklich. Jordan machte darauf aufmerksam, daß der unteren Schwelle der Helligkeitsempfindung ein Reiz von nur wenigen Lichtquanten entspricht. Für den Bereich des Gehörsinns hat die Lehre vom Ultraschall genau die obere und untere Grenze unserer Hörfähigkeit bestimmt und sie theoretisch in ihren Schallwellenbereich eingegliedert. Alsdann ist eine »Quantelung« im haptischen Gebiet der Durchführung mechanischer Arbeiten unmittelbar erfahrbar. Auch die Theorie Krischs[75] von den Spektren der Geruchs- bzw. Geschmackserscheinungen, die er im Zusammenhang mit »Impulsfolgen« bzw. »Impulsrhythmen« aufstellt, wäre hier zu nennen.

Dazu kommt, daß auch der innerhalb der Quanten(wellen)mechanik so wesentliche Gedanke der »Störung« – es gibt eine regelrechte quantenmechanische Störungstheorie – unmittelbar dem Bereich der »natürlichen Weltanschauung« angehört, wenngleich auch hier wieder ein Beispiel dafür vorliegt, wie ein Gedanke der konkreten Alltäglichkeit bzw. der »natürlichen Weltanschauung« bewußt einer wissenschaftlich-formalistischen Reduktion unterworfen wird und im Fall der Quantenmechanik sich in einem bestimmten System von Matrizen repräsentiert. Jordan hat einmal sehr schön entwickelt, wie dieser Gedanke der »Störung« nicht nur auf die Makrophysik, sondern eben auf allgemeine Erscheinungen des Lebens zurückgeht. Ein klares Beispiel für die Idee der quantenmechanischen Störung sieht Jordan in der rundfunktechnischen Rückkoppelung gegeben, durch welche ein Empfänger die Wellen, die er beobachten soll, unerwünschterweise wieder stört[76]. Im ganzen stellt also gerade der Begriff, das Faktum der »Störung« ein Besipiel dafür dar, wie sehr die Quantenmechanik gehaltlich (in ihren Grunderfahrungen) im Bereich der »natürlichen Weltanschauung« verwurzelt ist, obgleich sie andererseits eine konsequente wissenschaftliche Reduktion einsetzt.

Jordan hat auch versucht, die biologischen Elementarprozesse aus dem Ideengehalt der Quantenmechanik begreiflich zu machen. Er möchte die entscheidendsten Lebensprozesse verstanden wissen vom Begriff der »Akausalität« und »Quantelung« aus, weil er diese Phänomene gerade im unmittelbar Lebendigen realisiert sieht. Aber davon abgesehen, daß gerade der Begriff der »Akausalität« einer der umstrittensten der gesamten Quanten(wellen)mechanik ist, hat man Jordans Gedanken auch von fachbiologischer Seite heftig angegriffen[77].

Einen anderen Vorstoß in Richtung einer weiteren Auswertung quantenmechanischer Ansätze hat Wenzl unternommen. Auch sein Gedanke, quanten(wellen)mechanische Grundvorstellungen auf das Leib-Seele-Problem zu übertragen, beweist, wie sehr »Unbestimmtheit«, »Quantelung« usw. einem Gegenstandsbereich angehören, der durchaus in die »natürliche Weltanschauung« fällt, ja, z.T. sogar phänomenal aufweisbar ist. »Wenn die Gesetze der Physik ihrem Wesen nach nur Wahrscheinlichkeitsgesetze sind, die einen wenn auch kleinen Spielraum für individuelles Verhalten geben, so könnte eben dieser Spielraum der Einsatzpunkt für eine seelische Führung sein ... Das leibliche

Geschehen wäre also seelisch bestimmt, ohne daß überhaupt die Gesetze der Physik verletzt würden.«[78] Berechtigung oder Nichtberechtigung solcher Theorien steht hier nicht zum Problem. Für uns ist hier nur wesentlich zu sehen, wie weit zuletzt die von Heisenberg (im wesentlichen) entworfenen quantentheoretischen Vorstellungen gespannt werden können. Wir sehen darin einen Hinweis, wie tief »Quantelung« oder »quantenmechanische Unsicherheit« bzw. »Wahrscheinlichkeit« unserem gesamten Vorstellungsvermögen angepaßt sind. Die »Diskontinuität« des physikalisch Gegebenen ist uns gleichsam merklicher, sie wird im Bereich des physikalisch Wirklichen allenthalben angetroffen. Nur so ist es überhaupt zu verstehen, daß man den Gedanken der Diskontinuität in all seinen Varianten in den verschiedensten Richtungen auswertete. Dabei mag sich natürlich Wenzls Gedanke mit der Lehre von der Intermittenz des Bewußtseinsstroms Palágyis weitgehend berühren, die ja geradezu Wahrnehmungsquanten (d.h. »disparate Wahrnehmungsakte«) ansetzt[79]. Auch Plancks Versuch, das Wesen der Willensfreiheit naturwissenschaftlich aus der quantentheoretischen Begriffsbildung her zu erhellen, verdient hier Erwähnung[80].

Ohne hier also Anregungen zu einer physiologischen oder psychologischen Quantentheorie geben zu wollen, darf man doch darauf hinweisen, daß der in der Quantenmechanik vollzogenen wissenschaftlichen Reduktion (bis ins rein Formalistische) im Erlebnis- bzw. Erfahrungsgehalt dieser Theorie andererseits doch wieder eine erhebliche Steigerung ins Konkrete, Phänomenologische entspricht und daß daher Heisenbergs Formulierung, wonach mit der Relativitätstheorie zum ersten Male die »Welt der aus der täglichen Erfahrung stammenden Begriffe« verlassen worden sei (was natürlich auch für die Quantentheorie gälte), nur modifiziert Geltung hat. Das heißt, man muß den Ton auf »Begriffe« legen. Mit ihnen ist in der modernen Physik die wissenschaftlich-formalistische Reduktion durchgeführt, der Grund, »die Ganzheit der vorwissenschaftlichen Erfahrungen und Erlebnisse«, wie es bei Jordan heißt[81], liegt tiefer (im Sinne der phänomenologischen Reduktion) als der der klassischen Mechanik, daher also mit einer gewissen phänomenologischen Berechtigung Jordan und Bohr sagen können: »Wir denken heute nicht mehr daran, das Auftreten solcher unstetigen Größen und diskreten

Stufen in den Quantengesetzen irgendwie zurückführen zu wollen auf klassisch-kontinuierliche Feldgesetze. Wir sehen im Gegenteil in diesen quantenphysikalischen Gesetzen die tiefsten Elementargesetze des physikalischen Geschehens.«[82]

b) Wie wir sahen, führte die phänomenologische Arbeit Schelers zu einer exakten Unterscheidung wissenschaftlicher und philosophischer Erkenntnis und damit zu einer Trennung rein wissenschaftlicher und rein phänomenologischer Tatsachen, die es rechtfertigt, sowohl nach dem phänomenologischen als auch nach dem formalen Anteil am Aufbau der Quantenmechanik zu fragen. Wie wir sahen, ist ersterer durchaus vorhanden. Während man aber bemerken konnte, daß der konkrete, phänomenologische Anteil in der Quantenphysik z.T. viel stärker ist als in der klassischen Physik, zeigt sich, daß die quanten(wellen)mechanische Begriffsschematik, d.h. der mathematische Apparat, Schelers wissenschaftliche Reduktion konsequent zu Ende führt; es wird eine reguläre formalistische Reduktion daraus.

Dieses in der Quanten(wellen)mechanik vorliegende Einerseits-Andererseits zwischen phänomenologischer und wissenschaftlicher Reduktion, daß mit einer gewissen Vertiefung der einen eine Steigerung der anderen eintritt, kommt deutlich darin zum Ausdruck, daß einerseits das Heisenberg-Programm sich primär auf ausschließlich beobachtbare Größen begründet und andererseits aber aus diesen Spektralgrößen rein formalistische Rechengrößen konstruiert. Sind natürlich diese von Heisenberg betonten Beobachtungsgrößen z.T. auch bereits konstruierte, symbolische Größen im Sinne Schelers, so liegt ihnen doch ein gewisser phänomenologischer Bestand zu Grunde. Denn es sind doch zunächst reine Spektralgrößen, beruhend auf Helligkeitswerten und -wertverschiedenheiten, die bei Scheler durchaus als (etwa der Farbe vorangehende) phänomenologische Daten fungieren. (vgl. S. 309) Die andere Art von Beobachtungsgrößen weiterhin, nämlich die im franck-hertzschen Stoßversuch ermittelten Energiestufen, geben einen unmittelbaren Einblick in die Diskontinuitäten der atomaren Vorgänge, derart, daß man auch hier von einer »Gegebenheitsordnung« des physikalischen Tatbestandes sprechen kann, der phänomenologisch noch (oder schon) zugänglich ist. Denn was in diesen Versuchen beobachtet wird, d.h. rein und schlicht und unmittelbar beobachtet wird (im einfachen Anschauen), das ist das Phänomen einer unstetigen Veränderung (eines »Etwas«, das als »Elektronenstrom« bzw. »Elektronengeschwindigkeit« in seiner Identifizierung schon der symbolischen Reduktion anheimgefallen ist).

Die inhaltlichen Voraussetzungen des Heisenberg-Programms sind also Beobachtungsgrößen, die in Phänomenen wurzeln. Im Experiment werden die Phänomene in wissenschaftliche »Sachverhalte« umgegossen, in der Theorie werden aus diesen Sachverhalten reine Größen innerhalb einer formalistischen Reduktion.

Innerhalb dieser physikalisch-formalistischen Reduktion wird jede physikalische Größe durch eine Matrix ersetzt (d.h. beschrieben). Die Werte z.B., die die Energie eines abgeschlossenen Systems annimmt, repräsentieren sich als Eigenwerte ihrer Matrix. Auch an die Stelle von Ortskoordinaten und Geschwindigkeiten treten diese bestimmten Regeln unterworfenen Zeichen, »Matrizen«. Für Quantensprünge, stationäre Zustände (wenn der Energiewert bekannt ist) usw. gelten immer matrizenschematische Bestimmungen. An Stelle der Matrizensymbole können auch andere treten, die aber der gleichen Schematik, d.h. Regel, unterworfen sind, etwa der Nichtkommutativität; denn nur dann lassen sich die Quantifizierungsvorschriften ableiten. (Vgl. hierüber Abschn. IV, 7).

c) Die formalistische Reduktion reicht insofern noch über die wissenschaftliche Reduktion (Schelers) hinaus, als in ihr der »meinende Akt« gleichsam gekappt erscheint. Die die wissenschaftliche Reduktion auszeichnende Inadäquation besteht ja eigentlich nur zwischen den den Beobachtungsgrößen zugrundeliegenden Phänomenen (Helligkeitswerte, Diskontinuitäten) und den zugeordneten Sachverhalten bzw. mathematischen Ausdrükken. Darüber hinaus aber bestehen innerhalb der formalistischen Deduktion rein formalistische Größen, die nur im Gang des Rechnens auftreten und eigentlich noch nicht einmal Entsprechungen im »Meinen« haben (z.B. der berühmte Faktor $2\pi i/h$ in der Vertauschungsrelation, der Wert $1/2\pi i$ im reinen Matrizenschema, die eingesetzt werden, damit die weiteren Folgerungen mit der Erfahrung übereinstimmen, z.T. natürlich auch die schrödingersche Schwingungsgröße ψ, alsdann gewisse Konstanten wie die sommerfeldsche Feinstrukturkonstante usw., die »dimensionslos« sind. (Vgl. P. Jordan, Naturw. 1937, S. 32 u. 18)[83].

In der maßgebenden mathematisch-formalistischen Grundlegung der Quantenmechanik aus der Schule Hilberts heißt es: »Man stellt gewisse physikalische Forderungen ..., deren Erfüllung gewisse Relationen erfordert. Dann sucht man ›einen‹ ... analytischen Apparat, in dem Größen auftreten, die genau dieselben Relationen erfüllen.« Becker hat diesen so festgelegten Standpunkt philosophisch-phänomenologisch näher untersucht und sagt: »Die Natur wird erschlossen in einer ›symbolischen Repräsentation‹, aber nicht im Sinne ›einer die Phänomene in ihrem Zusammenhang‹ wirklich ›entdeckenden‹ Interpretation.«[84] Damit ist deutlich gemacht, wie sehr der quantenmechanische Formalismus noch über die wissenschaftliche Reduktion Schelers hinausreicht. Scheler weist darauf hin, daß diese Symbolisierung der Erkenntnis uns zwar von den Schranken der Umwelt befreie, daß sie aber darum die Erkenntnis auch ärmer macht an Adäquation »und der ihr entsprechenden Fülle«. Heisenberg entspricht dieser Auffassung, indem er schreibt, »der Fortschritt der Naturwissenschaft« sei erkauft worden »durch den Verzicht darauf, die Phänomene in der Natur unserem Denken durch Naturwissenschaft unmittelbar lebendig zu machen ... Die Ansprüche unserer Wissenschaft auf Erkenntnis der Natur im ursprünglichen Sinne des Wortes sind dabei immer geringer geworden«[85]. Das Wort »Phänomene« ist sehr glücklich gewählt worden, es deutet an, wie die formalistische Reduktion auf Kosten der phänomenologischen voranschreitet.

Heisenberg spricht vom Verlust der Erkenntnis im ursprünglichen Sinne. Offenbar soll hier Erkenntnis im Sinne der phänomenologischen Reduktion von unmittelbarer Adäquation verstanden werden. Auch Scheler weist darauf hin, daß in der wissenschaftlichen, symbolischen Erkenntnis eigentlich eine neue Art von Erkenntnis auftaucht. »Treten also an Stelle der erkannten Gegenstände und ihrer Beziehungen irgendwelche ihnen eindeutig zugeordnete Symbole der Gegenstände und Symbole der Beziehungen, so ist dies alles, was ein möglicher praktischer Zweck nur erheischen kann. Und doch enthielte dieses Symbolsystem gar nichts von Erkenntnis.« (S. 307) Erkenntnis ist hier natürlich im

Sinne der Adäquation genommen. Wir sahen, daß der Quanten(wellen)mechanik durchaus gewisse, sogar phänomenal noch aufweisbare Erkenntnisse zugrunde liegen, daß sich auf ihnen aber die Theorie rein formalistisch aufbaut, also mit Verzicht auf Adäquation. Scheler bezeichnet – wir haben schon darauf hingewiesen – die Tätigkeit der inadäquaten Erkenntnis wissenschaftlicher Reduktion einmal als »Welt eindeutig ordnen«. Auch darin befindet er sich in Übereinstimmung mit der Auffassung führender Quantenmechaniker von ihrer Arbeit. Frank z. B. wies darauf hin, daß es sich in der modernen Physik niemals darum handele, »eine Übereinstimmung von Gedanke und Objekt« zu haben, sondern lediglich um die Erfindung eines Verfahrens, »das geeignet ist, mit Hilfe eines geschickt gewählten Zeichensystems *Ordnung* in unsere Erlebnisse« zu bringen[86]. Max Hartmann spricht in bezug auf die modernen Theorien von »Ordnungsschema«[87]. Auch Heisenberg stellt die »mathematische Ordnung der Phänomene« der »Anschauung« gegenüber, die für jene Ordnung nicht nötig sei (*Prinzipien*, S. 7). Da diese »Ordnung« von einem mathematischen Schema Gebrauch macht, das (speziell dies in der Quantentheorie) die Tensoren in einem Raumschema unendlich vieler (komplexen) Dimensionen einführt, wird in gewisser Weise auf die leibnizische Raumidee zurückgegriffen, danach der »abstrakte Raum die Ordnung aller als möglich angenommenen Stellen« ist.

d) Es ist noch genauer zu bestimmen, wie das Verhältnis zwischen Schelers symbolischer Erkenntnis und dem quantenmechanischen Formalismus beschaffen ist. Das heißt, es bedarf eines genaueren Hinweises, daß dieser Formalismus tatsächlich im Sinne Schelers verstanden werden muß.

In der symbolischen Erkenntnis tritt das Zeichen an die Stelle der selbstgegebenen Erscheinung. Solche Zeichen sind vom Modell wohl zu unterscheiden. In einem regulären Modell liegt Selbstgegebenheit im phänomenologischen Sinne vor. Wenn z. B. in der ursprünglichen rutherford-bohr-planckschen Atomvorstellung das Atom eindeutig als Mikro-Planetensystem entworfen wird, ist bis zu gewissen Grenzen durchaus der anschauliche Sinn des Atoms aufgewiesen. Die Analogie, die hier der Erkenntnis dient, ist phänomenologisch orientiert. Es handelt sich um ein ähnliches Verfahren, wie es bei Becker benutzt wird, um einerseits eine »phänomenologische Unterbauung des cantorschen abstrakten Schemas der ›Erzeugungsprinzipien‹« zu ermöglichen und andererseits eine solche für die transfiniten Zahlen zu finden. Becker entwirft Modelle, er spricht dabei von Symbolik, aber betont, daß diese »keineswegs abstrakt-gedanklich, sondern anschaulich« zu nehmen sei im Sinne einer phänomenalen Aufweisung[88].

Scheler versteht das »Symbol« durchaus abstrakt-formal, entsprechend der Quanten(wellen)mechanik. Symbole seien aus einer »künstlichen Abstraktion« hervorgegangen (S. 348), die der »natürlichen« entgegengesetzt sei. Sie stehen im Zusammenhang mit der »wissenschaftlichen Definition«, die wiederum der »natürlichen« entgegenstehe. Sie finde nicht nur den Gegenstand, sondern konstruiere ihn. (S. 347) Es sind dies Begriffsbildungen, die z.T. schon bei Leibniz vorkommen. Leibniz unterscheidet zwischen Wort-, Sach- und Wesensdefinitionen. In der Wortdefinition könne man z.B. noch daran zweifeln, »ob der definierte Begriff auch möglich« sei, zeige sich aber »die Möglichkeit der Sache durch die Eigenschaft«, die erkennbar ist, dann führt diese »zu einer Sachdefinition«. Schließlich gäbe es noch »Wesensdefinitionen«, die »Urbegriffe« bringen, die »nichts mehr voraussetzen, was eines apriorischen Beweises seiner Möglichkeit bedarf«[89] (vgl. auch Abschn. V, 1a). Es sind hier Stufen einer Konstruktion angedeutet, die Leibniz im angeführten Abschnitt aus der »metaphysischen Abhandlung« rückwärts durchgeht im Sinne eines Abbaus der phänomenologischen Selbstgegebenheit durch eine wissenschaftliche Reduktion. An die Wortdefinition würde sich sofort das »Zeichen« anschließen. (Scheler begreift das Wort schon als Zeichen.) Wir werden später genauer zeigen, wie bedeutsam Schelers »Stufen« der »Gegebenheit« zwischen »Adäquation« und »Inadäquation« auf den leibnizischen Gedanken der »Repräsentation« zurückgehen (vgl. Abschn. V, 1a).

Scheler selbst hat auch darauf hingewiesen, wie sich die physikalische Forschung vom eindeutigen Modellbegriff zu einem mehrdeutigen entwickelt hat, danach es möglich sei, von jeder Erscheinung unendlich viele Modelle zu entwerfen. Scheler schließt bereits hieraus auf eine Entwertung des physikalischen Modellbegriffs. Demnach hat »das mechanische Modell niemals den Sinn eines wahren, mit den realen Gegenständen übereinstimmenden Bildes der Natur, ebensowenig aber bloß den einer eindeutigen Bestimmung durch Symbole, die ja auch ... ohne solche Modelle möglich ist ... es zeigt, nach welchem ›Plane‹ und welchem gezeichneten Bauriß wir vorzugehen hätten, wenn wir den Auftrag hätten, die betreffende Erscheinung hervorzubringen«. (S. 315f) Es liegt damit also das vor, was Kant in der *Urteilskraft* eine »symbolische Hypotypose« nennt[90], »da einem Begriffe, den nur die Vernunft denken, aber dem keine sinnliche Anschauung angemessen sein kann, eine solche untergelegt wird«. In der Quanten(wellen)mechanik bietet die schrödingersche Schwingungsgröße ψ bzw. ihre wahrscheinlichkeitstheoretische oder physikalische Deutung als Ladungsdichte ein prägnantes Beispiel für eine solche untergelegte Versinnlichung oder »symbolische Hypotypose«. In quantenmechanischen oder wellenmechanischen Konstruktionen der Rechnungsgrößen als Matrizen bzw. Operationsschemata wird aber im allgemeinen auf diese »symbolische Hypotypose« verzichtet. »Für die mathematische Ordnung der Phänomene« (nur um eine solche handelt es sich ja in diesen Theoriensystemen) »ist eine solche Anschauung auch gar nicht nötig«, wie Heisenberg definiert (a.a.O.).

e) Scheler stellt auf Grund der Unterscheidung zwischen phänomenologischer und wissenschaftlicher Erkenntnis bzw. der phänomenologischen, evidenten »Selbstgegebenheit« eines Gegenstandes und der symbolischen, »nur meinenden« Gegebenheit in der Wissenschaft zwei Reduktionen gegeneinander: die »phänomenologische« und die »wissenschaftliche«.

Die von Husserl eingeführte »phänomenologische Reduktion« charakterisiert er kurz folgendermaßen: sie »sucht den Gehalt der Erscheinung jeglicher Zeichen und Darstellungsfunktionen zu berauben und ihr direkt ins Gesicht zu blicken. Erst dadurch wird die ›Erscheinung‹ ein absolutes ›Phänomen‹«. Von der von ihm selbst eingeführten »wissenschaftlichen Reduktion« aber heißt es: sie »dagegen schaltet gerade die Erscheinung aus, soweit sie Eigengehalt hat, und läßt nur mehr ihre gleichsam leere Darstellungsfunktion zurück«. (S. 346) Sofern sich auf einen Gegenstand innerhalb der wissenschaftlichen Forschung also ein intentionaler Akt richtet, ist die »sich selber darstellende« Erscheinung nicht gegeben, sondern »durch etwas darzustellen, was ganz außerhalb ihrer liegt, d.h. durch ein von uns herangebrachtes Ding, das für sie als Zeichen dient: ein Wort oder ein anderes Zeichen« (Matrize, Observable, Operator usw.).

Wir haben bereits im voraufgehenden Abschnitt gesehen, daß derart tatsächlich die Darstellung, der Formalismus der Quanten-(wellen)theorie beschaffen ist. Dieses Theoriensystem vollzieht also eine »wissenschaftliche Reduktion« par excellence.

Sofern aber in den grundlegenden Ideen der Quantentheorie, wie wir sahen, auch eine Annäherung an die natürliche Weltanschauung zu bemerken ist, wird hier auch eine gewisse »phänomenologische Reduktion« vollzogen.

Wie wird nun von phänomenologischer Seite die »Generalthesis« der phänomenologischen Reduktion im einzelnen beschrieben? –

Die Phänomenologie gelangt zur Wesensschau mittels der phänomenologischen Reduktion in der, nach Husserl[91], »jedwede psychologische und naturwissenschaftliche Apperzeption und reale Daseinssetzung« abgezogen ist. Eine andere Angabe Husserls lautet: »Wir schalten alle erfahrungswissenschaftlichen Apperzeptionen und Daseinssetzungen aus.« (a.a.O., S. 398) Scheler selbst stand gerade dieser husserlschen Auffassung der »Reduktion« kritisch gegenüber. Was er festhält, ist das Absehen von der Daseinssetzung. (S. 238) Was er korrigiert, ist Husserls Negation des Erfahrungsbestandes. Scheler verlangt vielmehr, daß die Erfahrung selbst in die Reduktion einbezogen wird, derart, daß aber der Erfahrungsbestand in der Gegebenheit schon selbst phänomenologisch erfaßt wird und also frei bleibt von der Daseinssetzung. Da nach Schelers vitalistisch-voluntaristisch orientierter Erkenntnislehre der »Daseinseindruck« aus einem »Widerstandserlebnis« folgt, das der Erfahrende erlebt, so bedeutet das Absehen vom empirischen Erfahrungsbestand als dem Absehen vom Daseinsmoment zugleich das Negieren dessen, der erfährt, der erkennt. Wir brauchen hier nicht länger bei Schelers spezieller Auffassung von der »phänomenologischen Reduktion« zu verweilen, denn das, worauf es in ihr für uns ankommt, übernimmt er von Husserl ohne Kritik, ohne Modifizierung, nämlich die Ausschaltung des Realitätsmomentes. Allerdings bleibt die »transzendental-phänomenologische Reduktion« dabei nicht stehen. Pöll vor allem hat dargestellt[92], wie auf die phänomenologische Reduktion noch die »eidetische« folgt, in der neben dem Daseinsmoment auch noch die »Individualität« des Gegenstandes gestrichen wird. Sieht die eigentliche phänomenologische Reduktion in erster Linie davon ab, ob die Gegenständlichkeit nun wirklich oder nichtwirklich, Realität oder Schein usw. ist oder nicht[93] – auf diese Tatsache legt vor allen Dingen Scheler Wert –, so übersieht die »eidetische Reduktion« noch die mögliche Realität des Gegenstandes und erhebt das »Schauen« zu einer »ideierenden oder generalisierenden Abstraktion« (Ideation)[94]. Das Resultat ist das »Phänomen«, in dem, wie Scheler sich ausdrückt, die volle Deckung zwischen »Gemeintem« und »Gegebenem« besteht, unabhängig davon, ob wir es mit einem sogenannten »Realen« oder einem »Schein« zu tun haben[95].

Wir bemerken also, daß das »Phänomen« als solches zwar ein Sein hat, aber nicht als in einer bestimmten Seinsschicht eingeordnet erscheint. Es ist ein Seiendes schlechthin, aber nicht diese oder jene Art von Sein, d. h. nicht etwa differenziert nach Idealem oder Realem. Die transzendentale und eidetische Reduktion, kurz, die »phänomenologische Reduktion« stößt also tatsächlich auf jenen in »offener Weite« gebrauchten Seinsbegriff, der – wie Fink trefflich bemerkte – die Differentiation nach ideal und real erst ermöglichte[96]. Dieses ontologische Ergebnis ist festzuhalten. Die Phänomenologie schlägt in ihrer ontologischen Tendenz die »Welt«[97] als eine Mannigfaltigkeit von »Phänomenen« auf, vor denen es keine Scheidung in »Gemeintes« und »Selbstdarstellendes« mehr gibt.

Wo liegen nun die Einzelheiten in dem, was Scheler als »wissenschaftliche Reduktion« bezeichnet hat? – Während die phänomenologische Reduktion den Zerfall in »Gegenstand selbst« und »Gemeintes« aufhebt, wird dieser Zerfall in der wissenschaftlichen Reduktion geradezu Grundlage. Während die phänomenologische Reduktion vom Daseinsmoment absehen kann und damit auch »die Akte und Impulse, die *ich*« (der Erkennende)[98] erfahre, negiert werden können, hält die wissenschaftliche Reduktion diese Tatsachen gerade fest. Denn Inadäquation in dem Sinne, daß für einen Gegenstand nur ein Zeichen, ein Symbol gesetzt werden kann, das bedeutet eben die restlose Preisgabe des »Phänomens« als selbstgegebenem und das Eingeständnis, daß es der Vermittlung bedarf zwischen dem Erkennenden und dem Erkennbaren. Bedenkt man aber nun die von Pöll herausgearbeiteten drei verschiedenen Bedeutungen von »Wesen« als »Sosein des individuellen Gegenstandes«, »Wesen als Idee« und »Wesen als Prinzip der Soseinseinheit wie der Soseinsbestimmtheit des Gegenstandes«[99], dann zeigt sich also, daß mit der Preisgabe der Adäquation bzw. des Wesens in der wissenschaftlichen Reduktion bei Vollendung des Formalismus nichts vom »Sosein« mehr übrig bleibt.

Scheler erläutert die wissenschaftliche Reduktion im Zusammenhang von Ausführungen über eine Kugel: »Ich beraube die ›Erscheinung‹ ihres Eigengehaltes völlig, den sie in der natürlichen Wahrnehmung immer noch hat und fasse sie künstlich nur mehr als *Symbol* auf ... Es bleibt ... die objektiv existierende Kugel ... Was ist die objektiv existierende Kugel? Sicher nichts auch nur irgendwie Anschauliches mehr.« (S. 346) Offenbar also kein Phänomen, kein Sosein mehr. Nur, daß sie, wie Scheler sagt, existiert. Sie existiert formal, d.h. alles, was über sie zu sagen wäre, erschöpft sich in einem »sie ist«, aber dieses »ist« ist *inhaltlich* bedeutungslos.

Im Anschluß an seine zitierte Frage gibt Scheler die Antwort: »Sie ist nur mehr der identische Gegenstand aller möglichen Aussagen, die über sie zu machen sind, und die ihrem Wesen nach eine unendliche, niemals abschließbare Reihe darstellen.« (S. 346) Es gibt also eine Gruppe von Aussagen über einen identisch-einen Gegenstand, und darin braucht der Gegenstand »phänomenal« gar nicht da zu sein, aber die Aussagen müssen die Vereinbarung enthalten, daß es einen Gegenstand gibt, den sie invariant lassen, dem sie zukommen, der also im weitesten Sinne als »existierend« angenommen werden muß. Diese Vereinbarung wird in dem Symbol für die Kugel getroffen[100].

Wir bemerken also, daß in der wissenschaftlichen Reduktion, wie sie von Scheler beschrieben wird und wie sie sich in der quantentheoretischen Physik als Formalismus äußert, noch eine gewisse ontologisierende Tendenz vorhanden ist und daß sie in jenem weiten Sinne gefaßt werden muß, wie sie Fink (vgl. Anm. 6) auch für die phänomenologische Erkenntnis bestimmt. Während die ontologische Tendenz der phänomenologischen Reduktion auf das Wesen, auf das Sosein ausgeht, richtet sich die wissenschaftliche Reduktion immer auf das Formale, das endgültig Formale und damit auf das immer identisch eine, nackte Sein, das keine weitere Bestimmung mehr besitzt. Hier hält das Zeichen für einen (gemeinten) Gegenstand also vom Gegenstand nichts Phänomenales mehr fest, setzt vielmehr das »Phänomen« als ein X, ein Unbekanntes, das aber ein ganz bestimmtes Unbekanntes ist, welches zu einem phänomenologisch aufhellbaren, bestimmten, hier aber nicht weiter inhaltlich bedeuteten Sein gehört. Fichte hat gelegentlich diesen Unterschied bemerkt. In einer Deduktion des Dingbegriffs [101] bringt er folgende Sätze, die nur im Sinne einer konsequent formalontologischen Reduktion, wie wir sie bei Scheler als wissenschaftliche Reduktion abgewandelt fanden, zu begreifen sind: »Ohngeachtet, wie wohl zu merken ist, dem Dinge, von welchem wir oben redeten, da es noch gänzlich unbestimmt sein soll, gar nichts zukommt, als das, daß es ein Ding ist, d.h. daß es *ist.*« Diese Bestimmung eines Dinges wird – im schroffsten Gegensatz zur phänomenologischen Bestimmung – in der wissenschaftlichen, formalistischen Reduktion (wie man ihre konsequenteste Form bezeichnen darf) vorgenommen. Nach der Scheidung Jacobys[102] gibt es eine essentielle und eine existentielle Ontologie. Die erstere erfülle sich z.B. in der Phänomenologie. Hat man sich den ontologischen Hintergrund der schelerschen wissenschaftlichen Reduktion klargemacht, dann erscheint diese als eine existentiell-ontologische Bemühung im konsequentesten Sinne. Weiterhin wird aber klar, daß Scheler in seiner wissenschaftlichen Reduktion und ihrer ontologischen Absicht durchaus der Auffassung entspricht – die zuletzt noch von N. Hartmann mit Nachdruck vertreten wurde –, daß die Wissenschaften ihrer Natur nach ontologisch eingestellt seien.

Auf diesen Formalismus als »Existentialismus« im Sinne einer von Scheler so bezeichneten wissenschaftlichen Reduktion ist von fachwissenschaftlicher Seite schon (ohne Kenntnis der schelerschen Ausführungen) verschiedentlich aufmerksam gemacht worden. Denn offensichtlich erreicht ja die Symbolisierung, wie wir in vorstehenden Abschnitten genauer gezeigt haben, ihre höchste Reinheit. Sie ist z.T. gänzlich befreit von einer phänomenologischen Zugangsmöglichkeit und gerade daher mußte es als ein Paradoxon erscheinen, die konsequente symbolische Mathematik (des hilbertschen Formalismus) auf die Physik anzuwenden, wie Becker es einmal formuliert hat. (a.a.O)

Wenn z.B. Hilbert mit den klassischen Worten seine Untersuchung beginnt: »Wir denken drei verschiedene Systeme von Dingen ...« und diese Dinge restlos bedeutungsfrei hingenommen werden müssen, so bemerkt Becker mit Recht hierzu, daß dieses »Wir denken« durchaus als »Wir denken sie als mathematisch existierend« zu verstehen sei[103].

Von einer anderen, noch deutlicheren Seite hat Fraenkel auf diese eigenartige »existentielle Reduktion« im modernen Formalismus hingewiesen. Er sagt von den mathematischen »Existenzbeweisen«[104]: »Ein solcher Beweis läßt in der Regel, im Gegensatz zu konstruktiven Beweisen, keinen näheren Einblick in die *Natur* des fraglichen Objekts zu; drückt die Existentialaussage z.B. nur aus, daß eine Konstante von bestimmter Bedeutung eine endliche Zahl sei, so ist durch den Existentialbeweis keine Handhabe geboten, die Größe dieser« (gewissermaßen ihr Sosein) »zu bestimmen.«[105] Auch hier zeigt sich eine deutliche Trennung zwischen dem phänomenologisch zugänglichen »Sosein« und »bloßen Sein« eines mathematischen Gegenstandes und wird es offenbar, wie die reine formalistische Reduktion eine Reduktion auf das »bloße Sein« darstellt, entsprechend dem Begriff der wissenschaftlichen Reduktion Schelers.

Sofern es also in der quantentheoretischen bzw. quanten(wellen)mechanischen Physik bzw. im Heisenberg-Programm rein formalistische Abschnitte gibt, verfallen sie der wissenschaftlichen Reduktion und reichen weit über den Gehalt einer phänomenologisch noch zugängigen »natürlichen Weltanschauung« hinaus, deren Gegenstände in den Grundlagen der Quantenmechanik, wie wir gesehen haben, jedoch z.T. durchaus noch enthalten sind. Was Becker am angeführten Ort als Paradoxon begreift, die Anwendung einer formalistischen Mathematik auf physikalische Gegenstände, bedeutet also eine gewisse gegenseitige Ergänzung von wissenschaftlicher und phänomenologischer Reduktion, die nur durch eine ontologische Deutung, wie wir sie hier kurz andeuteten, verständlich wird. In den Theoriesystemen der modernen Physik scheinen sich jedenfalls beide Arten der Reduktion als methodisch verträglich zu erweisen. Ein besonders schönes Beispiel bietet hierfür der Begriff des Wirkungsquantums. Von ihm sagt Frank ganz im Sinne unserer Ausführungen: »Der Begriff eines real existierenden Wirkungsquantums ist eine Abkürzung für die ganze Gruppe von Erlebnissen mit dem dazu gehörigen Zeichensystem ... Der Schluß auf die Eindeutigkeit eines Zeichens h, gewonnen aus Meßergebnissen, die übereinstimmen, geht nicht auf die reale Existenz von h.«[106] Einerseits gibt es also zwar reale Tatbestände möglicher phänomenologischer Reduktion in der speziellen Theorie des Wirkungsquantums, andererseits ist jedoch die Größe h selbst nur ein Ergebnis der wissenschaftlichen Reduktion. Die ursprüngliche Schwierigkeit, eine brauchbare Strahlungsformel zu schaffen, führte Planck bekanntlich im Jahre 1900 auf den Gedanken der Strahlungsquantelung. Die Energie eines Strahlungsquants unterschied sich von der Frequenz nur durch einen universellen Proportionalitätsfaktor, der als $h = 6{,}55 \cdot 10^{-27}$ bestimmt werden konnte. Das heißt, die Schwierigkeiten, einen realen Tatbestand (Strahlungserscheinung) gesetzlich messend regeln zu können, drängte den erkennenden Akt in einen meinenden, d.h. entführte aus dem phänomenalen Bereich in den formalen vermittels einer konsequenten wissenschaftlichen Reduktion. Das »Meinen« erhielt durch die vorliegende Schwierigkeit eine ganz bestimmte Orientierung, d.h. es mußte ein bestimmtes, fixierbares, aber phänomenologisch nicht weiter aufhellbares Seiendes formal, also »bloß existentiell« bestimmt werden. Das Symbol h bedeutete ein bloß existentiell Seiendes. Über das reale Sein, d.h. das reale Sosein, wird durch die Setzung von h nichts gesagt. Entstammt also h auch durchaus einem phänomenologischer Reduktion noch zugänglichen Bereich, der in das Gebiet der natürlichen Weltanschauung hineinreicht (wir erkannten das durch Betrachtung des Phänomens der Quantelung), so ist das theoretische Auftreten von h ein Ergebnis wissenschaftlicher Reduktion und hat als Formalität nur die Möglichkeit, Symbol der rein wissenschaftlichen Weltanschauung zu sein.

IV. Die Daseinsrelativität in den quantentheoretischen Prinzipien

1. Obwohl in den erkenntnistheoretischen und begrifflichen Grundlagen der Quanten(wellen)mechanik streng genommen Welle-Partikel Dualismus und Unbestimmtheitsrelationen niemals zu trennen sind, wollen wir hier die Untersuchung so führen, daß wir zunächst den Welle-Partikel-Dualismus so weit als möglich losgelöst von den U-Relationen betrachten.

Wir haben zunächst zu betrachten, wie der Dualismus eingeführt wird. Denn es erscheint durchaus nicht immer klar, ob es sich hierbei um einen rein erkenntnistheoretischen bzw. erkenntnismethodischen oder aber um einen ontologischen Tatbestand handelt. Jedenfalls ist diesbezüglich die Meinung der führenden Physiker geteilt.

Heisenberg, der eigentliche Entdecker der hier zur Untersuchung stehenden Zusammenhänge, geht bei der Einführung des Welle-Partikel-Dualismus von den bekannten zwei Experimenten-Gruppen aus, deren eine (Wilson-Aufnahmen in der Nebelkammer, compton-simonsches Experiment über die Erhaltung der Stoßgesetze bei einer Reaktion zwischen Lichtquant und Elektron, franck-hertzsche Stoßversuche) die korpuskulare, deren andere (Beugung von Materiestrahlung nach Davisson, Germer, Thomson u. a., Beugung von elektromagnetischer Strahlung, aufgenommen nach Debye-Scherrer) aber die Wellennatur der Materie-Energie zeigt und damit den Dualismus Welle-Partikel experimentell zur Erscheinung bringt. (Erscheinung ist hier nicht phänomenologisch zu verstehen.) Die neueren Experimente Shanklands im Anschluß an Compton, die die Stoßreaktion zwischen Gammastrahlung und Elektronen untersuchen sollten, widersprechen zwar dem comptonschen Experiment insofern, als sie wiederum die Wellennatur des Lichtes nahelegen, aber sie wiederlegen durchaus nicht den gesamten Welle-Partikel-Dualismus und seine Problematik[107].

Damit lagen für die experimentelle und theoretische Physik Schwierigkeiten ganz besonderer Art vor. Einerseits zeigten die Experimente deutlich den Charakter der Dualität in Strahlung und Materie, andererseits war es für die Theorie schwer, die Tatsache, daß »Materie gleichzeitig aus Wellen und Partikeln« bestehen sollte, in ihr System einzufügen.

Heisenberg gab die synthetische Lösung durch den Gedanken, daß die Begriffe Welle und Partikel nicht modellmäßig zu verstehen seien, sondern nur »ein Recht als Analogien« beanspruchen könnten (a.a.O., S. 7). Genauer gesagt, erkannte er, daß in den »Anschauungen«, »Welle« und »Partikel« mehr steckt, als man aus den Experimenten entnehmen kann. Gerade darum führte er also das, was Scheler, wie wir sahen, die wissenschaftliche Reduktion nennt, mehr oder weniger konsequent für die physikalische Beschreibung gewisser Weltgebiete (atomarer Bereich) durch und setzte einen bestimmten mathematischen Apparat rein formaler Beschaffenheit ein, um diesen Dualismus rechnerisch-schematisch zu überbrücken und verzichtete damit gleichzeitig auf eine modellmäßige Erfassung einer bestimmten physikalischen Erscheinung. Kurz nach der Formulierung dieser Grundlage für den theoretischen Aufbau der atomaren Mechanik haben Born und Jordan die sogenannte Matrizenrechnung, einen bis Heisenberg von den Physikern wenig beachteten Zweig der Mathematik, als geeignet befunden, den Ideen eine strenge mathematische Form zu geben.

Mit Hilfe dieses mathematischen Formalismus beschreibt die Quantenmechanik die atomphysikalischen Sachverhalte so, als ob es primär den genannten Dualismus gar nicht gäbe. Dieser tritt, wie Heisenberg oft bemerkt hat, erst in Erscheinung, wenn man zu einer anschaulichen Beschreibung übergeht. In der Sprache Schelers heißt das: relativ zur natürlichen Weltanschauung, ja, sogar relativ zu den Ausdrucksmitteln der bisherigen Physik und der anschauenden, beschreibenden Erkenntnis gibt es den Welle-Partikel-Dualismus, aber relativ zu einer rein symbolischen Erkenntnis einer konsequenten wissenschaftlichen Weltanschauung, die die wissenschaftliche Reduktion ganz durchgeführt hat, gibt es diesen Dualismus nicht. Denn insofern Welle und Partikel ganz und gar der »(sinnlichen) Anschauung« entstammen, werden sie nur innerhalb eines Systems von Sätzen mit Anschauungsgehalt als gegensätzlich zu empfinden sein; kann man aber diese Atomerscheinungen unabhängig von jeder Anschauung beschreiben, dann wird in einem solchen schematischen System auch von einer Gegensätzlichkeit jener Bilder keine Rede mehr sein können.

Es ist also leicht verständlich, daß Heisenberg die Doppelnatur innerhalb eines atomphysikalischen Systems auf die »Unzulänglichkeit unserer Sprache« zurückführt (a.a.O., S. 7). Die Erkenntnis eines Phänomens ist in sich eindeutig, nicht zweideutig. Innerhalb einer phänomenologischen Erkenntnis kann ein Phänomen nicht gleichzeitig ein anderes sein – oder aber es handelt sich nicht um ein Phänomen. Eine Doppeldeutigkeit widerspräche jedenfalls gänzlich dem Charakter der Adäquation bzw. der Bedeutungserfüllung. Welle und Partikel können demnach, so wie sie sich experimentell zeigen, nicht als Phänomene verstanden werden, d.h. diese Begriffe sagen Phänomenologisches, Adäquates über Materie und Strahlung nicht aus. Sie sind, wie Heisenberg bemerkt, als Symbole zu nehmen für gewisse Tatbestände. Damit ist natürlich auch zugegeben, daß es sich bei jenen experimentellen physikalischen Erkenntnissen nicht um »absolute Erkenntnis« handelt im Sinne eines »absoluten Daseins«, wie Scheler sagt, sondern um »daseinsrelative Erkenntnisse bzw. daseinsrelative Beobachtungen«. Durch das Auftauchen des Welle-Partikel-Dualismus im Experiment ist also plötzlich auf die Daseinsrelativität gewisser physikalischer Erscheinungen bzw. Gegenstände hingewiesen worden (etwa auf die Daseinsrelativität von Welle, Partikel usw.). Das heißt also, die Forschung ist an dieser Stelle auf einen Punkt gestoßen, der ins Phänomenologische bzw. Ontologische weist. (Daß dies prinzipiell möglich ist, d.h. aus dem Verhältnis von Wissenschaft und Phänomenologie möglich ist, das haben wir bereits in Teil II gezeigt.)

Heisenbergs Auffassung des hier in Rede stehenden Dualismus, danach er durch die wesentliche Unzulänglichkeit der Sprache bedingt sei, bedeutet also, daß die Sprache hier keine Adäquation erreicht, also keine phänomenologische Erkenntnis offenbart, sondern lediglich eine symbolische, die das weite Reich der Daseinsrelativität der Gegenstandsarten anzeigt. Deutlich zeigt sich weiterhin die Behauptung in ihrem Recht, daß vor dem Dualismus nicht die Erkenntnis, wie viele Forscher gemeint haben und noch meinen (vgl. nächster Abschnitt über die U-Relationen), sondern nur die Grenzen der Erkenntnis in ihrer Relativität bestätigt werden. Denn es hat sich ja herausgestellt, daß die rein formalistische, also symbolische Erkenntnis der atomaren Zustände mittels des quantenmechanischen Formalismus über den Dualismus hinausschreiten kann. Das stimmt überein mit dem, was Scheler von der Relativität der Erkenntnis im allgemeinen sagt. (S. 292)

Die Daseinsrelativität ist also ontologisch zu verstehen und sofern sie die quantenmechanischen, experimentellen Ausgangsbeobachtungen grundlegend deutet, haben diese eine ontologische Möglichkeit im Rahmen der schelerschen Lehre vom Stufenreich der Daseinsrelativität der Gegenstandsarten.

Die Frage, worauf denn nun eigentlich Welle und Partikel einerseits und »quantenmechanischer Schematismus« andererseits daseinsrelativ sind, die sich hier unwillkürlich schon aufdrängt, werden wir im nächsten Abschnitt erörtern.

2. a) Aus dem letzten Abschnitt haben wir folgendes festzuhalten:

1. Der Welle-Partikel-Dualismus bedeutet kein Ende der Erkenntnis, sondern bezeichnet eine bestimmte Erkenntnisgrenze, derart, daß die Daseinsrelativität eines Gegenstandsbereichs offenbar wird.
2. Der Welle-Partikel-Dualismus tritt auf, wenn man eine anschauliche Beschreibung gewisser atomarer Vorgänge fordert, d.h. er macht offenbar, daß die Bilder Welle und Partikel, wie sie gewissen physikalischen Erscheinungen zukommen, keinerlei adäquate Erkenntnis im phänomenologischen Sinne vermitteln, sondern nur Symbolwert besitzen.
3. Ein konsequenter Symbolismus innerhalb einer wissenschaftlichen Reduktion, wie er im quantenmechanischen Schema vorliegt, beseitigt den Welle-Partikel-Dualismus, aber bedeutet auch keine echte Erkenntnis, sondern, wie sowohl Scheler als führende Quantenmechaniker zugeben, ein Ordnen.

Da der Dualismus als Anschauungsdualismus phänomenal unmöglich ist, folgt, daß ein gleichzeitiges Verwenden des Partikel- und des Wellenbildes nur bis zu gewissen Grenzen möglich ist. Bohr hat als erster auf diesen Tatbestand hingewiesen, Heisenberg handelte ihn systematisch ab und zog die entsprechenden Folgerungen für den Gesamtaufbau der atomaren Physik. Er gibt die Formeln dafür an, bis zu welchen Grenzen Partikelbild oder Wellenbild anwendbar sind, und zeigt, daß die Grenzen des Wellenbildes aus dem Partikelbild, die des Partikelbildes aus dem Wellenbild erschlossen werden können (a.a.O., S. 7; vgl. die nächsten Abschnitte über die U-Relationen).

Bei Heisenbergs Ausgangsstellung ist noch bemerkenswert, daß er betont, diese Grenzen seien »von der Natur gesetzt«. Er hält diesen Standpunkt auch durchweg fest und spricht nicht etwa von den versagenden Mitteln unserer Erkenntnis, sondern begreift diesen Tatbestand vom Objekt her. Dies entspricht durchaus Schelers Einstellung, darin betont wird, daß die Relativität der Gegenstände nichts mit dem gemeinhin subjektiv Genannten zu tun habe (S. 291) und nicht von der menschlichen Erkenntnis, sondern vom Dasein der Gegenstände ausginge. Durch diese prinzipielle Übereinstimmung, die wir bei der Erörterung der U-Relationen noch deutlicher werden lassen, ist der Zugang zur Quantenmechanik aus Schelers phänomenologischen Ansätzen bemerkenswert erleichtert.

Wenn also die Quantenmechanik den Welle-Partikel-Dualismus der Anschauung dadurch überwindet, daß sie die Gleichberechtigung beider Bilder (Analogien) fordert und der Auffassung ist, daß das, was im Wellenbild beschreibbar ist, auch im Partikelbild darstellbar sein müsse, so handelt es sich bei der daraus folgenden wechselseitigen Einschränkung tatsächlich um die Erfüllung einer phänomenologischen Forderung oder, genauer, um die Beschränkung der Annahme einer Gleichberechtigung beider Bilder auf der Grundlage der phänomenologischen Forderung der Eindeutigkeit eines Phänomens. Die wechselseitige Einschränkung beider Bilder, des einen durch das andere, geschieht also im Hinblick darauf, daß in die reine symbolische Erkenntnis mittels des quantenmechanischen Schematismus doch noch ein »phänomenaler Rest« hineinragt, dessen Gegenständlichkeit der Forderung der phänomenalen Eindeutigkeit verfällt. Diese Orientierung der Einschränkungsrelationen, wie man die U-Relationen auch gelegentlich bezeichnet hat, am Phänomen erhellt z.B. auch daraus, daß man sagt, ein Vorgang könne nicht gleichzeitig sowohl über den ganzen Raum als auch nur an diskreten Stellen ausgebreitet sein[108], was aber auf Grund der Gleichberechtigung beider Bilder gefordert werden müßte.

Einerseits regulieren also die Einschränkungsrelationen den Übergang aus dem reinen Schematismus in die anschauliche Beschreibung (vgl. Heisenberg a.a.O., S. 7) und anderseits begründen sie die Daseinsrelativität der Gegenstandsarten tatsächlich im Sinne Schelers als ein Stufenreich. Denn insofern zugegeben wird, daß der Wellenvorgang an der Materie nur hinsichtlich gewisser Experimente und der Partikelvorgang wiederum nur hinsichtlich gewisser anderer Experimente sich zeigt, wird eingestanden, daß ein physikalischer Tatbestand daseinsrelativ ist, und zwar daseinsrelativ zu den eingangs erwähnten beiden Gruppen von Experimenten. Das heißt, jene Versuche, die die Wellennatur eines Vorgangs zeigen, liegen auf einer anderen Stufe der Daseinsrelativität als jene, die die Partikelnatur des gleichen Vorgangs beweisen. Genauer sagt man vielleicht so: die jeweiligen Versuche wenden sich an verschiedene Stufen der Daseinsrelativität eines physikalischen Tatbestandes (atomare Erscheinung), d.h. sie sind insofern phänomenologisch eingestellt, als sie eben von einem physikalischen Faktum über alle Meßergebnisse hinaus auch noch etwas Phänomenales ermitteln, also ob der Wellenvorgang oder der Partikelvorgang dominiert. In den beiden eingangs genannten Versuchsgruppen werden auch ganz verschiedene Stufen der Gegebenheit einer bestimmten physikalischen Erscheinung (atomarer Bereich) erreicht. Die totale adäquate Erfassung des Materie-Licht-Phänomens ist noch nicht geglückt, die rein inadäquate jedoch sehr wohl, nämlich im quantenmechanischen Schematismus, der natürlich durchaus der Tatsache Rechnung zu tragen hat, daß die verschiedenen Stufen der Gegebenheit (Daseinsrelativität) zwischen reiner Inadäquation und reiner Adäquation, wie sie durch Experimente ermittelt werden können, sich gegenseitig nicht stören (etwa bei der Durchrechnung der Erscheinung). Daß überdies Phänomenales sehr wohl in Experimenten auftauchen kann, d.h. also, daß die Wesensschau durchaus im Zusammenhang mit Experimenten sich vollziehen kann, haben wir in den beiden ersten Abschnitten unserer Untersuchung gesagt.

Der quantenmechanische Schematismus entwirft seine Gegenstände (matrizenkalkulatorische Formulierungen) als solche, die, wie Scheler von den Gegenständen der rein wissenschaftlichen Weltanschauung sagt, nicht relativ »auf die Organisation der species homo sind, sondern bezogen auf alle möglichen lebendigen Organisationen und ihre Organisationsdifferenzen als ›absolute‹ Gegenstände gelten dürfen ... Sie sind denn auch auf Grund der Form- und Strukturprinzipien der natürlichen Weltanschauung und auf Grund der reinen Logik und Mathematik prinzipiell von jeder Organisation aus und deren besonderer Sinnes- und Bewegungseinrichtung zu gewinnen, und gleichsam in alle Sprachen der Sinne übersetzbar«. Sie sind auch nicht mehr gebunden an das »Dasein von Gegenständen vom Wesen des Lebens«, wie es Scheler für die Gegenstände der ihm bekannten klassischen Physik und Chemie noch voraussetzte (vgl. S. 295–296) und wie das bei den genannten Experimentgruppen zur Ermittlung der Wellennatur bzw. Teilchennatur des Lichts und der Materie noch der Fall ist. Der Formalismus hat selbst diese letzte Bindung überwunden.

b) Ihre exakte theoretische Fassung findet die Idee der gegenseitigen Einschränkung der Verwendung beider Bilder in der Formulierung der U-Relationen, die, wie Jordan bemerkt[109], als die grundlegende Tatsache der Quantenmechanik anzusprechen sind. Diese Relationen beziehen sich, allgemein gesagt, auf die gleichzeitige Kenntnis verschiedener quantentheoretischer Größen. Jordan hat daher folgende allgemeine Formulierungen gegeben: an einem System von F Freiheitsgraden (Koordinatensystem) kann man in einer einzigen Messung nur höchstens F, nicht etwa 2 F mechanischer Größen mit idealer Genauigkeit bestimmen. Er ergänzt diese Formulierung dahin: Man kann wohl 2 F Größen zugleich messen, aber nur mit endlicher Genauigkeit derart, daß, im Gegensatz zur klassischen Mechanik, dieser Genauigkeit eine grundsätzliche, durch das Wirkungsquantum h bestimmte Grenze gezogen ist (a.a.O., S. 3).

Deutlich wird diese allgemeine theoretische Formulierung, wenn man ihre einzelnen speziellen Fälle sich vor Augen hält. (Wir entwickeln die folgenden Ausführungen im Zusammenhang mit der Darstellung Heisenbergs in seinen *Prinzipien.*)

Das Partikelbild führt z.B. zu einer Relation, die nachweist, daß eine gleichzeitige ideal-exakte Messung von Ort und Impuls eines Teilchens nicht möglich ist. Ist Δq die Ortsgenauigkeit (eines Elektrons), Δp die zugehörige Impulsgenauigkeit, so besteht die Beziehung: $\Delta q \, \Delta p = h$.

Das Wellenbild alsdann führt zu einer gegenseitigen Genauigkeitsbeschränkung von elektrischer und magnetischer Feldstärke bei gleichzeitiger Messung. Die mathematische Fassung ist:

$$\Delta E_x \, \Delta H_y \gtrsim \frac{hc}{\delta l^4}$$

In einem gleichen Raumstück bestehen also zwischen den Komponenten von elektrischer und magnetischer Feldstärke U-Relationen derart, daß in einem gleichen Raumstück eine gleichzeitige Messung von E_x und H_y nicht durchgeführt werden kann[110].

Das physikalische Ableitungsverfahren der mathematischen Fassung ist nun so beschaffen, daß man gewisse Fakten, die aus dem Partikelbild (Ortsmessung freier Elektronen, Energiemessungen) resultieren und gewisse andere, die aus der Wellenvorstellung folgen (Wellenamplituden der elektrischen und magnetischen Feldstärken), unter gleichzeitiger Benutzung des Wellen- und Partikelbildes (wie das der Dualismus erforderlich macht) mathematisch behandelt. Das Ergebnis sind dann die Relationen, die die gegenseitige Einschränkung der Bilder (Analogien) beschränken, und es ist also ohne weiteres ersichtlich, daß gerade durch die angesetzte gleichzeitige Benutzung beider Vorstellungen (Welle und Partikel) – das zur Behandlung stehende physikalische Faktum enthält ja zunächst auch beide Formen vereint und niemand kann zunächst sagen, welches irgendwie besonders hervortritt – schließlich die gegenseitige Einschränkung ermittelbar ist. Die Unbestimmtheitsrelationen besagen also zuletzt doch durchaus etwas Phänomenales: sie begrenzen zwei Gegebenheitsstufen (Welle und Partikel) eines einheitlichen physikalischen Tatbestandes (atomarer Bereich), d.h. die quantitativen U-Relationen tragen einem experimentell ermittelten qualitativen Tatbestand (Widerstreit zwischen Welle und Partikel) Rechnung, indem sie in diesem experimentellen Tatbestand etwas Phänomenologisches erkennen lassen, d.h. die U-Relationen haben einen phänomenologischen Sinn.

Es hat keinen Sinn zu sagen: der Wellencharakter ist die eine und der Partikelcharakter ist die andere Seite einer gewissen physikalischen Realität, das wäre einerseits zu vage und andererseits ohne ontologische Berechtigung; vielmehr bedeutet der Wellencharakter der atomaren Gegenständlichkeit und der Partikelcharakter des gleichen Gegenstandes jeweils verschiedene Gegebenheitsweisen eines bestimmten physikalischen Gegenstandes. Der quantenmechanische Schematismus bedeutet diesen Stufen gegenüber wieder eine neue Stufe der Daseinsrelativität dieses Gegenstandes, an den sich die quantentheoretisch-atomare Forschung wendet, nämlich jene, die ihren Gegenstand aus den experimentell aufweisbaren Erscheinungen durch eine konsequente wissenschaftliche Reduktion gewann und auf jeden Grad von Adäquation verzichtet hat.

Die Frage, welche »Gegebenheitsordnung« der quantenmechanischen experimentellen Erfahrungen, d.h. welche der experimentellen Erscheinungen »Welle« oder »Korpuskel« liegt nun höher, höher im Sinne einer tieferen Verankerung im phänomenologischen Gegenstandsbereich, läßt sich aus Scheler schwer beantworten, weil der Begriff dieses »höher« bei Scheler selbst nur dürftig behandelt worden ist. (Fragmentarisch.) Wie wir auch schon in den Abschnitten über den phänomenologischen und formalistischen Anteil in der Quantenmechanik (III, 3, a) gezeigt haben, scheint die Vorstellung der »Quantelung«, also die Diskontinuität, auf die die gesamte Begriffsbildung der Quantenmechanik zurückgeht, viel weiter zu reichen, als es am Anfang schien. Sie zeigt sich gleichsam als viel wirklicher als die der Kontinuität. Dazu kommt nun folgendes: Schrödingers Wellenmechanik, die sich der Quantenmechanik als mathematisch äquivalent erwies, fordert eine Kontinuitätsphysik. Aber wenn tatsächlich in gewissen Experimenten Strahlungserscheinungen sich zeigen, die nur wellenmäßig deutbar sind, so darf man doch nicht übersehen, daß erstens das Bild der »Welle« in Schrödingers Mechanik der Eigenwerte und Eigenfunktionen nur eine »symbolische Hypotypose« im Sinne Kants ist, eine »untergelegte Anschauung«, aber nicht etwa eine unmittelbare Erfahrung; und daß zweitens selbst das, was in den »Wellenexperimenten« sich zeigt, nicht Wellen sind, sondern Wirkungen, die an Hand von Wellen verstanden werden können (z.B. Interferenzen).

Keineswegs kann man also sagen, daß das, was durch jene Wellenexperimente bzw. durch jene Wellentheorie geschaut wird, das Phänomen der Welle sei. Die Welle wird nur nahegelegt, untergelegt.

In den Quantenexperimenten (Elektronenstoß) zeigt sich aber die Diskontinuität unmittelbar. Die Energiestufen werden an den Meßinstrumenten »abgelesen«[111]. Die Diskontinuität der Spektralfrequenzen »zeigt« sich ebenfalls, von der Teilchenstruktur, die sich mit den Wilson-Aufnahmen zeigen, ganz abgesehen. In den comptonschen Versuchen hingegen wird die Partikelnatur, also die Diskontinuität gefolgert, erschlossen bzw. einem sichtbaren Tatbestand untergelegt.

Bisher gibt es also ohne Zweifel keine Experimente, die die Welle unmittelbar zeigen bzw. die Kontinuität schauen lassen, nur solche, die diese Vorstellungen bzw. Phänomene nahelegen. Aber es gibt sehr wohl Experimente, die das Teilchen ohne weiteres zeigen, die die Diskontinuität schauen lassen. (Der durch das franck-hertzsche Experiment veranschaulichte Begriff vom stationären Zustand ist der prägnanteste Ausdruck für die in allen atomaren Prozessen beobachteten Diskontinuitäten[112].) Diesen feinen Unterschied hat man in der Diskussion der beiden Experimentgruppen zum Welle-Partikel-Dualismus nicht tief genug bemerkt, d.h. Schrödinger hat ihn z.B. nicht bemerkt, wenn er in verschiedenen Arbeiten gegen die Diskontinuitäten polemisiert[113].

Vom Faktum des Sich-Zeigens her gesehen, ist also die Diskontinuitätsphysik der reinen Quantenmechanik höher in Richtung dessen, was über die natürliche Weltanschauung hinausreichend einem »aufweisbaren Bereich« angehört. Die Tatsache aber, daß – wie Weyl es formulierte – »keine geometrisch-kinematische Beschreibung der Korpuskelbewegung im alten Sinne möglich« ist[114], daß in dieser Hinsicht das Wellenfeld den Vorrang habe, beweist eben nicht nur den Vorrang des Wellenfeldes hinsichtlich des gegebenen Tatbestandes, sondern sagt aus, daß unter gewissen Umständen sich der physikalische, atomare Gegenstand nicht korpuskular-diskontinuierlich zeigt, sondern derart, daß er »symbolisch-hypotypotisch« im Sinne Kants durch die Welle angeschaut werden kann. Da aber diese Wellenanschauung sich in viel stärkerem Maße untergelegt und nicht unmittelbar sich zeigend verhält als die Quantelung, so wird man doch sagen müssen, daß die Gegebenheitsordnung der »stationären Zustände«, der Diskretheit, des Partikels usw. im Gebiet des Wirklichen, d.h. des physikalisch Wirklichen höher, also der Adäquation, der Selbstgegebenheit näher kommend, liegt.

Wenn also, wie Scheler es gleichfalls formuliert, jeder wissenschaftliche Sachverhalt, so unmittelbar er auch erscheinen mag, doch schon bis zu einem gewissen Grade konstruiert ist, so muß doch hinzugefügt werden, daß innerhalb der quanten(wellen)mechanischen Theorie die Welle mehr von einer Modellvorstellung, mehr von Konstruktion enthält als das Quant, das Partikel. Der atomare Gegenstand erscheint also »selbstgegebener«, solange die reine Partikel- bzw. Quantenvorstellung sich zeigt, sobald das Wellenbild in Funktion treten muß, zeigt sich der atomare Gegenstand auf einer um gleichsam einen Grad geringeren Stufe der Selbstgegebenheit, genauer, der Gegebenheitsordnung.

c) Ehe wir nun auf die quantentheoretische Auffassung vom Meßvorgang eingehen und des weiteren die Zusammenhänge zwischen den U-Relationen und den Problemen der exakten Vorausberechnung und der Kausalität bestimmen, haben wir die wesentlichsten Deutungsversuche der U-Relationen zu betrachten, die von den maßgebenden Autoren vorgebracht wurden.

Verschiedentlich haben die Deutungen anderer Autoren als Heisenberg selbst den daseinsrelativistischen Gehalt – freilich unabhängig von den Begriffsbildungen Schelers – erkannt. Dabei spielt vor allem das Problem eines durch die Quantenmechanik neu einsetzenden Ignorabimus eine bemerkenswerte Rolle. Wir möchten daher zunächst bemerken, daß Scheler, wie wir bereits mehrfach dargestellt haben, zwar die Relativität der Grenzen der Erkenntnis betont, aber nicht vom Ende der Erkenntnis überhaupt spricht. Die Grenzen der Erkenntnis sind ein Resultat der jeweiligen Stufe der Daseinsrelativität eines Gegenstandes und nichts weiteres.

M. v. Laue weist z.B. in seiner Arbeit »Über die Ungenauigkeitsbeziehungen und ihre erkenntnistheoretische Bedeutung«[115] darauf hin, daß diese Relationen zwar jeder Mechanik eine Grenze setzen, nicht aber jeder physikalischen Erkenntnis. Vergleicht man diese seine Äußerungen mit jener in der Arbeit »Zu den Erörterungen über Kausalität«[116], so ergänzen sie sich zunächst. Denn auch in dieser Untersuchung spricht v. Laue von einem gewissen Versagen der Mechanik. Allerdings, sagt er, hätten sich »Tatsachen ergeben, die die in der Mechanik zugrunde liegenden Hypothesen widerlegen«. Das ist korrekturbedürftig. Denn es handelt sich bei den U-Relationen nicht um die Widerlegung bzw. um das Versagen von Hypothesen schlechthin, sondern um das Versagen der mechanischen bild- oder modellhaften Begriffsbildung bezüglich eines bestimmten Gegenstandsbereichs. Immerhin bedeutet aber v. Laues Hinweis, daß nur der mechanischen Physik (im klassischen Sinne), aber nicht der physikalischen Erkenntnis als solcher eine Grenze gesetzt sei, eine bedeutende Klärung der Sachlage gegenüber dem Ignorabimus, von dem etwa Schrödinger spricht[117].

Noch schärfer als v. Laue erfaßt Philipp Frank in seiner letzten Untersuchung[118] den Gedanken, daß durch das Heisenberg-Programm und die systematisierte bohrsche Auffassung vom Versagen der »raum-zeitlichen Bilder«[119] das »Ende der mechanistischen Physik« eingestanden werden muß. Es muß aber hier gleich bemerkt werden, daß dieses Ende nicht zeitlich im Sinne eines Hinfalls einer bestimmten traditionellen physikalischen Forschungsmethode zu verstehen ist, sondern daß es sich dabei lediglich um die Einsicht handelt, daß die mechanisch-klassische Physik in ihrer Begriffsbildung nicht über den gesamten physikalischen Gegenstand erstreckt werden kann. Daß gewisse physikalische Gegenstandsgebiete durchaus mit den Mitteln der klassisch-mechanischen Physik behandelt werden können, wird also zuletzt von der Quantenmechanik nicht bestritten. Das Ende der mechanischen Begriffs- und Modellbildung bedeutet also nur: die mechanisch-physikalische Beschreibung erfaßt eine Stufe der Daseinsrelativität der physikalischen Gegenständlichkeit oder erfaßt die Gegenstände, die auf einer bestimmten Stufe der Daseinsrelativität der physikalischen Gesamtgegenständlichkeit liegen; insofern man nun durch Verfeinerung der Experimente auf physikalische Tatbestände gestoßen ist, die mit den alten mechanischen Mitteln ohne Schwierigkeiten und Widersprüche nicht mehr zu beschreiben sind, ist eine neue Stufe der Gegebenheit physikalischer Gegenstände erreicht. Das Ende der mechanischen Physik bedeutet nicht das historische Fallenlassen dieser Methode überhaupt, denn der mechanische Gegenstand bleibt ja, sondern nur die Entdeckung einer neuen Gegebenheitsstufe des physikalischen Gegenstandes, die eben eine andere als die mechanische Gegebenheit darstellt. Vielleicht darf man die Situation so formulieren: *die Erkenntnis hat den mechanischen, aber nicht den physikalischen Gegenstand erschöpft.*

3. a) Die Folgerungen, die aus den U-Relationen bzw. aus dem Welle-Partikel-Dualismus gezogen wurden, haben insofern ein erkenntnistheoretisches Gewicht, als sie die Probleme der exakten Vorausberechnung, der Kausalität und des Determinismus berühren. Dabei sind vor allem zwei Fragenkomplexe außerordentlich wichtig und nur nach einer sauberen Trennung zu behandeln:

1) Sind die durch die U-Relationen gesetzten Einschränkungen der physikalischen Größenkenntnis prinzipieller Natur oder sind sie durch Verfeinerung der Apparaturen zu beheben? –
2) Wie verhalten sich Vorausberechnung und Kausalität und Determinismus zueinander? –

Die erste Frage wurde grundsätzlich zuletzt durch Grete Hermann behandelt. Ihrer Arbeit *Die naturphilosophischen Grundlagen der Quantenmechanik* (1935) kommt insofern eine zentrale Bedeutung zu, als sie im Institut für Theoretische Physik der Universität Leipzig, also unmittelbar unter den Augen Heisenbergs, entstanden ist[120].

Zunächst die rein physikalische Auffassung der Relationen: Bei jeder Messung kommt eine energetische Beziehung zwischen dem zu messenden Objekt und dem messenden Subjekt, also zwischen Gegenstand und Apparatur zustande, die sich als ein geringer Energieaustausch äußert. Bei diesem Energieaustausch wird aber der energetische Zustand des Objekts verändert und das umso bedeutsamer, je kleiner das Objekt ist. Der Meßvorgang zerstört also den ursprünglichen Zustand dessen, was beobachtet bzw. gemessen werden sollte. Heisenberg selbst gibt ein gutes Beispiel für diese Beziehungen zwischen Objekt und Subjekt beim Meßvorgang: »Unter Bahn verstehen wir die zeitliche Folge von Raumpunkten, an denen das Elektron während seiner Bewegung angetroffen wird. Da die Dimensionen eines Atoms im untersten Quantenzustand von der Größenordnung 10^{-8} cm sind, so wird man zur Bahnbestimmung des Elektrons Ortsmessungen mit einer Genauigkeit von mindestens ca. 10^{-9} cm verwenden müssen.

Man wird also das Atom z. B. mit Licht der Wellenlänge $\lambda \sim 10^{-9}$ bestrahlen. Von solchem Licht genügt jedoch ein einziges Quant, um das Elektron durch Compton-Rückstoß aus dem Atom zu entfernen. Von der Bahn ist also nur ein einziger Punkt beobachtbar.« (*Prinzipien*, S. 25) Das heißt also, daß man zu einem Bahnbegriff im echten Sinne hypothesenfrei nicht kommen kann.

Wir sehen also, daß aus Gründen des Energieaustausches genaue Messungen im atomaren Bereich unmöglich sind. Damit ergibt sich aber, daß die Vorausberechenbarkeit eines Vorgangs selbst nur mit endlicher Genauigkeit möglich ist, und es fragt sich nur, ob diese Tatsache wirklich den Wert eines Prinzips besitzt oder aber, ob diese Schranken überwindlich sind. An dieser Fragestellung, die gerade für die philosophische Diskussion der U-Relationen wichtig ist, beginnt die Untersuchung Hermanns, der wir hier folgen. Ihr Ansatz ist, daß der quantenmechanische Formalismus in seinem wahrscheinlichkeitstheoretischen Gewand die Unüberwindlichkeit der aufgewiesenen Schranken weder garantiert noch widerlegt (S. 19). Auch Popper[121] scheint diese Problematik zu kennen. Er findet, daß die heisenbergsche Genauigkeitsbeschränkung nicht aus dem Formalismus ableitbar ist, sondern eine zusätzliche Annahme darstellt. Beide stellen also die Frage, ob Formalismus und Genauigkeitsbeschränkung bzw. ideale Voraussage zusammengehören, auseinander ableitbar sind oder nicht, und diese Frage ist gleichartig der nach der Unüberwindlichkeit der Meßbeschränkungen. Hermann geht alle bisherigen Versuche, die »prinzipielle Beschränktheit möglicher Zukunftsberechnungen« zu erweisen, durch und findet, daß die verschiedenen Lösungsversuche der Problematik (als da sind: die statistischen Argumente Poppers, die wahrscheinlichkeitstheoretische Deutung der schrödingerschen Schwingungsgröße, Diracs Theorie der Maximalbeobachtungen oder Neumanns Beweis) nur zeigen, wie schwierig es ist, die endliche Vorausberechnung zu überwinden, aber keineswegs die Beschränkung prinzipiell begründen.

Hermanns Lösung ist sehr überraschend. Ihr Ergebnis ist, daß es, nimmt man eine mögliche Überwindung der Meßbeschränkung an, noch unbekannte Ursachen geben müsse, die das Meßergebnis determinieren. Die weitere Untersuchung des Tatbestandes zeigt aber (S. 37), daß in der Quantenmechnik alle das

Meßergebnis determinierenden Merkmale bereits genannt sind. Und daraus ergibt sich dann in der Tat, »daß die erörterten Schranken der Vorausberechenbarkeit ... prinzipiell unüberwindlich sind«. (S. 47)

Warum ist für uns dieses Resultat so wichtig? – Weil damit, wie Hermann bemerkt, der relative Charakter der Quantenmechanik zu Tage tritt. »Denn die genaue Vorausberechnung eines Messungsergebnisses, durch das der Beobachter in einen anderen Beobachtungszusammenhang zu dem betrachteten System tritt, wäre nur möglich auf Grund einer Theorie des Meßprozesses, die diesen objektiv beschreibt, unabhängig also davon, wie der Beobachter wiederum von ihm Kenntnis nimmt.« (S. 47)

Das System, das der quantenmechanischen Beschreibung verfällt, wird damit zu einem relativen zum Beobachter. »Von dieser Beobachtung aus gesehen, relativ zu ihr, hat das System hinsichtlich gewisser physikalischer Größen keine scharfen Werte; relativ zu ihr gibt es daher auch keine Merkmale an dem System, aus denen sich das Ergebnis einer scharfen Messung dieser Größen ablesen läßt. Macht man aber eine solche Messung, die das System notwendig stört und in einen anderen Zustand bringt, dann erhält man für diesen neuen Zustand nicht nur eine quantenmechanische Beschreibung, die dieser Größe einen scharfen Wert beilegt, sondern kann darüber hinaus im Zusammenhang dieser Beschreibungsweise auch Gründe dafür finden, daß sich gerade dieser, nicht vorausgesehene Wert hat einstellen müssen. Zu einer Voraussage dieses Ergebnisses waren jene Gründe trotzdem nicht zu gebrauchen, denn auch sie bestimmen, gerade wie die vor der Messung gegebene Beschreibung, das System nur relativ, und zwar relativ zu der Beobachtung, die bei der Messung selber erst gemacht wurde. Sie konnten also dem Physiker erst nach dieser Beobachtung zur Verfügung stehen und ihm somit keine Vorausberechnung von deren Ergebnis gestatten.« (S. 41)

Wie ist nun diese Relativität zu kennzeichnen? – Bringt sie so etwas wie eine Daseinsrelativität der Gegebenheit zum Ausdruck, wie es Scheler von der wissenschaftlichen Erkenntnis bzw. ihrer Gegenständlichkeit behauptet? – Oder handelt es sich hier nicht um eine Daseinsrelativität, sondern um das, was gemeinhin »subjektiv« genannt wird und was Scheler ausdrücklich nicht mit »daseinsrelativ« verwechselt wissen will, wie wir bereits auseinandergesetzt haben im Zusammenhang mit Schelers Äußerung hierüber? (S. 291) – Fassen wir hier unter Subjekt Beobachter und Meßapparatur zusammen, so kann man sagen: der quantenmechanische Formalismus begründet durch die Beobachterrelativität die Stufe der Daseinsrelativität des atomaren Bereichs, d.h. die Stufe der Daseinsrelativität der atomaren Gegenständlichkeit läßt es nicht zu, genau zwischen Subjekt und Objekt zu unterscheiden, d.h. also, die Daseinsrelativität des atomaren Bereichs begründet auch (oder vielmehr: sie begründet erst) den Beobachterrelativismus der Quantenmechanik, der wiederum, nach Heisenberg und Hermann, die exakte Vorausberechnung (d.h. den Laplaceschen Dämon) unmöglich macht.

b) Wir müssen noch die speziellen Ausführungen Heisenbergs zu dem hier behandelten Thema erörtern. Er spricht zunächst nämlich nicht wie Hermann von den Schranken der Vorhersage, sondern von den Schranken der Kausalität. Er behauptet, die Quantenmechanik habe definitiv die Ungültigkeit des Kausalgesetzes festgestellt, obwohl er es unklar läßt, ob diesem Satz ein rein physikalischer oder auch ein erkenntnistheoretischer Sinn zukommen soll[122]. Bewiesen wird diese Behauptung durch den Nachweis, die strenge Kausalität könne nur in abgeschlossenen Systemen definiert werden[123]. Sofern aber die in der Quantenmechanik zur Beobachtung stehenden physikalischen Systeme mit der Beobachtung eine Störung erfahren, sind sie nicht geschlossen und es kann daher in ihnen auch keine exakte Kausalität definiert werden. Sofern weiterhin aber der Begriff der Beobachtung der Welt der klassischen und darüber hinaus der natürlichen Welteinstellung entstammt (a.a.O., S. 48), wird seine Anwendung durch die U-Relationen reguliert, die ja in exakter Weise angeben, bis zu welchem Grad klassisch-mechanistische bildhafte Begriffe übernommen werden dürfen.

Die Untersuchungen Hermanns machen offenbar, wie hier der Begriff der Kausalität ausdrücklich zunächst nichts anderes bedeutet als »Vorausberechenbarkeit physikalischer Vorgänge«. Hermann hat darauf hingewiesen, daß die beiden Prinzipien »Vorhersage« und »Kausalität« unter allen Umständen zu trennen seien. Das wird aus dem Formalismus selbst gefolgert. Denn er zeigt: »Die Schranken der Vorausberechenbarkeit künftiger

Ereignisse haben sich in der Tat als prinzipiell unüberwindbar erwiesen, und doch gibt es kein Geschehen, zu dem sich nicht im Rahmen des quantenmechanischen Formalismus Ursachen aufweisen ließen, auf die es mit Notwendigkeit gefolgt ist.« (Hermann, S. 50) Hermanns Beweis, daß die Meßbeschränkungsrelationen prinzipieller Natur sind, stützt sich also auf das merkwürdige Dilemma zwischen exakter Vorhersage einerseits und durchgängiger Naturkausalität andererseits.

Wie ist dieses Dilemma, das bisher nie genügend berücksichtigt wurde und das immer wieder dazu verführte, Vorhersagekritik und Kausalitätskritik zu verwechseln, lösbar? –

Hermann liefert in der Scheidung zwischen »exakter Vorhersage« und »Kausalität« unbewußt schon den Ansatz. Sie betont, daß aus der Anwendung des Heisenberg-Programms nur die Beschränkung der exakten Vorhersage folge, nicht aber, daß die Naturkausalität aufgegeben werden müsse. Darin z.B., daß die prinzipiellen Schranken einer Vorausberechnung im Gebiet des Atoms bzw. der Strahlungsvorgänge nur dadurch verständlich werden, daß man die quantenmechanische Naturbeschreibung als relativ zum Beobachtungszusammenhang erkennt, setzt ja die Erkenntnis des prinzipiellen Gehaltes der U-Relationen das Bestehen der Kausalität voraus.

Offenbar kann man diesem Tatbestand ontologisch nur durch die Begriffsbildungen Schelers gerecht werden.

Das besagte Dilemma bedeutet nicht etwa einen erkenntnistheoretischen Widerspruch, sondern wiederum ein Sich-Zeigen zweier Stufen der Daseinsrelativität des Naturzusammenhanges, die Vorhersage und Kausalität heißen; die Quantenmechanik hat nicht das Ungültigsein der Kausalität als solcher festgestellt, sondern nur die prinzipiellen Schranken der exakten Vorhersage in einem bestimmten Gegenstandsgebiet aufgezeigt. Prinzipiell aber hat die quantenmechanische Forschung überhaupt den Stufencharakter im Phänomen des Naturgesetzlichen bemerkt und in der verschiedenen Daseinsrelativität bzw. Gegebenheit des Gegenstandes »Naturgesetzlichkeit« liegt der ontologische Grund einer Scheidung zwischen Vorhersage und Kausalität bzw. liegt die Ursache für das Dilemma, daß einerseits die Vorhersage prinzipiell eingeschränkt wird, während andererseits für den Erweis dieser Erkenntnis Kausalität die unerläßliche Voraussetzung ist.

Es ist hier anzufügen, daß unabhängig von Grete Hermann Popper in seinem bereits genannten Werk *Logik der Forschung* (S. 27) Kausalität und Prognose scharf voneinander geschieden hat. Ohne die positivistische Abweisung der Metaphysik als »Sammlung von Scheinproblemen« mitzumachen, nennt er den Kausalbegriff metaphysisch und läßt nur die Prognose als wissenschaftlich prüfbaren Begriff gelten. In der Quantenmechanik erwiese sich also danach nur die Prognose als problematisch, nicht die Kausalitätsforderung. Ohne Zweifel entspricht Poppers Trennung durchaus der Hermanns. Sie weist ebenfalls deutlich auf die schelersche Lehre vom Stufenreich der Daseinsrelativität der Gegenstände als ontologische Begründung jener Unterscheidung hin.

c) Von der erkenntnistheoretischen Basis aus, die man gewinnt, wenn man Schelers Begriffsbildung aus seiner Lehre von der Relativität des Daseins der Gegenstände auf die quantenmechanischen Grundlagen anwendet, lassen sich auch die weiteren Diskussionen in ihrem Gehalt deutlicher verfolgen, die man sowohl von physikalischer als auch von philosophischer Seite über die Kausalitätsproblematik unternommen hat.

In seinen beiden bereits genannten Arbeiten behandelt v. Laue auch das Problem der Kausalität. Er glaubt nicht, daß die Ungenauigkeitsbeziehungen des Formalismus zwingend als Versagen der Kausalität zu deuten seien[124]. Er ist der Meinung, daß gerade diese Schlüsse aus der Quantenmechanik auf die Kausalitätsforderung Begriffsbildungen verwenden, die der newtonschen Mechanik entstammen und die, nach Heisenberg, nicht ohne Einschränkung auf quantenmechanische Gegenstände übertragen werden dürfen. Diese Kritik warnt also davor, zwei durch die U-Relationen sauber geschiedene Bereiche wieder zu verquicken. R. v. Mises[125] polemisiert gegen die Auffassung v. Laues: »... hierzu möchte ich nur sagen, daß man meiner Ansicht nach die Heisenbergschen Ungenauigkeitsrelationen überhaupt nur als einen Satz der statistischen Physik aussprechen kann, der im Rahmen einer kausalen Auffassung der Physik keinen Platz und keine Möglichkeit findet.«

Auch R. v. Mises trennt zwei Bereiche und stellt mit ihnen U-Relationen und Kausalität gegenüber. Aber v. Mises versteht

v. Laues Ansicht fälschlich dahin, daß dieser meine, innerhalb eines bestimmten Bereichs der physikalischen Gegenständlichkeit seien U-Relation und Kausalitätsforderung verträglich. Für den atomaren Bereich ist dem insofern zu widersprechen, als dieser Fall hier mit der herausgearbeiteten schelerschen These vom Stufenreich der Daseinsrelativität der Gegenstände nicht verträglich ist. Gehören also Prognose und Kausalität zwei verschiedenen Stufen der Daseinsrelativität, dann hat v. Laue, wenn er sie für vereinbar hält, Unrecht. Aber wir glauben durchaus nicht, daß v. Laue so verstanden sein will, sondern ausdrücklich Prognose und Kausalität scheidet, derart, daß sie jeweils verschiedenen Gruppen von Aussagen (newtonsche Mechanik und heisenbergsche Mechanik) zugeordnet sind und daß ihre Verträglichkeit eben darin besteht, daß ein Versagen der Prognose der Kausalitätsforderung nicht widerspricht.

Sofern also unter Kausalität ihre spezielle physikalische Definition, d.h. ihr Charakter der Prognose verstanden wird, haben Heisenberg, Schrödinger, Reichenbach, Schlick, Jordan usw. Recht darin, daß es durch Erfahrung prinzipiell möglich ist, über die Berechtigung bzw. Nichtberechtigung dieser Kausalforderung zu entscheiden. Sofern aber unter Kausalität das »Phänomen« als solches verstanden wird, das z.B. Scheler deutlich gegen seine wissenschaftliche Formulierung (von nur symbolischem Wert, wie er sagt) abgrenzt (S. 362–368), wird durch die quantenmechanischen Entdeckungen und Formulierungen nichts darüber ausgesagt. Denn die Physik formuliert das Kausalgesetz als ein physikalisches Gesetz, d.h. sie konstruiert aus ihm einen bestimmten »Sachverhalt«, der etwas »Gemeintes« symbolisch erfaßt, wie Scheler bemerkt und eine bestimmte »Stufe der Daseinsrelativität« dieser Gegenständlichkeit vorstellt, die genau relativ zur physikalischen, empirischen Begriffsbildung ist. Innerhalb dieser wissenschaftlichen Kausalität gibt es nun aber wieder zwei weitere Formen zu unterscheiden: die noch der natürlichen Welteinstellung entsprechende Kausalforderung und die rein wissenschaftliche Kausalidee der Physik, d.h. aber die klassische und unbeschränkte Prognose und die wahrscheinlichkeitstheoretisch bzw. statistisch begründete Prognose. Demnach wendet sich die wissenschaftliche Erkenntnis der physikalischen Gegenständlichkeit also an zwei daseinsrelative Stufen dieser Gegenständlichkeit, die jeweils auch durch die Kausalidee der Physik, nämlich die Prognose in zwei daseinsrelative Forderungen aufspaltet. Die unbeschränkt durchführbare Prognose der klassischen Physik entspricht etwa dem, was Scheler unter »natürlicher Kausalanschauung« begreift (die also anschaulich ausgezeichnet ist). Aber die quantentheoretische Formulierung der Prognose als Wahrscheinlichkeitsschluß entspricht der reinen Form dessen, was Scheler den rein »wissenschaftlichen Kausalbegriff« nennt. Das von Bohr dargestellte Schema, das wir bereits anführten, läßt diese durch Schelers Begriffe gut zu erfassende Unterscheidung schematisch deutlich werden.

Auch Bruno Bauch, der erst kürzlich den Begriff der Kausalität vom streng philosophischen Standort aus einer Untersuchung unterwarf, trennt scharf zwischen dem »Kausalprinzip als solchem in seiner objektiven Bedeutung« und seinen »Formulierungen«. Den Unterschied in der physikalischen Kausalforderung charakterisiert er durch die Begriffe »sichere« und »genaue« Voraussage. Was nicht genau vorausgesagt werden kann, das kann aber doch mit Sicherheit vorausgesagt werden und daraus würde klar, daß die mißlungene Voraussage nicht zu dem Schluß berechtigt, daß überhaupt keine Kausalität vorliege.

Auch hier sehen wir die reine Kausalanschauung (zugänglich in der phänomenologischen Reduktion) geschieden von den Kausalformulierungen, wie sie in den Stufen des physikalischen Gegenstandes sich zeigen (exakte Vorhersage und Wahrscheinlichkeitsschluß). Allerdings scheint uns die Gegenüberstellung der Begriffe »genau« und »sicher« nicht erschöpfend, denn es gibt Fälle, wo die Voraussage weder sicher noch genau ist, wo also die Ungenauigkeit eine Unsicherheit in der Voraussage hervorruft.

d) Heisenbergs bzw. Bohrs Kritik an der klassischen Physik und also auch an ihrem Kausalitätsbegriff ging, unmittelbar im Geiste der berühmten humeschen Kausalitätsbestimmung, davon aus, daß hier Begriffe verwendet würden, die der alltäglichen Erfahrung entstammten. Dabei darf gefragt werden, wie es zu einer solchen Kritik kam; denn es ist interessant zu sehen, daß erst Heisenbergs Kausalitätskritik die Scheidung von Kausalität und Prognose ermöglichte – wie ja eben die gesamten U-Relationen erst die Scheidung des physikalischen Gegenstandes in zwei daseinsrelative Stufen ermöglichten – und daß er in dieser Kritik am kantischen Kausalbegriff durchaus mit Scheler übereinstimmt.

Denn Scheler hat im Zusammenhang mit seiner phänomenologischen Bestimmung der Kausalität, auf die wir bereits hinwiesen, verschiedentlich auf die Schwierigkeiten der kantischen Begriffsbildung hingewiesen und seine Auffassung entspricht durchaus jener, die sich aus der quantentheoretischen Situation bezüglich des kantischen Apriorismus ergeben hat. Scheler betont, es sei ein Irrtum Kants gewesen, »die Formen und die Struktur der natürlichen Weltanschauung und ihren Gehalt mit der wissenschaftlichen Weltanschauung auf eine Stufe« zu setzen und zu glauben, die »natürliche Weltanschauung, das aus ihr gewachsene Produkt, sei mit der wissenschaftlichen wesensgleich«. (S. 391) Scheler meint also, Kant habe seine Begriffe vielfach mit denen, die der alltäglichen Erfahrung entstammen, formuliert, eine Verwechselung auf die, wie wir sahen, in den quantenmechanischen Grundlagenarbeiten immer wieder aufmerksam gemacht wird. Scheler zeigt z. B., daß bei Kant etwa der Raum der natürlichen Weltanschauung und der Raum der Geometrie bzw. der natürliche Dingbegriff und der wissenschaftliche Substanzbegriff nicht scharf genug unterschieden werden. (S. 390) Das Gemeinsame, das diese Dinge verbinde, könne es wohl geben, aber es müsse erst durch eine genaue phänomenologische Analyse kennzeichnend herausgearbeitet werden. Jedenfalls hänge es mit dieser Identifizierung wissenschaftlicher und phänomenologischer Erfahrung zusammen, daß es bei Kant unterlassen wird anzugeben, »durch welche Erfahrung er denn nun das zum Aufweis bringt, was er die *Formen* und Konstitutionen aller möglichen Erfahrung nennt«. (S. 392) Aus dieser fundamentalen Erkenntnis Schelers, die eher zu einer Erweiterung als zu einer Kritik des Apriorismus drängt, wie wir noch sehen werden, wird die Stellung der Quantenmechanik zum Kausalproblem verständlich. Kants Definitionen der Kausalität, die ausdrücklich darauf hinweisen, daß das Kausalprinzip an die Objektivierung der Wahrnehmungen geknüpft sei[126], wie dies auch Heisenberg immer betont hat, erweisen eben dieses Prinzip als äußerst vielfältig, jedenfalls erschlossen aus einer recht vielfältigen Erfahrung, die nicht die phänomenologische von der wissenschaftlichen scheidet. Obwohl die Kritik an der Kausalitätsforderung ursprünglich definitiv verstanden werden sollte (Heisenberg unterlag also anfangs auch dem Irrtum Kants), verschob sie sich nach und nach in Richtung einer Kritik an der idealen Prognose. 1930 erkennt Heisenberg, daß das Kausalgesetz aus verschiedenen Prinzipien bestehe[127]. Grete Hermann vollzog dann 1935 in ihrer zitierten Arbeit eine exakte Scheidung zwischen Prognose und Kausalität (desgl. Popper, a. a. O.). M. Hartmann[128] formuliert, wohl im Anschluß an Bauch, die Situation folgendermaßen: »Der Fehler liegt in der Gleichsetzung von strenger Determinierbarkeit und strenger Voraussagbarkeit des Einzelgeschehens mit der apriorischen Gültigkeit des Kausalsatzes.« Noch näher an die hier zur Lösung des Problemkreises um die Kausalität verwendete Idee des Stufenreiches der Daseinsrelativität von Gegenständen gelangt Planck. Er schreibt[129]: »In dem Weltbild der Quantenphysik herrscht der Determinismus ebenso streng wie in dem der klassischen Physik, nur sind die benutzten Symbole andere ... Dementsprechend wird in der Quantenphysik ebenso wie früher in der klassischen Physik die Unsicherheit in der Voraussage von Ereignissen der Sinnenwelt reduziert auf die Unsicherheit des Zusammenhanges zwischen Weltbild und Sinnenwelt, d. h. auf die Übertragung der Symbole des Weltbildes auf die Sinnenwelt und umgekehrt.«

Die ursprüngliche Kritik an der Kausalitätsforderung hat sich also nach und nach als eine spezifische Kritik der kantischen Kausalidee herausgestellt, die zu weit gefaßt war oder die, wie Scheler sagen würde und wie es durchaus den angeführten Darstellungen der Hermann, v. Laue, Planck, Hartmann usw. entspricht, die wissenschaftliche und die phänomenologische Erfahrung bzw. die wissenschaftliche und die natürliche Begrifflichkeit nicht trennte. Die Entdeckung, daß die Kausalforderung Kants verschiedene Prinzipien vereinigt, entspricht dem Einwand Schelers. Man kann es vergleichend folgendermaßen formulieren: Das Verhältnis der kantischen Kausalität zur quantentheoretischen ist analog dem Verhältnis des kantischen Raums (euklidischer Raum als Anschauungsraum) zum nichteuklidischen Raum der allgemeinen Relativitätstheorie. Schelers Kritik aber an der Begriffsbildung Kants bedeutet die prinzipielle erkenntnistheoretische Formulierung der quantenphysikalischen Kantkritik.

e) Unser bisheriges Resultat ist, daß die quantenmechanische Problematik der Anschauung, des Welle-Partikel-Dualismus, der U-Relationen und der Kausalität, kurz, die Begriffe klassische und quantentheoretische Physik, das, was wir physikalische Wirklichkeit oder physikalische Gegenständlichkeit zu nennen gewohnt sind, zu einem mannigfaltigen Gebilde macht und es zumindest in zwei reale Daseinsweisen aufspaltet, die man nicht ohne weiteres miteinander verquicken darf. Die jeweilige Problematik von klassischen Begriffsbildungen, die mit ihrer Übertragung auf atom- bzw. quantenphysikalische Tatsachen entsteht, zeigt an, daß der physikalische Gegenstand für die wissenschaftliche Bearbeitung (Theorie und Experiment) nicht der identisch-eine ist. Es hat sich gezeigt, daß jene Zeichen, jene Erfahrung, die (als wissenschaftliche Zeichen zur wissenschaftlichen Erkenntnis im Sinne der gegebenen schelerschen Formulierung) die »Sachverhalte« (um solche handelt es sich nach Scheler, da unter Sachverhalt die »wissenschaftlich konstruierte Tatsache« verstanden wird) der sogenannten »klassischen Physik« erfaßt, nicht ohne Schwierigkeiten und Einschränkungen (U-Relationen) auf den anderen Bereich der atomaren und quantentheoretischen Sachverhalte übertragen werden dürfen.

Dieser merkwürdige Tatbestand hat seine Wurzeln darin, daß die physikalische Forschung, d.h. also die symbolische wissenschaftliche Erkenntnis auf die von Scheler herausgearbeitete Stufenordnung der »Daseinsrelativität der Gegenstandsarten« gestoßen ist. Denn in dem Maße, in dem hier »das wissenschaftliche Weltbild an Adäquation der Erkenntnis und der ihr entsprechenden Fülle des Gehaltes der Gegenstände weit zurück« (S. 296) bleibt hinter der »natürlichen Weltanschauung«, in dem Maße bleibt auch die quantenmechanische Physik wieder hinter der klassischen zurück in dieser Adäquation.

Man hat nun von physikalischer Seite her die beiden physikalischen Gegenständlichkeiten der quantentheoretischen und klassischen Physik durch zwei bemerkenswerte Begriffe von ihrem »Dasein« her gekennzeichnet, nämlich durch die Begriffe mikrophysikalisch und makrophysikalisch. Verschiedene Autoren verwenden auch die Begriffe Mikrokosmos und Makrokosmos, jedoch sind diese Ausdrücke vor allem in der popularisierenden Literatur zu finden[130]. Mikro- und Makrophysik werden in ihrer

Gegensätzlichkeit nun sehr verschieden charakterisiert. Jordan z. B. bezeichnet den Welle-Partikel-Dualismus als das »Einerseits-Andererseits« der modernen Physik und schreibt: »Dieses ›Einerseits-Andererseits‹ ist das eigentlich Neue der ›Mikrophysik‹ gegenüber der älteren, mit sichtbar großen Körpern arbeitenden ›Makrophysik‹«.[131] Im gleichen Aufsatz scheidet er sehr deutlich zwischen dem mikrophysikalischen und dem makrophysikalischen Gebilde. Er fügt hinzu, es müsse mit allen alten physikalischen Selbstverständlichkeiten aufgeräumt werden, »wenn wir die Erscheinungen der Mikrophysik verstehen wollen«, und das bedeute eben, »daß geradezu neue naturwissenschaftliche Denkformen notwendig sind«.

Man muß also vor allem festhalten, daß der makrophysikalische und mikrophysikalische Gegenstand sich nicht einfach durch eine bloße Angabe der verschiedenen Größenordnung unterscheiden lassen, sondern daß die Erkenntnisschwierigkeiten, die in der Mikrophysik zu tatsächlich neuen Symbolen, nach Schelers Begriffsbildung nunmehr genauer: zu einer neuen Adäquationsstufe zwingen, den makrophysikalischen und mikrophysikalischen Bereich tatsächlich im schelerschen Sinne zu zwei Stufen der Daseinsrelativität machen, d. h. *der Unterschied zwischen Mikrowelt und Makrowelt ist nicht nur quantitativer, sondern auch qualitativer Natur.* Allerdings darf man in der charakterisierenden Beschreibung der beiden daseinsrelativen Stufen der Gegenständlichkeiten nicht so weit gehen wie neuerdings Mie, bei dem es heißt: »Mikrophysik ist unmöglich, Makrophysik ist das immer erreichbare Ziel unserer Wissenschaft.«[132] Denn Mikrophysik ist nur von einem makrophysikalischen Standort und d. h. mit makrophysikalischen Erkenntnismitteln unmöglich, nicht mit jenen, die sich auf der gleichen Stufe der Daseinsrelativität wie der mikrophysikalische Gegenstand befinden.

Mit der Unterscheidung von Mikrophysik und Makrophysik hängt das viel diskutierte Problem der Möglichkeit, Makrogesetze aus Mikrogesetzen deduzieren zu können, zusammen. Die Deduzierbarkeit der Makrogesetze aus Mikrogesetzen bedeutet offenbar eine Reduktion der Makrophysik auf die Mikrophysik derart, daß alle Vorgänge ohne weiteres durch Prinzipien der Summation bzw. Integration zu erklären seien. Danach müßte also den Mikrogesetzen ein gewisser Primat zugesprochen werden.

Erkennt man in der mikrophysikalischen und makrophysikalischen Gegenständlichkeit zwei verschiedene Stufen der Daseinsrelativität der betreffenden Gegenstandsarten, dann würde also die Möglichkeit jener Deduzierbarkeit die weitere Möglichkeit nahelegen, daß zwei Stufen der Daseinsrelativität aufeinander reduzierbar wären, das hieße weiterhin, daß zwei Stufen der Gegebenheiten zwischen Adäquation und Inadäquation aufeinander reduzierbar wären. Das aber ist offenbar nicht möglich. Denn die Daseinsrelativität bedeutet, daß eben »nie die Erkenntnis, sondern das *Dasein* ihrer Gegenstände und die Grenzen der Erkenntnis« relativ sind (S. 292). Jedenfalls würde die Möglichkeit jener Deduzierbarkeit ohne weiteres die Tatsache aufheben, daß die mikrophysikalische und makrophysikalische Erkenntnis zwei verschiedene »Schichten der Daseinsrelativität« abstecken. (S. 290)

Offenbar würde weiterhin aus der Deduzierbarkeit auch die Durchgängigkeit der mechanischen Begriffsbildungen folgen, denn die Zurückführung der makrophysikalischen Gebilde auf die mikrophysikalischen Gebilde durch das Prinzip einer Summation oder Integration würde ja selbst ein mechanisches Prinzip darstellen. Offenbar würde dann auch jener ganzheitliche Charakter der Mikrophysik gegenüber der Makrophysik aufgehoben, auf den vor allem March[133] hingewiesen hat.

Die mathematische Formulierung der quantenmechanischen Zusammenhänge hat die scharfe Geschiedenheit der mikro- und makrophysikalischen Gegenständlichkeit dadurch zum Ausdruck gebracht, daß es unmöglich ist, statistische Aussagen, wie sie in der Quantenmechanik benutzt werden, aus den deterministischen Gesetzen der klassischen Theorie abzuleiten. Popper weist darauf hin, daß erst durch Hinzutreten von Häufigkeitsansätzen zu den Mikrogesetzen aus diesen Makrogesetze abgeleitet werden können. Und diese Häufigkeitsansätze, so sagt Popper weiterhin (a.a.O., S. 147), sind aber Annahmen, die nicht aus Mikroüberlegungen stammen.

Gerade die statistische Natur der quantenmechanischen bzw. mikrophysikalischen Aussagen bringt also den Schnitt zwischen Mikro- und Makrophysik recht klar zum Ausdruck. Denn »Statistische Resultate kann man nur aus statistischen Ansätzen herleiten«. (Popper, a.a.O.) Damit sind die Grenzen, die Einschränkungen der Deduzierbarkeit der Makrogesetze aus Mikrogesetzen sichtbar geworden in dem Sinne, wie die Auffassung der beiden physikalischen Gegenstandsbereiche als Schichten der Daseinsrelativität es tatsächlich voraussetzen.[134]

4. Hier muß nun die Erörterung der beiden für die gesamte Atom- und Quantenphysik so wesentlichen Prinzipien der Komplementarität und der Korrespondenz Platz finden. Das heißt, es ist notwendig im Zusammenhang mit unserer gesamten Betrachtung der schelerschen Lehre von den Stufen der Daseinsrelativität auf den phänomenologischen bzw. ontologischen Hintergrund dieser Prinzipien hinzuweisen.

Der von Bohr stammende Begriff der »Komplementarität«, der – Wasmuth weist mit Recht darauf hin[135] – aus der Farbenlehre übernommen worden ist, erhellt verschiedene Sachverhalte innerhalb der atomaren Gegenständlichkeit. Bereits die Tatsache der Doppelnatur des Lichts legt die Verwendung des Begriffs nahe. Wir sahen: einerseits zeigen die Experimente die korpuskulare Beschaffenheit des Lichtes an, andererseits aber seine Wellenbeschaffenheit. Keinen dieser Züge darf man auszeichnen, keinen vernachlässigen, wenn man den Gegenstand in seiner Totalität erfahren will. Das heißt, bezüglich desselben verhalten sich die Experimente bzw. die Wellen-Partikeleigenschaften komplementär.

Noch bedeutsamer ist die Komplementarität von »raum-zeitlicher Beschreibung von Vorgängen einerseits und klassisch-kausaler Beschreibung andererseits«, worauf vor allem Bohr und Heisenberg hingewiesen haben[136].

Pauli rückt die Tatsache der mannigfachen Komplementaritätsverhältnisse innerhalb der Physik der Atome und Quanten ganz in den Mittelpunkt der Mikrophysik und schlägt sogar vor, die gesamte Quantentheorie analog zur Relativitätstheorie als »Komplementaritätstheorie« zu bezeichnen[137]. Denn schließlich liegen ja auch in der von Jordan so genannten fundamentalen Tatsache der Quantenmechanik, nämlich der Unmöglichkeit, mehrere quantenmechanische Größen gleichzeitig ohne Einschränkung zu messen, nichts anderes als komplementäre Verhältnisse vor. Ein weiteres Komplementaritätsverhältnis ist vor allem von Hermann in ihrer bereits zitierten Arbeit beschrieben worden: »Neben die anschaulich-klassische Beschreibungsweise, die im Rahmen der angegebenen Beschränkung ihr Recht behält, tritt der quantenmechanische Formalismus, der in neuen Symbolen die verschiedenen einander gegenseitig beschränkenden Vorstellungen zusammenfaßt.« (S. 61) So deuten also allenthalben die Komplementaritätsverhältnisse einen gewissen »Schnitt« zwischen zwei Arten physikalischer Gegenständlichkeit an, aber zugleich ist die Theorie so beschaffen, daß dieser Schnitt keine Lücke in der Naturbeschreibung bedeutet, sondern vielmehr in exakter Weise mikrophysikalische und makrophysikalische Gegenständlichkeit zusammenfügt. Dieser Tatbestand nun findet seine begriffliche Fixierung in dem sogenannten bohrschen Korrespondenzprinzip, danach, wie Hermann sich ausdrückt, »die anschaulichen klassischen Vorstellungen ... die Brücke zwischen den Daten der Wahrnehmung« (Sinnenwelt, wie Planck sagt) »und den Formeln der Theorie« (Weltanschauung) bilden. (S. 60) Denn dieses Prinzip stellt einerseits eine Analogie her zwischen Quantentheorie und klassischer Mechanik derart, daß z.B. die bekannte bohrsche Frequenzbedingung als das korrespondenzmäßige Analogon zu dem Schema der kanonisch konjugierten Variablen der hamiltonschen Funktion der klassischen Mechanik aufzufassen ist. Anderseits lassen sich mit Hilfe dieses Korrespondenzprinzips die formalen Gesetze der Quantenmechanik analog dem entsprechenden klassischen Schema ableiten. Allgemein gesagt und unter Zusammenfassung der Mikro- und Makrowelt zur physikalischen Gegenständlichkeit, *kann also das Korrespondenzprinzip als der Ausdruck fundamentaler Komplementarität innerhalb der identisch einen physikalischen Gegenständlichkeit aufgefaßt werden*, derart, daß sie einerseits die mikrophysikalische und andererseits die makrophysikalische Gegenständlichkeit als zwar zusammengehörende, aber sich doch wechselseitig beschränkende, also sich ausschließende Gegenstandsarten oder Gegenstandsstufen (im Sinne Schelers) der physikalischen Realität zum Ausdruck bringt. *Komplementaritätsprinzip und Korrespondenzprinzip wurzeln also in dem für die physikalische Wirklichkeit als mehrfach gültig ausgewiesenen Gedanken eines durchgängigen Stufenreiches der Daseinsrelativität der Gegenstandsarten.*

5. Wir berührten schon verschiedentlich die Anschauungsproblematik der nichtklassischen Physik. Gerade durch die Verwendung der nichtanschaulichen Begriffe stellt die quantentheoretische Forschungsrichtung eine restlos symbolische Erkenntnisart dar, wie sie Scheler der phänomenologischen Erkenntnis gegenübergestellt hat. Das begriffliche Schema, das der Erfassung der quantenmechanischen bzw. atomaren Sachverhalte dient, entstammt der Mathematik, genauer der Theorie der partiellen Differentialgleichungen 2. Ordnung und der Matrizenrechnung der höheren Algebra, Hilberts Theorie der unendlichen Matrizen, bzw. des Raumes von unendlich vielen Dimensionen. Scheler selbst hat verschiedentlich auf die Auflösung der Physik in Mathematik hingewiesen. »Jener Formalismus aber, der die physikalische Realität in den Gleichungen bestehen läßt oder ihnen aus einem gewissen metaphysischen Festigkeitsbedürfnis als Fundament gänzlich unbekannte und unerkennbare transzendente Dinge X, Y, Z entsprechen läßt, löst die Physik selbst ganz in Mathematik auf und verschließt sich jede Art von Deutungsmöglichkeit jener Gleichungen ...« (S. 387) Von dieser Mathematik aber heißt es: »Kein einziger Grundbegriff der reinen Mathematik ist durch irgendwelche Operation, heiße sie Abstraktion, Idealisierung, Intra- und Extrapolation, an den Tatsachen der natürlichen Weltanschauung gewonnen, und zwar aus dem einfachen Grunde, weil es ein diesen Begriffen entsprechendes Tatsächliches in ihr nicht gibt.« (S. 387) Die mathematischen Schemata der nichtklassischen Physik sind hiernach also als rein symbolische Erkenntnisformen anzusehen.

In der Entwicklung der Quantentheorie sind zunächst bezüglich des Anschauungsgehaltes zwei Stufen zu unterscheiden: die sogenannten »klassischen Wellentheorien« und die »phasentheoretischen Wellentheorien«. Gründen die klassischen Wellentheorien der Maxwell und de Broglie in der Annahme eines anschaulichen Wellen-Gegenstandes, der sich im dreidimensionalen Raum repräsentiert, so wird durch den Formalismus Heisenbergs, Schrödingers und Diracs einerseits und Borns und Jordans andererseits diese ursprünglich noch anschaulich-dreidimensional gedachte Vorstellung ihrer phänomenalen Reste gänzlich beraubt und im Anschluß an die phasentheoretische Begriffsbildung ganz formalisiert. Versuchte man weiterhin zunächst noch das schrödingersche ψ durch eine physikalische Deutung gegenständlich-anschaulich zu erfassen, etwa dadurch, daß man das Quadrat dieser Größe als reale Existenz, nämlich als Maß für die elektrische Ladungsdichte deutete, so drängten gewisse Schwierigkeiten in der Durchführung dieser Idee Schrödingers dazu, die Schwingungsgröße rein formalistisch zu begreifen. Das geschah in der wahrscheinlichkeitstheoretischen Deutung, die Born der Schwingungsgröße gab. Danach bringt ψ das Maß der Wahrscheinlichkeit zum Ausdruck, mit der ein Elektron (nur symbolisch zu nehmen) innerhalb eines bestimmten Raumgebietes sich befindet. »Der Name Welle, so anschaulich und passend er gewählt ist, darf uns nicht darüber hinwegtäuschen, daß die Bedeutung dieses Wortes in der Quantenphysik eine ganz andere ist als früher in der klassischen Physik. Dort bezeichnet eine Welle einen bestimmten Vorgang, eine sinnlich wahrnehmbare Bewegung oder ein der direkten Messung zugängliches Wellenfeld. Hier bezeichnet sie nur gewissermaßen die Wahrscheinlichkeit für das Bestehen eines gewissen Zustandes.« (Planck)[138]

Werden also in den Theoriensystemen der Quantenmechanik Materiewellen etwa den negativen Elektronen zugeordnet, dann handelt es sich stets darum, diese die Elektronenwellen symbolisierenden Wellengleichungen aus der schrödingerschen Differentialgleichung abzuleiten, die wiederum im n-dimensionalen Konfigurationsraum dargestellt ist, der ebenfalls durchaus nicht dem kantischen Anschauungsraum entspricht. Kommt hinzu, daß der quantentheoretische Formalismus mit dem relativitätstheoretischen verknüpft wird, was immer noch das heiße Problem, aber notwendig zu erreichende Ziel der Physik darstellt und bisher nur für den Fall eines einzelnen Elektrons erreicht worden ist[139], dann ist der atomare Weltbereich gänzlich schematisch repräsentiert.

Es ist also nicht übertrieben, wenn Heisenberg davon spricht, in der Quantenmechanik handele es sich nicht um die raumzeitliche Festlegung von Vorgängen im klassischen Sinne, sondern »vielmehr soll der Formalismus der Quantenmechanik ja so ausgenutzt werden, daß aus der Feststellung eines experimentellen Sachverhaltes an einem atomaren System auf die Wahrscheinlichkeit für den Ausgang eines weiteren Experimentes geschlossen wird, sofern das System keinen weiteren Störungen unterliegt als denen, die die Durchführung der beiden Experimente erfordern.« (a.a.O., S. 11) Offenbar – und Heisenberg hat das auch gleich zu Beginn seiner *Prinzipien* vermerkt – ist für ein solches Programm der Naturerkenntnis Anschauung im Prinzip ja auch nicht mehr entscheidend. Die wissenschaftliche Reduktion hat also mit dem Verlust der Anschauung zugleich eine neue Idee der Erkenntnis gesetzt. Und wieder taucht also jener Begriff auf, den Scheler für solche symbolische Welterkenntnis, wie wir schon anführten, bestimmte, der Begriff des »Ordnens«. Der Raum, den die Quantenmechanik voraussetzt und der seine unendlich vielen Dimensionen durch komplexe Mannigfaltigkeiten (unitäre Transformationen) aufschlägt, beschreibt nicht im Sinne einer Anschaulichmachung, einer phänomenologischen Aufweisung, gibt also eigentlich kein »Weltbild«, sondern »ordnet« in dem Sinne, wie jeder Schematismus ordnet und gibt also an Stelle des Weltbildes eine »Weltordnung«.

Wenn Heidegger in seiner Kantauslegung[140] das Problem der Anschauung in den Mittelpunkt der kantischen Vernunftkritik rückt und betont, Erkennen sei primär Anschauen, dann rückt die Quantenmechanik also weit von Kant ab in ihrem Erkenntnisbegriff. Sie widerlegt ihn offenbar nicht, wie vielfach angenommen worden ist, sondern bricht den Primat der anschaulichen Erkenntnis für die Forschung, indem sie Erkenntnismethoden, besser eine Art der Erkenntnis, durchführt, die nicht unbedingt an die Anschaulichkeit gebunden sind und von denen man sagen kann, daß sie primär »ordnen«. Das fügt sich ein in die Tatsache, daß sie eine neue Stufe der Daseinsrelativität (der Gegenstandsgegebenheit) des Physikalischen erreichten, wie wir sahen, die, in Richtung der wissenschaftlichen Reduktion die höheren, in Richtung der phänomenologischen Reduktion aber die tieferen sind. Damit ist naturgemäß keineswegs ausgeschlossen, daß es anschauliche quantenphysikalische Phänomene gibt. (Wir haben in Abschn. III diese Frage behandelt.)

Weiterhin hat Heidegger in seiner Kantauslegung neben der Anschaulichkeit auch noch das Problem der »Endlichkeit« in den Mittelpunkt der kantischen Erkenntnistheorie gerückt. Er findet als Ergebnis seiner vom phänomenologischen Standpunkt aus unternommenen Untersuchung folgendes: »Nur für endliche Erkenntnis gibt es überhaupt so etwas wie Gegenstand.« (S. 28)

»Endliche Erkenntnis« sei »hinnehmende Anschauung« und das Erkennbare muß sich »von ihm selbst her zeigen« (also im Sinne der von Scheler so bezeichneten phänomenologischen Erkenntnis einer Selbstgegebenheit).

Abgehoben von solch endlicher Erkenntnis, die primär Anschauung ist im vollen Sinne, besteht nach Heidegger eine »unendliche Erkenntnis«, die das »Seiende im Entstehen-lassen« zeigt. Also auch die unendliche Erkenntnis setzt eine Anschauung, die des »Entstandes«, wie Heideggers Terminus lautet. In ihr »ist das Seiende als Seiendes an sich, d.h. nicht als Gegenstand«.[141]

Offenbar entspricht also – wenn man Schelers Begriff der Daseinsrelativität genügend erweitert – der endlichen Erkenntnis eine andere Stufe der Daseinsrelativität, nämlich die der Gegenständlichkeit im Sinne der »Selbstgegebenheit« als der unendlichen Erkenntnis (Heideggers), die auf das Nicht-Gegenständliche, aber auf das »Seiende an sich« trifft, das bei Kant als der Erscheinung gegenüberstehendes »Ding an sich« eingeführt wird und das von Heidegger als Gegensatz zum Gegenstand als »Seiendes im Entstand« definiert ist (S. 29). Entscheidend ist, daß beiden Erkenntnisarten eine verschiedene Stufe der Daseinsrelativität der Gegenstandsarten entspricht.

Man könnte also den Versuch wagen, *die daseinsrelative Stufe, auf der die Gegenstände der klassischen Physik sich befinden, der endlichen Erkenntnis zuzuordnen. Dafür wäre alsdann die nichtklassische Physik, soweit sie ihre Gegenstände tatsächlich formal, nicht anschaulich bestimmt und ihr »Seiendes« nicht »gegenständlich« im phänomenalen Sinne einführt*, sondern es in der Mannigfaltigkeit seiner formalen Bestimmtheit (Unterschiedenheit) dunkel hinter den Symbolen beläßt, einer *unendlichen Erkenntnis zuzuordnen*, die natürlich, da die Kraft des inhaltlichen Denkens endlich ist (Weyl)[142], einer phänomenologischen Reduktion nicht zugängig wäre.

Jedenfalls würde von hier aus ein metaphysischer Ansatz zu verstehen sein, den Wenzl[143] kürzlich zur Anschauungsproblematik in der modernen Physik entwickelte. Dieser von Aristoteles aus unternommene Versuch der Interpretation quanten- und feldtheoretischer Ergebnisse gelangt zu folgendem Resultat: »Vierdimensional anschaulich ist die Welt unter göttlichem, anschaulich in Raum und Zeit unter menschlichem, unanschaulich vierdimensional unter menschlich-mathematischem Aspekt.« Indes sei nicht länger bei diesem von Heideggers Kantauslegung aus zu rechtfertigendem Ansatz verweilt, sondern nur noch darauf hingewiesen, daß er offenbar ganz unter dem Eindruck der alten Lehre von der Graduierung des Seins entstanden ist und damit der hier vorgenommenen Deutung der Ergebnisse der modernen Naturerkenntnis entspricht.

6. Hermann sucht in ihrer Arbeit über *Die naturphilosophischen Grundlagen der Quantenmechanik* eine Verbindung herzustellen zwischen den Ergebnissen der Quantenmechanik und den Gedankengängen der kritischen Philosophie, wie sie sich dokumentiert in der Friesschen Schule. Sie übernimmt den von E. F. Apelt geprägten Begriff der »Spaltung der Wahrheit«[144] und spricht von der Möglichkeit »verschiedener voneinander unabhängiger und doch miteinander verträglicher Arten der Wirklichkeit erkennend gegenüberzutreten«. (S. 80) In den verschiedenen Beschreibungsweisen der Quantenmechanik, in der Tatsache der »komplementären Eigenschaften« usw. träte die »Spaltung der Wahrheit« deutlich zu Tage. (S. 82)

Der Gedanke dieser »Spaltung der Wahrheit« ist oft als unerträglich empfunden worden. Er ist innerhalb einer phänomenologischen Untersuchung unhaltbar. Denn die Wahrheit ist immer die identisch-eine[145]. Aber die Schichten der Daseinsrelativität der Gegenstandsarten, auf die die Wahrheiten bezogen werden, können durchaus verschieden sein und so wird sich die Spaltung der Wahrheit in eine Spaltung der Gegenständlichkeit – wie wir das zeigten – auflösen müssen. Denn die Wahrheit eines Urteils ist ja in sich völlig unabhängig von der daseinsrelativen Stufe des Gegenstandes, über den das Urteil ergeht, d. h. das Urteil setzt als solches über die Gegebenheitsstufe einer Gegenständlichkeit nichts voraus. Damit hängt es zusammen, daß trotzdem z. B. eine bestimmte symbolische Erfassung eines Gegenstandes als solche wahr ist, doch noch eine Täuschung vorhanden sein kann bezüglich dieser Gegenständlichkeit, d. h. es kann das vorliegen, was Scheler, wie wir bereits entwickelten, eine metaphysische oder erkenntnistheoretische Täuschung nennt. (S. 300) Die Schichten der Daseinsrelativität der Gegenstandsarten bzw. die bestimmte

Stufe der Adäquation oder Inadäquation, aus der heraus wir den Welle-Partikel-Dualismus, die Komplementarität usw. begreifen, haben aber nichts mit Wahrheit oder Falschheit zu tun. »Es braucht wohl kaum gesagt zu werden, daß Wahrheit und Falschheit ... mit der Relativitätsstufe des Gegenstandes nichts zu tun hat ... nicht weniger unabhängig aber ist Adäquation oder Inadäquation einer Erkenntnis von der Wahrheit und Falschheit, und noch mehr der Richtigkeit des über einen Gegenstand ergehenden Urteils.« (S. 298/99) Sofern nun die atomare Erscheinung nichtklassisch das eine Mal vom Wellenstandpunkt, das andere Mal vom Partikelstandpunkt beschrieben wird in zwei äußerlich völlig verschiedenen Formalismen (Wellenmechanik und Quantenmechanik), deren formale Äquivalenz aber bewiesen werden konnte (von Schrödinger z. B.)[146], so bedeutet das keine Spaltung der Wahrheit, ja, noch nicht einmal eine Spaltung der Gegenständlichkeit, die behandelt wird, denn man muß ja berücksichtigen, daß in dem einen Formalismus nicht das Wellenbild und in dem anderen nicht das Partikelbild durchgängig im phänomenalen Sinne leitend ist, vielmehr dient das eine oder das andere Bild nur als eine äußerliche Rechtfertigung des Ansatzes (nicht der Durchführung) oder anders ausgedrückt: das eine Mal wird die wissenschaftliche bzw. die formalistische Reduktion vom Wellengedanken her unternommen, das andere Mal aber vom Partikelgedanken her, aber keineswegs ist die Situation so, daß in der Quantenmechanik (Matrizenkalkül) durchgängig der Partikelgedanke das anschauliche Fundament abgibt und in der Wellenmechanik (Differentialgleichungen, Operatoren) hingegen durchgängig das Wellenbild. Es liegt also hier nur eine Spaltung im *Ausgangspunkt* der formalistischen Reduktion vor. Die mathematische Äquivalenz bezeichnet den gleichen Stand in dieser formalistischen (wissenschaftlichen) Reduktion. Das kommt vor allem darin zum Ausdruck, daß das »wesentlich Schematische« in der heisenbergschen und der schrödingerschen formalen Mechanik durchaus identisch ist. Betrachtet man den Gang des Äquivalenzbeweises, so wird man z. B. finden, daß man die Regeln des Rechnens mit Operatoren analog denen für Matrizen definieren kann. So erweist sich etwa die Multiplikation zweier Operatoren als nicht kommutativ, genau wie die Multiplikation zweier Matrizen. Damit aber gerade hängt es zusammen, daß sowohl mit Hilfe der Operatoren als auch mit Hilfe der Matrizen Vertauschungsrelationen aufgestellt werden können, die formal und inhaltlich die Grundlage der gesamten Quantenphysik ausmachen. Bestimmt man also den Ausdruck für die Differentiation einer Funktion y nach einem Argument x symbolisch als Multiplikation eines y mit dem Operator d/dx, so zeigt sich die konsequente formale Übereinstimmung zwischen der schrödingerschen Wellenmechanik, die eine Mechanik der Eigenwerte und Eigenfunktionen von Differentialgleichungen ist und der heisenbergschen Quantenmechanik, die ein Rechnen mit Matrizen darstellt. Das Schematisch-Wesentliche des Formalismus liegt in der Nichtkommutativität, die das Aufstellen von Vertauschungsrelationen ermöglicht und in der formalen Gleichberechtigung von Matrix und Operator, definiert für die verschiedensten physikalischen Begriffe wie Koordinate oder Impuls. Jedes weitere schematische System von Zeichen, das diesen Erfordernissen Rechnung trägt (Nichtkommutativität, Vertauschungsrelationen) wird in Bezug auf die quantenphysikalischen Gegenständlichkeiten den gleichen Stand der formalen Reduktion bezeichnen[147].

7. Einen bedeutenden Anteil an der Grundlagendiskussion über die sogenannte »moderne Physik« hat die Frage der Stellung des kantischen Apriorismus innerhalb dieser Theoriensysteme. Bedenkt man, daß sowohl Relativitäts- und Quanten(wellen)theorie aus betont positivistischem und neopositivistischem Geist hervorgegangen sind, so ist leicht einzusehen, daß der Apriorismus von physikalischer Seite einerseits und erkenntnistheoretischer Seite andererseits heftig bekämpft wird (vgl. die Arbeiten von Schlick, Zilsel, Frank usw.). Aber darüber hinaus gibt es jedoch auch wieder Autoren, die wenigstens einen revidierten Apriorismus als mit den modernen physikalischen Errungenschaften vereinbar gelten lassen (vgl. z.B. Hartmann, *Philosophie d. Naturwissenschaften*). Indem wir die aus dem Rahmen des Heisenberg-Programms postulierten Begriffsbildungen und ermöglichten Entdeckungen ontologisch aus dem Rahmen der schelerschen Lehre vom Stufenreich der Daseinsrelativität der Gegenstände interpretierten, liegt es nahe, die bei Scheler (im Anschluß an die von Husserl entwickelte Anschauung von den »Wesensgesetzen«) dargestellte Lehre vom »Fundierungsapriori« als die für die mo-

dernen physikalischen Theorien wesentliche Apriori-Auffassung zu bestimmen.

Scheler entwickelt seine Idee vom Apriori eng verknüpft mit seiner Lehre vom Stufenreich der Daseinsrelativität. Er geht (S. 308) davon aus, daß das, was Kant als »Formen der Anschauung und des Verstandes« ansprach, für die phänomenologische Methode noch »aufweisbare Gegebenheiten« seien. In dem Sinne, wie also in der Phänomenologie das Gegenständliche stark erweitert wird, erweitert nun Scheler auch das Apriori zu einer »Gegebenheitsordnung«. »Apriori ist ... einfach jede Erkenntnis, deren Materie in der Ordnung der Gegebenheit gegeben sein muß, sofern der Gegenstand gegeben sein soll, in Hinsicht auf den jene Erkenntnis a priori ist.« (S. 309)

Die »Formen der Anschauung und des Verstandes« sind zwar nicht Gegebenheiten für die natürliche Weltanschauung und die Wissenschaft, aber sie seien darin wirksam als »Selektionsprinzipien«. (S. 308) Wie sehr dieses Apriori als »Gegebenheitsordnung« mit dem »Stufenreich der Daseinsrelativität der Gegenstandsarten« korrespondiert, geht aus folgender Bemerkung hervor: »So ist Räumlichkeit gegeben vor und unabhängig von Gestalten im Raum, vor und unabhängig von Ort und Lage irgendwelcher Dinge, erst recht vor und unabhängig von Qualitäten ... So die unmittelbare Bewegungserscheinung vor einer Ortsverschiedenheit und mittelbaren Identifizierung des Bewegten.« (S. 308f)

Diese Gegebenheitsordnung bzw. diese Folge innerhalb des »Fundierungsapriori« ist äußerst aufschlußreich für Inhalt und Methode der hier in Rede stehenden physikalischen Theorien. Es wird z.B. offenbar, daß das, was diese Theorien als Räume ansetzen (Konfigurationsraum, hilbertscher Raum) der Gegebenheitsordnung »Räumlichkeit« entspricht und sich apriori verhält zu »Gestalten im Raum«, wie etwa bestimmten Konfigurationen im Modellsinne für den Aufbau der Atome bzw. für das, was »Bahn« genannt wird, Begriffe, die denn auch mit der Beschränkung der Quantenmechanik auf die Gegebenheitsordnung »Räumlichkeit« (die sich dementsprechend auch apriori verhält zum dreidimensionalen euklidischen Raum) aus der Theorie verbannt und wie Qualitäten als sekundär für alle Naturerkenntnis betrachtet werden. Interessant ist, daß auch Weyl die Aufgabe der

»reinen Infinitesimalgeometrie«, die grundlegend ist für die Errichtung der allgemeinen Relativitätstheorie, in einer Weise apriori sein läßt, die Schelers Auffassung entspricht und unserer Einordnung der quantenmechanischen Methode in dieses Fundierungsapriori Recht gibt. Sie (die reine Infinitesimalgeometrie) sei »eine Lehre vom Raum selbst, und nicht bloß wie die Geometrie des Euklid und fast alles, was sonst unter dem Namen Geometrie betrieben wird, eine Lehre von den im Raume möglichen Gebilden«.[148]

Weiterhin wird jetzt natürlich auch verständlich, daß eine Physik, die sich mit einer Gegebenheitsordnung der physikalischen Gegenständlichkeit befaßt, innerhalb derer bestimmte Gestalten des Raums nicht gegeben sind und die die »unmittelbaren Bewegungserscheinungen« als solche, wie sie sich mit der Strahlung zeigen, beinah ausschließlich behandelt, von der Angabe genauer Orte und Lagen und »Identifizierung des Bewegten« absehen muß. Aus der Gegebenheitsordnung des quantenmechanischen Gegenstandes, der sich apriori zum klassisch-physikalischen Gegenstand verhält (wie Räumlichkeit sich apriori verhält zu bestimmten Räumen bzw. zum dreidimensionalen Anschauungsraum), folgt zwangsläufig, daß in diesem Bereich Ortsmessungen nur einen bestimmten, eingeschränkten Sinn haben und daß hier die Theorie unabhängig davon ist, ob nun das Bewegte von »Wellen- oder Partikelnatur« ist. Die aus dem Korrespondenzgedanken hervorgegangene Interpretation der bekannten Beziehung $\Delta p \, \Delta q \sim nh$ als mathematischer Ausdruck für den Übergang von der Quantenmechanik zur klassischen Mechanik im Grenzfall großer Quantenzahlen (n), das ist das wesentliche, bringt unmittelbar den Fundierungsgedanken im Sinne Schelers zum Ausdruck. Für kleine Quantenzahlen verliert nach Heisenberg der Bahnbegriff seinen Sinn. Im Limes hoher Quantenzahlen gibt es die Möglichkeit, den Bahnbegriff wieder anzuwenden (vgl. Heisenberg, *Prinzipien*, S. 25). Mit dieser Interpretation bringt der mathematische Apparat der Quantenmechanik zum Ausdruck, wie deren Gegebenheitsordnung diejenige der klassischen Physik apriorisch fundiert.

Unabhängig von aller positivistischen und neopositivistischen Kritik erweist sich also für die ontologisch-phänomenologische Deutung der quantenmechanischen Zusammenhänge ein erweiterter Apriorismus fruchtbar, der aus rein phänomenologischen Intentionen hervorgegangen ist und im Sinne einer stufenartigen Fundierung verstanden wird. Er ist durchaus imstande, jenen anderen konventionalistischen Konstruktionsapriorismus, von dem Weyl gesprochen hat[149] und der durch Poincaré seine extremste Ausbildung erfahren und immer noch als befähigt angesehen wird (trotz seiner dürftigen philosophischen Fundamentierung), die quantenmechanischen Ansätze zu stützen, zu verdrängen.

Zusammenfassung

I.

Die Einleitung bringt eine Übersicht über die wichtigsten der bisher unternommenen Versuche, das Heisenberg-Programm und seine theoretischen bzw. experimentellen Ergebnisse philosophisch zu fundieren. Es zeigt sich, daß alle erkenntnistheoretischen, methodologischen Bemühungen nicht zu den ontologischen Grundlagen des in der Quantenmechanik in Rede stehenden physikalischen Gebiets vorgedrungen sind. Es wird alsdann als Ausgangspunkt unserer Untersuchung die phänomenologische Forschung bestimmt, wie sie sich vor allem bei Scheler formuliert findet. Der Ansatz wird gerechtfertigt.

II.

In diesem Abschnitt wird die Aufgabe näher bestimmt. Es wird formuliert, welche quanten(wellen)mechanischen Fragen diskutiert werden sollen. Alsdann wird das Verhältnis der Phänomenologie zur Wissenschaft dargelegt und schließlich die eigentliche Lehre Schelers vom Stufenreich der Daseinsrelativität der Gegenstandsarten auseinandergesetzt. Es wird die Frage behandelt, ob und wie weit phänomenologische Aufweisungen wissenschaftlich etwas bedeuten können. Die Frage wird bejaht und damit dieser Versuch methodisch gesichert.

III.

Zunächst wird das Heisenberg-Programm in seinen Hauptzügen dargestellt. Seine Grundlagen werden mit Schelers entsprechenden Formulierungen verglichen. Es zeigen sich Näherungen und Übereinstimmungen. Dann wird die klassische von der quantentheoretischen Welteinstellung geschieden und diese Scheidung vom Standort der schelerschen phänomenologisch-ontologischen Thesen aus begriffen. Es zeigt sich im ganzen die durchgängige Möglichkeit, die Grundlagen der gesamten quantentheoretischen Physik aus dem schelerschen Ontologieentwurf zu verstehen. Im letzten Abschnitt wird Schelers Unterschied von wissenschaftlicher und phänomenologischer Reduktion geklärt und für die Prinzipien und Ergebnisse der neueren Naturerkenntnis ausgewertet.

IV.

Das Stufenreich der Daseinsrelativität der Gegenstandsarten wird innerhalb der Gegenstände der quanten(wellen)mechanischen Physik nachgewiesen. Die Fragen des Welle-Partikel-Dualismus, des Mikro- und Makrokosmos und die Fragen des Anschauungsverlustes bzw. des Formalismus in der Physik erweisen sich vom Standpunkt der Begriffsbildungen Schelers phänomenologisch-ontologisch verständlich.

Vor allem aber finden in diesem Hauptabschnitt die Begriffe Korrespondenz und Komplementarität ihre philosophische Fundierung. Auch die schelersche Idee des Fundierungs-Apriori erweist sich für die moderne Physik als fruchtbar. Ohne die Idee des kantischen Apriorismus im positivistisch-radikalen Sinne zu verwerfen, wird jener beträchtlich erweitert und bleibt so für die neuere Naturerkenntnis noch tragfähig.

Zugleich erweisen sich damit schon die tiefen geschichtlichen Wurzeln der in der Quantenmechanik verwendeten Begriffsbildungen. Es wird möglich, darauf hinzuweisen, daß, wie die quantentheoretische Physik schließlich exakt an die klassische angefügt werden kann, auch der philosophische Gehalt der modernen Auffassungen über Atom, Beobachtung, Bahn, Korrespondenz, Komplementarität usw. aus der philosophischen Tradition herauswuchs. Weder im physikalistischen noch im philosophischen Sinne kann also von einer Selbstaufhebung der modernen Physik die Rede sein.

Konturen einer Geistesgeschichte der Mathematik

Die Mathematik und die Wissenschaften

Mein Geist wird sich im Eis von
seiner Frucht befrein ...
Das Urfeuer will sich des Endes
schämen
Und wirkt als Ewigkeit, die sich
erweist.
Tief überwunden sind des Zweifels
Schemen:
Die Welt versöhnt und übertönt
der Geist.

Theodor Däubler
(aus »Nordlicht«)

Inhalt

Vorbemerkung des Verfassers

Es ist nicht zu ändern: es gibt ein Arbeiten in der Mathematik und es gibt ein Arbeiten über Mathematik. In gewisser Weise verbinden sich diese Beschäftigungen. Dann addiert sich sowohl die Anziehungskraft der Dinge als auch die Aufmerksamkeit, mit der man ihnen nachgeht. Außerdem sind wir Angehörige einer Zeit, die es liebt, Vorliebe für Forschung aus der Vorliebe für die Reflexion über diese Forschung zu schöpfen. Uns scheint, daß es nicht mehr genügt, wie der unsterbliche Galois nur für die Mathematik zu sterben – uns scheint, daß wir wissen wollen, warum es eigentlich so schön, so seltsam ist, für die Mathematik zu sterben.

Weil die Mathematik eure große, aber geheime Ideologie war! ruft irgend ein bescheidener Historiker der nächsten Jahrhunderte uns zu. Gut. Die Mathematik als die große, geheime Ideologie! Sie könnte das sein. Weil ich das wissen will, schreibe ich dieses Buch, das voll ist von Reflexionen eines Physikers, Mathematikers, Literaten und Philosophen über die Mathematik. Diese Reflexionen werden durch einen einzigen Gesichtspunkt zusammengehalten: es soll die Mathematik sich als Geistesgeschichte offenbaren; denn es wird andauernd von der Wirkung der Mathematik auf den menschlichen Gesamtgeist gesprochen.

Im ersten Band ist ein Aufriß des Zusammenhanges der Mathematik mit den Phänomenen der Philosophie, Theologie und den Wissenschaften geplant. Im später erscheinenden zweiten Band soll das Verhältnis der Mathematik zur Kunst, zur Musik und zur Literatur untersucht werden.

Wir sind immer ein wenig enzyklopädistisch gesonnen. Denn wir sind, trotz all denen, die es nicht hören wollen, Rationalisten.

Ich wählte das Motto von Theodor Däubler, um gleich vorab einen gewissen existentiellen Ton zu treffen, der sich immer wieder in diesen Untersuchungen einstellen wird. Da das in einem Land geschieht, wo man nichts weniger gern ist als Literat, wird das ein Ärgernis sein. Das schadet nichts. Besonders dem Autor schadet das nicht. Ich möchte nicht versäumen anzumerken, daß viele Sätze dieses Buches angeregt wurden durch den Briefwechsel, den der Verfasser mit Professor Heinrich Scholz in Münster führen durfte. Mit diesem Buch möchte vielen seiner Worte gedankt sein. Das Buch wurde in Georgenthal in Thüringen geschrieben, wo der Umgang mit einigen gelehrten Herren immer einen Strahl mathematischen Lichts in das Gelaß des Geistes warf.

Über Geistesgeschichte der Mathematik

Es gibt eine Geistesgeschichte der Mathematik, die sich von der reinen Historie dieser Wissenschaft, die Probleme und Lösungen, Männer und Werke zum Gegenstand hat und die fortlaufende Entwicklung der Axiome und Theoreme behandelt, wohl unterscheidet. Ihr Anliegen ist die Wirksamkeit des mathematischen Geistes innerhalb des menschlichen Gesamtgeistes, eine kritische und reflektierende Spiegelung der mathematischen Wissenschaften an der menschlichen Gesellschaft und ihrer Kultur. Nicht das Theorem als solches zieht sie an, wohl aber die Rolle, welche dieses Theorem als eine Äußerung unserer geistigen Kräfte überhaupt spielt; nicht das Problem, wie es aus der Forschung sich bildet, wird zum Gegenstand der Aufmerksamkeit, sondern das Verhältnis dieses Problems zum Wissen und seiner Ausnützung wird betrachtet; nicht die Augenscheinlichkeit eines Axioms wird in dieser Geistesgeschichte untersucht, sondern die geistige Umwelt, aus der dieses Axiom hervorgehen kann, und die Bedeutung dieses Axioms im Gebäude des Gesamtwissens wird die Kraft, die unsere Forschung antreibt; nicht der fachliche Gehalt dieser oder jener Lösung setzt uns in Aktion, sondern die Rolle dieser Lösung in der Soziologie des Wissens, in den Äußerungen des schöpferischen, existentiellen und reinen Geistes bewegt hier den Fortschritt.

Geistesgeschichte ist immer Geschichte des Geistes und das heißt: sowohl Geschichte des reinen Geistes, wie wir als Platoniker sagen, als auch Geschichte des schöpferischen, existierenden Geistigen, der ein menschlicher Typus ist, ob er nun flüchtig oder ewig in seinem Verhältnis zu dieser Erde genannt werden muß. Geistesgeschichte vom Standpunkt der Mathematik bedeutet also Betrachtung des erweiterten Sammelbeckens aller mathematischen Themata, weil reiner Geist ein verbindendes, kein abscheidendes Phänomen darstellt. Mathematische Gedanken und Methoden können in einer reinen Historie der Mathematik vereinzelt und für sich betrachtet werden, mathematischer Geist aber kann nicht völlig abgehoben vom Gesamtgeist aller Wissenschaften begriffen werden. Die Ideenbildung innerhalb einer einzelnen Wissenschaft steht immer im Zusammenhang mit der Ideenbildung in anderen Wissenschaften.

Es ist nicht nötig hinzuzusetzen, daß eine Betrachtung der Rolle der Mathematik im Sein und Werden des menschlichen Lebens und Geistes, in der Kultur und der Gesellschaft die Ergebnisse der reinen Mathematikgeschichte voraussetzt, verarbeitet und vielleicht gelegentlich sogar den historischen Blick verschärft und erweitert. Es ist aber notwendig, das, was die reine Mathematikgeschichte bewegt, kurz und bündig in das Gedächtnis zu rücken. So zerfällt also die Geschichte der Mathematik in die Geschichte mathematischer Forschung und in die Geistesgeschichte dieser Forschung. Und die Geschichte spezieller mathematischer Forschung baut sich auf aus der Geschichte der Probleme und Theoreme von der Antike bis zur Gegenwart, natürlich gehört auch die Frühgeschichte unseres Fachs in diese Disziplin. Hinzu kommt, daß sie die Geschichte der mathematischen Hilfsmittel, Instrumente, Maschinen und Methoden ebenso enthält wie die Geschichte der mathematischen Zeichenbildung bzw. der mathematischen Sprache und zuletzt auch nicht die der großen »Männer der Mathematik« vergißt. Wie gesagt, dies alles geht zuletzt auf in der Problemgeschichte der Mathematik, der einen großen Phase der Mathematikhistorie. Die andere große Phase der mathematischen Forschungsgeschichte, uns Heutigen erst erkennbar, weil wir mitten darin stehen, wie wir noch sehen werden, heißt die Systemgeschichte der Mathematik. In ihr wird die Bildung der mathematischen Systeme und Programme – wie Euklids *Elemente*, der Axiomatik, des »Erlanger Programms« oder des konsequenten formalen mathematischen Denkens – behandelt.

Mit dieser aus der neueren Philosophie übernommenen Unterscheidung von Problemdenken und Systemdenken[1] sprengen wir eigentlich schon den Rahmen der reinen Forschungsgeschichte der Mathematik und geraten in das Gebiet mathematischer Geistesgeschichte. Denn daß die Forschung überhaupt zwischen Problem und System zu unterscheiden hat, liegt nicht mehr in der

Natur eines Fachs, sondern einzig und allein im Sein des Geistes, in seiner seinsmäßigen, d.h. ontologischen Struktur begründet. An dieser Stelle und zunächst nur an dieser berührt die Mathematik nicht speziell den Umkreis der Logik, Ontologie, Erkenntnistheorie oder Metaphysik, sondern das Zentrum philosophischen Denkens. Denn wir verstehen unter dem philosophischen Denken nicht das spezielle logische, ontologische, erkenntnistheoretische oder metaphysische Denken, sondern das systematische Denken schlechthin[2], also jenes Denken, das – wie es Hegels Begriff von der Philosophie einzigartig demonstriert[3] – nicht die Behandlung einzelner logischer, ontologischer, erkenntnistheoretischer oder metaphysischer Probleme zum Gegenstand hat, sondern den Zusammenschluß dieser Sonderdisziplinen zum großen Thema einer Systembildung, begriffen als eine intellektuelle Art von coincidentia oppositorum aus der Leidenschaft unserer abstrakten Vernunft.

So geht es also vom mathematischen Systemdenken zur Festsetzung der Aufgaben einer Philosophie der Mathematik, die zwar logische, ontologische, erkenntnistheoretische und metaphysische Untersuchungen über die Gegenstände und Methoden der Mathematik auf Grund metaphysischer Voraussetzungen zu leisten hat, zuletzt aber vor allem den Ort der Mathematik im philosophischen System bestimmt; denn Philosophie über eine Wissenschaft ist im letzten Bemühen immer eine Topologie, eine systematische Topologie.

Erst auf den Grundlagen dieser Zusammenhänge wird es sinnvoll, daß eine Geistesgeschichte der Mathematik notwendig da sein muß, um, wie schon so oft, auch hier wieder eines der großartigsten Phänomene menschlichen Geistes aus der Geschichte verstehen zu lernen. Man geht nicht fehl, trotz d'Alemberts bekannter *Einleitung in die Enzyklopädie*, die die Mathematik in der Kultur spiegelt und erstmalig der Mathematik bewußt die Stellung einer Ideologie einräumt[4], die Anfänge einer disziplinarischen Geistesgeschichte der Mathematik in die Epoche der Umbildung der Mathematik im vorigen Jahrhundert zu verlegen. Tatsächlich erschienen Moritz Cantors *Mathematische Beiträge zum Kulturleben der Völker* im Jahre 1863, in einer Zeit, da die Arbeiten Gauß', Riemanns, Bolyais und Lobatschewskijs zur Begründung der nichteuklidischen Geometrie führten und tief an das mathematische Gewissen der abendländischen Wissenschaften rührten. Kurz und gut, die Anfänge einer mathematischen Geistesgeschichte liegen in der Zeit der Anfänge einer kritischen Mathematik, wie sie eben damals begründet wurde und heute noch in der Gestalt der mathematisch-logischen Grundlagenforschung der Hilbert und Scholz wirksam ist, und man kann jetzt hinzufügen, daß eine Kritik und Selbstkritik der Mathematik nur auf der Grundlage einer mathematischen Geistesgeschichte möglich ist, die unsere spezielle mathematische Fachwissenschaft umgreift.

Während nun die Entstehung der kritischen Mathematik, angeführt durch die mathematisch-logische Grundlagenforschung und ihre Tieferlegung der mathematischen Fundamente geistesgeschichtlich nur im Bereich der Fachwissenschaft sich ausbilden konnte und, wie gesagt, ein Ergebnis des 19. Jahrhunderts darstellt, ist die mathematische Kritik, gipfelnd in den berühmtesten Antimathematica, eine Erscheinung, die der allgemeinen Geistesgeschichte angehört. Warum es innerhalb der abendländischen Welt, die eine so hohe und immer wieder durchbrechende mathematische Kultur besitzt, überhaupt zur Entstehung der Antimathematica des Heraklit, der Mystiker und Romantiker, Goethes und der modernen Kulturphilosophen und Schriftsteller komme, das gehört dieser mathematischen Geistesgeschichte ebenso an wie das Phänomen des abendländischen Rationalismus, dem weitaus wichtigsten Ereignis unserer Geistes- und Wissenschaftsgeschichte. Daß das Leben der Mathematiker ein eigentümliches unter den Daseinsweisen des Menschen sei, das fällt ihr ebenso zu wie der erstaunliche Umstand, daß mathematische Begriffe, Bilder, Zeichen, Symbole und Metaphern überall in den Äußerungen unserer geistigen Kräfte, unserer Gesellschaft und Kultur wiederkehren. Warum ist das tonlose, abstrakte Gerüst unserer Musik in der Sprache der Mathematik beschreibbar? – Warum bemühen sich unsere Wissenschaftler, neben der Natursprache der Poesie eine Idealsprache mathematischer Präzision zu schaffen? – Warum lösen sich unter den Gedanken der Physiker die Farben zu mathematischen Funktionsverläufen auf? – Warum treibt für Leibniz, den großen Typus des abendländischen Geistigen, Gott Mathematik, wenn er erschafft? – Wie weit gehört die Technik überhaupt dieser mathematischen Grundlage unseres geistigen Seins an? – Ist der Mathematiker ein schöpferischer Mensch? – Ist seine Phantasie eine wirklich hervorbringende oder nur eine erkennende? – Ist sie das Auge, das die Räume der Abstraktionen durchdringt? – Ist also der Mathematiker ein Geistiger, der das Sein – und sei es nur das ideale – vermehrt oder bloß erkennt? – Hat der Geist durch und durch eine mathematische Form? – Muß man die Mathematik, verstanden als Mathesis universalis, verstanden als generalisierte Mathematik nicht-mathematischer Gegenstände, muß man diese Mathematik als die Form der Erscheinung des Geistes, jener anderen großen Wirklichkeit neben der Materie, ansehen? – Und wie weit können Kunst und Wissenschaft mathematisiert werden? – Welche Forderungen hat der Geist an das Kunstwerk zu stellen? – Sind es solche formaler, also zuletzt doch mathematischer Art? – Entfernen wir uns vom Geist, wenn wir uns von der Mathematik entfernen?

Das alles sind die Themen, die der reinen Geistesgeschichte der Mathematik angehören. Geistesgeschichte ist ja stets eine Geschichte von Koinzidenzen, von zusammenfallenden Erscheinungen, von Berührungen der Sphären, um Hofmannsthals wundervolles Wort, das für ganz andere Dinge gemeint war, hier zu verwenden. Die Koinzidenzen der Mathematik festzustellen und zu erörtern, wird eine wesentliche Aufgabe ihrer Geistesgeschichte sein müssen.

Die andere bedeutende Kategorie der Historie, auf die wir hier nachdrücklich aufmerksam machen, ist die der Perfektion. Wir sprechen nicht von Fortschritt, wir sprechen von Koinzidenz und Perfektion, denn in Wahrheit sind sie ja die entscheidenden Kategorien historischer Wirklichkeit, und wir glauben anmerken zu müssen, daß der Grad der Perfektion einer Wissenschaft am Umfang ihrer Koinzidenz erkannt werden kann. Wir behaupten nicht die Perfektion der Mathematik, denn wir sind noch zu weit von der Mathesis universalis entfernt und die Mathesis universalis wäre ja wohl die Perfektion der Mathematik, zugleich – der Begriff deutet es schon an – ihr größter Koinzidenzbereich, aber wir behaupten doch die zunehmende Koinzidenz, die zunehmende Approximation der Mathematik an die Mathesis universalis.

Was diese zunehmende Approximation der Mathematik an die

Mathesis universalis im Geiste ihrer Klassiker, nämlich im Geiste der Pascal, Descartes und Leibniz[5] bedeutet, das möge eine grundsätzliche Stellungnahme zu Leibniz veranschaulichen.

Wir sind der Überzeugung, daß es erst seit Leibniz möglich ist, von einer Geistesgeschichte der Mathematik zu sprechen. Denn trotz des hervorragenden Anteils, den Leibniz durch seine Infinitesimalrechnung und seinen Kalkülbegriff an der Entwicklung der Mathematik und der Logik genommen hat, und trotz der Wichtigkeit seiner Gedanken über die Monaden, über die Theodizee, über die prästabilierte Harmonie usw., für die Philosophie besteht seine grundeigentliche Entdeckung, die für unsere Geistesgeschichte der Mathematik zentrale Bedeutung hat, doch, summarisch gesprochen, in folgendem:

1. Leibniz verstand es als Erster, daß der Geist uns nicht als »Wesen«, sondern als »Form« gegenwärtig ist und in die Erfahrung komme[6].
2. Er verstand es weiterhin als Erster, daß die »Form« des Geistes, durch die er gegenwärtig ist, in einer generalisierten Mathesis universalis auf der Grundlage einer Characteristica universalis und eines Calculus ratiocinator bestehe[7].
3. Unter der allgemeinen leibnizischen Reduktion verstehe ich also jede Aussage, die auf die Aussage reduziert werden kann, daß Geist wesentlich Form ist und in dieser Aussage sehe ich den Fundamentalsatz des leibnizischen Systems.
4. Unter der speziellen leibnizischen Reduktion verstehe ich die Reduktion der wissenschaftlichen Sprachen auf mathematische oder formalisierte Sprachen, die Heinrich Scholz dementsprechend Leibnizsprachen nennt.
5. Sofern nach der leibnizischen Reduktion Geist wesentlich Form ist, darf jede Aussage, auf eine formale Aussage zurückgeführt, als eine Darstellung des reinen Geistes betrachtet werden.

Das ist der Grund, warum wir den Begriff der reinen Geistesgeschichte der Mathematik auf Leibniz beziehen und nicht nur den Begriff der mathematischen Geistesgeschichte, sondern überhaupt den der Geistesgeschichte, sofern er das Sein des reinen Geistes nicht des an die menschliche Existenz gebundenen schöpferischen Geistes oder des Geistes einer Gesellschaft, einer Klasse, zum Gegenstand hat. Dieser an Leibniz gespiegelte Begriff einer Geistesgeschichte ruht eingebettet in dem jener allgemeinen Geistesgeschichte, die heute Thema sogenannter Geisteswissenschaften ist und unter der wir mit Rudolf Unger[8] etwa Folgendes verstehen:

»1. Geistesgeschichte ist nicht ein besonderes, gegenständlich abzugrenzendes Gebiet, sondern eine spezifische Betrachtungsweise geistiger Dinge, die sich auf den ideellen Oberbau der Kultursynthese richtet und das einzelne Geistesgebiet erfaßt als Auswirkung des Gesamtgeistes ...

2. Diese Zusammenhänge sind begründet von außen her in der gemeinsamen kultursoziologischen Bedingtheit dieser Geistesgebiete, innerlich durch ihre funktionellen Beziehungen aufeinander als Spiegelungen desselben Geistesgehaltes im Medium verschiedener Bewußtseinsstellungen ...«

Es bleibt nur zu bemerken, daß es eine unerläßliche Voraussetzung der Geistesgeschichte, besonders auch der der Mathematik, ist, zu unterscheiden zwischen dem konkreten Geist, wie er sich existentiell-schöpferisch in der Geschichte offenbart, und dem abstrakten, reinen Geist, der, abgehoben von der Materie und der Natur sich zu jenen dialektisch verhält und nur »gedacht« uns erfahrbar wird im reinsten Sein mathematischer Relationen, Konfigurationen und Kalküle. Der konkrete Geist, sichtbar in der Gestalt des Geistigen, dessen typische Existenz dadurch gezeichnet ist, daß sein Leben sich notwendig zum Geist verhält, sichtbar in den Geschöpfen dieses Geistigen, ist nur durch die Geschichte erfahrbar. Wir sagen dann: er hat eine geschichtliche Wirksamkeit. Der abstrakte, reine Geist, von dessen dialektischem Verhältnis zur Materie wir hier absehen, gehört in die reine absolute Ontologie. Und Geistesgeschichte, wie wir sie hier für die Mathematik aufrollen, ist demnach immer die Spiegelung des konkreten am abstrakten Geist, und die Geistesgeschichte der Mathematik insbesondere bedeutet darüber hinaus das Kuriosum der fortgesetzten Konkretisierung des abstrakten Geistes; es handelt sich um das scheinbar paradoxe Bemühen, das wesentlich Ungeschichtliche durch Geschichte zu erkennen. Zur Erläuterung ein Beispiel:

Daß Gauß ein Verfahren zur geometrischen Veranschaulichung der imaginären bzw. komplexen Zahlen der Form $a + bi$ gefunden hat, stellt zunächst eine Erkenntnis im Raume der Mathematik, im Raume des reinen Geistes dar. Daß er überhaupt eine solche Entdeckung machte, hebt ihn auf die Stufe des Geistigen, auf der er konkret zum Schöpfer wird. Daß er weiterhin diese Entdeckung machte, gehört in die Forschungsgeschichte der Mathematik, die hier nicht zum Problem steht. Daß schließlich aber diese Geometrisierung des komplexen Gebietes, diese Entdeckung der Zahlenebene zur Ergänzung der bisherigen Zahlengeraden, die Geometrisierung des Zahlbegriffs mächtig erweiterte, das bedeutet eine Verfeinerung der mathematischen Einbildungskraft, eine neue begriffliche Freiheit, die nicht Thema der mathematischen Forschungsgeschichte, sondern Thema der mathematischen Geistesgeschichte bleibt.

Ich bin mir darüber klar, daß ich hier nur experimentierend eine matte Kontur vom Inhalt der mathematischen Geistesgeschichte geben kann, gleichsam nur die impressionistische Verteilung der Inhalte. Es wird insofern alles wissenschaftlich in Ordnung sein, als ich aus der Beschreibung, aus der historischen Tatsache nachprüfbare, allgemeingültige Sätze gewinne, die sich in jedem Fall – und das ist gegenständlich gesehen das Kennzeichen unserer Geistesgeschichte – auf eine Aussage über die diltheysche »geschichtlich-gesellschaftliche Welt« reduzieren lassen. Wir möchten aber hinzusetzen, daß wir diesen diltheyschen Gegenstand bloß auf die Geistesgeschichte beziehen, nicht etwa auf die ganzen sogenannten Geisteswissenschaften. Tatsächlich besteht in dieser sogenannten Geisteswissenschaft nur jener Teil aus Wissenschaft, der sich unter dem diltheyschen Begriff der »geschichtlich-gesellschaftlichen Welt« als Geistesgeschichte darstellt. Der Rest ist Kritik, Literatur und Philosophie. Die Menge der geisteswissenschaftlichen Aussagen gliedert sich also unseres Erachtens in die drei Stufen der wissenschaftlichen Aussagen, unter die 1. die echten geistesgeschichtlichen Aussagen, eingeschlossen die soziologischen und dialektischen Analysen, 2. die philosophischen Aussagen, zu denen z.B. alle ästhetisch-ethischen Aussagen gehören, und 3. die literarischen Aussagen, zu denen also die kritischen und hermeneutischen zu zählen sind, fallen. Selbstverständlich ist dieses literarisch-philosophische Medium, in das die im echten Sinne wissenschaftlichen geistesgeschichtlichen Sätze eingebettet sind, genauso unantastbar wie jene, nur darf man darauf nicht den Namen der Wissenschaft anwenden, einen Namen, um den es ernst ist und der im letzten Grunde nur auf Sätze anwendbar ist, die allgemeingültig und nachprüfbar einem axiomatisch-deduktiven System von Aussagen über ein empirisches oder erdachtes Material angehören. Es wäre aber auch nicht einzusehen, warum dieses System geistesgeschichtlicher Wissenschaft nicht ergänzt werden sollte durch die Literatur im Sinne einer Wiederverfassung des Verfaßten und durch eine Philosophie, die den Horizont des Verstehens der Fakten umreißt. Denn ist auch die Wissenschaft keine Grundlage des Verstehens, höchstes der Erkenntnis, so muß dies doch von der Philosophie behauptet werden.

Die Wissenschaft also, von der hier die Rede ist, wird zugleich ergänzt durch eine Literatur und eine Philosophie über den Gegenstand. Sie blickt zurück auf Leibniz und hebt dann in erster Näherung an mit d'Alemberts berühmter *Einleitung in die Enzyklopädie*, deutet sich an in Cantors[9] *Mathematischen Beiträgen zum Kulturleben der Völker*, in Felix Kleins[10] *Elementarmathematik vom höheren Standpunkt*, in Spenglers[11] berühmtem Kapitel »Vom Sinn der Zahlen«, in Andreas Speisers[12] vortrefflichen Essays über *Die mathematische Denkweise*, in Menningers[13] *Kulturgeschichte der Zahlen*, in Pranges[14] *Enzyklopädie der mathematischen Wissenschaften* und vor allem in den historischen und kulturhistorischen Mathematikbetrachtungen des italienischen Mathematikers Enriques[15]. Es ist eine Spätwissenschaft und bedarf des rückwärtsblickenden Auges, das glanzvoll im Besitz großer Erfahrungen das Auge eines spiegelnden Geistes sein wird.

Stilgeschichte in der Mathematik

I

Eine besondere Rolle in der Geistesgeschichte spielt das Auftreten eines Stils. Denn Stil ist keineswegs ein elementares Phänomen der Kunst. Allenthalben, wo Einbildungskraft und Ausdrucksfähigkeit des Menschen zu Geschöpfen gelangt, ist auch Stil gegeben. Wir wissen seit Leibnizens großartiger Enthüllung jener generalisierten Mathematik, die über Zahlen und Figuren, also über Arithmetik und Geometrie hinausreicht und die er, kennzeichnend für sein Zeitalter, Mathesis universalis genannt hat, daß reiner Geist wesentlich Form ist. Die generalisierte Form des reinen Geistes spiegelt sich wie ein übergeordnetes Korrelat in den konkreten Geschöpfen unserer Einbildungskraft und Ausdrucksfähigkeit und wird im Stil spezifizierte Form. Nur aus der leibnizischen Reduktion des Geistes auf Form wird es verständlich, daß der Stil eines Werks auch seinen Geist verrät. Denn Stil ist Form, wesentlich Form, und wir bezeichnen diese Form als das Ästhetische, wenn sie das Sinnliche, ein Material, kategorial beherrscht.

Stil ist also stets eine Spezifikation der generalisierten Form des reinen Geistes und damit äußert sich auch im Stil jenes »objektive Korrelat«, das – wie T. S. Eliot es ausspricht – für die künstlerische Gestaltung eines Zustandes unerläßlich ist und das wir als ein allgemeines Korrelat aller menschlicher Geistesgestaltung ansehen.

Geistesgeschichte als Stilgeschichte im Sinne ästhetischer Geschichtsbetrachtung ist daher wesentlich Geschichte gewisser Formen. Wo Geist ist, ist auch Form. Die Herauslösung der Formen aus den großen Fakten der Geistesgeschichte führt immer zu Stilgeschichte und jede Geschichte der Stile hält den Gang des Geistes fest. Auch in der Geistesgeschichte der Mathematik ist deshalb Stil nachweisbar. Da indessen jenes »objektive Korrelat« des Stils die generalisierte Form des reinen Geistes und das heißt wieder: die generalisierte Mathematik der Mathesis universalis darstellt, hebt sich der Stil der Mathematik nicht deutlich sichtbar von der generalisierten Form der Mathesis universalis ab und die Stilgeschichte der Mathematik verschmilzt weitgehend mit der Geistesgeschichte der Mathematik selbst. »Mathematik ist auch eine Kunst. Sie hat ihre Stile und Stilperioden!« sagt Oswald Spengler[16] und fährt fort: »Man sollte die Entwicklung der großen Künste nie behandeln, ohne auf die gleichzeitige Mathematik einen gewiß nicht unfruchtbaren Seitenblick zu werfen.« Gewiß, aber nicht weil Mathematik eine Kunst ist, hat sie Stil und Stilperioden. Mathematik ist reine Wissenschaft, nichts anderes; sie hat Stil und Stilperioden, weil die zur Mathesis universalis generalisierte Mathematik das stilbildende Prinzip darstellt. Der Seitenblick auf die Mathematik kann die Stilgeschichte der Kunst erhellen, wenn innerhalb einer Epoche ein ausdrucksvoller Zeitgeist nachweisbar ist, der eine Spezifikation der generalisierten Form des reinen Geistes als objektives Korrelat besitzt.

Spenglers berühmtes Kapitel »Vom Sinn der Zahlen« ist bisher der weitest greifende Versuch, Geistesgeschichte der Mathematik als Stilgeschichte zu treiben. An diesem Urteil kann auch die Summe der nachgewiesenen Irrtümer, z. B. in Bezug auf die Überbetonung der griechischen Geometrie oder die Theorie der Irrationalzahlen, nichts ändern. Natürlich mußte die Theorie der morphologischen Identitäten, aus der Spengler seine Rückblicke und seine Prognosen ableitet, notwendig zu einem stilgeschichtlichen Analogismus zwischen Kunst und Mathematik führen. Das Prinzip, dem die Geschichte der Kulturen unterworfen wird, ist ja selbst Ausdruck der generalisierten Form des reinen Geistes und damit auf eine mathematische Form reduzierbar. Aber diese generalisierte Form des reinen Geistes, diese Mathesis universalis im weitesten Sinne ist die identisch-eine, daher ist die Meinung Spenglers, es gäbe keine Mathematik, nur Mathematiken, versteht man sie wörtlich, wissenschaftstheoretisch falsch. Scheinbar engt Spengler, um seine grundlegende These stützen zu können, Mathematik auf Zahlenlehre (Arithmetik) einerseits und Lehre von Raumgebilden (Geometrie) andererseits ein, jedenfalls hat er nicht die leibnizische bzw. moderne generalisierte Mathematik nichtmathematischer Gegenstände, nicht die vom Logikkalkül beherrschte Mathesis universalis im Sinne, deren identisch einer Gegenstand derart durchformalisiert ist, daß eben die reine Form bzw. die reinen Zeichen zu diesem Gegenstand werden, so daß wir zwar Arithmetik und Geometrie gegenständlich trennen, aber vom Standort jenes der generalisierten Mathematik angehörenden formalen axiomatisch-deduktiven Systems von Sätzen sagen, dieses formale System habe eine Interpretation in der Arithmetik (falls es alle Theoreme der Arithmetik erfüllt) bzw. eine Interpretation in der Geometrie (falls es alle Theoreme der Geometrie erfüllt).

Wieder zurück zu unserem eigentlichen Thema der mathematischen Stilbildung. Wir wissen heute, daß die Einschränkung der griechischen Mathematik auf Geometrie einen Irrtum darstellt. Hasse, Scholz[17] und Reidemeister[18] haben durch Untersuchungen über Pythagoras, Eudoxos, Platon und das X. Buch Euklids und die neupythagoreische Überlieferung gezeigt, daß »Platon und die Pythagoreer hauptsächlich für arithmetisches Denken interessiert waren«. Sie sprechen sogar – nicht ohne Seitenblick auf die bekannte pythagoreische Arithmetisierung musikalischer Intervalle – von einer antiken Arithmetica universalis. Der geometrische Stil der griechischen Mathematik hebt sich also nur sehr unscharf ab.

Spengler glaubt weiterhin die griechische Mathematik als Endlichkeits-Mathematik (Finitismus) kennzeichnen zu müssen, weil sie die Irrationalzahlen nicht aufgebaut hätte, und der finitistische Stil hänge zusammen mit der Anschauungsgebundenheit der griechischen Mathematik. Zunächst einmal können die irrationalen Zahlen durchaus anschaulich dargestellt werden. $\sqrt{2}$ ist eine irrationale Zahl. Sie ist die Diagonale des Einheitsquadrats (Kantenlänge 1), also sehr deutlich anschaulich und endlich darstellbar. Das war Eudoxos bekannt, der sogar unendlich viele Irrationalen exakt, endlich und geometrisch konstruieren konnte. Aus dem Nichtaufbau der Irrationalzahlen kann weder exakt auf den Finitismus noch auf die durchgehende Anschauungsgebundenheit der griechischen Mathematik geschlossen werden. Der griechische Finitismus ist vielmehr eine philosophisch-erkenntnistheoretische Theorie, wie die Leugnung des aktual Unendlichen (das erst in der cantorschen Mengenlehre wieder Gegenstand mathematischer Theorie wird) durch Aristoteles beweist. Gegen seine mathematische Postulierung sprechen nach Scholz: die unendlich vielen, unendlich kleinen Weltbausteine des Anaxagoras und die transfiniten Quadraturen des Antiphon und seiner Anhänger.

Warum die Griechen die Irrationalzahlen trotz der Entdeckung der Irrationalität nicht aufgebaut haben, wird von Scholz auf die Tatsache zurückgeführt, daß sie das zum Aufbau der Irrationalzahlen notwendige System der rationalen Zahlen nicht gehabt haben. Scholz macht parmenideisch-ontologische Gründe für die Ausschließung der rationalen Zahlen aus dem mathematischen System der Griechen geltend.

Wir abstrahieren – über Scholzens Vermutungen hinausgehend – daraus als Grund: die griechische Mathematik war insofern keine selbständige, freie Wissenschaft, wie sie es heute (basierend auf den Errungenschaften des Zeitalters der Mathesis universalis, des Zeitalters der Pascal, Descartes, Leibniz und der Bernoullis) ist, als sie beständig unter dem Eindruck metaphysischer und philosophischer Ideen stand, die ihre Forschung leitete und begrenzte. Und dies allein möchten wir als ein Stilmerkmal der griechischen Mathematik hervorheben. Weder auf Geometrie noch auf Arithmetik oder auf Finitismus und Anschaulichkeit ist die Mathematik der Pythagoreer, der Platoniker, der Euklid und Eudoxos reduzierbar, wohl aber erweist sich die Gedankenbildung der Mathematik nicht durchweg als freie mathematische Gedankenbildung, sondern in Abhängigkeit von mythisch-philosophischen Ideen. Stil ist immer ein Prinzip der Ausschließung. Die rationalen Zahlen werden nicht systematisch aufgebaut, weil parmenideisch-ontologische Gesichtspunkte es verbieten. Insofern ist die Ausschließung eines Systems der rationalen Zahlen und der damit zusammenhängende Nichtaufbau der Irrationalzahlen ein Stilprinzip der griechischen Mathematik. Die Ursache, warum sich zuletzt aus der griechischen Mathematik nicht die systematische Grundhaltung eines Intuitionismus (Finitismus, Konstruktivismus), sondern eben doch der Formalismus entwikkelt hat, liegt nicht an der Mathematik, sondern daran, daß diese Disziplin bei den Griechen von der philosophischen Ideenbildung beeinflußt wurde. Schließlich war der Platonismus der Entwicklung einer nicht-intuitionistischen Mathematik günstiger. Man könnte es paradox ausdrücken und sagen: die griechische Mathematik habe keinen mathematischen, sondern einen philosophischen Stil. Damit würde dann auch verständlich, daß die Mathematik vom zweiten vorchristlichen bis zum dritten nachchristlichen Jahrhundert, den Sphäriker bzw. Kugelgeometer Claudius Ptolemäus (140 n. Chr.) und den Algebraiker Diophantos (220 n. Chr.) ausgenommen, keinen prinzipiellen Fortschritt macht, wohl aber am Ende der neuplatonischen Schule, im 5. Jahrhundert n. Chr. im umfangreichen Kommentar des Proklos Diadochos zum ersten Buch der *Elemente* des Euklid zu einer tiefen Philosophie der Mathematik gelangt, die rückwärtsgewandt zwar nichts anderes als Erbin eines großen geistigen Hauses darstellt, aber vorwärtsblickend eine neue Mathematik ausgedrückt hat – die Mathematik ganz und gar auf den »diskursiven Verstand« zurückführend. Da das eine Reduktion der Mathematik allein auf die Mathematik bedeutet, zeigt sich hier im äußersten Vorposten einer Philosophie der Mathematik aus dem Geiste der antiken Mathematik die Überwindung einer Mathematik unter der Herrschaft parmenideisch-ontologischer Gesichtspunkte trotz des echten platonischen Geistes, der vorherrscht, zumindest schon an. Denn Zurückführung auf den diskursiven Verstand bedeutet die gänzliche Befreiung der geometrischen Formen von sinnlicher Gebundenheit, aus der sie durch Abstraktion hervorgehen sollten, bedeutet eine Autonomie der Mathematik, eine Reinigung, eine Gewinnung des Mathema aus der Seele, die selbst Mathema ist, wie das Proklos in seiner Lehre von den der Seele innewohnenden geometrischen Figuren ausgesprochen hat.

Damit beginnt ein neuer Stil in der Mathematik, der ganz leise schon vor Proklos Diadochos konkret anhebt mit Diophantos, aber bei dem philosophischen Mathematiker Proklos Diadochos in erster matter Kontur theoretisch-metamathematisch erfaßt wird: es ist der Stil der reinen Mathematik, der Diophantos die Anfänge einer selbständigen algebraischen Notation schenkt, die Voraussetzung eines mathematischen Eigenlebens, wie es dann im Algorithmus, den, Cantor bemerkte es, Griechenland noch nicht besitzt, und im Kalkül, welche Idee erst Leibniz konzipiert, so unwiderruflich zur Entfaltung kommt. Erst im leibnizischen Kalkül bzw. in der Mathesis universalis der Pascal, Descartes und Leibniz zeigt sich der neue Stil der freien algorithmischen bzw.

kalkülatorischen Mathematik. Er ist wirklicher Stil, weil als objektives Korrelat bzw. als objektives Korrektiv der Mathematik die Mathesis selbst, nicht mehr aber die von außen herandrängende Philosophie genommen wird. Die Mathematik wird zur Mathesis universalis erweitert, die als generalisierte Mathematik sogar im Bereich nichtmathematischer Gegenstände eine Interpretation besitzt und vom Kalkül beherrscht werden kann, derart, daß der Mathematiker seine Theorien 1. nur in einer Präzisionssprache und 2. nur axiomatisch-deduktiv, d.h. aber als Folge von Sätzen aufbauen kann, die in Axiome und Theoreme zerfällt, für welche Operationsregeln, also Regeln des Schließens, so angegeben werden können, daß eben diese Folge exakt aufgebaut werden kann. Die Folge ist eine Spezifikation der generalisierten Form. Sie ist reine Form, nicht Inhalt, da sie sich gemäß der Idee des Kalküls, die erst Leibniz ganz scharf erkannt hat, im Vollzug von Operationsregeln aufbaut, bei denen nicht etwa an Größen, sondern ganz allgemein an Elemente gedacht ist, deren Bedeutung völlig gleichgültig ist und an die nicht gedacht zu werden braucht.

Ich will den leibnizischen Mathematisierungsprozeß etwas genauer beschreiben. Heinrich Scholz hat ihn in der Sprache des modernen Logikkalküls zusammengefaßt[19]. Wenn S eine symbolische Präzisionssprache bedeutet, die zur Darstellung einer exakten Theorie nötig ist, dann besteht eine Mathematisierung der Theorie in einer Mathematisierung von S. »Eine solche Mathematisierung vollzieht sich in mehreren Schritten. Es werden zunächst die Symbole bestimmt, die für die beabsichtigte Mathematisierung von S verwendet werden sollen. Dann wird gesagt, wann eine aus diesen Symbolen erzeugbare Konfiguration eine Aussage sein soll. Dann wird erklärt, wann eine so bestimmte Aussage eine wahre Aussage oder ein Satz sein sollen.« – Hierbei ist zu berücksichtigen, daß eine Theorie in jeder ihrer Darstellungen der Inbegriff der Folgerungen ist, die aus gewissen Ausgangssätzen gezogen werden können. Diese Ausgangssätze pflegt man Axiome zu nennen. Es wird also für die beabsichtigte Mathematisierung von S ein geeigneter mathematischer Folgerungsbegriff zu entwickeln sein. Für einen solchen Folgerungsbegriff ist mit Leibniz zu fordern, daß das Folgern durch ihn beschränkt wird auf das Umformen von irgendwelchen Konfigurationen. Dabei muß ganz gleichgültig sein, ob diese Konfigurationen etwas bedeuten oder nicht. Es darf also nur auf die Konfiguration als solche Bezug genommen werden. – Hat man einen solchen leibnizischen Folgerungsbegriff entwickelt, so wird man die Satzbestimmungen so formulieren, daß man zunächst eine gewisse Aussagenmenge als Axiome auszeichnet und dann erklärt, daß als Satz jede Aussage gelten soll, die aus dieser Axiomenmenge durch eine endliche Anzahl von Anwendungen dieses Folgerungsbegriffs gewonnen werden kann. – Jetzt können wir eine dreigliedrige Folge bestimmen auf folgende Art: Das erste Glied dieser Folge sei die vorausgesetzte Symbolik, das zweite Glied sei die Menge der aus ihr erzeugbaren Aussagen, das dritte Glied die Menge der unter diesen Aussagen vorkommenden Sätze. S′ sei die so gekennzeichnete Folge ... S′ ist eine Mathematisierung von S dann und nur dann, wenn Folgendes gilt: »1. Jeder S-Aussage entspricht genau eine S′-Aussage; und umgekehrt. 2. Jedem S-Axiom entspricht genau ein S′-Axiom; und umgekehrt. 3. Jedem S-Satz s entspricht genau ein S′-Satz s′, folglich jeder Menge M von S-Sätzen genau eine Menge M′ von S′-Sätzen; und umgekehrt. (Isomorphie zwischen S, s und S′, s′.) 4. Ist s im Sinne des inhaltlichen Schließens eine Folgerung aus M, so muß s′ aus M′ gewonnen werden können durch eine endliche Anzahl von Anwendungen des für S′ erklärten leibnizischen Folgerungsbegriffs und umgekehrt. Auf diese Art sind alle inhaltlichen Überlegungen in S ersetzt durch mathematische Prozesse in S′.« Die Ersetzung ist isomorph, wenn wir unter diesem Begriff die Beziehung verstehen, die in den Zuordnungen 1–4 enthalten ist. Der entwickelten Vorstellung der Folge liegt das Bild des »Fließens« zu Grunde, wie es in Newtons Fluxionen und in Leibnizens Differentialen unverborgen ist. Es ist das Philosophie und Mathematik verbindende Prinzip »Natura non facit saltum«, das sich darin ausdrückt. Das Prinzip der »Nahewirkung«, das hier sowohl konkret-bildlich wie abstrakt-mathematisch mit den in Differentialgleichungen ausgesprochenen Naturgesetzen als Voraussetzung mathematischer Physik eingeführt wird, gehört ebenso in diesen Stil.

Wir sehen: die Mathematik des Zeitalters der Mathesis universalis, des Barock, gewinnt in der Folge die entscheidende Spezifikation der generalisierten Form des reinen Geistes. Im generalisierten Begriff der Folge liegt das Stilmerkmal dieser Mathematik. Erinnern wir uns nun der Kunst, der wesentlichen Kunst dieses Zeitalters. Es ist das Barock. Man hat gesagt, daß so, wie die Formen der Renaissance noch nach dem Verfahren der klassischen Geometrie des Euklid bestimmbar sind, die geschwungenen Linien des Barock nur mit Hilfe des infinitesimalen Kalküls zu errechnen seien. Ich weiß, daß ich mit dieser Anmerkung die echte wissenschaftliche Geistesgeschichte verlasse und auf jenen notwendigen Bestand an Literatur und Ästhetik stoße, der in jeder Geistesgeschichte, sofern sie Kritik und Hermeneutik, Meinung und Auslegung enthält, vorhanden ist. Ich möchte also hier den Begriff des Stils generalisiert verstanden wissen und die Behauptung wagen, daß sich im künstlerischen und literarischen Barock der gleiche (generalisierte) Stil offenbare wie in der Mathematik dieses reichen Zeitalters, also einerseits in der Mathesis universalis und andererseits in der Infinitesimalrechnung. Wir erkannten als das entscheidende mathematische Stilelement der Mathesis universalis die Folge. Wir haben zu ergänzen, daß der Begriff der Folge auch der entscheidende ist, auf den sich das Verständnis des Überganges vom Differenzenquotienten zum Differentialquotienten stützt. Wir haben endlich schon angemerkt, daß zur Berechnung der geschwungenen Linien des Barock letztlich nur die Differentialgeometrie ausreicht, die wiederum aus dem infinitesimalen Kalkül entwickelt wird. Der Beweis für eine einheitliche generalisierte Form in der Mathematik und Kunst des Barock ist tiefer nicht zu führen. Die Folge ist die generalisierte Form, die hier den Stil bildet. Ihr universales Auftreten mag uns veranlassen, sie als ein Stilelement auch der Mathematik anzuerkennen. Ist noch ein jüngeres Beispiel aus der mathematischen Geistesgeschichte zu nennen, das uns so deutlich eine generalisierte Form vorstellt, daß man vom Auftreten eines mathematischen Stils sprechen könnte? – Oder stecken wir, wenn auch nicht mehr im künstlerischen, so doch im mathematischen Barock noch mitten inne? – Wenn wir daran denken, daß heute die exakten Naturwissenschaften und natürlich auch die Mathematik, insbesondere seit ihrem Neuaufbau infolge der Grundlagenkrisis, von der Forderung nach einer mathematischen bzw. naturwissenschaftlichen axiomatisch-deduktiven Theorie beherrscht werden, deren grundlegende Voraussetzung die Anordnung der Aussagen in einer Folge darstellt, dann ist man geneigt zu sagen:

unsere Wissenschaft vollzieht sich gegenwärtig noch in einem wissenschaftstheoretischen bzw. mathematischen Barock. Das heißt, wir müssen heute von einer Rezeption Leibnizens sprechen und dies als das bedeutendste Ereignis der jüngsten Geistesgeschichte der Mathematik ansehen. Dem entspricht die Tatsache, daß unsere Logik wesentlich mathematisierte Logik ist und unsere Physik, soweit sie theoretisch gerichtet ist, immer noch das Ideal der Differentialgleichung besitzt, die alle natürlichen und innerhalb der technischen Welt erzeugten Vorgänge als stetige Funktionsverläufe begreift. Man darf jedoch nicht den Hinweis unterdrücken, daß es innerhalb der Physik durch das Eindringen der Forschung in atomare Vorgänge im Zusammenhang mit der Quantentheorie bzw. der Quantenmechanik (Unbestimmtheitsrelationen) zu einer mächtigen Infragestellung dieses auf Stetigkeit, Folge und Differentialgleichung begründeten Barock gekommen ist. Es ist wohl möglich, mikrophysikalische Vorgänge durch diese Mathematik axiomatisch-deduktiv-stetig zu beherrschen, keineswegs aber mikrophysikalische inneratomare bzw. gequantelte Vorgänge, die wohl prinzipiell nicht Stetigkeitsgesetzen, sondern statistischen Aussagen genügen, derart, daß hier nicht alle Werte eines einzelnen Individuums (Elektron) beobachtbar und vorausberechenbar sind, sondern daß die Formeln nur Aussagen über Individuenbereiche bedeuten. Vielleicht darf man sagen, daß in dieser Mikrophysik, in der als mathematisches Stilelement keineswegs mehr die Folge auftritt, die gleiche Abkehr vom mathematischen Barock stattfindet wie im mathematischen Intuitionismus kronecker-brouwerscher Prägung, obwohl in der intuitionistischen Begründung der Funktionentheorie nur stetige Funktionen vorkommen. Ohne Zweifel liegt in diesem Intuitionismus ein romantischer Zug. Und wir stellen hier, wo wir einerseits von der Mathematik Leibnizens, Descartes' und Pascals, aber auch Hilberts und andererseits von der Mathematik Kroneckers und Brouwers sprechen, bewußt barockale und romantische Mathematik gegenüber.

»Die Kunst des 17. Jahrhunderts ist eines der herrlichsten Zeugnisse für die Macht und Unabhängigkeit des Geistes gegenüber den äußeren Schicksalen der Völker«, sagt Jacob Burckhardt[20]. Dasselbe kann man auch von der Mathematik dieser Zeit sagen, die eine Fülle neuer Gesichtspunkte entwickelt. 1637 erscheint Descartes' Analytische Geometrie mit ihrer Fusion der Räume und Zeitanschauung. Die großen Probleme aber sind das Tangenten- und das Quadraturproblem, also die Probleme des Differenzierens und Integrierens mit ihren Funktionsbetrachtungen, mit ihren unendlichen Reihen-Prozessen. Dazu kommen, wie gesagt, die Kalkülidee und die Wissenschaft der Mathesis universalis: alles in allem die Quellen der gesamten Mathematik der nachfolgenden Jahrhunderte. Und die gleiche Weite des Einbeziehens in der Poesie. »Unser barockes Schrifttum, das aus aller Welt Schätze der Form zuhauf trägt«, so kennzeichnet Cysarz den dichterischen Barock[21]. Und er spricht weiter von der »Zusammenwirkung der gegensätzlichsten Kräfte«, die »kein mächtigeres Zeugnis« als jene Epoche hätte.

Der barockale Stil in der Mathematik, wie überhaupt der Stil des barockalen Geistes, entwickelt sich stets aus der Folge: sie erscheint als Kurve wie auch als genaues axiomatisch-deduktives System; er hat die universalistische Tendenz: das Infinitesimale ist ebenso Ausdruck davon wie der Gedanke an die Mathesis universalis oder die Characteristica universalis; er baut seine Gegenstände nicht partikular auf, er arbeitet stets das Gleichgewicht zwischen dem Individuellen und dem Universalen heraus, gleichgültig, ob er in der Monadenlehre jede Monade gemäß dem Grad ihrer Vollkommenheit das Universum »repräsentieren« läßt oder ob das Differential zuletzt nur im Zusammenhang mit dem Integral verständlich wird; immer triumphiert eine Geschlossenheit, die Unabänderlichkeit einer generalisierten Form und nicht umsonst ist der Barock in seiner wissenschaftlich-philosophischen Äußerung an das »Schulbuch« gebunden[22]. Die Mathematik im Zeitalter der Mathesis universalis und der Infinitesimalrechnung offenbart den mathematischen Barockstil; die Generalisierung der Mathematik im 17. Jahrhundert hält ihn ebenso fest wie die Analytische Geometrie des Descartes, die damals entstehende Lehre von den unendlichen Reihen, insbesondere den Potenzreihen oder die durch die Bernoullis, Euler und Lagrange sich ausbildende Theorie der Differentialgleichungen im allgemeinsten Sinne, einschließlich der Variationsrechnung und der Analytischen Mechanik. Auch ist er noch vorhanden in der sicheren Begründung der höheren Analysis durch Konvergenzkriterien im 19. Jahrhundert und er wirkt mächtig nach in der nun aufkommenden mathematischen Physik und der Funktionentheorie der Cauchy und Riemann sowie in der Lehre von den Irrationalen, wie sie Weierstraß, Dedekind und Cantor begründet haben. Schließlich erscheint er wieder in den Untersuchungen Freges, Hilberts und Scholz' zum Neuaufbau der Mathematik und Logik auf der Grundlage des strengen leibnizischen Kalküls, Untersuchungen, die eine Rezeption der leibnizischen Mathematik und ihrer Philosophie bedeuten. Die Möglichkeit der Rezeption deutet immer auf die Existenz von Stil, Rezeptionen zeichnen das Wesen des Stils aus. Die Rezeption Leibnizens bedeutet stets die Vollziehung der leibnizischen Reduktion. Und wo sich die leibnizische Reduktion vollzieht, wird die Sprache mathematisiert, die Mathematik formalisiert, die Philosophie auf Form gegründet, d.h. auf das System, kurz: hier schlägt das Problemdenken wesentlich in Systemdenken um. –

Anders der romantische Stil in der Mathematik. Hier gibt es keine Form, die endgültig wäre. Hier gibt es keine Entwicklungen aus der prästabilierten Harmonie des Seienden, keine Rezeption Leibnizens. Eine partikularistische Auffassung der Mathematik herrscht vor. Die Aufgabe der Erkenntnis ist nicht, die Stellung der Probleme und Theoreme innerhalb des Systems mathematischer Aussagen überhaupt sicherzustellen, die Aufgabe der Erkenntnis ist einfach: Aufzeigen der Lösung. Konstruktionen sind wichtiger als Existenzbeweise. Das heißt, die konkrete Darstellung einer behaupteten Eigenschaft entscheidet maßgeblicher über ihr Sein als der Nachweis der Widerspruchsfreiheit dieser ausgesagten Eigenschaft im System der Mathematik, wie es die bekannte, von Hilbert so geförderte und für den barocken Stil der Mathematik so kennzeichnende Methode des Existenzbeweises, kurz gesagt, fordert. Existenzbeweise sind Beweise aus der Mannigfaltigkeit, aus dem System, Konstruktionsbeweise sind Beweise aus dem Individuum, das dem System angehört. Ich möchte daher sagen, daß Existenzbeweise eigentlich immer die Geschlossenheit des Systems, Konstruktionsbeweise aber immer das individuelle Sein in diesem System zur Darstellung bringen. Existenzbeweis, Geschlossenheit des Systems, Systemdenken sind typisch für Barock. Ich zitiere Huizingas schöne Definition: »Barock bedeutet im Gegensatz zu der vorhergehenden Renaissance die Rückkehr zu der exklusiven Formel, zum strengen Stil ... der

Individualismus kapituliert vor dem Bedürfnis einer allgemeinen Konformität in der gestellten Norm.« Das entspricht der leibnizischen Reduktion, seinem Kalkülgedanken und dem Systemdenken der Existenzbeweise. Auch ist gesagt, wie sehr sich diese Tendenz vom Individualismus abhebt, der dem romantischen Problemdenken eigen ist. Allerdings ist das mathematische Problemdenken, das wir wegen seines systemauflösenden Charakters romantisch nennen, zugleich auch sehr positivistisch gesonnen: durch den Fortschritt in der Menge der Probleme und ihren Lösungen und durch die »Aufgabenlogik«, die im Intuitionismus an die Stelle der klassischen »Aussagenlogik« tritt, kommt im Verein mit dem Finitismus sogar ein realistischer Zug in diese Forschungen. Aber das schweifende, aus irrationalistischen Tiefen der »Zeitlichkeit« und »Subjektivität« einsetzende Problemdenken mit seinen bloßen Konstruktionsbeweisen verwischt immer wieder die positivistische Einstellung und offenbart im Grunde einen denkerischen Individualismus, der dem romantischen Stil entspricht. – Wir sagten eingangs, daß Stil immer wohlbestimmter Ausdruck oder objektives Korrelat zur generalisierten Form des reinen Geistes bedeutet. Wo aber die Reduktion der Erkenntnis auf diese generalisierte Form des reinen Geistes fehlt, kann es zwar zu Intuitionen, zu Schöpfungen kommen, aber nicht zu einem Stil. Wenn Kroneckers Intuitionismus alles auf die ganzen Zahlen gründet, die von Gott seien, wenn Brouwer von den Elementen der Mathematik einfach wie von Urintuitionen spricht, wenn er unter Zurückstellung gewisser axiomatisch-deduktiver Möglichkeiten und unter Abweisung reiner Existenzbeweise weite Stücke der höheren Mathematik einfach für absurd erklärt, so kann das Schöpfung, aber niemals Stil verraten. Die platonische Herkunft der Mathematik aus der Form des reinen Geistes ist aufgegeben. Sie bezieht ihr Sein von »unten«. Adolf von Grolmann[23] hat in seinen Versuchen über *Die Musik und das Musikalische im Menschen* das Wesen abendländischer Musik aus den Formen von Bach, also doch wohl des Barock, bestimmt und angemerkt, daß die Romantik diese echten Formen verdeckt oder gar zerstört habe, und er fügt hoffnungsvoll hinzu, daß sich das Zuviel an Romantik möglicherweise kläre und sich die echten Formen wieder zu ihrer Eindringlichkeit erheben ... Auch hier werden im musikalischen Bereich der barocke und der romantische Stil gegeneinander abgegrenzt mit dem Hinweis, daß die echten Formen eben dort bei Bach, im Barock, wurzelten, während die Romantik auflösend-schöpferisch sei. Das entspricht, wie wir jetzt sehen, durchaus den Verhältnissen innerhalb der mathematischen Stile, deren Konturen wir hier hervorkehren.

Wir haben bisher nur von zwei Stilen gesprochen, vom Barock und von der Romantik. Wir haben den Barock auf das generalisierte mathematische Formelement der »Folge« reduziert und in diesem Element ist Kontinuität wie Universalität, beides im formalen Sinne verstanden, ebenfalls mitgesetzt. Die Romantik haben wir als eine Gegenbewegung zu dieser generalisierten Form der Kontinuität und Universalität aufgefaßt und als allerdings schwer abhebbares generalisiertes Formelement das Partikulare, das die Diskontinuität und die Individualität mitsetzt, genannt. Es ist ein altes Bemühen, Stile aufeinander zu reduzieren. Es ist möglich, daß bei einer hinreichenden Präzision des Stilbegriffs (im Sinne generalisierter mathematischer Form) überhaupt nur jene beiden Stile abhebbar sind. Dennoch wollen wir nicht untersuchen, ob Gotik und Renaissance etwa in den erweiterten Barock fallen oder ob die Gotik Elemente enthält, die auf Romantik hindeuten – das mag alles sein. Ich bezweifle, daß diese Begriffe in der Stilgeschichte der Mathematik einen Sinn haben, wie wir den mathematischen Positivismus und Realismus nicht als echten Stil hervorgehoben haben. Die Frage wäre höchstens, ob die Renaissance bzw. Klassik charakterisierbar sind durch eine Reduktion ihres generalisierten Formelementes auf die sogenannte klassische euklidische mathematische Evidenz, insbesondere also auf die sogenannte klassische euklidische Geometrie. Tatsächlich liegt in den Formen der Renaissance und der Klassik eine Geometrie verborgen, die euklidisch beherrscht werden kann. Euklids Mathematik (Geometrie) reicht völlig aus, die Formen der Renaissance bzw. der Klassik zu berechnen. Das heißt also, die Formbildung der Renaissance bzw. Klassik ist euklidisch. (Ich werde im 2. Band dieses Buches, der von den Zusammenhängen zwischen den künstlerischen und mathematischen Formen handelt, auf die »ornamentale« Begründung der griechisch-klassischen Kunst und der euklidischen Geometrie hinweisen.) Man darf indessen nicht glauben, daß hier unter »Euklid« die griechische Mathematik schlechthin zusammengefaßt sei. Wenn von Euklid die Rede ist, dann meinen wir Euklids berühmte *Elemente*, die offensichtlich nur als eine Einführung in das Studium der Geometrie gedacht waren, sonst hätte sich der Verfasser nicht die Beschränkung im Stoff auferlegt, die ohne Zweifel da ist. Er hat aus der Summe des damaligen Wissens nur das ausgewählt, was ihm zu einer Einführung im systematisch-axiomatischen Aufbau erster Näherung notwendig schien. Er faßt zusammen[24]: im Buch 1–6 die Planimetrie im Zusammenhang mit einer elementaren Arithmetik und Algebra der geometrischen Größen, vor allem mit der Proportionenlehre, die einer geometrischen Theorie aller möglichen algebraischen Umformungen der Gleichungen vom Typus a:b = c:d entspricht, wobei die Definition der Gleichheit zweier Verhältnisse die ausschlaggebende Definition bleibt. Diese Proportionenlehre innerhalb der Geometrie ist eigentlich das charakteristischste Stück der *Elemente*, sie ist wesentlich euklidisch. In den Büchern 7, 8 und 9 gibt es eine Lehre von den ganzen Zahlen, zum Teil in geometrischer Form, eine Methode des Rechnens mit Proportionen zwischen ganzen Zahlen, d.h. eines Rechnens mit Brüchen wird vorgelegt. Im 10. Buch ist eine Darlegung der geometrischen Klassifikation der durch Quadratwurzeln darstellbaren Irrationalitäten enthalten. Im Buch 11 ist die Grundlage der Stereometrie, im Buch 12 sind ebenfalls noch Betrachtungen über Irrationalitäten und über stereometrische Berechnungen enthalten und im 13. Buch bringt Euklid die Theorie der regulären Körper. Den Inhalt dieser 13 Bücher der *Elemente* haben wir im Auge, wenn wir von Euklid sprechen und wir legen dabei mit Felix Klein und anderen Historikern der Mathematik das Hauptgewicht auf die Proportionenlehre. Die geometrische Theorie aller möglichen algebraischen Umformungen der Gleichungen vom Typus a:b = c:d enthält auch die formalen Möglichkeiten des Stils der Renaissance und der Klassik. Die Proportion des goldenen Schnitts ist die Divina Proportione der Renaissance. Eine Fläche, die nach seiner Maßgabe bemessen ist, läßt sich auf besonders viele Weisen so unterteilen, daß die Teilflächen ähnliche Proportionen aufweisen. In erster Näherung möchte ich daher sagen, daß die geometrisch realisierbare Proportion das generalisierte objektive Korrelat der bevorzugten Formen der Renaissance und der Klassik ist: die Proportion liegt dem Stil der Renaissance und der Klassik als das stilbildende generalisierte mathematische Formelement zugrunde. Und das nennen wir das euklidische Element der Renaissance und der Klassik. In diesen Grenzen ist also der Stil der Renaissance und der Klassik wirklicher Stil. Und in diesen Grenzen können wir wohl auch Euklids Bemühungen um eine geometrische Theorie gewisser Verhältnisgleichungen als klassische Mathematik beschreiben. Wo immer diese Theorie formal wirksam ist, in der Architektur, in der Musik, in der Verskunst, darf man einschränkend von Klassik, von Renaissance sprechen.

II

Natürlich ist die Stilgeschichte der Mathematik nicht auf eine Koinzidenz gewisser mathematisch formaler Tendenzen mit den großen künstlerisch-weltanschaulich-geistigen Stilen einzelner Epochen wie Renaissance, Klassik, Barock oder Romantik beschränkt. In seinen reizvollen Vorlesungen über *Elementarmathematik vom höheren Standpunkt aus* hat Felix Klein[25] Gegensätze verschiedener mathematischer Arbeitsrichtungen hervorgehoben, die als »verschiedene Entwicklungsreihen« des mathematischen Denkens zuletzt auch wieder auf Stile in der Entwicklungsgeschichte der Mathematik verweisen.

In der sogenannten »Entwicklungsreihe A« faßt Klein etwa folgendes zu einem »System« zusammen:

> Formale Lehre von den Gleichungen, Operieren mit ganzen rationalen Funktionen, durch Wurzelziehen lösbare algebraische Gleichungen.
>
> Potenzbegriff und Umkehrung, Logarithmen.
>
> Bisher verläuft die analytische Entwicklung unabhängig von geometrischen Betrachtungen. Erst die Einführung der trigonometrischen Funktionen zwingt zu Anleihen bei der Geometrie.
>
> Algebraische Analysis, unendliche Reihen. Zusammenhang der elementaren transzendenten Funktionen in der eulerschen Gleichung.
>
> Im Anschluß hieran die weierstraßsche Theorie der Funktionen komplexen Arguments, basierend auf der Einführung der Potenzreihen.

Die zweite sogenannte »Entwicklungsreihe B« stellt den Grundgedanken der analytischen Geometrie in den Vordergrund, der eine Verschmelzung der Raum- und Zeitanschauung erreichen will:

Graphische Darstellung einfachster Funktionen. Schnittpunkte als Nullstellen der Polynome. Näherungsmethoden für Gleichungen.

Das geometrische Kurvenbild als anschauliche Quelle des Differentialquotienten. Das Integral. Steigung und Flächeninhalt der Kurven.

Quadratur der Hyperbel führt zum Logarithmus, die Quadratur des Kreises auf arc sin x. Fortführung bis zu den elliptischen Funktionen.

Entwicklung all dieser Funktionen in unendlichen Potenzreihen nach dem einheitlichen Prinzip des taylorschen Lehrsatzes.

Fortführung bis zur cauchy-riemannschen Theorie der analytischen Funktionen komplexen Arguments, die sich auf die cauchy-riemannschen Differentialgleichungen und den cauchyschen Integralsatz aufbauen.

Die dritte »Entwicklungsreihe C« sieht etwa folgendermaßen aus:

Das Ziffernsystem der Inder.

Buchstabenrechnen.

Ausbildung der Algorithmen.

Was Klein mit diesen Entwicklungsreihen im Auge hat, das sind Methoden des genetischen Aufbaus der Mathematik. Gemäß der genetischen Reihe A wird vorwiegend die Mathematik in der Schule entwickelt. Man könnte diese Reihe den genetischen Schulstil nennen. Er ist vorwiegend partikular. Insbesondere in Bezug auf die Einführung von Funktionen. Sin x wird in der Dreiecksgeometrie als ein Verhältnis zwischen der Hypotenuse und einer Kathete abgeleitet, e^x hingegen wird als Hilfsmittel des numerischen Rechnens eingeführt, also keineswegs in sachlichem Zusammenhang, geschweige axiomatisch-deduktiv. Wollte man hier vom partikularen romantischen Stil sprechen, so wäre dieser doch sehr utilitaristisch. In der Entwicklungsreihe B hingegen herrscht sowohl die echte wissenschaftliche Genetik, nämlich die axiomatisch-deduktive Theorie vor als auch – ihr stilmäßiges

Analogon, wie wir schon sahen – der Primat des Funktionsbegriffs, der auf den Begriff der »Folge« reduzierbar ist. (An den Funktionen studieren wir die Folgen. Entwicklung der Funktionen in unendlichen Potenzreihen nach Taylor.) In dieser Reihe sind alle Merkmale der Barockmathematik vorhanden.

III

Zum Thema einer stilgeschichtlichen Unterscheidung innerhalb der Geistesgeschichte der Mathematik gehört aber vor allem der Gegensatz zwischen Problemdenken und Systemdenken, der auch hier, also nicht bloß in der Philosophie, zu treffen ist[26]. Allerdings ist innerhalb der Mathematik jene voreilige Abweisung des Systemdenkens, wie sie Nicolai Hartmann für die Philosophie behauptet, nicht möglich. System und Problem bilden in der Mathematik seit langem gleichwertige Kategorien der Forschung. Ein Mathematiker, der heute das Systemdenken aus der Mathematik als unförderlich verbannen wollte, würde nicht nur das Gebäude der neueren Mathematik, sondern überhaupt der gesamten Mathematik amputieren, und ich füge hinzu, daß es ein Antisophismus höchsten Grades bei Nicolai Hartmann ist, wenn er das Systemdenken, kulminierend in der Konstruktion eines Systems, aus der Philosophie verbannen wollte. Mit Recht spricht Hegel in seinem Aufsatz von 1802 über »Das Wesen philosophischer Kritik« von der systemlosen Philosophie als der »Unphilosophie«, ohne jedoch schon selbst im Besitz einer klaren Form des Systems zu sein.

Zum ersten Male tritt das mathematische Systemdenken mit dem Werk Euklids in die Geschichte der Mathematik. Euklids Anliegen ist nicht so sehr dieses oder jenes einzelne mathematische Problem, nicht so sehr die Entdeckung und Lösung einzelner mathematischer Probleme, sondern das Sammeln und Anordnen der zu seiner Zeit bekannten mathematischen Theoreme. »Nach der Gründung des Weltreichs Alexanders entstand allmählich das Bedürfnis, alles, was die vorangegangenen Jahrhunderte geschaffen hatten, zu sammeln und in ein einheitliches wissenschaftliches System zu bringen, und so entwickelte sich in Alexandria ein Unterricht, der durchaus gewissen Seiten unseres heutigen Universitätsunterrichtes entspricht.« Euklids *Elemente* sind ein solches System des Wissens und Felix Klein, den wir hier zitieren, bemerkt, seinem »System zu Liebe hat Euklid aber auch gewiß ein ganzes Teil theoretischen Wissens seiner Zeit übergangen«. Wir sehen, die Schule, nicht die Wissenschaftstheorie ist der Sinn von Euklids mathematischem Systemdenken. Darin unterscheidet er sich grundsätzlich von den mathematischen Systemen des 19. Jahrhunderts.

Zum ersten Male wird die geistesgeschichtliche Differenz zwischen Problemdenken und Systemdenken innerhalb der Mathematik im Zeitalter der Mathesis universalis sichtbar, das ja, wie ersichtlich, in mannigfacher Hinsicht die Quelle unserer neueren mathematischen Einsichten, Methoden und Experimente darstellt. Insbesondere die Gestalt Leibnizens verbirgt uns nicht Problemdenken und Systemdenken innerhalb der Mathematik. Das Tangentenproblem und das Quadraturenproblem, aus denen schließlich die Begründung der Differential- und Integralrechnung hervorging, sind selbstverständlich Beispiele eines Problemdenkens. Es wäre indessen sonderbar, wenn dieser Mann, dessen Gedankenvielfalt im philosophischen Raum, umfaßt durch seine perspektivistische Monadenlehre, den Inaugurator der philosophischen Systematik par excellence, nämlich Christian Wolff, ermöglicht hat, wenn dieser Mann nicht auch in der Mathematik das Systemdenken aufgespürt hätte.

Nicht die aristotelischen 14 Bücher der *Metaphysik* sind ein erstes System, sondern nur Bruchstücke eines solchen; nicht die *Disputationes metaphysicae* des Suárez deuten das System an, nur einen Kommentar des Aristoteles wie die Werke aller mittelalterlicher Metaphysiker. Auch Descartes besitzt nicht ein solches. Aber die Monadenlehre, die Kosmologie und die Theodizee des Leibniz ermöglichen jenes wolffsche System in der Gliederung einer Hierarchie derart, daß jedes folgende Lehrstück die vorangehenden zur Voraussetzung hat. Es ist folgendermaßen gebaut: Ontologia, zerfallend in allgemeine Ontologie, die etwa als Theorie der möglichen und der wirklichen Dinge hinreichend gekennzeichnet ist; Cosmologia eines physikalischen spekulativen Weltentwurfs; Psychologia; Theologia.

Tatsächlich ist also das Jahrhundert der Mathesis universalis, das Jahrhundert der Leibniz, Descartes und Pascal, allen voran aber Leibniz, nicht nur die Quelle des Systemdenkens in der Philosophie, sondern auch in der Mathematik; denn der Gedanke der Mathesis universalis bzw. Characteristica universalis, wie ihn Leibniz im Zusammenhang mit der Idee des Kalküls erfaßte, ist nichts anderes als das Ergebnis eines Systemdenkens innerhalb der Mathematik, und er ist es ebenso wie die Forderung nach einem Aufbau unserer Erkenntnisse auf dem Grund von Axiomen, aus denen durch Folgerungen die Theoreme gewonnen werden, eine Forderung, die sowohl Pascal wie auch Descartes und Leibniz nachdrücklich erhoben haben.

Was kennzeichnet ein solches mathematisches System? Der Zusammenhang mathematischer Aussagen, entweder aller, wie im Falle der Mathesis universalis, oder eines Teils. Und zwar kommt es dabei nicht auf die Aussage selbst an, dann handelte es sich ja wohl um reines Problemdenken, sondern auf das Fungieren einer Aussage innerhalb eines Systems bzw. auf die mathematischen Gesichtspunkte dieses Systems. Wenn die Mathesis universalis zunächst definiert ist als die generalisierte Mathematik, die aus der Zahlen- und Größenlehre durch Einbeziehung aller mathematisierbaren Wissenschaften hervorgeht und unter dieser Mathematisierbarkeit 1. die Aufspaltung der Sätze in Axiome und Theoreme, 2. die Evidenz der Axiome und 3. die Formulierbarkeit der Sätze in einer der mathematischen Zeichensprache nachgebildeten Präzisionssprache zu verstehen ist, dann liegen die Gesichtspunkte, nach denen das System der Mathesis universalis zu entwickeln ist, klar vor uns. Und es ist auch einsichtig, daß dieses System sich aus mathematischen Mitteln konstruieren läßt und keine zusätzlichen, nichtmathematischen Mittel benötigt. Eine solche Mathesis universalis kann mit Recht als ein totales System bezeichnet werden im Gegensatz zu anderen mathematischen Systemen, die wir partiell nennen und die wir noch anführen werden. Die Konstruktion eines Systems bedeutet in jedem Falle ein Programm. Es wird durchgeführt, entwickelt, im Gegensatz zu einem Problem, das gelöst wird. Es ist bekannt, daß das Leibniz-Programm einer axiomatisch-deduktiven, kalkülmäßig beherrschten Mathesis universalis bald nach Leibniz aus der Diskussion verschwand. Erst im 19. Jahrhundert und dann im 20. Jahrhundert durch Namen wie Russell, Hilbert, Carnap, Scholz u.a. wurde es zwangsläufig wieder aufgegriffen und harrt der endgültigen Durchführung.

Tatsächlich steht das 19. Jahrhundert in seinem mathematischen Denken stark unter dem Eindruck eines wissenschaftstheoretischen Systemdenkens. Die Geistesgeschichte der Mathematik läuft darin keineswegs konform mit der Philosophie, die ja gerade im 19. Jahrhundert, in dem Augenblick, da die philosophischen Systeme der Schelling, Hegel und Fichte allenthalben herabgewürdigt werden, die Mathematik das Erbe des Systemdenkens antreten läßt. Neben dem totalen mathematischen System der axiomatisch-deduktiven Grundlagenforschung einschließlich der Theorie der Widerspruchsfreiheitsbeweise, der Beweistheorie und Formalisierung, letztere sind alles totale Systemtendenzen, stehen partielle Systeme wie die nichteuklidischen und nichtarchimedischen Theorien und das »Erlanger Programm«, das die Einteilung der Geometrie zur Aufgabe hatte. Neben der Formalisierung der Mathematik, die totale Systematik bedeutet, fungiert als selbständiges mathematisches System der brouwersche Intuitionismus und auch der Logizismus eines Russell, der aber heute durch die Schule von Münster stark mit dem Formalismus hilbertscher Prägung verschmolzen ist.

Zu den einzelnen Systemen seien ein paar Sätze der Erläuterung gesagt. Zunächst die nichteuklidische Geometrie: sie geht hervor aus schon früh angeregten Untersuchungen über das sogenannte euklidische Parallelenaxiom. Beweisversuche sollten zeigen, daß in diesem Axiom ein Satz (und kein Axiom) vorläge. Die Versuche mißglückten, sie führten lediglich zu äquivalenten scheinbaren Axiomen der euklidischen Geometrie. Erst Gauß war es vorbehalten, in Gedanken eine Geometrie zu entwickeln, die ein dem Parallelenaxiom widersprechendes Axiom und dazu die übrigen euklidischen Annahmen voraussetzte. Damit war die Idee der nichteuklidischen Geometrie konzipiert. Lobatschewskij und Bolyai haben sie dann in Veröffentlichungen ausführlich begründet. Es ist ersichtlich, worauf es ankommt: systematisch bzw. axiomatisch-deduktiv eine widerspruchsfreie Geometrie zu entwickeln, die sich von der Euklids nur durch eine dem Parallelenaxiom entgegengesetzte Annahme unterscheidet. Gleichzeitig ergab sich noch die Konzeption eines anderen geometrischen Systems, nämlich jenes, das sich ergibt, wenn alle Sätze entwickelt werden, die ohne das Parallelenaxiom bzw. ohne seine entgegengesetzte Annahme beweisbar sind, also in einer Folge von Sätzen widerspruchsfrei fungieren, die das euklidische bzw. gegeneuklidische oder nichteuklidische Parallelenaxiom nicht in ihr Axiomensystem einbezogen hat. Diese Sätze, die ohne ein Parallelenaxiom beweisbar sind, gelten sowohl in der euklidischen Geometrie, die Euklids Parallelenaxiom voraussetzt, als auch in der nichteuklidischen Geometrie, die das Euklid entgegengesetzte Parallelenaxiom voraussetzt. Bolyai spricht hier vom System der »Absoluten Geometrie«.

Entsprechend liegen die Dinge in der sogenannten nichtarchimedischen Geometrie. In ihr gilt – da sie frei von Anschaulichkeit und nur formale Konstruktion, also die Leerform möglicher Geometrie bedeutet –, in ihr gilt also nicht das bekannte archimedische Postulat: Sind zwei Strecken gegeben, so gibt es stets ein Vielfaches der ersteren, das größer ist als die zweite. Diese nichtarchimedische Geometrie ist ebenfalls wieder axiomatisch-deduktiv als widerspruchsfreies System von Sätzen zu entwickeln. Daß es sich bei der nichteuklidischen wie absoluten und auch bei der nichtarchimedischen Geometrie um axiomatisch-deduktive Theorien handelt, ist einsichtig. Das Ziel der Forschung bildet hier jeweils die Erfüllung eines Programms, die Aufstellung aller möglichen Sätze, die einer nichteuklidischen, einer absoluten bzw. einer nichtarchimedischen Geometrie angehören können, d.h. derjenigen Sätze, die den vollständigen und widerspruchsfreien Axiomensystemen (dieser Satzfolgen) nicht widersprechen. Das Ziel ist jedenfalls allemal das System. Der einzige Satz, das isolierbare Problem ist nur Mittel.

In der absoluten, der nichteuklidischen und nichtarchimedischen Geometrie ist der Systemcharakter völlig identisch mit dem Charakter einer axiomatisch-deduktiven (widerspruchsfreien) Theorie. Es scheint, daß im Raume des strengen wissenschaftlichen Denkens das System identifiziert werden muß mit der axiomatisch-deduktiven Theorie. Insofern ist das axiomatisch-deduktive Denken das systematische Denken innerhalb der – ich will mich vorsichtig ausdrücken – mathematisierbaren Wissenschaften. Als axiomatisch-deduktive Theorie benötigt das Systemdenken innerhalb der Mathematik keine anderen als mathematische Voraussetzungen.

Wie steht es in dieser Hinsicht mit dem »Erlanger Programm«[27] Felix Kleins, das der Gruppentheorie bzw. der Invariantentheorie einen so großen Raum in den geometrischen Überlegungen einräumte? Felix Klein sagt selbst, daß das »Erlanger Programm« zu »denjenigen Schriften« gehöre, »welche zu Neuem anregen wollen, indem sie Vorhandenes ordnen«. Das Erlanger Programm ist genau wie das Programm der Axiomatik ein Einteilungsprinzip. Während das Einteilungsprinzip der Axiomatik eben das jeweilige System von widerspruchsfreien und vollständigen Axiomen darstellt, ist das Einteilungsprinzip des Erlanger Programms jeweils durch eine wohlbestimmte Gruppe von Transformationen gegeben, die bestimmte geometrische Eigenschaften, z. B. Lage in der Ebene, absolute Größe, Orthogonalität zweier Geraden, Parallelität zweier Geraden oder Inzidenz von Punkt und Gerade invariant lassen. Danach ist eine Geometrie definierbar als die Invariantentheorie einer Gruppe. »Es ist eine Mannigfaltigkeit und in derselben eine Transformationsgruppe gegeben; man soll die der Mannigfaltigkeit angehörigen Gebilde hinsichtlich solcher Eigenschaften untersuchen, die durch die Transformationen der Gruppe nicht geändert werden.« Indem er seinen Betrachtungen ein gewöhnliches rechtwinkliges Koordinatensystem mit der üblichen x, y, z-Bezeichnung zugrunde legte, konnte Klein die für die Systematik der Geometrien in R_3 erforderlichen Transformationsgruppen hinschreiben:

Die Gruppe der »projektiven Geometrie«, die nur noch die Invarianz von Inzidenz von Punkt und Gerade (d. h. die Tatsache, daß nach der Transformation ein Punkt wieder auf einer Geraden liegt bzw. die Gerade wieder durch den Punkt geht) invariant läßt, lautet:

$$x' = \frac{\alpha x + \beta y + \gamma z + \delta}{\alpha''' x + \beta''' y + \gamma''' z + \delta'''}$$

$$y' = \frac{\alpha' x + \beta' y + \gamma' z + \delta'}{\alpha''' x + \beta''' y + \gamma''' z + \delta'''}$$

$$z' = \frac{\alpha'' x + \beta'' y + \gamma'' z + \delta''}{\alpha''' x + \beta''' y + \gamma''' z + \delta'''}$$

Die Gruppe der affinen Geometrie, die nur noch die Parallelität zweier Geraden und die Inzidenz von Punkt und Gerade invariant läßt, heißt:

$$\begin{aligned} x' &= \alpha\ \ x + \beta y\ \ + \gamma z\ \ + \delta \\ y' &= \alpha'\ x + \beta' y\ + \gamma' z\ + \delta' \\ z' &= \alpha''\ x + \beta'' y + \gamma'' z + \delta'' \end{aligned}$$

Die Gruppe der metrischen Geometrie hat die gleichen Formeln, nur daß die Substitution

$$\begin{matrix} \alpha & \beta & \gamma \\ \alpha' & \beta' & \gamma' \\ \alpha'' & \beta'' & \gamma'' \end{matrix}$$

eine orthogonale Substitution ist und also $x^2 + y^2 + z^2$ in sich selber überführt.

Offenbar benutzt das gruppentheoretische bzw. invariantentheoretische Einteilungsprinzip oder die gruppentheoretische bzw. invariantentheoretische Systematik auch keine anderen als mathematische Mittel, um bestimmte Geometrien, partielle geometrische Systeme zu konstruieren. Da es sich, wie Klein sagt, in diesen geometrischen Systemen jeweils um »die Theorie der Beziehungen, welche relativ zur Gruppe invariant sind« handelt, darf man behaupten, daß hier Gruppe und Transformationen dem entsprechen, was in den axiomatisch-deduktiven Systemen Axiom und Theorem genannt wird, während die im Erlanger Programm auftretende Forderung der Invarianz der axiomatisch-deduktiven Forderung der Widerspruchsfreiheit gleichwertig ist. Ich erwähne das, um zu zeigen, daß es in der Bildung mathematischer Systeme auch eine gewisse Äquivalenz gibt, die uns später noch unter dem Begriff der Isomorphie sowohl im mathematischen als auch im philosophischen Systemdenken näher beschäftigen wird.

Anders geartet sind jene mathematischen Systeme, die unter dem Namen Logizismus, Formalismus und Intuitionismus bekannt sind und deren Ausarbeitung an die Namen Russell, Hilbert und Brouwer geknüpft ist. Diese Systeme bilden, entsprechend der im Zusammenhang mit der axiomatisch-deduktiven Grundlagenforschung auftretenden Tendenz auf die Gesamtheit aller mathematischen Theoreme, wesentlich totale Systeme. Wie dies ja auch in der Absicht der leibnizischen Mathesis universalis lag. Sie zeichnen sich dadurch aus, daß die Systematik nicht allein aus mathematischen Gesichtspunkten entwickelt wird, sondern gewisser zusätzlicher, leitender, das System erst einsetzender Annahmen mehr oder weniger metaphysischer Herkunft bedarf. Der Logizismus, der jeden mathematischen Begriff auf einen logischen und jede mathematische Aussage auf eine logische reduziert, macht eben diese Reduzierbarkeit zur Grundlage des Systems. Der Formalismus setzt die Abtrennbarkeit der Bedeutung eines Zeichens vom Zeichen selbst voraus und verlangt aus diesem Grunde die durchgängige Formalisierbarkeit der gesamten Mathematik. Indem er methodisch die Widerspruchsfreiheit der Theoreme als Wahrheitsbegriff formalisierter Sprachen ansetzt, ist es allerdings auch noch problematisch, ob damit nicht ein logisches Element zur Grundlage des formalisierenden mathematischen Systems wird. Schließlich der Intuitionismus, in dessen Grundlagen zahlentheoretische »Urintentionen« völliger Anschaulichkeit auftreten. Er erhebt nachdrücklich die Forderung der Konstruktion mathematischer Sachverhalte und diese Forderung bestimmt die relative Enge seines Systems, insofern Brouwer tatsächlich den Bestand mathematischer Theorien und Theoreme nach Maßgabe seiner systematischen Forderungen amputiert. Die Forderung nach Konstruierbarkeit der mathematischen Aussagen bzw. Behauptungen enthüllt den echten philosophischen Empiristen, der eigentlich noch den Intuitionisten verdeckt. Offensichtlich spielen also philosophische Erwägungen bzw. philosophische Einstellungen hier eine die Konstruktion des Systems tragende Rolle. Aber ich will in der Beschreibung dieser drei genannten mathematischen Systeme nicht zu weitschweifig werden. Ergänzend hinzufügen möchte ich lediglich noch, daß durch nichts anderes die Neuartigkeit des mathematischen Systemdenkens charakterisiert wird, als durch die Tatsache, daß mit seinem Auftreten zugleich auch eine relativ neue Art von Beweis gegenüber dem alten Konstruktionsbeweis (den die Griechen und den auch der Intuitionismus brouwerscher Prägung bevorzugen) ausgebildet wird, nämlich der reine Existenzbeweis, der vor allem durch Hilbert zu einem großen mathematischen Stil entwickelt worden ist. Daß er wirklich nicht bloß eine Methode, sondern einen Stil bedeutet, erhellt daraus, daß er die adäquate Methode formalistischen Systemdenkens darstellt. Ein solcher Existenzbeweis verläuft etwa wie folgt: Die Frage nach der Existenz einer natürlichen Zahl mit der Eigenschaft E kann dadurch entschieden werden, daß eine solche Zahl mit der Eigenschaft E genannt wird, das ist der Konstruktionsbeweis; sie kann aber auch dadurch entschieden werden, daß man annimmt, keine Zahl besäße die Eigenschaft E und aus dieser Annahme dann einen Widerspruch ableitet. Und aus der Existenz eines solchen Widerspruches wird dann auf die Existenz der Zahl mit der Eigenschaft E geschlossen. Was wir sehen, ist dies: der einfache Konstruktionsbeweis ist partikular, er entscheidet eine Frage partikular, also unabhängig vom Bestand der übrigen beiden Klassen von Sätzen, nämlich unabhängig von den Axiomen und Theoremen der Mathematik. Der (indirekte) Existenzbeweis hingegen setzt stillschweigend die Existenz der gesamten Mathematik voraus, insbesondere die Existenz der Klassen: Axiome und Theoreme. Der Konstruktionsbeweis entspricht dem mathematischen Problemdenken, während der Existenzbeweis ganz und gar dem mathematischen Systemdenken verhaftet ist.

IV

Im Zusammenhang mit dem Einsetzen des Systemdenkens steht schließlich noch die auffällige Tatsache, daß die Mathematik in Begriffen wie »Menge«, »Gruppe« oder »Teil« neue Gegenstände gewinnt, die sich gleichwertig den alten wie Zahlen, Gleichungen, Funktionen usw. anfügen, doch einen Zustand höherer Allgemeinheit verraten[28]. Auch diese Gegenstände, typisch für das mathematische Systemdenken, generalisieren die Mathematik über die alten Hauptbereiche der Zahlen- und Größenlehre hinaus, d.h. also, daß mit diesen neuen Gegenständen nicht die spezifizierte Mathematik der Zahlen- und Größenlehre zu einer generalisierten Mathematik nichtmathematischer Gegenstände erweitert wird, nein, im Gegenteil, diese Begriffe legen eine spezifische Mathematik generalisierter mathematischer Gegenstände fest; sie bezeichnen Systeme von Dingen und sind daher eo ipso charakteristisch für Systemdenken. Und so hat man in der Geistesgeschichte der Mathematik stets die Augenblicke einer Generalisierung der Wissenschaft von denen einer Generalisierung des Gegenstandes dieser Wissenschaft zu unterscheiden, ein Unterschied, der genau dem entspricht, der die Mathematisierung einer Wissenschaft von der Mathematisierung eines Gegenstandes trennt.

Der Begriff der »Menge« geht aus zahlentheoretischen Untersuchungen hervor. Jedoch führen die mengentheoretischen Probleme vielfach auf alte philosophische Fragen zurück. Wie schon gesagt, wir haben hier einen Punkt, wo die Mathematik eine Förderung ihrer Probleme durch philosophisch vorgedachte Betrachtungen, die von der Antike bis ins 19. Jahrhundert reichen, erfuhr. Mit Recht konnte Cantor über seine *Grundlagen einer allgemeinen Mannigfaltigkeitslehre* (1883) sagen: »Mit diesen Worten bezeichne ich einen sehr viel umfassenderen Lehrbegriff, den ich bisher nur in der speziellen Gestaltung einer arithmetischen oder geometrischen Mengenlehre auszubilden versucht habe. Unter einer Mannigfaltigkeit oder Menge verstehe ich nämlich allgemein jedes Viele, welches sich als Eines denken läßt, d.h. jeden Inbegriff bestimmter Elemente, welcher durch ein Gesetz zu einem Ganzen verbunden werden kann, und ich glaube hiermit etwas zu definieren, was verwandt ist mit dem platonischen εἶδος (eidos) oder ἰδέα (idea) wie auch mit dem, was Platon in seinem Dialoge ›Philebos oder das höchste Gut‹ μικτόν nennt. Er setzt dieses dem ἄπειρον, d.h. dem Unbegrenzten, Unbestimmten, welches ich Uneigentlich-Unendliches nenne, so wie dem πέρας, d.h. der Grenze, entgegen und erklärt es als ein geordnetes ›Gemisch‹ der beiden letzteren. Daß diese Begriffe pythagoreischen Ursprungs sind, deutet Platon selbst an; man vergleiche A. Böckh, *Philolaos des Pythagoräers Lehren*, Berlin 1810.« Unabhängig von den eigentlichen Problemen der Mengenlehre, dem der beiden Unendlich, dem eigentlichen und uneigentlichen, insbesondere dem Nachweis, daß es Unendlichkeiten verschiedener (zahlenmäßiger) Mächtigkeit gibt, deren kleinste die der unendlichen Reihe der natürlichen Zahlen ist – unabhängig von diesen mengentheoretischen Fachfragen, die uns hier nicht interessieren, möchten wir darauf hinweisen, daß die Mathematik nun tatsächlich zum ersten Male den großen Gegenstand Platons im Parmenides-Dialog«, nämlich »das Viele, das sich als Eines denken läßt, zum Gegenstand der Mathematik macht. Darin liegt nicht eine Generalisierung der mathematischen Wissenschaften durch Ausdehnung auf nichtmathematische Gegenstände, wie es zunächst den Anschein hat, sondern damit wird tatsächlich der Gegenstand der Mathematik selbst um »das Viele, das sich als Eines denken läßt«, erweitert. Im Grunde war das ein ungeheurer Akt der mathematischen Phantasie, deren Spezifisches immer wieder in neuen Abstraktionen besteht[29].

Auch die Gruppentheorie behauptet »ein Vieles, das sich als Eines denken läßt«. Unter einer Gruppe versteht die Mathematik ein System von verschiedenen Elementen, das folgenden vier Postulaten genügt: 1. das *Gruppengesetz*: Jedem geordneten Paar von gleichen oder verschiedenen Elementen des Systems ist eindeutig ein Element desselben Systems zugeordnet, das das Produkt der beiden Elemente genannt wird. 2. das *Assoziativgesetz*: Für die Produktenbildung gilt das Assoziativ-, nicht das Kommutativgesetz. 3. das *Einheitselement*: Es gibt in der Gruppe ein Element E, das für jedes Element A des Systems dem Gesetz $AE = EA = A$ gehorcht. E heißt Einheitselement. 4. das *inverse Element*: Zu jedem Element A gibt es ein inverses Element $X = A^{-1}$, das der Gleichung genügt $AX = E$. Man spricht bei derartigen Gruppen, wo die Elemente nicht konkret festgelegt sind, sondern abstrakt bleiben, von abstrakten Gruppen. Die abstrakte Gruppentheorie ist relativ spät in der Geschichte der Mathematik aufgetreten. Bei Euler, Lagrange, Ruffini, Gauß, Cauchy, Galois und Jordan sind jedoch die Elemente bereits unabhängig von speziellerer Bedeutung, obschon Jordans *Traité des substitutions* (1870) noch vorwiegend Permutationsgruppen behandelt. Wir haben schon bei Gelegenheit der Hervorhebung des Erlanger Programms über das Eindringen der Gruppentheorie in die Geometrie gesprochen, nachdem sie vor allem durch Galois und seine Gleichungstheorie zu einem tragenden Gebäude der höheren Algebra geworden ist. Dieses späte Auftreten und Eindringen des Gruppenbegriffs in die Mathematik, obwohl er bereits früher, in der ägyptischen Ornamentik, in der Lehre von den regulären Körpern, konzipiert und ohne begriffliche Festlegung angewendet worden ist, zeigt sehr deutlich, daß die generalisierende Abstraktion, aus der der Gruppenbegriff entsteht, eine neue mathematische Denkweise, verbunden mit einer Generalisierung des mathematischen Gegenstandes, erforderlich machte. Diese neue Denkweise offenbart sich als Systemdenken. Wie sehr der Gruppenbegriff bzw. die Gruppentheorie die Anlage zum Systemdenken enthält, zeigt sich in nichts so deutlich wie in der Tatsache, daß im Zusammenhang mit der Gruppe systematische Mathematik entsteht, z. B. das Erlanger Programm bzw. die invariantentheoretische Geometrie und deren Eindringen in die mathematische Physik, das stellenweise eine völlige Neugestaltung hervorrief. Besonders auch »für die Gewinnung der allgemeingültigen Gesetze in der Quantentheorie« wurden gruppentheoretische Gesichtspunkte von Wichtigkeit. Daß man von der »Gruppenpest« gesprochen hat, erhellt zur Genüge, wie revolutionierend stellenweise die Gruppentheorie in diesen wissenschaftlichen Bereichen gewirkt hat. Hinzu kommt die Tatsache, daß speziell durch die Gruppentheorie die pythagoreische Natur, die in den Messungen der klassischen Physik auftritt und die zahlenmäßig durch das Kontinuum der reellen Zahlen bezeichnet ist, uns wesentlich entrückt und einer platonischen Natur (wie wir sie später genauer benennen werden) Platz macht, die sich, wie Hermann Weyl[30] sich über diese heisenberg-schrödingersche Quantenmechanik ausgesprochen hat, dadurch auszeichnet, »daß zu jedem physikalischen Gebilde ein eigenes Größensystem gehört, eine nichtkommutative Algebra im technisch-mathematischen Sinne, deren Individuen die physikalischen Größen selbst sind«. Das bisher am wenigsten bearbeitete Gebiet, das charakteristisch ist für eine generalisierende Erweiterung des mathematischen Gegenstandes einerseits und für das mathematische Systemdenken andererseits ist die Teiltheorie, deren *Grundgedanken* (1937) Ernst Foradori erstmalig in erweiterter Form entwickelte. Auch sie geht von einer alten Beziehung bzw. von einem alten Begriff aus: Wortgruppen wie »a ist ein Teil von b«, »a ist in b (als Teil) enthalten«, »b enthält a« werden gleichbedeutend verwendet. Teiltheorie ist demnach eine Theorie der Teilbarkeitseigenschaften, die im Gegensatz zur Mengenlehre vom Ganzen ausgeht und die Beziehung zwischen den Teilen untersucht. Sie hat eine größere Allgemeinheit als die Mengenlehre. Sie eignet sich zu einer neuen Kennzeichnung der Kontinua. Im Vordergrund steht der Begriff der u-treuen Abbildung, wobei unter a u b verstanden ist: a ist Teil von b. Invarianzuntersuchungen gegenüber der u-treuen Abbildung bilden ein Feld der Forschung. Das Auftreten des Isomorphiebegriffs ist für die Teiltheorie ebenso kennzeichnend wie für die Gruppentheorie und Mengenlehre. Ich sage das, weil der Isomorphiebegriff von bemerkenswerter Charakteristik für das Systemdenken innerhalb der Mathematik ist und selbst einen mathematischen Begriff darstellt, dessen Grundlage zwar uralt ist, dessen mathematische Fassung aber zugleich wieder die generalisierende Erweiterung des mathematischen Gegenstandes überhaupt sichtbar werden läßt. Nur Systeme von Dingen bzw. Elementen können überhaupt isomorph sein und es kann »isomorphistisches Denken« als ein besonders geartetes abstraktes Denken nur dort auftreten, wo Systeme wie Zeichen (bei Leibniz) oder Gruppen, Mengen oder Teile Gegenstand der Forschung sind.

Mathematatik und Philosophie

I

Das Verhältnis der Mathematik zur Philosophie ist sehr umstritten. Das liegt vor allem daran, daß die Philosophie selbst sich über ihre Aufgabe und ihren Aufbau noch nicht im Klaren ist; es gehört zu den großen Sündenfällen abendländischen Geistes, daß er in der Philosophie zwar ein wesentliches Feld seiner ausdauerndsten Bemühungen sieht und daß die Philosophie zwar ein Teil seines Schicksals ausmacht, er aber trotzdem nie zu einer letzten Klarheit über diesen Akt des Denkens gekommen ist. Insbesondere hat er gänzlich die Bestimmung des formalen und inhaltlichen Seins des Systems vernachlässigt, obwohl er immer wieder eingestand, daß der Aufbau eines Systems die Mitte der philosophischen Arbeit ausmache. Der Philosophie gehörte die Liebe des abendländischen Geistes, aber der Mathematik gehörte seine Kraft, und was aus Liebe geschieht, das vernachlässigt gern die Besonnenheit und Geduld, während das Bewußtsein ungefährdeter Kraft stets die gelassene Aufmerksamkeit einschließt.

In der Antike[31] laufen die philosophische und mathematische Arbeit vielfach schwer trennbar nebeneinander her. Denkt man unter den Vorsokratikern an Thales, so zeigt sich, daß bei ihm sowohl Naturlehre, Mathematik und Philosophie vorhanden sind. Die Auffassung, daß alles aus Wasser entstanden sei, kann sowohl als naturwissenschaftlicher wie auch als philosophischer Satz interpretiert werden. Nimmt man hinzu, daß die auf des Aristoteles Schüler Eudemos zurückgehende Überlieferung in Thales einen Geometer sieht, der schon mit Proportionen gerechnet habe, dann wird die Mischung mathematischer, naturwissenschaftlicher und philosophischer Denkweise sichtbar, die philosophische im systematischen Sinne darin, daß die Versuche der Vorsokratiker, insbesondere Thales', eine Kosmologie zu schaffen, auch als systematische Tendenz verstanden werden kann. Ich bin jedenfalls tief davon überzeugt, daß die Idee des philosophischen Systems aus der Idee der Kosmologie hervorgegangen ist. Während die alten Ionier Philosophie aber durchweg im Zusammenhang mit Naturlehre trieben, eigentlich also Naturphilosophen waren, und neben der Philosophie in erster Linie die Physik als gleichrangig ansahen, haben die Pythagoreer das Verdienst, die Mathematik nachdrücklich ins menschliche Denken gerückt zu haben. Sie erkennen das Prinzip der Welt nicht im Stoff, sondern in der Zahl. Sie treiben Philosophie aus mathematischem Geiste, wenn freilich auch nicht Philosophie nach mathematischer Methode, aber nunmehr wird der Zusammenhang zwischen Mathematik und Philosophie in sachlicher Hinsicht, d. h. hinsichtlich einer Kosmologie nicht mehr zerrissen. Aber dieser Kosmos wird stark entstofflicht, er wird abstrakter, weil er mathematischer wird. Und so bauen die Pythagoreer mit ihrer Lehre, daß die mathematische Zahl das gestaltende Prinzip der Welt sei, nicht einen Kosmos, sondern ein Seinssystem aus. Das Seiende ist Zahl – diese Meinung ist die metaphysische Figur, wie wir sagen können, ihres Systems. Und wir sehen daher gerade in der Wirkung der Pythagoreer einen Übergang von der Idee der Kosmologie zur Idee des Systems, d. h. einen Übergang von einer Philosophie im Anschluß an die Physik zu einer Philosophie im Anschluß an die Mathematik. Herakleitos erreicht dann den Zusammenschluß dieses Philosophierens, indem er weder Physiker noch Mathematiker ist, sondern reiner Metaphysiker; er konstituiert ein Prinzip, das sowohl die Physik als auch die Mathematik durchdringt; er trennt damit eigentlich die philosophische Arbeit wirklich von der speziellen physikalischen wie auch der speziellen mathematischen ab; seine Lehre vom Logos als der Weltvernunft oder als dem Weltgesetz ist eine echte philosophische Lehre, weil sie eine systematische Aussage, eine echte metaphysische Figur ist, auf der ein System begründet werden kann. Bei ihm ist daher die Philosophie erstmalig wirklich bei sich selbst und wenn dieser Mann gelegentlich tatsächlich gegen Pythagoras polemisiert haben sollte, dann bedeutet dies die Vorsicht des Philosophen, die Philosophie nicht ganz in Mathematik aufgehen zu lassen.

Wir haben damit alle drei Wurzeln abendländischen Philosophierens genannt, die physikalische bei Thales, die mathematische bei Pythagoras und die rein philosophische bzw. metaphysische bzw. systematische bei Herakleitos. In Zukunft werden diese drei Phasen abendländischen Philosophierens sich gleichermaßen entwickeln. Sie werden nicht immer voneinander scheidbar sein, aber es wird Augenblicke geben, da der kosmologische Gedanke die Systemidee echter Philosophie verdrängt oder andere, in denen die Philosophie ganz und gar unter dem Eindruck der Mathematik steht oder eben reine metaphysische bzw. systematische Philosophie ausdrückt. Wo historisch drei Ursprünge aufzeigbar sind, kann die Entwicklung sich nur schwer zu einer Richtung hindurchringen. Daher möchten wir für die ewigen Paradoxien unserer philosophischen Methodik ihre dreifache Wurzel verantwortlich machen und nicht im Eigendünkel die Nährlauge des Philosophenstreites sehen.

Dies alles wäre nun das erste, was über das Verhältnis der Mathematik zur Philosophie zu sagen wäre. Ohne die Mathematik wäre es sicher nicht zu einer Ablösung der Philosophie von der Physik gekommen. Ohne die Mathematik hätte sich aus dem Gedanken der Kosmologie nicht die reinere und abstraktere Idee des Systems entwickelt. Für den Aufbau des Philosophierens als eines selbständigen Geistesaktes neben der Wissenschaft, der Literatur und der Kunst ist daher die Mathematik nicht leicht überschätzbar. Platon[32] ist es gewesen, der sich dieser Bedeutung der mathematischen Denkweise für die Philosophie bewußt geworden ist. Das Verhältnis des platonischen Philosophierens zur Mathematik bestimmt sich einmal aus einer Neigung zur mathematischen Methodologie und das andere Mal aus einer Vorliebe für eine gewisse Art von mathematischer Mystik, die wohl pythagoreischer Herkunft ist. Platon fordert durchaus eine mathematische Bildung des Philosophen, weil Strenge und Klarheit des Denkens durch die mathematische Denkweise verbürgt sei und nur diese Denkweise dem Geist der Wahrheit nahekommt, der die Philosophie leiten soll. Und der gleiche Platon scheute sich nicht, wie die berühmte Altersvorlesung »Über das Gute« beweist, zu behaupten, daß »die Eins« ein »Gut« sei, um damit Anklängen an die alte pythagoreische Zahlenmystik Raum zu geben. Auf diese Weise entspringt im platonischen Denken nicht nur die methodische Verbindung von Mathematik und Philosophie derart, daß die mathematische Strenge auch die Wahrheitssuche des Philosophen leiten müsse, sondern auch die mystische Verbindung von Mathematik und Philosophie derart, daß mathematische Symbole, vor allem geometrische wie Punkt, Kugel, Sphäre, Linie usw., zum Verständnis des Seins mitbenutzt werden. Platon erweist sich sowohl als ein Vater der mathematischen Mystik, die über Plotin und den hellenistischen Neuplatonismus, über den Pythagoreismus des Kusaners, die mittelalterliche Sphärensymbolik, den Renaissance-Platonismus, die geometrische Barockmystik und den geometrischen Symbolismus der deutschen Romantik weiterläuft, als auch als ein Vater der mathematischen Methode in der Philosophie, die über das Zeitalter der Mathesis universalis, jener generalisierten Mathematik nichtmathematischer Gegenstände der Descartes, Pascal und Leibniz, zu Bolzano, Frege, Schröder, Peirce, Russell, Hilbert und Scholz läuft, durch welche Namen sie mit der Herausbildung einer modernen theoretischen oder mathematischen Logik verknüpft wird.

Die Ablösung der Mathematik von der Philosophie konnte nur dadurch erreicht werden, daß die Mathematik nach und nach ihre facheigene Präzisionssprache ausbildete, die der spezifischen mathematischen Gegenständlichkeit einerseits und den spezifischen mathematischen Verfahren andererseits angepaßt war. Wir finden aus Gründen der Unvollkommenheit der mathematischen Präzisionssprache vielfach, und zwar insbesondere in der Antike, ein Vorauslaufen der mathematischen Probleme und Lösungen vor der eigentlichen mathematischen Bewältigung. So kommt es, daß z.B. in der Antike eine Reihe erst spät im Rahmen der Mathematik auftretender Probleme und Theoreme philosophisch vorgebildet, ausgesprochen und z.T. bewältigt werden. Die zur exakten Lösung eines Problems notwendige Präzisionssprache läuft in der Ausbildung stets dem fachlichen Problem nach. Das ist ein ganz allgemeines historisches Gesetz, das immer wieder in der Geistesgeschichte der Mathematik studiert werden kann. Es ist besonders bezeichnend für das Verhältnis der Mathematik zur Philosophie innerhalb der antiken Welt. Wir haben in Platons viel kommentiertem »Parmenides-Dialog« ein schönes Beispiel für diese Behauptung. Erst seit Speisers *Parmenideskommentar* haben sich die Dunkelheiten dieses Dialogs gelichtet. Was aber hat

Speiser im Grund gesagt? Er hat gesagt, daß in diesem Dialog gewisse später im mathematischen Rahmen der Mengenlehre präzisierte Probleme und Theoreme in einer nichtmathematischen Sprache, nämlich in der philosophischen Sprache Platons, behandelt werden. Im Grunde handelt es sich also bei Platon nicht um eine wirkliche Ausbildung der Philosophie der Mathematik, sondern lediglich um den Versuch, mathematische Probleme und Theoreme in der Sprache der Philosophie, also nicht in einer der Mathematik sinnvoll nachgebildeten Präzisionssprache, auszudrücken.

Die wirkliche Ausbildung einer Philosophie der Mathematik erfolgt erst am Ende des Neuplatonismus, nämlich bei Proklos Diadochos, den wir schon mehrfach erwähnten. Bei Proklos findet sich eine wohlausgebildete philosophische Theorie der mathematischen Gegenstände und der mathematischen Erkenntnis auf der Grundlage metaphysischer Elementarsätze, von denen aus er nicht nur die Theorie der mathematischen Gegenstände und Erkenntnis, sondern überhaupt die Lehre vom Seienden und seiner Erkenntnis postuliert. Mathematische Gegenstände und mathematische Erkenntnis haben so einen Ort in einem allgemeinen, das Seiende betreffenden Gedankengebäude, wie es – in erster Näherung – von einer Philosophie der Mathematik verlangt werden muß. Die Lehre des Proklos, daß die Seele die mathematischen Figuren enthielte und daß mathematische Erkenntnis eine Projektion dieser Figuren auf die Dinge sei, gehört in den Umkreis der großen platonischen Lichtmetaphysik.

Eine besondere Rolle spielt die Mathematik in der Philosophie der Descartes, Pascal und Leibniz. Durch sie tritt die Philosophie ausdrücklich unter die Herrschaft der Mathematik. Ihr Zeitalter, bestimmt durch den Zeitraum von 1630–1750, wird damit zum klassischen Zeitalter einer Philosophie der Mathematik oder einer Mathematik der Philosophie. Ihr Programm ist die Mathesis universalis, wobei unter der Mathesis universalis – nach H. Scholz – die generalisierte Mathematik verstanden wird, die aus der spezifizierten Mathematik der Zahlen- und Größenlehre dadurch hervorgeht, daß diese zum Inbegriff aller mathematisierbaren Wissenschaften erweitert wird. In diesem Zeitalter kommt es zum ersten Male zu einer konsequenten Ablösung der Philosophie von der Theologie bzw. vom Religiösen, und zwar dadurch, daß Descartes seine philosophischen Gewißheiten, die er axiomatisch-deduktiv mathematisiert, von den metaphysischen Annahmen trennt. Seine Philosophie ist metaphysikfrei, aber mathematikgebunden; d.h. die cartesische Metaphysik bildet nicht das philosophische System, sondern die axiomatisch-deduktive, d.h. die mathematische Einstellung. Aus diesem Grunde kann man in Bezug auf Descartes nur von einem mathematisierten System der Philosophie, nicht aber von einem metaphysischen System seiner Philosophie sprechen.

Dieser Abweisung der Theologie durch exakte Philosophie entspricht auf existentieller Stufe der Umschlag des Mathematikers zum religiösen Menschen in der Seele Pascals. Die Inkommensurabilität von Mathematik und Glaube, existentiell vom Geistigen und Christen, scheint sich in diesem klassischen Zeitalter mathematikerfüllter Philosophie unwiderruflich anzudeuten.

Die Philosophie tritt im klassischen Zeitalter dieser Mathesis universalis also insofern unter die Herrschaft der Mathematik, als sie grundsätzlich als eine mathematisierbare Wissenschaft verstanden wird, wobei wir hier zunächst den Begriff der Mathematisierbarkeit nicht weiter bestimmen. Wir möchten nur anfügen, daß die alte Lieblingsidee eines Zusammenschlusses der Dinge, die alte universale Tendenz, die wir physikalisch als Kosmologie, philosophisch als System aufzeigten, sich nunmehr als eine Mathesis universalis und d.h. als eine Characteristica universalis, beherrscht durch den Calculus ratiocinator, darstellt.

Das Zeitalter dieser festen Verbindung von Philosophie und Mathematik, was ihre Methode betrifft, wird abgelöst durch das Zeitalter der Wirksamkeit Kants. Für Kant gibt zwar noch Gewißheit allein die Mathematik, aber die Philosophie kann diese Gewißheit nicht erreichen, weil sie eben grundsätzlich die Mathematik nicht nachahmen kann. Die feste Verbindung von Mathematik und Philosophie geht verloren. Philosophisch wird die echte reine Systemidee, vorgeformt bei Herakleitos, wiedergefunden, und was an mathematischer Tendenz übrigbleibt, das sind entweder die Antimathematica der Hegel und Schopenhauer oder die Symbolismen der geometrischen Mystik der deutschen Romantik, vor allem der Novalis, Baader und Schelling. Doch ragt schon in diese Epoche der Ausbildung großer philosophischer Systeme, bleibend verknüpft mit den Namen von Fichte, Hegel und Schelling, die Gestalt Bernard Bolzanos, dessen Wissenschaftstheorie die allgemeinen Voraussetzungen zu einer Gestalt der modernen Logik erschafft, die konsequent durchmathematisiert ist und in dieser Form eine mathematische Grundlagenwissenschaft für die Philosophie geworden ist derart, daß wiederum die Forderung erhoben werden muß, daß, wer die Philosophie voranbringen will, auch gründlich Mathematik studiert haben muß. (H. Scholz) Wir wissen, daß dies eine platonische Forderung ist, und so deutet sich hier am stärksten der geheime Platonismus sowohl der modernen Logik und Mathematik als auch der modernen Philosophie an.

II

Wir fanden in der Geschichte der festen Verbindung zwischen Mathematik und Philosophie zunächst zwei Möglichkeiten mathematischer Philosophie: die mathematisierte Philosophie innerhalb der Mathesis universalis und den Symbolismus mathematischer Mystik. Beide Möglichkeiten enthalten eine Mathematisierung der Philosophie, es entspringen hier zwei verschiedene Begriffe solcher Mathematisierung der Philosophie. Im Rahmen der Mathesis universalis, unter der wir mit H. Scholz die Erweiterung der spezifizierten Mathematik der Geometrie und Arithmetik zu einer generalisierten Mathematik verstehen, die den Inbegriff aller mathematisierbaren Wissenschaften darstellt, wird unter der Mathematisierung folgendes verstanden:

Zunächst wird die Wissenschaft ausdrücklich als eine Folge von Sätzen definiert, die sich auf einen bestimmbaren Bereich von Gegenständen beziehen. Und diese Wissenschaft soll dann und nur dann mathematisierbar heißen, wenn sie folgenden Bedingungen genügt:

1. Die in ihr auftretenden Sätze lassen sich in Grundsätze (Axiome) und Lehrsätze (Theoreme) aufspalten, zerfallen also grundsätzlich in zwei Klassen von Sätzen und jeder Satz gehört entweder der einen oder der anderen Klasse an.
2. Die als Grundsätze auftretenden Sätze sind von einer Evidenz, die der Evidenz der euklidischen Axiome entspricht.

3. Die in ihr auftretenden Sätze lassen sich in einer Präzisionssprache bzw. Idealsprache formulieren, die der Präzisionssprache der Mathematik nachgebildet ist.

Das Entscheidende ist, daß die Sätze sich in einer Folge anordnen lassen derart, daß ein vorausgehender Satz den nachfolgenden hervorruft. Aus den Axiomen können alle Theoreme abgeleitet werden. Gespiegelt an der Tatsache der Folge heißt das, daß die Axiome grundsätzlich den Theoremen vorangehen. Ein Satz, aus dem nichts folgt, es gibt durchaus solche Sätze, gehört weder zu Axiomen noch zu Theoremen, ist also kein wissenschaftlicher Satz.

Die Menge der wissenschaftlichen Sätze heißt also dann mathematisierbar, wenn diese sich in einer Folge anordnen lassen, die Axiome und Theoreme scheidet und die Theoreme ebenfalls in einer Folge übersehbar macht. Kurz gesagt: bei der Mathematisierung wissenschaftlicher Sätze im Sinne der Mathesis universalis handelt es sich um eine Abbildung der Menge von Sätzen auf das arithmetische Bild der Folge. Die Folge (Reihe) ist das mathematische Bild, das die Mathematisierbarkeit im Sinne der Mathesis universalis voraussetzt. Die Folge ist ein arithmetischer Begriff, nur einer von vielen, so daß also hier eine Mathematisierung vorliegt, die in Wahrheit eine Arithmetisierung, speziell eine Reihenbildung darstellt. Es ist ohne weiteres einleuchtend, daß auf diese Weise ein ganz bestimmter Begriff von Mathematik vorausgesetzt wird; es ist aus der Arithmetisierung der modernen Mathematik seit Descartes und Leibniz verständlich, wenn zu dieser Mathematisierung eben ein speziell arithmetischer Begriff, der der Folge, verwendet wird. Notwendig für eine Mathematisierung der Menge von Sätzen wird die Folge nicht durch die Mathematik, sondern lediglich durch die Logik, deren Natur durch die Schlußfiguren vorgegeben wird, die eben die Methode der Folgenbildung von Aussagen (Sätzen) einschließt.

Ganz anders sieht die Mathematisierung von Sätzen in der mathematischen Mystik[33] aus. Ihr Begriff von Mathematik ist vorwiegend geometrisch. Sie verwendet geometrische Symbole. Sie mathematisiert ihre Aussagen, indem sie sie durch geometrische Bilder ausdrückt. Dietrich Mahnke hat die Genealogie dieser mathematischen Mystik anhand zweier Symbole, der unendlichen Sphäre und des Allmittelpunktes, im einzelnen verfolgt, und so können wir heute tiefer als bisher in die mathematisierende Technik der mathematischen Mystik blicken.

Auch die Mathematisierung der mathematischen Mystik gründet sich wie die der Mathesis universalis auf eine Semantik. Der Begriff der »Semantik« tritt daher sowohl in der Mathematisierung durch die Mathesis universalis (bei H. Scholz) auf als auch in der mathematischen Mystik (bei Baader).

Unter Mathematisierung durch mathematische Mystik verstehen wir also die Darstellung einer Aussage durch eine geometrische Figur. Genauer: die Darstellung einer in Aussagen zusammengefaßten metaphysischen Vorstellung mit Hilfe einer bevorzugten geometrischen Figur derart, daß die Eigenschaften der Vorstellung den Eigenschaften der Figur entsprechen.

Wir haben aus der deutschen Romantik ein Beispiel dieser geometrischen Mystik, das kennzeichnend ist für den Akt der mystischen Mathematisierung, bei Baader[34]. »Müßte ich ein sinnliches Bild des Universums geben und des Einklangs aller Wesen in ihm, so würde ich ... jedes Individuum in der Körper- und Geisterwelt als einen Mittelpunkt zeichnen, der von allen übrigen Wesen außer ihm, von der ganzen unendlichen Peripherie als seinem Horizonte, soviel empfängt und aufnimmt, als er vermag, und der ihnen dafür alle Radien zurücksendet, die er nur immer zurücksenden kann. Diese Figur versinnbildlichte den Zusammenhang der geschaffenen Wesen unter sich. Nun wäre noch das Band zwischen Schöpfer und Schöpfung zu bezeichnen. Zu diesem Zwecke würde ich für alle jene einzelnen Mittelpunkte wieder einen gemeinsamen Mittelpunkt zeichnen, und von jedem einzelnen Punkte einen Hauptstrang. So käme ewig alles zu Gott, was von ihm ausgegangen.« Dieses klassische Beispiel mathematischer Mystik zeigt den Geometrismus dieser Mathematik deutlich und macht offenbar, wie ein metaphysischer Gedanke, auseinandergezogen zu einzelnen Gedanken, abgebildet wird auf eine geometrische Konfiguration, deren geometrische Bestimmungsstücke den einzelnen Aussagen des Gesamtgedankens entsprechen. Wir erkennen, daß dort, wo die Mathematisierung der Mathesis universalis einer semantischen Präzisionssprache bedarf, nachgebildet der Arithmetik, hier die Mathematisierung der mathematischen Mystik, der semantischen Präzisionsfiguren bedarf, nachgebildet der Geometrie. Entscheidend ist immer, daß die Eigenschaft der Konfiguration im Ganzen der Eigenschaft der metaphysischen Vorstellung im Ganzen entspricht, etwa die unendliche Figur der Unendlichkeit Gottes, und daß die Eigenschaft der Figur wieder in Bestimmungseigenschaften zerfällt, die den Bestimmungsstücken der Figur entsprechen. Dieser geometrisch-mystische Isomorphismus hat seine Parallele in dem schon von Leibniz erkannten Isomorphismus zwischen den Zeichen des semantisch-arithmetischen Systems und dem Gedachten, wofür sie verwendet werden innerhalb der Characteristica universalis. Ein besonders kennzeichnendes Beispiel geometrischer Mystik tritt auch in der chinesischen Gedankenwelt auf. Es gibt hier als Zeichen, auf welches die Ur-Leere, überhaupt die Leere, abgebildet wird, einfach den Kreis *Taitse.* Es ist das einfachste Beispiel geometrischer Mystik, auf das man zurückgreifen kann, um die Abbildung philosophischer Ideen auf die Mathematik verständlich zu machen.

Wir haben gesehen, wie die alte kosmologische Tendenz der frühen griechischen Philosophie sich wieder einstellt in der Mathesis universalis, wir haben weiter gesehen, wie die exakte Logik sich durchmathematisiert, indem sie eine axiomatisch-deduktive Theorie wird, die kalkülatorisch voranschreitet und sich damit auf gewisse arithmetische Phänomene abbildet, und wir bemerkten schließlich, wie sich die geometrische Mystik als eine Möglichkeit der Abbildung kosmologischer Ideen auf geometrische Bilder verstehen läßt. Das alles sind Stufen oder Formen der Mathematisierung der Philosopheme. Von einer Philosophie der Mathematik kann aber dabei wohl noch nicht gesprochen werden. Die mathematisierte Logik stellt eben nur eine mathematisierte Logik, keine mathematisierte Philosophie dar, geometrische Mystik ist nur ein Faden im breiten Gewebe der Philosophie. Es ist notwendig, daß klar wird, was wir unter Philosophie zu verstehen haben, wenn klar werden soll, was die Philosophie der Mathematik bedeutet.

III

Für die unmittelbare Wirkung der Philosophie auf die Mathematik im Sinne einer Hervorrufung neuer Begriffe und Methoden, neuer Probleme und Systeme haben wir drei kennzeichnende Beispiele: die Infinitesimalrechnung, die Mengenlehre und die Axiomatik. Bei der Entstehung dieser drei Sachgebiete der Mathematik haben nachhaltig philosophische Gesichtspunkt mitgewirkt.

Rein mathematisch gesehen ging der Calculus differentialis aus dem bereits bei Nikolaus von Oresme anklingenden Tangentenproblem hervor. Philosophisch aber liegt im Begriff des Differentialquotienten nicht nur der alte Streit zwischen Parmenides und Heraklit über Sein und Werden der Dinge zugrunde, sondern auch die Frage des stetigen und unstetigen Seins, die Antinomie zwischen Teilbarkeit und Atom, das Problem der coincidentia oppositorum des Cusanus, das mathematisch in der Annahme gipfelt, der Polygonzug falle bei anwachsender Eckenzahl einmal mit einer Kreislinie zusammen und philosophisch zu einem Zusammenfallen alles Seienden in Gott. Schließlich hängen alle diese Dinge zusammen mit dem Problem des Überganges vom Endlichen zum Unendlichen, das nicht nur eine mathematische, sondern auch eine theologische und philosophische Interpretation besitzt. Entscheidend für die Stellung der Infinitesimalrechnung innerhalb der Geistesgeschichte der Mathematik ist es nun, daß die theologische und philosophische Interpretation des Überganges vom Endlichen zum Unendlichen lange vor der mathematischen Präzisierung des Gegenstandes durchdiskutiert war. Jedenfalls löst sich die reiche Entwicklungsgeschichte der Infinitesimalrechnung, die über Nikolaus von Oresme, Kepler, Cavalieri, Pascal und vor allem Barrow zu Newton und Leibniz läuft, mathematisch in den euklidischen Exhaustionsbeweisen, philosophisch aber in dem berühmten Gegensatz von Parmenides und Heraklit auf. Man wird allerdings erstaunt sein, in den bekannten Abhandlungen Leibnizens zur Infinitesimalrechnung (1673), von »Methodi tangentium inversa exempla« (1675), »Nova methodus pro maximis et minimis ...« (1684), »Meditatio nova de natura anguli contactus ...« (1686) und »De geometria recondita« mit dem ersten gedruckten Integralzeichen und den Arbeiten zur Entwicklung einer allgemeinen Methode zur Integration rationaler Funktionen von 1702 und 1703 fast überhaupt keine philosophische Reflexion anzutreffen. Lediglich in seinem Manuskript vom 29. Oktober 1675, wo er sich über das Verhältnis der Differential- zur Integralrechnung ausläßt, bemerkt er, daß er aus Gründen der Homogenität – eines der allgemeinen Prinzipien leibnizischer Denkweise – eine bestimmte Schreibweise in seinem Calculus differentialis bevorzuge. Und in einer seiner Abhandlungen über die Integration rationaler Funktionen läßt er sich durch die philosophische Ansicht einer äußersten Mannigfaltigkeit der Natur sogar zu einem Irrtum hinreißen. Wohl aber strotzen die Briefe, die Leibniz vor allem in den Jahren 1698 und 99 an Johann Bernoulli geschrieben hat, von Erörterungen jenes Begriffs des Unendlichen, der der tragende des neuen Kalküls war. Sogar der Zusammenhang mit seiner *Monadologie* tritt dabei offen zu Tage, so daß man Mahnkes Ansicht begreift, in der Philosophie Leibnizens handele es sich um eine Synthese von Universalmathematik und Individualmetaphysik. Im Anschluß hieran wäre noch zu bemerken, daß auch eine besondere Art von mathematischen Fragen, die gegen Ende des 17. Jahrhunderts auftauchen, unter dem Begriff »Isoperimetrieprobleme« Aufgaben über größte (Maxima) und kleinste (Minima) Werte gewisser Größen enthalten und deren Verfolgung schließlich zur Variationsrechnung führte, philosophisch beeinflußt worden sind. Vor allem Heinrich Scholz und Adolf Kneser haben gezeigt, in welch innigem Zusammenhang die Herausbildung der Theorie der Extremalprinzipien (Variationsrechnung und Integralprinzipien der mathematischen Physik) mit der leibnizischen *Theodizee*, seinem berühmten Optimismus über die beste aller möglichen Welten und seiner physikalischen Theorie über das sogenannte Wegintegral der Geschwindigkeit steht[35]. Es ist aber nicht entscheidend, daß bestimmte vorgedachte philosophische Probleme einem Mathematiker beim Ausbau einer neuen Methode zur mathematischen Bearbeitung unmittelbar gegenwärtig sind, wichtig ist nur, daß jene Probleme, die eine Interpretation in der Mathematik zulassen, überhaupt überliefert sind; die Mathematik findet daher eine mathematische Problematik philosophisch vorgebildet, die Philosophie stößt ein Problem gleichsam in den geistigen Raum und so lag das infinitesimale Problem in der Gestalt eines Überganges vom Endlichen zum Unendlichen, einer Antinomie zwischen Kontinuität und Diskontinuität bzw. eines Streites zwischen Sein und Werden philosophisch-theologisch vor, und zwar auch im geistigen Raum der

Mathematik des 17. Jahrhunderts, in das die Vorbereiter des neuen Kalküls wie Gregorius von Sankt Vincentius und Barrow und die Begründer wie Newton und Leibniz hineingehören. Der Geistesgeschichtler der Mathematik darf allerdings dann hinterher den Satz wagen, daß mit der Infinitesimalmathematik mit einem Schlag eine ganze Reihe philosophischer Probleme auf die Stufe der Mathematik gehoben wurden, daß sie mathematisiert wurden, und man erkennt daran, daß man von einer fortlaufenden Mathematisierung philosophischer Gegenstände einerseits und von einer approximativen Korrespondenz mathematischer und philosophischer Probleme sprechen darf.

Das zeigt sich auch in der Theorie der unendlichen Mengen. Mathematisch handelt es sich um eine großartige Erweiterung des Zahlbegriffs aus speziellen zahlentheoretischen Untersuchungen. Philosophisch gesehen liegt indessen hier eine mathematische Präzision, kurz, eine weitgehende Mathematisierung des alten Kontinuumsproblems vor, das bereits Leibniz als ein Labyrinth empfand. Wir haben diesen Punkt des Hervorgehens der Mengenlehre bei ihrem Schöpfer, Georg Cantor, zugleich aus mathematischen und philosophischen Problemen, bereits berührt. Cantor findet selbstverständlich auch Worte für die Notwendigkeit, das Kontinuumsproblem zu mathematisieren, da »eine genaue und vollständige Definition des Begriffs nicht überliefert worden« sei. Er findet von Leukipp, Demokrit und Aristoteles, über Epikur und Lucretius bis Thomas von Aquino nur, daß »jeder arithmetische Determinationsversuch dieses Mysteriums als unerlaubter Eingriff angesehen wird«. Er fügt hinzu: »... schüchterne Naturen empfangen dabei den Eindruck, als ob es sich bei dem ›Kontinuum‹ nicht um einen mathematisch-logischen Begriff, sondern viel eher um ein religiöses Dogma handele«. Der Begriff »arithmetische Determination« bezeichnet hier das, was wir heute »Mathematisierung« nennen, und wir erkennen, daß sich Cantor durchaus bewußt ist, daß seine Theorie der Punktmengen eine traditionsgebundene Schöpfung ist, indem sie ein philosophisches Problem der Vergangenheit, das ihm bewußt ist (isomorph) ins Mathematische übersetzt und hier axiomatisch-deduktiv zu bewältigen sucht. Der Fall einer Wiederkehr philosophischer Probleme auf mathematischer Stufe ruft ohne weiteres die Mathematisierung des Problems hervor. Hier sehen wir es. Die Lage ist deutlicher als bei der Begründung der Infinitesimalrechnung. Besonders sichtbar werden diese Mathematisierungsverhältnisse auch an der anderen Ecke der Mengenlehre, an der Frage der Existenz unendlicher Mengen verschiedener Mächtigkeiten. Auch das Unendliche gestatte keine Determination, das war noch Locke, Descartes und Leibniz im wesentlichen selbstverständlich. Wo Zahl war, dort konnte nur Endlichkeit sein. Eine Mathematisierung des Unendlichen konnte nicht gelingen, weil ein Zählen über das Endliche hinaus eine Unmöglichkeit schien. Im Grunde stammt die Leugnung des realen Unendlichen von Aristoteles und wurde von den Scholastikern weitergegeben. Über all diese Dinge ist sich Georg Cantor in seiner Arbeit über die *Grundlagen einer allgemeinen Mannigfaltigkeitslehre* (1883) durchaus im Klaren. Er weiß, daß er zwar ein traditionelles philosophisches Problem der mathematischen Bearbeitung unterzieht, er weiß aber auch, daß er gerade dadurch, daß er es einer Mathematisierung – einer Determination des Unendlichen – unterwirft, mit jeder philosophischen Tradition gebrochen hat, ja selbst die mathematische Tradition außerordentlich gefährdet, was der Streit mit Kronecker, der seine Ideen ablehnte, bewies. Er sagt selbst darüber: »Zu dem Gedanken, das Unendlichgroße nicht bloß in der Form des unbegrenzt Wachsenden und in der hiermit eng zusammenhängenden Form der im 17. Jahrhundert zuerst eingeführten konvergenten unendlichen Reihe zu betrachten, sondern es auch in der bestimmten Form des Vollendetunendlichen mathematisch durch Zahlen zu fixieren, bin ich fast wider meinen Willen, weil im Gegensatz zu mir wertgewordenen Traditionen, durch den Verlauf vieljähriger wissenschaftlicher Bemühungen und Versuche logisch gezwungen worden, und ich glaube daher auch nicht, daß Gründe sich dagegen werden geltend machen lassen, denen ich nicht zu begegnen wüßte.« Daß in den Begriffen der Mengenlehre tatsächlich alte philosophische Probleme verborgen worden sind, mag endlich noch aus den bereits genannten Betrachtungen des Mathematikers Andreas Speiser hervorgehen, der in seinem *Parmenideskommentar* folgendes anmerkt: »Den Gegenstand der Platonischen Philosophie bildet ein System, eine Reihe von ineinandergefügten Bereichen, deren jeder sein besonderes Axiomsystem hat. Unter den Begriffen wird das Eins vorangestellt, da nur es isoliert werden kann. Es bildet einen Bereich für sich, das absolute Eins, das über dem Sein ist und von uns nicht gewußt werden kann. – An der nächsten Stelle steht das Sein. Es ist stets mit dem Eins verbunden, so daß diese Sphäre Sein und Eins oder Eins und Sein heißt. Man erkennt darin eine Symmetrie, und so haben wir ein Ganzes mit zwei Teilen vor uns. Wir würden heute von einer Menge mit zwei Elementen sprechen ... Der neu eingeführte Begriff der Verschiedenheit liefert eine viel größere Mannigfaltigkeit von Zuständen als früher. Das seiende Eins ist zerstückelt in große und kleine Teile aller Art. Sie umschließen sich und haben eine Gestalt, es ist die Welt der Geometrie. Das Ganze wird weiter zergliedert, indem zwischen der Summe der Teile und ihm unterschieden wird.« Zuletzt laufen, man bemerkt es bereits an den mengentheoretischen Begriffen darin, diese Betrachtungen auf Fragen hinaus, die in der Mengenlehre grundsätzlich behandelt werden. Jedenfalls liegt in den Anfängen der Mengenlehre das Beispiel für die Einwirkung echter philosophischer Problematik auf die Mathematik vor. Diese Einwirkung erstreckt sich auch auf die von Foradori aufgebaute »Teiltheorie«, die nicht, wie die Mengenlehre, die Relation Element-Menge, sondern die Relation Teil-Ganzes behandelt.

Das dritte charakteristische Beispiel für diese Art von inspirierender, beeinflussender und problemstellender Wirkung der Philosophie auf die Mathematik liegt in der Ansetzung der axiomatischen Forschung Hilberts und seines Kreises. Als sich mit den berühmten Paradoxien der Mengenlehre die Notwendigkeit erwies, die Mathematik aus ihren Grundlagen neu aufzubauen und man diesen Aufbau unter dem Kriterium der Widerspruchsfreiheit versuchte, ging man in dieser Wissenschaftstheorie auf den philosophischen Lieblingsgedanken des klassischen Zeitalters der Mathesis universalis, ging man auf Descartes zurück. Er hatte die Forderung einer wissenschaftlichen Philosophie nachdrücklich erhoben und verstand unter Wissenschaft einen axiomatisch-deduktiven Aufbau aus den Axiomen mit Hilfe wohlgeprägter Schlußregeln. Jedenfalls hat er als Idealbild der Wissenschaft eine Folge von Sätzen im Sinne, die sich aus zwei Klassen von Sätzen, den Axiomen und Theoremen, konstituiert. Er spricht nicht von einer besonderen mathematischen Logik, er spricht nicht von einer Mathematisierung der Wissenschaft, er gibt lediglich eine

Methodenlehre mit den vier Hauptregeln (*Discours* II)[36]: 1. der Evidenzregel, 2. der Aufteilungsregel, 3. der Regel der wohlgeordneten Satzverkettung und 4. der Regel der Diskussion aller möglichen Fälle. Dadurch, daß die Menge der wissenschaftlichen Sätze als Folge konstituiert wird und die Folge einen wesentlichen mathematischen Begriff (Konfiguration) darstellt, kann man sagen: die Abbildung der Menge wissenschaftlicher Sätze auf die Folge bringt die Mathematisierung der Wissenschaft hervor. Nur in der Satzfolge lassen sich denn auch die hilbertschen Widerspruchsfreiheitsbeweise bzw. seine Existenzbeweise führen. Es wären noch eine ganze Reihe bedeutungsvoller Beispiele der Wirkung der Philosophie auf die Mathematik zu nennen. Man erkennt, daß allgemein genommen die Wirkung stets darin besteht, die Generalisierungen der mathematischen Gegenstände hervorzubringen und durchzusetzen. Die Philosophie hat wesentlichen Anteil an den generalisierenden Abstraktionen der Mathematik; sie hat die Erweiterung ihres Gegenstandes vorbereitet. Daß diese Erweiterung des Gegenstandes oftmals zunächst als eine Beschränkung anmutet, dafür haben wir ein klassisches Beispiel in der durch die philosophische Kritik der von Hume und Locke vollzogenen Zerstörung der Objektivität sogenannter sekundärer Sinnesqualitäten wie Farben und Töne. Gewiß wurzelt diese philosophische Zerstörung ursprünglich in empirischen und rationalistischen Gedanken der galileischen, cartesischen und leibnizischen Wissenschaft, bei Locke und Hume wird sie aber ein selbständiges philosophisches, nämlich erkenntnistheoretisches Unternehmen, das den abstrahierenden Tendenzen der Naturwissenschaft und Mathematik des 19. Jahrhunderts wieder starke Impulse verleiht und das, um eine reine objektive Welt wissenschaftlich zu gewinnen, diese Objektivität inhaltlich reduziert auf Kosten einer zunehmenden Reichhaltigkeit der Subjektivität, die aus der objektiven Welt, d.h. aus der wissenschaftlichen Welt abgeschieden wird. Diese scheinbare Verringerung des objektiven Weltbestandes ist es dann aber auch, die die neuen Generalisierungen veranlaßt. Umgekehrt indessen hat der Einfluß, den mathematische Forschungen auf philosophische Probleme nahmen, wesentlich spezialisierend, weil präzisierender gewirkt. Man kann es am besten an der Rückwirkung studieren, die sich aus (z.B. den aufgezeigten klassischen Fällen der Beeinflussung philosophischer Überlegungen auf mathematische Fragen) der Wirkung philosophischer auf mathematische Begriffs-, Problem- und Theorembildung hinterher ergeben hat. Es gehört zum abstrakten Formalismus eines Einflusses, daß er, der scheinbar vektoriell in einer Richtung sich vollzieht, in Wirklichkeit pendelt, also rückwirkt. Die Infinitesimaltheorien haben natürlich die philosophischen Überlegungen über das Unendliche präzisiert, vereinfacht; sie haben die Realontologie des Kosmos erst in eine aussprechbare Begriffsbildung gehoben. Auch die Forderungen, die Hilbert mit seiner Tieferlegung der »mathematischen Fundamente« zunächst im Anschluß an cartesische Betrachtungen erhob, haben rückwirkend zu einer Rezeption der leibnizischen Ideen über den Logikkalkül geführt, der sich unter dem Eindruck mathematischer Forderungen – die Beseitigung von sachlichen Widersprüchen – erstmalig als Gegenstand selbständiger Forschung entpuppte, wie er gegenwärtig in England und Amerika und in der »Schule von Münster« bearbeitet wird. In diesem Zusammenhang interessiert auch die Korrektur, die – obwohl Kants Jugendarbeit von 1747 den Gedanken bereits philosophisch-metaphysisch konzipierte –, fußend auf nichteuklidisch-geometrischen und riemannschen Überlegungen über die u-dimensionalen Mannigfaltigkeiten und ihr Verhalten im Infinitesimalen, die bekannten relativitätstheoretischen Arbeiten an der kantischen Raum-Zeit-Lehre angebracht haben. Im Ganzen liegt hier, trotz Kants Jugendarbeit, doch der Fall eines vektoriellen Einflusses mathematischer auf philosophische Problem- und Theorembildung vor. Allerdings auch der Fall, sieht man von Kants Jugendarbeit, die philosophisch, physikalisch und mathematisch nicht wirkte, ab, einer generalisierenden Abstraktion, den man zumeist nur bei der Einwirkung philosophischer auf mathematische Forschung wahrnimmt. Hinzufügen möchte ich, daß diese Wirkung einer generalisierenden Abstraktion, vorgenommen am Begriff des raum-zeitlichen Seins, nicht sofort von der Mathematik auf die Philosophie sich erstreckt, sondern über die Physik, nämlich über die Relativitätsphysik läuft, die hier zwischen mathematischen und philosophischen Ideen vermittelte.

IV

Wenn auch nicht in allem, so geben wir doch Hegel darin recht, daß die wirkliche Aufgabe der Philosophie die Erzeugung des Systems sei, wie er das in seiner Abhandlung über das Wesen der philosophischen Kritik, mit der er als Geleitwort 1802 das *Kritische Journal* eröffnete, ausgesprochen hat.

So verbirgt, wer die Philosophie kritisiert, zuletzt doch nicht den philosophischen Kopf, der sein System besitzt, wenn es auch verdunkelt in seinem Geiste ruht. Zu jeder kritischen Äußerung gegen die Philosophie läßt sich ein systematischer Standort finden und einer beweglichen philosophischen Phantasie, die gelegentlich verächtlich Spekulation genannt wird, sollte es nicht schwer fallen, zu einer kritischen Einstellung das System zu konstruieren. Dies jedoch vorab nur als eine Anmerkung zu dem genannten Hegelaufsatz, der, einmalig in der philosophischen Literatur, die Überzeugung des großen Systematikers vertritt, daß philosophische Kritik nur vom Standpunkt eines Systems getrieben werden kann, und darin wir eine immanente Selbstrechtfertigung des hegelschen Systemdenkens sehen. Allerdings begründet Hegel seine Forderung, daß Philosophie wesentlich System sei, nicht aus einem übergeordneten Prinzip.

Wir finden dieses Prinzip in der leibnizischen Reduktion des Geistes auf Form, das die formalisierte Sprache bzw. die formalisierte Mathematik einsetzt. Warum sollte der Formalisierungsprozeß bei der Mathematik stehen bleiben? Es ist ein Prozeß der Darstellung, der Selbstdarstellung der Form, die des Geistes ist. Jede Philosophie, die aus der leibnizischen Reduktion anhebt, muß dementsprechend auch die Form der Philosophie im Zusammenhang ihres Geistes entwickeln. Die aus der Philosophie und der Geschichte der Philosophie zu destillierende Form ist aber stets das System, und es ist selbstverständlich, daß eine Bemühung um die Form der Philosophie, die sich als System darbietet, den abstrahierenden, d.h. den formalisierenden, formzeigenden Prozeß nicht unterdrücken darf, wenn sie echte Einsichten gewinnen will. Seit Bolzano und Frege sind wir daran gewöhnt, zwischen einem »System« und der »Darstellung eines Systems« zu unterscheiden. Um die Darstellung eines Systems zu realisieren, ist auf jeden Fall die Form des Systems festzulegen.

Der Form nach zerfällt Philosophie genau wie Wissenschaft in eine Menge von Sätzen, die in Gruppen von Sätzen zusammengefaßt werden können, welche jeweils inhaltlich als Aussagen über einen wohlbestimmbaren Gegenstand aufgefaßt werden können. In diesem Sinne zerfällt die Menge der wissenschaftlichen Sätze in Mathematik, Physik, Biologie, Geschichte usw., und die Menge der philosophischen Sätze gliedert sich in Logik, Ontologie, Ethik usw. So würde also die Menge der philosophischen Sätze zunächst nur einen Ausschnitt aus dem großen Bereich wissenschaftlicher Sätze ausschneiden und es würde sich nicht sagen lassen, wodurch jene eigentümlichen Sätze überhaupt zu philosophischen werden, die von wissenschaftlichen Sätzen abtrennbar sind; es würde sich überhaupt das philosophische Unternehmen nicht als selbständiges beschreiben lassen und man hätte sich unter Philosophie nicht mehr und nicht weniger als eine façon de parler vorzustellen. Man wird darin bestärkt durch die Tatsache, daß sowohl die wissenschaftlichen Satzgruppen wie Mathematik, Physik usw. und auch die philosophischen Satzgruppen oder Disziplinen wie Logik, Ontologie, Ethik usw. einem wissenschaftlichen Verfahren unterworfen werden, das grundsätzlich darin besteht, die Gruppe der Sätze, von der gehandelt wird, theoretisch in zwei Klassen, nämlich in Axiome (Grundsätze) und Theoreme (Lehrsätze) zerfallen zu lassen. Jede echte Wissenschaft, das verlangen wir heute, muß sich auf diese Weise axiomatisch-deduktiv aufbauen lassen, wenn sie gesicherte Wissenschaft sein will, in der die Sätze allgemeingültig und nachprüfbar sind. Es sind noch nicht alle Wissenschaften in dieser Weise durchtheoretisiert; die mathematischen Wissenschaften haben begonnen damit, die naturwissenschaftlichen und historischen Disziplinen folgen nur ganz zögernd und die philosophischen Wissenschaften wie etwa Logik, Ontologie und Metaphysik zeigen nur die Kontur eines solchen kritischen Unternehmens.

Das alles rechtfertigt Logik, Ontologie, Metaphysik, Ethik, Ästhetik aber nur als wissenschaftliche Disziplinen, und es besteht die Frage, wieso sie sich eigentlich als philosophische Geistesakte rechtfertigen lassen. Oder sollte man den Begriff philosophische Disziplinen im Sinne einer angebbaren Selbständigkeit nicht überhaupt fallen lassen? – Es wird sich herausstellen, daß nur durch die Rezeption des Systems die Philosophie als Philosophie zu retten ist, ohne den wissenschaftlichen Charakter der selbständigen philosophischen Disziplinen zu vernachlässigen.

Die Menge der philosophischen Disziplinen bildet ein System dann und nur dann, wenn es einen philosophischen Grundsatz, eine sogenannte metaphysische Figur gibt, von der aus jede der einzelnen Disziplinen entwickelt werden kann. Die Invarianz einer metaphysischen Figur in den einzelnen philosophischen Disziplinen wie Logik, Ontologie, Ethik, Erkenntnistheorie, Ästhetik usw. bildet die notwendige und hinreichende Bedingung dafür, daß jene Disziplinen ein System bilden, und sie bilden es, wenn die metaphysische Figur definiert worden ist. Es gibt viele solcher metaphysischer Figuren, dementsprechend gibt es viele philosophische Systeme. Die Formel coincidentia oppositorum des Cusanus ist eine solche metaphysische Figur; sie erzeugt nicht nur das System deutscher Mystik, sie bildet auch die Voraussetzung der Identitätsphilosophie. Entsprechende metaphysische Figuren sind die Einheit von Sein und Denken der Marburger Schule, Hegels Auffassung der »Natur als das Andere des Geistes«, aber auch Nietzsches »Wille zur Macht«. Die Herausarbeitung der metaphysischen Figur bildet die Aufgabe der Metaphysik; die Metaphysik eines Systems ist dort wahrnehmbar, wo die metaphysische Figur, die im Verlauf des Systems invariant bleibt, sichtbar wird. In diesem Sinne bildet die Metaphysik die Axiomatik eines philosophischen Systems; jedenfalls verhält sich die metaphysische Figur in Bezug auf die Erzeugung der Disziplinen eines Systems wie die Axiome zu den Theoremen einer axiomatisch-deduktiven Wissenschaft. Einen anderen Ausgangspunkt für philosophische Systeme als die Einführung metaphysischer Figuren gibt es nicht – und diese metaphysischen Figuren können aus der geistigen Erfahrung, aber auch aus der reinen Spekulation stammen. Formal zeigen sie die Struktur einer Kombination universaler Substrate wie Geist und Natur, Kraft und Stoff, Denken und Sein usw. Formal erweisen sich die metaphysischen Figuren also als kombinatorische Figuren.

Eine axiomatisch-deduktiv aufgebaute Theorie oder Wissenschaft, etwa die Geometrie, richtet sich nach den Axiomen. Es gibt viele Axiomensysteme, auf deren Grundlage eine Geometrie errichtet werden kann. Entsprechend liegen die Dinge in der philosophischen Forschung. Auch hier gibt es eine Relativität der

Systeme, weil es eine Mannigfaltigkeit metaphysischer Figuren gibt. Zwischen den Systemen jedoch herrscht weitgehend Isomorphie, d.h. bestimmte Aussagen, die in den einzelnen Systemen jeweils auf der Grundlage der systemeigenen metaphysischen Figur gemacht werden, entsprechen einander und das Aufsuchen solcher isomorpher Aussagen in einzelnen Systemen gehört zu den reizvollsten Untersuchungen philosophischer Systematik zukünftiger Forschung.

Welche Aufgabe des Geistes bewältigt nun die philosophische Systembildung? – Von der Arbeit des Denkens abgesehen keine geringere als die einer Erkenntnis. – Nicht daß das System selbst der Gegenstand der Erkenntnis sei, durch das System wird Etwas erkannt. Dann wäre also die philosophische Systembildung eine Methode? –

Das System ist eine Methode der Erkenntnis. Wir werden in Zukunft sagen: eine Methode höherer Ordnung oder eine Methode metawissenschaftlicher Erkenntnis. Damit stimmt die Isomorphie der Systeme überein. Es ist ja eine bekannte Tatsache, daß bestimmte Erkenntnisse mit Hilfe verschiedener Methoden gewonnen werden können. Diese Methoden können dann als isomorph betrachtet werden, auch wenn sie technisch nichts miteinander zu tun haben. Dem Physiker ist das eine ganz bekannte Erscheinung; die Gewinnung bestimmter Konstanten, etwa der Größe h (plancksches Wirkungsquantum), kann mit Hilfe verschiedener unabhängiger Methoden erreicht werden.

Metawissenschaftlich heißt die Methode der Systembildung, weil die Wissenschaft selbst ohne diese Systembildung auskommt, die Wissenschaften aber eine Stellung im philosophischen System gewinnen können. In jedem System hat auch die Einzelwissenschaft einen wohlbestimmten Ort. Auf diese Weise ergeben sich während der Ausbildung eines Systems auch Disziplinen wie Philosophie der Mathematik und Naturwissenschaften, Geschichtsphilosophie, Musikästhetik usw.

Wenn nun die philosophische Systematik eine Methode höherer Ordnung, eine metawissenschaftliche Methode der Erkenntnis darstellt, welche Erkenntnis vermittelt sie uns? – Nicht die Sachen selbst – wie es in der Wissenschaft geschieht – werden im Entwurf eines philosophischen Systems erkannt, sondern die *Ordnung* dieser Sachen; denn auch Ordnung ist ein Gegenstand der Erkenntnis und der Zusammenhang der Dinge, ausgespannt über alle Dinge aller möglichen Welten, reizt unsere Erkenntnis ebenso sehr wie die Dinge selbst. Dadurch, daß die Systeme vollausgebildet, isomorph zueinander sind, kann man sie sich auf ein abstraktes System abgebildet denken, dessen Form, ausgesprochen in der Sprache der Mathematik, dann die Form der Ordnung der Dinge überhaupt wäre. Die Organisation unseres Geistes wäre an dieser Stelle unmittelbar sichtbar, so wie sie es ist in jener generalisierten Mathematik nichtmathematischer Gegenstände, die wir seit Pascal, Descartes und Leibniz Mathesis universalis nennen. Die Erforschung der Form vorhandener Systeme, die Enthüllung ihrer metaphysischen Figur und die Äquivalenz dieser Figur mit einer Satzmenge, die eben das System heißt, bildet die Aufgabe philosophischer Systematik. Der philosophischen Systematik! – Nur von dieser ist hier die Rede. Nicht von dem Fortschreiten der philosophischen Sonderdisziplinen wie Logik, Ontologie, Erkenntnislehre usw., das selbstverständlich zunächst unabhängig von der Systembildung sich vollzieht, wie die Entstehung der logisch-mathematischen Grundlagenforschung einerseits und der erkenntnistheoretischen Grundwissenschaft andererseits beweist. Wir sehen, die Rezeption des Systems ist eine unerläßliche, wenn überhaupt noch von Philosophie gesprochen werden soll und an ihrer Stelle nicht einfach die Menge der Wissenschaften durch eine Anzahl erhöht wird. Da der Ursprung des Systems die metaphysische Figur ist, die, wie ein Axiom der reinen Wissenschaft, der geistigen Erfahrung entstammt – weshalb denn auch alle philosophische Systematik mit der Metaphysik anheben muß, die Metaphysik also die eigentliche Axiomatik des Systems ausbildet –, hält nur die Ausbildung des philosophischen Systems den alten platonischen Eros wach.

V

Nachdem wir wissen, daß Philosophie in jedem Fall eine bestimmte Konfiguration aus den einzelnen philosophischen Disziplinen wie Logik, Erkenntnistheorie, Ontologie, Metaphysik, Ästhetik, Ethik usw. darstellt, können und müssen wir scharf unterscheiden zwischen mathematisierter Philosophie und Philosophie der Mathematik. Unter mathematisierter Philosophie – wie sie, vorausgesetzt, daß Logik eine Disziplin der Philosophie ist, der moderne Logikkalkül darstellt und wie sie zuletzt auch die geometrische Mystik, vorausgesetzt, daß Mystik ein bestimmter Ausdruck der Philosophie ist, sein wird – unter mathematisierter Philosophie verstehen wir also stets die Anwendung der Mathematik in einer Disziplin der Philosophie; man kann also von mathematisierter Logik sprechen wie auch von mathematisierter Metaphysik (die Metaphysik als strenge Wissenschaft von Heinrich Scholz stellt diesen Fall dar), mathematisierter Ontologie usw. Keinesfalls handelt es sich bei diesen Untersuchungen um Philosophie der Mathematik.

Unter Philosophie der Mathematik verstehen wir stets nur die Bestimmung der Stelle der Mathematik in der Konfiguration der philosophischen Disziplinen, die System heißt. Eine Philosophie der Mathematik liegt dann und nur dann vor, wenn die Mathematik vom systematischen Standpunkt einer Philosophie aus betrachtet wird, wenn sie einer systematischen Analyse unterworfen wird, die alle zum System konfigurierten Disziplinen durchläuft. Es gibt in diesen Untersuchungen also eine Metaphysik dieser Mathematik und diese Metaphysik offenbart die metaphysische Konfiguration des Systems und hält diese Konfiguration während der metaphysischen Betrachtung der Mathematik fest; es gibt in dieser Untersuchung eine erkenntnistheoretische Analyse der Mathematik und diese Erkenntnistheorie hält wiederum während der Untersuchung der Mathematik den systematischen Standpunkt, d. h. die metaphysische Konfiguration fest; es gibt eine ontologische Untersuchung der Mathematik und diese ontologische Untersuchung hält während ihres Ganges ebenfalls den systematischen Standort bzw. die metaphysische Ausgangskonfiguration des Systems fest usw.

Wir sagten schon, daß an und für sich Logik, Metaphysik, Erkenntnistheorie, Ontologie usw. wohl definierte Disziplinen seien, die bis zu einem gewissen Grade jede für sich bestehen und voranschreiten können; erst wenn jede dieser Diziplinen ein und dieselbe metaphysische Figur, die das System erzeugt, festhält, bilden die Disziplinen ein System.

Daraus folgt, daß freie erkenntnistheoretische Untersuchungen über die Grundlagen der Mathematik z. B. eben nur erkenntnistheoretische Untersuchungen und nicht etwa Philosophie der Mathematik darstellen. Ebenso steht es mit freien, d. h. systemlosen ontologischen Untersuchungen. Selbstverständlich können bis zu gewissen Grenzen solche Untersuchungen metaphysischen, erkenntnistheoretischen, ontologischen usw. Inhalts über Mathematik möglich sein, aber es gibt in jeder philosophischen Disziplin sehr bald den Punkt, wo sich das geheime System des Metaphysikers, des Erkenntnistheoretikers, des Ontologen usw. verrät und wo die Untersuchung, ob sie will oder nicht, systematisch wird. Ich möchte fast das Bestehen einer durchgehend systemfreien Erkenntnistheorie, Metaphysik, Ontologie, Ethik, Ästhetik usw. bestreiten.

Natürlich hat das philosophische Systemdenken auch seine Probleme. 1. Das Problem der Formalisierbarkeit bzw. Mathematisierbarkeit des Systems, 2. das Problem der Geschlossenheit des Systems und 3. das Problem der Relativität der Systeme.

Wir unterschieden mathematisches Systemdenken vom philosophischen Systemdenken. Da das Problem der Formalisierbarkeit, wie wir sahen, selbst das Unternehmen – ein Unternehmen – der mathematischen Systembildung ist und da sowohl die geometrischen Systeme und auch der Logizismus und Intuitionismus formalisierbar sind, bereitet die Formalisierbarkeit bzw. Mathematisierbarkeit der mathematischen Systemidee keine zusätzliche Schwierigkeit. Die Untersuchungen über diese Dinge werden am bolzanoschen Folgerungsbegriff anzusetzen haben, im Zusammenhang mit diesem vor allem das Problem bewältigt werden muß, wann ein Satz aus einer vorgegebenen Menge von Sätzen ableitbar ist. Hierüber hat neuerdings K. Schröter aus der Schule von Münster einen Satz bewiesen. Das Problem der Geschlossenheit des mathematischen Systems ist das Problem der Geschlossenheit des totalen Systems der Mathesis universalis. Für die Lösung dieses Problems gelten die Untersuchungen, die sowohl von seiten der mathematischen Logik (Tarski) als auch von seiten der mathematischen Grundlagenforschung (Gödel) angestellt worden sind[37]. Da das mathematische Systemdenken allenthalben auf die Frage der durchgehenden Widerspruchsfreiheit reduziert wird, steht und fällt sowohl das erste wie auch das zweite der oben genannten Probleme für das mathematische Systemdenken mit der Durchführbarkeit der Widerspruchsfreiheits-Beweise. Auf das Problem der Relativität mathematischer Systeme kommen wir gleich noch zu sprechen.

Innerhalb des philosophischen Systemdenkens bereitet die Formalisierung der Systemidee noch die größten Schwierigkeiten. Während im Rahmen der Mathematik, wie wir sahen, das System völlig festgelegt werden kann als formaler axiomatisch-deduktiver Zusammenhang, spielt in den philosophischen Systemen das eine Rolle, was wir die Invarianz einer metaphysischen Figur genannt haben. Unter einem System wird eine Gruppe von Sätzen verstanden, die eine metaphysische Figur invariant lassen. Um das formal näher verständlich werden zu lassen, führen wir – entsprechend den syntaktischen Sätzen der Logik, bei denen nicht der Inhalt, nur die Form als solche zur Diskussion steht – den Begriff des »syntaktischen Systems« ein. Dadurch sei das System in seiner bloßen systematischen Form, nicht hinsichtlich seines Inhalts, den es birgt und betrachtet, verstanden, gewissermaßen als die Leerform eines Systems, so wie die moderne Logik Leerformen von Sätzen kennt. Das Gerüst der Perspektive, das der Geometer, ehe er zeichnet, vom Fluchtpunkt zu den ausgezeichneten Punkten dessen, was er zeichnen will, zieht, hat ja auch nur eine leere formale Existenz. Die Leerform eines Systems, das »syntaktische System« wird mit dem Zeichen Sy belegt. Es erhebt sich zunächst die Frage, welche weiteren Leerformen das syntaktische System noch zusammensetzen. Offenbar ist Sy vorab eine Menge von Aussagen S′, S″, S‴ ... usw. Ein wissenschaftliches System von Sätzen liegt vor, wenn sich Sy eindeutig teilen läßt in zwei Satzklassen, in Axiome und Theoreme, die in einem axiomatisch-deduktiven Verhältnis zueinander stehen, derart, daß genaue Schlußregeln vorliegen, die kalkülmäßig angewendet werden können. Diese Leerform Sy = A′, A″ ... plus ... S′, S″ ... ist die Leerform einer axiomatisch-deduktiven Theorie, die als solche in jeder mathematisierbaren Wissenschaft eine Interpretation besitzt. Wir führen den Begriff der Isomorphie ein und sagen: die Leerform eines axiomatisch-deduktiven Systems ist allen axiomatisch-deduktiven Wissenschaften isomorph, d.h. Leerformen A′, A″ ... S′, S″ ... sind den Inhalten A′, A″ ... S′, S″ ... des wissenschaftlichen Sachgebietes so zugeordnet, daß Relationen in der Leerform auch eindeutig entsprechende Relationen im Sachgebiet zugeordnet werden können. Dieser Begriff der Isomorphie ist im Grunde der tragendste der gesamten Formalisierungstendenzen der modernen Wissenschaften. Er bezeichnet genau die Höhe und Reife des wissenschaftlichen Abstraktionsvermögens. Sein Auftreten in der modernen Wissenschaft seit Leibniz, der ihn konzipiert, indem er überhaupt die Idee der Kalkülisierung bzw. Formalisierung über die Mathematik hinaustreibt, ist geistesgeschichtlich von höchstem Reiz. Nicht die Idee der Formalisierung bzw. Kalkülisierung kennzeichnet als solche die Abstraktionen neuzeitlichen wissenschaftlichen Denkens, sondern eben das isomorphistische Denken. Es ist noch wichtig hervorzuheben, daß Leibniz nicht nur durch seine Untersuchungen zur Formalisierung, Mathematisierung und Kalkülisierung diesem isomorphistischen Denken innerhalb des mathematischen Systemdenkens Raum gibt, sondern daß er als erkenntnistheoretischer Perspektivist auch jener Relativität der Systeme Ausdruck gibt, die ja, wie wir schon erwähnten, ebenfalls den Gedanken der Isomorphie involvieren. Diese geistesgeschichtliche Stellungnahme sei jedoch nur als Randbemerkung erwähnt. Es geht hier zunächst darum, nach der Leerform philosophischer Systeme zu fragen.

Wir hatten gewonnen, daß ein philosophisches System Sy sich zunächst auch als eine Menge von Sätzen S′, S″, S‴ ... vorstellt. Und wir hatten auch schon gesagt, daß jedes System durch eine metaphysische Figur gekennzeichnet werden kann, die durch keinen Satz S′, S″ ... von Sy aufgehoben wird. Diese metaphysische Figur stellt sich als Abbildung alles Seienden auf ein identisch-ein Seiendes dar. Man kennt die Leitsätze: *deus sive natura,* Alles ist Geist usw. In Formeln drücken wir das so aus: Wenn S das identisch-eine Seiende bedeutet, und S^1, S^2 ... jeweils Seiendes, so ist:

$$S = S^1 = S^2 \ldots \text{usw.} = S^x$$

Offenbar könnte dies die Formel für monistische Systeme sein, d.h. die monistischen Systeme müssen sich auf eine Aussage dieser Form reduzieren lassen, bzw. so sieht formal die metaphysische Figur monistischer Systeme aus.

Dualistische Systeme bzw. trinitätsphilosophische und pluralistische Systeme entwickeln ihre Aussagen aus metaphysischen Figuren, die sich formal als Nichtidentitäten darstellen:

$$S^1 \neq S^2$$
$$S^1 \neq S^2 \neq S^3$$
$$S^1 \neq S^2 \neq S^3 \neq \ldots S^n$$

Das alles ist zunächst aber nur ein abbildendes, kein methodisches Zeichenspiel für philosophisches Systemdenken. Es ist die Frage, ob und wie man planmäßig aus solchen metaphysischen Figuren systematische Sätze bilden kann, welche Kriterien vorhanden sind, um zu zeigen, daß ein philosophischer Satz nur diesem bestimmten, nicht etwa einem anderen philosophischen System angehört und wie nun die Leerform bzw. das syntaktische System zu beschreiben ist, das zu jedem erfüllten System isomorph wäre. Im Zusammenhang damit erledigt sich alsdann auch die stark interessierende Frage, ob und wie weit die axiomatisch-deduktive Theorie eine Interpretation im philosophischen Systemdenken habe.

Selbstverständlich ergeben sich die Sätze axiomatisch-deduktiv, d.h. sie werden gefolgert, widerspruchsfrei gefolgert, soweit die Möglichkeit des Schließens in diesem strengen Sinne überhaupt besteht. Und diese Möglichkeit besteht eben, solange die Schlüsse innerhalb eines Fachgebietes, innerhalb der Erkenntnistheorie, der Ontologie, der Ethik usw. sich vollziehen. Das liegt selbstverständlich daran, daß solches Schließen nur innerhalb einer Wissenschaft möglich ist, die letztlich stets auf eine Aussage über ein wohldefiniertes Sachgebiet, vorgegeben durch die Axiome, reduziert werden kann. Axiomatisch-deduktive Theorie ist die Philosophie nur in ihren einzelnen Disziplinen, d.h. sie ist es noch nicht, aber sie wird dort so aufgebaut werden müssen, wenn echte lösbare Probleme mit Lösungen erreichbar sein sollen, also innerhalb der Erkenntnistheorie, der Ontologie, der Ethik usw.

Aus ethischen Aussagen jedoch, die z.B. aus einer metaphysischen Figur $S^1 \neq S^2$ abgeleitet werden, sind mit Hilfe der Schlüsse zunächst keinerlei ästhetische Aussagen zu gewinnen. Nun ist aber das Entscheidende an der Philosophie, am Systemdenken, daß aus einer metaphysischen Figur erkenntnistheoretische, ontologische, ethische, ästhetische usw. Folgerungen gezogen werden, d.h. es werden hier gegenständlich-heterogene Schlüsse gewahrt. Insofern also die erkenntnistheoretische, ontologische, ethische oder ästhetische Disziplin jeweils zu einem philosophischen System sich zusammenschließen, geschieht das in der Weise, daß die einmal ausgesprochene metaphysische Figur $S^1 \neq S^2$ in jeder dieser einzelnen Disziplinen invariant bleibt, d.h. es sind systematisch nur solche Schlüsse zulässig, die die metaphysische Figur invariant lassen. Auf Grund dieser Einsichten können wir nun definitorisch festlegen:

1. Der Gegenstand des philosophischen Systemdenkens ist die metaphysische Figur.
2. Reine Erkenntnistheorie, reine Ontologie, reine Ethik, Ästhetik usw. sind wissenschaftliche Disziplinen, deren axiomatisch-deduktiver Aufbau sich unabhängig von einer metaphysischen Figur vollziehen kann. Vergleiche hierzu die aufgebaute Logik in *Principia mathematica* Russells und Whiteheads und die ontologischen Untersuchungen von Lesniewski und Scholz, die immer nur mathematisierende, also axiomatisch-deduktive Entwicklungen geben. Man könnte indessen in der Reduktion bzw. in der Abbildung auf die Mathematik die metaphysische Figur sehen und auch somit die angeblich metaphysikfreien philosophischen Systeme, die sogenannten mathematischen Systeme der Philosophie, wieder auf den alten Begriff des an eine metaphysische Konfiguration gebundenen philosophischen Systems zurückführen.
3. Die sogenannten philosophischen Disziplinen wie Erkenntnistheorie, Ontologie, Ethik, Ästhetik, die einzeln gesehen nichts anderes als den fortschreitenden Gang eines gegenständlich gebundenen Problemdenkens darstellen, schließen sich dann und nur dann zu einem philosophischen System zusammen und verfallen somit dem konstruktiven Systemdenken, wenn sie
   a) die identisch-eine metaphysische Figur zu ihrem Gegenstand machen und in ihren Axiomensystemen diese identisch-eine metaphysische Figur festlegen;
   b) in den axiomatisch-deduktiven Disziplinen nur solche Aussagen zulassen, die diese metaphysische Figur invariant lassen.

Es zeigt sich also offensichtlich der erstaunliche Umstand, daß das Problemdenken der einzelnen Wissenschaft theoretisch alle möglichen Schlüsse zu ziehen trachtet, während das Systemdenken den klassischen Fall eines beschränkenden Schließens darstellt. Wissenschaft limitiert nicht, wohl aber Philosophie, auch diese Einsicht gehört zu den Überraschungen des Systemdenkers.

Die Erhellung des Problems der Geschlossenheit der Systeme, die von hier aus erfolgt, erweist sich als eine Funktion der Breite der metaphysischen Figur. Das ist einsichtig. Das System, dessen Disziplinen durch die Identität »Leben als Wille zur Macht« festgelegt sind, schließt mehr Aussagen aus als das System über der Formel »deus sive natura«.

Wir sehen also, daß die Metaphysik innerhalb der Philosophie eine vielfache Stellung einnimmt. Zunächst versteht das philosophische Systemdenken unter der Metaphysik (des Systems) jene Menge von Sätzen, die die metaphysische Figur aussprechen. Wir sprechen in diesem Sinne von der Metaphysik eines Systems als der Menge der metaphysischen Elementarsätze, die innerhalb des Systems die gleiche Stellung einnehmen wie die Axiome innerhalb einer Theorie bzw. einer Wissenschaft, so daß der Axiomatik in der Theorie die Metaphysik im philosophischen System entspricht. Alsdann ist die Metaphysik, unabhängig vom Systemdenken, eine Menge aus unabweisbarem Problemdenken gewonnener Sätze, die dann und nur dann eine Wissenschaft bilden, wenn sie den Kriterien der Wissenschaft genügen, wenn sie also allgemeingültig und nachprüfbar sind. Scholz hat mit den Mitteln der mathematisierten Logik Sätze gewonnen, die er als metaphysische bezeichnet und die einer axiomatisch-deduktiven Theorie angehören. Er charakterisiert diese Sätze als gültig in jeder Welt und diese Charakteristik sei verbindlich für metaphysische Sätze. Obwohl in dieser metaphysischen Theorie die Abgrenzung der Metaphysik gegen Logik und Ontologie sehr schwierig sein wird, gestehe ich, daß ich Scholzens Auffassung einer wissenschaftlichen Metaphysik (als die Folge von Sätzen, die in jeder möglichen Welt gültig sind) für den einzig sicheren Versuch halte, zu einer exakten Metaphysik zu kommen, die als philosophische Wissenschaft angesprochen werden kann.

Keineswegs wird einer so aufgebauten exakten Metaphysik, wobei, wie gesagt, exakt soviel bedeutet wie angeordnet in einer wissenschaftlichen axiomatisch-deduktiven Satzfolge, keineswegs wird also einer solchen exakten Metaphysik der Charakter einer metaphysischen Figur, also der Charakter einer Basis des Systems genommen. Im Gegenteil. Versteht man nämlich unter einem Leibniz-System ein System, das die leibnizische Reduktion des Geistes auf Form durchführt, dessen Präzedenzfall eine Leibniz-Sprache, also eine mathematisierte bzw. formalisierte Sprache darstellt, und weiß man, daß die exakte scholzsche Metaphysik nur in einer solchen Sprache möglich ist, dann kann man sagen, daß die metaphysischen Elementarsätze dann und nur dann eine scholzsche Metaphysik bilden, wenn sie die Basis eines Leibniz-Systems ausmachen. Oder: nur in einem Leibniz-System bilden die metaphysischen Elementarsätze eine selbständig mögliche Theorie oder Wissenschaft von Sätzen, die wir eine exakte oder scholzsche Metaphysik nennen. Und in diesem Sinne und nur in diesem bildet die leibnizische Reduktion des Geistes auf Form die Metaphysik einer Leibniz-Sprache bzw. eines Leibniz-Systems. Ziehen wir die Summe: die Mathematik, die sich relativ spät der Philosophie bemächtigt – es beginnt dies erst mit Leibniz und Descartes –, wird vernachlässigt, um erst in unserer Epoche echtes Programm zu werden; diese Mathematik übte und übt weiterhin auf die Philosophie eine formerzeugende Wirkung aus. Durch die Einwirkung der Mathematik kam es in unserer Zeit zu der Einsicht, daß die Philosophie noch keine Form habe. Und nur aus der geringen Nachbarschaft zur Mathematik ist es zu erklären, daß während des 19. Jahrhunderts die Philosophie gänzlich ihre Form, ihren Systemgedanken verlor. Die freie Philosophie, die Meditation, die durchaus ein Ergebnis des vorigen Jahrhunderts ist, und die die Nachbarschaft der Philosophie zur Literatur und zur Geisteswissenschaft verrät und deren Ergebnisse zwar als literarisch, aber nicht im reinen Sinne als philosophisch oder wissenschaftlich bezeichnet werden können, wird durch die erneut einwirkende, formerzeugende Mathematik an Gewicht verlieren.

Die Mathematik und die Wissenschaften

I

Man sagt nichts Neues, wenn man vom Aufschwung der modernen Wissenschaften durch die Wirkungen der Mathematik spricht. Verstehen wir unter Wissenschaften hier zunächst den großen Bereich der Naturwissenschaften, so ist aber jener selbstverständlichen Einsicht hinzuzufügen, daß die Wirkung der Mathematik auf diese Wissenschaften nicht darin bestand, sie in der Sprache der Mathematik darzustellen und zu entwickeln – so wäre die Mathematik ja bloß in den Dienst der Naturwissenschaften getreten, wie eine Sprache etwa in den Dienst der Poesie tritt –, sondern, was die erregende Neuerung von Roger Bacon, Kopernikus, Kepler und Galilei war, in der Korrespondenz von Experiment und Mathematik bezüglich der Erfahrung, d.h. bezüglich der Natur. Was sich schließlich mit Galileis *Discorsi* von 1638, Keplers beiden Werken *Astronomia nova* (1609) und *Harmonices mundi* (1619) repräsentativ ergibt, das ist nicht etwa eine mathematisierte Wissenschaft, sondern ein mathematisierter Gegenstand dieser Wissenschaft, ein mathematisierter Kosmos, eine mathematisierte Natur.

Wir unterscheiden also vorweg zwischen zwei Möglichkeiten der Mathematik, in ein Verhältnis zu Wissenschaften zu treten: 1. die Mathematisierung des Gegenstandes, 2. die Mathematisierung der Wissenschaft. Die Mathematisierung des Gegenstandes behauptet, daß Gegenstand ist, was meßbar ist. Die Mathematisierung der Wissenschaft behauptet die Möglichkeit einer Interpretation einer Theorie in einer mathematischen Präzisionssprache, in der ein Folgerungsbegriff mathematisch definiert ist.

Das Experiment besaß in der klassischen physikalischen Wissenschaft Galileis zwei Möglichkeiten: die der Entdeckung und die der Messung. Das ist ein Unterschied. Die Entdeckung wendet sich an wirkliche Phänomene, der Gegenstand der Entdekkung ist die wirkliche Natur. Die Messung wendet sich an die Mathematik, die in der Natur verwirklicht ist. Die Entdeckung macht im Grunde Wirklichkeit sichtbar, die Messung mathematisiert die sichtbar gewordene Wirklichkeit. Die korrespondierende Anwendung von Entdeckung und Messung führt zu einer Naturwissenschaft, deren Gegenstand die pythagoreische Natur, die mathematisierte Natur ist. Je mehr die Messung in den Vordergrund des Experiments getreten ist, je mehr also die Messung Sinn des Experiments ist, desto mehr wurde die pythagoreische Natur Gegenstand der Naturwissenschaft.

Die pythagoreische Natur! Daß sie wirklich vorhanden ist, das war das Ergebnis der Bemühungen der mit Roger Bacon, Kepler, Kopernikus, Galilei und Newton einsetzenden Naturwissenschaft. Eine mathematisierte Natur oder das, was an der Natur mathematisierbar ist. Und diese Art von Wissenschaft vollzog sich zunächst ohne wissenschaftstheoretische Selbstbeschwerde.

Zwei Ereignisse sind es nun, die diese Naturwissenschaft, für die stets die Physik der klassische Fall bleiben wird, mächtig beeinflussen, wieder zwei Ereignisse, die in der Geistesgeschichte der Mathematik wurzeln: die Herausbildung der kalkülatorischen Universalmathematik bei Leibniz und Descartes und die Entstehung der modernen Technik.

Die berühmte Ausscheidung der sekundären Qualitäten wie Farben und Töne aus dem Bestand der realen Welt, die später mit der durch die Relativitäts- und Quantentheorie bedingten Grundlagenkrisis der Physik zu einer partiellen Ausscheidung von Raum und Zeit aus dem Bestand der objektiven Welt führte, ist nur eine Folge der an Galilei einerseits und an Descartes und Leibniz andererseits gebundenen Entstehung der neuen immerwährend abstrahierenden Wissenschaft, die, um zum reinen Objekt zu gelangen, glaubt, das reine Objekt beschränken zu müssen und das Subjekt an Reichhaltigkeit gewinnen zu lassen. Die Herausbildung der leibnizischen und cartesischen Universalmathematik auf der Grundlage der Idee des Kalküls bedeutete eine neue Verselbständigung des mathematischen Geistes. Zugleich aber auch, gerade durch den Universalgedanken, einen Machtanspruch, nämlich einen Machtanspruch an die Wissenschaften, diese unter ihren Einfluß zu zwingen; denn von Universalmathematik im Sinne einer *sapientia universalis* konnte ja nur gesprochen werden, wenn möglichst weitgehende Mathematisierbarkeit der Wissenschaften vorausgesetzt wurde. Auf diese Weise wurde die Frage der Mathematisierbarkeit der Natur verwandelt in die Frage der Mathematisierbarkeit der Naturwissenschaft, aus dem ontologischen wurde ein wissenschaftstheoretisches Problem. Damit hängt es zusammen, daß die sogenannte mathematische Physik, die noch über Kepler, Kopernikus, Newton, Galilei und Huygens hinausging, zwar nicht unmittelbar von einem Leibnizianer geschaffen wurde, sondern von einem Mann, der sich ausdrücklich auf Newton und Huygens berief, nämlich von Daniel Bernoulli, mit dem das mathematische Genie jener bedeutenden Familie erlosch. Seine Hydrodynamik, seine Anfänge einer kinetischen Gastheorie und seine Anwendungen der Wahrscheinlichkeitsrechnung haben ihn geradezu zum Klassiker der mathematischen Physik gemacht, in der nicht in erster Linie die Mathematisierbarkeit des Gegenstandes, sondern die Mathematisierbarkeit der Wissenschaft wichtig ist. Sofern nun dies der Fall ist, gerät jene Wirklichkeit, die Gegenstand der Physik ist, die Natur nämlich, wieder auf eine neue Stufe, sie erscheint gewissermaßen auf einer platonischen Stufe, sie ist eine platonische Idee und daher sprechen wir in der mathematischen Physik des Daniel Bernoulli nicht mehr von der pythagoreischen Natur des Galilei, sondern von der platonischen Natur, die bis heute unverwandt Gegenstand der mathematischen Physik, insbesondere der Maxwell, Boltzmann, Planck, Heisenberg, Schrödinger und Dirac ist.

Mit der Heraufkunft des technischen Zeitalters, also im 19. Jahrhundert, tritt neben die pythagoreische Physik und neben die platonische Physik eine weitere hinzu, die nun das Sein beider bedroht: die technische Physik, und ihr Gegenstand ist weder die pythagoreische, noch die platonische Welt, sondern etwas ganz Neues, die apparative Welt. Der Satz des spanischen Metaphysikers und Historikers Ortega y Gasset[38]: »Die sogenannte Natur, wenigstens was der Physiker unter diesem Namen versteht, stellt sich heraus als ein von ihm selbst gemachter Apparat, den er zwischen die wirkliche Realität und seine Person stellt« – dieser Satz gilt nur in Bezug auf die technische Physik einer apparativen Welt, er gilt weder für die experimentelle Physik, die eine py-

thagoreische Natur, noch für die mathematische Physik, die eine platonische Natur zum Gegenstand hat. Der Satz Ortegas erinnert von fern her an eine Bemerkung Goethes, die newtonsche Physik, also die experimentelle Physik des pythagoreischen Gegenstandes betreffend[39]: »Der newtonsche Versuch, auf dem die herkömmliche Farbenlehre beruht, ist von der vielfachsten Komplikation, er verknüpft folgende Bedingungen. Damit das Gespenst erscheine, ist nötig:
Erstens – ein gläsernes Prisma;
Zweitens – dreiseitig;
Drittens – klein;
Viertens – ein Fensterladen;
Fünftens – eine Öffnung darin;
Sechstens – diese sehr klein;
Siebentens – Sonnenbild, das hereinfällt;
Achtens – aus einer gewissen Entfernung;
Neuntens – in einer gewissen Richtung aufs Prisma fällt;
Zehntens – sich auf einer Tafel abbildet;
Elftens – die in einer gewissen Entfernung hinter das Prisma gestellt ist.

Nehme man von diesen Bedingungen drei, sechs und elf weg, man mache die Öffnung groß, man nehme ein großes Prisma, man stelle die Tafel nah heran, und das beliebte Spektrum kann und wird nicht zum Vorschein kommen.« Das ist die Kritik dessen, der unter Experiment nur Entdeckung, nicht Messung versteht, das ist die Kritik des Phänomenologen, der die von sich selbst her sich zeigende Natur, nicht aber die pythagoreisch ausgewählte Natur meint. Goethe, das ist nun eingestanden, besitzt also eine Physik, die noch weit vor jener pythagoreischen Physik der pythagoreischen Natur steht, es ist die phänomenologische Physik der elementaren Welt, es ist die Natur, so wie sie sich von sich selbst her zeigt und das ist stets elementar und phänomenologisch. Gelegentlich haben die Phänomenologen ihre Methode durch diesen Ausdruck beschrieben. Im Grunde setzt in der Naturwissenschaft der Prozeß des Verlustes wirklicher Natur (nur naturseiender Natur) ein, wenn die elementare, phänomenologische Physik, die ihre Natur sich von sich selbst her sehen läßt, verlassen wird. Dieser Prozeß der Denaturierung läuft über die experimentelle Physik einer pythagoreischen Natur, über die mathematisierte Physik einer platonischen Natur und über die technische Physik einer apparativen Welt. Wir schieben hier den Gedanken ein, daß die Geschichte geistiger Bewegungen, insbesondere der Wissenschaften, meist erst von einem bestimmten Augenblick an nicht mehr »offene Geschichte«, sondern »gerichtete Geschichte« (die wir unterscheiden) bedeutet. Am Entwicklungsgang der Naturwissenschaften, insbesondere der Physik im 19. Jahrhundert, läßt sich das besonders gut studieren. Gewiß gab es bis zu Goethe bereits die Physik der Galilei, Kepler, Kopernikus, Newton, Huygens, Leibniz, Pascal usw. Doch war die Geschichte dieser Physik »offen«, erst mit dem 19. Jahrhundert wird sie »Geschichte als System« (um Ortegas Ausdruck zu verwenden). Daher der Anachronismus der goetheschen Physik, die als elementare Physik, als phänomenologische Physik mit einem Gegenstand, einer Natur, die sich ganz von sich selbst her zeigt, ja im Grunde bereits mit Galilei hätte abgetan sein müssen. Kurz und gut: das 19. Jahrhundert rekapituliert die ideale Entwicklung der Naturwissenschaft, die elementare phänomenologische Physik der goetheschen Natur, so wie sie sich von sich selbst her zeigt; dann die experimentelle Physik im Stile der Galilei, Kepler, Newton mit der pythagoreischen Natur, deren Entdekkung einem auswählenden Akt verdankt wird, einer Natur, so wie sie sich nicht von sich selbst her, sondern »realisiert« in Apparaturen zeigt; dann die mathematische Physik der platonischen Natur, die sich von sich selbst her und auch in Apparaturen nicht oder doch nur approximativ zeigt und real nur auf einer platonischen, also zeichenhaften, begrifflichen, gedanklichen Stufe erscheint und endlich die technische Physik einer apparativen Welt, in der das, was Goethe zwischen der von sich selbst her sich zeigenden Natur und der experimentellen newtonschen Physik eingeschaltet fand, unmittelbar Gegenstand der Physik geworden ist, also die Apparate selbst, nicht die in diesen Apparaten realisierte Natur. Man kann diese Entwicklungsfolge auch noch anders aussprechen. Der Verlauf geht von der konkreten unmittelbaren Natur zur apparativen Natur, von der apparativen Natur zur abstrakten Natur, von der abstrakten Natur zur konkreten Apparatur der technischen Physik.

II

Wir haben gesagt, daß das wichtigste Ereignis in der Geschichte der neueren Naturwissenschaften die Einwirkung der Mathematik gewesen sei. Daß es durch die Einwirkung der Mathematik auf die Naturwissenschaften zu einem Prozeß der Denaturierung gekommen ist und daß als Ergebnis dieser Denaturierung eine mathematische Physik mit platonischer Natur und eine technische Physik mit apparativer Natur zustande kam, das dürfte heute ebenso gewiß sein wie die Tatsache, daß die goethesche phänomenologische Physik mit ihrer reinen elementaren Natur der letzte Versuch war, wahrhaft empirische Wissenschaft wirklich empirischer Natur zu sein. Mit dem Zeitalter der Mathesis universalis, das zugleich den Gedanken des Kalküls und der Universalmathematik faßte, mit Descartes, Pascal und Leibniz, trat die wissenschaftstheoretische Gesinnung vor die erkenntnistheoretische. Nicht den Gegenstand der Wissenschaft galt es zu vollenden, sondern die Wissenschaft von diesem Gegenstand. Ich kenne keinen Augenblick der abendländischen Geistesgeschichte, der nachdrücklicher die Heraufkunft des abstrakten Denkers großen Formats ankündigte wie dieser. Es war die Entdeckung des Leibniz, daß der Geist eine Form habe, in »Form sei« und daß diese Form in einer generalisierten Mathematik, in der Characteristica universalis und dem Calculus ratiocinator, den er 1678 in einem Brief an Tschirnhausen als einen Qualitätenkalkül bezeichnet, bestehe, die gewissermaßen das Interesse an der Natur gefährdete, die reine Vernunft sehr platonisch stimmte und den Geist der Wissenschaften dem Geist der Mathematik unterordnen sollte, so wie einst, im Mittelalter, in der Scholastik die Erkenntnisse und Erfahrungen sich unter einer kategorischen Theologie vollzogen.

III

Sonderbarerweise tauchte mit dem vorwärtsstürmenden Rationalismus der Mathematik und der Naturwissenschaften der Begriff der »Naturbeherrschung« auf. Es handelte sich in Wirklichkeit gar nicht um eine Herrschaft über die Natur, da sich ihre Gesetze nämlich – gleich ob apriorisch oder aposteriorisch – als invariant erwiesen, es vollzog sich lediglich der Einblick in die zeitliche Anordnung der Naturereignisse, es erwies sich die Möglichkeit der Einsicht in die Determination der Natur, nicht etwa die Determinierung selbst – und das wurde als Naturbeherrschung verstanden. In Wirklichkeit bedeutet diese Galvanisierung der Natur durch die Mathematisierung der Naturwissenschaften gerade den Verfall der Beherrschung im Sinne einer Determinierung.

Hiervon jedoch abgesehen, kommt durch den Begriff »Naturbeherrschung« zum Ausdruck, daß im Verhältnis zur Zeit das existentielle Moment sichtbar wird.

Es ist die Methode Lessings im *Laokoon*, die wir einschlagen, eine phänomenologische Methode. Lessing sprach es in seinem ästhetischen System aus, was Kant erkenntnistheoretisch wiederholte: daß alle Gegenstände »nicht allein im Raum, sondern auch in der Zeit existieren«. Er schied also Ästhetik nach Raum und Zeit. Entscheidend für den Analytiker ist, wo er etwas existieren sieht, ob im Raum oder in der Zeit. Determination, Kausalität sind immer Kategorien, die der Zeit angehören; Morphologie, Gestalt, Typus sind Kategorien, die dem Raum angehören. Man kann beobachten, daß im 18. und 19. Jahrhundert alles Erkennen mehr und mehr unter den Aspekt der Zeit gerät – eine konsequente Folge der Tatsache, daß die Wissenschaft im modernen Sinne, insbesondere natürlich die Naturwissenschaft, der mathematischen Ideologie der Descartes, Leibniz und Pascal, die durch und durch deterministisch gesonnen ist, entstammt. Historizismus, Entwicklungslehre, Kausalitätsphysik usw. sind Zeichen dieser »Zeitlichkeit«. Goethe ist die Ausnahme.

Interpretieren wir also das Verhältnis zur Zeit, das sich auf jeder der verschiedenen Stufen der physikalischen Wissenschaft, der goetheschen, der pythagoreischen, der platonischen und technischen einstellt:

Da Goethes Naturwissenschaft – ja überhaupt seine Wissenschaft – zuletzt, wie Forschungen Trolls, L. Wolfs, G. Müllers[40] u.a. ergeben haben, nur aus seiner morphologischen Tendenz entwickelt werden kann und die phänomenologische Methode des Sehenlassens, so wie etwas sich von sich selbst her zeigt, auch nur wieder Entdeckung der »Gestalt«, genau des Realseins der

Gestalt bedeutet, erkennt man nicht schwer, daß dieses partikulare Forschen sich kaum unter der Kategorie bzw. in einem kategorischen Verhältnis zur Zeit, diese verstanden als Zeitbewußtsein, fassen läßt. Goethes »Morphologie«, sagt er, »ruht auf der Überzeugung, daß alles, was sei, sich auch andeuten und zeigen müsse. Von den ersten physischen und chemischen Elementen an bis zur geistigsten Äußerung des Menschen lassen diesen Grundsatz gelten.« Goethe selbst beschreibt sein Verfahren daher völlig unabhängig von kausal-zeitlichen Begriffen: »Das was wir in der Erfahrung gewahr werden, sind meistens nur Fälle, welche sich mit einiger Aufmerksamkeit unter allgemeine, empirische Rubriken bringen lassen. Diese subordinieren sich abermals unter wissenschaftliche Rubriken, welche weiter hinaufdeuten, wobei uns gewisse unerläßliche Bedingungen des Erscheinenden näher bekannt werden. Von nun an fügt sich alles nach und nach unter höhere Regeln und Gesetze, die sich aber nicht durch Worte und Hypothesen dem Verstande, sondern gleichfalls durch Phänomene dem Anschauen offenbaren. Wir nennen sie Urphänomene, weil nichts in der Erscheinung über ihnen liegt, sie aber dagegen völlig geeignet sind, daß man stufenweise, wie vorhin hinaufgestiegen, von ihnen herab bis zu dem gemeinsten Falle der täglichen Erfahrung niedersteigen kann.« In dieser Naturwissenschaft tritt an die Stelle der Kausalität die Metamorphose. »Gestaltenlehre ist Verwandlungslehre. Die Lehre der Metamorphose ist der Schlüssel zu allen Zeichen der Natur«, so heißt es in eben jener Aufzeichnung über »Morphologie«, die wir vorstehend schon zitierten. Nicht die zeitliche Folge der Ereignisse, ihr kausaler Zusammenhang, die Vorausberechenbarkeit, sondern das Wiederfinden einer »Urgestalt« in abgeleiteten Gestalten wäre die Methode, die Absicht. Nicht unter der Wirkung der Mathematik steht diese Naturwissenschaft, die sich den abstrahierenden Kräften der Theoretisierung und des Abbaues der Objektivität der sekundären Sinnesqualitäten gemäß Hume und Locke entziehen möchte, wohl aber steht diese Naturwissenschaft als Phänomenologie noch unter einem gewissen Primat der Philosophie. Nicht umsonst schreibt Goethe unter dem 27. September 1786 auf seiner Italienreise angesichts des botanischen Gartens in Padua: »Hier in dieser neu mir entgegentretenden Mannigfaltigkeit wird jener Gedanke immer lebendiger, daß man sich alle Pflanzengestalten vielleicht aus einer entwickeln könne ... Auf diesem Punkte bin ich in meiner botanischen Philosophie stecken geblieben ...« Eine der frühesten, einsichtigsten und deutlichsten Selbstbestimmungen der goetheschen Naturwissenschaft. – Sie läßt verstehen, daß jede Gegenbewegung gegen die Zerstörung objektiver Sinnesqualitäten zugleich eine Bewegung gegen die neuere Naturwissenschaft und Mathematik darstellt und stets sich philosophisch, nicht wissenschaftlich gebärdet. Ich denke nur an die Namen, an die sich neuerlich diese Gegenbewegung bindet, an Nietzsche, Dilthey, an Hermann Schwarz, Ludwig Klages, Bergson und Scheler, die alle der Philosophie, nicht der Wissenschaft angehören. Man muß nun ausdrücklich festhalten, daß das Urphänomen »sich unseren Sinnen« enthüllt; es ist real und ideal, »ideal als das letzte Erkennbare, real als erkannt«, symbolisch weil es alle Fälle begreift, identisch mit allen Fällen; – nur wenn man dies festhält, kann man den Unterschied zwischen der Welt der Urphänomene, die Goethes Naturwissenschaft zu entdecken trachtet, und der Welt der Ideen und Zeichen, die uns die mathematische Physik aufschlägt, begreifen. Goethes Naturwissenschaft ist nicht platonisch, weil ihr Gegenstand nicht auf der platonischen Stufe liegt.

Die klassische Physik Galileis versteht, wie gesagt, das Experiment in erster Linie als Messung. Physikalische Größen, die gemessen sind, sowohl universelle Konstanten als auch Variablen, werden innerhalb eines Maßsystems verständlich, das sich aus cm/gr/sec oder Länge/Masse/Zeit in geeigneter mathematischer Weise zusammensetzt. Die Reduktion einer Größe, z. B. der Energie, auf diese mathematisch präzisierten Ausdrücke nennt der Physiker »dimensionieren«. In der »Dimension« einer gemessenen Größe geht der Faktor t (Zeit) stets mit ein, bei reinen L-Größen oder M-Größen tritt mathematisch t mit dem Exponenten 0 auf und wird dementsprechend zur Konstanten = 1. Größen in der geeigneten Weise auf ein schematisches Produkt von l m t zurückführen, heißt diese Größen im absoluten Maßsystem ausdrücken. Es ist hieran ersichtlich, in welchem Umfange Experimentieren im Sinne der klassischen experimentellen Physik Galileis, wie der pythagoreische Charakter der Welt dieser Naturwissenschaft es auch voraussetzt, immer wieder auf die Messung von Zeitgrößen führt, und wie sehr recht Kant hatte, als er, gerade vom Standpunkt dieser Physik aus, die Zeit als eine Anschauungsform verstand. Die klassische, galileische, experimentelle Physik einer pythagoreischen Natur läßt in die physikalischen Größen immer ein homogenes Zeitmaß eingehen und allen Vorstellungen dieser Wissenschaft liegt stets das uns in der Anschauung gegebene Wesen des Raumes und der Zeit zu Grunde. Ich wiederhole: das uns in der Anschauung gegebene Wesen der Zeit, zufolge der etwa die Farben zwar keine unmittelbar sich von sich selbst her zeigenden goetheschen Urphänomene sind, aber doch noch anschaulich in Raum und Zeit vorzustellende Ätherschwingungen.

Mit der konsequenten mathematischen Physik, in der an Stelle der pythagoreischen Natur eine platonische Natur auftritt, die sich nicht mehr unserer Anschauung enthüllt, entfällt die Möglichkeit, daß etwas von dem uns in der Anschauung gegebenen Wesen von Raum und Zeit in die mathematisch erdachte Welt eingeht. Unser Zeitbewußtsein hat zwar noch Anteil an dieser platonischen Welt, aber als bildende Anschauungsform tritt es nicht mehr auf. Die Farben sind in dieser Wirklichkeit nicht einmal mehr Ätherschwingungen, »sondern mathematische Funktionsverläufe«, wobei in den Funktionen, den drei Raum- und der einen Zeitdimension entsprechend, vier unabhängige Argumente auftreten. Noch wird mit der Zeit gearbeitet, aber es ist nicht mehr unser eigenes Zeitbewußtsein, das der Hermeneutik der Phänomenologen zugängig ist, welches jetzt auftritt, es ist überhaupt keine konkrete Zeit, sondern eine abstrakte Zeit; denn diese Zeit ist keine Anschauungsform, sondern eine Zeit der semantischen Einbildungskraft, wenn ich so sagen darf, wobei ich hier eine Tätigkeit unseres Verstandes eingestehe, die wohl abgehoben von der bildlichen Einbildungskraft bleibt, aber keinesfalls, wie das Figuren- und Zeichenspiel der Mathematiker beweist, unterdrückt werden darf.

Es kommt also darauf an, Zeichen und Modelle zu machen und diese widerspruchsfrei fungieren zu lassen und dann diese Zeichen bzw. Zeichensysteme oder auch die gemachten Modelle wiederzufinden, jene etwa in einer Geometrie, diese im bearbeiteten physikalischen Gegenstand. Tatsächlich geht die moderne Axiomatik einerseits und die physikalische Forschung andererseits so vor. Wenn Hilbert die Geometrie widerspruchsfrei aufbaut, geht er von Punkten, Geraden und Ebenen als bloßen, bedeutungsfreien Zeichen aus, unterlegt ihnen erst nach der vollzogenen widerspruchsfreien Kombination einen geometrischen Sinn im Anschaulichen. Und wenn der moderne Atomphysiker z. B. einen gemessenen Vorgang begreifen will, so konstruiert er als Theorie ein Modell, ein isomorphes Modell, zu dem Vorgang und sucht die Konfiguration dieses Modells in seinen Messungen wiederzufinden. Auch hier verschiebt sich schon leicht die Kausalitätstendenz zu Gunsten einer morphologischen Forschung, obgleich hier die goetheschen »Gestalten« nur abstrakte Modelle bzw. Zeichen sind. Jedenfalls steht die Physik bzw. die Mathematik auf der platonischen Stufe in sich andeutender Nachbarschaft zur goetheschen Morphologie; es handelt sich in gewisser Weise um eine abstrakte Morphologie, die uns die platonische Natur zugängig macht. In beiden aber steckt ein Glanz der neuplatonischen Lehre von den in der Seele vorhandenen Mathemata, die, wo sie aufgewiesen, nur wiedererkannt wurden.

Auf der Stufe der mathematischen Physik, wo sie nur noch eine platonische Natur zum Gegenstand hat, scheint also jedes existentielle Moment herauszufallen, und es fällt heraus, weil nicht mehr unser eigenes phänomenologisch auslegbares Zeitbewußtsein eingeht, aus dem die Zeit als Anschauungsform resultiert. Damit hängt nun zusammen, daß nur auf der Stufe der pythagoreischen Physik jene »geschlossene Naturkausalität« verwirklicht ist, die einem Laplace'schen Geist, genauer: einem Laplace'schen Dämon angehört, der im Besitz einer Weltgleichung ist, die in der Form »eines unermeßlichen Systems simultaner Differentialgleichungen ... Ort, Bewegungsrichtung und Geschwindigkeit jedes Atoms im Weltall zu jeder Zeit« voraussagen ließe.

Wie gesagt: nur auf der Stufe der klassischen, galileischen Physik, deren Gegenstand eine pythagoreische Natur hat, könnte sich dieser Laplace'sche Dämon verwirklichen, nur dort gibt es ja jene Zeit als Anschauungsform, die unserem Zeitbewußtsein entspricht. Aber – ich sagte es schon – selbst wenn die pythagoreische Natur die einzige wäre, die Gegenstand der Wissenschaft sein könnte, so erwiese sich doch unsere wissenschaftstheoretische Gesinnung in dem Hang, nicht den Gegenstand der Wissenschaft zu erschöpfen, sondern das Gefüge dieser Wissenschaft selbst lückenlos zu machen, als wesentlich stärker, denn der Kausalitätstrieb des »rastlosen Ursachentieres« (Lichtenberg) in uns. Um die Naturwissenschaft wahrhaft zu vollenden, opferten wir die pythagoreische Natur und haben begonnen, unsere Naturwissenschaft, speziell unsere Physik, auf der Stufe einer platonischen Natur zu vollenden.

Während innerhalb der klassichen Physik die pythagoreische Natur sich dadurch erweist, daß durchgängig das Kontinuum der reellen Zahlen die gemessene Wirklichkeit bezeichnet, zeigt sich in der heisenberg-schrödingerschen Quantenmechanik eine neue Natur, die wir die platonische nennen und die – wie schon einmal hervorgehoben – sich dadurch auszeichnet, »daß zu jedem physikalischen Gebilde ein eigenes Größensystem gehört, eine nichtkommutative Algebra im technisch-mathematischen Sinne, deren Individuen die physikalischen Größen selbst sind«. (H. Weyl) Diese nicht-kommutative Algebra ist wesentlich Gruppentheorie. Hinzu kommt, daß auch der andere Problemkomplex der nichtklassischen Physik, der durch die spezielle und allgemeine Relativitätstheorie gekennzeichnet ist, durch ein zentrales Auftreten des Gruppenbegriffs sich uns vorstellt. Schon Felix Klein sprach von der Relativitätstheorie einer Gruppe. »Es war für die Mathematik ein Glück, daß das Relativitätsproblem zuerst nicht am kontinuierlichen Punktraum, sondern an einem aus endlich vielen diskreten Objekten bestehenden System, nämlich an dem System der Wurzeln einer algebraischen Gleichung (mit rationalen Zahlkoeffizienten) durchgeführt wurde (galoissche Theorie); das ist der Schärfe der Begriffsbildungen sehr zugute gekommen ... Aus diesem Problemkreis ist auch die abstrakte Gruppentheorie entsprossen.« (H. Weyl)[41] Die Gruppentheorie repräsentiert Wesentliches der Mathematik dieser physikalischen Natur auf platonischer Stufe. Und gerade die Tatsache, daß hier ein neuer Zahlenkörper, ein »Schiefkörper« (weil das kommutative Gesetz der Multiplikation nicht vereinbart wird) zur Geltung kommt, der ein anderer ist als der, welcher das Kontinuum der reellen oder komplexen Zahlen bezeichnet und der »pythagoreischer Natur« ist, hebt die neue Stufe der erkannten Wirklichkeit hervor. Überhaupt greift hier das neue mathematische Systemdenken tief in die Natur ein. Das mathematische Systemdenken gehört durchaus dieser platonischen Natur der modernen Physik an, die, wie

A. Marchs Überlegungen über eine atomistische Raumstruktur zeigen, auch die noch jüngere Teiltheorie, die ja auch dem mathematischen Systemdenken angehört, einbezieht. Wir möchten die geistesgeschichtlich wichtige Tatsache hervorheben, daß die platonische Natur der modernen Physik gewissermaßen vorgeprägt wurde durch die generalisierende Erweiterung des mathematischen Gegenstandes, die sich mit der Mengen-, Gruppen- und Teiltheorie vollzog. Die Mathematik als Bedingung der Naturerkenntnis – aber einer generalisierten, abstrakteren, denaturierteren, darum platonischen Natur.

Auf dieser Stufe zeigte es sich, daß die »geschlossene Naturkausalität« eine sehr fragwürdige Sache ist; sie erwies sich als nicht verwirklicht und so zeigte sich, daß die Natur, weder die goethesche, noch die pythagoreische, noch die platonische als Ort des Laplace'schen Dämons bezeichnet werden darf. Es hat vielmehr den Anschein, daß jene apparative Natur, die in der technischen Physik zusammengefügt und Gegenstand der Experimente, Messungen und Theoriensysteme ist und deren Parameter wir prinzipiell kennen, weil wir sie selbst einführen, in erster Näherung die Wirklichkeit des Laplace'schen Dämons ausmacht. In dieser Welt wird es eine mathematische Physik geben, die jedes Ereignis voraussagt – freilich nur so lange, als diese apparative Welt rein bleibt und nicht eines Tages mit Parametern arbeitet, die der platonischen Natur angehören. Dann ist wieder die Möglichkeit prinzipiell unbekannter Parameter gegeben oder prinzipieller Indeterminiertheiten, kausaler Diskontinuitäten, wie dies in der Quantenmechanik wahrscheinlich der Fall ist, Stellen, wo die mathematische Physik die letzten Konsequenzen aus einer platonischen Natur zog. Was wir sehen, ist jedenfalls dies, daß die sagenhafte Naturbeherrschung immer nur eine existentielle Approximation bedeutet, nicht mehr. Uns scheint es aus diesem Grunde ziemlich gewiß, daß der Bestand der Wissenschaften, vor allem der mathematischen, vor allem ästhetisch, nämlich um der Wissenschaft, nicht um ihres Gegenstandes willen gerechtfertigt bleibt. Der Gegenstand will nicht beherrscht sein, er ist Gegenstand unseres Denkens und dieses Denken bedarf der ästhetischen Vollendung.

IV

So unverkennbar, wie die Wirkung der Mathematik auf die exakten Naturwissenschaften, insbesondere auf die Physik gewesen ist, war sie, von der Logik abgesehen und diese Wirkung gehört in das philosophische Kapitel, keineswegs auf andere Wissenschaften. Eine bemerkenswerte Rolle hat die Geometrie im Irrkreis der Alchemie gespielt. Wie so häufig, so war auch hier wohl ein Bezug auf Platons *Timaios* die Ursache. Hier wurde die Kugelgestalt als die vollkommene Gestalt erklärt und den vier Elementen: Feuer, Luft, Wasser und Erde, die elementaren Körper Tetraeder, Oktaeder, Ikosaeder und der Würfel zugeordnet. Insbesondere hat Lullus immer wieder davon gesprochen, daß bei den alchemistischen Verfahren geometrische Regeln zu beobachten seien und selbst an Hand graphischer Darstellungen Mischungsvorschriften gegeben. Hier sehen wir jedenfalls die früheste Wirkung mathematischer Einsichten auf chemische Spekulationen vor uns. Natürlich gehören diese Dinge nicht der Geschichte der Naturwissenschaften an, sondern bleiben im Rahmen der Geschichte mathematischer Mystik, und ich erwähne sie nur, um wenigstens ein historisches Datum zu erhalten. Im Ganzen ist die mathematische Naturwissenschaft eine Angelegenheit der Neuzeit.

Schon innerhalb der Naturwissenschaften gibt es Gebiete, wo die Mathematik recht spät und dann noch zögernd zur Entfaltung kam. Dabei muß man ebenfalls wieder sorgsam unterscheiden zwischen drei Möglichkeiten: 1. der Anwendung der Mathematik auf den mathematischen Gegenstand; 2. der Mathematisierung im Sinne eines axiomatisch-deduktiven Aufbaus der betreffenden Wissenschaft unter der Ausbildung einer geeigneten Präzisionssprache und 3. dem Auftreten physikalischer Voraussetzungen in den betreffenden Wissenschaften, die von sich aus mathematische Bestandteile enthalten.

Überall dort, wo z. B. Geologie bzw. Geophysik, Chemie, Meteorologie und Physiologie Vorgänge der Physik streifen, tritt natürlich ohne weiteres Fall 3 ein, daß die physikalischen Grundlagen dieser speziellen Naturwissenschaften auch mathematische Begriffsbildungen, Methoden usw. einschließen, und daß, wo gerechnet wird, von der Anwendung der Mathematik zu sprechen ist, ist ebenfalls selbstverständlich. Von einer Mathematisierung kann dabei nicht gesprochen werden. Mathematisieren heißt ja, die betreffende Wissenschaft zu mathematisieren, nicht etwa den Gegenstand, und es kann irgendwo ein Gegenstand mathematisiert sein, ohne daß die Wissenschaft von diesem Gegenstand selbst mathematisiert wäre. Wenn wir von Mathematisierung sprechen, dann sprechen wir ausdrücklich, im Sinne der Mathesis universalis, auch von Wissenschaften nichtmathematischer Gegenstände.

Ein besonderer Fall liegt in der Kristallmorphologie[42] vor, die ausdrücklich auch den Namen Kristallgeometrie führt. Hier ist der Gegenstand (die Mannigfaltigkeit der Kristallerscheinungen) mathematisiert, indem der »Realkristall« ersetzt wurde durch den »Idealkristall« und dessen mathematische, d. h. geometrische Eigenschaften abgeleitet und auf den »Realkristall« übertragen wurden. Eine hinreichende Approximation der idealen geometrischen Verhältnisse an die realen morphologischen Verhältnisse setzt der Kristallograph dabei voraus. Wie gesagt, liegt hier die Mathematisierung in der Geometrisierung und diese Geometrisierung konnte nur dadurch durchgeführt werden, daß man Idealkristalle an die Stelle von Realkristallen setzte. Die Kristallgeometrie mit dem Gesetz der Konstanz der Kristallwinkel, dem Gesetz der einfachen rationalen Kantenschnitte, mit der Flächen- und Kantensymbolik, dem Zonengesetz, dem Entwurf der 32 Kristallklassen, den 7 Kristallsystemen und der Kristallprojektion bedeutet die Anwendung der Mathematik (Geometrie) auf Realkristalle, bedeutet damit eine Mathematisierung des Gegenstandes, bedeutet aber nur soweit eine Mathematisierung dieser Wissenschaft, als die innerhalb der Kristallgeometrie auftretenden geometrischen Begriffe und Sätze einem axiomatisch-deduktiven widerspruchsfreien System angehören. Fragen wie das Auftreten von Vizinalerscheinungen oder die gesetzmäßige Verwachsung von gleichartigen bzw. ungleichartigen Kristallen sind nicht so ohne weiteres einer mathematisierten Kristallmorphologie einzufügen. Für diese Fälle müßte das Definitionssystem bzw. Axiomensystem dieser Wissenschaft über den Bereich der reinen Kristallgeometrie hinaus erweitert werden.

Etwas anders liegt der Sachverhalt in der Biologie. Hier ist gegenwärtig genau zwischen der Mathematik der notwendigen, geringen physikalischen Voraussetzungen, der Anwendung mathematischer Methoden auf spezielle biologische Fakten und der Mathematisierung der biologischen Wissenschaft zu scheiden. Über die physikalischen Voraussetzungen, z.B. Mechanik des tierisch-pflanzlichen Lebens und der damit eingeschlossene Bestand mathematischer Rechnungen, ist hier kein Wort zu verlieren. Bei den mathematischen Methoden der Biologie handelt es sich hauptsächlich um Anwendungen innerhalb der Vererbungs- und Rassenlehre. Im wesentlichen handelt es sich dabei um biologische Variationsstatistik. Im Ganzen sind folgende Anwendungsarten aufzuzählen: Graphische Darstellungen in der Biologie wie Häufigkeits-, Treppen- und Summenpolygone, Funktionen von zwei Variablen; Grundbegriffe der Variationsstatistik wie Mittelwert, Maximalwert, Zentralwert, Streuung, Asymmetrie; Wahrscheinlichkeitsberechnungen im Zusammenhang mit der Vererbungslehre, die bis auf Gregor Mendels Gesetze zurückgeht; mathematische Verteilungen mit gegebenen Ursachen wie bernoullische, poissonsche und lexissche Verteilung; Bestimmung von Ursachen gegebener biologischer Verteilungen und Korrelationen. Neben diese Anwendung der Mathematik in der Biologie, die eine Mathematisierung (Pythagoreisierung) des biologischen Gegenstandes, der Lebensvorgänge, einschließt, tritt nun die Mathematisierung der biologischen Wissenschaft, d.h. also ihr axiomatisch-deduktiver Aufbau im Sinne moderner mathematischer Logik, ein Unternehmen, das von so bedeutenden Logikern wie Tarski und Floyd gefördert worden und von J. H. Woodger[43] begonnen worden ist. Woodger führt Zeichen für biologische Vorgänge ein und schafft sich damit die zur Mathematisierung erforderliche Präzisionssprache. Solche »Grundvokabeln« sind z.B. P = Teil sein von ..., T = zeitlich früher als ..., org = organische Einheit wie Tier, Zelle, Chromosom ..., U = sich teilen in und verschmelzen zu ... und endlich cell = Zelle usf. Es ist leicht einzusehen, daß Woodger sein Unternehmen auf die Wissenschaft, nicht auf die Lebensvorgänge selbst richtet, die Biologie selbst ist Thema seiner Biologie.

V

In diesem Zusammenhang erhebt sich die Frage, ob die Geistesgeschichte, die wir als echten wissenschaftlichen Teil der sogenannten Geisteswissenschaften bezeichneten, einen im Sinne einer axiomatisch-deduktiven Theorie mathematisierbaren Bestandteil enthält. Nur dann wäre die hilbertsche These erfüllt, daß alles, was Theorie bzw. Wissenschaft im reinen Sinne ist, der Mathematik verfalle. Wie gesagt, haben wir dabei zu unterscheiden: Geistesgeschichte und Geistesdeutung.

Außerdem fragt sich, ob sich die Mathematisierung entweder auf einen oder beide Teile der Geisteswissenschaft selbst sowie ihren Gegenstand oder nur auf den Gegenstand bzw. nur auf die Wissenschaft (Geschichte oder Deutung) beziehe.

Ich schicke dabei ein paar Worte zu alten Versuchen voraus. Es ist beinah selbstverständlich, daß im Zuge der Universalmathematik auch die Übertragung der Mathematik auf nichtmathematische Gegenstände geistesgeschichtlicher bzw. geistesdeuterischer Natur lag. Leibniz und das 17. bzw. 18 Jahrhundert brachten jedoch im Ganzen nur Ansätze pseudo-mathematischer Art oder aber nur einfache Anwendungen von Mathematik, die weder einer konsequenten Mathematisierung des Gegenstandes noch der Wissenschaft entsprachen. Nennen wir Pufendorfs *Elementa jurisprudentia universalis*, die 1660 erschienen und ein mathematisches Gewand zeigen; nennen wir außerdem Leibniz selbst, der in seinem »Specimen« in annähernd axiomatisch-deduktiver Sprache über politische Dinge spricht; vergessen wir auch nicht, daß Montesquieus erstes Manuskript des *Esprit des lois* Euklid zum Vorbild nahm und Lavoisier eine *Arithmétique politique* verfaßt hat.

Sehen wir von den begreiflichen Anwendungen der Mathematik innerhalb der Finanzwissenschaften, in der ökonomischen Wertlehre, insbesondere in der englischen mathematischen Volkswirtschaftsschule, in der Preistheorie, in gewissen soziologischen Theorien und der Nationalökonomie ab, die gegenwärtig in der *Theoretischen Volkswirtschaft* von Stackelberg an Stelle numerischer Beispiele abstrakte Gleichungen einführt, so ist es lediglich die Jurisprudenz, die mit dem Gedanken einer Mathematisierung spielt. Hermann Weyl wies 1927 in seiner *Philosophie der*

Mathematik und Naturwissenschaft ausdrücklich darauf hin, daß die Verwandlung der Wissenschaft in eine »Schluß an Schluß reihende« Wissenschaft (M. Schlick) nicht nur für die exakten Wissenschaften, sondern auch für die Jurisprudenz ein geeignetes Anwendungsfeld sein dürfte. In seinem knappen Aufsatz zur »Logik der Staats- und Verfassungslehre« weist Jürgen v. Kempski auf die Notwendigkeit hin, die Aussagen dieser Wissenschaften dadurch sicherer zu gestalten, daß sie auf die Begriffsbildungen der mathematischen Logik zurückgeführt würden, was also einer Mathematisierung dieser Wissenschaften gleichkäme.

1. Mathematisierung der Geistesgeschichte und ihres Gegenstandes

Ich möchte mit der Diskussion einer Bemerkung Werner Speisers[44] beginnen, die eine alte Vermutung vortrefflich zum Ausdruck bringt: »Ob ich sage, das Atom sendet in der und der Zeit die und die Elektronen aus oder der Maler malt in der und der Zeit die und die Gemälde, ist im Grunde gleich, und die Methoden, die derartige Feststellungen ermöglichen, sind bei einem sauberen Denken weniger verschieden als ein torhafter Snob der Geisteswissenschaften es im allgemeinen wahrhaben will.« Mit dieser Aussage werden sowohl die Natur als auch die Geschichte auf das Faktum der Zeit projiziert. Beidemal handelt es sich um die Bestimmung gewisser – natürlicher und geistiger – Vorgänge auf der Zeitachse. Auf diese Weise gewinnt die Geistesgeschichte (in diesem Fall die Kunstgeschichte) ein Analogon in der Naturgeschichte. Die Tatsache, daß gelegentlich, insbesondere im 18. und 19. Jahrhundert, der Terminus Naturgeschichte überhaupt gleichbedeutend war mit dem Terminus Naturwissenschaft, weist darauf hin, daß der Naturforscher und Historiker sich in der Markierung zeitlicher Ereignisse treffen. Immerhin besteht ein mächtiger Unterschied: der Historiker betreibt das Geschäft dieser zeitlichen Festlegung nach rückwärts, der Naturwissenschaftler macht wesentlich Vorausbestimmungen. Und es sei hinzugefügt: prinzipiell schließen die naturwissenschaftlichen Vorausberechnungen die Möglichkeit der Zeitbestimmung rückwärtiger Ereignisse ein, der Historiker bedarf zur Vorausbestimmung seiner Ereignisse einer zusätzlichen Theorie oder die Möglichkeit verfällt völlig. Denn – und das ist das eigentliche Wesen des Unterschiedes in der Zeit des Historikers und der Zeit des Naturwissenschaftlers – die Zeitachse des Physikers ist mathematisiert und daher determinierbar, die Zeitachse des Historikers ist nicht mathematisiert. Selbstverständlich sind die Versuche nicht ausgeblieben, die »Weltgeschichte im voraus zu bestimmen«. Oswald Spengler hat den Versuch gemacht. Also galt es, die historische Zeitachse zu mathematisieren. Worin bestand diese seine Mathematisierung? – Sie bestand darin, Kulturen als große Lebensgestalten morphologisch zu vergleichen und daraus morphologische Identitäten zu entwickeln. Man kennt die Formulierungen: »Jede Kultur hat ihre Gotik, ihre Kindheit.« In der antiken Kultur entspricht der dorische Stil der Gotik innerhalb der abendländischen Kultur. Dem »Germanischen Katholizismus« mit dem Heiland, dem Marienkultus und der Gralssage innerhalb des Abendlandes entspricht in der Antike wiederum die Epoche des »Olympischen Mythus« von 1100–600 v. Chr. und Homer usw. Dieser historische Analogismus, wie man unscharf das Prinzip der morphologischen Identitäten nennen muß, ist jedoch keine echte Mathematisierung des Gegenstandes der Historie; er ist es ebenso wenig, wie Spinozas Philosophie trotz des »more geometrico« eine mathematisierte Philosophie bedeutet hat. Es ist allemal Pseudomathematik, die hier auftritt. Doch hat Spenglers morphologische Identität noch einen Vorrang vor Spinozas »more geometrico«. Sie enthält als echtes mathematisches Prinzip das der »Isomorphie«, auf das wir bereits bei der Erörterung des Verhältnisses von Mathematik und Philosophie gestoßen sind. Dieses Prinzip der Isomorphie ist nichts anderes als die mathematische Formulierung des Prinzips der Analogienbildung. »Es liege vor ein System S′ von Objekten und gewisse zugehörige Beziehungen R, R′ . . ., die Grundrelationen. In einem zweiten System S″ mögen Beziehungen obwalten, die, obwohl sie einen ganz anderen Sinn haben, etwa durch gleiche Namen den Beziehungen R, R′ . . . innerhalb des ersten Sachgebietes zugeordnet sind. Ist es dann möglich, gesetzmäßig die Elemente des Systems S′ den Elementen des Systems S″ eindeutig so zuzuordnen, daß immer solchen Elementen in S′, zwischen denen die Beziehung R oder R′ . . . besteht, Elemente in S″ korrespondieren, zwischen denen die gleichbezeichnete Relation im Reiche S″ statt hat, so sind die beiden Sachgebiete isomorph.« (Definition im Anschluß an H. Weyl). Ich bin kein Historiker, ich kann nicht beurteilen, ob Spenglers morphologische Identitäten »wirklich« sind. Ich kann nur beurteilen, daß, sofern hier echte Isomorphien vorliegen, auch von einer Mathematisierung des Gegenstandes gesprochen werden darf. Nur eine solche liegt vor, nicht eine Mathematisierung der historischen Wissenschaft zu einem axiomatisch-deduktiven System mit einem Kalkül und einer symbolischen Präzisionssprache analog der Mathematik. Die Mathematisierung des historischen Gegenstandes, also der Historie, der Weltgeschichte, die Spengler durch das in den morphologischen Identitäten enthaltene echte mathematische Prinzip der Isomorphie (es spielt dieses Prinzip in der höheren Algebra, in der Körpertheorie und Idealtheorie bzw. auch in der Gruppentheorie eine große Rolle) versucht hat, entspricht einer Mathematisierung der Natur, die mit der klassischen Physik des Galilei begann. Die pythagoreische Natur, die hier als Gegenstand der Physik auftauchte, findet bei Spengler ihr Analogon in einer pythagoreischen Historie. Die isomorphen morphologischen Identitäten mathematisieren die Zeitachse des Historikers genau so, wie die Vorausberechnungen des Physikers die Naturzeitachse determinieren. Im Prinzip genau so. Nicht in der Subtilität. Jedenfalls liegt im Begriff der historischen Isomorphie wohl die bisher einzige Möglichkeit vor, den historischen Gegenstand so zu mathematisieren, daß, mit Spenglers berühmtem Eingangssatz zu sprechen, »zum ersten Male der Versuch gewagt« werden kann, »Geschichte vorauszubestimmen«. Nur so weit das möglich ist, nur so weit dieses Prinzip der historischen Isomorphie reicht, ist Geschichte determinierbar, wie natürliche Ereignisse durch den Physiker vorausberechenbar sind. Zugleich aber meldet sich dem geheimen Calvinisten das Problem an, ob die Weltgeschichte nicht prinzipiell nur determiniert sei in Bezug auf Gott und ob dem menschlichen Erkenntnisgeist diese Einsicht in die Determiniertheit, in die Prädestination, wie Calvin sagt, prinzipiell verwehrt sei; ob dies nicht der qualitative Unterschied zwischen Geschichte und Natur sein könne, daß jene nur determiniert ist in Bezug auf Gott, diese jedoch determiniert sei auch in Bezug auf menschliche Erkenntnis. Aber dies zu beurteilen, wäre ein Salto mortale in die subtilste Theologie, den man wahrscheinlich nur mit Interpretationen in den biblischen Propheten versuchen dürfte.

Offenbar ist also der erste geistesgeschichtliche Gegenstand, die Geschichte selbst, nur approximativ mathematisierbar oder sie ist überhaupt eine problematische Sache. Die Mathematisierung der Quellen bzw. Textkritik, worauf sich Geschichte baut, ist jedoch aus dem Grunde nicht so vordringlich, weil hier die Frage der Nachprüfbarkeit und Allgemeingültigkeit nicht auf widerspruchsfreie Schlüsse, sondern auf das empirische Material selbst zurückgeführt werden kann.

2. Mathematisierung der Geistesdeutung und ihres Gegenstandes

Auch hier möchte ich wieder von einer Bemerkung Werner Speisers ausgehen: »Ein Gemälde kann enthalten Augen, Nasen, Ohren, Kopfhaltung, Handhaltung, Bäume, Lyrik, Gelb, Rot, Grün usw. Nennen wir diese Elemente abcd ... Nun können mir an drei verschiedenen Gemälden die Handhaltung, Lyrik, Grün ausnehmend gefallen, sagen wir die Elemente dgf, ohne daß sie formal gleich sein müßten. Das kann ein bloßes subjektives Gefallen sein, also eine rein freie Meinung, noch kaum Deutung. Ich stelle nun fest, daß in den Gemälden als Elementengruppe a-l die Gruppen dgf als mir gefallend erscheinen und schließe daraus, daß diese drei Erscheinungen der gleichen (künstlerischen) Energiemassen sind.« Ob und wie weit man so schließen kann, ist Gegenstand der allgemeinen Kunstwissenschaft. Es gibt genügend Fälle, wo man dergleichen Schlüsse nachprüfen konnte, wo sie sich durch Dokumente etc. hinterher bestätigten. So sind wenigstens die Methoden, wenn auch nicht die Gegenstände mathematisierbar, selbst bei anscheinend ursprünglich subjektiven Meinungen. Die Aufgabe der Geisteswissenschaft besteht nicht darin, lediglich zu deuten, sondern zu prüfen, ob ihre Schlüsse und Deutungen diskutierbar, d.h. auf gleicher logischer Ebene bzw. mathematisch einwandfrei sind! Der Kunsthistoriker gibt also die prinzipielle Möglichkeit des Aufbaus einer exakten Wissenschaft seines Gegenstandes zu, er räumt sie als Möglichkeit ein. Es ist die Frage, ob – wie in der Geistesgeschichte die »Geschichte« – hier der zentrale Begriff der »Deutung« exakt zugängig, d.h. einer mindestens approximativen Mathematisierung zugängig ist. Denn das müßte ja unbedingt gefordert werden.

Die mathematische Logik (Tarski und Scholz) hat den Begriff des »Verstehens« im Zusammenhang mit dem Begriff der »Deutung« hinreichend präzisiert, daß 1. herausgekommen ist, was formal eine »Deutung« ist, daß 2. klar geworden ist, in welchem Genauigkeitsgrad von »Deutung« gesprochen werden kann und daß 3. wieder einsichtig wurde, in welchem Umfange auch qualitative Gegenstände im eigentlichen Sinne des Wortes der »Rechnung« so unterworfen werden können, daß Geisteswissenschaftler »an ihrer schönen Seele auch nicht den geringsten Schaden erleiden.« (H. Scholz)

Freilich gehört dieser präzisierte Begriff der Deutung und des Verstehens in eine Theorie der abstrakten Geistesgeschichte, die noch nicht aufgebaut worden ist, die aber unmißverständlich sich aufdrängt. Diese abstrakte Geistesgeschichte wäre eine syntaktische Wissenschaft bzw. Theorie über geisteswissenschaftliche »Leerformen« wie Koinzidenz, Einfluß, Perfektion, historischer Ursprung, Epoche, epochale Singularität, Zeitsignatur, Rezeption, Zeitströmung, Stil, Form, Inhalt usw. und sie enthielte als eine Art syntaktischer Vokabeln etwa folgende: Wirkung auf, geistiger Zusammenhang mit usw. Dann würde das Fungieren dieser Ausdrücke in sogenannten historischen Aussagen bzw. geistesdeuterischen Aussagen hinreichend präzisiert und Operationsregeln für diese Ausdrücke und Zeichen angegeben werden müssen. Eine weitere Voraussetzung wäre die Einführung präziser geistesgeschichtlicher Konstanten, die wie ein Terminus gewisse Fakten bezeichneten. Hierzu liegt ein Anfang vor in A.E. Brinckmanns »Konstanten«, die er zur Kennzeichnung nationaler geistes- bzw. kunstgeschichtlicher Tatsachen verwendet. Und schließlich wäre es unerläßlich, das geistes- bzw. kunstgeschichtliche Gebilde auf jene abstrakte, platonische Stufe zu heben, wie das z.B. einst Bolzano mit den Sätzen getan hat, als er von »Sätzen an sich« sprach und damit Freges Aussagenlogik das Verständnis ebnete. Auch hierzu liegt bereits ein Anfang vor, und zwar im Versuch Roman Ingardens über *Das literarische Kunstwerk*[45]. Sprachliche Sätze bilden hier den Ausgangspunkt der

Betrachtung des literarischen Kunstwerks. Diese Sätze werden durchaus syntaktisch verstanden, allerdings lautlich-syntaktisch, nicht im formal-logischen Sinne syntaktisch. Denn es wird eingeräumt, daß solche Sätze die dichterische Seinsweise bezeichneten. Literarische Werte werden dann verstanden als »satzmäßig getragene Bedeutungsgefüge«. Jeder Logiker erkennt, daß hier ein Ausgangspunkt für abstrakte Theorienbildung vorliegt. Darin, daß auf Sätze zurückgegangen wird, liegt die abstrahierende Tendenz, die bei Ingarden jedoch leider zu schnell ins Phänomenologische gebrochen wird. So etwa ergäbe sich das Modell einer geisteswissenschaftlichen, d.h. geistesgeschichtlichen bzw. geistesdeuterischen Theorie, für die analog dem berühmten hilbertschen Verfahren der Wiederentdeckung der Zeichen eine Wiederentdeckung des Modells in der Wirklichkeit der durch Geistige erschaffenen Welt der Sinn der Forschung wäre[45]. Diese Wiederentdeckung des Modells in der durch Geistige erschaffenen Welt enthielte dann auch die Tätigkeit einer Wiederverfassung des Verfaßten durch die sogenannte Deutung. Denn formal besteht keinerlei Unterschied zwischen dem Verfahren der Mathematik, mit Hilbert ein rein zeichenhaftes Modell einer Geometrie formal zu entwerfen und dieses Modell nun auf das System von Punkten, Geraden und Ebenen zu übertragen (zu interpretieren) – worin eben die Wiederentdeckung der Zeichen besteht – und dem Verfahren des geisteswissenschaftlichen Hermeneutikers, wenn er ein Gedicht, zunächst auch nur ein Spiel von mit Herz und Sinnen erzeugten Zeichen, in einen Sinnzusammenhang stellt oder in einem knappen Vers die unleugbaren »Zeichen der Zeit« wiederfindet. Allenthalben eine Wiederentdeckung von Zeichen, das Herstellen einer Isomorphie zwischen zwei Systemen, einem realen und einem idealen. Der schon mehrfach entwickelte Begriff der Isomorphie, der einerseits ein genaues und eindeutiges System von Zeichen, gleich welcher Natur, und andererseits wieder ein System von Zeichen voraussetzt, beide Systeme von Zeichen präzisiert als qualitativ getrennte Systeme von Qualitäten, läßt jede Auslegung, jede Deutung, jede Hermeneutik, jede Interpretation in einem zeitgeschichtlichen bzw. geistesgeschichtlichen Zusammenhang genügend formalisiert erscheinen, er gibt das Mittel zur Präzision jedenfalls in die Hand. Wir haben damit einige Grundlagen zur

Möglichkeit einer exakten Geisteswissenschaft (Geistesgeschichte und Geistesdeutung) umrissen. Hier käme man zu nachprüfbaren, allgemeingültigen Schlüssen bzw. Ergebnissen, wie es Kunst- und Literaturwissenschaft schon lange anstreben.

VI

Wir können nun die Frage stellen, welche prinzipiellen Gründe jeweils zur Mathematisierung führten bzw. führen. Von der allgemeinen leibnizischen Reduktion des Geistes auf Form, die der Organisation unseres Geistes entspricht, wollen wir dabei absehen; wir wollen nur die aus den wissenschaftlichen Bemühungen selbst entspringenden Gründe anführen.

Den ersten Grund sehen wir in der Tendenz zur Prognose, die ja ganz allgemein zum Wohlgefallen des menschlichen Geistes und vor allem auch zu den metaphysischen und physischen Nützlichkeiten unserer Natur gehört. Die Beobachtung der Wiederkehr identischer Fälle setzt das Abzählen der Zeitintervalle ebenso voraus, wie die Aufstellung allgemeiner Gesetze für diese Wiederkehr identischer Fälle mathematische Zeichen, Sätze und Regeln voraussetzt.

Ein anderer wesentlicher Grund zur Mathematisierung entspringt der immer wieder einmal auffallenden Unzulänglichkeit der menschlichen Sprache, deren Unschärfe es nicht zuläßt, bestimmte Problemknoten zu entwirren oder bestimmte Verhältnisse überhaupt auszusprechen, zu beschreiben. Ich möchte mich hier aber deutlich gegen die Auffassung aussprechen, die auch Gibbs einmal in einer Unterhaltung geäußert haben soll, daß nämlich die Mathematik eine Art von Sprache sei. Die Mathematik ist keine Sprache, die Mathematik ist eine andere als sprachliche Art, die Dinge zu sehen und zu beschreiben. Sprache ist immer Natur, sie ist stets Artikulation; Mathematik ist immer Geist; sie ist stets begrifflich. Sprache ist immer sinnlich und konkret, aber Mathematik ist immer geistig und abstrakt. Die neue Art, die Dinge zu sehen, wenn ich sie mathematisch darstelle, ist immer die eines Geistes, nicht die eines Naturwesens. Es handelt sich in der Mathematik somit stets um ein neues Niveau, auf dem die Dinge angetroffen werden. Dies jedoch nur in Parenthese. Ein wesentlicher Grund zur Mathematisierung entspringt der Unzulänglichkeit unserer Sprache, die für eine wirkliche, natürliche Welt geschaffen ist, aber im Grunde keineswegs zur Darstellung der geistigen Welt sich eignet. Verläßt nun eine Forschung das, was Max Scheler die »natürliche Weltanschauung« nennt, so erweist sich radikal die Unzulänglichkeit der in dieser Welt gebräuchlichen und für diese Welt gebauten Sprache. Dann wird es notwendig, die Dinge dieser neuen Welt nicht auf der Stufe einer wirklichen, natürlichen Welt zu sehen, dann wird es notwendig, die Dinge dieser Welt symbolisch im Sinne von zeichenhaft, abstrakt, geistig, generalisiert zu sehen. Der neue Ausdruck für diese symbolisch, zeichenhaft, abstrakt, generalisiert dargestellten Dinge muß wesentlich frei sein von den Unzulänglichkeiten, die sich vorher beim Einsetzen der natürlichen Sprache ergaben. Dieses reale Nacheilen der Sprache für eine erforschbare Welt im Augenblick der Entdeckung dieser Welt ist ein ganz allgemeines Gesetz der Geistesgeschichte der Forschung, und dieses Gesetz ist es, aus dem sich der Prozeß der Mathematisierung von Wissenschaften immer wieder erneuert hat. Wir erlebten in unserem Jahrhundert den klassischen Fall bei der Entstehung der Quantenmechanik. Die Quantenmechanik ging im wesentlichen von der experimentellen Erfahrung aus, daß die franck-hertzschen Stoßversuche und das compton-simonsche Experiment einerseits die Teilchennatur der Materie und der Strahlen bewies, während Versuche der Davisson, Germer, Thomson und Rupp die Beugung der Materiestrahlen, also die Wellennatur der Materie und Strahlen aufzeigten. Korpuskularbild und Wellenbild, so wurde nun gefolgert, haben jedoch keinen physikalischen Seinscharakter, enthüllen also keine wirkliche Doppelnatur, sondern »Licht und Materie sind einheitliche physikalische Phänomene, ihre scheinbare Doppelnatur liegt an der wesentlichen Unzulänglichkeit unserer Sprache«. (Heisenberg, *Prinzipien*, S. 7) Der zur rechnerischen (d.h. prognostischen) Überwindung dieser Schwierigkeiten aufgebaute Matrizen-Operatorenkalkül stellt einen Grad der Mathematisierung dar, der zwar den stärksten Verlust an Anschaulichkeit bedeutet, dafür aber die äußerste Stufe an Widerspruchsfreiheit erreicht hat. Der Formalismus als ein höherer subtilerer Grad von Mathematik ist als wesentlich »reine Mathematik« völlig sprachfrei. Wenn die Sprache unzulänglich wird, so offenbart sich, daß die Dinge, die sie ausdrücken soll, auf einer neuen anderen ontologischen Stufe liegen als diejenigen Dinge, an denen sich die Sprache selbst gebildet hat. Zu einer Mathematik, die eine reine widerspruchsfreie axiomatisch-deduktive Theorie ist, gehört ein Typ Metaphysik, den wir die scholzsche Metaphysik nennen; er enthält eine »für jede mögliche Welt« gültige Theorie der Identität und Verschiedenheit; erst dann, auf dieser höchsten, reinen, widerspruchsfreien Stufe kann die Mathematik als eine in »jeder möglichen Welt gültige Metaphysik« interpretiert werden. Wo sie und nur sie Dinge repräsentiert, sind es Dinge einer der möglichen Welten, die von der wirklichen Welt, der unsere Sprache angehört, verschieden ist. Bezeichnen wir mit Scholz (vgl. Anm. 19) Sätze, die für jede nicht leere mögliche Welt gelten, durch den Terminus »metaphysische Sätze« und die Philosophie darüber als transzendentalphilosophisch, dann können wir auch die Mathematik auf jener Stufe als eine transzendental-mathematische auszeichnen. Wo also die Wissenschaft in ihren Problemen an den Rand der wirklichen Welt vordringt, kann sie nur durch Ausdrucksmittel repräsentiert werden, die nicht der wirklichen Welt, sondern den »möglichen Welten« angehören, d.h. die Ausdrucksmittel nähern sich hier den transzendental-mathematischen an. Im Ganzen genommen sind es jedenfalls im entscheidenden Maße ontologische Probleme, die innerhalb der Wissenschaften, insbesondere natürlich der Naturwissenschaften, eine fortschreitende Mathematisierung notwendig machen.

Der Laplace'sche Dämon

I

Man hat das 17. Jahrhundert nicht ohne Grund das Jahrhundert der Mathematik genannt. Natürlich hört die allgemeine Geltung, die damals die Mathematik gewann, nicht mit dem Aufgang des 18. Jahrhunderts auf, aber während zunächst rein mathematische Probleme vorwiegend zur Erörterung standen, koinzidiert die Mathematik nach und nach mit anderen Wissenschaften und so kommt es, daß das Jahrhundert der Mathematik das klassische Zeitalter eines großartigen Programms der Philosophie der Mathematik hervorbringt, und dieses Zeitalter einer wohlbestimmten Philosophie der Mathematik, nämlich der Mathesis universalis, fällt – nach Scholz – etwa in den Abschnitt von 1630–1750. Es beginnt mit den großen Namen Descartes, Pascal und Leibniz und verschwindet mit der Wirkung Kants.

Daß es während dieser Epochen des Aufschwungs der Mathematik und der Ausbildung einer Philosophie der Mathematik im Sinne der Mathesis universalis – eines Gedankens, der in seiner universalistischen Tendenz die Koinzidenz der Mathematik mit anderen geistigen Bereichen geradezu einschließt – zu einer neuen Auseinandersetzung zwischen Mathematik und Theologie kam, ist ohne weiteres einsichtig. Denn es ist eine alte historische Erfahrung, daß die Reinheit eines geistigen Phänomens auf der Höhe seiner Ausbildung nur einen Augenblick währt, dann koinzidiert es mit anderen Phänomenen. Die Kategorie der Koinzidenz ist geistesgeschichtlich von einer Deutlichkeit ohnegleichen. Im April des Jahres 1637 schrieb Descartes jenen geistvollen Brief an seinen Freund Mersenne, darin er auf den soeben erschienenen *Discours de la méthode* hinweist und betont, daß der Mensch nur mit Hilfe seines Verstandes imstande sei, über alles zu urteilen. Ungebrochen stand die Anstrengung des Begriffs an ihrem Ursprung. Noch war das Denken eine höchste Leidenschaft, kein Leiden, wenn auch das große Wort »Zweifel« bereits gefallen war und sich anschickte, eine Methode zu bezeichnen. Wie sehr Descartes mit seiner Methode als Mathematiker und nicht als Logiker sprach, mag daraus hervorgehen, daß er betont, die Richtigkeit des Schließens gewänne man nicht etwa durch eine besondere Logik, sondern durch eine gründliche Beschäftigung mit der Mathematik[46]. Dementsprechend ist der Wissenschaftsbegriff, den Descartes einführt, der einer mathematisierten Wissenschaft, die sich also aus einer axiomatisch-deduktiven Satzfolge aufbaut. Der Inbegriff aller planmäßig erzeugten Wissenschaften, das ist es, was Descartes unter der Philosophie versteht – nicht etwa die Erzeugung eines Systems auf der Grundlage einer bestimmten metaphysischen Figur. Gegen diese wissenschaftliche Philosophie hebt er im Gegenteil die Metaphysik ab.

Für die Theologie hatte das katastrophale Folgen. Es wird geleugnet, daß die christliche Theologie eine Wissenschaft sein könne. Und zwar deshalb nicht, weil in den Anfang dieser Theologie stets die Offenbarungswahrheiten einzugehen hätten, die aber keinesfalls von der Evidenz der euklidischen Axiome sein müßten, was für Mathematisierbarkeit einer Wissenschaft, wie wir schon sahen, definitorische Voraussetzung ist.

Die Theologie ist also stets metaphysisch, d.h. nicht mathematisierbar. Folgerichtig führt er dann in seiner *Metaphysik*, die mit dem berühmten cartesischen Zweifel an allem, außer daran, daß er selbst sei, anfängt, die unendliche Substanz, die ihm Gott ist, nicht axiomatisch, sondern metaphysisch ein. »Denn wenngleich die Idee der Substanz in mir ist, eben darum weil ich selbst eine Substanz bin, so wäre es doch nicht die Idee der unendlichen Substanz, da ich endlich bin, wenn sie nicht von einer Substanz herrührte, die in Wahrheit unendlich ist.« Der moderne Logiker, der sein Rüstzeug, geht man an die Ursprünge zurück, eben Descartes, Pascal und Leibniz verdankt, drückt die metaphysische Überlegung Descartes', das unendliche Wesen mit den Eigenschaften der Allmacht und Wahrhaftigkeit metaphysisch einzuführen, so aus, daß er sagt: er führe es als Existenzsatz ein, als »Es gibt ...«-Satz, der seiner Natur nach nicht empirisch, sondern rein metaphysisch ist.

Descartes ist also der erste abendländische Denker, der bewußt und methodisch die Theologie aus der Philosophie ausscheidet, und wir sehen, daß das Mittel dazu aus der Forderung der Mathematisierung der Wissenschaften und der Philosophie stammt. Jedenfalls ist hier der historische Punkt, wo die Philosophie durch den Einbruch der mathematischen Denkweise endgültig aus dem Herrschaftsbereich der Theologie heraustritt, zugleich aber auch von einem neuen, nämlich dem mathematischen Universalismus bedroht wurde, dem sie sich nur durch die Wirkung Kants und des Idealismus entzog.

Man darf nicht sagen, daß damit die Diskussion um eine wissenschaftliche Theologie völlig beendet sei. Im Gegenteil, als vor zwei Jahrzehnten in Göttingen, Warschau, Wien und Münster, in England und Amerika begonnen wurde, mit dem alten Programm einer Mathematisierung der Logik Ernst zu machen, da stellte Heinrich Scholz (Münster) aufs Neue die Fragen[47]: Wie ist eine evangelische Theologie als Wissenschaft möglich? – Was ist unter einer theologischen Aussage zu verstehen?[48] – Die erste Frage wird im Rahmen einer axiomatisch-deduktiven Theorie über Theologie beantwortet, d.h. es wird festgestellt, wie weit man überhaupt innerhalb der Theologie eine axiomatisch-deduktive Theorie aufbauen kann. Insbesondere müsse der Begriff des Evangelischen so präzisiert werden können, daß nachprüfbare Sätze innerhalb der Theorie des Evangelischen ausgesprochen werden könnten. Denn nur eine kontrollierte Dogmatik, eine Dogmatik, die nachprüfbare Sätze enthält, ist eine wissenschaftliche evangelische Theologie. Scholz ist sich darüber klar, daß Sätze über Gott und Christus aus dieser wissenschaftlichen Theologie herausfallen, und er ist sich auch darüber klar, daß der mathematisierte Wissenschaftsbegriff in einer katholischen Theologie (weil diese in der Strenge des Aristotelismus groß geworden sei) weit eher eine Erfüllung finden könne als in der evangelischen Theologie. Die Frage, was eine theologische Aussage sei, wird im Rahmen der modernen, der mathematisierten Logik angehörenden Aussagentheorie dahin präzisiert, daß es sich um Aussagen handeln soll, die entweder wahr oder falsch sind. Nur für Ausdrücke, die gemäß diesen Werten entschieden werden können, kann der Begriff »Aussage« sinnvoll angewendet werden. Und Scholz kommt dann zu dem Ergebnis: »Eine Aussage soll dann und nur dann eine theologische Aussage heißen, wenn sie eine

Aussage über Gott ist oder äquivalent in eine solche Aussage umgeformt werden kann.« Es wird hinzugefügt, daß dann auch Aussagen wie »Gott existiert nicht« oder »Es gibt mehr als einen Gott« oder »Gott hat die Eigenschaft des Teufels« theologisch sinnvolle Aussagen sind. Die Schwierigkeiten beginnen dann lediglich, wenn man – wie Karl Barth – gegen eine rationale Theologie kämpft. Dann reduziert sich die Frage nach einer theologischen Aussage auf diejenige, was unter einer rationalen Aussage zu verstehen sei. Diese Frage ist aber – wenn sie im Rahmen der irrationalen barthschen Theologie sinnvoll fungieren soll – nicht ohne Schwierigkeiten zu beantworten.

Im Ganzen darf man behaupten, daß die Untersuchungen von Scholz über eine wissenschaftliche evangelische Theologie cartesischer Herkunft sind. Sie haben die Tendenz, die theologischen Aussagen auf einen Kalkül der Logik, auf eine mathematisierte Logik abzubilden.

Eine andere Art von Auseinandersetzung zwischen Theologie und Mathematik findet sich bei Leibniz, der in diesen Dingen sich wieder der mathematischen Mystik nähert, was nicht verwunderlich ist, seit wir wissen, daß auch die Mystik eine Quelle der leibnizischen Gedanken bedeutet. Wir meinen die theologische Spekulation, die in dem Satz beschlossen ist: »Cum deus calculat, fit mundus.« Die Schöpfung der Welt ist eine Rechnung Gottes. Damit ist etwas über Theologie und etwas über Mathematik ausgesagt. Über Theologie ist ausgesagt, daß die Mathematik die eigentliche seinserschaffende Tätigkeit Gottes ist, über Mathematik ist ausgesagt, daß mathematisches Denken seine Gegenstände erschafft. Die fundamentale Frage nach der göttlichen Schöpfung wird gespiegelt am sogenannten »Großen mathematischen Existenzproblem«[49], das eine Frage nach der Seinsart der mathematischen Gegenstände darstellt, ob diese Gegenstände subjektunabhängiger Natur oder bloße Schöpfungen menschlichen Geistes seien? – Ob sie Abstraktionen aus der Realität sind oder ob sie ein Reich selbständiger Gegenstände offenbaren? – Wenn Gott rechnet, dann entsteht die Welt, dieser leibnizische Gedanke – in Wahrheit ist er älter als Leibniz – entscheidet das »Große mathematische Existenzproblem« eindeutig dahin, daß gesagt wird, die mathematischen Gegenstände sind durch das mathematische Denken erschaffen – erschaffen von Gott. Mehr wird nicht gesagt. Es scheint, daß Leibniz nur hat sagen wollen, daß bloß Gott in seinem mathematischen Denken Gegenstände erschafft. Nur in Bezug auf Gott ist das Große mathematische Existenzproblem eindeutig für eine Schöpfungsfähigkeit mathematischen Denkens gelöst, nicht in Bezug auf den menschlichen Geist. »Cum deus calculat, fit mundus« enthält nur eine theologische Lösung des Großen mathematischen Existenzproblems, keine anthropologische. Wir fügen zu dieser Lösung als Nachsatz das Wort Mazzinis hinzu, daß Gott groß sei, weil er in Wirkungen denke. Wenn Gott rechnet, entsteht die Welt, weil jeder Gedanke Gottes eine Wirkung bedeutet. Es liegt hier der Fall einer geistesgeschichtlichen Koinzidenz vor, der stets ein Zeichen entweder universaler Gesinnung oder hohen wissenschaftlichen Alters ist. – In dieser theologischen Lösung des Großen mathematischen Existenzproblems ruhen auch die Gedankengänge der modernen mathematischen Logiker. Sie fassen das Problem nicht theologisch wie Leibniz, sie beziehen es auf den Menschen. Im Anschluß an den berühmten Mitbegründer des modernen Logikkalküls, Russell, entwickelt Ramsey[50] die Auffassung, daß alle Eigenschaften, die wir in Aussagen fassen, an sich schon existieren, allerdings seien wir Menschen endlich und könnten nicht alle unendlichen Eigenschaften jede für sich fein säuberlich bezeichnen. Alles existiere, ob endlich oder unendlich, unabhängig von unserem endlichen Denken, genau wie bei Descartes die unendliche Substanz unabhängig ist von der endlichen Substanz unseres Daseins. Da aber der moderne Logikkalkül, wenn er beherrschbar aufgebaut ist, eine subjektunabhängige Existenz aller in den Aussagen logisch erfaßten Eigenschaften voraussetzt, so bedeutet diese mathematische Voraussetzung theologisch, daß dieses absolute Reich der Eigenschaften, dieses platonische Reich unmittelbar ist zu Gott, der die Eigenschaften erschuf, da er sie dachte, weil er in Wirkungen denkt. Heinrich Scholz würde hinzufügen: »Das, was der Mathematiker in jedem dieser Fälle tatsächlich erarbeitet oder erschafft, sind also nicht die mathematischen Objekte als solche, sondern immer nur die Ausdrucksmittel, mit deren Hilfe er die Bedingungen angibt, denen diese Objekte genügen sollen, und die Annahme, daß es solche Objekte gibt.« Wie weit jene leibnizische Spekulation reicht, will ich nur andeuten durch den Hinweis auf den Astrophysiker Jeans, der es kürzlich als eine der wesentlichsten Entdeckungen abendländischer Erkenntnis bezeichnete, daß die Natur eine konkretisierte Mathematik darstelle. Diese ganz theologische Mathematik ist gewiß nur eine metaphysische Spekulation, es kann auch nicht gesagt werden, ob sie die Gestalt einer Theorie im strengen Sinne wird annehmen können, entscheidend ist nur, daß es auch in ihr zu einem Verhältnis zwischen Theologie und Mathematik kommt. Es handelt sich nun darum, die Theologie zu mathematisieren, indem sie zu einer axiomatisch-deduktiven Theorie umgeformt wird oder auf eine solche Theorie reduziert wird. Hier handelt es sich darum, daß Mathematik und Theologie – wie wir sagen – eine metaphysische Figur, eine metaphysische Kombination bilden, die als Fundament eines Systems dienen kann. Für die Mathematisierung der Theologie zur axiomatisch-deduktiven Theorie bzw. zur echten Wissenschaft führen wir die Redeweise ein: die Mathematik hat eine Anwendung in der Theologie. Und für die Identifizierung des göttlichen Erschaffens mit dem mathematischen Denken führen wir die Redeweise ein: die Mathematik hat eine Interpretation in der Theologie. Es ist kennzeichnend für das Jahrhundert der Mathematik, daß es zugleich auch ein Jahrhundert der Philosophie der Mathematik und ein Jahrhundert der Theologie der Mathematik bedeutet.

II

Zu dieser epochalen Koinzidenz von Mathematik, Philosophie und Theologie, die sich im 17. und 18. Jahrhundert äußert, kommt nun noch etwas anderes. Es zeigt sich, daß damals die Geistesgeschichte der Mathematik die einzelnen Disziplinen nicht nur durchdringt, sondern daß sie noch viel tiefer wirkt, und zwar in seelischen und soziologischen Schichten. Das ist genauer zu umschreiben. Gewiß gehören diese ganzen Tendenzen der umfassenderen des abendländischen Rationalismus an, wie er sich schon in der Renaissance bemerkbar macht, aber daß überhaupt ein solcher Rationalismus als mehr oder weniger einheitliches Phänomen zustande kommen konnte, daran hat die Geistesgeschichte der Mathematik ihren ausschlaggebenden Anteil. Ohne die aufbrechende Entwicklung der Mathematik im 17. und

18. Jahrhundert wäre es nicht zu einer säkularen Wirkung des Rationalismus gekommen, so daß die Mathematik keine Äußerung des Rationalismus, sondern umgekehrt der Rationalismus eine Äußerung der universalen geistesgeschichtlichen Wirkung der Mathematik darstellt. Das Jahrhundert der Mathematik, das Jahrhundert, in dem die Geistesgeschichte wesentlich von der Mathematik her bestimmt wird, erweist sich als eingebettet in Bewegungen, die ihrerseits auch wieder vom Geist der Mathematik berührt sind, und wir sehen diese Bewegungen, von denen zu sprechen sein wird, eingangs gesammelt in dem Namen Calvins und ausgangs noch einmal zusammengefaßt im Namen Laplace'. Wir finden es bezeichnend, daß das Jahrhundert der Mathematik, das Jahrhundert der Mathesis universalis eines Descartes, Pascal und Leibniz, anhebt mit dem Namen Calvin und das heißt, daß es sich erhebt im Namen einer Theologie; und daß es abgeschlossen werden kann mit dem Namen Laplace, und das heißt, daß es endet im Namen eines Mannes, der wesentlich mathematischer Physiker war. Warum? –

Max Weber hat in seiner bedeutenden Untersuchung über *Die protestantische Ethik und der Geist des Kapitalismus*[51] betont, daß mit dieser religiösen und theologischen Bewegung der große religionsgeschichtliche Prozeß der Entzauberung der Welt, der mit der altjüdischen Prophetie einsetzte und im Verein mit dem hellenischen wissenschaftlichen Denken alle magischen Mittel der Heilssuche als Aberglaube und Frevel verwarf, seinen Abschluß gefunden habe. Wie der Titel verrät, wird auch der Zusammenhang des protestantischen Charakters mit dem Kapitalverkehr und dem Unternehmertum festgehalten und insbesondere die calvinistische Diaspora als die Pflanzschule der Kapitalwirtschaft betont. Methode und System waren die Kategorien, mit deren Hilfe Calvin nicht nur seine Theologie der *Institutio religionis christianae* oder seine Theokratie zu Genf schuf, sondern auch die ethische Lebensführung bestimmte. Die Strenge der calvinischen Daseinslehre beruht einzig und allein auf den Kategorien der Methode und des Systems. Es sind rationale Kategorien, auf denen auch die wunderbaren Gedankengebäude der Mathematik und der Physik beruhen. Es sind Kategorien der Abstraktion. Methode und System rufen im Gebiet des Geistes eine Abstraktion, im tätigen Leben aber eine Askese hervor. Abstraktion und

Askese entsprechen sich, sie haben beide eine rationale Wurzel, und sofern die Erscheinung der »innerweltlichen Askese« – wie Max Weber sie so ausgezeichnet nennt – Calvin auszeichnet, gehört er in die Geistesgeschichte des Rationalismus, der in der Lebensführung zur Askese, im Geiste aber zu einer höheren Abstraktion führt. Aus diesem Grunde darf Max Weber die Anmerkung wagen, daß es eine ausgeprägte Vorliebe der protestantischen Askese für die mathematische Fundamentierung des rationalistischen Empirismus gebe. »Die bevorzugte Disziplin alles puritanischen, täuferischen und pietistischen Christentums« – so fügt Max Weber hinzu – »war demgemäß die Physik und demnächst andere mit gleichartiger Methode arbeitende mathematisch-naturwissenschaftliche Disziplinen.« Es gehört hierher, daß für den Quäker – nach Barclay – erlaubte »recreationes« folgende sind: Besuch von Freunden, Lektüre historischer Werke, mathematische und physikalische Experimente usw. Wir fügen noch eine Stelle aus Holls großer Rede über »Calvin« hinzu: »Der Wissenschaft, die auf diesen Universitäten blühte, hat Calvin mit seinen Werken die Richtung und die Höhenlage angegeben. Sie arbeitete in seinem Stil weiter. In der Dogmatik wurde hier anders als im Luthertum der Gottesbegriff mehr und mehr das Problem – die heftigsten theologischen Streitigkeiten des Calvinismus sind Kämpfe um den Gottesbegriff –; die Ethik stieg zu den konkreten Tatsachen des Lebens herab und bemühte sich zugleich, eine umfassende Formel für das menschliche Gesamthandeln zu finden ...« Wiederum sehen wir den Geist der Begriffe, der Analytik und der Formel für das menschliche Gesamthandeln hervorgehoben, wie es dem rationalen Methodiker und Systematiker entspricht. Auch Imbart de La Tour[52] weist in seiner großen Calvin-Biographie darauf hin, daß uns vor allem zwei Eigenschaften Calvins in Erstaunen setzen: Klarheit und Ordnung.

Im Mittelpunkt der, wie wir sehen, tief in rationalen und mathematischen Geist getauchten Theologie Calvins steht nun die berühmte Prädestinationslehre. Wie weit diese Lehre sich aus Augustinus und Luther erklärt, ist hier für uns ganz gleichgültig. Uns interessiert hier nur die Tatsache, daß die Prädestination sowohl eine Interpretation in der Theologie als auch in der Physik hat. Und hierfür sind Calvin und Laplace die Argumente.

Bei Calvin, der der Epoche der Mathematik im 17. und 18. Jahrhundert vorangeht, der sie geradezu anschlägt, weil in seiner Gestalt die mathematische Geistesgeschichte in der Theologie geborgen bleibt, hat die Prädestination ihre theologische Interpretation. Bei Laplace, der am äußersten Ende dieser Epoche steht und der, wie er sagte, der Hypothese Gott nicht mehr bedürfe, findet die Prädestination jedoch ihre Interpretation in der Physik.

Calvin, der Theologe, sagt: »Lernen wir also, die ganze Naturordnung zu beziehen auf die spezielle Vorsehung Gottes.«

Laplace, der Physiker, sagt: »Ein Geist, der für seinen gegebenen Augenblick alle Kräfte kennt, die in der Natur wirksam sind, und die gegenseitige Lage der Wesen, aus denen sie besteht, wenn er sonst umfassend genug wäre, um diese Angaben der Analysis zu unterwerfen, würde in derselben Formel die Bewegungen der größten Weltkörper und des leichtesten Atoms begreifen. Nichts wäre ungewiß für ihn, und Zukunft und Vergangenheit wären seinem Blick gegenwärtig.«

Zwischen diesen geistesgeschichtlichen Polen breitet sich das Werk von Leibniz, Descartes und Pascal aus, das den zugleich fürchterlichen und beruhigenden Gedanken der Determination, zwischen Theologie und Physik vermittelnd, in das erhellende Licht der Philosophie rückt. Sowohl Pascal wie Leibniz bezeichnen das Stadium der Koinzidenz von Mathematik und Theologie in Bezug auf die Determination, aber während Pascal, der als Mathematiker schon Axiomatiker und als Theologe Jansenist, das heißt Vertreter der Prädestination war, existentiell den Mathematiker und Theologen nicht vereinbaren konnte, also nicht konkret sein konnte, was er im Abstrakten vertrat, hat Leibniz die abstrakte, deterministische Lehre von der prästabilierten Harmonie konkret in seine Existenz hineingenommen. Die Lehre von der prästabilierten Harmonie ist im Grunde nur ein anderer Ausdruck, ein metaphysischer Ausdruck für die calvinische Prädestination oder die laplacesche Weltgleichung, die wiederum nichts anderes als angewandte Mathesis universalis bedeutet. Tatsächlich lehrt denn auch Leibniz im Gedanken »Cum deus calculat, fit mundus« und in den *Nouveaux essais sur l'entendement humain* (§ 39–40), daß der Wille des Menschen immer determiniert sei, wenn auch durch »petites perceptions, petites sollicitations, inapperceptibles«. Es ist gewiß keine äußere Determination, sondern eine innere, wie sie auch in Brook Taylors zeitgenössischem Essay *Contemplatio Philosophica* (verf. 1730, ersch. 1793) bezeichnet wird.

So schließt sich eine wohlabgeschiedene Epoche der Geistesgeschichte der Mathematik, äußerlich bezeichnet durch die klassische Mathesis universalis der Descartes, Pascal und Leibniz, in einer wundervollen Koinzidenz theologischer, metaphysischer, philosophischer und physikalischer Gedanken zwischen Calvin und Laplace ab. Billig wird von einem Zeitalter der Rationalität gesprochen, aber wie sehr erfährt in diesem Zeitalter eine Ideologie ihre Ausprägung zur zugleich dämonischsten und klarsten Ideologie abendländischen Geistes, so sehr, daß wir wirklich von der signifikanten Ideologie unseres Geistes sprechen dürfen, denn sie hat uns das erzeugt, was wir unbedingt als mathematisches Bewußtsein bezeichnen müssen. Ich füge hinzu, daß Leibniz der höchste, der signifikante Typus dieser signifikanten Ideologie ist, weil er sie konkret repräsentiert, weil er, darin unterschieden von Pascal, dem früheren, die existentielle Koinzidenz von Theologie und Mathematik repräsentiert; er ist monadologisch, er repräsentiert diese Koinzidenz und das Wesentliche der Monade ist ja, daß sie repräsentiert, und zwar das Vereinbarte, das Eine repräsentiert, müßig abschließend zu sagen, daß dementsprechend von Leibniz auch der Weg rückwärts zu Calvin und vorwärts zu Laplace verständlich wird.

Wir nennen diesen Laplace'schen Geist einen Dämon, eingedenk der Tatsache, daß bei Homer dieser Ausdruck neben theos für Gott verwendet wird, eingedenk auch der berühmten goetheschen Äußerung, daß er dem Zufall gleiche, denn er beweist keine Folge, und der Vorsehung ähnele, denn er deute auf Zusammenhang, eingedenk schließlich auch des Wortes, er ziehe die Zeit zusammen und dehne den Raum aus.

Wir sehen also das signifikante Zeitalter der Mathematik anheben mit einer Theologie Calvins, für die die Lehre der Prädestination das gleiche bedeutet wie für die Philosophie dieser Mathematik die cartesische und leibnizische Mathesis universalis und wie für die Physik, die aus diesem Zeitalter kommt, die klassische Mechanik Laplace'[53], jener Dämon, der die Zeit physikalischer Geschehnisse zusammenzieht (wie Goethes eben genannter Terminus für das Dämonische lautet) in einem unermeßlichen System simultaner Differentialgleichungen, aus dem sich Ort, Bewegungsrichtung und Geschwindigkeit jedes Atoms im Weltall zu jeder Zeit errechnen läßt. Prädestination, Mathesis universalis und Laplace'scher Dämon stehen in einem geistesgeschichtlichen Zusammenhang, der sich von der Theologie bis zur Physik spannt und deren eigentliches Medium der Geist der Mathematik bildet.

Wir hoben hervor, daß die calvinistische Askese nach einer einheitlichen Formel für die sittlichen und soziologischen Erscheinungen sucht; in der Prädestination ist diese Formel von Calvin gegeben worden. Dementsprechend sucht die moderne Naturerkenntnis in ihrer vollendeten Gestalt der klassischen mathematischen Physik nach einer Formel für die Summe physikalischer Geschehnisse; Laplace hat in seinem Dämon und dessen unendlichem System simultaner Differentialgleichungen wenigstens die Idee dieser Weltgleichung konzipiert. Dieser Determinismus der physikalischen Systeme bezieht das physikalische Sein auf einen Dämon, wie die Prädestination der sittlichen Lebensführung sich auf Gott bezieht.

Es gibt in der Gestalt des Erasmus einen Widersprecher gegen den lutherischen und calvinischen verknechteten Willen; man kennt die Briefe, die Luther und Erasmus über diesen Punkt gewechselt haben und die Ironie und den Spott, die beide einander zudachten[54]. Und heute geht der Streit zwar nicht mehr um die theologische Determination, wohl aber ist er um die physikalische Determination entbrannt, und man weiß, daß die moderne Physik versucht hat, den Laplace'schen Dämon unter dem Hinweis, daß es im Ablauf des atomaren Geschehens Unbestimmtheiten, prinzipielle Unbestimmtheiten gebe, zu zerstören. Dieser Streit der Physiker ist im Grunde ebenso wenig zu Ende gebracht wie der Streit der Theologen. Doch hier interessiert uns weniger die Entscheidung als vielmehr die Existenz der Antithesen. Interessant ist übrigens, wie Luther, der den verknechteten Willen vertritt, sich gegen Erasmus verteidigt. *De libero arbitrio diatribe sive collatio* oder *Der Vergleich der Meinungen über den freien Willen* war schon im September 1524 erschienen. Luthers Antwort erschien Ende 1525. Er rügt zunächst, daß Erasmus ihm das Aufstellen von sicheren Behauptungen zum

Vorwurf macht und findet darin einen Mangel christlichen Sinnes. Wir sehen, daß der Terminus »sichere Behauptung« zwar dem bereits rational und wissenschaftlich gestimmten Geist entnommen wird, daß er aber nicht aus diesen rationalen und wissenschaftlichen Gründen, sondern eben aus christlichen Gründen eingeführt wird. Luther fügt hinzu: »Der heilige Geist ist kein Skeptiker und schrieb keine zweifelhaften Meinungen in unser Herz, sondern sichere Behauptungen, die fester und gewisser sind als das Leben selbst und alle mögliche Erfahrung.« Man vermeint in diesem Satz einen Geist des cartesisch-leibnizischen Zeitalters zu hören; von fern her klingt schon etwas vom zukünftigen Geist der Mathesis universalis an, so rational, so methodisch klingt bereits dieser entschiedene Satz.

Es gibt noch einen anderen berühmten Streit der Theologen. Und ist er auch von geringerer äußerer Wirkung, so trug er sich doch in den gleichen Tiefen des Charakters und im gleichen Stile des Ernstes und der Verantwortung zu. Ich meine den theologischen Streit zwischen Harnack und Barth. Hier ist Harnack der Humanist und Barth der Lutheraner, und so gesehen scheint es fast, als lebe der alte Konflikt zwischen Erasmus und Luther wieder auf (obgleich es allerdings nicht um den freien Willen geht). Wir erwähnen dieses Widersachertum lediglich deshalb, weil Heinrich Scholz in seinem Referat über die Biographie Adolf von Harnacks[55], die seine Tochter, Agnes von Zahn-Harnack, verfaßt hat und darin die Dokumente jenes modernen Theologenstreites abgedruckt sind, ein »merkwürdiges Vorspiel zu dieser theologischen Konfiguration« bemerkt. »Es ist das Verhältnis von Weierstraß zu Kronecker. Wie Kronecker in den achtziger Jahren des 19. Jahrhunderts durch seine Kritik an der Weierstraßschen Konstituierung der Irrationalzahlen das Fundament der Weierstraßschen Mathematik auf das empfindlichste angetastet hat, so hat im zweiten Jahrzehnt des 20. Jahrhunderts Karl Barth durch seine Kritik an dem Harnackschen Humanismus eine wesentliche Existenzbedingung jeder humanistischen und damit zugleich der Harnackschen Theologie auf das schärfste getroffen. Und wie Weierstraß gleichwohl niemals verkannt hat, daß Kronecker einer der wesentlichsten Mathematiker seines Zeitalters gewesen ist, so deuten die zu dem Konflikt zwischen Harnack und Barth ... veröffentlichten Dokumente nach meinem Urteil kar und deutlich darauf hin, daß Harnack das theologische Format seines Gegners nicht einen Augenblick unterschätzt hat.« So weit Scholz. Wir möchten hinzufügen, daß es bei dieser Nennung des Streitfalles Kronecker – Weierstraß und Barth – Harnack nicht bloß um die Analogie existentieller Fälle geht. Von der Geistesgeschichte der Mathematik her gesehen, steht tatsächlich Kronecker in der Nachbarschaft Barths. Kroneckers Meinung über die Irrationalzahlen und Barths theologischer Ansatz reißen beide einen Abgrund zwischen menschlicher und göttlicher Handlung auf. Kronecker reduziert im Grunde die Mathematik auf die ganzen Zahlen und die seien von Gott gesetzt, während alles übrige Menschenwerk sei. Barth reduziert die Theologie auf das Wort Gottes; und zwischen Gott und Welt, Religiösem und Sittlichem, Unendlichem und Endlichem gibt es keine Brücke, die wir bauen können. Weierstraß und Harnack indessen sind Geister der Kontinuität, jener kennt keine unüberbrückbare Kluft zwischen den rationalen ganzen und den irrationalen Zahlen und dieser übergleitet in seinem System der evangelischen Theologie sorgfältig die Stufen zwischen Menschlichem und Göttlichem, zwischen Natürlichem und Übernatürlichem, zwischen Geschichtlichem und Heiligem – und das nicht zuletzt wohl darum, weil er unter allen Philosophen gerne Leibniz zum Lehrer gehabt hätte, Leibniz, diesen ersten Geist der Kontinuität aus dem Zeitalter der Mathesis universalis.

III

Wir haben zeigen wollen, daß der Laplace'sche Dämon, der am Ende des großen klassischen Zeitalters der Mathematik und der Philosophie der Mathematik auftaucht, tief verwandt ist dem calvinischen Gott. Sowohl er, der calvinische Gott einer Askese großen Stils, als auch er, der Laplace'sche Dämon, entstanden aus einer Abstraktion großen Stils, beide spiegeln sich in der Geistesgeschichte der Mathematik. Dieser Weg von der welthistorischen Askese zur welthistorischen Abstraktion, dieser Weg vom Mönch zum abstrakten Denker ist geistesgeschichtlich noch kaum beschrieben worden und doch ist er einer der anziehendsten und gefährlichsten Wege menschlicher Größe gewesen. Wir wollen die Abstraktion, die unsere Mathematik und Physik auszeichnet, durch den Ausdruck »intelligible Askese« näher bestimmen und damit andeuten, in welchem Verhältnis sie zur mönchischen Askese steht. Jedem Geistesgeschichtsschreiber wird es einleuchten, wenn wir sagen, daß die Askese in der Welt wächst und daß der Weg dieser menschlichen Askese von der mönchischen Askese über die innerweltliche Askese eines methodischen Berufslebens zur intelligiblen Askese des modernen abstrakten Denkers führt. Calvins mächtige Persönlichkeit hat es verstanden, eine Welt zu verwirklichen, die die Welt des calvinischen Gottes, die prädestinierte Welt war: in der unerbittlichen Welt der Genfer Theokratie. Imbart de La Tour hat diese Theokratie so beschrieben, daß man nichts hinzuzufügen braucht, um sie vor dem geistigen Auge erstehen zu lassen: »Das 1536 begonnene Reinigungswerk macht also Fortschritte. Und es bezieht sich auf den Glauben ebenso wie auf die Handlungen und auf diese ebenso wie auf die Worte. Es ist untersagt, bei sich oder an sich papistische Sinnbilder zu tragen: Bilder, Rosenkränze, Kruzifixe ... Es ist untersagt, die ehemaligen päpstlichen Feste zu feiern, mit Ausnahme derer, die das Gesetz noch erlaubt, es ist untersagt, Abstinenz und Fasten zu halten ... Außer bestimmten Gebärden sind auch bestimmte Worte geächtet ... Der Gläubige schuldet nicht nur über sein Betragen Rechenschaft, sondern ist auch verantwortlich für seine Familie. Daß nur ja nicht eine Heirat den Glauben der Seinen verderbe! Das Konsistorium wacht sowohl über die Taufen wie über die Ehen ... Ebenso wie die so laut verschriene und lächerlich gemachte Sorbonne hat auch das Konsistorium seine Bücherinquisition ... Keine Möglichkeit mehr, ohne die Lizenz des Rates noch etwas zu drucken. Und keine Lizenz des Rates ohne die vorhergehende Prüfung durch die Prädikanten. Sie lesen, beurteilen und korrigieren. Und ihr Oberster ist Calvin ... Calvin ist es auch, der die drakonischen Maßnahmen anregt, die gegen die Drucker erlassen werden ... Wie gegen den Irrtum muß der Gläubige auch vor dem Laster geschützt werden. Der Staat ist ebenso Wächter des Glaubens wie Wächter der Sitten ... Calvin nimmt das ganze Leben in Zucht. Von Kindheit an wird der Mensch nun eingespannt. Die Schule hält ihn gefangen. Und die Schule wiederum steht im Dienste der Kirche ... Das Gesetz wird nicht lockerer. Das Gotteshaus setzt die Schule fort. Verordnungen regeln Zahl, Zeit und Ort der Predigten ... Es ist eine Lieblingsidee Calvins, der 1537 beim Rat nachsuchte, für jeden Stadtteil Sittenwächter zu bestellen, ›die ein Aug auf das Leben und die Führung jedes einzelnen haben‹ ...« Das ist die Theokratie Calvins in Genf, und es ist bezeichnend für dieses rationale Dasein, daß ein Historiker es als ein Regime der Bibel, eines Buches bezeichnet hat. Wen wundert es noch, daß diese calvinische Theologie es ist, die später, im 17. Jahrhundert, vor allem in Holland, dem Cartesianismus verfiel? – Die berühmte deutsche Schulmetaphysik des 17. Jahrhunderts, die Max Wundt[56] wieder der Vergessenheit entrissen hat und als die eigentliche Philosophie des Barock bezeichnet, bringt auch in Deutschland Gestalten hervor, die zeigen, wie sehr der Geist Calvins eine Pflanzstätte für jene Erneuerung der Philosophie aus dem Geiste der Methode und Mathesis universalis des Descartes war. In diesem Sinne heben sich die reformierten Hochschulen in Deutschland (Heidelberg und Duisburg vor allem) von den lutherischen (Helmstedt, Wittenberg, Leipzig und Jena etwa) durchaus ab. Clemens Timpler, der Calvinist, ließ in Steinfurt seine *Metaphysicae systema methodicum* erscheinen. Und die darin vorangestellte Technologie, eine Art von allgemeiner Wissenschaftslehre, ist in der Art der Bezeichnung ebenso calvinisch wie cartesisch in ihrem Aufbau – obgleich die Wirkung Descartes' erst dreißig Jahre später liegt. Es ist ein Lehrbuch, ein Schulbuch und auch das – mag es auch gleich die ganze Schulmetaphysik kennzeichnen – bleibt der calvinistischen Rationalität verhaftet, genau wie der Schluß des Buches, in dem versichert wird, daß es der Verherrlichung des göttlichen Ruhmes (bekanntlich faßte so Calvin den Sinn der menschlichen Taten, und zwar sowohl der Auserwählten wie der Verdammten auf), der orthodoxen Kirche und der literarischen Republik dient.

Das sei nur eingeschaltet unter dem Hinweis, daß es nicht verwunderlich ist, wenn es in der Schulmetaphysik des 17. Jahrhunderts eine calvinistische Prägung gibt, die sich dem mathematisch gerichteten Geist des Descartes öffnet. Und Descartes vermittelt mit seiner Philosophie der Mathematik oder, genauer, mit seiner mathematisierten Philosophie zu jener theoretischen bzw. mathematischen Physik, die mit Laplace jenen Dämon mathematischer Vorsehung ersinnt, dessen tiefe Verwandtschaft mit dem Gott Calvins nicht übersehen werden darf.

Und nun ein weiteres. Die Theologie Calvins fand eine Verwirklichung erster Näherung in seiner Genfer Theokratie, deren Details wir eben durch den Mund Imbart de La Tours schilderten. Daß eine solche Theologie, die methodisch bis zum Äußersten geht, der Kategorie der Perfektion, die wir neben der anderen, der Koinzidenz, immer wieder in der Geistesgeschichte wirksam finden, leicht verfällt, ist ebenso klar wie jene Perfektion, die den Laplace'schen Dämon auszeichnet. Diese Tendenz auf Perfektion, die dem Laplace'schen Dämon innewohnt und der er im Grunde seine Erschaffung verdankt, ist vor allem die These von der geschlossenen Naturkausalität, die er voraussetzt. Diese geschlossene Naturkausalität ist die theoretische Perfektion des Laplace'schen Dämons, sie hat die klassische mathematische Physik auf ihre Gipfel geführt. Sie läßt für alle Ereignisse innerhalb der Natur nur wieder Ereignisse als Ursache zu, die der Natur selbst angehören. Dann wäre also – wie die Theokratie die Perfektion der calvinischen Theologie ist – die Natur die Perfektion (die konkrete neben der theoretischen der mathematischen Physik) des Laplace'schen Dämons? –

Sie wäre es, wenn das Prinzip der geschlossenen Naturkausalität wirklich perfekt wäre. Wir erwähnten bereits, daß mit der modernen Physik der Atome, Kerne, Elektronen und Lichtquanten und den mit dem Versuch ihrer rechnerischen Beherrschbarkeit aufgetretenen prinzipiellen Unbestimmtheiten (Heisenbergs Unbestimmtheitsrelationen) die Welt des Laplace'schen Dämons mächtig angetastet worden ist, zumindest so mächtig, daß es nicht mehr gestattet ist zu sagen, die Natur sei die konkrete Welt des Laplace'schen Dämons. Sollte aber der Laplace'sche Dämon nicht den Versuch machen, dennoch die ihm eigene Welt zu bilden? – So wie die Theologie Calvins in der Genfer Theokratie ihre Welt erschuf? Wir kennen die Voraussetzung für die Welt des Laplace'schen Dämons unter der Kategorie der Perfektion, es ist die Form der geschlossenen Kausalität. Und diese Welt der geschlossenen Kausalität entsteht vor unseren Augen in der technischen Welt. Die Technokratie ist die eigentliche perfekte Welt des Laplace'schen Dämons. Und es gibt mehr als einen calvinistischen Grund für die Heraufkunft dieser Technokratie, dieser totalen technischen Welt, wie wir auch sagen können, mehr als einen Grund für ihr zukünftiges Sein.

Sofern wir gezeigt haben, daß sowohl der Gott Calvins wie auch der Dämon Laplace' sich in der Geistesgeschichte der Mathematik, vor allem in den methodologischen, axiomatischen, systematischen und universalistischen Tendenzen des klassischen Zeitalters der Mathematik und der Mathesis universalis spiegeln, haben wir bereits einen Faden genannt, der von der Technokratie unserer Gegenwart und der heraufkommenden Zeit der totalen Technik über die mathematische Physik des Laplace'schen Dämons zu Calvin zurückführt. Es ist ein sehr theoretischer Faden. Darüber hinaus gibt es jedoch noch sehr konkrete Zusammenhänge, die nicht verschwiegen werden können, wenn von der Herkunft der perfekten Technokratie die Rede sein wird.

Ich meine wieder die soziologischen, speziell die religionssoziologischen Zusammenhänge, die neben anderen vor allem Max Weber in seinem bereits genannten Buch *Die protestantische Ethik und der Geist des Kapitalismus* ermittelt hat.

Ich setzte voraus: es gibt eine Rationalisierung des Lebens und es gibt eine Rationalisierung des Geistes. Die Rationalisierung des Lebens führt zu einem Phänomen, das »innerweltliche Askese« genannt wird, und die Rationalisierung des Geistes führt zu einer begrifflichen Abstraktion, die das intelligible Korrelat zur innerweltlichen Askese bedeutet. Nur auf der Grundlage dieser phänomenologischen Zusammenhänge ist zu verstehen, daß die Entwicklung der innerweltlichen Askese zur methodischen Berufsarbeit, wie sie nach Webers und Holls[57] Untersuchungen durch die neue Berufs-Konzeption Luthers und Calvins entstanden ist, zusammenläuft mit der Ausbildung der modernen abstrakten Wissenschaften, vor allem der Mathematik und der Physik. Die »Berufung«, ursprünglich vorbehalten den Mönchen, wird durch Luther und Calvin auf den weltlichen Stand übertragen. Calvin insbesondere, so lautet das Ergebnis der Untersuchung Max Webers, fügt der lutherischen Berufskonzeption die These hinzu: Gott will die soziale Arbeit des Christen, denn er will, daß die soziale Gestaltung des Lebens seinen Geboten gemäß und so eingerichtet werde, daß sie jenem Zweck entspreche und so bedeutet die Arbeit des Calvinisten in der Welt lediglich Arbeit »in majorem gloriam Dei«. Damit ist die religiöse Grundlage der innerweltlichen Askese, die zur rationalen und methodischen Berufsarbeit führt, ja, geradezu ihr Signum darstellt, bereits im wesentlichen genannt.

Wir sagten: die Askese wächst in der Welt der menschlichen Existenz. Eine erste Stufe war der Typus des Mönchs, eine zweite war der weltliche Träger des Berufslebens, dessen geistiger Typ – eben der Geistige – nicht nur einer erhöhten innerweltlichen, sondern auch einer erhöhten intelligiblen Askese verfallen ist, gegen den sich alle Feinde des abstrakten Denkers, wie ihn Kierkegaard mit einem Seitenblick auf Hegel beschrieben und bespöttelt hat, wenden. Dieser Geistige, dieser Typ hoher innerweltlicher und intelligibler Askese findet Ausdruck in einer ganzen Wissenschaft, nämlich in der Wissenschaft des Laplace'schen Dämons, also in der mathematischen bzw. theoretischen Physik, die in der technischen Physik – heute unterscheidet man diese drei Variationen – nur eine stofflich begrenzte Spielart bezeichnet. Die Wissenschaft des Laplace'schen Dämons hob schlicht und einfach als echte empirische Erkenntnis an, aber mehr und mehr trat, wie wir es zeigten, an die Stelle der echten Natur eine abstrakte platonische Welt einerseits und eine konstruierte apparative Welt andererseits, so daß heute die echte Naturwissenschaft zwar das Reich der platonischen Ideen und das Reich des Laplace'schen Dämons gewonnen, aber die unmittelbare Natur wesentlich verloren hat. Was heute als Physik gelehrt wird, ist einerseits theoretische bzw. experimentelle Physik zur Stützung physikalischer Theorien und andererseits technische Physik, d.h. Physik der konstruierten Apparaturen und Maschinen. Erstere ist also Physik eines platonischen Reiches und die zweite ist Physik der Welt des Laplace'schen Dämons. Wir sehen, die Physik verhält sich abstrahierend zur Natur, sofern sie reine theoretische Physik ist, und sie verhält sich abstrahierend zur Natur, sofern sie technische Physik ist. Die intelligible Askese unserer physikalischen Wissenschaften ist also offenbar. Setzen wir voraus, daß die soziologische Welt des Laplace'schen Dämons eine Welt der totalen Technik ist, so zeigt sich, daß eine noch einmal gesteigerte innerweltliche Askese unabwendbar sein wird. Wie sollte denn auch in einer Welt, die eine Wissenschaft höchster intelligibler Askese zur Voraussetzung hat, die soziologische Struktur nicht auch durch eine erhöhte innerweltliche Askese ausgezeichnet sein? –

IV

Wir erkennen in der Konzeption des »Arbeiters« durch Ernst Jünger[58] den Entwurf des Typus, der einer Welt des Laplace'schen Dämons völlig entspricht. Drei Bedingungen, die dafür unerläßlich sind, zeigen sich in diesem Arbeiter erfüllt. 1. Der tiefe Zusammenhang, in dem der Arbeiter mit der Technik gesehen wird. »Daß gerade diese unsere Technik die entscheidenden Mittel liefert, ist unbestreitbar, aber nicht sie verändern das Gesicht der Welt, sondern der eigenartige Wille, der hinter ihnen steht. Durch die Technik wird nichts vereinfacht und nichts gelöst – sie ist die Instrumentation, die Projektion einer besonderen Lebensart, für die die Arbeit der einfachste Ausdruck ist.« 2. Der starke asketische Zug, durch den sich die Existenz dieses Arbeiters auszeichnet. Ausdrücklich wird betont, daß der Arbeiter unter dem Gesetz der Pflicht steht; er sei der »einzig mögliche Erbe des Preußentums«. 3. Der Arbeiter gehört einer perfekten Welt an: der Welt der totalen Technik, die an die Stelle der Kulturwelt tritt, darin, wie ich anmerke, der Geistige der signifikante Typ war. Jüngers Begriff der totalen Mobilmachung[59] ist kein anderer als der einer totalen technischen Welt, wie sie die Welt des Laplace'schen Dämons darstellt. »Viel wäre so noch zu nennen – allein es genügt, dieses unser Leben selbst in seiner vollen Entfesselung und in seiner unbarmherzigen Disziplin, mit seinen rauchenden und glühenden Revieren, mit der Physik und Metaphysik seines Verkehrs, seinen Motoren, Flugzeugen und Millionenstädten zu betrachten, um mit einem mit Lust gemischten Gefühl des Entsetzens zu ahnen, daß es hier kein Atom gibt, das nicht in Arbeit ist, und wir selbst diesem rasenden Prozesse im Tiefsten verschrieben sind ... So kommt es, daß jedes Einzelnen Leben immer eindeutiger zum Leben eines Arbeiters wird, und so kommt es, daß auf die Kriege der Ritter, der Könige und Bürger die Kriege der Arbeiter folgen ...«

Nachwort über die Antimathematica und den abstrakten Denker

Was kann als Fazit aus diesen geistesgeschichtlichen Betrachtungen über Mathematik gewonnen werden? –

Wir sind so leibnizisch gesonnen, daß für uns die Mathematik eine Ideologie ist; eine Ideologie für das Selbstverständnis unseres Geistes, weil wir uns mitten hineinstellen in die eigentliche Erkenntnis jenes Mathematikers und Philosophen, daß nämlich der Geist eine Form habe und diese Form in der reinen Mathematik, genauer in einer zur Mathesis universalis erweiterten Mathematik bestehe. Es wäre sonderbar, wenn es gegen diese offene oder geheime Ideologie nicht eine Summe von Antimathematica gäbe, die zu sammeln zum Vergüngen des Ideologen gehört, ganz davon abgesehen, daß diese Antimathematica zugleich eines der erstaunlichsten Phänomene der Geistesgeschichte festhalten. Der abendländische Antisophismus, anhebend mit der Warnung Heraklits vor Pythagoras, dem vermeintlichen Vielwisser, ist so alt wie die abendländische Leidenschaft für die Triumphe der reinen Ratio. Am deutlichsten hebt er sich ab, wenn eine Stimme wider die Mathematik ertönt. Die Geschichte der Antimathematica reicht von der Antike bis zur Gegenwart, sie hat flache und tiefe Gründe. Es ist nicht unbekannt, daß es bedeutende Gestalten der Geistesgeschichte gibt, die Antimathematiker par excellence waren, und wie es Völker mit ausgesprochener mathematischer Begabung gibt, etwa die Franzosen, so gibt es solche, die nur in geringem Maße für diese Wissenschaft befähigt waren. Die Römer sind hierfür ein Beispiel, nicht ihre Nachfahren, die Italiener.

»Vielwisserei bringt noch keinen Verstand. Sonst hätte sie Hesiod klug gemacht und den Pythagoras, den Xenophanes und den Hekataios.« Also sagt Heraklit in seinen Fragmenten und erweist sich als erster Antimathematiker. Aber es ist unerfindlich, wieso er zumindest Hesiod und Pythagoras Unklugheit vorzuwerfen hat[60].

»Der gute Christ soll sich hüten vor den Mathematikern und allen denen, die leere Vorhersagen zu machen pflegen, schon gar dann, wenn diese Vorhersagen zutreffen. Es besteht nämlich die Gefahr, daß die Mathematiker mit dem Teufel im Bunde den Geist trüben und den Menschen in die Bande der Hölle verstricken.« So schreibt der große Kirchenvater Augustinus in *De genesi ad litteram*, ohne daran zu denken, daß er in seinem Werk *De musica* der Mathematik wieder eine harmoniengestaltende Kraft einräumt, weil sie es ist, die das rechte Maß in den Besitz des Menschen bringt und das rechte Maß eben unerläßlich sei für die Musik. Es scheint, daß die Gefahr des Teufels nur den reinen Mathematiker angehe, nicht aber den mathematikgenährten Musiker. Nur so könnte man dem Kirchenvater seinen Widerspruch verzeihen und als vorübergehendes Ärgernis ansprechen, was bei anderen einen säkularen Kummer offenbart.

Was aber die römischen Juristen angeht, die gesagt haben: »De maleficis et mathematicis et ceteris similibus. 1. Artem geometriae discere atque exerceri publice intersit, ars autem mathematica damnabilis interdicta est. 5. Nemo haruspicem consulat aut mathematicum, nemo hariolum«; was also die Untersagung der »verdammenswerten Kunst« angeht, so haben ja bereits die römischen Glossatoren die Einsicht gehabt, daß es eine vernünftige und eine verdammenswerte Mathematik gibt, je nach dem Mathematiker. Außerdem waren, wie gesagt, die Römer nicht sonderlich mathematisch begabt, so daß eine Verdammung der Mathematiker von ihrer Seite ohne geistesgeschichtliche Nuance bleibt.

Daß auch das klassische Zeitalter der Mathematik und der Philosophie der Mathematik nicht ohne seine Antimathematiker blieb, das beweist eine Erscheinung wie die des englischen Satirikers Jonathan Swift. Bei Gelegenheit seines Aufenthaltes in Lagado, der Hauptstadt der schwebenden Insel Laputa, lernt Gulliver die »Phraseologie« der dortigen Bewohner kennen und berichtet über sie in einer Weise, die ohne Zweifel einer gewissen Karikierung der universalmathematischen Bemühungen des 17. Jahrhunderts gleichkommt: »Alle ihre Ideen treiben sich immer unter Linien und Figuren umher. Wollen sie, zum Beispiel, die Schönheiten eines Frauenzimmers oder eines anderen Geschöpfes erheben, so beschreiben sie dieselbe durch Rhomben,

Zirkel, Parallelogramme, Ellipsen und andere geometrische Ausdrücke, oder durch musikalische Kunstwörter, die hier anzuführen unnötig sein würde. In der Küche des Königs sah ich alle Arten mathematischer und musikalischer Instrumente, weil die Speisen, welche auf Sr. Majestät Tafel kommen, nach denselben geformt und zugeschnitten werden. Ihre Häuser sind schlecht gebaut, die Wände derselben krumm und schief, ohne einen einzigen rechten Winkel in irgendeinem Zimmer; und dieser Fehler ist eine Folge ihrer Geringschätzung der praktischen Geometrie, die sie als etwas, das nur für gemeine Leute und Handwerker gehöre, verachten ...«[61]

Erst mit Pascal und Berkeley erscheinen zwei Antimathematiker – aus Tiefe. Das ist umso merkwürdiger, als beide Mathematiker waren, Pascal ein mathematisches Genie, Berkeley ein Kenner. Es gehört zu den Paradoxien Pascals, daß er in einem bestimmten Augenblick seines Lebens von der Mathematik, über die er Meister war, abfällt. Es ist der Augenblick der »Gnade«, der das mathematische in ein religiöses Genie verwandelt. Es ist der Augenblick, in dem ihm die Unvereinbarkeit von Rationalismus und Christentum zur Gewißheit wird; der Augenblick, in dem er aus dem abstrakten den konkreten Denker entwickelt. »Nachdem ich das Studium des Menschen begonnen hatte, erkannte ich, daß die reinen Wissenschaften den Menschen nicht angemessen sind und daß ich mich über meine Seinslage während ich sie studierte mehr irrte als die, die von ihnen nichts wissen.« Die wegwerfende Geste »Demütige dich, ohnmächtige Vernunft«[62] ist nur eine Folge jener absagenden Einsicht. George Berkeley[63], Bischof in Irland, war Spiritualist, jedoch anerkannte er nur Konkretes im Geiste, nichts Abstraktes. Auch bei ihm gehören die Antimathematica zu den Paradoxien, nicht zu den Bedingungen seiner Existenz. Denn wie könnte ein konsequenter Spiritualist Antimathematiker sein? – Nun, Berkeley war Bischof und Moralist, der von einer Anstalt zur Bekehrung von Wilden auf den Bermudas träumte. In erster Linie wettert er gegen die Mathematiker seiner Zeit. Zunächst zieht er aus philosophischen Gründen gegen die Mathematiker seiner Zeit, in deren Händen die Mathematik immer abstrakter wurde, los, denn sein Spiritualismus anerkennt nur konkrete, keine abstrakten Ideen. Es ist das Zeitalter Newtons und Leibnizens. Also richten sich seine Angriffe gegen den »calculus differentialis«, den er allerdings in einer sehr wenig entwickelten Form, nämlich in der des Marquis de l'Hospital, meint. Zunächst findet er, daß die grundlegenden Sätze jenes neuen Kalküls zwar entdeckt, aber nicht in der strengen Weise der Griechen bewiesen seien. Dieser Glaube an die Festigkeit des mathematischen Weges besticht. Und nun wird eine der erstaunlichsten Folgerungen gezogen: die Verflachung im Geiste der Mathematik bedeutet für Berkeley auch einen Verfall des religiösen Ernstes. Hier spricht also ein Antimathematiker, weil er um der Herausbildung der religiösen Persönlichkeit willen die Mathematik ernst genommen haben will. Auch hier wird wie bei Pascal die Mathematik in ein Verhältnis gesetzt zum Christentum, aber das Resultat ist positiv. Eine besondere Rolle spielt bei Berkeley ein gewisser Dr. Grath, der 1719 auf dem Sterbebett christlichen Zuspruch verschmäht haben soll mit dem Hinweis, der Mathematiker Halley habe ihm die Unbegreiflichkeit der christlichen Lehren bewiesen. Gegen diese Überschätzung tritt Berkeley auf. Ein wenig später spielt der berühmte Historiker Gibbon[64] die Rolle eines Polemikers gegen die Überschätzung der Mathematik, allerdings nicht aus christlichen Gründen. Er wendet sich gegen d'Alembert, in dessen berühmter *Vorrede zur Enzyklopädie* die Mathematik als Ideologie auftritt und fordert eine humanistisch-sprachlich-historische Bildung gegenüber der mathematischen, obwohl er selbst hervorragend begabt war für Mathematik und in seiner *Selbstdarstellung* gern der Stunden gedenkt, die er in den Abstraktionen der Mathematik verbracht habe.

Weil er als Naturforscher nicht die pythagoreische Natur, deren Sein durch das ermessene Kontinuum der reellen Zahlen bezeichnet ist, sondern die elementare, in Gestalten hervordrängende Natur in seine Aufmerksamkeit einbezog, stand Goethe[65] die Mathematik im Wege. Als Ästhetiker hätte er sie bewundert. So aber begriff er sie stets als Meßkunst, nicht als ästhetisches Phänomen. Und gegen die Meßkunst bringt er Antimathematica folgenden Inhalts hervor: »Ich ehre die Mathematik als die erhabenste und nützlichste Wissenschaft, solang man sie da anwendet, wo sie am Platze ist, aber ich kann nicht loben, daß man sie bei Dingen mißbrauchen will, die garnicht in ihrem Bereich liegen und wo die edle Wissenschaft sogleich als Unsinn erscheint. Die Mathematiker sind eine Art Franzosen: redet man zu ihnen, so übersetzen sie es in ihre Sprache, und dann ist es alsbald etwas ganz anderes.«

Lichtenberg, der in Göttingen über Physik und Mathematik las, hatte hingegen lediglich gegen die Mathematiker etwas einzuwenden: »Die sogenannten Mathematiker aus Profession haben sich auf die Unmündigkeit der übrigen Menschen gestützt, einen Kredit von Tiefsinn erworben, der viele Ähnlichkeit mit dem von Heiligen hat, den die Theologen für sich haben.«[66]

Die Ablösung der Mathematik von der Philosophie, die für das 19. Jahrhundert kennzeichnend ist und für die sowohl Goethe als auch Kant die großen Beispiele sind, wirkt sich verhängnisvoll aus. Die Antimathematica summieren sich. Besonders unheilvoll erscheint die Mathematik Arthur Schopenhauer[67]. »Daß die niedrigste aller Geistestätigkeiten die arithmetische sei, wird dadurch belegt, daß sie die einzige ist, welche auch durch eine Maschine ausgeführt werden kann.« Schopenhauer hat über viele Dinge flach geurteilt. Kein Mathematiker wird es ihm ernstlich verargen. Es ist der verhängnisvolle Intuitionismus, der mit einem Schlage von einer Wahrheit überzeugt sein will, aber nicht den Gang der logischen Schlüsse zu gehen gedenkt, den hier Schopenhauer gegen die Mathematik ins Feld führt. Insbesondere Euklids Beweis des pythagoreischen Lehrsatzes sei in dieser Hinsicht nur ein »Mausefallenbeweis«, den man gezwungen sei hinzunehmen, der aber keine echte Augenscheinlichkeit erzeuge. Sehr gern spielt die künstlerisch gerichtete Natur den Intuitionisten gegen den Rationalisten aus. Und es ist sicher, daß Schopenhauer in dieser Hinsicht als Künstler, als Intuitionist zu gelten hat. Das gleiche ist der Fall in der Gegnerschaft Ludwig Klages' gegen die Mathematik. Auch sind es keinesfalls erkenntnismäßige Gründe – (daß nämlich der Geist der Widersacher der Seele sei) –, die zu den Antimathematica zwingen, auch hier wendet sich ein Temperament, ein Intuitionist gegen Leibniz, gegen die pascalsche Kunst der Überzeugung.

Man darf aber das künstlerische, intuitionistische Temperament nicht mit dem Ästhetiker verwechseln. Der Ästhetiker und der Künstler scheiden sich gerade gern in ihrem Verhältnis zur Mathematik. Und wenn das 19. Jahrhundert einen verhängnisvollen Abfall des philosophischen Geistes von der Mathematik hervorgebracht hat, so treffen wir in diesem Zeitraum doch sehr häufig einen Typus des Geistigen an, der als Ästhetiker im Banne der Mathematik steht. Sicher war Stendhal ein Geistiger. Sicher war er ein Ästhetiker. Von den Philosophen verlangte er, trocken, klar und ohne Illusionen zu sein. »Beyle gehörte zeit seines Lebens zu den Männern, die, ganz im Sinne d'Alemberts und seiner Freunde, in der Mathematik die Königin der Wissenschaften sahen, welche allein Wahrheit biete und niemals täusche: er war stolz auf seine Leistungen, zumal sie ihm den ersehnten Weg nach Paris erschlossen«, bemerkt Weigand[68] in seinem schönen Essay über Stendhal. Der Onkel Romain Gagnon hatte indessen Stendhal einen anderen Rat nach Paris mitgegeben: »Mein Lieber, du hältst dich für einen gescheiten Kopf, und du bist voll unerträglichen Stolzes wegen deiner Erfolge in den mathematischen Fächern, aber das ist alles nichts: man kommt in der Welt nur durch die Frauen vorwärts.« Der Neffe verstand es, beide Ansichten zu vereinigen. Nicht allein Stendhal wäre hier zu nennen. Es scheint, daß im französischen Geistesraum der Ästhetiker und Kritiker gern an die Ideologie der Mathematik glaubt. Nicht umsonst hatte Rivarol gesagt, der Geist der Kritik sei ein Geist der Ordnung und in diesem Sinne ließ sich auch ein Sainte-Beuve von Poinsot in die Mathematik einführen. Überdies beschäftigte sich auch Taine während seines zurückgezogenen Lebens als Privatmann in Paris mit dem Studium der Philosophie, Physiologie und der höheren Mathematik. In der Nachbarschaft solcher Tendenzschriftsteller (im höheren Sinne), solcher Ästhetiker und geistiger Erzieher nennen wir unter den Deutschen nur Lessing, der eine unabweisbare Neigung zur Mathematik besaß. Aus dem 19. Jahrhundert müßten Kleist und Novalis angeführt werden. Unter den neueren Franzosen sind Valéry und Baudelaire Liebhaber mathematischer Formen[69]. Jedenfalls, und das wollten wir eigentlich sagen, steht der Ästhetiker der Mathematik nicht fern. Die Mathematik als Ideologie entspricht seiner Form der Existenz und gelegentlich wird der Ästhetiker an seinen mathematischen Neigungen erkannt. Die Mathematik, der er sich hingibt, stellt sich gewissermaßen als sein Ersatz für ein ethisches Korrektiv dar. Und wo keine ethischen Forderungen an das unmittelbare Leben gestellt werden, dort stellen sie sich unweigerlich als Forderungen an den Geist ein.

Dieser Umstand läßt die merkwürdige Tatsache verstehen, daß es innerhalb des abendländischen Rationalismus einen Augenblick gibt, in dem die Mathematik eine Gesellschaft erzeugt. Diese existentielle Wirkung der Mathematik schließt sich ziemlich genau an das klassische Jahrhundert der Mathematik, das 17. an. Der Katalysator dieser seltsamen Reagenz war ohne Zweifel jene Philosophie der Mathematik, die Pascal, Descartes und Leibniz ausgebildet haben. Diese Philosophie verlieh der Mathematik nicht nur den Akzent unbestechlicher Klarheit und Wahrheit und Eleganz, sondern legitimierte auch ihren alten Anspruch auf Universalität. Und das waren die Dinge, welche die unterhaltungswütigen Existenzen, die großen und kleinen Ästhetiker des 17. und 18. Jahrhunderts unaussprechlich anzogen. Die Mathematik erfaßte die Geister, indem sie alle Lebens-, alle Daseinsgebiete durchdrang, weder die Mode, noch den Garten, noch die Politik ausgenommen. Am französischen Hof, dem Hof der Ästhetiker, die die Gelangweilten waren, wie Weigand, wie selbst Taine, vor allem aber die Goncourts anmerkten, an diesem Hof also gehörte in jenen Zeiten zum guten Ton, mit Mathematikern befreundet zu sein, mathematische Bildung zu besitzen und wenigstens an mathematischen Unterhaltungen teilgenommen zu haben. So wurde damals die Mathematik, auf die Hegel, vor allem aber Schopenhauer erst wieder herabsah, gesellschaftsfähig. Auch auf den deutschen Ritterakademien war häufig, wie Fueter festgestellt hat, die Mathematik oberstes Bildungsfach. »Wetten über Möglichkeit oder Unmöglichkeit der Quadratur des Kreises wurden in solcher Höhe abgeschlossen, daß auf Befehl des Königs wegen drohenden Bankrotts einiger Edelleute die Akademie keine Entscheidung fällen durfte.« (Fueter)[70] Daß hart an der Grenze des 18. Jahrhunderts in Hamburg die Gründung der ersten fachmathematischen Gesellschaft, nämlich der »Kunst-Rechnungsliebenden Societät« stattfand, und zwar von deutschen Schreib- und Rechenmeistern, darf ebenso wenig erstaunen lassen wie die Tatsache, daß die mathematikbegeisterten Enzyklopädisten sich mit Vorliebe in jenen Salons der Herzogin von Aiguillon, der Du Deffand und der Lespinasse herumtrieben, wo die Mathematik das Wort schwerer wiegen ließ und den gewürzten Geist mit Klarheit tränkte. Daß man spielte, und zwar mit Hilfe der Wahrscheinlichkeitsrechnung, die der ungetreue

Pascal erfunden hatte, das ist nur eine Nuance dieser mathematisierenden Salons. Daß man hier Fontenelles *Entretiens sur la pluralité des mondes,* Algarottis *Newtonanismo per le donne,* später noch Eulers *Lettres à une Princesse d'Allemagne* mit Vergnügen las, gleichsam wie eine »physique amusante«, ist nur eine Variante des mathematischen Ästhetizismus. Die Goncourts erwähnen eine Zeichnung von Gabriel de Saint-Aubin, die das Vorführen von Experimenten in einem Physikzimmer darstellt. Zwischen Abbés und Seigneurs mit blauen Ordensbändern sitzen elegante Frauen. »Die in die Gesellschaft eingedrungene Eingenommenheit für die Wissenschaften, die Künste, die Industrie hat bei der Frau einen allgemeinen und fieberhaften Wissensdurst entwickelt, eine Lust, alles zu sehen und alles kennen zu lernen. Ihre Einbildungskraft fliegt von einer Idee zur anderen, von einem Schauspiel zum anderen, von einer Beschäftigung zur anderen, ihr Tagewerk ist nur Bewegung, Geschäftigkeit, Augenblickspläne, ein unbeständiger, wirbelnder Eifer, der sie an alle vier Ecken von Paris wirft, auf die Spuren der Meinung, auf die Anzeigen der öffentlichen Blätter hin, hinter dem Lärm der Systeme, der Theorien, der Lehrkurse und der Experimente her ...« So beschreiben J. und E. Goncourt[71] die Frau der Gesellschaft, von der wir hier sprechen. Vergessen wir aber auch nicht, daß es die Gesellschaft ist, die Matthesons *Vollkommenen Kapellmeister* und Mauritius Vogts *Conclave thesauri magnae artis musicae,* diese mathematischen Absurditäten musikalischer Variationstechnik, hervorgebracht hatte, die das Symbol der Musik über alle Maßen herabwürdigte. Es ist verständlich, daß in diese zum Teil wundervolle, zum Teil fragwürdige mathematische Ideologie, die eben noch eine Gesellschaft mit der tiefen, aber auch vergnüglichen Anstrengung des Begriffs erfüllte, warnend d'Alemberts enzyklopädistische Stimme fällt und darauf verweist, daß die mathematischen Abstraktionen uns zwar die Erkenntnis der Dinge erleichtern, daß sie aber nur dann von Nutzen seien, wenn man sich in ihnen beschränkt. Empfindet er schon, daß die Mathematik nur sehr relativ eine Ideologie der Ästhetiker ist? – Empfindet er schon den Umschlag der Mathematik aus dem ästhetischen Erkenntnisvergnügen in den ethischen Ernst? –

Im 19. und 20. Jahrhundert verwandelt sich der Mathematiker aus dem Ästhetiker in einen Ethiker. Der Ästhetiker, der Mathematik als ein freies Spiel des Geistes betreibt, der sie gleichsam mit den Sinnen genießt, wird abgelöst vom Ethiker, der unter der Kategorie der Anstrengung des Begriffs, also unter der Kategorie der Verantwortung und des Ernstes steht. Der Typus des abstrakten Denkers als höchster Typus des Mathematikers entsteht; er löst sowohl den Ästhetiker als auch den Ethiker ab. In der Gestalt des abstrakten Denkers gewinnt der Mathematiker einen Rang zugleich unter den Ästhetikern wie auch unter den Ethikern. Er hat diesen Rang als letzter, spätester Typ eines Platonikers in den aufzuzählenden Exemplaren des 19. und 20. Jahrhunderts, in den Gauß, Riemann, Cauchy, Abel, Galois, Jacobi, Fourier, Russell, Hamilton und Hilbert in einer Weise ausgeprägt, daß dem Charakter ihrer Existenz nichts mehr hinzugefügt werden kann.

Der Mathematiker als der vollendete Typus des abstrakten Denkers schließt das ab, was wir die abendländische Ideologie der Mathematik nennen, nicht ohne den Hinweis zu unterlassen, daß es die geheime unpopuläre Ideologie nicht nur unserer Mystik, sondern auch unserer Vernunft ist. Auf Leibniz geht diese Ideologie der Mathematik zurück. Als 1926 Paul Valéry[72] im Hinblick auf die Herausbildung eines europäischen Bewußtseins von einer »Leibnizisation« sprach, hat er, der Dichter, der, wie wir wissen, auch einer der letzten großen Ästhetiker der Mathematik ist, zwar nicht jene geheime, unpopuläre Ideologie im Sinne gehabt. Doch er traf das richtige Wort, das auch die Herausbildung der Ideologie der Mathematik kennzeichnet. Die zunehmende Entwicklung der Mathematik zu einer Ideologie etwa seit Leibniz, Pascal und Descartes, in der erst der Geistige seine höchst existentielle Prägnanz erfahren hat, bedeutet schließlich auch nichts anderes als eine zunehmende Leibnizisation unseres mathematischen Bewußtseins, das unsere Vernunft ebenso beherrscht wie unser Dasein das historische Bewußtsein. Diese Leibnizisation ist nur ein anderer, umfassenderer Ausdruck für das, was ich die leibnizische Reduktion des Geistes auf Form genannt habe. Diese leibnizische Reduktion ist es, die einerseits das in uns ausprägt, was ich mathematisches Bewußtsein nenne und die andererseits die Mathematik in eine Ideologie verwandelt. Der Anteil des Leibniz an der Herausbildung dieser rationalen Ideologie ist unvergleichlich. Jede Rezeption Leibnizens bedeutet Leibnizisation im Sinne jener allgemeinen Reduktion, ein

Zug des mathematischen Barock, wenn wir stilgeschichtlich sprechen. Es ist möglich, daß sich in der heraufkommenden totalen technischen Welt das ausbildet, was man technisches Bewußtsein nennen kann. Es können in dieser Welt Typen gedacht werden, die ihre Entdeckungen nicht auf der Grundlage oder aus der kategorischen Voraussetzung des mathematischen Bewußtseins machen, sondern aus eben jener Geisteskonstellation, die wir technisches Bewußtsein nennen müssen. Dieser Typus ist ausgezeichnet als Erfinder, nicht als Forscher wie die Maxwell, Hertz, Planck, Bohr, und ihre Welt ist nicht ein Bestand von Naturgesetzen, sondern apparativer Möglichkeiten. Aber dies wollten wir nur andeuten. Zu sagen hatten wir, daß das 17. und 18. Jahrhundert mit seinem Gedanken an eine Mathesis universalis, mit seinem Gedanken an eine generalisierte Mathematik nichtmathematischer Gegenstände das Bewußtsein der modernen Welt geprägt hat, also das mathematische Bewußtsein, und nur im Hinblick auf dieses können wir überhaupt von einem einheitlichen oder vereinbaren abendländischen Geist sprechen. Im nächsten Band dieser *Konturen einer Geistesgeschichte der Mathematik* wird sich zeigen, daß gerade dadurch, daß dieses mathematische Bewußtsein eine Ästhetik hervorgebracht hat, die immer wieder einmal für Geister ersten Ranges verbindlich ist, dieser Rezeption Leibnizens und dieser mathematischen Ideologie einer Universalmathematik eine fundamentale Würde zugesprochen werden muß. – Mag auch unser historisches Bewußtsein, das wesentlich in der Romantik geprägt worden ist, erst offenbaren, was des Menschen eigentliches Wesen sei, ohne Zweifel fördert das mathematische Bewußtsein unserer reinen Vernunft das zu Tage, was ein Geist vermag, ja, wir können uns noch enger an das diltheysche Wort vom Sinn der Geschichte anschließen und sagen, daß der Mensch erst durch die Mathematik erfahre, was Geist sei.

Konturen einer Geistesgeschichte der Mathematik

II

Die Mathematik in der Kunst

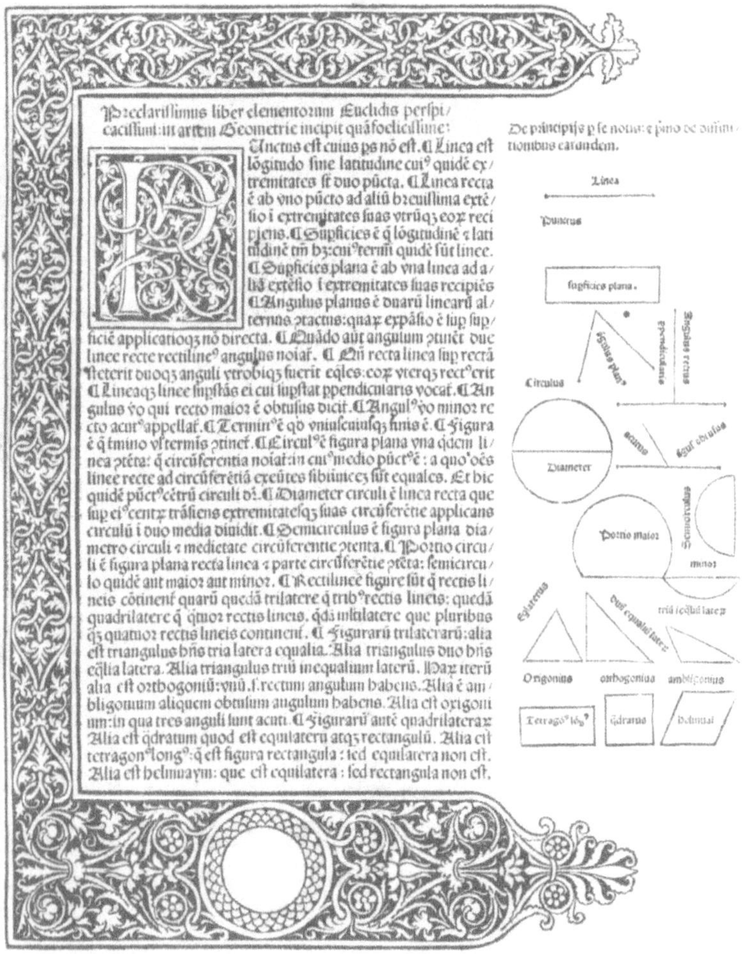

Erste Seite aus Ratdolts Euklid-Ausgabe von 1482 mit den ersten gedruckten geometrischen Figuren

Habe eine Methode, aber verbirg sie.
William Gerard Hamilton

Ist's der tastende Finger,
der wie der Rosen, der Brauen,
der Wangen Kurve ermißt?
Conrad Aiken

Inhalt

Einleitender Exkurs über Koinzidenz, Perfektion und Konfinium

Es gibt eine abstrakte, theoretische Geistesgeschichte, in der die Grundbegriffe der empirischen Geistesgeschichte, welche die konkreten Fälle diskutiert, definitorisch festgelegt und unter Absehen von bestimmten Sachverhalten theoretisch behandelt werden. *Koinzidenz, Perfektion* und *Konfinium* sind solche Grundbegriffe der abstrakten Geistesgeschichte, die jeweils eine ganze Theorie repräsentieren. Es sind Grundbegriffe, die für die Geisteswissenschaften eine ganz allgemeine Bedeutung haben und in der Soziologie etwa eine ebenso klare Rolle spielen wie in der Geschichte, und die in der Literaturwissenschaft genauso bezeichnend fungieren können wie in den Staatswissenschaften.

Unter *Koinzidenz* verstehe ich das Zusammenfallen von Erscheinungen, und unter Erscheinungen werde ich dabei sowohl kunstgeschichtliche Fakten, etwa Stile, als auch politische Tendenzen, Weltanschauungen, epochale Strömungen geistiger oder materieller Art im Sinne haben. Außerdem kann der Begriff Koinzidenz räumlich und zeitlich angewendet werden; er gilt ebenso sicher für eine Existenzform des Einzelnen wie für die einer Gesellschaft. Koinzidenz kann sich in den Äußerungen eines Geistes gleichermaßen verraten wie in den wirtschaftlich-sozialen Vorgängen. Wo Koinzidenz ist, verdeckt eine Tendenz leicht die andere, und die Eindeutigkeit des Geistes, den man vertritt, verflüchtigt sich leicht in ein Spiel von Elementen, das nicht in jedem Falle ein Glücksspiel ist. Maske und Tarnung sind zwei wesentliche Begriffe dieser kategorischen Koinzidenz. Koinzidenz gestattet Maske und Tarnung, Verständnis kann in Wirklichkeit epochales Mißverständnis und der Wille zum Stil die Selbstauflösung des Stilbewußtseins darstellen. Daß wir heute den Geist aller vergangenen Epochen zu verstehen glauben, ist eine Koinzidenzerscheinung innerhalb unseres historischen Bewußtseins genauso gut wie das Sichineinanderschieben der Wissenschaften, sowohl der Geistes- als auch der Naturwissenschaften, ein Vorgang, in dem wir eine moderne Form universalistischer Tendenz im dialektischen Gegensatz zur fortschreitenden Spezialisierung bzw. Tieferlegung der Fundamente erkennen.

Unter *Perfektion* verstehe ich die Ausbildung vollständiger, geschlossener, zusammenhängender Strukturen jeder Art, also die Verwischung von Diskontinuitäten innerhalb der Erscheinungen und Tendenzen aller Sphären. Jede moderne Welt wird von Perfektionen beherrscht. Die Moderne ist stets der Ausdruck eines höheren Grades von Perfektion bzw. einer allgemeingültigen Tendenz auf Perfektion, einer Säkularisierung der Perfektion. Ideen wie geschlossene Naturkausalität, Mathesis universalis, Weltliteratur u. dgl. stehen am Anfang. Freilich führen diese Ideen nur in der Sphäre des Geistigen ein Dasein. Aber es kommen andere. Imperium, Revolution in Permanenz, absterbender Staat, Sozialismus sind Formen soziologischer Perfektion. Die Herausbildung der technischen Welt, die an die Stelle der kulturellen Welt tritt oder als technische Zivilisation nunmehr unabänderlich die kulturelle Welt durchdringt und überdeckt, ist das mächtigste Beispiel einer Perfektion – es ist die säkulare soziologische Perfektion par excellence, die tief in das Dasein jedes einzelnen und jeder Klasse umgestaltend einbricht. Insbesondere der Geistige und der Christ sind von dieser Perfektion ergriffen und es wird ihnen schwer, in ihren Funktionen mit der heraufkommenden perfekten technischen Welt zu koinzidieren. Denn darauf kommt es an. Alle Koinzidenzen, die wir gegenwärtig erleben, sind Stadien der Perfektion. In diesem Sinne gehören Koinzidenz und Perfektion zusammen.

Eine dritte universale Kategorie, deren Theorie ich im Sinne habe, wenn ich die geschichtlichen und soziologischen Vorgänge der Epochen, insbesondere aber unserer Epoche studiere, ist die des Konfiniums. Unter einem *Konfinium* verstehe ich jede Zone der Grenze und des Überganges zwischen gesellschaftlichen Schichten, zwischen existentiellen Typen, überhaupt zwischen Seinsformen, zwischen Ideen, räumlichen und zeitlichen Erscheinungen aller Art. Jedes Konfinium ist ein Ort der Koinzidenz, aber in jedem Konfinium bildet sich auch die Perfektion aus. Koinzidenz und Perfektion gehören zur Struktur eines jeden Konfiniums. Außerdem bildet jedes Konfinium eine typische Art seiner Repräsentation aus. So repräsentiert die Öffentlichkeit stets das Konfinium zwischen der materiellen und geistigen Welt der Gesellschaft. Und der Schriftsteller wiederum ist ein Repräsentant dieses Konfiniums der Öffentlichkeit – er ist ein Geist der Koinzidenz und besitzt eine natürliche Tendenz auf Perfektion.

Ich möchte nun folgende Gesichtspunkte besonders hervorheben: sofern der Mensch wesentlich Geist ist, hat er eine selbstverständliche Tendenz auf Denaturierung; die religiös-kultische Welt, die kulturelle Welt und die Welt der technischen Zivilisation sind jene Formen der denaturierten, vom Geist hervorgebrachten Welten, die er über der Materie und der Natur aufrichtet und bewohnt. Sofern er aber wesentlich Natur ist, entwickelt er unaufhörlich die Zeichen einer elementaren, natürlichen, ja naiven und primitiven Welt. Der Fortschritt ist das Gleichgewicht dieser Welten, in deren Konfinium die Aktionen des Geistes und des Lebens sich vollziehen. Jede dieser Welten zeichnet sich durch die Tendenz auf Perfektion aus. Es ist erkennbar, daß unter Fortschritt nichts anderes als der Weg der Perfektion zu verstehen ist. Koinzidenzerscheinungen sind sowohl Zeichen einer sich auflösenden Perfektion als auch Zeichen einer entstehenden höheren Art von Perfektion.

Koinzidenzen bilden, wie gesagt, das, was wir ein Konfinium nennen. Und die eintretende Perfektion verwandelt das Konfinium in eine echte, geschlossene Welt; das christliche Mittelalter bildet auf diese Weise eine perfekte kultische Welt und ihr großer signifikanter Typus ist der Christ; die Renaissance ist ihm gegenüber eine Welt der Koinzidenzen, sie ist ein Konfinium und ihre Rezeptionen sind ebenso signifikant wie der Typus des alles verstehenden Humanisten und der Typus des homo universalis. Aber aus diesem Konfinium entsteht nach und nach die Welt des Barock, die kulturelle Welt, in der der Christ abgelöst wird durch den Geistigen und in der das historische Bewußtsein überschichtet wird durch ein tief verästeltes und prachtvolles mathematisches Bewußtsein, das Kunst und Wissenschaft gleichermaßen durchdringt und die gewaltige produktive Einbildungskraft, dieses wahre Wesen des schöpferischen Geistes, nährt, im ganzen also eine perfekte Welt, die im Grunde erst in den großen Koinzidenzerscheinungen des 19. Jahrhunderts ihre Auflösung erfährt; das 19. Jahrhundert zeigt keine Welt, es zeigt ein Konfinium, ein geistiges, ein gesellschaftliches, ein politisches, ein existentielles, das sich noch bis in unsere Gegenwart ausbreitet.

Zeiten der Perfektion sind stilbildende Zeiten, der große Stil weist auf den existentiellen Typus, der existentielle Typus weist auf die echte Gesellschaft. Zeiten der Koinzidenz sind stilauflösende Zeiten, der zerfallende Stil weist auf den sich fragwürdig gewordenen existentiellen Typus, auf die fragwürdig gewordene Selbstauffassung, auf das Konfinium, das an die Stelle der Gesellschaft tritt.

Wir haben in der perfekten kultischen Welt, die wir die christliche Welt nennen, eine Gesellschaft der Frommen, der Christen, und in dieser Gesellschaft ist der Christ der existentielle Typus. Die Renaissance hingegen hat ein Konfinium an die Stelle dieser Gesellschaft der Frommen gesetzt, das schwer entwirrbar ist und in dem der Humanist, dieser äußerste Koinzidenzfall, in dem der Christ, der Geistige, der Ritter und der Literat zusammentreffen, signifikant bleibt, bis der Barock aus der perfekten Welt der Kultur und ihrem ausgeprägten mathematischen Bewußtsein den Geistigen und seine Gesellschaft hervorbringt. Nur in diesem Sinne scheinen mir Stil, existentieller Typus und Gesellschaft dialektisch zusammenzuhängen und scheint mir die Kunst, wie Walter Stern es einmal formuliert hat, Ausdruck der Entwicklungsphasen menschlicher Gesellschaft zu sein. Ich glaube nicht, daß man diese Dinge ohne die Begriffe Koinzidenz, Perfektion und Konfinium erhellen kann. Darum habe ich eine kurze Betrachtung darüber vorangesetzt.

Wir werden sehen, wie diese Zusammenhänge im einzelnen beschaffen sind. Hier kommt es darauf an auszusagen, daß der abendländische Geist seine große Perfektion in der Konstituierung eines mathematischen Bewußtseins findet, das als Ideologie sowohl unsere Wissenschaft als auch unsere Kunst trägt. In den großen Augenblicken, in den Stadien der Perfektion dieser Ideologie, wog sie schwer genug, um das Opfer anderer Ideologien entgegenzunehmen.

Zum Begriff des Stils

Mathematik und Kunst. Die Wirkung der einen auf die andere ist ein geistesgeschichtliches Thema ersten Ranges. Aber es muß einen vereinbarenden Standpunkt geben, d. h. eine Philosophie der Mathematik und eine Philosophie der Kunst, die beide einem, wie ich sage, philosophischen System angehören, die also beide in ein und derselben das System fundierenden Metaphysik wurzeln, wenn wir hier unter Metaphysik nicht einen spekulativen Traum von Begriffen, sondern eine Menge von invarianten, allgemeingültigen Sätzen verstehen, die für eine Folge von Einzelwissenschaften, deren Inbegriff wir Philosophie nennen, verbindlich sind[1]. Gibt es das, dann bedeutet der geistesgeschichtliche Nachweis einer Wirkung der Mathematik auf die Kunst oder auch der Kunst auf die Mathematik nichts Geringeres als die konkrete Wirklichkeit von etwas Möglichem, wie der moderne Erkenntnistheoretiker sagt, die Verifikation eines Systems in der Geistesgeschichte. Wir verstehen hierbei unter Mathematik einmal die spezielle Mathematik der Zahlen- und Raumgrößenlehre, das andere Mal aber auch jene generalisierte Mathematik der Mathesis universalis, die auch nichtmathematische Gegenstände einbezieht. Und unter Kunst fassen wir alle Äußerungen des ästhetischen Geistes zusammen, der sich in der Poesie, in der Literatur, in der Malerei, in der Plastik, in der Architektur und im Spiel des Tanzes und der Musik mannigfaltig offenbart. Wir fügen hinzu, daß wir dann und nur dann von Ästhetik sprechen, wenn wir Geist auf Form zurückführen können, die unsere Sinne affiziert. Wo aber der Geist, der wesentlich Form ist, nicht die Sinne affiziert, sondern rein und abstrakt in der ihm eigenen Sphäre bleibt, schränken wir diesen künstlerischen Begriff der Ästhetik auf eine generalisierte Ästhetik ein, und diese generalisierte Ästhetik hat eine Interpretation in der generalisierten Mathematik der Mathesis universalis. Die transzendentale Ästhetik, die Kant in seiner Vernunftkritik entwickelt hat, geht aus dieser generalisierten Ästhetik der generalisierten Mathematik der Mathesis universalis dadurch hervor, daß man diese Mathematik auf die euklidische Mathematik spezialisiert, daß man also die Formen, auf die sich der Geist der euklidischen Anschauung reduziert, auf die Formen Raum und Zeit, die unsere Sinne affizieren, einschränkt.

Man kann nun ein philosophisches System aufbauen, das sowohl eine Philosophie der Mathematik als auch eine Philosophie der Kunst auf ein und denselben metaphysischen Elementarsatz zurückführt, und dieser metaphysische Elementarsatz lautet: Geist ist wesentlich Form. Das kann als eine grundsätzliche Entdeckung des Leibniz aus seinen metaphysischen, logischen und mathematischen Schriften gedeutet werden. Überall, wo Geist sich äußert, äußert er sich als Form[2]. Wir sprechen von der leibnizischen Reduktion des Geistes auf Form, und es ist zugleich eine ästhetische wie auch eine mathematische Reduktion; sie ist geistesgeschichtlich in dem tiefen Zusammenhang zwischen Mathematik und Kunst verifiziert, das heißt, diese abstrakte systematische These gewinnt in der geistesgeschichtlichen Wirkung der Mathematik auf die Kunst in den einzelnen Geschöpfen der Poesie, der Malerei, der Architektur, der Musik ihre konkreten Fälle.

Wir haben die Reduktion des Geistes auf Form die allgemeine leibnizische Reduktion des Geistes auf Form genannt; aber sie läßt zwei besondere Fälle zu: die Zurückführung einer natürlichen Sprache auf eine formalisierte Präzisionssprache und die Zurückführung der künstlerischen Gestaltung auf die Repräsentation eines bestimmten Stils. Der erste dieser beiden speziellen Fälle der allgemeinen Reduktion des Geistes auf Form ist eine Angelegenheit der Mathesis universalis, der zweite eine Angelegenheit der Kunst. Ich glaube, daß in einem wahrnehmbaren, das heißt unterscheidbaren Stil ein Künstler seine Präzisionssprache spricht, er spricht die Dinge seines Herzens nicht in einer beliebigen Art, sondern eben in einer besonderen Art, nämlich in einem Stil aus, und so ist im Stil der Ort gegeben, wo es zu einer innigsten Vereinbarung des ästhetischen und mathematischen Geistes kommt, es ist der eigentümliche Ort der Kunst, wo es zu einer solchen Vereinbarung kommt. Im Stil enthüllt sich der unauflösbare Rationalitätsbereich der künstlerischen Produktion.

Eines der großartigsten Dokumente der Geistesgeschichte für diese tiefe Vereinbarung zwischen Kunst und Mathematik liegt in den sechs Büchern des Augustinus *De musica* vor, die in dieser Hinsicht zum schönsten und klarsten gehören, was man studieren kann. Im Mittelpunkt dieser auf alle Künste, das ist das Entscheidende, sich beziehenden Ästhetik steht Augustinus' Lehre vom Rhythmus, und man muß festhalten, daß die lateinische Sprache für das griechische Wort »rhythmos« nur das andere Wort »numerus« besitzt: »Alles hat Formen, weil es Zahlen in sich hat; nimm ihnen diese, und sie sind nichts mehr. Woher also sind sie, als woher die Zahl ist, wenn ihnen doch nur insoweit Sinn zukommt, als sie zahlenmäßig angelegt und rhythmisch gestaltet sind? – Und alle menschlichen Künstler, die körperliche Gebilde hervorbringen, besitzen in ihrer Kunst Zahlenverhältnisse, nach denen sie ihre Werke zusammenfügen. Sie brauchen ihre Hände und Werkzeuge bei der Arbeit so lange, bis das Bildwerk aus ihnen hervorgeht, wie es der inneren Erleuchtung durch rhythmische Verhältnisse entspricht, und soviel wie möglich von der Vollendung erlangt, die, durch die Sinne vermittelt, dem inneren, die überirdischen Zahlen erschauenden Richter Befriedigung gewährt. – Frage dann weiter, wer denn des Künstlers Glieder selbst bewegt: so ist es wieder die Zahl; denn sie bewegen sich rhythmisch abgemessen.« – So hat Augustinus[3] in seiner Schrift *De libero arbitrio* (lib. II, cap. XVI, t. I) diese seine Lehre vom Rhythmus als eine Lehre von den Zahlenverhältnissen entworfen. Ich habe schon gesagt und die angeführte Stelle gibt das auch zu erkennen, daß die sechs Bücher *De musica* die Überzeugung von einer ästhetischen Einheit der Künste voraussetzen und daß diese ästhetische Einheit insofern eine formale Einheit bedeutet, als sie eine mathematische Einheit, nämlich ein einheitliches Verständnis der künstlerischen Form aus dem Rhythmus, dem Numerus, der Zahl darstellt. Mindestens diesen von Augustinus voll entwickelten Gedanken hat Conrad Fiedler[4] später nicht verstanden, als er betonte, daß es »nicht eine Kunst im allgemeinen, sondern nur Künste« gebe. Mindestens für die Form oder die Formen der Künste gilt Conrad Fiedlers These nicht. Denn die Form der Künste ist die eine, weil Form in jedem Falle eine Reduktion auf eine generalisierte Form, auf eine generalisierte Ästhetik und eine generalisierte Mathematik ausdrückt. Diese Möglichkeit, alle Künste gleichermaßen und allgemein auf Formen der einen generalisierten, abstrakten Form, nämlich die Mathematik reduzieren zu können, begründet erst die Allgemeinheit eines Stilbegriffs; wenn es keine formale Einheit der Künste gäbe, gäbe es keine Möglichkeit, auf die Künste im allgemeinen, also auf die Kunst im allgemeinen einen einheitlichen Begriff von Stil in Anwendung zu bringen. Stil ist gerade der Ausdruck einer formalen Einheit von Formen, Stil ist generalisierte Form, sowie die generalisierte Mathematik nichtmathematischer Gegenstände die spezifizierte Mathematik der Zahlen- und Raumgrößen einschließt.

Wir kehren zu Augustinus zurück, indem wir wieder den Begriff des Rhythmus aufgreifen, den Augustinus in die Mitte der Künste rückt und den er fast als gleichbedeutend mit dem Begriff Numerus auffaßt, indem er im Rhythmus eben den fundamentalsten Ausdruck der Zahlenverhältnisse erblickt. Diese Einsicht ist nie ganz verlorengegangen. Denn noch Hugo Riemann sieht im Rhythmus das gestaltende Prinzip aller Künste, der Mimik wie der Poesie, der Malerei wie der Architektur und der Musik[5].

Wie gesagt, man kann nur daher alle Künste durch den identisch einen Stilbegriff kennzeichnen, weil alle Künste eine formale Einheitlichkeit, verdeckt durch großartige Variationen, zum Ausdruck bringen, die eben die Einheitlichkeit des Mathematischen offenbart. Und wenn z. B. Schmarsow[6] u. a. hervorheben, daß es eine wechselseitige Durchdringung der Künste gibt und daß auf der Durchdringung von Poesie, Malerei und Architektur die Kunst des Mittelalters beruhe, daß damals die Malerei ihren Stoff aus den Händen der Poesie empfing, wie Schering glaubt, daß auch Beethovens Musik ihren Gehalt durch Poesie gewann, so darf man sagen, daß alle Künste ihre Formen zuletzt dem mathematischen Geist, gesammelt in einem mathematischen Bewußtsein, verdanken. In der frühzeitigen Bildung des mathematischen Geistes sind alle Künste herangereift.

Rodin[7] hat einmal von einer »Intelligenz der Linien« gesprochen. Damit hat er gesagt, in welcher Weise ein Stil zugleich ein ästhetisches und ein mathematisches Element verrät. Wir können den Gedanken weiter verfolgen, indem wir sagen, wir gewahren den Stil, wenn wir die Intelligenz der Linien gewahren. In ihr werden wir die ästhetische Reduktion des Geistes auf Form ebenso deutlich gewahr wie die mathematische. An ihr können wir studieren, in welchem Umfang ein durchgehaltener, reiner Stil dem entspricht, was wir in der Wissenschaft eine Methode, in der Mathesis universalis einen Kalkül nennen. Jeder Stil ist der konkrete Fall eines Geistes, der wesentlich Form ist, genau wie jeder Kalkül der konkrete Fall eines Geistes bleibt, der wesentlich Form ist. Nur daher gibt es überhaupt eine Relativität, eine Unmaßgeblichkeit des Stoffes, weil der Stil es ist, der im Geschöpf des Künstlers hervorgebracht werden soll. Ich möchte als Beleg eines Künstlers nur die Äußerung Flauberts über diese Dinge anführen, der gesagt hat: »Darum gibt es weder schöne noch häßliche Stoffe; und vom Standpunkt der reinen Kunst aus könnte man fast den Lehrsatz aufstellen, daß es überhaupt keine gibt.«[7] Dieser sinnvolle Begriff der reinen Kunst, für den die Unmaßgeblichkeit des Stoffes Voraussetzung ist, hat sein Gegenstück im sinnvollen Begriff einer reinen Mathematik, die aus der speziellen Mathematik der Zahlen- und Größenlehre dadurch hervorgeht, daß man diese um den Inbegriff aller mathematischen Wissenschaften von nichtmathematischen Gegenständen erweitert. In dieser generalisierten reinen Mathematik ist es also gleichgültig, ob von mathematischen oder nichtmathematischen Gegenständen gesprochen wird. Der Unmaßgeblichkeit des Stoffes in der reinen Kunst entspricht hier eine Unmaßgeblichkeit, eine Relativität des Gegenstandes. Flaubert hat vorstehenden Sätzen hinzugefügt, daß »der Stil an sich ein Absolutes« sei. Wir möchten über die reine Mathematik der generalisierten Mathesis universalis sagen, daß auch sie seit den Tagen Bolyais und Lobatschewskijs einerseits und Riemanns und Hilberts andererseits als die absolute Mathematik zu gelten hat.

Wir sind der Meinung, daß im klassischen Zeitalter der Mathematik und der Philosophie der Mathematik, einem Zeitabschnitt, der meist von 1630 bis 1750 angesetzt wird, sich ein typisches mathematisches Bewußtsein ausgebildet hat, das für den abendländischen Menschen ebenso kennzeichnend ist wie das sogenannte historische Bewußtsein, dem sich im 19. Jahrhundert mehr und mehr das Interesse zugewendet hat. Wenn also jenes klassische Zeitalter der Mathematik und der Philosophie der Mathematik einen ersten Höhepunkt unseres abendländischen mathematischen Bewußtseins darstellt, dann ist es beinah selbstverständlich, daß damals die für unsere Wissenschaften und ihre Methoden charakteristische Ideologie der Mathematik ausgebildet wurde. Träger dieser Ideologie sind Männer wie Descartes, Pascal, Leibniz, Newton, aber auch die Bernoullis, Collins und Taylor. Eigentümlich bleibt indessen, daß diese mathematische Ideologie des wissenschaftlichen Geistes, die damals erst den philosophisch gestimmten Geistern bewußt geworden ist, künstlerisch und ästhetisch schon viel länger vorbereitet war, und zwar mit Deutlichkeit vorbereitet war. Neben der für das klassische Zeitalter unsere Ideologie der Mathematik kennzeichnenden Tendenz der Mathematisierung der Wissenschaften, begonnen mit Newton und Galilei für die Physik und mit Leibniz und Descartes für die Philosophie, die Methodenlehre und die Logik, gibt es damals längst die mathematische Ideologie der Ästhetik und der Kunst. Das heißt, die Ideologie der Wissenschaften bildet sich nicht nur überhaupt, sondern vielfach sogar primär als eine Ideologie der Kunst aus.

Die Formenstrenge der antiken Poesie, der polyphonen Tonkunst der niederländischen Schulen, die in das Barock hineinstrahlen, in dem eben jene klassische Philosophie der Mathematik zeitlich beheimatet ist, die Durchsetzung der perspektivistischen Methode in der Malerei der Früh- und Hochrenaissance eines Giotto und Brunelleschi etwa und die diese Künstler begleitenden theoretischen Schriften Albertis oder auch Dürers sind nur ein paar Beispiele für die Mathematisierung der Kunst und die mathematische Ideologie, die in der abendländischen Kunst sich verbirgt. In diesem Sinne schließt sich das klassische Jahrhundert der Mathematik und der Philosophie der Mathematik mit seinem ausgereiften mathematischen Bewußtsein fast lückenlos und sinnvoll in der Einheit eines europäischen Geistes an die klassische Epoche mathematisierender Kunst und mathematisierender Ästhetik an. Boileaus *Art poétique* (1672)[8], Descartes' *Discours de la méthode* (1637)[9] und Corneilles *Cid* (1637)[10] sind in dieser Hinsicht eines Geistes, nämlich eines Geistes der wesentlich Form ist, und was der zweite mathematisch zum Ausdruck bringt, spricht der erste als Ästhetiker aus. Diese beiden großen Werke haben sowohl die mathematische Ideologie der Renaissancekünstler als auch die mathematische Ideologie der Barockwissenschaften in sich aufgenommen, und wie man sagen darf, daß Boileaus *Art poétique* ein Werk voll mathematischen Geistes bleibt, darf man es auch aussprechen, daß der *Discours de la méthode* Ausdruck ästhetischen Geistes ist. In dieser maßvollen Einheit konstituiert sich das durchgesetzte und ausgereifte mathematische Bewußtsein jener Epoche.

Wölfflin[11] hat für den Unterschied der Kunst der Renaissance des 16. Jahrhunderts von der Kunst des Barocks des 17. Jahrhunderts fünf Begriffspaare aufgezeigt, die dann Walzel auch als gültig für die Dichtung nachgewiesen hat, und diese Begriffspaare verraten deutlich die mathematisch-strukturelle Differenz:

1. »Linear ist die Renaissance, malerisch das Barock. Dort sind die Grenzen der Dinge betont, hier spielt die Erscheinung ins Unbegrenzte.«
   Für den Geistesgeschichtler der Mathematik bedeutet das den Hinweis, daß die Renaissanceformen mit den Mitteln Euklids berechenbar sind, während die Barockformen durch den infinitesimalen Kalkül zugänglich sind.
2. »Vom Flächenhaften der Renaissance geht es weiter zum Tiefenhaften.«
   Das heißt, die planimetrischen Mittel werden zu Sonderfällen der stereometrischen, was durchaus der mathematischen Thematik der beiden Zeitalter entspricht. Zum Beispiel ist kennzeichnend die Kubikrechnung Cardanos in *Ars magna de rebus* (1545).
3. »Von geschlossener geht es zu offener Form.«
   Das heißt, das Problem der Endlichkeit der mathematischen Gebilde erweitert sich zum Problem des Kontinuums, das charakteristisch für die Barockmathematik, z. B. für Leibniz ist (Labyrinth des Kontinuums, Stetigkeitsbetrachtungen).
4. »Aus Vielheitlichem wird Einheitliches.«
   Das heißt, die spezifizierte Mathematik der Raum- und Zahlengrößen geht mit dem Barock über in die generalisierte Mathematik der Mathesis universalis.
5. »Absolute Klarheit des Gegenständlichen wird zu relativer Klarheit.«
   Das heißt, man kann diese kunstgeschichtliche Feststellung mathematikgeschichtlich als eine Betonung der funktionalen Mathematik, wie sie mit Pascal, Descartes, Newton und Leibniz heraufkommt, auffassen.

Wölfflins Begriffspaare lassen also eine mathematikgeschichtliche Deutung zu. Damit ist offensichtlich, daß sich künstlerischer Stil auf mathematische Struktur reduzieren läßt, und man kann verallgemeinernd hinzufügen, daß auch der schöpferische Geist letztlich auf den mathematischen Prinzipien dessen, was wir »reinen Geist«, d. h. »reine Formen« nennen, aufruht. Wir werden in einer dritten Untersuchung[12] zeigen, in welchem Ausmaß dann dieses mathematische Bewußtsein durch gesellschaftliche Konstellationen zum Durchbruch und Ausdruck kommt.

Natürlich ist dieses mathematische Bewußtsein, das während der Epoche 1630 bis 1750, der Zeit, die der Kunsthistoriker als Barock beschreibt, seine klassische Ausbildung erfährt – wobei wir unter klassisch hier allgemeingültige, notwendige und nachprüfbare Ausprägung verstehen –, viel länger vorbereitet. Die große Reife der Ornamentik in der vorgriechischen Kunst deutet z. B. an, daß hier ein mathematischer Geist gewaltet hat, der nicht mit elementar bezeichnet werden kann. Gerade diese Tatsache, daß in der Ornamentik Elemente höherer Mathematik präformiert werden, die erst durch moderne mathematische Verfahren herauspräpariert werden konnten, führt uns zu der These, von der aus wir alles entwickeln, zu der These, daß einerseits das mathematische Bewußtsein eine ästhetische Wurzel habe und andererseits die ästhetische Weltanschauung der frühen Antike durch die relative Reife der mathematischen Erkenntnisse beeinflußt wird. Vielleicht darf man es sogar so aussprechen: die mathematische und die ästhetische Weltanschauung haben eine Wurzel, d. h. die Mathematik ist auch eine stilerzeugende Denkweise. –

Darin läge dann einer der wesentlichsten Gründe dafür, daß den großen künstlerischen Stilen immer wieder einmal die mathematischen Erkenntnisse, Methoden bzw. Formen entsprechen, derart, daß die Mathematik eines Zeitalters sich ästhetisch in den künstlerischen Stilen bzw. in den Kunsttheorien widerspiegelt, daß ein Höhepunkt in der Mathematik einem Höhepunkt in der Kunst entspricht, daß aber auch ein Verfall der Mathematik, den wir als Verfall des mathematischen Bewußtseins begreifen, immer wieder einmal von einem Verfall ästhetischer Theorien und Formen, vom Verfall des echten Stils – nämlich dem, der eine reine Form verrät – begleitet wird. Das ist nur im einzelnen empirisch zu studieren. Das ist eine der wichtigsten Aufgaben der Geistesgeschichte der Mathematik, soweit sie das Thema Kunst und Mathematik betrifft[13].

Unter dem Verfall des mathematischen Bewußtseins verstehen wir dabei jede effektive Grundlagenkrisis der Mathematik, während deren die Mathematik als Spitzenwissenschaft mit ihrem exakten Wahrheitsbegriff bzw. mit der Wahrheit ihrer Sätze, d. h. mit der Beweisbarkeit oder Widerspruchsfreiheit ihrer Sätze, sich selbst problematisch wird. Unter dem Verfall ästhetischer Theorien und künstlerischer Stile verstehen wir jede Grundlagenkrisis der Kunst, während deren sie die Tendenz hat, überlieferte und vorhandene Formen aufzulösen, und die übersehbare Form überhaupt nicht als das Wesentliche der Kunst auffaßt, während deren sie einen Stil, eine Ästhetik, eine Form überhaupt nicht verbindlich erachtet für Kunst.

Zeitalter der Perfektion sind keine Zeitalter der Grundlagenkrisis. Zeitalter der Grundlagenkrisis sind Zeitalter der Koinzidenz. Vom Stil her entwickelt, nennen wir Zeitalter der Perfektion klassisch; wir sagen: das Klassische ist das Allgemeingültige, das Notwendige und Nachprüfbare, denn eben dies sind die Prädikate der Perfektion. Hingegen nennen wir Zeitalter der Koinzidenz romantisch; wir sagen: das Romantische ist das Koinzidierende, das Grundlagenkritische, das Zerfallende, das Rezeptive, das Nichtallgemeingültige, das Nichtnachprüfbare, das Nichtnotwendige. Bezogen auf die produktive Einbildungskraft des schöpferischen Geistes dieser Zeitalter sagen wir: in der Epoche der Perfektion und der Klassik ist die produktive Einbildungskraft spontan, aber sie sieht alles unter der Kategorie des Seins, also parmenideisch; in der Epoche der Koinzidenz und der Romantik ist die produktive Einbildungskraft rezeptiv und sie sieht alles unter der Kategorie des Werdens, also heraklitisch.

Ich hob schon hervor, daß Koinzidenzerscheinungen Zeichen einer sich auflösenden, aber auch bildenden Perfektion höherer Art bedeuten. Die Koinzidenz des mathematischen und ästhetischen Geistes ist immer charakteristisch für Perfektion. In jeder klassischen Periode kann man diese Koinzidenz studieren, freilich in verschiedenen Graden der Deutlichkeit. Durch nichts aber ist eine romantische Zeitsignatur mehr verbürgt als durch das Zerfallen gerade dieser Koinzidenz, die der Ausbildung anderer geopfert wird. Die mathematische und ästhetische Grundlagenkrisis, die an ihre Stelle tritt und die den Stil zerstört und durch viele heterogene Stile ersetzt, ist durch und durch romantisch. Sie lebt von Rezeptionen, und diese erzeugen das Konfinium der Koinzidenzen, welches jede Art von Perfektion auflöst. An niemandem läßt sich das sichtbarer entwickeln als an Jean Jacques Rousseau. Dieser »Erzvater aller Romantik« zerstört das Idol des Geistes und des Geistigen in den großzügigen Verdächtigungsreden[14], die er der Akademie zu Dijon eingereicht hat. Er ist der Anti-Descartes, Anti-Boileau und Anti-Corneille par excellence. Wenn Diderot[15] feststellt, daß gegen die Mitte des 18. Jahrhunderts die Herrschaft der Mathematik ein Ende findet, so ist das nur die Einleitung einer Zersetzung des mathematischen Bewußtseins, der dann Rousseau Konsequenz verleiht in seiner Einstellung zur Musik. Unter der Überschrift »Rousseaus Musikauffassung und die Kirchenverwüstung« zitiert Jacob Burckhardt[16] folgende Bemerkung des Franzosen: »Alle kontrapunktischen Kombinationen, besonders die Fugen, seien nur ›des sottises difficiles‹, die dem Ohr wehe tun und welche die Vernunft nicht rechtfertigen kann. Überreste der Barbarei und des verdorbenen Geschmackes, wie die Portale unserer gotischen Kirchen nur noch zur Schande ihrer geduldigen Verfertiger aufbewahrt zu werden verdienen.« Nicht nur das mathematische Bewußtsein und die Koinzidenz mit dem ästhetischen Vermögen wird hier herabgewürdigt, die Ideologie des Geistigen, diese Glanzerscheinung des Barock, wird gefährdet, und nicht nur er, der Geistige, auch der Christ und seine Welt und seine Gesellschaft ist fragwürdig geworden in diesem Satz, dessen soziologische Tendenz Burckhardt nicht vergißt, in seiner Überschrift einzugestehen. Mit der Zerstörung der Koinzidenz des mathematischen und des ästhetischen Geistes intentioniert dann Rousseau alle Rezeptionen und Koinzidenzen, die gesellschaftlich, literarisch, politisch und wissenschaftlich so auszeichnen – das Thema: Goethe und die Mathematik kann von hier aus erhellt werden – und die dann der Mathematik und den Mathematikern eine so einsame Stellung verleihen, wie es die allgemeine Stellung der Pfaff, Gauß und Bessel damals auch ausdrückte.

Mathematik, Poesie und Literatur

I

»Sprachlicher Ausdruck«: ein in Schriftzeichen niedergelegter menschlicher Sprachlaut und gemeinsames dolmetschendes Zeichen ohne musikalische Zutat. – Das steht in den »Definitionen«, die gerne unter die Werke Platons gesetzt werden, obwohl bereits im Altertum ihre Echtheit bezweifelt wurde. Dennoch verrät dieser Satz platonischen Geist. Er enthält durchaus das, worauf es in der Sprache ankommt, er anerkennt, daß das gemeinsame dolmetschende Zeichen das Wesentliche ist, und die Einschränkung »ohne musikalische Zutat« ist nicht ohne jene kritische Nuance, die immer wieder einmal an einem guten Stil hervorgehoben wird. Daß aber die Sprache in Zeichen redet, das scheint mir notwendig am Anfang einer Betrachtung stehen zu müssen, die den Geist der Mathematik in der Poesie und der Literatur festhalten will.

Daß jene platonische Definition auch heute noch für uns nicht ganz verloren ist, geht daraus hervor, daß in der modernen Logik, die nicht zuletzt von Frege ausgeht, zunächst die Aussagen aufgebaut werden. Und unter diesen Aussagen werden die aus Zeichen gemachten Ausdrücke für Gedanken verstanden. Aus den Aussagen, die aus Zeichen gemacht sind, wird die *Begriffsschrift*[17] gebildet, und von ihr hat Frege einmal selbst gesagt: »Wie der Name andeutet, sind ihre Urbestandteile nicht Laute oder Silben, sondern Schriftzeichen.« So ist also auch dieser Kalkül im platonischen Sinne »ohne musikalische Zutat«.

Etwas anderes sind Rhythmus und Metrum. »Wir werden nie etwas anderes äußern als die Rhythmen, die sich aus uns empordrängen, aber wir wissen, daß, ehe sie sich uns zeigten, sie in einer unterbewußten Welt in Gemeinschaft waren mit den großen Toten, die wir Metra nennen. Die Metra sind eigentlich entsetzliche Tote. Keiner sieht sie, wir sehen nur Rhythmen. Aber sie sind die Mathematik hinter den Rhythmen, die unerbittliche, unkörperliche Gesetzmäßigkeit.«[18] – Hier ist schon deutlich genug die Poesie in ein Verhältnis gesetzt zur Mathematik; nicht bloß mathematischer Geist spricht aus den Versen, sondern eine wohlbestimmte Arithmetik.

Es ist schön, daß Albert Verwey, von dem unser Zitat stammt, bei seinen Überlegungen an die Logik denkt. Sie zieht er zum Vergleich heran. In Bezug auf gleiche Strophen und Strophenverbindungen, gleiche Zeilenlängen, gleiche Setzung der Pausen, regelmäßige Verteilung der Silben u. dgl. sagt er: »Daß solche Typen entstanden sind, ist sicher nicht weniger wichtig als das Entstehen der Logik. – Metrum besteht nicht, es gibt nur Rhythmus. Für den Dichter, der dichtet, ist das sicher so. Wenn man spricht, denkt man auch nicht an die Thesen der Logik. Wer aber wird leugnen, daß die Logik eine großartige Schöpfung ist, welche kein Denker verfehlen wird in sich aufzunehmen. In der Weise besteht auch das Metrum für den Dichter.«

Schließlich das Wort Paul Bourgets: »Denn die Komposition ist nicht nur ein literarischer Wert; sie ist vielmehr eine Kraft des Geistes oder genauer gesagt: sie ist der Geist selbst.«[18] Genauer kann man das, was wir die leibnizische Reduktion des Geistes auf Form genannt haben und was in der Mathematik seine Vollkommenheit und seine Universalität erfährt, nicht mehr zum Ausdruck bringen. Daß sie aber in dem, was der Literat Komposition nennt, sich wiederfindet, beweist jene Vollkommenheit und Universalität der Zurückführung des Geistes auf Form; denn es ist klar, daß das, was Komposition ist, der Form verfällt, und daß das, was der Form verfallen ist, mathematische Verhältnisse zum Ausdruck bringt.

Wenn ich nun alle diese Äußerungen, die den mathematischen Geist der Poesie und der Literatur betreffen, zusammenfassen soll, so möchte ich es wieder durch ein Wort Gustave Flauberts tun: »In der Genauigkeit des Gefüges, der Kostbarkeit der Bestandteile, der Glätte der Oberfläche, der Harmonie des Ganzen, liegt darin nicht eine wesentliche Tugend, eine Art von göttlicher Kraft, etwas Ewiges, wie ein Prinzip? Warum besteht eine so notwendige Beziehung zwischen dem Wort gesetzmäßig und dem Wort musikalisch? Warum geschieht es, daß ein Vers entsteht, wenn man einen Gedanken sehr zusammengedrängt hat? Das Gesetz der Zahlen beherrscht also die Gefühle und die Bilder, und was als das Äußere erscheint, ist ganz einfach das Innere.«[18]

Die Mathematik tritt entweder als eine Methode auf oder als Formprinzip. Genau genommen ist natürlich jede mathematische Methode auch nichts anderes als die Konstituierung einer mathematischen Form. Wenn ich z. B. mit Hilfe mathematisierter Schlußregeln denke, so bedeutet das nichts anderes als die Anwendung der mathematischen Form der Folge auf Sätze.

Eine Methode ist stets der Prozeß einer Form. Je strenger eine Methode angewendet wird, desto deutlicher zeigt sich eine Form, die Form, die die Methode konstituiert. Methode und Form verhalten sich damit offenkundig wie Denken und Geist. Das Denken ist stets der Prozeß eines Geistes. Je strenger und tiefer das Denken, desto klarer und leuchtender der Geist, der dieses Denken konstituiert, und wenn wir unter der allgemeinen leibnizischen Reduktion die Zurückführung des Geistes auf Form verstehen, so hätte man auch sagen können, daß darunter die Reduktion der Form auf Methode zu begreifen sei.

Jede metrische Einteilung der Poesie, reduziert auf den Vers, ist pythagoreisch-platonischer Herkunft. Die antike Metrik ist im ganzen Mittelalter weder in der Theorie noch in der Praxis jemals erloschen. Die Tatsache, daß die Grammatik sie zu den sieben Künsten zählte, ist für den mathematischen Geist in ihr ebenso kennzeichnend wie die Zuweisung der Poetik zur Logik, die der erste arabische Kommentator, Alfarabi, vornimmt, eine Zuweisung, die die Scholastiker bis ins 16. Jahrhundert aufrecht erhalten[19].

Ich habe schon einmal auf Augustins sechs Bücher *De musica* hingewiesen. Darin ist ganz klar jene Arithmetica universalis, die zugleich Aesthetica universalis ist, zum Ausdruck gekommen, unter deren Wirkung eine erste exakte Begründung des Rhythmus und der Metrik entstanden ist. Der rhythmische Verlauf der Verse, die alternierende Reihe aus langen und kurzen Silben, aus Hebungen und Senkungen, bildet die Grundlage seiner Kunstlehre. Daß man von einer ästhetischen Darstellung der alten Arithmetica universalis, die seit den Pythagoreern zwar glaubhaft, aber im strengen Sinne unbewiesen überliefert worden ist, sprechen darf, erhellt daraus, daß Augustinus gern vom Weltgedicht spricht, das sich in universaler Rhythmik, numerus und numeri, offenbart. Augustins Wort vom »magnus carmen cuiusdam ineffabilis modulatoris« ist der Ausdruck Gottes als des Weltdichters, und Leibnizens Wort »Cum deus calculat fit mundus« spricht in entsprechender Weise vom Weltmathematiker. Augustins Weltgedicht, Leibnizens Mathesis universalis und sogar Hegels Weltgeist wurzeln alle gleichermaßen in der mythisch-pythagoreischen Arithmetica universalis. Augustins Weltgedicht ist die erste dieser geistigen Kosmogonien, gebildet aus dem mathematischen Bewußtsein erster Ausprägung, und daß sie eine poetische ist, zeigt jene gewisse Vorrangstellung des Poetischen an, aus der es verständlich wird, wieso Plastik und Malerei des Mittelalters »ihren Inhalt bereits formal durchgebildet von der Poesie« erhalten, wie Schmarsow betont hat[20]. Wohl gibt Leibniz dem augustinischen Weltrhythmus in seiner Mathesis universalis bzw. in seiner Characteristica universalis eine nur mathematische Fassung, aber sofern sein Gedanke der »prästabilierten Harmonie« des Seienden durch die Mathesis universalis konstituiert wird, hält er die Erinnerung an das Weltgedicht noch fest und zeigt noch einmal die rein ästhetische Seite der Arithmetica universalis an.

Wir sprachen von Augustinus und im Zusammenhang mit ihm von Leibniz. Wir spiegelten beide an einer universal-mathematischen Idee, die pythagoreischer Herkunft ist: an der Arithmetica universalis. – Es ist nun leicht einzusehen, daß diese Idee in der Lehre von der Prädestination eine theologische Interpretation besitzt; denn Prädestination ist Vorausberechnung.

Dieser theologische Gedanke, der zugleich ein universal-mathematischer ist, tritt wohl bei Augustinus wie auch bei Leibniz auf; zwischen diesen aber wird er nachdrücklich von Calvin vertreten. Es ist nun so, daß er recht früh auch eine poetische Form gewinnt. Augustinus' Prädestinationslehre ist wichtig geworden für die poetische Theorie und vor allem die Auffassung des Tragischen im Sinne der Alten. Gewisse Aussprüche Homers und speziell Senecas werden von Augustinus so interpretiert. Vor allem mit der Reformation, als mit Calvin und Jansen die augustinische Prädestination vertieft wurde, sah man die antike Tragödie unter diesem Blickwinkel. Jedoch schon im 11. Jahrhundert bezeichnet Hildebert von Tours seine Bearbeitung des Ödipusproblems als »liber mathematicus«. Für ihn bedeutete jedoch das Mathematische soviel wie das Astrologische in wissenschaftlichem Gewande, übrigens damals eine allgemeine Auffassung.[21]

Es hat Musiktheoretiker gegeben, die zugleich als Poetiker die Rhythmik behandeln, wie Johannes Anglicus. Er ist echt pythagoreisch. Neupythagoreische Spekulationen über die geheime Ordnung der Verse gemäß den Proportionen der musikalischen Intervalle, die von den Pythagoreern gefunden wurden, sind besonders studiert worden. Und in diesen Spekulationen werden die Verse nach der Zahl der Silben gemessen, nach denen die rhythmische Konsonanz, also der Reim eintritt. Zumeist sind es vier-, fünf- und achtsilbige Verse; also schloß man auf die musikalische Konsonanz.

Es ist bekannt, daß die antike Metrik von einem quantitierenden Prinzip des Versbaus ausgeht, nämlich von Versfüßen, die sich in bestimmter Weise aus langen und kurzen Silben zusammensetzen, während der moderne Vers vermittels eines akzentuierenden Prinzips, das die Wörter im Vers nach der Betonung ordnet, sich zusammensetzt. Der »Versus« selbst zeigt schon im Wort die eigentliche kunsterzeugende mathematische Methode an: das Umwenden, das Zurückkehren, die Wiederholung des Versfußes. Man kennt das Bild des sechsfüßigen Iambus.

Deutlich kann man daran den Akt der Wiederholung erkennen. In der deutschen Verslehre sind außerdem die Worte Umschwung, Kehr und Wiederkehr, Drehung und Umdrehung bekannt, die alle das gleiche Prinzip der Wiederholung anzeigen. Die Wiederholung bezieht sich natürlich nicht nur auf den Versfuß. Sie bezieht sich auch auf die Verszeilen. Sie geht aus von der einzelnen Zeile, umfaßt dann etwa ein Paar solcher, vor allem gereimter Zeilen, erzeugt die Terzine oder ein Doppelpaar von vier mit wechselndem oder auch das innere Zeilenpaar beherrschendem Reim, wie das den altbekannten Vierzeiler auszeichnet. Schließlich folgt dann die Wiederholung der gleichgebauten Strophen und diese Strophe kann durch die Gegenüberstellung der Antistrophe wieder zu einem Gebilde, das als Ganzes wiederholbar ist, zusammengefaßt werden.

Derartige Wiederholungen entsprechen dem unendlichen Rapport der Ornamentik. Wo aber diese Wiederholung in einem unendlichen Rapport formerzeugend wirksam ist, dort kommt es ohne weiteres zur Symmetrienbildung. Ich füge hier ein, daß sowohl das akzentuierende verserzeugende Prinzip, das von der Wiederholung des Tonstärkeverhältnisses ausgeht, als auch das quantitierende verserzeugende Prinzip, das von der Wiederholung des Tondauerverhältnisses Gebrauch macht, als rhythmisches Verhältnis zu bezeichnen ist.

Daher kann man überhaupt sagen, daß in diesem höheren Begriff der Rhythmik, wurzelnd in einer Proportionalität und in einer Symmetrie, wurzelnd nämlich in einer die Form heranbildenden Wiederholung, das gemeinsame mathematische Prinzip von Poesie und Musik besteht. Wir werden weiter unten die tiefere Algebra dieses Prinzips in ihrer Gruppeneigenschaft erkennen.

II

Es ist heute kein Geheimnis mehr, daß die Entwicklung der Sprache einen entscheidenden Einfluß auf die Entwicklung der Wissenschaften, insbesondere der Philosophie, ausgeübt hat. Die Verknüpfung sprachlich-grammatikalischer Bildungen mit formallogischen Bildungen und dieser wiederum mit metaphysischen Aussagen kann allenthalben aufgewiesen werden. Vergleichende Sprachwissenschaft, Grammatik, Altphilologie und Frühgeschichte der Philosophie haben hierin Erstaunliches geleistet.

Die Bildung der Definitionen durch Abstraktion war ein anerkanntes Verfahren der Antike, zu dem heute im Rahmen der Logik eine komplette Theorie entwickelt worden ist. Man muß weiterhin festhalten, daß das, was wir das spezifisch Logische nennen, ursprünglich in der Sprache implizit wirksam ist und erst im Laufe der Entwicklung der rationalen Denkweise, die sich mehr und mehr der dabei eine Rolle spielenden Sätze der Logik (Axiome und Theoreme) bewußt wird, expliziert werden konnte bis zur heute vorliegenden Gestalt des Logikkalküls. Sehr schön ist das z. B. an der Frühgeschichte der Proportionen bemerkbar. Heraklit liebt diese Proportionen, deren Bau die Sprache von Anfang an zuließ, besonders. »Der weiseste Mensch erscheint neben Gott wie ein Affe an Weisheit.« Obwohl dann die Pythagoreer den mythischen Gehalt solcher Proportionen abbauen und die Zahlen als Glieder in sie einsetzen, verwendet Platon noch solche Proportionen in nichtmathematischer Weise, d. h. wendet sie an auf nichtmathematische Gegenstände. Besonders groß ist die Rolle, die das frühe Auftreten des bestimmten Artikels gespielt hat. Heraklit verwendet den Artikel noch relativ spärlich; doch sagt er schon – worauf zuletzt Snell hinwies –: das Denken, das Allgemeine. Daran läßt sich erkennen, wie Abstracta gerade durch die Verwendung des bestimmten Artikels gebildet werden. Für den Übergang vom rein gegenständlich-inhaltlichen Denken zum allgemeinen und formalen Denken bedeutet also der Artikel, dem ja nichts in der objektiven Realität entspricht, die Rolle eines Funktors, die Rolle einer Art von logischer Konstante, deren die moderne Logik ja eine große Zahl, z. B. die Negation, die Konjunktion, die Disjunktion und die Implikation, kennt. Eine weitere sehr bemerkenswerte Tatsache besteht darin, daß die ursprüngliche griechische Sprache – an der allein fast alle diese Dinge, die hier in Rede stehen, studiert werden konnten – ohne Kopula auskommt. Aus »Hier Löwe« wird erst später »Hier ist der Löwe«. Das Auftreten der Kopula »ist« bedeutet vom Standpunkt der modernen logischen Analyse das Hervortreten des Logikkalküls in der natürlichen Sprache, die Einleitung des Denaturierungsprozesses der natürlichen Sprache, der sich insofern rächte, als er z. B. bei Anselmus, Hegel und Heidegger zu einer Substantivierung der Kopula führte und damit zu einer Realisierung bzw. Objektivierung, an der eine ganze Metaphysik hängt. Ähnlich liegen die Dinge mit dem »Nichtsein«. Ursprünglich nicht mehr als eine negative Kopula, eine Verneinung (einer Aussage, einer Eigenschaft); dann erst die Verselbständigung dieser logischen Konstante zu einer Metaphysik des Nichts im Sinne eines Objekts, einer Realität. Diese Dinge sind z. T. in der kleinen Geistesgeschichte nachzulesen, die kürzlich Bruno Snell unter dem Titel *Die Entdeckung des Geistes*[22] veröffentlicht hat. In seinem Buch über *Unser Wissen von der Außenwelt*[23] hat Bertrand Russell schon 1914 auf einen weiteren Sündenfall aufmerksam gemacht, der durch die nicht immer zulässige Verwendung der Kopula in der Geschichte der abendländischen Philosophie eingetreten ist. Natürlich bezeichnet das »ist« gelegentlich auch die Gleichheit. Es gibt also eine identitätstheoretische Verwendung des »ist«. Das verführte Hegel – ich möchte hinzufügen:

wohl beeinflußt durch die Logik seines Tübinger Lehrers Ploucquet, der ausschließlich ein solches identitätstheoretisches »ist« postulierte – das verführte Hegel zur Aufstellung von Antinomien, die keine echten Antinomien sind.[24]

Der mathematische Einfluß auf die Sprache lag also zunächst in der Herausarbeitung des logischen Sprachgerüstes. Mit der einsetzenden Logisierung der Sprache konnte sie dann mehr und mehr zum Träger mathematischer Einsichten werden. Deutlich wird das nicht nur mit dem Auftreten der Ordinalzahlen als Variablen in der Aussagenlogik der Stoa, sondern vor allem in den Errungenschaften der Renaissance hinsichtlich der Mathematik.

Zunächst ist wesentlich festzuhalten, daß es den entscheidenden Vorgängen der Renaissance-Mathematik mit ihren perspektivischen, stereometrischen und semiotischen Fortschritten (z. B. der Einführung der logistica speciosa neben der logistica numerosa, also der allgemeinen symbolischen Schreibweise der Mathematik durch Vieta) entspricht, wenn, wie F. Strich es formuliert, das rhythmisch messende Gefühl der Antike erwacht. Erasmus' Abhandlung über die Metren des Terenz, die Einführung der antiken Messung in das deutsche Drama durch Rebhuhn oder Melanchthons Terenzausgaben sind ebenso bezeichnend wie Cardanos *Ars magna de rebus*. Die Auffälligkeit dieser sinnvollen Koinzidenzen bereitet das klassische Zeitalter vor.

Außerdem darf man nicht vergessen, daß Galilei, der italienische Schöpfer der klassischen Mechanik, zugleich der große Mitschöpfer der klassischen italienischen Kunstprosa ist. Galilei begann als Ästhetiker, als Kritiker von Dantes *Commedia*, Tassos *Befreitem Jerusalem* und Ariosts *Rasendem Roland*. Olschki[25], der die Ästhetik Galileis in ihren wichtigsten Zügen beschrieben hat, bemerkt die rationalisierende Tendenz in den *Considerazioni al Tasso*[26]. Aber man darf nicht übersehen, daß bei aller rationalistischer und realistischer Tendenz in Galileis Kunstprosa eine gewisse glückliche Verbindung von Erkenntnissen und Bekenntnissen, von Rationalem und Emotionalem eine entscheidende Rolle spielt. Wenn dies das Kennzeichen seiner Literatur ist, so muß man sagen, daß dies stets das Merkmal großer Literatur ist und daß die Humanisten, die zu Beginn jener künstlerischen und wissenschaftlichen Zeit, die wir Renaissance nennen, das gesellschaftliche Bild des Geistes in Italien bestimmten, gerade in diesem Sinne ausgezeichnete Literaten gewesen sind. Aber die rationale Ruhe, die formale Klarheit, die Galileis Prosa noch vor derjenigen seines großen Vorläufers hierin, nämlich Machiavellis, auszeichnet, beruht ohne Zweifel auf der Wirksamkeit des Umgangs mit der Mathematik, die schon der junge Galilei gepflegt hat.

Übrigens gibt es zu der Tatsache, daß in Italien der klassische Stil der Kunstprosa von einem mathematischen Geist voll entwickelt worden ist, das französische Gegenbild. Gewiß verdankt die Sprache Frankreichs unendlich viel dem Quellgeist Montaigne, aber die klassische Denk- und Bekenntnisprosa, die klassische Prosa für sowohl philosophische als auch wissenschaftliche und ästhetische Literatur, entspringt doch in Descartes, dem Zeitgenossen Galileis. Man weiß, daß der *Discours* nicht nur eine philosophische Denkbewegung, nicht nur die wissenschaftliche Deduktion der »Géométrie analytique« enthält, sondern vor allem auch die Entwicklung eines inneren und äußeren Lebens darstellt. Man kann sagen: wie Galilei den rhetorischen Humanismus in der Prosa seiner Zeitgenossen überwindet, so erlöst Descartes den rhetorischen Scholastizismus der Gelehrten seiner Zeit.

Es ist ganz richtig, zu sagen, daß aus den metrischen und stilistischen Randbemerkungen Galileis zu Tassos Epos ebenso deutlich ein ästhetischer Kanon deduziert werden kann wie aus Malherbes Korrekturen zu Descartes (vgl. Olschki). Man darf aber nicht übersehen, daß Galilei seinen Kanon sozusagen in seiner Prosa selbst verifizierte, während Malherbe dies doch wohl Descartes überlassen mußte. Außerdem hat dann später erst Boileau diesen malherbeschen Kanon so zusammengefaßt, daß er gelernt werden konnte.

Jedenfalls ist die Geburt der Kunstprosa im Zusammenhang mit der methodischen Klärung der rationalen Denkweise der Mathematik ein Faktum unserer Geistesgeschichte, das auf die kategoriale Einheit von ästhetischer und mathematischer Form verweist.

Man sieht später die Dinge wesentlich von der *Vernunftlehre* des Christian Wolff[27], der mit seinem 1691 erschienenen Werk die leibnizischen Gedanken populär machte. Auch Leibniz und

Wolff gehören mit ihren deutsch verfaßten Traktaten in die Reihe der Schöpfer der deutschen Kunstprosa. Hans L. Stoltenberg[28] hat im Anschluß an den wolffschen Begriff für die sprachlichen Bemühungen jener Zeit das Wort »Vernunftsprachtum« geprägt. Bis in das 19. Jahrhundert hat diese stark dem leibnizischen Geist entstammende Bewegung angehalten, etwa so lange, wie auch die unterhaltenen Wirkungen des Zeitalters der Mathesis universalis dauerten. Man kann hinzufügen, daß mit der Rezeption des Leibniz durch die Arbeiten von Peirce, Frege, Russell und Scholz auch ein erneutes Vernunftsprachtum aufgetreten ist, das sich bei Scholz um die Frage des Verhältnisses von Natur- und Kunstsprachen dreht und dem Esperantoproblem einer »Allsprache« nicht fernliegt. Dies nur in Parenthese.

Nun muß festgestellt werden, daß erst das 17. Jahrhundert die Ausbildung eines wirklichen Sprachbewußtseins, auf der Grundlage der grammatischen Arbeiten der reformistischen, humanistischen und barocken Zeit, abschließt und vollendet. Fricke hat darauf aufmerksam gemacht, daß das gelehrte Lebenswerk des Niedersachsen J. G. Schottel in Deutschland die vorangehenden sprachtheoretischen Leistungen »zu höchstmöglicher Klarheit und Bestimmtheit gebracht« hat. Es ist hier nicht entscheidend, daß die meisten sprachtheoretischen Arbeiten, die von Ickelsamer bis zu Schottel und Leibniz erscheinen, ebenso übrigens wie die berühmte *Grammatica speculativa* des Magisters Thomas von Erfurt (erstes Drittel des 14. Jahrhunderts)[29] zwar eine logische Absicht im Sinne des aristotelischen *Organons* haben, aber nicht etwa eine echte mathematisierende Tendenz verraten. Es sind literarisch-spekulative grammatische Untersuchungen, bestenfalls sprachtheoretische und ästhetische Untersuchungen, die aber, von heute aus gesehen, zusammen mit der *Grammaire générale*[30], wie sie sich die Logiker von Port Royal oder Leibniz gedacht haben, die einheitliche Richtung auf ein Sprachbewußtsein verraten, das das ästhetische Zeitalter ebenso wenig unterschlägt wie das mathematische. Es beweist die formale Grundlage der Sprachen, es beweist, daß der Grammatiker die Sprache vollendet und rettet, daß das Sprachbewußtsein zugleich mit dem mathematischen Bewußtsein sich ausbildet.

Im Zusammenhang damit muß darauf aufmerksam gemacht werden, daß in diesem Zeitalter die antiken Vorbilder gelegentlich verdächtigt werden, durch den Ausdruck ihrer Leidenschaft die Klarheit des Denkens zu beeinträchtigen. Nicht Seele, Herz und Leidenschaft werden als das Erste in der Poesie betont, sondern die »Autorität der Regel«, die Klarheit; und in der Erziehung zu diesem neuen Wert rangiert der Mathematiker als der erste Künstler vor dem Poeten. Es ist z. B. bezeichnend, daß noch Friedrich II. die Entartungserscheinungen in dieser Hinsicht mit dem Verslein ironisieren muß: »Bezaubern wirst du uns (Ovid), wenn du dem Gott entsagst, der dich beseelt, und Felder mißt, wie Archimedes tat.« Oder: »Von nun an müssen eure Verse hart und mager sein mit – x+a+b und anderen Rechnungen geschmückt; euch kümmere nicht die Epopöe, und bring den Kegelschnitt in schöne Liederchen.« Oder: »Erzähl uns nicht, wie einst der Fluß im Schilf die Nymphe Syrinx vor dem Pan beschützt, nein, dring als großer Weiser tiefer ein und zeig in Reimen, 2×2 sei 4.«

Das Verhältnis zur Poesie sank ohne Zweifel herab; denn das innere Verhältnis zur Antike blieb nur ein Verhältnis zur Regel. Selbst Pascal, den nicht nur Boileau als einen der antiken Vorbilder würdigen Schriftsteller empfand, war nicht sonderlich ein Freund der Poesie. Er vertraut dem Primat des Musters. Ihn fordert er. Es ist eine durchaus mathematische Einstellung: »Jedes schlechte Sonett z. B., nach welchem falschen Muster es auch immer gemacht sei, ähnelt völlig einer nach diesem Muster angezogenen Frau. Nichts zeigt das Lächerliche deren besser, als Natur und ihre Muster zu vergleichen und darauf sich eine Frau und ein Gebäude vorzustellen, das nach diesem Muster gemacht ist.« Ohne Zweifel paßt diese Auffassung in das Gebäude der pascalschen Wissenschaftstheorie, die sich durch eine klare Axiomatik auszeichnet.[31] Ohne Zweifel fügt sich in diese Auffassung auch die bekannte Tatsache ein, daß Pascal in seinen *Pensées* fast stets auf einen bei Montaigne vorgebildeten Gedanken zurückgreift, ohne das Bewußtsein zu haben, ein Plagiator zu sein.[32]

Was z. B. bei Schottel kennzeichnend ist für dieses neue Sprachbewußtsein, das ist die Methode der Komposition neuer Wörter aus alten; Lebens-baum, Wunder-tat, Todes-mut sind solche Beispiele, die damals entstehen. Unverkennbar ist die Technik: eine Addition. Und aus ihr stammen, wie die Beispiele zeigen, eine Reihe der poetisch und literarisch schönsten Worte der deutschen Kunstsprache. So verrät also die Komposition neuer Wörter zugleich den ästhetischen und mathematischen Akt der damaligen Grammatiker und des neuen Sprachbewußtseins. Und das für sie wichtige und immer wieder zwischen mystischer und rationaler Behandlung hin und her gewendete Problem der Kluft zwischen dem Sein des Wortes und dem Sein der Sache, die es bezeichnet, offenbart ebenfalls den tiefen Zusammenhang zwischen der ästhetischen und mathematischen Denkweise, die damals zusammenfließen und das Sprachbewußtsein nähren. Denn eben jenes Problem der Zuordnung, und zwar der objektiv gemäßen Zuordnung von Wort und Sache ist nicht nur ein Problem, mit dem die Sprache, die Grammatik anhebt, es ist auch das Problem, mit dem die Characteristica universalis des Leibniz anfängt. Überhaupt sind ja die sprachtheoretischen Untersuchungen dieses großen Mathematikers, Logikers und Philosophen bekannt und im Umkreis seiner Mathesis universalis sicher auch entstanden. Jedenfalls sehen wir in der Sphäre jenes eben entstandenen mathematischen und sprachlichen Bewußtseins eine Sprachphilosophie sich herausbilden, die sich stilbildend, also voll ästhetischer Wirksamkeit bis in unsere Tage hinzieht und bei uns in Deutschland, wie E. Brock ganz richtig sieht, auch Ernst Jüngers Literatur gebildet hat. Die Formel Ernst Jüngers von der »Umsetzung des an sich unwiderlegbaren Gegenstandes in Geist« verrät die Abbildung der Dinge in Worten oder, leibnizisch ausgedrückt, die Repräsentation des Gegenstandes im Zeichen, denn das Zeichen ist ja das Ergebnis der Reduktion des Geistes auf Form; das Ergebnis für Logiker, Grammatiker und Dichter. Jüngers sprachphilosophisches »Lob der Vokale«[33] führt schließlich »auf die Vorstellung einer atomistischen Struktur der Sprache«, wie Brock richtig betont, »welcher die Vokale als nicht weiter zu deutende Elemente angehören«.

Und neben diesem vokaltheoretischen Sprachatomismus steht die aussagentheoretische Lehre von den unabhängigen, logischen Elementarsätzen, die Wittgenstein u. a. als Theorie einer atomistischen Struktur der Sprache entwickelt haben, wie eine notwendige Ergänzung im Raume des Geistes.[34]

Und dies mathematisch-mechanische Element bringt nun wieder Ausgleich und Synthese für den anscheinend hemmungslos entfesselten Subjektivismus der Lautphilosophie (Brock). Es dürfte nicht schwer sein, diese Sprachphilosophie Ernst Jüngers und ihre Theorie von den vokalischen Atomen in der Sprache der *Monadologie* des Leibniz auszudrücken. Für beide, für die metaphysische wie für die grammatische Monadologie gilt dann der ganze Umfang des Begriffs der »Repräsentation«, der entscheidende für Leibnizens Monade, der entscheidendste offenbar auch für Jüngers Vokale, denn jeder Vokal birgt eine ganze Welt von Seienden, die Jünger denn auch tatsächlich nacheinander feststellt, – und dieser Begriff ist nur als mathematischer Begriff zu verstehen, geht er doch hervor aus der cartesischen Geometrie, in der eine Kurve durch eine Gleichung repräsentiert wird.

Diese Abschweifung bis in unsere Zeit nur nebenbei. Daß dieses in innigem Zusammenhang mit der Ideologie der Mathematik entstehende neue Sprachbewußtsein sehr schnell populär wird, beweist die formale Verskunst des dichterischen Barock. Der Sprache geht es wie der Logik und der Mathematik: »Die Sprache Luthers... wird nunmehr auf die tollsten Kunststückchen gedrillt, in ihrer mechanischen Apparatur durchschaut und handwerksmäßig handhaben gelernt«, schreibt Cysarz, eine Tatsache, die genau der Erfindung der Rechenmaschine durch Pascal und der Entdeckung des Kalküls durch Leibniz entspricht. »Fanatisch und pedantisch obliegt sie (die Sprache) akrobatischem Namen- und Buchstabenspiel, metrischen Reifensprüngen und Eiertänzen des Reims.«[35] Und hierin gleichen sich deutsches, französisches, englisches, italienisches und spanisches Schrifttum durchaus. Hinzunehmen will ich noch, daß W. Flemming von einem Fugenprinzip in der Dichtung des Barock spricht und auch damit die Brücke von der ästhetischen Reduktion des Geistes auf Form zur mathematischen Reduktion des Geistes auf Form schlägt, denn das Prinzip der Fuge, das wissen wir seit Wolfgang Graeser und Andreas Speiser, kann in der Algebra durch eine gruppentheoretische Verfahrensweise beherrscht werden.

So rundet sich also der Zeitraum von 1630 bis 1750, die klassische Epoche der Mathematik und der Mathesis universalis einerseits und der Herausbildung und Vollendung des deutschen Sprachleibs andererseits, zu einer Einheit, in der sich zugleich ein mathematisches und sprachliches Bewußtsein ausbildet und eine einheitliche Ideologie erzeugt. »Clairement et distinctement«, waren die Forderungen, die Descartes, einer der Väter jenes Zeitraums der Herausbildung eines mathematischen Bewußtseins, gestellt hatte, und diese Begriffe spielen auch eine entscheidende Rolle in der maßgebenden Ästhetik jener Epoche, nämlich in der *Art poétique* Boileaus. Boileau hat das Kunststück fertiggebracht, wie F. Borinski sich ausdrückt, die Alten mit Descartes und Richelieu auszusöhnen. Er reduziert das Poetische auf das Wahre. »Rien n'est beau que le vrai: le vrai seul est aimable.« Es ist das Wahre, das auch Descartes im Sinne hat, wenn er an seine mathematische Methode denkt. Es ist das Wahre der Logik von Port Royal.

Es zeigt sich, daß die Begriffe »clairement et distinctement« eine Interpretation sowohl in der Mathesis universalis als auch in der Ästhetik haben. Die Wirkung dieser beiden aus mathematisch-ästhetischem Geist hervorgegangenen Begriffe war nicht gering. Sie sind es, die die Literatur jener Tage so anziehend machen. Sie spielen schließlich im Versbau der Klassiker eine ebenso entscheidende Rolle wie in Lichtenbergs ironischem Aufsatz »Von dem Nutzen, den die Mathematik einem Bel Esprit bringen kann«[36] oder in William Gerard Hamiltons *Parlamentarische Logik und Rhetorik*[37]. Jener lenkt in der Form der Satire den Blick auf gewisse Ausdrücke, die sowohl der Mathematiker als auch der Bel Esprit gebrauchen, dieser schärft im Geist strenger Logiker die parlamentarische Rede und Gegenrede, beides zwei klassische Traktate einer Epoche, die den »esprit de finesse«, wie Pascal sich ausgedrückt hat, nicht verbergen.

Eine der mächtigsten Wirkungen hat der mathematische Geist, wie er in der Logik seine Ausbildung findet, auf die Prosa Stendhals ausgeübt. An Stendhals Prosa kann man die Möglichkeiten einer durch Logik und Mathematik hindurchgegangenen Sprache studieren. Stendhal war schon recht früh ein ausgezeichneter Mathematiker. Allerdings hat ihm einst sein Onkel mit einem Hinweis auf Förderung durch schöne Frauen vom Studium der Mathematik abgeraten. Sicher ist, daß der Romancier etwas von Mathematik verstand. Er habe von den Qualen der Liebe »in der Sprache Euklids« berichtet, so sagt Lytton Strachey von ihm. Und dieser Kritiker und Historiker weist auch auf die logischen Voraussetzungen seines Stils hin. »Das Verfahren ist fast mathematisch, ein Satz wird aufgestellt, die Folgerung wird gezogen, der nächste Satz folgt, und so weiter, bis der Beweis sich schließt.«

Hier zeigt sich sehr deutlich der Einfluß des achtzehnten Jahrhunderts. Stendhal hatte sich tief erfüllt mit dem Geiste des Syllogismus und der Analyse. »Er war ein glühender Fürsprecher der Logik in ihrer strengsten Form – ›la lo-gique‹, wie er es, die beiden Silben mit ehrfürchtigem Nachdruck trennend, auszusprechen pflegte.« Soweit also Strachey. Es ist nichts hinzuzufügen. Wir finden auch bei Stendhal die mathematische Schulung in eine wohltuende cartesische Prosa umgesetzt und wir möchten das nicht so sehr als das Französische, als vielmehr als das Ästhetische im Sinne einer mathematischen Ideologie hervorheben, wenn sich auch, wie es scheint, die Ideologie im französischen Geistesraum am deutlichsten ausgebildet hat. Sie wird dort immer vorhanden sein und nicht nur fossil, sondern als ein rezentes Stück abendländischen Geistes. Nicht nur in der Poesie hat also diese Ideologie ihre Möglichkeiten, auch in der Prosa. Aber sie ist hier verborgener, ich möchte sagen, in der Prosa bestimmt die Mathematik als Logik eine innere, in der Poesie bestimmt sie arithmetisch eine äußere Form. Stendhals Prosa beweist uns, bis zu welchem Grade Prosa generalisierte (naive) Poesie sein kann. –

In einem besonderen Grade hat übrigens Edgar Allan Poe den Einfluß des Denkens, wie es der Logiker und Mathematiker versteht, auf die Poesie geschätzt. Soeben hat Albrecht Fabri die betreffenden Essays Poes unter dem Titel *Vom Ursprung des Dichterischen*[38] in Deutschland herausgebracht. Ich will nicht unerwähnt lassen, daß Charles Bellanger die gleichen Essays Poes unter dem Titel *Le principe de la poésie*[39] in Frankreich veröffentlichte, wo Poes Theorie, wie Valéry beweist, schon länger wirksam war.

Natürlich ist Poe davon überzeugt, daß die Verfertigung der Gedichte einen algebraischen Akt bedeute. Logik und Kombinatorik spielen eine entscheidende Rolle in den Vorgängen, die innerhalb unseres Geistes zu einem Gedicht führen. Es ist sehr bezeichnend, daß Poes Theorie des Dichtens zuerst 1849 im Rahmen einer Vorlesung vorgetragen wurde, die unter dem Titel *Philosophy of Composition*[40] veröffentlicht worden ist. Indem Poe das Dichten als eine rhythmische Erschaffung der Schönheit definiert und indem er vor allem das lange Gedicht ausdrücklich als eine bestimmte Folge kurzer Gedichte erklärt, macht er uns die formalen Zugeständnisse, die wir benötigen, um das Gedicht systematisch als formales und damit als kanonisches, d. h. gesetzmäßiges Gebilde bewußt aufzubauen. Und es ist ohne Zweifel, daß die Herausstellung des Rhythmus das formale Prinzip der Variation bedeutet. Ich möchte im Anschluß an die Ausführungen Poes sagen dürfen, daß in dem Maße, wie eine vollendete Prosa den Logikkalkül auf eine wunderbare Weise und ohne ihn zu verletzen in einer Folge von Sätzen verbirgt, die Poesie in der Folge ihrer Bilder Permutation und Kombination bestimmter vokalischer und syntaktischer Elemente der Sprache verhüllt, ohne auch diese jemals aufzuheben.

III

Es hat mancherlei Reaktionen auf die »Formendichter« gegeben, und die großen Fanatiker des freien Verses im 19. Jahrhundert waren es insbesondere, die sich der Strenge der Metra entziehen zu können glaubten. Es hat mancherlei literarischen Kampf gegeben. Im Grunde ging der Kampf stets um das Verhältnis zwischen Metrum und Rhythmus.

Die einen behaupteten, es gebe für den Dichter kein Metrum, nur Rhythmus; aber sie vergessen, daß die Metra nichts anderes sind als mathematische Schemata, um die Regelmäßigkeit im Rhythmus auszudrücken. Jede Entscheidung für Rhythmus ist eo ipso eine Entscheidung für Metra, obwohl es für einen Dichter einen Unterschied bedeutet, ob er Rhythmen oder Schemata im Gefühl hat.

Wir sind damit auf ein Problem ersten Ranges gestoßen, auf das Problem der mathematischen Seinsgebilde. Der Neuplatoniker Proklos Diadochos hat den mathematischen Gebilden einen Ort zugewiesen. Er hat in seinem Kommentar zu Euklid gesagt, in der Seele seien alle mathematischen Gebilde, also die Figuren vorhanden. Es ist leicht einzusehen, daß dann alle Erscheinungen, die durch die Seele erscheinen, auch mathematisches Sein zeigen. Aber offensichtlich ist es sehr schwierig, dem mathematischen Sein einen Ort zuzuweisen. Es widerspricht dies dem Prinzip der Ortslosigkeit des Geistes. Um dieses Prinzip, das von Johannes Rehmke zu Beginn unseres Jahrhunderts erkannt worden ist, aufrechtzuerhalten, muß man einerseits hergehen und das Auftreten mathematischer Strukturen an den Erscheinungen einfach studieren, wie etwa der Botaniker Zahl und Form der Staubgefäße studiert, und andererseits sich auch bewußt bleiben, daß Geist wesentlich Form und Form wesentlich mathematisiert ist. Dann wird auch verständlich, daß einerseits ein Gedicht deshalb Metrik verrät, weil der Rhythmus, der die Seele, die Natur der Dichter so auszeichnet, mehr als anderer Menschen, ein Seinsgebilde mathematischer Art ist, und daß es andererseits als ein Geschöpf des Geistes sich in seinen Versen mathematischer Fassung gar nicht entziehen kann. Ein Gedicht als Ausdruck jenes schöpferischen Geistes, der sich nur als die Auseinandersetzung der beiden Sphären der Natur, der Vitalität, der Seele einerseits und des reinen Geistes, der Ideen, des Intellekts andererseits verstehen läßt, wird also gleichsam von zwei Seiten mathematisch bedrängt, vom Rhythmus her, der Vitalität, Natur, Leben, Seele ist, und vom Logos, der Metrik her, die reiner Geist, Intellekt sind.

Aristoteles hat diese Probleme zwischen Rhythmus und Metrum in seiner *Rhetorik* (3, 8)[41] behandelt. Er spricht vom »arithmetos«. Er betont, daß das »schema tes lexeos« weder metrisch noch arithmetisch sein dürfe. Das arithmetos ist freilich nicht festgelegt, wie es auch nicht im Sinne eines Bildungsgrades für die Formel festgelegt ist, wenn Walzel mit einem Bezug auf W. Schlegel von der »niederen« und »höheren« Mathematik des dichterischen Kunstwerkes spricht. Doch ist sichtbar, daß Walzel bemüht ist, seiner höheren Mathematik eine Präzision zu verleihen. Er greift dabei auf Steinwegs[42] Einführung des Begriffs der »Gruppe« zurück, den jener – sicher zufällig, aber doch sinnvoll wie die mathematische Gruppentheorie – aus der Baukunst ableitend auf die Dichtkunst überträgt. Er – Steinweg – versteht dabei unter einer Gruppe die sich in Bezug auf eine Symmetrielehre paarig entsprechenden Elemente. So bezeichnet z. B. in Corneilles Tragödien der dritte Akt die Symmetrieachse. Es entsprechen sich dann paarig der erste und fünfte, sowie der zweite und vierte Akt. Es kommt nur darauf an, den so ausgeführten Begriff der Gruppe in den mathematischen Gruppenbegriff einzubauen, und man sieht dann, daß auch in Steinwegs bzw. Walzels Betrachtungen zu diesen Dingen mathematische Einsichten verborgen sind.

Es ist auch völlig in der Ordnung, wenn ein Mann wie Albert Verwey selbst nach einem Studium der *Leaves of Grass* (*Grashalme*) Walt Whitmans[43], die um 1890 so einflußreich wurden in Europa, zu dem Ergebnis kommt, daß auch Walt Whitmans freie Verse im Grunde keine freien Verse sind, denn sofern niemand bestreiten kann, daß in den Versen der *Grashalme* erkennbare Rhythmen ohne Schwierigkeit aufweisbar sind, kann auch niemand leugnen, daß sie Form, daß sie Metrik besitzen: »Der Vers zeigt eine Form der Wiederholung, er besteht aus Stößen, die sich über eine bestimmte Anzahl Silben erstrecken, die Dauer dieser Gruppen wird immer wiederholt, sie wird als gleich empfunden. Daher die Verlangsamung und Beschleunigung beim Aussprechen. Durch dieses eine Mittel also offenbart sich das Wiederholungs-Prinzip, das den Vers zum Vers macht.« (Verwey)[44]

I saw the debris and debris of all the slain soldiers of the War,
But I saw they were not as was thought,
They themselves were fully at rest, they suffer'd not,
The living remain'd and suffer'd, the mother suffer'd
And the wife and the child and the musing comrade suffer'd
And the armies that remain'd suffer'd.

Das Wiederholungs-Prinzip! – Das Prinzip des ornamentalen unendlichen Rapports. Tatsächlich könnte man Whitmans Verse unendliche Verse nennen. Und es ist merkwürdig zu sehen, wie Verwey, sicher doch in Unkenntnis der mathematischen Sachlage, von einer Wiederholung von »Gruppen« (von Stößen, die sich über eine bestimmte Anzahl von Silben erstrecken) spricht. Tatsächlich wird die gesamte Erscheinung der Wiederholungen bestimmter Erscheinungen (Rhythmen, Zeichen, Symmetrien, Bar, Stollen usw.) durch den Kalkül der mathematischen Gruppentheorie der höheren Algebra beherrscht. Unter einer Gruppe versteht dieser Kalkül den Inbegriff von Elementen, die folgenden Forderungen genügen:

1. Es liegt eine Vorschrift vor, welche ein erstes Element und ein zweites Element eindeutig verknüpft. Das Ergebnis der Verknüpfung ist wieder ein Element des Systems.
2. Für die Verknüpfungen der Elemente gilt das bekannte assoziative Gesetz.

3. Es ist ein Einheitselement vorhanden.
4. Zu jedem Element existiert ein inverses Element derart, daß die Verknüpfung eines Elementes mit seinem inversen Element zum Einheitselement führt. –

Die Bewegungen bilden z. B. eine Gruppe. Der Inbegriff aller Bewegungen genügt den vorstehenden Forderungen. Verknüpft man Bewegungen, so entsteht wieder eine Bewegung. Es gibt eine Einheitsbewegung, bei der jeder Punkt fest bleibt. Zu jeder Bewegung existiert die inverse, die rückläufige, und jede Bewegung bildet zusammen mit der inversen die Einheitsbewegung. Ich denke, daß dieses eine populäre Beispiel genügt, um wenigstens anzudeuten, um was es sich bei der Gruppentheorie handelt. Ich füge noch hinzu, daß die bekanntesten Gruppen die Permutationsgruppen sind. Unter einer Permutation von Dingen, etwa a, b, c, versteht der Mathematiker das Ersetzen jedes dieser Dinge durch eines von ihnen derart, daß wieder alle Dinge erhalten werden. Angewendet auf die Verse Whitmans, zeigt sich, daß es sich bei ihm um die Elemente der »Stöße, die sich über eine bestimmte Anzahl von Silben erstrecken«, handelt; diese Elemente bilden bei Whitman die Gruppe, denn sie werden exakt verknüpft, aneinandergesetzt wie ein unendlicher Rapport in der Ornamentik. –

Und das Entscheidende ist, daß die Verknüpfung zweier solcher Stöße wieder einen Stoß bildet. Ganz entsprechend liegen die Dinge bei Steinwegs poetologischem Gruppenbegriff.[45] Denn es gelingt, die 41 Verse der Fabel vom Wolf und vom Hund um den 21. Vers so zu ordnen, wie es bei Steinweg geschieht, nämlich nach Versmengen, die zahlenmäßig auch das Schema 12 – 8 – 1 – 8 – 12 bezeichnet; dann liegt damit eine poetologische Gruppe vor. Als mathematische Gruppe bezeichnen wir bereits die Versmenge V = 12 – 8 – 1, die in der Menge V′ = 1 – 8 – 12 ihre reziproke Menge findet. Als Einheitselement dieser Gruppe von der Ordnung 2 findet sich der 21. Vers. Formelmäßig geschrieben:

$$V \cdot V' = E = 21.\ \text{Vers}$$

oder $$V\,(12-8-1) \cdot V'(1-8-12) = E$$

Ich möchte von hier auf ein Problem springen, das in Deutschland von Rudolf Alexander Schröder in seinem Aufsatz »Die Komposition der Ilias, Gedanken zur Homerfrage« behandelt worden ist. Der Titel sagt das Erforderliche. Es handelt sich um eine Kompositionsfrage. Zunächst hebt Schröder »die überraschende Regelmäßigkeit« der *Odyssee* hervor. Die *Odyssee* findet er klarer gegliedert, die *Ilias* hat einen komplizierteren Bau. – »Wir haben zumindestens ein weniges von dem gesehen, was das Kunstmittel der Parallelen und des Kontrapunktes für die *Ilias* wie für die *Odyssee* bedeutet, auch vielleicht etwas schon davon gespürt, was hinsichtlich der Reichhaltigkeit und Variabilität dieses Mittels die *Ilias* vor der *Odyssee* auszeichnet... Als ein Fließendes betrachtet, würde das Bild dieses Kompositionsprinzips am ehesten dem einer gewaltigen Fuge gleichen.«[46] Schröder findet, daß dieses Kompositionsprinzip zum erstenmal mit der *Ilias* in die Welt getreten sei. Wir wissen durch W. Flemming, daß das Fugenprinzip in der Barockdichtung dann eine weitere Rolle spielt. Und dieses Fugenprinzip, das wissen wir auch und erwähnten es auch bereits, ist auf eine mathematische Form zu reduzieren, wenn man es im Sinne seiner Wiederholungs-, Variations- bzw. Symmetrieproblematik gruppentheoretisch in einer Weise behandelt, wie Andreas Speiser es für die Musik, und zwar speziell für Sonaten und Sinfonien (etwa Mozarts) schon skizziert hat.[47] –

Es kommt mir hier nicht darauf an, im einzelnen die schröderschen Ausführungen der speziellen Anwendung des Fugenprinzips in der *Ilias* bzw. in der *Odyssee* zu verfolgen und der sachlich-inhaltlichen Analyse eine präzisere und womöglich mathematische Form zu geben; ich will im ganzen nur festhalten, daß sich hier in der *Ilias*, in der *Odyssee* das bestätigt, was Paul Bourget gesagt hat, daß die Komposition »die Kraft des Geistes«, oder genauer gesagt, daß »sie der Geist selbst« ist, wie es eben die Reduktion des Geistes auf Form, die wir immer wieder an Leibniz verifiziert finden, verlangt.

IV

Ein Exkurs über Paul Valéry ist ein Exkurs über die mathematische Ideologie der Ästhetiker in unserer Epoche. Paul Valéry ist Ästhetiker, er ist es als konkreter Dichter wie auch als abstrakter Denker. Und dies scheint uns die Voraussetzung zu sein, von der aus Geist und Charakter dieses merkwürdigen Mannes zu entwickeln wären. Nicht die Literatur eines jüngeren Moralisten haben wir in seinem Werk zu bewundern, sondern die eines Ästhetikers von außergewöhnlichem Rang. Er zeigt offen, was man der klassischen Zeit der Dichtung, der Mathematik und der Philosophie verdankt. Diese drei Sammelbecken des Geistes werden bei ihm zu einem, und so kann man darin das fruchtbare Destillat einer Epoche sehen, die, wie gesagt, in der Dichtung, in der Philosophie und in der Mathematik eine klassische war. Die großen Adern des 17. und 18. Jahrhunderts, der Zeit von 1630 bis 1750, Stendhals kühle paradigmatische Prosa und Poes Prinzipien der Poesie fließen in den Schriften Valérys zusammen, und so stellt er das vor, was wir einen Geist der säkularen Koinzidenz nennen müssen.[48]

Im Grunde schmilzt Valéry jene drei Prägungen des schöpferischen Geistes aber nicht zu einer Dichtung, nicht zu einer Philosophie und auch nicht zu einer Mathematik zusammen, sondern eben zu einer Ästhetik. Nicht Einsetzung neuer oder alter Gerechtigkeiten ist sein Ziel, sondern die Fügung neuer Ordnungen unter den sichtbaren und nicht sichtbaren Dingen. Es ist jedoch anzumerken, daß Valéry nicht Ästhetiker genannt werden darf wie vielleicht Stendhal oder Kierkegaards Johannes, der mit Cordelia experimentiert. Bei Valéry ist die Ästhetik ganz und gar eine Folge hoher Geistigkeit, ein Schluß, und zwar sowohl ein abstrakter als auch ein existentieller Schluß des Intellekts, sagen wir intellektuelle Ästhetik. Flaubert ist es, der Valéry auf die exakte Ideologie der klassischen Zeit der Dichtung, der Mathematik und der Philosophie zurückführt, weniger der Flaubert bestimmter Stoffe, wohl aber der Flaubert bestimmter Ideen. Flaubert trifft in Boileau auf jene Zeit, Valéry in Bossuet. Flaubert sagt über Boileau: »Ich lese jetzt wieder Boileau. Er scheint mir wirklich stark, man wird nie des gut Geschriebenen überdrüssig. Der Stil ist das Leben. Er ist das Blut selbst des Gedankens. Boileau war ein kleiner, enger, wenig tiefer Fluß, aber bewundernswert klar und gut eingedämmt, darum versiegt diese Flut nicht und nichts von dem, was er sagen will, geht verloren. Aber welcher Kunst bedurfte es, so zu schreiben, und mit so wenig Mitteln! So will ich in den nächsten zwei bis drei Jahren aufmerksam alle französischen Klassiker lesen und sie mit Anmerkungen versehen, was mir für die Vorrede meines literarisch-kritischen Werkes dienlich sein wird.«[48] –

Wie ähnelt das der Äußerung Valérys über Bossuet, den Kanzelredner jener dreifach klassischen Zeit: »In der Reihenfolge der Schriftsteller sehe ich niemanden über Bossuet; keiner gewählter in seinen Worten, stärker in seinen Ausdrücken, kraftvoller und ungebundener in allen Werken der Rede, kühner und glücklicher in der Grammatik und, mit einem Wort, mehr Herr der Sprache, das heißt von sich selber. Diese vollständige und besondere Gabe, die sich von der Vertraulichkeit bis zur höchsten Pracht ausdehnt und von der vollkommen gegliederten Einheit bis zu den gewaltigsten und widerhallendsten Wirkungen der Kunst, bringt ein Bewußtsein und ein außerordentliches Vorherwissen des Geistes in Bezug auf alle Fähigkeiten und Funktionen des Worts... Nun, man braucht nur um sich zu schauen, um zu bemerken, daß das, was die Modernen noch an den alten Schriften interessieren kann, nicht die Ordnung des Wissens ist, wohl aber die Ordnung der Beispiele und Modelle.

Für diese Liebhaber der Form hat eine Form, obgleich sie immer herausgefordert oder gefordert wird durch einige kühne Gedanken, mehr Wert und selbst mehr Sinn als alles Denkvermögen. Sie betrachten in den Formen die Blüte und Eleganz der Akte; und sie finden in den Gedanken nichts weiter als die Unbeständigkeit der Ereignisse.«[49]

Als konkreter Dichter und als abstrakter Denker hat er einen Typus des Geistigen ausgebildet, der zwar in der klassischen Epoche nicht möglich war, der aber in seinen Erinnerungen und Einübungen durch jene Zeit hindurchgehen mußte. Wie Flaubert, so ist auch Mallarmé für Valéry eine Art Katalysator für die Ausbildung des Geistigen seines Schlags. In einer Äußerung wie der folgenden zeigt sich dieser Geistige als die sonderbare Einheit von konkretem Dichter und abstraktem Denker: »Die Welt ist unregelmäßig besäet mit regelmäßigen Gesetzen. Die Kristalle sind es, die Blumen, die Blätter, manche Ornamente von Rinnen, von Flecken auf den Pelzen, Flügeln, Schalen der Tiere, die Spuren des Windes in Sand und Wasser.« Oder: »Ein feines Ohr vernimmt das Sinnvolle an Klang und Tonfall der Stimme.« Oder: »Ein Gedicht muß ein Fest des Verstandes sein. Es kann nichts anderes sein. Das Fest: es ist ein Spiel, aber feierlich, geregelt, bedeutsam, ein Abbild dessen, was man nicht gewöhnlich ist, des Zustandes, in dem die Bemühungen rhythmisch sind und erlösen.« – Die Ideen verraten den Mathematiker, die Sprache macht den Dichter offenbar, die Reflexionen deuten auf die Existenz eines Geistigen von tiefer Koinzidenz.

Nicht umsonst hebt Valéry die Bedeutung des Ornaments für die Malerei hervor. In seinem glanzvollen Essay über die »Methode des Leonardo« verrät er uns seine Theorie des Ornaments[50]. (S. 87 bis 89) Deutlich sagt er, daß die Ornamentik das für die Künste bedeute, was die Mathematik für die einzelnen Wissenschaften darstelle. Das ist durchaus eine Art Theorie der Künste; das ist cartesisch, das ist leibnizisch, und es ist selbstverständlich, daß er damit auch eine ornamentale Theorie der Poesie vertritt, die sich in der Hervorhebung des Zeichenhaften von Worten, Metaphern und Wort-Komplexen einschließlich ihrer Methodik der Wiederholung äußert. Vieles dieser Theorie ist angedeutet in Sätzen wie z. B. in folgendem: »Traitée, exercée et reprise sans cesse comme une œuvre essentiellement infinie, dont les œuvres réalisées ou réalisables ne sont que les fragments, les essais, les études préparatoires.« (*Variété* III)[51]

Im Jahre 1926 sprach Paul Valéry in seiner Berliner Rede über die »Leibnization« Europas. Er hatte diesen Ausdruck nicht nur philosophisch, auch politisch gemeint, wohl im Hinblick auf eine prästabilierte Harmonie der Geistigen, wie ich sagen möchte; doch daß er im Zusammenhang mit diesem Ausdruck überhaupt von Geist sprach, läßt vermuten, daß die Gedanken, die er pascalisch im Hintergrund hatte, Erinnerungen aus Leibniz waren. Das Wesentliche dieser Leibnization: die Offenbarungen des Geistes unter die Offenbarung seiner Formen zu stellen, eine späteste Bemühung der antiken Arithmetica universalis, die Mathematiker, Logiker, Philosophen, Dichter angeht, wenn nur ihre geistige Existenz die eines Ästhetikers ist. – »Nimm alles weg, damit ich sehe!«, das ist ein Grundsatz dieser Leibnization, die im wahren Sinne den Geistesblick erhellt. Valéry spricht gern von »Zeichenspielen«, und dabei deutet er stets auf Leibniz, ihren Erfinder.

»Die Literatur, wie er sie sich dachte, schien mir der Algebra zu entsprechen«, sagt er von Mallarmé. Und Max Rychner, der Übersetzer von *Herr Teste*, bemerkt: »Dieser Mann mißtraut der Sprache. Das Wort, die Satzfügung sind unrein, bis er sie in seinem eigenen Denken ausgeglüht hat, bis er auch sie individualisiert hat.«[52] Reinigung der Sprache. Euklidische Definitionen, den Wörtern gegenüber angewandt, wie es Pascal vom Mathematiker für dessen Begriffsmaterial verlangte. –

»Altes Verlangen, alles aus reinem Stoff neu aufzubauen.« Der Sinn ist: Altes Verlangen, alles aus reinen Formen, die dem Geist entstammen, aufzubauen. Das ist die Tätigkeit des abstrakten Denkers, dessem Geist die reinen Formen angehören. Er wird bauen, sofern er Ästhetiker ist. Wäre Valéry aber nur abstrakter Denker, hätte er seine Methode, zu denken, ganz aus Descartes gewonnen. – Da in diesem Falle der abstrakte Denker jedoch vor allem konkreter Dichter ist, der seinen Erfahrungen, seiner Empirie vertraut, spiegelt Valéry seine Methode an Leonardo. Der abstrakte Denker verdankt seine intellektuelle Methode Descartes, der konkrete Dichter verdankt seine handwerkliche Methode Leonardo. Auf diese Weise vereinigen sich in Valéry Denken und Erfahrungen in der für den Dichter notwendigen Weise. Der Verfasser des *Discours de la méthode* und der Verfasser der »Méthode de Léonard de Vinci« sind komplementäre Geister, die das hervorbringen, was wir einen Geist der Koinzidenz nennen. Der Zweifel, der der wissenschaftlichen Ästhetik entgegengesetzt wird, ist aufgehoben im Vertrauen auf die empirische Ästhetik des puren Handwerks. Im ganzen eine existentielle Konsequenz seiner schriftstellerischen Produktion, die, wie er eingesteht, »verständlich machen wollte, daß ein den Farben und Formen gewidmetes Leben a priori nicht minder tief sei und nicht weniger bedauernswert als ein Leben, das in den Schatten des Inneren verläuft...«

Leibnization bedeutet in jedem Falle die Aufrichtung des Geistes und des Geistigen als eines Typus. Denn Leibnization ist immer platonischer Herkunft. Seit Leibniz erst ist der Geist, insbesondere der Geist als Form, die ihren höchsten Ausdruck in der Mathesis universalis findet, eine – oder gar die europäische Ideologie. An Valéry kann Art und Grad dieser Ideologie heute genau abgelesen werden. »Ich bekenne, aus meinem Geist ein Idol gemacht zu haben, aber ich habe kein anderes gefunden. Ich habe ihm Opfer dargebracht, ihn verlästert.« So heißt es im »Logbuch von Herrn Teste«[53]. Und das ist kein singulärer Fall. Singulär ist Valéry lediglich dadurch, daß dieses Idol so spät und mit solch erschreckender Deutlichkeit aus einem konkreten Dichter hervorbricht, wo wir doch immer der Meinung waren, der Dichter würde vorwegnehmen.

Aber vielleicht nimmt er weniger vorweg als er vielmehr aufnimmt und wiederaufnimmt, etwa im Sinne eines seismographischen Tuns. So und auch als Ergebnis der merkwürdigen, singulären Gebrochenheit des abstrakten Denkens im konkreten Dichten ist alsdann jene intellektuelle Skepsis zu verstehen, die in Valéry schon frühzeitig neben die intellektuelle Offenheit tritt, ja geradezu ein Merkmal dieser Offenheit ist und die das Idol mit engen, gefährlichen Rissen durchzogen sieht. Man kann sagen, daß diese Skepsis die Stimmung der exakten Wissenschaften gegen Ende des 19. Jahrhunderts gut zum Ausdruck bringt.

In einem Fragment aus dem Jahre 1896[54] springt einem der Satz entgegen, er wolle nichts wissen von der Unzucht des Denkens und die menschliche Wissenschaft dürfe nicht unbegrenzt wachsen. Und in der »Krisis des Geistes«, verfaßt 1919, nimmt dann noch einmal der große Ästhetiker vorübergehend die Maske des Moralisten an und verweist auf die »Geometrie der Griechen«, aus deren »Schule großen Stils« die »moderne Wissenschaft« hervorgegangen sei, daß aber »dieses Wissen, das bisher Eigenwert war, zum Tauschwert« geworden sei. Außerdem verwundert er sich in seiner Aufzeichnung über »Svedenborg« (1935) darüber, daß Europa das gleichzeitige Bestehen von Lehren, Idealen ganz entgegengesetzter Systeme gestatte, was ein Kennzeichen der Zivilisation modernen Typus sei. Nur so sei das Auftreten eines Mannes wie Svedenborg im Schatten Leibnizens zu begreifen. Aber in seiner jüngsten Veröffentlichung über die *Existence du symbolisme* spricht er von der »großen Unordnung der menschlichen Dinge« und zieht als Fazit: »Die Bedingungen für die Entwicklung der Geistigen in der Tiefe, in der Reinheit, in der Vollendung und in der ausgesuchten Stärke sind zerstreut.

Alles erklärt sich gegen die Möglichkeit des unabhängigen geistigen Lebens.«

Ich möchte, antwortend auf diese Skepsis, mit ein paar persönlichen Bemerkungen dieses Kapitel abschließen. Jene Äußerung des Chinesen in dem genannten Fragment von 1896: »Unsere Schrift ist zu schwierig... Sie verschließt die Ideen. Bei uns muß man zahllose Zeichen kennen, um denken zu können. Einzig die Gelehrten gelangen um den Preis ungeheurer Mühe so weit. Die anderen vermögen weder wahrhaft zu denken noch ihre ungeformten Pläne zu gestalten. Wohl fühlen sie, aber ihr Gefühl bleibt immer gebunden. Alle in der Vernunft beschlossene Gewalt bleibt so den Gelehrten, und eine unerschütterliche Ordnung gründet sich auf die Erschwerung des Wissens und auf den Geist.« Diese Äußerung ist für unsere intellektuelle Lage von großer Wichtigkeit. Erstens stehen auch wir vor dem Problem der Ideenbildung mit Hilfe eines hochentwickelten Zeichenapparates in der Logik und in der Mathematik; der Kenner weiß, daß die physikalische Ideenbildung in der modernen Forschung infolge der komplizierten mathematischen Apparate nur wenigen Forschern vorbehalten bleiben muß, und er weiß auch, daß die moderne Logik die philosophische Ideenbildung stark beschnitten hat und vor allem eine Kenntnis wenigstens gewisser mathematischer Disziplinen erforderlich macht. Zweitens enthält aber jene Äußerung doch auch den Keim zur fortgesetzten Leibnization. Es ist mit ihr ausgesprochen, daß alle Erkenntnis, alles Wissen nur so weit reicht wie die Zeichen, die Worte, die dafür vorhanden sind. Sind die Worte erschöpft, die Zeichen ausgegeben oder verschwendet, dann verschwimmt die Erkenntnis, dann verliert sie ihre Kontur, ihre Tiefe, das Zeichenspiel erlischt. Trotz des Problems der Beherrschung der Zeichenbildung bedarf jeder Fortschritt des Wissens der Vermehrung, der Verfeinerung der Zeichen.

In dieser Lage befinden sich die Wissenschaft und der Geistige. In dieser Lage befindet sich auch die Dichtung, die sich niemals der Fortentwicklung der Zeichenbildung entziehen kann. Wer vermutet, daß die Poesie ein Fremdkörper in der Leibnization sei, der mag Valéry studieren. An ihm wird deutlich, in welchem allgemeinen Sinne sich ein konkreter Dichter und ein abstrakter Denker komplementär zueinander verhalten. Die Poesie erzeugt sich heute nicht mehr unabhängig von den Wissenschaften. Unsere Existenz, selbst die dichterische, hat eine wissenschaftliche Grundlage.

Wir dürfen nicht nur, wir müssen auch sagen: die Dichtung ist ein Korrektiv der Wissenschaften und die Wissenschaft ein Korrektiv der Dichtung in der Herausbildung der Sprache und der Ideen, die wir darin bilden, und der Dichter ist ein Korrektiv zum Wissenschaftler und der Wissenschaftler ein Korrektiv zum Dichter in der Herausarbeitung des Geistigen als eines Typus.

V

Auch T. S. Eliot, ein Engländer, der an der Harvard-Universität eine Professur für Dichtung inne hatte, in London als Dozent und Lehrer für Philosophie, Sprachen und Mathematik aufgetreten ist und ein bedeutendes dichterisches Werk geschaffen hat, ist wie Paul Valéry der Typus des konkreten Dichters und des abstrakten Denkers. Er hat maßgeblich die englisch-amerikanische Literatur beeinflußt, und zwar sowohl praktisch als auch theoretisch. Zusammen mit Ezra Pound ist er der Initiator der jüngeren amerikanischen Erneuerungsbewegung der Dichtung, der bedeutendste Vertreter des sogenannten »Imagismus«.

In dieser von T. S. Eliot durchgesetzten Theorie des »Imagismus«, deren Thesen er in seiner literaturkritischen Zeitschrift *Criterion* immer wieder verifiziert hat, sehen wir eine Koinzidenz von ästhetischem und mathematischem Geist am Werk, die hier nicht unerwähnt bleiben darf.[55]

Eliot geht zunächst davon aus, daß Dichtung nicht Ausdruck der Persönlichkeit sei, sondern »eine Art Befreiung von der Persönlichkeit«. Dichtung hat also eine objektive, absolute Tendenz. Von dieser Basis aus kann er weiter die These vertreten: »Erst im Hinblick auf diese Entpersönlichung läßt sich die Behauptung vertreten, daß die Kunst sich der Haltung der Wissenschaft nähere.«

Ich will hervorheben, wie das gemeint sei. Dabei möchte ich vorab aber nicht unerwähnt lassen, daß Eliot 1914 in Deutschland die deutsche Philosophie, und zwar vor allem Leibniz, den Inaugurator der mathematischen Logik und ihrer Idee des Kalküls, studiert hat. Auch darin ist er ein Geistesverwandter Paul Valérys. Eliot hat eine bestimmte Vorstellung von absoluter Dichtung. Er entwirft sie folgendermaßen: »Dichtung zu schreiben, die so wesenhaft Dichtung wäre, ohne doch ›poetisch‹ zu sein, Dichtung, die hüllenlos dastünde, gleichsam in ihrem Knochengerüst, oder Dichtung von einer derartigen Transparenz, daß wir nicht die Dichtung selbst im Auge haben, sondern das, was wir durch sie hindurch erblicken sollen... das, scheint mir, sollte man versuchen.«

Das ist eine abstrakte Auffassung von einem geistigen Phänomen, die wir sonst nur von der Mathematik zu hören gewohnt sind: die abstrakte Mathematik als eine Methode, jede Art von Elementen kalkülatorisch zu beherrschen. Diese Einsicht in Eliots Voraussetzungen wird von D. H. Lawrence in einem Brief bestätigt, in dem er folgende These vertritt:

»Die eigentliche Essenz unserer heutigen Dichtung in diesem Zeitalter starrer und gnadeloser Wirklichkeiten beruht in einer gleichsam spröden Unmittelbarkeit, ohne einen Schatten von Lüge oder einen Schatten von irgendwelchem Ausweichen. Alles andere mag entbehrlich sein, aber diese spröde, nackte, steinerne Unmittelbarkeit der Aussage, sie allein bringt heutzutage echte Dichtung hervor.«[56]

»Der Ausdruck eines ganz bestimmten Gefühls erfordert eine genauso große Geisteskraft wie der eines bestimmten Gedankens..., denn jedes wirklich bestimmte Gefühl verlangt nach seinem artikulierten Ausdruck.«

»Will man einen inneren Zustand künstlerisch gestalten, so muß man für ihn ein ›objektives Korrelat‹ entdecken; mit anderen Worten: eine Reihe von Gegenständen, eine bestimmte Situation, eine Kette von Ereignissen, welche die Formel *dieses und nur dieses* inneren Zustandes abgeben; derart, daß, sobald die äußeren Tatsachen, welche sinnlich wahrnehmbar sein müssen, gegeben sind, auch der innere Zustand unmittelbar hervorgerufen wird.«[57] In der ersten These wird Dichtung auf die Unmittelbarkeit der Aussage reduziert, ein Vorgang, der in der Richtung auf Eindeutigkeit der poetischen Rede abzielt und der in seiner Tendenz völlig übereinstimmt mit jenen Grundsätzen, die jeder Characteristica universalis ihr Recht geben. Und diese Forderung ist verständlich, wenn man an die zweite These denkt, darin

Dichtung auf »Ausdruck«, und zwar auf »Ausdruck bestimmter Gefühle« zurückgeführt ist; denn natürlich sollen diese Gefühle eindeutig ausgedrückt werden. An einer anderen Stelle in seinen Essays hat Eliot darauf hingewiesen, da der moderne Dichter doch »nur die Zivilisation« zum »Ausdruck« bringe, könne er sich nichts anderen bedienen als der »Zeichensprache der Zivilisation«. Das ist ein großes Wort. Natürlich versteht Eliot unter dieser Zeichensprache durchaus die natürliche Sprache, die wir sprechen, die »vollkommene sinnliche Rede«, wie sie der Dichter Lessing so großartig bezeichnet hat und was Eliot wohl sicher unterschreiben würde; aber er ist doch der Meinung, daß diese natürliche »vollkommene sinnliche Rede«, dieser »artikulierte Ausdruck« – wie Eliot sie nennt –, wenn auch keine »Kunstsprache« im Sinne moderner mathematischer Logik, so doch eine eindeutige Zeichensprache darstellt, die sich aus eindeutigen, artikulierten Elementen – so will ich sagen – zusammenfügt. Das ist ein sehr großes Unterfangen, auch für die natürliche Sprache, wenn sie im Mund des Dichters zur »vollkommenen sinnlichen Rede« geworden ist, die Forderung zu erheben, die wir eigentlich nur an die künstlichen Zeichensprachen der mathematischen Logik zu stellen gewohnt sind.

Ganz klar kommt dann die geheime Mathematik dieses ganzen poetologischen Sachverhaltes in der dritten These Eliots zum Ausdruck. Die Theorie des »objektiven Korrelats« besagt ausdrücklich, daß dieses objektive Korrelat die »Formel dieses und nur dieses inneren Zustandes« abgebe, daß also eine eindeutige Zuordnung zwischen den inneren Zuständen und den Elementen des objektiven Korrelats (Gegenstände, Ereignisse, Situationen), ein holoedrischer Isomorphismus zwischen ihnen besteht. Ohne weiteres gliedert sich in diese Poetologie der Gedanke ein, daß »kein Dichter... in seiner vollen Bedeutung für sich allein zu erfassen« sei, daß vielmehr die dichterische Tradition im Zusammenhang aller bisherigen Dichtungen bestehe. Wie die Mathesis universalis des Leibniz alle mathematischen Einzelerscheinungen, Axiome und Theoreme, umspannt, so existiert für die eliotsche Poetologie also eine Poesis universalis, die alle poetischen Erzeugnisse umfaßt, und haben wir damit zunächst das Moment der dichterischen Tradition hervorgehoben, so können wir hinzufügen, daß diese Poesis universalis auch den Gedanken einer generalisierten Poesie (scheinbar) nichtpoetischer Gegenstände einschließt, entsprechend wie die Mathesis universalis natürlich auch eine generalisierte Mathematik nichtmathematischer Gegenstände involviert. Diese Parallele sei aber nur nebenbei bemerkt. Hervorheben möchte ich nur noch, daß Eliot immer wieder eine zustimmende Haltung gegenüber dem Klassischen und eine ablehnende Haltung gegenüber dem Romantischen einnimmt.

Wir wissen warum. Jede Art von klassischem Stil bedeutet die Reduktion des Ästhetischen auf Form, die ein starkes mathematisches Bewußtsein voraussetzt. Jede Art von romantischem Stil tendiert auf einen Zerfall oder kommt sogar aus einem Zerfall des mathematischen Bewußtseins in der ästhetischen Intuition, in der rezeptiven produktiven Einbildungskraft.

VI

Ich kann hier noch einen abschließenden Gedanken anfügen, der das Verhältnis von Prosa und Poesie betrifft. Wir bestimmen das Verhältnis zwischen Poesie und Prosa äquivalent dem Verhältnis zwischen spezifizierter Mathematik der Raum- und Zahlengrößen und der generalisierten Mathematik, die aus jener spezifizierten durch Einbeziehung nichtmathematischer Gegenstände hervorgeht. Das heißt, das Verhältnis der Poesie zur Prosa ist nicht das Verhältnis von Poesie zur Nichtpoesie, sondern das Verhältnis von der spezifizierten Poesie festgelegter Metrik und Rhythmik zur generalisierten Poesie nichtfestgelegter Rhythmik und Metrik. Unter Prosa verstehen wir also die Poesie nichtfestgelegter Metrik und Rhythmik, d. h. die Poesie generalisierter Formen.

Um diese These zu beweisen, müßte gefordert werden, daß jedes prosabildende Element auf ein poesiebildendes Element zurückgeführt werden kann. Das ist nicht einfach zu zeigen, bildet aber eine Forschungsaufgabe jenes Gebietes der Geistesgeschichte der Mathematik, das sich mit dem Problem der mathematischen Strukturen der Poesie und Literatur beschäftigt. Wir wollen hier nur darauf hinweisen, daß wir in Bezug auf die spezifizierte Poesie von Form sprechen und daß aus dieser spezifizierten Poesie die zugehörige generalisierte Poesie, d. h. die zugehörige Prosa dadurch hervorgeht, daß die Form generalisiert wird. Diese generalisierte Form nennen wir Stil, wie überhaupt Stil immer generalisierte Form ist. Das ist ganz im Einklang mit einem für die Poetologie von Georg Widmaier hervorgehobenen Gedanken, daß Poesie nur Form, nicht aber Stil habe, während Prosa nicht durch Form, sondern eben durch Stil zu kennzeichnen wäre. Wir fügen hinzu, daß die Generalisierung der poetischen Form in einer Generalisierung von Metrik und Rhythmik besteht und daß jede Stilbildung in der Prosa einen Akt der Generalisierung von Metrik und Rhythmik voraussetzt.

Nur im Rahmen dieser Theorie, daß wir unter Prosa eine generalisierte Poesie verstehen, sind poetologische Äußerungen klassischer Meister verständlich. Heine bemerkte, daß zu einer vollendeten Prosa eine Meisterschaft in den metrischen Formen gehöre. Auch Nietzsche hat gesagt: »Man beachte doch, daß die großen Meister der Prosa fast immer auch Dichter gewesen sind... und fürwahr, man schreibt nur im Augenlicht der Poesie gute Prosa!«

Bernhardi soll hier ebenfalls nicht unerwähnt bleiben: »Poesie ist Sprachdarstellung durch das Metrum, Prosa Sprachdarstellung ohne dasselbe, und der Numerus und die Periode sind Bestrebungen, in der Sprachdarstellung Poesie und Prosa zu verknüpfen.«

An einer anderen Stelle bezeichnet er die Periode als ein »prosaisches Metrum«, einen »unvollkommnen Vers«, eine »erhöhte Prosa«[58]. Man kann zurückgehen bis auf Johann Georg Sulzer, der seinen Artikel »Prosa« mit dem Hinweis beginnt, daß nicht das Versmaß entscheide, ob Poesie oder Prosa vorliege. Er verweist auf die ja wirklich schöne Prosa Salomon Geßners und wendet auf sie den Begriff »Gedichte ohne Silbenmaß« an. Ich glaube, man kann sagen, daß das Verhältnis von spezifizierter poetischer Form und generalisierter prosaischer Form auch durch das Verhältnis von dem, was man Rhythmus, zu dem, was man Numerus zu nennen gewohnt ist, bestimmt ist, wobei nach R. M. Meyer[59] unter Rhythmus »die Verteilung der Akzente im einzelnen Satz« und unter Numerus der »durchgehende Charakter der Struktur« zu verstehen ist; einfacher gesagt, kann man selbstverständlich das Verhältnis von spezifizierter Poesie und generalisierter Poesie bzw. von Rhythmus zu Numerus auch als das gleiche von Vers und Satz bezeichnen. Dann würde klar, daß jede Prosatheorie als eine Theorie des Numerus aufzutreten hätte, die letztlich auf eine syntaktische Theorie von Satzmengen zu reduzieren wäre, die die Grammatik einschließt. –

Die Generalisierung betrifft übrigens keineswegs bloß die Form, auch den Stoff. Es ist bekannt, daß die Poesie einen beschränkteren Stoff hat als die Prosa. Zur spezifizierten Poesie gehört nicht nur die spezifizierte Form, auch der spezifizierte Stoff, und zur generalisierten Poesie der Prosa gehört nicht nur die generalisierte Form, die wir Stil nennen, sondern eben auch der generalisierte Stoff. Dies ist nebenbei die genaue Fassung eines Problems, mit dem auch Goethe sich befaßt hat.

Auch diese Tatsache, daß die Prosa als generalisierte Poesie aus der spezifizierten Poesie abgeleitet werden kann, wie die generalisierte Mathematik aus einer spezifizierten Mathematik hervorgeht, weist darauf hin, daß das ästhetische Bewußtsein und das mathematische Bewußtsein eine Wurzel haben und gewissermaßen, wie ich hier nun betont hervorheben möchte, die komplementären Erscheinungen ein und desselben Phänomens sind.

Die Mathematik in der Ornamentik

I

Die planmäßige Mathematisierung bedeutet für die Wissenschaft etwas anderes als für die Kunst. Die Mathematisierung einer Wissenschaft ist nichts anderes als der Aufbau dieser Wissenschaft als widerspruchsfreie, axiomatisch-deduktive Satzfolge. Die Mathematisierung einer Kunst bedeutet den Aufbau der künstlerischen Formen aus mathematischen Formen. Dabei ist leicht einzusehen, daß für den Aufbau dichterisch-literarischer Formen arithmetische Prinzipien vor geometrischen den Vorrang haben, während in der bildenden Kunst in erster Linie geometrische Verhältnisse und Formen eine Rolle spielen.

Die Mathematisierung der Wissenschaften beruht auf der Einführung des Kalküls, der vorausberechnen, voraussagen, vorausschließen läßt; die Mathematisierung der Kunst hat eine morphologische Absicht; nicht nur das Erzeugen bestimmter Gestalten aus dem für den künstlerischen Akt vorgegebenen Stoff unterliegt in dieser Weise mathematischen Gesichtspunkten, auch die Komposition künstlerischer Details, künstlerischer Elemente verfällt der Mathematisierung, sei es in der Hervorbringung einer die Details umfassenden geometrischen Ordnung, sei es in der Wiederholung eines Elementes nach den Gesetzen der Symmetrie, einer der allgemeinsten und ältesten Mathematisierungsprozesse in der bildenden Kunst, der überdies die ausgezeichnete Eigenschaft besitzt, geometrische und arithmetische Gesichtspunkte zu vereinen.

Man kann bemerken, wie nach der großartigen Ausprägung und Zusammenfassung der mathematischen Kenntnisse der alten Welt durch Euklid der Zusammenhang zwischen Mathematik und Kunst verloren geht, obwohl er sich frühzeitig und in bemerkenswerter Tiefe ausgebildet hatte, und daß dieser Zusammenhang eigentlich erst wieder in der Renaissance mit der perspektivistischen Kunst wesentlich ins Bewußtsein gerückt wird. Wenn man also die historischen Phasen eines innigen Zusammenhangs zwischen Kunst und Mathematik festhalten will, so wird man folgende festhalten müssen:

1. Konstruktion symmetrischer Figuren und Ornamente in der vorgriechischen Mathematik, insbesondere der ägyptischen Mathematik und Ornamentik.
2. Die Ausbildung des ungegenständlichen gotischen Bauornaments bzw. Maßwerkes und der Raumgruppen an gotischen Kathedralen, das gotische Proportionenwesen und die Triangulation.
3. Wiederaufnahme der Lehre vom goldenen Schnitt und die Durchbildung der Perspektive in der Renaissance-Architektur und -Malerei im Zusammenhang mit Cardanos Lehre von den kubischen Gleichungen und den stattfindenden Rezeptionen des Euklid (Proportionenlehre in der Kunst), Archimedes und Vitruv.
4. Der Zusammenhang zwischen dem Infinitesimalkalkül bzw. der Entstehung der Anfänge der Analysis situs im Sinne der Topologie bei Leibniz und Euler und den Raumkurven des Barock und die Einführung der »Universalmalmaschine zum Abzeichnen nach der Natur« bzw. des Proportional-Zirkels für den »mathematischen Maler« im 17. und 18. Jahrhundert.

In den alten Symmetrien kommt gleichsam am frühsten die Vereinigung ästhetischer und mathematischer Verhältnisse auf eine abstrakte, ungegenständliche Art zum Ausdruck. In jedem Symmetrieverhältnis erscheint der Mathematisierungsprozeß ästhetischer Absichten vollkommen durchgeführt, weil hier das Ästhetische rein als das Mathematische und das Mathematische rein als das Ästhetische auftritt; das Ästhetische und das Mathematische werden hier zu auswechselbaren Begriffen. Im *Philebos* nennt Platon die Symmetrie ein Anzeichen für Wahrheit und Schönheit. Polyklet, der große Meister des *Doryphoros*, schuf eine Kunstanleitung, die unter dem Namen *Kanon*, d. h. Lineal, berühmt wurde. Der künstlerische Rationalismus der Antike erreicht in diesem Werke seinen Gipfel. Daß die Kunst ein mathematisches, nämlich ein formenerzeugendes und formenbeherrschendes Bewußtsein voraussetzt, kann an den Symmetrieverhältnissen am einleuchtendsten studiert werden. Daher mit Recht Paul Valéry dem Ornament, dem sichtbarsten Erzeugnis der künstlerischen Symmetrienbildung, eine fundamentale Bedeutung zuschreibt. Ich möchte nicht versäumen, ein paar der Sätze, die Valéry in seiner unvergleichlichen Studie »Méthode de Léonard de Vinci«[60] (*Morceaux choisis*, Paris 1930, S. 63–95) dem Ornament gewidmet hat, anzuführen: »Von diesem Standpunkt aus ist die ornamentale Auffassung in den einzelnen Künsten das, was die Mathematik für die anderen Wissenschaften bedeutet... Damit baut sich das Kunstwerk sozusagen durch eine Abstraktion auf, und diese Abstraktion ist mehr oder weniger energisch, mehr oder weniger leicht zu bestimmen, je nachdem die der Wirklichkeit entnommenen Elemente mehr oder weniger verwickelt sind.« Es ist ganz richtig, wenn Paul Frankl in seinen Ausführungen über das Ornament innerhalb des großen Werkes *Das System der Kunstwissenschaft* (S. 501 ff.)[61] davon spricht, daß es »auch theoretische Kultur voraussetzt«. Diese theoretische Kultur bestand aber nicht in der urtümlichen Schmuckkunst, aus der Frankl allein das Ornament erklären will. Seine Definition, daß das Ornament, d. h. das reine Ornament, »die sinnleere Form des Nur-Schmuckes als Symbol dieses Sinnes« sei, bleibt völlig dunkel, wenn man das Ornament nicht auf die früheste Anlage eines mathematischen Bewußtseins bezieht. Überdies weisen seine weiteren Ausführungen auch darauf hin, z. B. daß »Ornament und Träger voneinander unabhängige Variable« seien. Oder: »Das reine Ornament ist nicht ›an etwas‹, es ist völlig frei, auch im Sinne von isoliert, was der Ornamentstich, die Erfindung von Ornamenten an sich, auf Vorrat, beweist.«

Dabei ist zunächst gleichgültig, ob das geometrische Ornament bereits als solches geometrisch vorlag oder ob es sich aus dem Pflanzenornament entwickelt hat. Entscheidend ist, daß die Tendenz auf rationale Form bei der Entstehung auch oder gerade der alten Ornamentik sichtbar wird. Wilhelm Worringer schreibt hierzu in seinem bekannten Werk *Abstraktion und Einfühlung*[62]: »Ebenso wie der geometrische Stil das Bildungsgesetz der leblosen Materie, nicht aber sie selbst in ihrer äußeren Erscheinung gibt, so gibt das vegetabile Ornament ursprünglich nicht die Pflanze selbst, sondern die Gesetzmäßigkeit ihrer äußeren Bildung. Beide Ornamentstile sind also eigentlich ohne Naturvorbild, während ihre Elemente allerdings in der Natur sind. Dort ist die anorganisch-kristallinische Gesetzmäßigkeit als künstlerisches Motiv verwendet, hier die organische Gesetzmäßigkeit, die sich uns eben am reinsten und anschaulichsten in der Pflanzenbildung zeigt. Alle die Elemente organischer Bildung, als da sind: Regelmäßigkeit, Anordnung um einen Mittelpunkt, Ausgleich zwischen zentrifugalen und zentripetalen Kräften (d. h. kreisförmige Rundung), Gleichgewicht zwischen tragenden und lastenden Faktoren, Proportionalität der Verhältnisse und all die übrigen Wunder, die sich uns bei der Versenkung in den Organismus einer Pflanze aufdrängen, sie sind es, die nun den Inhalt und den lebendigen Wert des ornamentalen Kunstwerkes ausmachen, und erst eine spätere Zeit nähert diesen Ornamentstil, der mit Naturvorbildern im Prinzip fast ebensowenig zu tun hat wie der geometrische Stil, dem Naturalismus. Der Prozeß ist also der, daß ein Naturobjekt nachträglich stilisiert wird. In dieser Antithese liegt das Entscheidende. Denn sie ergibt, daß das Primäre nicht das Naturvorbild, sondern das von ihm abstrahierte Gesetz ist. Die künstlerische Projektion der Gesetzmäßigkeit der organischen Struktur war es, die infolge des innigen organischen Zusammenhangs aller Lebensdinge die Basis gab für das ästhetische Erleben des Betrachters, nicht aber die Übereinstimmung mit dem Naturvorbild.« (S. 77)

»Dies Gebundensein durch das Gegenständliche, in diesem Falle durch ein organisch-gerundetes Vorbild, stand natürlich einer rein linear-geometrischen Entwicklung der Ornamentik im Wege. Aber ein Blick auf die mykenische und spätere griechische Pflanzenornamentik zeigt uns, wie in der ägyptischen Ornamentik das Organische durch das aufs Abstrakte gerichtete Kunstwollen unterjocht worden ist. Soweit das Gegenständliche notwendig war, ist es in geometrisch lebensfremde gesetzmäßige Linien und Kurven übersetzt worden, so daß dem Unbeteiligten jeder Gedanke an ein zugrundeliegendes Naturvorbild fernbleibt. Die Ausgleichung zwischen Gegenständlich-Bedingtem und der Abstraktion ist eine restlose. Und so wirkt dieser Ornamentstil, trotz seiner ursprünglich organischen Basis, starrer und lebensfremder als irgendein anderer Stil. Das, was diesen Eindruck zuerst stört, das Vorherrschen geschwungener Linien, erscheint einerseits als äußerlich motiviert, anderseits sind diese Kurven so gesetzmäßig und geometrisch, daß wir annehmen müssen, daß dem Ägypter ihr Einfühlungswert nicht bewußt war, daß er sie vielmehr als reine geometrische Abstraktion genoß. Der Ägypter, so müssen wir schließen, sah beispielsweise im Kreise nicht die lebendige Linie, die in wundervollem Kampf und Ausgleich zwischen zentrifugalen und zentripetalen Kräften diesen ihren bestimmten Weg gehen und zu sich zurückkehren muß, sondern er sah in ihr nur die geometrische Form, die sich als vollkommenste darstellt, indem sie als einzige das Postulat der Symmetrie nach allen Seiten hin restlos erfüllt.« (S. 88)

»Derselbe Geist der Abstraktion, der das frühe Mittelalter wieder beherrschte und der sich in der Arabeske aussprach, gab auch dem einfachen Bandverflechtungsornament, das in der griechischen Kunst bloß zu untergeordneten Einfassungszwecken benutzt wurde, eine selbständige Stellung. Dieses rein geometrische bedeutungs- und ausdruckslose Muster wird schon in spätrömischer, d. h. altchristlicher Zeit zur Füllung großer Flächen verwandt und wird allmählich ein selbständiges und vollgültiges Hauptmotiv der Dekoration. Hier ist also der letzte Rest organischen Lebens getilgt und die rein geometrische lebensfremde Abstraktion herrschend geworden.« (S. 99)

So wird also auch in der ägyptischen Ornamentik das Pflanzenornament auf seine Geometrie reduziert. Überall setzt sich das ungegenständliche linear-geometrische Ornament durch. Mit Recht spricht Worringer davon, daß gerade in Ägypten das »aufs Abstrakte gerichtete Kunstwollen« das »Organische... unterjocht habe«. Der Umgang mit Flächen bildete den Mittelpunkt des mathematischen Interesses jenes Volkes, und man möchte beinahe versucht sein, auch seine hochberühmte Reißkunst für die Ausbildung der Ornamentik mitverantwortlich zu machen. Seine Arithmetik, aufgebaut auf ein dekadisches Zahlensystem, kannte Fingerrechnung und Rechenbretter, kannte Lösungsverfahren für Gleichungen 1. und 2. Grades und arithmetische wie geometrische Reihen, aber in der Geometrie war ihm Symmetrie und Proportion, Kreisteilung und Ähnlichkeitslehre, Trigonometrie und Anfänge der darstellenden Geometrie bekannt – kurz, die Ägypter hatten ihre Geometrie im Zusammenhang mit einer nicht mehr ganz zu konstruierenden Lehre von der Proportion

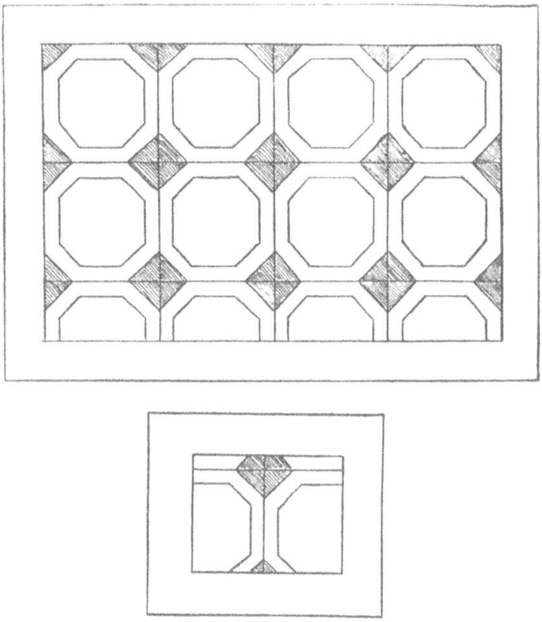

Beispiel dafür, daß im Orientteppich das Muster gegenüber der Fläche, die es ornamental ausfüllt, völlig selbständig ist, d. h. dafür, daß das Ornament nicht als Funktion der Fläche angesehen wird.
nach K. Erdmann

und der Symmetrie höher entwickelt als ihre Arithmetik. Es ist einleuchtend, daß dies sie zu einer hohen abstrakten Ornamentik befähigte, wie diese denn auch nachweisbar ist. Und wie nachweislich Thales von Milet, um 600, ägyptische mathematische Kenntnisse nach Ionien brachte und Pythagoras, Eudoxos, Oinopides und Demokrit die Mathematik des Nillandes relativ gut kannten, so mußte mit den mathematischen Sätzen und Methoden (z. B. den Lotkonstruktionen) auch die Ornamentik in Griechenland eindringen. Auch das einfache Bandverflechtungsornament, das den Griechen zu Einfassungszwecken diente, blieb ungegenständlich, auch dort, wo es später, etwa in altchristlicher Zeit, große Flächen aufteilt. –

Wir sehen also allenthalben ausgedrückt, daß in den Ornamenten, soweit sie ungegenständliche, bedeutungsfreie, nur formale

Ornamente darstellen, elementare, abstrakte künstlerische Form studiert werden kann. Und wir haben ein Buch, das, wenn auch keine abstrakte Theorie, doch eine konkrete Systematik der klassischen ägyptischen und arabischen Ornamente bietet. Es ist das 1856 von Owen Jones in London herausgebrachte Werk mit dem bezeichnenden Titel *Grammatik der Ornamente*[63]. Will man sich in Ornamenttheorie versuchen, so ist es notwendig, sich an diesem Werk empirisch zu orientieren, zumal Owen Jones seinem Werk 37 Propositionen vorangestellt hat, die unbedingt eine allgemeine Einleitung in jede, auch und gerade vor allem in die mathematische Ornamenttheorie darstellen. Ich will hier einige der wichtigsten dieser Propositionen ebenfalls voranstellen:

Proposition 8.
»Alle Ornamente sollten eine geometrische Konstruktion zur Grundlage haben.«
Proposition 10.
»Die Harmonie der Form besteht im gehörigen Gleichgewicht und Kontrast der geraden, krummen und geneigten Linien.«
Proposition 11.
»In der Verzierung der Oberfläche sollten alle Linien aus einem Mutterstamm entspringen. Jedes Ornament, so fern es auch sein möge, muß bis an seinen Zweig und seine Wurzel fortgeführt werden. Morgenländische Praxis.«
Proposition 12.
»Bei jeder Verbindung von krummen Linien mit krummen, oder von krummen Linien mit geraden, muß dafür gesorgt werden, daß diese Linien die Tangenten zueinander bilden. Naturgesetz. Morgenländische Praxis ist im Einklang mit diesem Gesetz.«
Proposition 14.
»Die Farbe gebraucht man als Gehilfin zur Entwicklung der Form und um Gegenstände oder Teile derselben voneinander zu unterscheiden.«
Proposition 15.
»Die Farbe dient auch zum Hervorbringen des Helldunkels, und mittelst der gehörigen Verteilung der verschiedenen Farben befördert man die Undulation der Form.«
Ich hebe nun die Proposition 9 gesondert hervor:

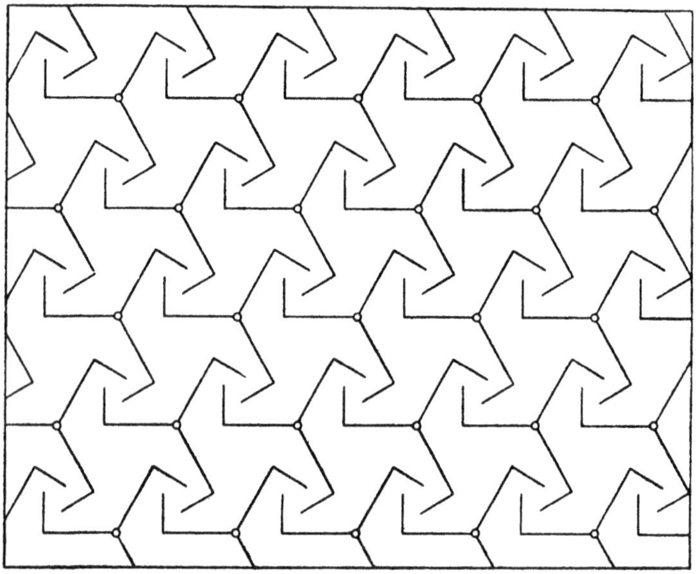

Hexagonales Flächenornament mit S_3-Stern als Element

»Gerade wie in jedem vollkommenen Werk der Baukunst ein wahres Werk besteht, so sollte auch durchgehend in den dekorativen Künsten jeder Verein von Formen nach gewissen bestimmten Verhältnissen angeordnet sein; so daß das Ganze sowohl als jedes besondere Glied die Vervielfältigung irgendeiner einfachen Einheit bilden.«

Ich habe diese Proposition 9 hervorgehoben, weil sie sozusagen ein mathematisches Programm enthält; das Ganze sowohl wie jedes besondere Glied soll die Vervielfältigung einer einfachen Einheit sein. Damit ist die Methode des unendlichen Rapports ausgedrückt, aber auch zugestanden, daß das Ornament von einem Prinzip beherrscht wird, welches sich gewissermaßen selbst wiederholt, und dieses Prinzip ist das der Symmetrienbildung, weil zwei Symmetrien an einer Einheit an dieser eine weitere Symmetrie hervorrufen, ein mathematisches Prinzip par excellence, das in der Theorie der endlichen Gruppen seine Methode findet. So machen die Einsichten über das ästhetische Wesen des Ornaments in Verbindung mit den geschichtlichen Daten es jedenfalls verständlich, wieso vor allem in den antiken Ornamenten die mathematische Tradition der Ägypter und auch Euklids weitergelebt hat. Ohne Zweifel läuft ein wesentlicher Teil unserer Erkenntnis der voreuklidischen Mathematik, insbesondere aber der ägyptischen und arabischen Mathematik über die alte Ornamentik. Nicht in Lehrbüchern, nicht in Schriften ist ein großer Teil der vorgriechischen Mathematik überliefert, sondern eben in den Ornamenten, und daher kann man auch nicht, wie Cantor es getan hat, den Inhalt dieser vorgriechischen Mathematik ausschließlich »in Fragen der elementaren Geometrie« suchen, sondern – wie Andreas Speiser[64] sich ausgedrückt hat (*Gruppentheorie*, 1928, S. 3) – in der Konstruktion symmetrischer Figuren, die das Erzeugen der Ornamente einschließt. Speiser zieht aus diesen Zusammenhängen alsdann auch den bemerkenswerten Schluß, daß die Vorgeschichte der Gruppentheorie – darauf beruht der mathematische Formalismus aller Konstruktion und die Algebra symmetrischer Figuren – lehrt, »die Anfänge der höheren Mathematik vielleicht um 1000 Jahre früher« zu legen, als man es bisher getan hat.

Die »griechische Mathematik knüpft an eine ägyptische Tradition an, die mindestens in die 18. Dynastie, also in die Zeit von 1500 v. Chr. zurückreicht«. (a. a. O., S. 3)

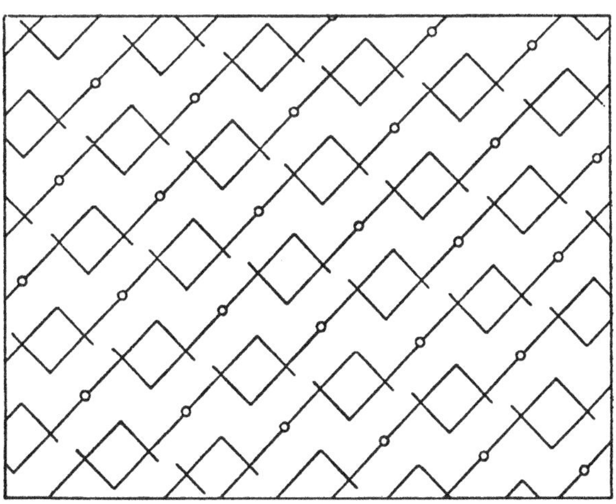

Rhombisches Flächenornament mit zentralsymmetrischem Element

Kehren wir zunächst wieder zur alten Ornamentik zurück, in der die früheste Kunst der symmetrischen Figuren vorliegt, deren Erzeugung gleichermaßen einen Akt der Ästhetik wie der Mathematik bedeutet. Der Grund, weshalb sich symmetrische Figuren mathematisch beherrschen lassen, liegt darin, daß Symmetrien die bereits erwähnte Gruppeneigenschaft aufweisen. Er liegt in der Eigenschaft beschlossen, daß zwei Symmetrien, die gleichzeitig am Ornament auftreten, eine weitere Symmetrie hervorrufen. Bekanntlich liegt hierin die Mindestforderung für das Auftreten der Gruppeneigenschaft: Ein System von Elementen bildet eine Gruppe, wenn die Verknüpfung zweier Elemente wieder zu einem Element des Systems führt. Die Anzahl der Elemente einer Gruppe bestimmt die sogenannte Ordnung der Gruppe. Ist die Anzahl der Elemente eine endliche, so heißt die Gruppe eine endliche Gruppe. Dies sei nur dem Mathematiker aus der Theorie der Gruppen endlicher Ordnung ins Gedächtnis zurückgerufen.

Um etwas genauer zu entwickeln, wie diese Überlegungen im einzelnen zu verstehen sind, will ich an Hand von Andreas Speisers schöner und pädagogischer Darstellung (*Gruppentheorie*) einen mathematischen Blick auf das elementare Streifenornament werfen lassen.

Speiser geht von einem Streifen der Ebene aus, der zwischen zwei Geraden liegt, durch dessen Mitte die Längsachse läuft und der senkrecht zur Längsachse Querachsen enthält.

Grenzgerade
Längsachse
Grenzgerade

Folgende Deckoperationen sind an diesem Gebilde möglich: Translation (Fortbewegung) in der Längsachse, Spiegelung an der Längsachse und Gleitspiegelungen an dieser, welche durch Hinzufügen der Translation entstehen, Spiegelungen an den Querachsen, die zusammen mit den Translationen wieder Spiegelungen an den Querachsen ergeben mit halbem Translationsabstand, und endlich die Drehung um 180° an einem Punkt der Längsachse, die zusammen mit der Translation eine Drehung ergibt, deren Fixpunkt vom vorigen sich ebenfalls um die halbe Translation (Verschiebung) unterscheidet.

Daß diese Operationen eine Gruppe bilden, erkennt man daran, daß sie das Gruppengesetz erfüllen. Führt man nacheinander die zweite und die dritte Operation, also die Spiegelung an der Längsachse und die Spiegelung an der Querachse aus, dann entsteht die zuletzt genannte vierte Operation, die Drehung um 180° an irgendeinem Punkt der Längsachse. Das heißt, werden zwei Elemente des Systems von Deckoperationen verknüpft, so entsteht wieder eine neue Deckoperation, die dem System angehört.

Speiser bezeichnet nun weiterhin an seinem Streifenornament die Länge einer Translationsperiode als Elementardistanz des Ornamentes und dasjenige Stück des Ornaments, das durch seine Translation das ganze Ornament, also den unendlichen Rapport mit seinen Symmetrien, ausbildet, als Elementarornament. Auf diese Weise hat Speiser das Ornament atomisiert, d. h. er entwickelt das gesamte Ornament aus einem ornamentalen Atom, und dabei sind folgende Fälle das Ergebnis:

1. Die Deckoperationen werden durch die Translationen gebildet.

2. Das Ornament entsteht aus der Spiegelung an der Längsachse.

3. Das Ornament entsteht aus der Spiegelung an den unendlich vielen Querachsen, deren Abstand gleich der halben Elementardistanz ist.

4. Das Ornament besitzt ebene Zentren, deren Abstand die halbe Elementardistanz ist.

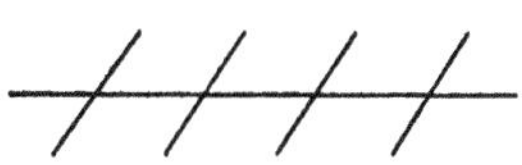

5. Das Ornament entsteht aus der Zusammenwirkung aller vorstehenden Operationen.

6. Die Einführung der Gleitspiegelung an der Längsachse, einer Operation, die sich also aus einer Translation längs der Längsachse und einer Spiegelung an derselben zusammensetzt, ergibt folgendes Ornament.

7. Durch Zusammenwirkung der Operationen 3, 4 und 6 endlich entsteht als letzte ornamentale Möglichkeit.

So etwa muß man sich die Ornamente entstanden denken, um Einblick in ihre Symmetrieverhältnisse, also in ihren gruppentheoretischen Mechanismus nehmen zu können. Das ist natürlich elementare Ornamenttheorie, ausgeübt an ungegenständlichen, wie wir sagen wollen, abstrakten Elementarornamenten. Vorstehend handelt es sich, wie ohne weiteres ersichtlich, um Flächenornamente, also um Figuren in der euklidischen Ebene. Die Gruppe der Translationen und Spiegelungen in der Ebene, die das Ornament in sich überführt, heißt die Symmetriegruppe des Ornamentes. Die Symmetriegruppe setzt sich also aus einer bestimmten endlichen Anzahl von Spiegelungen und Translationen der eben geschilderten Art zusammen, und diese Anzahl heißt, wie schon erwähnt, die Ordnung der Symmetriegruppe.

So kann man z. B. abzählen, daß das obere der folgenden Bortenornamente, genauer das Rankenornament, durch eine Symmetriegruppe von der unter 6. beschriebenen Art, also durch eine Gleitspiegelung aufgebaut ist. (s. nächste Seite)

Die untere Abbildung stellt ein daraus hervorgegangenes Rankenornament dar mit der Symmetrie 2, nämlich erzeugt durch eine Spiegelung an der Längsachse. Es handelt sich hier übrigens um zwei Beispiele aus einer Moschee in Kairo aus dem 9. Jahrhundert.

Ich hob schon hervor, daß Ägypten die große Quelle der Ornamentik ist. Die Moscheen von Kairo, die Nekropole von Theben, auch der Isistempel von Pompeji offenbaren in dieser Hinsicht Meisterwerke. Speiser hat 1928 zusammen mit dem jugendlichen Entdecker der Form der bachschen *Kunst der Fuge*, Wolfgang Graeser[66], in Ägypten über diese Ornamente gearbeitet.

Stuckborden von der Moschee des Ibn Tulun zu Kairo.
Aus Riegl: *Stilfragen*[65]

Er schreibt darüber in der Zürcher Zeitung vom 19. Juni 1928: »Das Ziel war die Aufnahme der geometrischen Ornamente in den thebanischen Gräbern. Dank dem photographischen Geschick Graesers gelang die Durchführung des Programms vollständig. Außerdem nahm er noch die über hundert Fenster der Ibn-Tulun-Moschee in Kairo auf, welche für die Geschichte der islamischen Kunst und Mathematik wichtig sind, und so sammelte sich ein treffliches Material zu weiterer Verarbeitung.«

Die Kunst der Ornamentik läuft dann vor allen Dingen über Arabien. Die Araber und die Perser haben der Ornamentik einen neuen Aufschwung gegeben. Sie haben das ägyptische Erbe in dieser Hinsicht angetreten, und das verrät etwas von der Höhe ihres mathematischen Bewußtseins. Die von Speiser begonnene mathematische Analyse und Geschichte der Ornamentik ist darum eines der reizvollsten Kapitel der mathematischen Geistesgeschichte überhaupt, weil sie an den Ursprung der ästhetischen Reduktion der Mathematik oder die Geburt der Mathematik aus dem Geist der Ästhetik heranführt.

Quellwerke dieser Ornamentik sind vor allen Dingen Prisse

d'Avennes, *Atlas de l'histoire de l'art égyptien* (Paris 1878), dann M. de Vogüé, *Syrie centrale* und vor allem die *Grammatik der Ornamente* von Owen Jones, die größte und schönste Sammlung von Flächenornamenten und Tapeten- und Linoleummustern. In diesem Werk sind u. a. auch die herrlichsten Stücke aus der Alhambra enthalten. Schließlich gehört noch das kleine Buch von Flinders Petrie, *Egyptian decorative art* (London, ^{2}1920) dazu.

Neuerdings hat Walther Litzmann[67] die linearen Ornamente der Germanen etwas genauer untersucht und so auf Grund ihrer Symmetrieeigenschaften in sieben verschiedene Gruppen zusammengefaßt. Auch bei ihnen setzt sich die Ordnung der Symmetriegruppe aus Verschiebungen (Translationen) auf der Längsachse, Spiegelungen an der Längs- und Querachse und aus Drehungen zusammen. Es sind die sieben Typen, die wir schon in Speisers Entwurf der Elementarornamentik angetroffen haben. Die germanischen Muster sind in keiner Weise so kunstvoll wie die ägyptischen und arabisch-persischen Ornamente, aber sie lassen daher ihre Entwicklung aus den Elementarornamenten etwas klarer erkennen.

II

Ein weiterer Ausdruck der tiefen Verbindung von Mathematik und Kunst findet sich dann in den Raumgruppen der gotischen Kathedralen und im sogenannten Maßwerk der Gotik.[68]

Es ist bekannt, daß Raumgruppen in der Gestalt der Lehre von den fünf regelmäßigen Körpern in Platons Dialog *Timaios* kosmologisch diskutiert werden. Man darf aber trotz der offenbar großen kosmologischen Interessen Platons seine ästhetische Absicht nicht unterschätzen. Ja, ich möchte beinah sagen, daß die Einführung der platonischen regelmäßigen Körper im *Timaios* einen überwiegend ästhetischen Sinn hat, so daß hier der mathematische Gebrauch der regelmäßigen Körper, der sogenannten regulären Polyeder, als Elemente des Kosmos diesen nicht zu einem im modernen Sinne exakten Gebilde, sondern vielmehr zu einem Kunstwerk machen sollte. Irgendwelche mathematischen Gesetze über den Bau des Weltalls leitet denn Platon auch nicht aus dieser Kosmologie ab.

Etwas ganz anderes ist es bei Kepler, der ähnliche Betrachtungen wieder aufnimmt. Im *Mysterium Cosmographicum*[69] hat er den fünf platonischen Körpern auch eine kosmologische Bedeutung verliehen; aber diese zeichnet sich dadurch aus, daß er mit ihrer Hilfe Zahl und Abstände der Planeten ausrechnen kann, und das ist kein ästhetischer Gesichtspunkt mehr, sondern ein rein naturwissenschaftlicher, ein erkenntnistheoretischer.

Man hat sehr alte gegossene regelmäßige Körper aufgefunden. Der Mathematiker Ferdinand v. Lindemann[70] hat 1935 von einem regulären Dodekaeder keltischen Ursprungs berichtet, dessen Abguß in Schwerin gezeigt wird. Solche keltischen Dodekaeder finden sich nur dort, wo Kelten gewohnt haben. Sie sind schon länger bekannt. Alexander Conze hat 1892 schon 16 Exemplare aufgezählt. Lindemann macht darauf aufmerksam, daß das hohe Alter des Dodekaeders in Widerspruch damit steht, daß es zuerst Pythagoras gewesen sein soll, der solch ein Gebilde konstruiert hat. Er ist der Meinung, die Auffindung des Dodekaeders sei auf den Naturdodekaeder des Schwefelkieses zurückzuführen, sei also keine echte mathematische Konstruktion, sondern eine Nachbildung. Lindemann gibt die Existenz von 28 regelmäßigen keltischen Dodekaedern an. Sie stammen aus der Schweiz, aus Frankreich, aus Belgien, aus Holland, aus England und aus den Rheinlanden. Von anderen regulären Körpern ist vor allem der Hexaeder bekannt geworden, der als Gewicht, Spielwürfel und Perlenform diente. Auch Ikosaeder – bestehend aus 12 Ecken und 20 Flächen – sind bekannt geworden. Lindemann konnte 6 antike Modelle in den Museen von London, Paris, Turin und Kairo nachweisen, die in Ägypten gefunden worden sind und deren Flächen mit griechischen Schriftzeichen versehen waren. Das legte Lindemann die Auffassung nahe, daß sie aus der mathematischen Schule Alexandriens stammen könnten, wodurch dann bewiesen wäre, daß bereits damals Modelle für Unterrichtszwecke verfertigt worden sind.

Neben diesen regulären Körpern spielen die 13 möglichen Fälle der nach Pappus von Alexandria von Archimedes konstruierten halbregulären Körper, die gleiche und ähnliche Ecken haben, umgeben von regulären Flächen verschiedener Art, eine zugleich ästhetische und mathematische Rolle. Zu ihnen gehören dann noch die 1852 von J. H. T. Müller beschriebenen 13 Polyeder mit gleichen und ähnlichen Flächen, aber regulären Ecken, von denen das sogenannte Triakontaeder, das von 30 Rhomben begrenzt wird, bereits in Keplers Schrift *Vom sechseckigen Schnee* (1611)[71] angeführt ist. Überraschend ist jedoch, daß Lindemann 1895 ein bronzenes, aus Beirut stammendes Triakontaeder gefunden hat.

Die regelmäßigen Körper oder die regulären Polyeder sind durch außergewöhnliche Symmetrie ausgezeichnet. Bei ihnen treten regelmäßige Vielecke nur in einer einzigen Art, und zwar notwendig an jeder Ecke in gleicher Anzahl zu einem Körper zusammen. Es handelt sich also um gleichflächige und gleicheckige Polyeder. Körper geringerer Regelmäßigkeit und Symmetrie entstehen, wenn man zwar Gleichflächigkeit, aber keine Gleicheckigkeit oder aber nur Gleicheckigkeit und keine Gleichflächigkeit fordert.

Jedenfalls gehören die Polyeder als raumaufspannende Flächen ebenfalls in das große Kapitel antiker Mathematik, das einerseits durch den Begriff symmetrischer Figuren gekennzeichnet ist und andererseits ein ästhetisches Formbewußtsein verrät, das ganz und gar vom mathematischen Geist erfüllt ist. Es ist nicht schwierig, diese regulären Körper im Rahmen der gruppentheoretischen Theorie der Raumgitter zu behandeln. Ein solches Raumgitter wird aus drei Vektoren erzeugt, die vom Anfangspunkt 0 ausgehen. Jedes Raumgitter besitzt dann selbstverständlich 0 als Symmetriezentrum, d. h. geht man von 0 in umgekehrter Richtung auf einem Gittervektor weiter, so gelangt man wieder zu einem Gitterpunkt. Das ist eine Spiegelung am Anfangspunkt; sie kann im dreidimensionalen Raum durch eine Drehung von 180° um eine beliebige durch 0 gehende Gerade und eine nachfolgende Spiegelung an der dazu senkrechten Ebene durch 0 erzeugt werden. Alle Symmetrien von Gittern sind entweder erzeugt durch Bewegungen oder durch Bewegungen verbunden mit Spiegelungen. Auf diese Art bekommt man z. B. alle möglichen Kristallsysteme, nämlich 7, wie nicht schwer abzuzählen ist.

Die Beschäftigung mit den regulären Körpern bzw. auch mit den halbregulären Körpern in der Antike ohne Kenntnis des gruppentheoretischen Formalismus, der eigentlich erst im 19. Jahrhundert entwickelt werden konnte, verrät daher ein hohes mathematisches Interesse und großes mathematisches Vermögen, über das wir uns nicht genug wundern können. Nach Euklids[72] Darstellung im Buch X der *Elemente* und nach des Pappus Überlieferung der 13 archimedischen (d. h. halbregulären) Körper ist es eigentlich erst wieder Kepler, der den mathematischen Tiefsinn dieser Dinge bemerkt. Zum Beispiel gelingt ihm erst wieder die systematische Ableitung der 13 archimedischen Körper. Isodorus von Milet hatte allerdings den euklidischen Elementen ein Kapitel über die Winkel bei regulären Körpern hinzugefügt. Da er der Erbauer der Hagia Sophia in Konstantinopel ist, haben wir in ihm den ersten Künstler-Mathematiker, der sich von zwei Seiten aus mit den Raumgittern bzw. Raumgruppen befaßt. Piero della Francesca hat dann um 1500 seine großartige Theorie der Perspektive – einen dritten Abschnitt der Berührung von Mathematik und bildender Kunst – durch ein Werk über die regulären Körper ergänzt, das gleichermaßen mathematisches und ästhetisches Interesse verrät.

Ich füge hier ein, daß es aus der Renaissance genügend Beispiele für die künstlerische Verwendung von Polyedern gibt. Das bekannteste Blatt ist Dürers *Melancolia*[73].

Ein kompliziertes Beispiel für das Auftreten von Raumgruppen in der gotischen Architektur sind die aufeinandergestellten sechseckigen Prismen, die den Helm des Straßburger Münsters bilden, dessen Architekt der Meister Johannes Hültz von Köln war. Georg Dehio beschreibt in seiner klassischen Darstellung *Das Straßburger Münster*[74] diesen Turm folgendermaßen: »Wo Ulrich seine kleinen Fialen gedacht hatte, setzt Hültz kleine Türmchen hin, welche als siebenfacher Kranz den Kernbau umhüllen. In jedem dieser, im ganzen 52, Türmchen befindet sich eine Wendeltreppe, so angeordnet, daß der Besteiger des Turms, aus dem einen in den anderen übertretend, sich in einer Spirallinie bis zur Spitze hinaufwindet«, und er fügt dann hinzu: »Dieser Turm ist es, nicht das dem ausgehenden Mittelalter schon sehr entfremdete Schiff der klassischen Gotik des 13. Jahrhunderts – der dem Straßburger Münster den Namen des achten Weltwunders eintrug.«

Im Zusammenhang mit der Ausbildung der Gotik in Frankreich entstand dann auch das Maßwerk in seinen ersten Anfängen in diesem Land – das Maßwerk, das schon durch seinen Begriff die Verknüpfung des ästhetischen und mathematischen

Grundmuster (Unterteilungen) des Curvilinear-Stils

Reihe 1: Muster aus gleichgeordneten Flächenfiguren, a Orford, Suffolk, b Übergangsstadium zu c, c Oxford, Merton College, ca. 1310.
Reihe 2: Muster mit Kielbogen-Unterteilungen, d Edingthorpe, Norfolk, e Chester, York, f Hawton, Durchdringung von zwei Kielbogen, g Chester.
Reihe 3: Muster mit Spitzbogen-Unterteilung, h Wymongton, i Carlisle, Ostfront, j Patrington, Kombination von Spitz- und Kielbogen, k Roxby, Lincolnshire, Durchdringung von zwei Spitzbogen.

Aus L. Behling *Gestalt und Geschichte des Maßwerkes*, Halle 1944.

Willens verrät. Der Meister der Reimser Chorkapellen erfand zu Beginn des 13. Jahrhunderts die erste klassische Form des Maßwerks: ein umgreifender Spitzbogen, der durch zwei Spitzbogen auf Säulchen unterteilt wird. Dieser Gedanke kann wie ein Flächenornament entwickelt werden; mit Recht hebt Lottlisa Behling, die Gestalt und Geschichte des Maßwerks genauer untersucht hat, den ornamentalen Charakter hervor. Im Curvilinear-Maßwerk z. B. hat dieses ornamentale Maßwerk eine der höchsten ornamentalen Stufen erreicht. Der abstrakte, mathematische Charakter kommt vor allem in der völligen Ungegenständlichkeit des Ornaments, dem ganz offensichtlich auch ein unendlicher Rapport zugeordnet werden kann, zum Ausdruck.

Der Symmetriegedanke tritt vor allem in den Rosen, den Maßwerkrosen, und im Motiv des rotierenden Fischblasenrades deutlich zutage. Auch hier bemerkt man wieder die Ausbildung einer verwickelten Schraubenliniensymmetrie, die sowohl in der Bildung der Flächenornamente als auch in der Konstruktion der gotischen Raumgruppen eine Rolle spielt.

Die bekannte Tatsache, daß in den gotischen Entwürfen einkonstruierte Dreiecke zu finden sind, hat vor allem Georg Dehio veranlaßt, dieser geometrischen Figur eine universale konstruktive Bedeutung beizumessen. Sicher ist, daß aus der Antike der Begriff der Proportion an das Mittelalter überliefert worden ist und so eine ganze Reihe Proportionstheorien der Baukunst hervorgerufen wurde. Es ist auffällig, daß Rechtecke und Dreiecke die wichtigste Rolle spielen, vor allem regelmäßige Polygone wie Quadrate und gleichseitige Dreiecke. Walter Thomae hat in seiner ausgezeichneten Studie über *Das Proportionenwesen*[75] auf den Umstand hingewiesen, daß das Dreieck für die Gotik, das Rechteck für die Renaissance signifikant sind. Er begründet dies mechanisch-technisch und bezieht auch die abstrakten Stilformen auf diese Unterscheidung. Der Triangulation selbst kann er mit Recht nur relativen Wert beimessen; sie ist sozusagen nur eine rein ästhetische Auswahlformalisierung, aber keine, die mechanisch-bautheoretisch begründet wäre. Ein Hinweis auf die innere Verschiedenheit zwischen mathematischen und ästhetischen Gesichtspunkten in der Gotik. –

Die Rezeption des Euklid in der Renaissance

Historisch geht die Linearperspektive bis auf die Antike zurück. Richard Delbrück[76] hat sie auf den frühsten Denkmälern des ägyptisch-orientalischen Kulturkreises nachgewiesen. Das perspektivistische System der griechischen Kunst, wie es spezifisch bis an das Ende des sechsten Jahrhunderts gültig gewesen ist, findet sich dort schon ausgebildet. Im wesentlichen, so hebt Delbrück hervor, handelt es sich um eine naive geometrische Projektion, die sich mit der Wiedergabe der Vorderansicht begnügt und die übrigen Flächen durch ein Verfahren seitlicher Staffelung wiedergibt.

Besonders in den späten Vasenmalereien finden sich nachweislich die ersten Ansätze zur praktischen Perspektive, die sich vor allem an der Darstellung der menschlichen Gestalt versucht. Im ganzen bedeutet das alles aber keine gesetzmäßige, mathematische Konstruktion.

Viel weiter als praktisch sind die Dinge theoretisch entwickelt. Die Skenographie, die theoretisch entwickelt worden ist, hat als Wissenschaft, wie sie aufgefaßt wird, den Zweck, Gebäude so wiederzugeben, wie sie erscheinen. Die Hauptsätze Euklids zur Perspektive finden sich vor allem in der *Optika*[77]

> im Theorem δ′ (Heiberg u. Menge, VII, S. 6),
> im Theorem ε′ (Heiberg u. Menge, VII, S. 8),
> im Theorem θ′ (Heiberg u. Menge, VII, S. 6).

Auch Proklos (450 n. Chr.) erklärt sie in seinem *Kommentar zu Euklid I*[78] so. Nach den Lehrsätzen Euklids ist er imstande, die scheinbare Größe eines jeden Objektes zu berechnen. Er gibt weiter eine Lehre von der Flucht der waagerechten und senkrechten Ebenen, also vom Horizont. Die Kombination der Lehren von der Flucht der Waagerechten und der Senkrechten führte auch zu einer angedeuteten Lehre vom Augenpunkt. Es liegt also bei Euklid eine rationale Perspektive durchaus vor.

Ich möchte hier ganz allgemein darauf aufmerksam machen, daß die perspektivistische Wiedergabe der Gegenstände in der Malerei der erkenntnistheoretischen Auffassung der Welt in der Philosophie entspricht. Beide, sowohl die Perspektiventheorie des Malers als auch die Erkenntnistheorie des Denkers, setzen ausdrücklich die Subjekt-Objekt-Relation thematisch voraus. Man muß also durchaus im Auftreten der Perspektive den Einbruch der Subjekt-Objekt-Problematik in die Malerei erblicken. Und so wäre denn diese Problematik einer universalen Relation erfolgreich zuerst im Felde des Ästhetischen entwickelt worden, die philosophische Behandlung des gleichen Problems hinkt nach. Wird es doch vor allem erst wieder im Pyrrhonismus, der das ganze Werk Montaignes durchzieht, Gegenstand eines gründlichen Interesses, um dann mit Kants Kritizismus zum Träger der philosophischen Thematik überhaupt zu werden, die sich erst mit dem Verfall des Idealismus und mit der Konzeption der bolzanoschen *Wissenschaftslehre* (1837)[79] abzuschwächen beginnt.

Dazu kommt noch dies. Erst die erkenntnistheoretische, also subjekt-objekt-relationistische Problematik ermöglicht es, und zwar sowohl in der Malerei als auch in den Wissenschaften, von Subjektivität einerseits und Objektivität andererseits in Bezug auf den Gegenstand, der gemalt oder ausgesagt wird, sinnvoll zu sprechen. Nur von der erkenntnistheoretischen Problematik eines Gegenstandes aus ist es möglich, den Gegenstand vom Subjekt aus oder vom Objekt aus zu entwickeln. Für die Malerei bedeutet dieser Umstand, daß die körperliche Raumtiefe, d. h. die Perspektive sowohl nach vorn als auch nach hinten ausgebildet werden kann. Für die Erkenntnistheorie im philosophischen Sinne, die hier nicht zur Diskussion steht, heißt das, daß die Gegenstände idealistisch als Erscheinungen und realistisch als bewußtseinsunabhängige Gegenstände erklärt zu werden vermögen. Insbesondere Emmy Voigtländer hat die perspektiventheoretische Tatsache betont, daß die bekannte dreidimensionale Entwicklung des Raumes eine Entwicklung nach vorne ist, eine Entwicklung, die vom Goldhintergrund aus, der noch bei Witz, Multscher und Pacher erhalten ist, verstanden werden soll. Ich meine nun, daß diese Entwicklung des Raumes nach vorn, von der Fläche des Goldhintergrundes aus, gleichsam als umgekehrte, als vom Objekt her sich ausbreitende Perspektive aufzufassen sei, die von der anderen, der subjektiven, den Goldhintergrund völlig auflösenden, durchdringenden Perspektive überboten worden ist. Nur so kann ich mir das Auftreten der Tatsache erklären, daß viele Bilder der Übergangszeit zwischen Gotik und Renaissance kein Fluchtpunktsystem im üblichen Sinne zeigen, sondern den Effekt, daß es gleichsam eine Verbreiterung der Flächen nach hinten ins Bild hinein, also auf den Hintergrund zu gibt. Ich erinnere z. B. an gewisse Bilder des sogenannten Meisters von Köln (*Madonna mit der Wickenblüte, Die heilige Veronika*),[80] an Bilder aus dem Kreis des Meister Wilhelm (*Die Darstellung im Tempel*), aber auch an den oberrheinischen Meister des *Paradiesgärtlein* (um 1410). Überhaupt läßt sich die in der Goldgrundmalerei zu beobachtende Figurenvergrößerung nach hinten aus der umgekehrten Perspektive vom Objekt her verstehen.

In der mittelalterlichen Malerei gehen die Errungenschaften an Verkürzungen, Größenverminderungen, Tiefenillusionen u. dgl. beinah wieder ganz verloren. Erst Giotto beginnt wieder den Raum in seiner Tiefe als das eigentliche Problem der malerischen Konstruktionen zu empfinden. Aber erst Filippo Brunellesco erfindet um 1425 eine planmäßig konstruierende geometrische Zentralperspektive, die 1425 bei Masaccio zum ersten Male konsequent angewendet und von Leon Battista Alberti erstmalig 1436[81] systematisch dargestellt wird. Er erfindet sie in einem Zeitalter, das auch das Zeitalter einer mathematischen Rezeption ausdrückt: der Rezeption Euklids.

In seiner großartigen Darstellung der *Kultur der Renaissance in Italien*[82] hat Jacob Burckhardt der Stellung der Mathematik in jener Zeit keinen Raum gegeben. Und doch bedeutet die epochale Renaissance der antiken Welt für die Mathematik nichts Geringeres als eine sehr konsequente Rezeption des Euklid und seiner Kommentatoren, wie z. B. des Proklos Diadochos. Es ist dies wichtig zu wissen, weil mit der Rezeption des Euklid in der Renaissance auch der Aufschwung der Perspektive und der künstlerischen Proportionenlehre parallel läuft und sachlich verständlich wird.

Wir datieren die Frührenaissance mit dem Jahre 1400, die

Hochrenaissance mit dem Jahre 1500 und die manieristische Spätrenaissance, im Übergang zum Barock, mit dem Jahre 1600.

Geistesgeschichtlich kann der gesamte künstlerische Rationalismus, der für die Renaissance so kennzeichnend ist, als eine Wiederaufnahme von Tendenzen verstanden werden, die zuvor den logischen Rationalismus der Spätscholastik bei Occam (Terminismus, Nominalismus) und empirischen Rationalismus von Roger Bacon und Nikolaus von Oresme (Bacons »scientia experimentalis« im Kap. 6 seines *Opus maius* und Nikolaus' von Oresme Kosmologie, die derjenigen Keplers und Galileis vorausgeht) auszeichnen. Man kann die kosmologischen Bemühungen der Renaissance zurückführen bis auf Oresme. Bekanntlich hat Pierre Duhem[83] das getan. Und man kann die optischen Erkenntnisse, die der Perspektiventheorie der Renaissance zugrunde liegen, bis auf den Oxforder Franziskaner Bacon, und zwar auf seine optischen Versuche, zurückverfolgen. Summarisch darf man also folgendes sagen, wenn man die Gründe für die Entstehung des künstlerischen Rationalismus der Renaissancebewegung aufzählen will:

1. Nachwirkung des spätscholastischen Rationalismus und Empirismus.
2. Soziologische Veränderungen, d. h. Vordringen derjenigen, die bisher im Besitz handwerklich-technischer Erkenntnisse und Fertigkeiten gewesen sind und die als »Moderni« neben die »gelehrten Geometer« traten.
3. Überwindung der Klosterschulen durch die »Moderni« und die »Humanisten«, die als Literaten und Philologen zunächst nicht naturwissenschaftlich interessiert waren, später aber die Brücke zu den philosophischen, naturwissenschaftlichen und mathematischen Überlieferungen schlugen.
4. Das Auftreten der Künstler, die mittelalterlichen Geist und handwerklich-technische Errungenschaften zusammenbrachten und deren profanbauliche Aufträge (Universitäten, Befestigungen, Stadtanlagen) ein technisches und mathematisches Studium erforderlich machten.

Dieser durch derlei äußere Gründe hervorgerufene künstlerische Rationalismus offenbart dann seinen geistesgeschichtlichen Überbau in jenem gewaltigen Akt der Rezeption von Euklid, Archimedes, Vitruv und Proklos, der sowohl – und das ist für die gesamte Renaissancebewegung wieder charakteristisch – das Aufstreben der exakten Wissenschaften als auch das Aufstreben der exakten Kunst begleitete. Dabei kommen von Vitruv die zehn Bücher des großen Werkes *De architectura*[84], von Archimedes[85] die Bücher *Über die schwimmenden Körper, Über die Quadratur der Parabel, Über Sphäroide und Konchoide* und *Über das Gleichgewicht ebener Figuren* in Betracht. Im Rahmen der Euklidrezeption handelt es sich vornehmlich um die *Elemente* und die *Optik*. Die Rezeption des Archimedes reicht zurück bis auf W. v. Moerbecke. Eine Neuausgabe erfolgte 1503. Regiomontanus hatte bereits einen Text zur Veröffentlichung vorbereitet. Erst Venatorius veranstaltete 1544 auf seiner Grundlage eine Publikation. 1558 kam dann die lateinische Übersetzung des verdienten Commandino heraus. Im ganzen ist natürlich Archimedes für die Mechaniker, Ingenieure und Physiker wichtiger gewesen als für die Künstler. Euklid hingegen befruchtet beide, Künstler und Forscher. Das ist der Grund, weshalb er hier in den Vordergrund gerückt wird.

Es ist natürlich nicht so, daß Euklid und sein Werk bis zur Renaissance unbekannt gewesen wären. Aber selten haben die mittelalterlichen Geometer in ihren Vorlesungen, in denen sie sich selbstverständlich ganz an Euklid anschlossen, mehr als das erste Buch der *Elemente* gelesen. Sogar Savile stiftete zwar für Oxford die noch heute vorhandene Euklid-Professur, aber auch er blieb im ersten Buch stecken. Nur Petrus Ramus rühmte sich, den ganzen Euklid kommentiert zu haben. Aber es ist sicher, daß auch er die Texte entstellt und auf seine spekulative Art erweitert hat. Berühmt geworden sind die Euklidausgaben des Atelhardt (12. Jahrhundert) und des Campanus von Novara (13. Jahrhundert). Alle Ausgaben, die vor 1500 hergestellt werden, gehen zumeist auf die aus dem Arabischen übersetzten Texte zurück, die vor allem Campanus handschriftlich verbreitet hatte. Die Ausgaben nach 1500 geben einen anderen Text. Mit der Renaissance erscheinen zunächst lateinische Ausgaben auf der Grundlage griechischer Codices; später wird eine Originalausgabe versucht. In zweifacher Weise ist es also zunächst gerechtfertigt, von einer Rezeption des Euklid in der Hochrenaissance, also um 1500 zu sprechen:

1. Im Zusammenhang mit zahlreichen Neudrucken auf der

Grundlage mittelalterlicher handschriftlicher Übertragungen aus arabischen Quellen im Zusammenhang mit den buchdruckerischen Möglichkeiten und lateinischen Ausgaben auf der Grundlage griechischer Texte.
2. Im Zusammenhang mit der griechischen Originalausgabe der *Stoicheia* selbst.

Für den ersten Fall ist vor allem der Augsburger Erhard Ratdolt mit seiner Euklidausgabe von 1482 zu nennen. Sie erschien in Venedig, verlegt in der eigenen Druckerei. Sie zeichnet sich nicht nur durch einen schönen, mit Initialen gezierten Druck aus, sondern auch vor allem durch die erstmalig im Druck vervielfältigten mathematischen Figuren (vgl. das Frontispiz). Daß ein großes Bedürfnis nach Euklids Werk bestand, erhellt aus der Häufigkeit des Nachdrucks; Ratdolts Ausgabe von 1482 bestand sogar aus zwei verschiedenen auf der Grundlage des Campanus bearbeiteten Ausgaben. Eine nächste Drucklegung erfolgte 1486 bei Reger in Ulm, eine weitere 1491 bei Leonardo in Basel.

1545 erfolgte eine epochemachende Euklidübersetzung des Mathematikers Tartaglia, der durch seinen Streit mit Cardano bekannt wurde. Dann folgte eine Übersetzung von Ignazio Danti und eine Gesamtausgabe des Commandino im Jahre 1575. Die erste Originalausgabe des griechischen Textes erfolgte 1533 bei Herwagen, der in Straßburg eine Druckerei besaß. Sie stammt von Simon Grynaeus dem Älteren. Sie leidet lediglich daran, daß ihr schlechte Handschriften zugrunde gelegt wurden. Es ist wichtig, hervorzuheben, daß Dürer 1505 in Venedig eine Euklidausgabe erstanden hat. Es handelt sich um eine Ausgabe, die der Venetianer Bartholomaeus Zambertus[86], als ihm eine griechische Handschrift der *Elemente* einschließlich der stereometrischen, der optischen und der Phainomena-Bücher in die Hände geriet, veranstaltete. Er übersetzte diese Schriften ins Lateinische. Diese zambertussche Euklidausgabe erschien 1505, als Dürer gerade in Venedig weilte. Ihr verdankt auch die Euklidausgabe von 1509, nämlich die des Luca Paciuola, des Mathematikers, der die Malerei vermutlich noch bei Piero della Francesca, der die Perspektivenlehre mitbegründete, gelernt hat und der mit Leonardo da Vinci eng befreundet war, ihre Entstehung. Seine Euklidausgabe erschien zusammen mit der *Divina proportione* (einschließlich der Abhandlung über Baukunst), nachdem seine *Summa Geometria Proportioni et Proportionalita*[87] bereits 1494 herausgekommen war. In den Jahren der Abfassung seiner Bücher über *Befestigungslehre* und *Mit Zirkel und Richtscheit* griff Dürer immer wieder auf Euklid und Vitruv zurück, und noch 1524 erkundigte er sich nachweislich nach einer deutschen Euklidausgabe.[88] Interessant ist, daß der dürersche Titel *Unterweisung der Messung mit dem Zirkel und Richtscheit in Linien, Ebenen und ganzen Körpern*[89] aus einer antiken Aufgabenstellung hervorgegangen ist. Im 13. Buch der *Elemente* bringt Euklid die Theorie der regulären Körper und betont, daß man all diese Körper mit Zirkel und Lineal konstruieren könne. Sicher hat Dürer hier seinen Titel her, der bei ihm wie bei den Griechen eine geometrische Methode ausdrückt.

Dürer lehnt sich in seinem Werk gelegentlich wörtlich an Euklid an. Allerdings hat er die Ideen über die Perspektive weniger von Paciuola, sondern von Piero della Francesca, dem Lehrer Paciuolas, und zwar aus dessen Traktat *De prospectiva pingendi* (1484–1487)[90], der zwischen 1470 und 1490 im Umkreis seiner Euklid-Studien entstand. Es wird von Vasari dem Piero della Francesca nachgerühmt, daß er »sich viel beschäftigte mit Perspektive und wohlbewandert war im Euklid«. Ich möchte hier ergänzend hinzufügen, daß auch dem anderen großen Begründer der Perspektive, Paolo Uccello (1396/97–1475), dem Vorläufer des Piero della Francesca, ausdrücklich von Vasari bescheinigt wird, daß er »wegen der Mathematik« mit Giovanni Manetti

Albrecht Dürer, Zeichner des liegenden Weibes
mit einem damals angewandten Verfahren.

befreundet war, »mit dem er sich häufig beriet und über die Lehren des Euklid sprach«[91].

Ich habe schon von Leonardo da Vinci gesagt, daß er mit dem Mathematiker und Euklidherausgeber Luca Paciuola befreundet gewesen sei. Der größte Teil seiner wissenschaftlichen Arbeiten entstand nach Moritz Cantor[92] in den Jahren 1482–1499. Die Arbeiten sind wesentlich fragmentarisch. Auch fehlt eine Euklidausgabe, die man hätte bei ihm vermuten können. Aber er hat Euklid gründlich studiert. In einem Abschnitt seines geplanten Buches *De Ludo Geometrico* (*Vom geometrischen Zeitvertreib*) wird Euklid zitiert. Der Einleitungssatz seiner Perspektivenlehre ist von echt euklidischem Geist: »Alle Fälle der Perspektive werden verständlich mittels der fünf Grundbegriffe der Mathematik, nämlich: Punkt, Linie, Winkel, Oberfläche und Körper.« Diese Art einzuführen, ist angenähert axiomatisch-deduktiv im Sinne Euklids. Auch die Tatsache, daß Leonardo seine Ausführungen über Perspektive vorwiegend in Lehrsätzen ausspricht, ist auf das Studium Euklids zurückzuführen. Das ist im ganzen nicht verwunderlich, wenn man bedenkt, daß die *Optika*-Bücher des Euklid, deren Text Johan Ludvig Heiberg gründlich revidiert hat, nicht nur für die alten Astronomen wichtig waren, sondern auch die Anfangsgründe der Perspektive enthielten. So sehen wir also, daß im ganzen die großen Theoretiker und Praktiker der Perspektive der Renaissance: Paolo Uccello, Piero della Francesca, Leonardo da Vinci und Albrecht Dürer auch Träger der Rezeption Euklids sind, die sich also als ein Vorgang herausstellt, der für die Geistesgeschichte der Mathematik in der Renaissance und für die Herausbildung der eigentlichen künstlerischen oder ästhetischen Ideologie der europäischen Malerei von äußerster Wichtigkeit ist.

Die Herausgabe der Kommentatoren des Euklid, insbesondere des Proklos Diadochos (450 n. Chr.), an den sich Commandinus und Clavius in ihren Ausgaben von 1572 und 1574 anschließen, wirkt wie eine Abschließung der Rezeption. Ähnliches gilt für die Aufklärung des Commandinus von 1572, daß der Euklid von Megara nicht der Euklid der *Elemente* ist. Um 1600, also im Übergang zum Barock ist aber mindestens in Frankreich, wie Felix Klein bemerkt, die strenge Euklid-Tradition im mathematischen Lehrbetrieb der Zeit schon verlassen[93]. Auf die Rezeption folgt die Auflösung. In der Mathematik wie in der Kunst.

Auch das andere Ingrediens dieser ästhetischen Ideologie der Renaissance neben der Perspektive, die Proportionenlehre, wächst im Zusammenhang mit der Rezeption des Euklid weit über die bisherige Bedeutung hinaus oder setzt sich zumindest mit ihr durch.

Das Buch 5 der *Elemente* führt das geometrische Äquivalent der allgemeinen positiven reellen Zahl ein; es ist das Verhältnis a:b irgend zweier Strecken a, b; Euklid nennt es »Logos.« Aus solchen Untersuchungen, die auch die Frage betreffen, wie mit solchen Verhältnissen zu rechnen sei, entwickelt Euklid alsdann seine Proportionenlehre, d. h. eine geometrische Theorie der möglichen algebraischen Umformungen der Gleichungen (Verhältnisgleichungen) vom Typus a:b = c:d. Diese Proportion heißt bei Euklid »Analogia«.

Speziell die »sectio aurea«, die Teilung einer Strecke nach dem »Goldenen Schnitt«, führt die Proportionenlehre in die Kunst ein. Es handelt sich um die Teilung einer Strecke derart, daß der größere Abschnitt zwischen der ganzen Strecke und dem anderen Teil das geometrische Mittel ist. Sind die Streckenteile a und b, so lautet die Verhältnisgleichung des Goldenen Schnitts:

$$a:b = b:(a+b).$$

Schon den Pythagoreern war wahrscheinlich bekannt, daß beim Kreis der Goldene Schnitt des Radius die Seite des eingeschriebenen Zehnecks ergibt. In Proportionen lassen sich die Verhältnisse nur annähernd folgendermaßen ausdrücken:

$$3:5 = 5:8 = 8:13 = 13:21 \text{ usw.}$$

nach der Reihe 1, 1, 2, 3, 5, 8, 13, 21, 34...

Das Bildungsgesetz dieser Reihe ist so geartet, daß jeder Zahlenwert die Summe der zwei vorangehenden ist.

In einer rein arithmetischen Denkweise würde die Goldene Zahl als G = 1,618 eingeführt durch die Gleichung $G^2 = G + 1$.

Diese Zusammenhänge haben sich also über Euklid und Vitruv, die Neuplatoniker und Neupythagoreer, über Villard de Honnecourts mittelalterliche Proportionenlehre und Matthes Röriczers *Fialen der Gerechtigkeit* und über Campanus von Novara bis zu den Theoretikern der Frührenaissance erhalten. In dem Traktat des Cennino Cennini von der Malerei (1390) wird die menschliche Figur in den Kreis eingeschrieben. Er spricht von den 8 Gesichtslängen des Körpers, der Dreiteilung des Gesichtes und der Ausscheidung der Frau aus der Proportionenlehre, weil sie kein Ebenmaß besitze.

In der *Divina proportione* des Luca Paciuola, die zusammen mit einer anderen Arbeit über die Baukunst 1509 erschien, feiern sie eine großartige Auferstehung.

Luca Paciuola bespricht zuerst das Vorkommen des Goldenen Schnitts bei den regulären Körpern, und zwar nach dem vermeintlichen 14. Buch des Euklid (das in Wahrheit von Hypsikles stammt). Dann kommt er über stereometrische Überlegungen zu anthropometrischen. Gerade letztere sind klassisch für die Renaissance. Als Künstler haben sich Ghiberti, Ghirlandaio, Leonardo da Vinci, Michelangelo, Albrecht Dürer, Leon Battista Alberti, auch Tizian mit Studien über den Goldenen Schnitt am Menschen beschäftigt bzw. anthropologische Proportionentheorie getrieben. Tabellen solcher Messungen, wie sie mathematisch, ästhetisch und anthropologisch später unter dem Begriff »Anthropometrie« von A. Quetelet zusammengefaßt worden sind, stammen von Alberti und Dürer. Quetelet zitiert sie noch und arbeitet auch mit ihnen in seiner *Anthropometrie* (Paris, 1870).

Ziehen wir nun noch die Lösung der kubischen Gleichung, die mit Tartaglia und Cardano (in der *Ars magna de rebus* von 1545) gewonnen wurde, in diesen Geisteskreis, so erkennen wir auch hierin eine mathematische Entsprechung zu einer Kunst, die sich anschickte, den euklidischen Raum malerisch und mathematisch zu beherrschen.

Auf diese Weise können wir also von einer Frühform des künstlerischen Rationalismus der Renaissance sprechen, getragen von Brunelleschi (1377–1446) und seinen verschollenen Traktaten über Optik, Mechanik, Mathematik und Perspektive, von Alberti (1404–1472) und seinen *Zehn Bücher über die Baukunst, Zwei Bücher über die Malerei*[94] und Giottos (1266–1337) Werk. Für die Höchstform dieses künstlerischen Rationalismus sind dann Leonardos (1452–1519) und Dürers (1471–1528) künstlerische und zahlreiche Theorienwerke repräsentativ.

Am sichtbarsten aber strömt die Rezeption des Euklid in den Geist dieser so fruchtbaren Zeit bei Gelegenheit einer florentinischen Akademiegründung. Es ist eine Gründung Vasaris, es ist die »Accademia del Disegno«, an der gleichermaßen Kunst, Mathematik und Technik gelehrt wurde. Cosimo de Medici, der

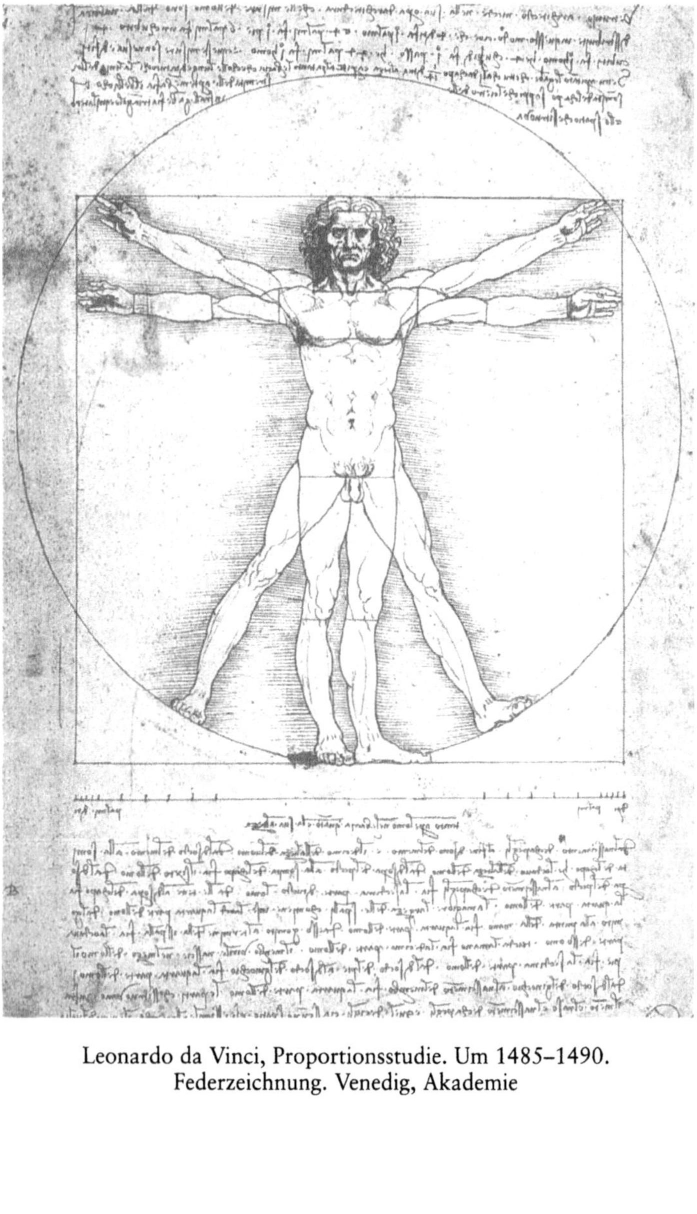

Leonardo da Vinci, Proportionsstudie. Um 1485–1490.
Federzeichnung. Venedig, Akademie

Herzog von Florenz und Siena, hat sie als »Accademia dell' arte del disegno« am 31. Januar 1562 feierlich eröffnet, und ihr Lehrplan sah folgende Fächer vor: 1. Anatomie, die im Spital von Santa Maria Nuova gelesen wurde; 2. Mathematik; 3. Technik, d. h. Straßen-, Kanal- und Brückenbau; 4. Architektur; 5. Perspektive.

Bemerkenswert ist, daß die euklidische Geometrie, wie Olschki auf Grund der Quellen berichtet, am Sonntag öffentlich gelehrt wurde. Benvenuto Cellini nennt sie die »mirabile scuola«. Man kann in ihr die älteste Kunsthochschule, ja sogar die älteste technische Hochschule sehen. Von den bedeutendsten Mitgliedern seien erwähnt Ignazio Danti mit seiner *Prospectione di Euclid* (1573), dann Pier Antonio Cataldi, der einen Traktat über die dürersche Fünfeckkonstruktion verfaßt hat, und zwar im Zusammenhang mit seinen von 1569 bis 1570 an der Akademie gehaltenen Euklidvorlesungen. Interessant ist, daß Cataldi den Euklid ebenfalls öffentlich und in italienischer Sprache las.

Mathematik und Kunst im Zeitalter des Barock

I

Wir sprechen von der Zeit zwischen 1630 und 1750 als dem klassischen Zeitalter der Mathesis universalis. Es ist die Zeit, die kunstgeschichtlich zusammenfällt mit dem Barock, der gewöhnlich durch die Jahre 1600 bis 1750 überspannt wird. Den ersten Abschnitt dieses Zeitalters, der die Renaissance überleitet in den typischen Barock, bezeichnet die Geschichte der Malerei auch als Manierismus. Der späte Cranach und El Greco charakterisieren ihn. Gewöhnlich setzt man für ihn die Zeit von 1530 bis 1600 an. Die letzte Stufe des Barocks wird mit gewissen Einschränkungen als Rokoko bezeichnet. Mathematikgeschichtlich ist also das auf diese Weise zeitlich festgelegte Barock gekennzeichnet durch eine mächtige mathematische Produktion einerseits und durch eine ebenso glanzvolle Philosophie der Mathematik andererseits, eine Philosophie der Mathematik, in deren Mittelpunkt der Gedanke der Mathesis universalis als der Gedanke der universalen Anwendbarkeit der Mathematik steht. Es wird sich zeigen, daß die schöne Kontinuität in der künstlerischen Stilbildung, die die Renaissance und den Hochbarock durch den Manierismus verknüpft, auch die Mathematik von Ferro, Cardano und Tartaglia mit Männern wie Leibniz, Pascal und Descartes verbindet. Das heißt, das klassische Zeitalter der Mathesis universalis knüpft an die Rezeption der antiken Mathematik in der Renaissance lückenlos an.

Wir kennzeichnen die Epoche als das klassische Zeitalter der Mathesis universalis, weil dieser Gedanke für die drei großen Mathematiker, die zugleich Philosophen waren, nämlich für Descartes, Pascal und Leibniz, charakteristisch ist. In der Idee der Mathesis universalis steckt sowohl ein mathematisches als auch ein philosophisches Programm, das in klassischer Weise damals umrissen wird und damit die Tatsache ausprägt, daß wir in Europa damals unser Idealbild der Wissenschaft überhaupt gewinnen.

Der Gedanke der Mathesis universalis hat natürlich seine Ursprünge, philosophische und mathematische. Von den philosophischen haben wir in unserem ersten Band zur Geistesgeschichte der Mathematik gesprochen, als wir untersuchten, in welchem Umfange die alte kosmologische und philosophische Systemidee darauf einwirkte. Hier haben wir von den mathematischen Ursprüngen zu sprechen.

Sehen wir davon ab, daß, wie z. B. Jacob Klein[95] in seiner schönen Abhandlung über diese Dinge nachgewiesen hat, die alte »zetische Analysis« zugleich die allgemeine analytische Kunst darstellte, die jenseits des Gegensatzes von Geometrie und Arithmetik steht und also auch der diophantischen Arithmetik übergeordnet ist, dann ist vor allem Proklos Diadochos neben Pappus und Diophant am Ende der neuplatonischen Schule als Inaugurator der Mathesis universalis bzw. des allgemeinen logischen Kalküls zu nennen. Proklos fragt, wer denn gegenüber dem Geometer und Arithmetiker nicht den Inhalt ihrer Sätze, die geometrische oder arithmetische Aussage betrachte, sondern die Sätze als solche selber. Er ist der Meinung (vgl. *Euklid* 9, 2–8 und 9–14), diese Betrachtungsart sei Sache einer selbständigen Wissenschaft, die der Geometrie und der Arithmetik übergeordnet sei. Diese Worte sind im 16. und 17. Jahrhundert durch die berühmte Ausgabe des Euklid-Kommentars des Proklos, den Grynaeus 1533 herausgab, und durch die Übersetzung desselben von Barocius (1560) verbreitet und sind auch als ursprüngliches Gedankengut zur Mathesis universalis verstanden worden, besonders deshalb, weil Proklos von jener übergeordneten Wissenschaft betont, daß sie alle mathematischen Erkenntnisse zusammenfasse. So wird auch hier wieder die Entstehung der künstlerischen Proportionenlehre im Zusammenhang mit der Rezeption Euklids und seiner Kommentatoren verständlich. Auch spricht Barocius in seinen Bemerkungen zu den Proklos-Stellen bereits von einer »Divina scientia«, wobei er nicht eben an die »divina proportione« des Paciuola gedacht hat, zumal die gesamten Betrachtungen bei Proklos ja durchaus von der euklidischen Proportionenlehre ausgegangen sind (vgl. Proklos, *Euklid*,

9, 2–8). Wir haben hier also gleichsam eine gemeinschaftliche geistige Wurzel des Mathesis-universalis-Gedankens und des universalen Proportionalitätsgedankens der Renaissancekunst vor uns.

Vor allem aber hat in der Renaissancemathematik dann Franciscus Vieta die Entstehung einer Mathesis universalis in einem Geiste wie Descartes tief beeinflußt. Neben Cardano, Tartaglia, Bombelli, Clavius und Stevin ist ja Vieta ein maßgeblicher Träger der Renaissancemathematik, über den das antike Erbe der ersten Konturen des Mathesis-Gedankens bei Pappus, Diophant und Proklos hin zu Descartes läuft.

Bereits van Schooten hat 1646 in seiner Vieta-Ausgabe bemerkt, daß die vietasche Analysis, wie sie in dessen *In artem analyticum isagoge* von 1591[96] entwickelt wird, universalen Charakter aufweist. Nebenbei gesagt, bedeutete diese vietasche »analytische Kunst« für den Verfasser wie überhaupt für die Renaissancemathematiker auch wieder die vollkommene Verwirklichung der antiken »allgemeinen Proportionenlehre« – vollkommen im Sinne einer »doctrina quantitatis«, d. h. vollkommen im Sinne einer »arithmetica universalis«, von der ja bereits die Pythagoreer gesprochen haben. Der entscheidende Beitrag, den indessen Vieta für die Herausbildung der klassischen Mathesis universalis liefert, ist eben die neue symbolische Schreibweise, die »logistica speciosa«, die er von der »logistica numerosa« trennt, derart, daß er »per species seu rerum formas«, also mit sinnbildlichen Zeichen für Raumgebilde arbeitet.

Descartes, der erste große Träger des klassischen Zeitalters der Mathesis universalis, erwähnt ausdrücklich in den *Regulae* (IV)[97] einige Männer, die sich bemüht hätten, die »allgemeine Disziplin«, die »wahre Wissenschaft« hervorzurufen. Und so ist die Wurzel seiner Vorschläge zur Mathesis universalis im Sinne einer generalisierten Mathematik auch nichtmathematischer Objekte oder einer Methode, die unsere rationale wissenschaftliche und philosophische Beweisführung mathematisch beherrsche, durchaus bei jenen Renaissance-Mathematikern zu suchen. Auf diese Weise besteht also eine genügende geistesgeschichtliche Kontinuität zwischen der Renaissance-Mathematik und der Barock-Mathematik. Und das wollten wir im Interesse der Tatsache, daß auch die künstlerische Stilbildung der Zeitalter keinen Sprung aufweist, hervorgehoben haben. Ich schließe die Betrachtung über das klassische Zeitalter der Mathesis universalis zunächst damit ab, daß ich die Arbeit von Descartes, Pascal und Leibniz charakterisiere.

Descartes fordert für die Philosophie als Wissenschaft die konsequente Durchführung eines axiomatisch-deduktiven Aufbaues, wie ihn für die Wissenschaften bereits Aristoteles in erster Näherung gefordert hat. Damit fordert er als Form der Wissenschaft und der Philosophie die Form der Mathematik. Jede Wissenschaft, einschließlich der Philosophie, solle nach dem Muster der Mathematik aufgebaut sein, d. h. jede Menge von Sätzen, die wir Wissenschaft nennen, soll grundsätzlich in zwei Klassen von Sätzen zerfallen, die Klasse der Grundsätze (Axiome) und die Klasse der Lehrsätze (Theoreme) derart, daß die Menge aller Sätze in einer Folge entwickelt wird in dem Sinne, daß die Lehrsätze mit Hilfe von Schlußregeln aus den Grundsätzen gefolgert werden können. Diese Wissenschaftslehre des Descartes wird z. B. in der *Abhandlung über die Methode* von 1637 entwickelt. Sie enthält das erste Programm einer Mathesis universalis in dem Sinne, daß dieses Programm für jede Wissenschaft einschließlich der Philosophie gültig sein soll, d.h. sofern jede Wissenschaft nach dem Modell einer Mathesis gebaut ist, ist diese eine Mathesis universalis.

Die Wissenschaftslehre Pascals, vor allem enthalten in dem schönen Fragment »De l'esprit géométrique«, zeichnet sich durch die genauen Regeln für das Definieren, die Regeln für die Axiome und die Regeln für die Beweise aus. Das heißt, die pascalsche Wissenschaft ist das erste Beispiel für eine Axiomatik, die über das Programm Euklids und Aristoteles' hinausgeht. Sie bringt damit eine wesentliche Ergänzung zur Wissenschaftslehre des Descartes[98].

Endlich die Wissenschaftslehre des Leibniz. Leibniz fordert zum ersten Male programmatisch für den Aufbau der Universalwissenschaft eine Characteristica universalis und einen darin anzuwendenden Calculus ratiocinator. Außerdem fordert er die Zurückführung der Wahrheiten auf Grundwahrheiten, die tautologische Wahrheiten im Rahmen einer erweiterten Logik darstellen.

Damit ist das Programm der Mathesis universalis, wie es für

die klassische Zeit unseres Gedankens charakteristisch ist, hinlänglich bezeichnet. Dieses Programm präzisiert also den Universalgedanken des Humanismus und der Renaissance in einer genauen wissenschaftstheoretischen Fassung, deren Wurzeln wir auch in der Renaissance-Mathematik bemerkten.

II

Diesem wissenschaftstheoretischen Programm einer Mathesis universalis entspricht im Barock das kunsttheoretische Programm eines Gesamtkunstwerkes, eine Idee, die ebenfalls bis in die feinsten Regungen der Renaissancekunst zurückgeht. Es ist schon oft hervorgehoben worden, daß der Stil des Barock zugleich der Stil des Gesamtkunstwerkes ist. Karl Scheffler sagt darüber: »In diesem Stil ergriff die Baukunst wieder die Führung über Malerei und Skulptur und wies diesen Künsten mehr dekorative Funktionen zu.« Und beschreibend fügt er hinzu: »Diese Gärten mit geometrischen Grundrissen und fernen Blickpunkten, mit Torbauten, Orangerien, Pavillons, Kavalierhäusern, Grotten, Teichen, Bassins, Kanälen, Wasserkünsten, Kaskaden, Schmuckbauten, Tiervasen und allegorischen Skulpturen gehören mit zum barocken Gesamtkunstwerk.«[99]

In welchem Sinne können wir vom barocken Stil als einem Stil des Gesamtkunstwerkes tatsächlich sprechen? – In welcher Weise beeinflußt mathematischer Formensinn diesen Universalstil?

1. Die in der Renaissance entwickelte Perspektivenlehre und ihre praktische Anwendung lud ein, die Welt in großzügiger Weise in einem immer mehr erweiterten System von Fluchtlinien und Fluchtpunkten einzufangen. Die Perspektivierung der Welt – der städtischen Anlagen bzw. der Landschaft im Hintergrund –, die in der Renaissance gemalt wird, soll nun bei den Künstlern der Jahre 1600–1750 auch architektonisch bewältigt werden. Das heißt, der geometrische Gehalt der angewandten Perspektivenlehre der Renaissance wird mit dem Barock in das Architektonische übersetzt und auf diese Weise kommt es zu einem einbeziehenden, universalen Zug im barocken Stil. So knüpft in diesem Punkte der Geometrisierung bzw. Perspektivierung der Welt der Barock ohne Lücke an die Re-

naissance an; aber in der Universalisierung des Stils, d. h. in seiner Anwendung auf eine möglichst große Mannigfaltigkeit künstlerischer Objekte, geht die Malerei der Architektur voran. Der Generalisierung der Mathematik durch die Mathesis universalis entspricht die Generalisierung der Kunst durch die Tendenz auf das Gesamtkunstwerk. Als Beispiel aus der italienischen Kunstliteratur des 17. Jahrhunderts, hinter der derlei Gedanken stehen, nenne ich das große Werk des Mathematikers Ubaldi *Über die Reliefperspektive* von 1600 und die *Perspectiva pictorum et architectorum* des berühmten Dekorationsmalers Andrea Pozzo aus Trient (1693).

2. Der tiefe Gedanke der Mathesis universalis, alles Seiende, insbesondere aber die Welt der Natur durch die mathematische Theorie zu beherrschen und insbesondere alles, was gedacht werden kann, durch eine Einheitswissenschaft zusammenzufassen, bedeutet auf dem Gebiete der Kunst nichts anderes als die Auffassung, daß auch die Natur dem ästhetischen System unterworfen werden könne. Dies jedenfalls ruft am nachdrücklichsten die für den Barock kennzeichnende Gartenarchitektur, die nicht von den Bauten zu lösen ist, hervor. Der Park wird geradezu als eigentliche Idee der Natur ganz ähnlich wie die Mathematik als angebliche Idealform aller Wissenschaften angesehen werden. Hier möchte ich den ersten Übersetzer Leonardos erwähnen, Sieur de Chambrany, dessen *Idée de la parfaite peinture*, die er 1662 Poussin gewidmet hat, schon im Titel den umfassenden, die Absichten näher bezeichnenden Gedanken verrät. Außerdem ist es notwendig, sich der manieristischen Quellen zu erinnern: des Traktats von Vincenzo Danti, der beweist, daß erst durch unseren Geist die Natur vollkommen wird, ein Gedanke, der bei Lomazzo sich zu der Meinung entwickelt, daß die Kunst die Irrtümer der Natur zu verbessern habe. Beinahe alle künstlerischen Tendenzen des Barock gehen ja insgeheim auf den Intellektualismus und Enzyklopädismus in der Kunsttheorie des Manierismus zurück. Wir haben aus dem Spätbarock ein schönes Dokument über diese geometrisierte Natur. Es stammt von Prokop Mayer, dem Hofgärtner von Würzburg, und zwar aus dessen *Pomona franconica.*[100] Mayer schreibt: »Die damaligen Gärten waren nichts anderes als große Stücke der Baukunst. Man

sah nichts als Mauern, Gewölbe, Säle, Galerien, Fenster, Säulengänge und Pfeiler von grünenden Stauden; nichts als lange, gerade ausgehende, regelmäßige und symmetrische Alleen, die sich untereinander so vollkommen ähnlich sehen mußten, daß man immer in der nämlichen zu sein glaubte; nichts als Statuen wie Soldaten auf dem Paradeplatz in einer Reihe nach der Schnur geordnet. Man erblickte keine anderen Bäume als zu Hecken oder viereckig geschoren oder zu Kegeln, Kugeln, Pyramiden und dergleichen Gestalten geschnitten, und keiner durfte ohne sichtbare Merkmale der Schere, noch anders als unter der Schärfe des Messers aufwachsen. Die Wasserwerke mußten lauter seltsame, widerwärtige Figuren, bald Garben, Vasen, Obelisken in ihrem Springen, kurz alles, nur nicht die schöne Natur vorstellen.«

Ohne Zweifel steht diese Art von mathematischer Gartenarchitektur mitten zwischen den beiden großen Gedankenbereichen, die zwei Epochen bestimmen, zwischen dem Zeitalter der Mathesis universalis, also der Theorie dieses Gedankens der Universalmathematik, und der mathematischen Interpretation der Natur, die das Zeitalter einer Mathesis practica der d'Alembert, Diderot, Lagrange, Euler, Laplace usw. nach 1750 einleitet. Ich möchte sagen, die ästhetische Theorie nahm die mathematische Interpretation der Natur geradezu vorweg.

3. Ausdrücklich hat Wölfflin in seinen *Grundbegriffen* (1915)[101] bei der Unterscheidung der klassischen Kunst des 16. von der barocken Kunst des 17. Jahrhunderts von dem Begriffspaar »Vielheit« und »Einheit« Gebrauch gemacht. Wenn für die mathematische Ideologie in der Wissenschaft, für Descartes, Pascal und Leibniz der Gedanke der »Einheitswissenschaft« bezeichnend ist, darf man nicht unterdrücken, daß dieser Einheitsgedanke auch für die barocke Kunst sinnvoll ist. »Der Barock rechnet grundsätzlich nicht mehr mit einer Vielheit selbständiger Teile, die harmonisch zusammengreifen, sondern mit einer absoluten Einheit, in der der einzelne Teil sein Sonderrecht verloren hat... Es stehen sich also gegenüber die vielheitliche Einheit des 16. Jahrhunderts und die einheitliche Einheit des 17. Jahrhunderts.« Ich füge hinzu, daß in der gleichen formalen Weise die typische Wissenschaft der Renaissance abgesetzt werden kann gegen die Wissenschaft des

Barock. Man vergleiche dazu nur einmal die Summe der Arbeiten, die Cardano[102] in seiner Selbstbiographie aufzählt, die in ihrer Summe zwar einen Universalmenschen der Renaissance verraten, aber doch zusammenhanglos nebeneinander stehen, mit dem Werk Leibnizens oder Newtons oder Descartes', wo alles, was in der Forschung berührt wird – und es ist auch vielseitig –, zuletzt auf einen einheitlichen Gedanken methodischer oder sachlicher Absicht hinzielt. So ist z. B. bei Leibniz, wie schon gestreift, selbstverständlich ein innerer Zusammenhang vorhanden zwischen der Universalmathematik der Characteristica universalis, der Infinitesimalrechnung, der Monadenlehre und den Prinzipien der Theodizee.

III

Einer der entscheidendsten Begriffe, die die Mathematik des Barock in den Vordergrund rückt, ist der Begriff der »Darstellung«, der »Repräsentation«. »Wenn man einen Begriff als den tragenden und eigentlich ausschlaggebenden des leibnizischen Systems bezeichnen darf, so ist es der der Repräsentation«, schreibt Oskar Becker[103]. Tatsächlich hat dieser Begriff nicht nur eine Interpretation in der Monadenlehre jenes großen Denkers des Barock, etwa in dem Sinne, daß jede Monade mehr oder weniger deutlich das ganze Seiende repräsentiert. Der Begriff der Repräsentation gibt auch die grundlegende Vorstellung ab für die Theorie der Characteristica universalis, und ebenso verbindlich ist er als »Abbildung« in der cartesischen Geometrie wie in den leibniz-newton-bernoullischen Bemühungen um den infinitesimalen Kalkül bzw. die Analysis überhaupt.

Was die Rolle der Repräsentation in der Characteristica universalis anbetrifft, so ist es klar, daß zwischen dem Gedachten und dem Zeichen, das das Gedachte repräsentiert, eine umkehrbar eindeutige Beziehung bestehen muß. Das heißt, für jedes Gedachte gibt es nur ein Zeichen, das Bild, die Darstellung des Gedachten. Es ist weiterhin selbstverständlich, daß dann und nur dann eine umkehrbar eindeutige wirkliche Repräsentation des Gedachten durch ein Zeichen vorliegt, wenn die Zeichen so beschaffen sind, daß sie in Bestandteile zerlegt werden können, die selbst wieder Darstellungen oder Repräsentationen der Bestandteile sind, in die das Gedachte zerlegt werden kann.

In der cartesischen Geometrie werden im Rahmen einer Fusion zwischen Geometrie und Arithmetik geometrische Kurven im Raum durch eine Gleichung zwischen x, y und z dargestellt, derart, daß alle Werte x_n, y_n und z_n, die die Gleichung erfüllen, einen Punkt der Kurve festlegen. Jede Eigenschaft der Kurve kann durch rechnerische Umformung wiederum analytisch gewonnen und alsdann durch geometrische Deutung dieses rechnerischen Resultates bestätigt werden. Es handelt sich also in der cartesischen Geometrie um eine analytische Repräsentation geometrischer Realität. Mit dem so durch Descartes gewonnenen Studium der Abhängigkeit, in welcher die Wertreihen zweier veränderlicher Größen stehen, kommt es im Zusammenhang mit der Entwicklung des Infinitesimalkalküls durch Leibniz und im Jahre 1718 durch Johann Bernoulli[104] zur Aufstellung des Begriffs »Funktion«. In dieser Funktion, etwa vom Typus $y = f(x)$, ist x die unabhängige Veränderliche. Die Funktion repräsentiert natürlich eine Kurve. Insbesondere im Anfang der Beschäftigung mit dem Studium der Funktionen wurden die Eigenschaften der analytisch beschriebenen Funktionen immer wieder im Zusammenhang mit rein geometrischen Untersuchungen über die durch die jeweilige Funktion repräsentierte Kurve bestimmt. Vor allem in der Frage der Singularitäten analytischer Funktionen hielt man ganz besonders die Tatsache fest, daß ursprünglich eine Funktion eine anschaulich gebbare Kurve darstelle, und sprach dabei von »curvae discontinuales seu mixtae seu irregulares«.

Es ist nun nicht gleichgültig, daß dieser Begriff der »Repräsentation« nicht nur eine mathematische Anwendung erfährt, sondern auch einen ästhetischen Rang gewinnt. Ich weise zunächst einmal darauf hin, daß wir damit nicht nur die symbolisch-allegorische Welt des Barock berühren, sondern auch die soziale. Die Welt des Barock ist eine feudale Welt großen Stils, eine feudale Welt, der der Fürst vorsteht und der die Gesellschaft in ständischer Gliederung nach unten nachfolgt. Das ist eine Seinsordnung der gesellschaftlichen Welt, die der leibnizischen Monadologie aufs genaueste entspricht. Nicht umsonst bemerkt Werner Hager in seiner Darstellung *Bauten des Deutschen Barocks*[105], »daß der Fürst sich in seiner Würde unausgesetzt darzustellen hat. Mit diesem Begriff der ›Darstellung‹ berühren wir ein entscheidendes Merkmal der barocken Haltung«. (S. 25) Wölfflin erklärt dazu: das 17. Jahrhundert beschränke die Form auf die wirklichen Momente der Repräsentation (*Grundbegriffe*)[106]. Im ganzen gesehen, wird es also nur eine Möglichkeit geben, die Barockkunst totaliter zu charakterisieren, nämlich durch den Ausdruck: Repräsentationskunst. Und das gilt für Plastik, Malerei und Architektur.

IV

Der mathematikhistorische Fortschritt, den das Zeitalter des Barock und der Mathesis universalis neben den logischen und philosophischen Konzeptionen erbringt, besteht vor allem in drei großen Leistungen: 1. in der analytischen Geometrie des Descartes (1637), 2. in der Kegelschnittgeometrie des Pascal sowie in seiner Abhandlung über die Cycloïde (vor 1654) und endlich 3. in der Differential- und Integralrechnung, an deren Ausbildung vor allem Leibniz und Newton, aber auch Barrow und Jakob I. Bernoulli und Johannes I. Bernoulli beteiligt waren und deren Entstehungsgeschichte etwa durch die Jahre 1615–1704 bezeichnet ist.

Es ist die Frage berechtigt, ob auch diese mehr der Fachmathematik angehörenden neuen Methoden und Theoreme an der Kunst des Barock, an der Malerei oder der Architektur, gespiegelt werden können in der Art etwa, wie die Rezeption des Euklid mit ihren Theoremen zur Proportionenlehre und Perspektivenlehre an der Renaissancekunst studiert werden konnte. Es sei gleich vorweggenommen, daß das durchaus nicht in dem Umfange und mit der Deutlichkeit möglich ist, wenn auch, wie wir bereits in den vorangehenden Abschnitten gezeigt haben, in gewisser Weise der Geist der Barockkunst und der Geist der Barockmathematik sich einander nähern, berühren oder gar durchdringen. So groß der Unterschied zwischen der analytischen Methode des Descartes und der synthetischen Methode des Pascal im Rahmen der Geometrie an und für sich ist, beide lenken den Blick auf die Kegelschnitte, also auf Ellipsen, Hyperbeln und Parabeln. Descartes entwickelt die Gleichung dieser Kegelschnitte, Pascal erzeugt diese Figuren im Anschluß an antike Geometer durch Schnitt einer Ebene mit dem Doppelkegel. Ihn interessieren nicht Gleichungen, ihn interessieren Lageverhältnisse, genauer Verhältnisse, die bei Zentralprojektion nicht geändert werden, also invariant sind. Es ist nun so, daß diese Kegelschnitte im Rahmen der Barockarchitektur, der Barockmalerei und -skulptur eine Rolle spielen. Indessen besteht wohl zwischen den Kreisen und Ellipsen, die in den Raumfolgen Guarino Guarinis und anderer Meister des Spätbarock auftreten, und den mathematischen Erkenntnissen Descartes' und Pascals kein unmittelbarer Zusammenhang. Wohl darf man sagen, daß Guarinis Geometrie der Architektur vorwegnehmend von gewissen zentralprojektiven Tatsachen Gebrauch macht, die später bei Pascal Gegenstand der Untersuchung werden. Bei Guarini, bei dem, wie er selbst sagt, die ganze Architektur an der Mathematik hängt, und vor allem auch bei Juvarra, der ganz im Sinne Guarinis weiterarbeitete, verhalten sich z. B. auftretende Kreis- und Ellipsenformen wie Projektionen voneinander. Und die Idee der »Raumfolgen«, wie sie z. B. aus den Plänen dieser Meister deutlich zu ersehen sind, war ja hervorragend geeignet, den Gedanken einer zentralprojektiven Abwandlung einer Figur, des Kreises etwa, nahezulegen, zumal, wie gesagt, Guarini eine hohe mathematische Bildung hatte und in seinen Plänen und Skizzen und Aufzeichnungen die Grundlagen einer deskriptiven Geometrie vorwegnahm, die später Gaspard Monge, wie A. E. Brinckmann[107] richtig bemerkt, vollendete. Aber nicht nur die deskriptive Geometrie deutet sich hier an. Mehr noch die projektive Geometrie der Kegelschnitte, die Pascal im Kopfe hatte.

In der zweiten Hälfte des 17. Jahrhunderts, also etwa mit der Entstehung der cartesischen analytischen Geometrie und der pascalschen Kegelschnittgeometrie, begann in Frankreich eine neue Blütezeit der theoretischen Architektur, insbesondere also des Architekturbuches. Vor allem Abraham Bosse und François Blondel werden zu führenden Männern. Bei den Bemühungen, Säulenumrisse zu finden und zu konstruieren, beschäftigen sie sich mit Kegelschnitten und Konchoiden. Im Jahre 1664 sind in der theoretischen Architektur durch die Arbeiten jener beiden Männer die

Konstruktionen aller Kegelschnitte bekannt. Insbesondere die Verwendung eines Ellipsenzirkels und eines Konchoidalzirkels wird beschrieben. An und für sich sind das alles sehr mathematische Dinge. Aber insofern diese ganzen Untersuchungen damals sich im Zusammenhang mit der Entasis, also der Konstruktion der Schwellung der Säulen entwickeln, verweisen sie uns auf die von Guarini mit Recht so betonte Angewiesenheit der Kunst auf Mathematik.

Ich möchte an dieser Stelle ein paar Worte über die Versuche sagen, die Carl von Lorck zur Aufhellung der Strukturen der künstlerischen Stile unternommen hat. »Jedes Kunstwerk hat als Gesamtheit einen deutlich erkennbaren Aufbau. Es hat eine einmalige, so nirgends wiederkehrende Art und Weise des Gefüges. Ich nenne sie Struktur. Die wesentlichen Hauptzüge dieser Struktur, welche im großen und ganzen die Gesamtheit des Werkes kennzeichnen, nenne ich die Gesamtstruktur«.[108] Von Lorck ist der Ansicht, daß z. B. im Barock eine Ovalstruktur vorherrsche. Wenn es auch richtig ist, daß etwa die Architektur in Balthasar Neumann und Matthäus Daniel Pöppelmann zwei Meister besitzt, die in ihren Rissen Ovalstrukturen bevorzugen, so muß man doch, insbesondere wenn man an die Malerei denkt, diese Art von Strukturforschung eine vielleicht sinnvolle im Raume schon künstlerischer Formbildungen, aber pseudomathematisch im Raume geometrischer Analyse nennen. Jedenfalls ist die Strukturforschung von Lorcks nicht ohne weiteres auf eine geometrische Strukturforschung im strengen Sinne zurückführbar. Ähnliches gilt für die Achsenstrukturen, die er zu ermitteln versucht. Ich möchte sagen, hier handelt es sich im Raume des Formalen um eine Pseudomathematik, wie es sich in der Ethik des Spinoza bei Gelegenheit der Beweisführung um eine Pseudologistik handelt.

Anders liegt es bei einem weiteren Begriff, den von Lorck einführt. Ich meine die »Nachbarschaft der Teile«, die er als besonders charakteristisch für Kunstwerke, die er untersucht, herausstellt. Für den Barock führt von Lorck z. B. das »Angeglichensein der Nachbarn« ein. »Wohin wir den Blick auf Barockwerke und die Kunst des Rokoko werfen, findet sich vorherrschend das Merkmal des Angeglichenseins der Nachbarn... Jeder Teil eines Rokokowerkes nimmt in seiner Angleichung Rücksicht auf den Gesamtaufbau... Im Braun der Barockgemälde sind alle Lokalfarben angeglichen... Die Übergänge sind in vielen kleinsten Stufen vollzogen.« Hier scheint mir das vorzuliegen, was ein echtes mathematisches Merkmal als Grundlage zur Voraussetzung hat: die stetige Auffassung des Seienden, die differentiale Nachbarschaft der Teile, die ja geometrisch von Cavalieri bis Leibniz die Differenzenrechnung in eine Differentialrechnung überführt, die Auffassung, daß das analytische Gesetz einer Kurve eine Differentialgleichung sein muß, wenn man die Kurve mathematisch beherrschen will, und daß das Verständnis einer Kurve sich aus dem Verständnis ihrer Verhältnisse in einem unendlich kleinen Bereich, der Steigung, der Tangente in einem Punkt entwickelt. Dem lorckschen Gesetz des barocken Angeglichenseins der nachbarlichen Teile kann man eine mathematische Fassung mit Hilfe des Infinitesimalkalküls und nur mit dieser Hilfe geben. Es entspricht dieser Umstand der aufkommenden Methode, Naturgesetze auf die Form von »Nahewirkungsgesetzen«, d. h. von Differentialgleichungen, zu bringen, deren erweiterten Geist Leibniz in seinem »Prinzip der Kontinuität« formuliert hat. Sofern die künstlerische Analyse tatsächlich das Angeglichensein der nachbarlichen Teile in der Kunst des Barock und des Rokoko durchgängig bestätigt, darf man von einem einheitlichen Geist der künstlerischen, mathematischen und empirischen Formen sprechen, derart, daß man sie als infinitesimale Formen bezeichnet.

V

Ein weiterer Gesichtspunkt zur epochalen Datierung mathematischer Werke der klassischen Zeit der Mathesis universalis liegt also in dem Begriff der Kontinuität, der Stetigkeit vor. Dieser Begriff bildet sich natürlich im Zusammenhang mit der von Descartes 1657 entwickelten Analysis der Kurven, mit dem konvergenten Grenzprozeß James Gregorys von 1667 und endlich mit dem Begriff der Funktion, den Leibniz und Johann Bernoulli 1694 und 1718 konzipiert haben. Dieser Begriff aber hat nicht nur eine mathematische, sondern auch eine philosophische Interpretation. Und es gibt ein Grenzgebiet, wo er zugleich seine mathematische und philosophische Natur verrät: in der mit Leibniz und Newton aufkommenden Analysis des Unendlichen. Leibniz wird durch seinen Gedanken der universellen Repräsentation jeder einzelnen Monade dahin gebracht, anzunehmen, daß die Welt einerseits aus aktual-unendlich vielen diskreten Individuen besteht, aber doch durch und durch stetig ist im Sinne einer »transfiniten« Unendlichkeit. Das ist das berühmte »Labyrinth des Kontinuums«, das selbstverständlich auch die anschauliche Deutung der »Differentiale« so schwierig gestaltet. Zum Beispiel liegt in diesem »Labyrinth des Kontinuums«, von dem Leibniz spricht, die später erst bewältigte Frage verborgen, ob die Existenz eines Differentialquotienten stetiger Funktionen wirklich eine notwendige Folge der Stetigkeit sei. Jedenfalls hat die »lex continuitatis« – die übrigens Linnés Naturanschauung in seiner Systematik ebenfalls beherrschte – als gedanklich-anschauliche Auffassungsweise hinter der Entwicklungsgeschichte des infinitesimalen Kalküls gestanden. Auch in dem besonders von Descartes aufgestellten Programm einer axiomatisch-deduktiven Wissenschaft als dem Inhalt der zeitgenössischen Wissenschaftslehre tritt sie auf. Eine Wissenschaft, genauer jede echte Wissenschaft muß axiomatisch-deduktiv aufgebaut werden können. Das heißt, ihre Sätze bilden eine Folge von Sätzen, die in zwei Klassen: in die Grundsätze und die daraus abgeleiteten Lehrsätze, zerfällt. Die Ableitung selbst aber bedeutet nichts anderes, als daß man jeden Satz als Glied einer wohlgeordneten Folge darstellt, etwa derart, daß das Fortschreiten einer Wissenschaft darin besteht, folgerichtig die Sätze von den Grundsätzen aus zu vermehren. Natürlich kann man niemals realiter alle Schlußketten lückenlos aufstellen. Auch in den subtilsten Beweisen der Mathematiker fehlen Glieder. Und so ist das »Gesetz der Stetigkeit« auch in der Wissenschaftstheorie nur ideell erfüllbar, phänomenal, aber keineswegs realiter, genau wie bei der Behandlung des Widerspruchs zwischen der aktual-unendlichen Menge der diskreten Monaden und der unendlichen Stetigkeit des Seienden, das unser Intellekt fordert. Gespiegelt an der leibnizischen Theorie der Monaden sieht dann diese Stetigkeitsfrage folgendermaßen aus:

Von jeder Monade, als von jedem Individuum der Welt, muß mindestens für einen göttlichen Geist oder auch einen Laplace'schen Dämon gefordert werden können, daß aus ihrem Begriff alle Zustände dieser Monade abgeleitet werden können. Da die Zustände einer Monade wesensgemäß nur linear angeordnet sein können, folgt, daß jeder Zustand einer Monade von dem voraufgehenden selbst impliziert sein und jeden nachfolgenden implizieren muß, so daß jener göttliche Geist oder jener Laplace'sche Dämon aus einem einzigen Zustand einer Monade alle früheren und alle späteren Zustände präzis voraussagen, vorausberechnen kann. Was wir eben als den repräsentativen Charakter der Monade andeuteten, besagt also, daß jede Monade das Universum unter der Voraussetzung der stetigen, linearen Anordnung der Zustände in dem Sinne repräsentiert, daß jedem Zustande einer Monade ein Weltzustand eindeutig zugeordnet ist, derart, daß der göttliche Geist oder der Laplace'sche Dämon aus dem Zustand einer einzigen Monade den gleichzeitigen Zustand der ganzen Welt ablesen kann. Das ist die genaue Interpretation des berühmten § 59 der *Monadologie*: »... toute substance exprime exactement toutes les autres par les rapports qu'il y a...«[109]

Ich deutete schon an, daß der hier auftretende Gedanke der universellen Repräsentation in der Kunst des Barock eine ästhetische Interpretation erfährt. Aber auch der Gedanke der linearen, stetigen Ordnung des Seienden bleibt im Raum der künstlerischen Gestaltung nicht verborgen. Wir halten uns auch hier wieder an die von Wölfflin herausgearbeiteten Begriffspaare, die er zur Grenzziehung zwischen Renaissance-Kunst und Barock aufgestellt hat. Wölfflin spricht von Berninis bestimmter »Ordnung in der Folge des Nebeneinander der Formen«; er weist auf »dieses ›Werden‹ der Farbe« hin, das die Koloristen des 17. Jahrhunderts auszeichne; und so hebt er für den Barock das hervor, was wir seine »bewegte Form« nennen möchten, die durchaus »offene Form« sein kann, die aber durchweg eine stetige Form zum Ausdruck bringt. Im Zusammenhang hiermit möchten wir eigentlich ein Korrektiv an Wölfflins Kategorien anbringen. Ich glaube nicht, daß man die Kunst der Barockmalerei sowie der Plastik durch eine gewisse Zerstörung der Linie kennzeichnen kann; desgleichen kann man nur beim Impressionismus behaupten. Im Gegenteil. Der Barock hat eine bemerkenswerte Linienführung, eine umfassende und sehr verwickelte, weil stetige, aber niemals lineare Linienführung. Ich halte es für möglich, Malerei und Plastik des Barock durch eine (nichtlineare) Kurvengeometrie, kurz: durch eine Differentialgeometrie zu charakterisieren, die nur mit den mathematischen Mitteln, die in jener Zeit gefunden wurden, nämlich mit den Mitteln des infinitesimalen Kalküls, beherrscht werden kann, weil eben prinzipiell alle nichtlinearen Bewegungsverläufe nur mit Hilfe der Differential- und Integralrechnung (Differentialgleichungen, differentialgeometrischen Methoden) studiert werden können. Diese typische Kurvengeometrie des Barock ist besonders schön zu studieren bei El Greco und bei P. P. Rubens. Spezialarbeiten, die nicht zuletzt mit den Mitteln der Analysis vorgehen, können hier außerordentlich Erhellendes zur künstlerischen Formenbetrachtung beitragen. Die einfache, stetige, lineare Anordnung der Dinge, die für die Renaissance-Malerei selbstverständlich ist, um übersehbare, einfache Proportionalitäts- und Symmetrieverhältnisse zu erzeugen, die alles Klassische beherrscht, wie auch Wölfflin richtig bemerkt, wird im Barock durch eine nichtlineare, stetige, kurvenmäßige Anordnung der Dinge ersetzt, und daraus resultiert denn auch der scheinbar betont unsymmetrische Charakter der barocken Komposition, der immer wieder einmal hervorgehoben wird.

VI

Man kann eine zwischen der bildenden Kunst und der Mathematik vereinbarende Betrachtung über den Barock und das klassische Zeitalter der Mathesis universalis nicht abschließen, ohne der Tatsache zu gedenken, daß sich bei den großen Künstlern und Mathematikern dieser Zeit jene Aufmerksamkeit, die gleichermaßen der Kunst wie der Mathematik zugewendet wird, deutlich abzeichnet. Freilich ist das eine Verwandtschaft, eine Koinzidenz, die ursprünglich dem großen geistigen Stil der Renaissance ihre Entstehung verdankt und zu den singulären Fällen europäischer Universalität in jenen Jahrhunderten gehört.

Von den großen Meistern des italienischen Barock heben wir Bernini, der die Peterskirche vollendete, Borromini, der die berühmte Kirche San Carlo alle Quattro Fontane schuf, Guarini, den geistvollen Verfasser der *Architettura civile* von 1737[110], und Filippo Juvarra, den Vertreter und Schöpfer des römischen Spätbarock, hervor. Sie alle besaßen eine betont mathematische Gesinnung, der keiner besseren Ausdruck verliehen hat als eben jener Guarini in seinem literarischen Hauptwerk, das mit einem großartigen Bekenntnis zur Mathematik eingeleitet wird, darin es wörtlich heißt, daß die Baukunst von der Mathematik abhänge. Bernini, der eigentliche Vollender des Hochbarock in Italien, ist derjenige gewesen, der die perspektivischen Erfahrungen und Theoreme der Renaissance voll und ganz in die Praxis umsetzte. Die halbkreisförmigen Kolonnaden des Vorplatzes der Peterskirche in Rom sind ein Meisterstück perspektivischer Ordnung, die nur ein erster Theoretiker der Perspektive geschaffen haben konnte. Borromini erfüllte den Barock mit einer Liniengeometrie, die kaum noch eine Gerade in der Konstruktion zuläßt. Beispielhaft ist die Kirche San Carlo alle Quattro Fontane in Rom (1638–1641), deren Grundriß kaum eine gerade Linie zeigt. Ich möchte sagen, daß mit diesem Werk der mathematische Geist des Barock, der den Geist der mit Hilfe des Infinitesimalkalküls beherrschbaren (nichtlinearen) Liniengeometrie zum Ausdruck bringt, das Äußerste an Darstellung erreicht. Guarini kommt völlig von Borromini her. »Er entwickelt ›die verschränkten Raumfolgen‹, wo im Grundriß Kreise und Ellipsen ineinander geschlungen sind, so auch Räume sich aufbauen.« So verwendet A. E. Brinckmann, der bedeutende Kenner des italienischen Barock, durchaus im Einklang mit der mathematischen Terminologie jener Zeit, so möchte ich beinah sagen, mit historischer Berechtigung den Ausdruck »Folgen«. Dieser Begriff charakterisiert Kunst und Mathematik gleichermaßen, und wie die großen Meister des italienischen Barock zugleich Künstler und Mathematiker waren, bedeutet die Analyse ihrer Kunst stets auch eine mathematische Analysis.

In Deutschland und Österreich liegen die Verhältnisse ähnlich. In der trostlosen Zeit nach dem dreißigjährigen Kriege traten die Meister auf. Die eine Generation wurde um 1660, die andere um 1690 geboren. Ihre Erzieher waren die von den fürstlichen Bauherren berufenen ausländischen Künstler, im Norden Niederländer, im Süden Italiener. Auch die italienischen Akademien der Spätrenaissance wurden zur Anregung von Neugründungen an Stelle der alten, künstlerisch abgewirtschafteten Bauhütten, deren esoterische Pseudomathematik nicht mehr zur Diskussion stand.

Die einzelnen Residenzen, an deren Namen eine Barockvariante geknüpft war, hatten meist ihre eigenen Akademien. Man kann nicht sagen, daß die Mathematik in einem reineren Sinne die Männer jener Akademien oder Höfe beherrschte; um genau zu sein, muß man sagen, daß bei ihnen die Mathematik vorwiegend durch die Fächer der Befestigungslehre und Baulehre vertreten war, gewissermaßen mittelbar in die Kunst strömte. So begann Johann Bernhard Fischer von Erlach als Architekturlehrer. Wesentlicher als Mathematiker war der andere große Gestalter des österreichischen Barock, Lukas von Hildebrandt, der aus Italien stammt. Der eigentliche Mathematiker unter den deutschsprechenden Baumeistern aber war Balthasar Neumann, der dementsprechend auch ein unvergleichlicher Meister der Wölbungen wurde. Vierzehnheiligen ist Ausdruck seines fränkischen Hochbarock, und an dieser Kirche kann man alle mathematischen Strukturen studieren, die wir beim Barock erwarten können: den alle Dinge einbeziehenden, bis auf Correggio zurückgehenden Gedanken der räumlichen Unendlichkeit, die Liniengeometrie, die alle Geraden in Kurven verwandelt, den »Folgecharakter« der Wölbungen usw. Balthasar Neumann kann als ein Vollender der von Borromini und Guarini in Italien ausgehenden Tendenz barocken Raumdenkens angesehen werden. Hier darf man nicht vergessen, daß gerade die österreichischen, deutschen und französischen Baumeister des Barock große Aufgaben in der Befestigungskunst gestellt bekommen haben. Lukas von Hildebrandt, Antonio Petrini und Balthasar Neumann waren spezielle Festungsbaumeister, und es ist nun so, daß gerade die erhalten gebliebenen Befestigungsanlagen des Barock – vor allem in Frankreich – »eine mathematische Schönheit zur Schau« tragen, wie Werner Hager bemerkt, »die mit eigener Eindringlichkeit von der allesbeherrschenden Macht der großen Form zeugt«. Übrigens war in diesem mathematischen Festungsbau der Franzose Vauban der große Meister.

Im Gegensatz hierzu war die Verbundenheit der bedeutendsten Mathematiker und Logiker der Zeit mit der Kunst auch nicht unbeträchtlich; jedenfalls verspürt man eine Berührung der Sphären Kunst und Mathematik, die den prinzipiellen Charakter, bezeichnend für die Zeit, nicht verschweigt.

Descartes hatte eine ausgezeichnete humanistische Bildung genossen. Man lese seinen Biographen Baillet, und man wird die Universalität dieser Bildung, die sich vor allem auch auf schöne Literatur erstreckte, gewahr werden. Das letzte Werk, das er hinterließ, war ein in schönen Versen abgefaßtes Ballett. Überdies existiert von ihm auch ein Fragment »Über Musik«.

Pascals Beziehungen zur Kunst, insbesondere zur bildenden Kunst und zur Musik sind kaum nachzuweisen. Aber man versichert uns, daß seine Sprache alle Vorzüge der klassischen Sprache Frankreichs offenbart. Interessant ist, daß er in seinem Fragment 32 der *Pensées* von der Existenz eines Vorbildes, eines Musters überzeugt ist, das jedem Betrachter und Genießer eines Kunstwerks als Kanon dient. Im Fragment 33 knüpft er hieran die für uns wichtige Bemerkung an, daß so, wie man von dichterischer Schönheit spreche, man auch von mathematischer Schönheit zu reden habe. Und in Fragment 34 tritt er für einen gebildeten Menschen ein, der weder Dichter noch Mathematiker sei, sondern beides und über alles ein Urteil habe.

Leibniz hat uns ein bereits erwähntes Fragment hinterlassen, das die Beziehung zwischen Musik und Arithmetik eindeutig festhält. Aber darüber hinaus hat er in seinen ruhigeren Stunden eine Vorliebe für das Geschäft des Dichters bezeugt, die auch ihm Verse entlockt hat. Sie verraten nicht eben einen Poeten, aber doch einen Ästhetiker. »Auf eine Blütenlese deutscher Dichtung«, »Verse, so ich zu Frankfurt am Main auf Herrn Christian Meisches vorhabendes deutsches Florilegium gemacht«, ist schon mehrfach abgedruckt worden. Es verrät eine Kenntnis der zeitgenössischen Lyrik, eine Kenntnis der Fleming, Opitz, Gryphius u. a., die zu Urteilen berechtigt. Über diese seine Lyrik hinaus hat aber Leibniz[111] in seiner »Denkschrift von der Aufrichtung einer Akademie in Deutschland, zur Förderung der Künste und Wissenschaften«, in seinen »Unvorgreiflichen Gedanken betreffend die Ausübung und Verbesserung der deutschen Sprache« und auch in seiner Abhandlung »Über die beste Vortragsweise des Philosophen« so viele erstaunliche Bemerkungen über Kunst, Dichtung und Sprache gemacht, daß sein Einblick in diese Dinge nicht unterschätzt werden darf.

Eine ungleich tiefere Beziehung zur Welt der Kunst besaß allerdings der Engländer Brook Taylor, der in die Reihe der Descartes, Pascal, Newton und Leibniz als Gestirn zweiter Ordnung gehört. Er war Mathematiker, Rechtswissenschaftler, Naturwissenschaftler, Philosoph, Musiker und Maler. Taylor ist Begründer einer exakten Theorie der für die musikalische Akustik wichtigen Lehre von den Saitenschwingungen. Außerdem ist sein bereits erwähntes Werk *On the principles of linear perspective* (London 1715)[112] ein Markstein in der Geschichte der Perspektive.

Nachklänge der klassischen Zeit

Der Barock als das klassische Zeitalter der Mathesis universalis war z. B. gegenüber der Renaissance von einer betont arithmetischen bzw. algebraischen Gesinnung. In der Renaissance herrscht doch im ganzen noch ein geometrischer Geist vor. Wir können nicht sagen, was die Renaissancemalerei trefflicher kennzeichnet, die Theorie der Perspektive oder die Theorie der harmonischen Proportionen. Sicher ist, daß die Perspektivenlehre von ungleich größerer Bedeutung für die Entwicklung der wissenschaftlichen, der mathematisierten, also doch der europäischen Kunst gewesen ist. Und die Nachklänge dieser Tatsache ziehen sich an einem winzigen Stückchen Mathematik bis in die Anfänge des 19. Jahrhunderts, und dieses winzige Stückchen Mathematik heißt »Proportionalzirkel«. Er steht in einem übersehbaren Verhältnis zur Renaissance, zum Barock und auch zum Newtonismus, der zumindest in Frankreich die Enzyklopädisten und die Revolutionäre beherrscht.

Wenn es auch richtig ist, daß die Renaissance – neben der großartigen Einführung der Theorie und künstlerischen Praxis der Perspektive – den dazu gehörigen Proportionalzirkel hervorbrachte, so ist es doch falsch, diese Erfindung dem Venezianer Leon Battista Alberti, dem Universalgenie des Quattrocento, zuzuschreiben. Er erfand im Jahre 1434 lediglich ein Netz, durch das man beim Abzeichnen hindurchsah und mit dessen Hilfe man Größenverhältnisse und Raumvertiefungen punktmäßig richtig bestimmen konnte. Das war eine wichtige instrumentale Erneuerung für das perspektivische Zeichnen; aber das war noch nicht die Erfindung des Proportionalzirkels. Auch Uccello und Brunelleschi, denen die Entdeckung der Perspektive im eigentlichen Sinne zugesprochen wird, gelang nicht die Konstruktion des Proportionalzirkels, obwohl sie beide Mechaniker genug gewesen wären.

In Deutschland wurde der Proportionalzirkel erst im frühen 17. Jahrhundert bekannt. 1605 beschrieb Philipp Horcher in Mainz den von Jobst Bürgi gebauten Zirkel. Aber schon 1603 war eine deutsche Beschreibung erschienen. Moritz Cantor hat über diese deutsche Einführung das Wissenswerte zusammengestellt.

Dem Physiker Galileo Galilei verdankt die Renaissance den Proportionalzirkel, der die damalige Einführung der Perspektive geistesgeschichtlich und technisch abrundete; ihm verdankt also die europäische Malerei und Kunstpädagogik neben ihrer tiefen Annäherung an die Mathematik eine innige Berührung mit der technischen Welt. Ich sage das absichtlich so überbetont, weil ich sagen will, daß seit Galilei, seit dem Proportionalzirkel der »mathematische Maler« auch ein »technischer Maler« ist und die Technik der Kunst mit diesem Instrument eine gewisse Etappe ihres Weges zurückgelegt hat. Nebenbei möchte ich bemerken, daß man bei Galilei den Proportionalzirkel durchaus nicht einzig und allein auf mechanische Bedürfnisse und Fähigkeiten zurückführen kann. Galilei hatte eine Beziehung zu den künstlerischen Errungenschaften seiner Zeit, zu denen Perspektive und Proportion gehörten. Galilei war von großer literarischer Bildung. Viviani hat uns berichtet, daß Vergil, Ovid, Horaz und Seneca zu seinen Lieblingen gehörten. Er besaß seine Ästhetik, und diese vertrat die Existenz des absoluten Schönen, das nur ästhetisch, nicht aber vermischt mit anderen, z. B. ethischen Absichten erscheinen könne und dürfe. Galilei war 42 Jahre alt, als er die Schrift über den Proportionalzirkel herausgab. Aber bereits seit 1597 waren seine Gedanken über dieses Instrument und wohl auch dieses selbst seinen Freunden und Schülern bekannt. Welche Bedeutung der Erfindung des Proportionalzirkels damals zugesprochen wurde, erhellt aus dem Streit, in den er sich eben wegen dieser Erfindung mit einem gewissen Baldassare Capra verwikkelte, der gleichfalls behauptete, dieses für zahlreiche Maler der Zeit anziehende Werkzeug erfunden zu haben.

Michel Coignet (1549–1623), Del Monte, Christoph Schißler und Daniel Speckle haben solche Zirkel gebaut.

Natürlich hat der Proportionalzirkel die Renaissancemalerei nicht in der künstlerischen Potenz gefördert. Aber man darf sich vorstellen, daß sowohl die Meister als auch die Schüler, und zwar unter allen Künstlern, auch den Architekten, mit Hilfe dieses Instrumentes, das später nicht nur Galilei in seiner mechanischen Werkstatt herstellte, die Perspektive recht gründlich lernten.

Aber erst mit dem Ende des klassischen Zeitalters der Mathesis universalis, also mit dem ausklingenden Barock, in der Zeit der Enzyklopädisten, Aufklärer und Revolutionäre wird das Instrument in größerem Umfange populär. Das mag damit zusammenhängen, daß es ein pädagogisches Instrument für Künstler ist, und gerade der Barock war in seiner Mathematik wie auch in seiner Philosophie um nichts so sehr bemüht wie um die Lehre, um das Schulbuch; und der allgemeinen literarischen Tendenz auf das Schul- oder Lehrbuch entsprach der Proportionalzirkel, um den sich dann alsbald eine gewisse Gedankenfülle legt, die für die gesamte Epoche kennzeichnend bleibt.

Einen der bedeutendsten Fortschritte machte die Perspektive durch ein Werk des französischen Architekten Girard Desargues (1593–1662) aus Lyon. Sein Hauptwerk gehört der klassischen Zeit der Mathesis universalis an. Es erschien 1639 in Paris. Der Titel ist: *Entwurf über die Ereignisse, die sich begeben, wenn ein Kegel mit einer Ebene zusammentrifft.* In diesem Werk wird der berühmte Desarguessche Satz veröffentlicht: »Wenn zwei Dreiecke in einer Ebene so gelegen sind, daß die Schnittpunkte der entsprechenden Seiten auf einer Geraden liegen (oder z. B. je zwei entsprechende Seiten einander parallel sind), so laufen die Verbindungslinien der entsprechenden Ecken durch ein und denselben Punkt (oder sind einander parallel), und umgekehrt.« (Zitiert nach Hilbert.) Dieser Satz ist von einer ungeheuren Bedeutung für die Perspektiventheorie geworden. Bei dem hervorgehobenen Punkt handelt es sich um das Perspektivitätszentrum. Die Perspektivenlehre rückt mit diesem Satz in die projektive Geometrie ein, in eine Geometrie, in der nur die Merkmale der Lage betrachtet werden. Bei Desargues wurde damit die Perspektivenlehre erst wirklich zu einer mathematischen Wissenschaft. Wir haben hier also eine besonders sichtbare Wirkung der Kunst auf die Mathematik vor uns. Die Perspektive war ja zuerst ein Bedürfnis der Kunst, dann erst der Mathematik, der Wissenschaft. Jedenfalls lehrt Desargues seine Architektenschüler und Steinmetzen das perspektivische Zeichnen. Sein Schüler Abraham Bosse, ein Kupferstecher, gab übrigens ein größeres Werk über

Perspektive heraus, darin nicht nur der Geist Desargues', sondern auch seine Arbeit steckt. So entspringt aus ästhetischem Vergnügen die Perspektivenlehre und sie entwickelt sich durch Männer wie Desargues, die zugleich Künstler und Mathematiker waren, zu dem, was man später deskriptive Geometrie bzw. projektive Geometrie nannte. Jedenfalls führt die wissenschaftliche Begründung der perspektivischen Malerei über Desargues, Leibniz, Lambert und Taylor bis zu Monge, Poncelet, L. N. M. Carnot und Steiner.

Im Jahre 1759 erscheint Johann Heinrich Lamberts *Freie Perspektive oder Anweisung jeden perspektivischen Aufriß ohne Grundriß zu zeichnen* (s. Abbildung am Schluß des Werkes). Auf der Grundlage dieses Werks kommt dann 1768 das kleine Büchlein *Kurzgefaßte Regeln zu perspectivischen Zeichnungen vermittelst eines zu deren Ausübung so wie auch zu geometrischen Zeichnungen eingerichteten Proportional-Zirkels* heraus. Im Vorbericht heißt es ganz deutlich: »Gegenwärtige wenige Blätter enthalten eine kurze Beschreibung von dem Gebrauch eines Proportionalzirkels, welcher besonders dazu eingerichtet ist, daß er Künstlern und jeden Liebhabern sowohl geometrischer als perspektivischer Zeichnungen in deren Ausübung zu vielen und vielerley Vorteilen und Erleichterungen dienen kann.« Lambert hat also sowohl Künstler wie Geometer im Sinne, wenn er das Instrument beschreibt. Er will Lehrer der Perspektive mit Hilfe des Instrumentes des Proportionalzirkels sein, entsprechend dem pädagogischen Zug, der mit dem Ende dieses klassischen Zeitalters der Mathesis universalis, also nachdem gleichsam die großen Methoden und Gedanken konzipiert waren, sich mehr und mehr einstellte. Das beweist schließlich auch die Tatsache, daß 1799 Carl Friedrich Hindenburg *Johann Heinrich Lamberts Grundregeln der Perspektive aus Betrachtung einer perspektivisch gezeichneten Landschaft abgeleitet* herausbringt. Übrigens hat Johann Bernoulli, der damalige Direktor der Königlich Preußischen Akademie der Wissenschaften zu Berlin, die lambertsche Arbeit dem *Archiv der reinen und angewandten Mathematik* zum Druck gegeben. Und Sulzer hat in der *Allgemeinen Theorie der schönen Künste* von 1787 unter dem Artikel »Perspektive« auf die lambertsche Landschaft zurückgegriffen.

Im Jahre 1780 hat Johann Leonhard Hoffmann sein »Univer-

Kurzgefaßte Regeln

zu

perspectivischen

Zeichnungen

vermittelst eines zu deren Ausübung

so wie auch zu

geometrischen Zeichnungen

eingerichteten

Proportional-Zirkels

durch

J. H. Lambert.

AUGSBURG,

verlegts Eberhardt Kletts seel., Wittib,

1768

Titelseite zu Lamberts *Regeln*

sal-Zeichnungs-Instrument« bekannt gemacht, und gerade sein Werkchen verrät eigentlich am deutlichsten die große mathematische, künstlerische und pädagogische Zeit, der es entstammt. Hoffmann stattet ankündigungsgemäß sein Werk mit Kupfern aus, die alles andere als schön und klärend sind – im Gegensatz zu Lamberts »Landschaft«. Der Titel ist martkschreierisch: *Anweisung zu Verfertigung und Gebrauch des allgemeinen Zeichen-Instruments ohne Gläser mittelst dessen jeder auch der Zeichen-Kunst unerfahrene, ohne weiteren Unterricht, nach der Natur alles geschwind und pünctlich zu zeichnen vermag.* Die Schrift ist dem »Institut der Moral und schönen Künste zu Erlang« gewidmet. Interessant ist zum Schluß des Büchleins »ein Wort noch an die Jünglinge unter ihnen, die sich der Kunst ganz widmen wollen«. Darin heißt es: »Ihr habt nunmehr das Instrument in den Händen, durch welches ihr die Natur, wie sie ist, in Ansehung der Zeichnung, zu eurem Eigenthum machen könnt.« Bis hierher spricht der Rationalist, der Aufklärer, der durch das Zeitalter der Universalmathematik hindurchgegangen ist. Sogleich aber meldet sich die an sich haltende Vernunft, das Korrektiv aller Aufklärung. »Glaubet aber ja nicht, daß dadurch der ganze Schatz der Kunst erschöpft sey, oder daß ihr euch nunmehr in dem inneren Heiligthum derselben befindet. Wisset vielmehr, daß, soferne ihr Anspruch auf Nachruhm zu machen gedenket, eure Werke nicht die gemeine Natur, wie sie ist, enthalten sollen; sondern daß sie ein gewisser Geist beleben müsse, welcher über dieselbe erhaben ist.«

Eine gewisse Bedeutung erlangte noch das kleine Buch *Gründe der Perspektive*, das 1779 von Johann Andreas von Segner veröffentlicht wurde und das sehr sachlich und eindrucksvoll die Regeln entwickelte.

In besonders enger Weise sind mathematische und künstlerische Belange in einer Theorie der Perspektive und eines perspektivischen Instruments in einem Werk verknüpft, das 1795 der Professor der Mathematik Abel Bürja veröffentlicht. Es trägt den Titel *Der mathematische Maler oder gründliche Anweisung zur Perspektive nach verschiedenen Methoden nebst einem Anhange über theatralische Perspektive und die Beschreibung eines neuen perspektivischen Instruments.* Bezeichnender ist, daß Bürja sein Werk dem Freiherrn von Heinitz, dem »Kurator der Königl.

Akademie der Künste und mechanischen Wissenschaften«, gewidmet hat. Bürja beginnt mit einer historischen Einleitung über Perspektive, die derjenige Teil der »Malerkunst« sei, der sich am spätesten entwickelt habe. Aus dem 13. Jahrhundert erwähnt dann der Verfasser Peccamus, Vitellio und Roger Bacon, aus dem 15. Jahrhundert Piedro del Borgo und Baldassare Peruzzi, aus dem 16. Jahrhundert Albrecht Dürer und Guido Ubaldi und aus dem 17. Jahrhundert Desargues, Lamy, s'Gravesande und Taylor.

Ich möchte hier übrigens einfügen, daß Taylors *On the principles of linear perspective* sich nicht nur durch tiefe mathematische Gedanken auszeichnet, um deren Priorität Johann Bernoulli einen unerquicklichen Plagiatstreit vom Zaune brach. Taylors *Linearperspektive* gehört zu den wichtigsten Werken seit der Erfindung dieser geometrisch-zeichnerischen Methode. Moritz Cantor hat in seiner *Geschichte der Mathematik* mehrere Seiten diesem Werk gewidmet, das in schöner Weise – und das ist der Grund, weshalb wir es hier so besonders hervorheben –, das also in schöner und seltener Weise zeichnerische, malerische und mathematische Begabung verband. Taylor ist derjenige unter den großen Mathematikern des klassischen Zeitalters der Mathesis universalis, der künstlerische mit mathematischen Interessen verband und diese Zweieinigkeit des Geistes in den Dienst des Universalgedankens stellte, auf eine Weise, daß auch für die Geschichte der Perspektive dabei etwas herauskam.

Ich kehre zu Bürja zurück, durch den in Deutschland wenigstens gegen Ende des 18. Jahrhunderts der Proportionalzirkel so sehr populär geworden ist. Er rückt nachdrücklich die mathematische Perspektive in die Kunst ein. Der Gebrauch des Proportionalzirkels macht sein Buch und Mönnichs *Versuche, die mathematischen Regeln der Perspektive für den Künstler ohne Theorie anwendbar zu machen* zu einem bezeichnenden Lehrbuch der rationalen Verwandtschaft von Mathematik und Kunst, als Nachwirkung der Erfolge der Renaissance und des Barock gegen Ende des 18. Jahrhunderts, ehe die Mathematik sich wieder aus dem Bereich künstlerischer Gesinnung, in der beide drei Jahrhunderte gediehen, löste, ehe die ländlichen Gärten der Klassizisten die geometrischen Gärten des Barock verdrängten und als Thema der Anwendung der Mathematik mit der großen Mathematikergeneration der vierziger und fünfziger Jahre des 18. Jahrhunderts, mit Fourier, Monge, Laplace, Lagrange und Poisson nicht mehr die Kunst, sondern die Natur erschien. Sulzers *Allgemeine Theorie der schönen Künste*, die von 1792 bis 1799 erschien, ist durchaus das Werk eines Professors der Mathematik; aber die Mathematik ist in diesem Geiste so eingebettet in ästhetische Kategorien, daß der Mathematiker geradezu verdeckt wird. In diesem Sinne ist es als Resumé des künstlerischen Geistes der Barockmathematik charakteristisch. Ebenso charakteristisch ist die Tatsache, daß der *Auszug aus den Anfangsgründen aller mathematischen Wissenschaften zu bequemerem Gebrauche der Anfänger* von Christian Freyherrn von Wolff im Jahre 1772 zwar einen gründlichen Abriß der Perspektive und der Baukunst enthält, aber die großen Errungenschaften der Pascal, Newton, Leibniz, Descartes, der Bernoulli, insbesondere auch Daniel Bernoullis für eine mathematische Naturbeschreibung mit keinem Wort erwähnt. Er ist zwar mit Philipp Melanchthon der Meinung, »es könne niemand etwas in gründlicher Ordnung ausführen, welcher nicht in der Mathematik sich mit Fleiß geübt«, aber dennoch bezieht sich seine angewandte Mathematik viel stärker auf Kunst und Architektur als auf Naturerkenntnis, obwohl er gleich im ersten Satz seines Buches vom Nutzen der Mathematik für beide spricht. Jedenfalls bedeutet die Mitte des 18. Jahrhunderts einen bedeutenden Einschnitt auch für die Geistesgeschichte der Mathematik. Der Barock geht zu Ende und mit ihm das klassische Zeitalter der Mathesis universalis; aber ebenso verschwindet der innige Zusammenhang, in dem seit der Renaissance Kunst und Mathematik gestanden haben.

D'Alembert und Diderot in der Geistesgeschichte der Mathematik

I

L'encyclopédie ou Dictionnaire raisonné des sciences, des arts et des métiers, par une société de gens de lettres, mis en ordre et publié par M. Diderot, de l'Académie royale des Sciences et des Belles-Lettres de Prusse, et quant à la partie mathématique, par M. d'Alembert, de l'Académie royale des Sciences de Paris, de celle de Prusse et de la Société royale de Londres.

Enzyklopädie oder methodisches Sachwörterbuch der Wissenschaften, Künste und Gewerbe, herausgegeben von einer Vereinigung von Schriftstellern, geordnet und veröffentlicht von Herrn Diderot, Mitglied der Königlich Preußischen Akademie der Wissenschaften und der schönen Literatur mit mathematischen Teilen von Herrn d'Alembert, Mitglied der königlichen Akademien der Wissenschaften in Paris und in Preußen und der Königlichen Gesellschaft in London.[113]

Das ist der genaue Titel eines Werkes, das im Jahre 1751 mit dem ersten Band in Paris herauskommt, der Titel eines Werkes, das nicht allein die geistige Gesellschaft von Paris, von Frankreich, sondern von ganz Europa interessiert hat in jenen fruchtbaren und aufgeregten Jahren vor der Revolution und dessen Inhalt zum ersten Male wieder nach den großen Tagen des Christentums, des Humanismus und der Renaissance Europas einheitliche geistige Strukturen zu erkennen gab. Und noch niemals hat der Titel eines umfassenden Werkes so deutlich seine Herkunft zu erkennen gegeben wie der dieses Buches, das seine Entstehung gleichermaßen psychologisch-pädagogischen, soziologischen und wissenschaftstheoretischen Erwägungen verdankt. Der Ausdruck »Dictionnaire raisonné« verrät deutlich genug das Jahrhundert der großen Triade Descartes, Pascal und Leibniz. Daß dieser Dictionnaire aber von »gens de lettres« bearbeitet wird, läßt keinen Zweifel darüber, daß wir uns in einem Jahrhundert der Schriftsteller befinden, die die Öffentlichkeit bestimmen werden. Und daß d'Alembert, der Mathematiker, der durch seine »Vorrede« literarischen Ruhm gewann, und Diderot, der Schöngeist, der durch seine physikalischen und technischen Stücke naturwissenschaftliche Bedeutung erlangte, hier auf dem Titelblatt gemeinsam erscheinen, weist nachdrücklich darauf hin, daß dieses Jahrhundert der Enzyklopädie die Universalität des geistigen Menschen zu seinen höchsten Prädikaten zählte. Man weiß, daß Leibniz in seinen Jugendjahren einen solchen Plan konzipierte. Diderot und d'Alembert haben sich auf ihn berufen. Das Stichwort »Leibnizianisme« ihres Werkes gibt Auskunft darüber. Vor allem Couturat und Dürr haben sich um die Erhellung dieser Zusammenhänge verdient gemacht[114]. So geht nicht umsonst das klassische Zeitalter der Mathesis universalis, bezeichnet durch Descartes, Pascal und Leibniz, eingespannt in die Jahre von 1630 bis 1750, diesem Säkulum der Enzyklopädisten voran, und das Werk des Descartes, betitelt »Le projet d'une science universelle qui puisse élever notre nature à son plus haut degré de perfection«, aus dem dann 1637 nur der berühmte *Discours* hervorging, bedeutet geradezu die Theorie jenes Unternehmens der Enzyklopädisten. So gibt es also ein gewisses Recht, das neue Zeitalter, das sich unverkennbar durch die Enzyklopädie einleitet und das das klassische Zeitalter der Mathesis universalis ablöst, in greifbarer Analogie das klassische Zeitalter der Mathesis practica zu nennen. Indem man dieses Zeitalter ein wenig genauer zu bestimmen sucht, wird man gewahr, daß in seinem Verlauf die Mathesis universalis umschlägt in eine Mathesis mechanica. Und dieser Übergang kann an d'Alembert und an Diderot sehr schön und mit hinreichender Genauigkeit studiert werden.

Das klassische Zeitalter der Mathesis universalis hatte mit Descartes, Pascal und Leibniz die mathematische Methode als verbindlich für alle Wissenschaften erklärt. Diese Erklärung war aber im wesentlichen nur als ein Programm hinterlassen worden, als das rationalistische Programm par excellence. Was konnte dieses Programm der universalen Anwendung der Mathematik bedeuten? – Es konnte nichts anderes als die Mathematisierbarkeitsforderung und ihre Erfüllung bedeuten. Und was war hierunter zu verstehen? – In einer modernen Redeweise etwa folgendes: Versteht man unter einer Wissenschaft eine Folge von Sätzen über einen vorgegebenen Gegenstandsbereich, so soll diese Wissenschaft dann und nur dann mathematisierbar heißen, wenn sie nach H. Scholz folgende Forderungen erfüllt:

1. die in ihr auftretenden Sätze lassen sich in zwei Klassen spalten, in Grundsätze und Lehrsätze (Axiome und Theoreme),
2. die als Grundsätze (Axiome) auftretenden Sätze sind mindestens so evident wie die euklidischen Axiome,
3. die auftretenden Sätze lassen sich in einer Präzisionssprache formulieren, die der Präzisionssprache der Mathematik sinnvoll nachgebildet ist.

Von diesem Programm, das das klassische Zeitalter der Mathesis universalis hinterließ, sollte in den Jahren von 1750 bis 1800 und ausgetragen bis 1830 im wesentlichen derjenige Teil in angenäherte Erfüllung gehen, der die mathematische Präzisierung der mechanischen Prinzipien betraf. Es war dies die Hauptleistung des klassischen Zeitalters der Mathesis mechanica, die Leistung, die den Namen rechtfertigt.

Das klassische Zeitalter der Mathesis mechanica:

1736 verfaßt Euler seine *Mechanica sive motus scientia* und leitet damit jede spätere analytische Mechanik ein;

1738 bringt Daniel Bernoulli seine *Hydrodynamica* in Straßburg heraus und legt damit die Fundamente einer neuen mechanischen Theorie;

1743 veröffentlicht d'Alembert seinen *Traité de dynamique*, der sein berühmtes Prinzip enthält, mit dessen Hilfe dynamische Probleme auf statische zurückgeführt werden können;

1749 erscheint Eulers *Scientia navalis*, die zum ersten Male eine wirklich mathematische Theorie der Navigation entwickelt;

1754 bringt der gleiche Verfasser die erste *Vollständige Theorie der Maschinen, die durch Reaktion des Wassers in Bewegung versetzt werden*, d. h. eine fundamentale mathematische Turbinentheorie heraus;

1788 veröffentlicht endlich Lagrange die klassische *Mécanique analytique*, die die mechanischen Probleme auf der höchsten mathematischen Niveaufläche diskutiert; und

1799 schließt gewissermaßen Laplace die Epoche mit dem Werk *Mécanique céleste* ab, das die mechanischen Prinzipien auf kosmologische Probleme anwendet und die Einsicht der mechanischen Determinierung des Weltganzen auf die Stufe der Vollendung und der höchsten Überzeugungskraft bringt.

Dies also wären die Spitzenleistungen einer Zeit, die das klassische Zeitalter der Mathesis mechanica zu nennen wäre und der die enzyklopädistischen Materialisten mit nicht zu vermindernder Notwendigkeit angehören. Man muß hinzufügen, daß der mathematische Formalismus, in dem die mechanischen Theoreme auftreten, aus dem klassischen Zeitalter der Mathesis universalis stammt: es ist selbstverständlich der Infinitesimalkalkül mit seinen ersten und späteren Isoperimetrieproblemen, jener Kalkül, den Leibniz selbst in einem schwer datierbaren Fragment als »Méthode de l'universalité« bezeichnet hat und ohne dessen Ausbildung es wohl niemals zur klassischen Mechanik gekommen wäre. Es wirkt geradezu bezeichnend, daß mit dem Beginn der Epoche – 1742 – ein wesentliches Kompendium der Infinitesimalrechnung erscheint, MacLaurins *Complete system of fluxions*, und daß die Epoche ihre infinitesimalen Erfahrungen wiederum in einem berühmt gewordenen Lehrbuch offenbar macht, nämlich dem in den Jahren 1797–1800 erscheinenden *Traité du calcul différentiel et du calcul intégral* von Lacroix, auf das fast alle offiziellen Lehrbücher des 19. Jahrhunderts in ihrer Darstellungsweise zurückgreifen. Es handelt sich bei ihm um das Ergebnis einer Einwirkung der physikalischen Bemühungen um die Präzisierung mechanischer Theoreme auf den rein mathematischen Kalkül, eine Art von Hervorrufung mathematischen Fortschritts, der, denken wir an die Ausbildung des Matrizenkalküls der Quantenmechanik, auch später nicht selten sein wird.

Nunmehr können wir folgende Fragen formulieren:

1. Wie verwandelt sich die Mathesis universalis von Descartes, Pascal und Leibniz in die Mathesis mechanica der Enzyklopädistenzeit? –
2. Welche Stellung wird der Mathematik durch die Enzyklopädisten im einzelnen zugesprochen? –
3. In welchem Verhältnis steht die Mathesis mechanica zum Materialismus der Jahre 1750–1800 bzw. 1830?

Die erste Frage ist zum Teil schon beantwortet. Die Entwicklung einer mathematischen Theorie der mechanischen Prinzipien bedeutet die Ausführung eines Teils des Programms der Mathematisierung der Wissenschaften. Indem die Mechanik mehr und mehr in den Vordergrund des naturwissenschaftlichen Interesses rückt, verwandelt sich von selbst die Mathesis universalis in eine Mathesis mechanica. Aber alle jene genannten mathematischen Theorien der Mechanik von Daniel Bernoulli bis Laplace sind nicht nur Triumphe eines mathematischen Geistes, sie müssen auch als Triumphe eines mechanischen Geistes interpretiert werden, hinter dem neue philosophische Ansichten sich vordrängen. Diese Tatsache wird durch nichts so erhellt wie dadurch, daß in der großen Reihe jener Werke von Bernoulli bis Laplace noch zwei weitere auftreten, die, obwohl Frucht von Männern, deren einer fast ausschließlich und deren anderer auch Mathematiker gewesen ist, die so schön deutbare mathematikgeschichtliche Kontinuität innerhalb der mechanischen Theorien scheinbar bemerkenswert durch philosophische Gesichtspunkte störten. Ich meine zunächst die *Enzyklopädie* Diderots und d'Alemberts von 1751 und dann aber Diderots *Pensées sur l'interprétation de la nature* (*Gedanken über Philosophie und Natur*) von 1754. Gerade in diesen beiden Werken wird die Mathesis universalis unversehens zu einer Mathesis mechanica umgedeutet – umgedeutet von einem sehr starken philosophischen Standpunkt aus.

Es ist so: während die klassische Mathesis universalis das Paradigma des klassischen Rationalismus der Descartes, Pascal und Leibniz darstellt, ist die klassische Mathesis mechanica das Paradigma des Empirismus bzw. des induktiven Empirismus der Newton, Huygens, Locke und Hume. In der Zeit von 1750 bis 1800 können wir ein Vordringen des Empirismus und einen Verfall des Rationalismus beobachten. D'Alembert argumentiert etwa folgendermaßen: Um die Merkmale des Raumes und der Körper, soweit sie die cartesische Ausdehnungseigenschaft besitzen, auf eine beherrschbare Weise zu bekommen, ist es nötig, sie durch Abstraktion zu denaturieren oder zu dematerialisieren. Wir fassen gleichsam nur ihre Schattenbilder ins Auge, sagt d'Alembert in einer verschwiegenen Erinnerung an Platos Höhlengleichnis. Indessen: »Die mathematischen Abstraktionen erleichtern uns zwar ihre Kenntnis, aber sie sind nur dann von Nutzen, wenn man sich nicht darauf beschränkt.« Die Einschränkung auf die abstrakten Eigenschaften wird nach Ermittlung der mathematischen Prinzipien aufgehoben, und diese werden nun auf die Materie angewendet. Auf diese Weise entstehe die Mechanik und ihre Entwicklung führe zu allen Wissenschaften der physikalisch-mathematischen Provinz.

Weit stärker korrigiert Diderot den Anwendungsbereich der Mathematik. Der Verfasser mehrerer mechanischer Abhandlungen sagt offen, daß das Jahrhundert der reinen Mathematik zu Ende sei. Das richtet sich ausschließlich gegen Descartes, Pascal und Leibniz. »Wozu nützen alle diese tiefen Theorien der himmlischen Körper, alle diese Berechnungen der rationalen Astronomie, wenn sie einen Bradley oder Lemonnier nicht davon dispensieren, den Himmel zu beobachten?« Den universalen Mechanismus, den er enthüllt, fordert er an der Stelle der universalen Mathematik, und diesen universalen Mechanismus will er keineswegs deduziert sehen mit der Strenge, wie Descartes und Leibniz deduziert haben, er will ihn deskriptiv behandelt wissen – deskriptiv in jener gewiß klassischen, aber eben nicht prospektiven Weise, wie er in seinen technischen Beiträgen für die *Enzyklopädie* Beispiele gegeben hat, als er zeitgenössische Maschinen beschrieb.

Ich will hier noch darauf aufmerksam machen, daß weder d'Alembert noch Diderot die wissenschaftstheoretische Bedeutung der Triade Descartes, Pascal und Leibniz erkennen. Sie sehen die einzelnen Verdienste, nicht den Gesamtgeist der Mathesis universalis. D'Alembert, der in der »Einleitung« zur *Enzyklopädie* Proben seines geistesgeschichtlichen Scharfsinns gibt, hebt Bacon hervor. Er lobt die Theorie des Descartes, ohne sie in ihrer Wirkung zu erkennen. Von Pascal wird die »Axiomatik« nicht erwähnt, nur die mathematische und physikalische Facharbeit hervorgehoben. Leibniz bleibt völlig mißverstanden. Der Gedanke der generalisierten Mathematik der Mathesis universalis bleibt unbemerkt, daher wirkungslos selbst für einen d'Alembert. Überdies wird auch Hobbes nicht gewürdigt. Die nominalistischen Quellen der »philosophia naturalis« sind unbekannt. –

Was kann diese Wendung von der Mathesis universalis zur Mathesis mechanica von außen beeinflußt haben? Darüber ist in der Literatur bisher so wenig gesagt worden, daß es notwendig erscheint, auf folgende Mindesteinflüsse, wie ich sie nennen möchte, hinzuweisen:

Zunächst einmal kann man bestimmte Ereignisse, die der materiellen soziologischen Welt angehören, gar nicht hoch genug einschätzen. Die Frühgeschichte der klassischen Mechanik und Himmelsmechanik lag vor allem bei den Scholastikern; soziologisch will das sagen: bei der Geistlichkeit. Zu nennen sind – vor allem auf Grund der Untersuchungen Duhems[115] – Occam, Nikolaus von Oresme und Nikolaus von Kues. Occam, dessen Nominalismus für den Materialismus der modernen Physik nicht ohne Bedeutung ist und auf den Hobbes schon zurückgriff, war adliger Franziskaner. Nikolaus von Oresme, der erste Formulierer der Fallgesetze und des kopernikanischen Systems, war Bischof von Lisieux, und Nikolaus von Kues, der eine Rolle spielt in der Vorgeschichte der Infinitesimalrechnung, war Bischof von Brixen. Sie alle geben gleichsam das geistliche Urbild der »gelehrten Geometer« ab.

Mit dem Ende des 16. Jahrhunderts war jedoch aus den sozial untergeordneten Schichten, denen in unserem Rahmen Handwerker, Seeleute, Künstler, Instrumentenbauer, schlichte Wundärzte und Mechaniker angehörten, eben durch die von den »gelehrten Geometern« gern verächtlich gemachte Beschäftigung mit mechanischen Experimenten, chirurgischen Eingriffen, maschinellen Konstruktionen, künstlerischen Fertigkeiten und handwerklichen Erfindungen der fortschrittliche Geist in die Universitätswissenschaften eingedrungen. Vor allem Galilei und Bacon, aber auch die gesellschaftlich angesehenen Renaissancekünstler wurden neben den zahlreichen handwerklichen und nichthandwerklichen Verfassern technischer Traktate in ihrem Tagewerk zu Sammelbecken dieses Fortschritts, der überall dort, wo er wirklich echter Fortschritt im Sinne einer Perfektion ist, Vervollkommnung der menschlichen Wissenschaften und schwerlich etwas anderes bedeutet.

Wichtig ist festzuhalten, daß die Renaissancekünstler auch Träger des naturwissenschaftlichen und mathematischen Fortschrittes waren. Die Rezeption des Euklid wird z. B. wesentlich auch von ihnen getragen. Insbesondere Leonardo da Vinci gehört zu denjenigen, die von der Mathematik aus sowohl die Kunst als auch die Technik erhellen. Der Satz: »Die Mechanik ist das Paradies der mathematischen Wissenschaften, denn durch sie gelangt man zur mathematischen Frucht«, bedeutet geradezu ein

Programm für die klassischen Mechaniker von Newton bis Laplace. Im *Traktat von der Malerei* hingegen entwickelt er die Malerei als eine Wissenschaft aus der Mathematik. Wenn er aber sagt: »Die instrumentale oder mechanische Wissenschaft ist höchst edel und über alle anderen äußerst nützlich«, so ist das auch eine neue soziologische, ja revolutionäre Einschätzung der Techniker des 15. und 16. Jahrhunderts, die man nicht überhören darf. Ich möchte sagen dürfen, daß mit solchen Thesen Leonardo der erste geistige Mensch unter den Verfassern technischer Handschriften wie Konrad Kyser, Johannes Fontana, Konrad Kauder, Francesco di Giorgio Martini, Philipp Mönch und noch vielen anderen darstellt.[116]

Daß in der klassischen Epoche der Mathesis universalis Descartes, Pascal und Leibniz sich mit Erfindungen beschäftigen konnten, daß Pascal alle Leiden und Freuden des Erfinders bei der Konstruktion der Rechenmaschine erfuhr, daß Descartes von den Tieren und Pflanzen als von Maschinen sprechen konnte und selbst ein Hofmann wie Leibniz sich in Konstruktionen versuchte, daß ein Mann wie Papin, der ihr Zeitgenosse war, gleichsam der erste technische Physiker genannt werden kann, das bedeutete nicht nur einen wissenschaftstheoretischen Fortschritt in dem Sinne, daß sich die Mathematik der Technik annahm, das bedeutete auch die Aufhebung einer wissenssoziologischen Differenz zwischen dem Mechaniker und dem gelehrten Geometer. Einen bleibenden Eindruck in dieser Richtung hatte die Gründung der »Accademia del disegno« durch Vasari und Cosimo II. de Medici in Florenz hinterlassen, einer Schule, an der nicht nur Künstler, Mechaniker, Ingenieure und Mathematiker zusammenwirkten, sondern an der auch erstmalig Anatomie, Mathematik, Technik, Brückenbau, Kanal- und Straßenbau, Architektur und Perspektive wie an einer späteren technischen Hochschule gelehrt wurden.

So darf man also – und das scheint mir für die Beurteilung der geistigen Tradition der Technik von höchster Wichtigkeit zu sein – nicht übersehen, daß die Ideale der Renaissance und des Humanismus in ihr wirksam sind. Denn man kann nicht leugnen, daß das, was dort vielleicht vor allem Bildung auf der Grundlage musischer Freiheit hieß, nach und nach Erziehung auf der Grundlage sozialer Notwendigkeit wurde. Weigels »Mechanische

Schule« und Leibnizens »Handwerksschulen«, deren Pläne in der zweiten Hälfte des 17. Jahrhunderts entstanden, sprechen ebenso wie die Gründung der »Kunst-Rechnungsliebenden Societät deutscher Schreib- und Rechenmeister« 1690 in Hamburg vom Nutzen der Gelehrsamkeit für das Land, und sofern sie die realen Fächer in den Vordergrund rücken, haben sie darin durchaus ihre Vorbilder aus der Zeit des Humanismus und der Renaissance. Auch die Technik und die Naturwissenschaften haben eine unbezweifelbare humanistische Grundlage, die sich in der Renaissance herausbildete und ihre soziologische Bewertung erhielt durch den fortschrittlichen Geist jener Zeiten. Der Übergang von der Bildung aus der musischen Freiheit zur Bildung aus der sozialen Notwendigkeit liegt der gesamten höheren Bewertung der Mechanik zugrunde, die dann im späten 17. und im gesamten 18. Jahrhundert allgemeingültig wird.

Nur dieser soziologischen und wissenssoziologischen Veränderung der Einstellung gegenüber der Mechanik ist es zu verdanken, daß insbesondere eine Erfindung, nämlich die der Uhr, wissenschaftlich, philosophisch und theologisch so ausgeschöpft werden konnte, wie das tatsächlich geschehen ist. Gegen Ende des 15. Jahrhunderts waren die Uhren auf dem Kontinent schon sehr verbreitet. 1484 brauchte man sie bereits zu astronomischen Beobachtungen; 1511 hatte der Nürnberger Schlosser Peter Henlein die Taschenuhr so vervollkommnet, daß sie tatsächlich eine tragbare Uhr war. 1587 wurde die Uhrenindustrie im calvinisierten Genf offiziell eingeführt, und damit war die Verbindung hergestellt zwischen einem Mechanikerstand, einer staatserzeugenden Theologie und einer kosmologischen Anwendung der Mechanik als Theorie, denn es ist nicht zu übersehen, daß die Genfer Theokratie des Calvin, theologisch und politisch durchpräzisiert, wie es diese harte, intellektuelle Theologie der Prädestination verlangte, wie das Räderwerk der Uhren zu funktionieren hatte. Der »Geist der Maschine«, der später sowohl auf Descartes in seinen Tiermaschinen und Pflanzenmaschinen, auf Pascal in seiner Rechenmaschine und seinem Fragment 252, danach der Mensch sowohl Maschine als auch Geist sei, und auf Leibniz in seiner Konzeption des Gedankens des Kalküls wirkte, ist in keinem Augenblick von seinem soziologischen und theologischen Ursprung zu trennen. Auch dort nicht, wo er, wie bei allen Deisten, destilliert wird zu einem theologisch-kosmologischen Uhrengleichnis, oder dort, wo er seine höchste Abstraktion im Kalkül der Mathesis universalis erfährt. Als Huygens 1656 die Pendeluhr erfindet und 1673 sein *Horologium oscillatorium* als mathematische Theorie der Pendeluhr veröffentlicht, da erscheint die Uhrenmechanik endgültig säkularisiert, nicht mehr geheimnisvolle Deutung der Deisten, sondern Grundlage mechanischer Theorien – verbindlich zum Teil für Mathematiker, in jedem Fall aber für Materialisten.

Aber auch für Historiker. Denn das mathematische Bewußtsein des klassischen Zeitalters der Mathesis universalis begann sehr bald das historische Bewußtsein dieser Epoche zu verändern. Bossuets *Discours sur l'histoire universelle depuis le commencement du monde jusqu'à l'empire de Charlemagne* von 1681, dessen zweite Titelhälfte so typisch ist und den Voltaire und Valéry so bewundern, hatte wohl den Universalgedanken aufgenommen; aber der historische Zeitbegriff, der als Skala dieser Universalgeschichte zugrunde gelegt wurde, war der alte theologisch-biblische geblieben. Und so kann die Bewunderung, die Voltaire und Valéry für Bossuet aufbringen, nur dem unvergleichlichen Schriftsteller, nicht dem sachlichen Historiker gelten. Dennoch aber entstand gerade mit diesem konservativen Geschichtsbild, gleichsam als Reaktion und als Korrektiv aus dem Geiste der Mathematik, jene Beschäftigung mit der neuen Wissenschaft der »Chronologie«, die gerade um die Jahre, als Huygens seinen Traktat über die Pendeluhr veröffentlichte, um 1700, für das Zeitalter typisch geworden war. So steht durchaus hinter der physikalisch-astronomischen und der historisch-genealogischen Meßkunst das neue mathematische Bewußtsein, die Tendenz auf Präzision. Die Chronologie verursachte – faßt man den Begriff weit genug – eine Art einheitlichen Fortschritts sowohl in der Astronomie als auch in der Geschichte. Und es ist nun interessant zu sehen, daß mit dem immer sichtbarer werdenden Umschlagen der Mathesis universalis in die Mathesis mechanica nach 1700 auch die abstrakte Chronologie sich verwandelt in die konkrete Genealogie, die in den mittleren Jahrzehnten des 18. Jahrhunderts die Historiker beeindruckt. Chasot in Frankreich, Madox in England, Harenberg und Gatterer in Deutschland sind nur einige Namen, die hier zu nennen wären. Voltaires 1757 erscheinender

Essai sur les mœurs et l'esprit des nations, der das Geschichtsbild Bossuets zerstörte, ist ein Ergebnis dieser Wendung, und in seiner chronologischen und genealogischen Datierung historischer Ereignisse bedeutet er das Gegenstück zu Diderots *Interprétation de la nature* von 1754, mit der er stilistisch so sehr viel gemeinsam hat. Daran ist gar kein Zweifel: das Naturbild und das Geschichtsbild des werdenden 18. Jahrhunderts sind beide sinnvoll verbunden durch die Rezeption des in der klassischen Epoche der Mathesis universalis erzeugten Bewußtseins von der mathematischen und theologischen Präzision dieser Welt.

Während das Uhrengleichnis den philosophisch gestimmten und materialistisch gedeuteten Mechanismus von Mersenne bis Diderot und Holbach bestimmte, spielt für die Entwicklung des mathematisch orientierten Mechanismus von Euler, Lagrange und Laplace der Begriff der »Funktion«, wie er von Leibniz und Johann Bernoulli aus dem mersenneschen und sauveurschen Begriff der (akustischen) »Schwingung« gebildet wird, die anschaunggebende Rolle. Von Mersenne läuft also sozusagen eine Linie über das »Uhrenbild« zu Diderot und eine andere über das »Schwingungsbild« zu d'Alembert und rufen zwei Gestalten des Mechanismus hervor.

Es ist leicht einzusehen, daß in dem Maße, wie aus der Mathesis universalis die Mechanica universalis wurde, daß in dem Maße also, wie aus dem mathematischen Universalgedanken ein mechanischer Universalgedanke wurde, die exakte Naturwissenschaft nicht mehr Descartes, Pascal, Leibniz und Euler bevorzugte, sondern eben Newton und Huygens, die ihre Mathematik weit stärker vom Standpunkt der Anwendung als von dem der reinen Theorie betrieben. In seinem schönen *Traité de la lumière* von 1690 vertritt Huygens in der Vorrede den Standpunkt, daß die Prinzipien, die zur Beherrschung eines erforschbaren Tatbestandes eingeführt werden, sich durch die Folgerungen, die daraus gezogen werden können, bewähren müssen. Und Newton, der gerade damals auf dem Kontinent durch Voltaire, Diderot, Algarotti und Fontenelle bekannt gemacht wurde, schreibt am Ende seiner *Optik* von 1704, daß die Analysis des Forschers darin bestehe, aus Experimenten und Beobachtungen durch Induktion allgemeine Schlüsse zu ziehen, und gegen diese seien keine Einwände zulässig, die nicht wiederum aus Experimenten oder aus anderen gewissen Wahrheiten entnommen seien. Diderot hat diese unwiderlegliche Stelle in seinem fragmentarischen Kommentar, den er zu Newtons *Prinzipien*[117] verfaßte und der mit anderen mechanischen Stücken 1748 erschien, nicht übersehen. Aber am vortrefflichsten hat doch Daniel Bernoulli, der letzte mathematische Geist der »Bernoullisierten«, die Leibniz so gerühmt hat, diese neuen Quellen offenbar gemacht. Bei Gelegenheit seiner Übernahme des physikalischen Lehrstuhls schreibt der Verfasser der *Hydrodynamica* an einen Neffen: »Je respecte et j'admire les Euler; mais j'adore les Newton et Huygens.« Nicht nur nebenbei war damit auch auf den großen Praktiker und Theoretiker der Pendeluhr angespielt. Es ist eine allgemeine Anspielung, die immer wiederkehrt in dieser Zeit, der dann Diderot und d'Alembert ihren philosophischen Ausdruck, den Ausdruck der ersten Konturen eines maschinellen Materialismus, verleihen. Es darf uns nicht verwundern, wenn Diderot in seinen *Pensées philosophiques* von 1746 schreibt: »Dank der Arbeit großer Männer ist die Welt kein Gott mehr, sie ist eine Maschine, die ihre Räder besitzt, ihre Stränge, ihre Rollen, ihre Federn und ihre Gewichte.« Und d'Alembert ist der Meinung: »Für den, der das Weltall von einem einheitlichen Gesichtspunkt aus erfassen könnte, würde es – wenn der Ausdruck erlaubt ist – nur eine einzige Tatsache und eine große Wahrheit bedeuten.« Das ist ohne Zweifel – gespiegelt an der Mathesis universalis – eine etwas populäre Fassung des Variationsprinzips der Welt, das als Extremalprinzip von Leibniz über Hamilton (1836) bis Hilbert (1917) den Geist der theoretischen Mechanik bestimmte, aber – gespiegelt an der Mathesis mechanica – auch die erste Formulierung des Laplace'schen Dämons, jenes fiktiven Geistes, der, im Besitz einer prädestinierenden Weltgleichung, Himmel und Atom beherrscht. Das ist der neue Maßstab der Weltbetrachtung, noch kälter, noch intellektueller als der der Mathematiker. Man kann verstehen, daß Goethe an ihr verzweifelte und nicht nur harte Worte gegen Newton fand. Er erscheint mir an dieser Stelle immer als der intellektuelle Reaktionär großen, unvergleichlichen Stils – aber daß auch d'Alembert, den er las, und Diderot, den er bewunderte, ihn nicht dazu zu bringen vermochten, hier großmütiger und einsichtiger zu sein, das wird ihm der mathematische Geist nur in den günstigsten Augenblicken ganz verzeihen.

Wir kommen zur Beantwortung der zweiten Frage:

Welche Stellung wird der Mathematik durch die Enzyklopädisten im einzelnen zugesprochen? Man kann zunächst allgemein feststellen, daß in dem Maße, wie die Mechanik die Geister erfüllte, die reine Mathematik an Interesse verlor. Sie trat zurück in ihrer prinzipiellen Vormachtstellung, sie verlor die wissenschaftstheoretische Priorität, die Descartes, Pascal und Leibniz ihr gegeben hatten, und sie verlor an Popularität. Diderot konstatierte es in seinen *Pensées sur l'interprétation de la nature* zuerst: »Wir nähern uns dem Punkt einstweiliger Vollendung der Mathematik. In hundert Jahren wird man vielleicht nicht drei große Mathematiker zählen...« Diderot hatte bekanntlich unrecht. In diesen Dingen soll man nicht prophezeien wollen. Der Hinweis auf Gauß, Cauchy und Pfaff würde genügen, ihn zu widerlegen. Aber dennoch ist seine Voraussage bezeichnend. Ebenso bezeichnend wie seine Meinung von der Mathematik im allgemeinen. »Indem die Mathematik die Körper aller individuellen Eigenschaften entkleidet, ist sie eine Art allgemeiner Metaphysik.« Wir würden heute sagen: eine Art allgemeiner Ontologie. »Als die Geometer« – so fährt Diderot fort – »die Metaphysik verschrien, waren sie weit davon entfernt, zu denken, daß ihre Wissenschaft selbst eine Metaphysik sei. Man fragte eines Tages: Was ist ein Metaphysiker? – Ein Mathematiker antwortete: Ein Mensch, der nichts weiß. Es scheint, als ob die experimentelle Naturwissenschaft auf dem Punkt steht, die Metaphysik zu rächen und die gleiche Definition auf den Mathematiker anzuwenden.« Diese Äußerung der Abwendung ist das Äußerste, was an Beargwöhnung der reinen Mathematik damals vorgetragen worden ist. Sie krankt daran, daß Diderot mit keinem Wort gesagt hat, was er hier eigentlich unter Metaphysik verstehe.

Wie beurteilt d'Alembert die Mathematik, so wie Descartes, Pascal und Leibniz sie sich dachten? – Er ist vorsichtiger und genauer als Diderot, den er natürlich in diesem Fach um eine qualitative Differenz überragt. D'Alembert vertritt nicht den Standpunkt der Axiomatiker. »Was die mathematischen Wissenschaften betrifft, so dürfen wir uns über ihren Wert und ihren Umfang nicht täuschen. Denn ihre Gewißheit verdanken sie hauptsächlich der Einfachheit ihres Gegenstandes... die abstrakten Begriffe, also diejenigen, die der Durchschnitt der Menschen für die unzugänglichsten ansieht, zeichnen sich häufig gerade durch ihre größere Klarheit aus. Die Dunkelheit bemächtigt sich unserer Vorstellungen in dem Maße, wie die sinnlich wahrnehmbaren Eigenschaften an einem Gegenstand untersucht werden.« Davon abgesehen, daß d'Alembert damit eine vortreffliche Erklärung des Sinns der wissenschaftlichen Abstraktionen gegeben hat, bedeutet der Eingangssatz aus dem Munde eines führenden Mathematikers seiner Zeit doch eine unerhörte Skepsis der eigenen Wissenschaft gegenüber. Aus ihr wird erklärlich, daß später d'Alembert sich fast ganz von den mathematischen Wissenschaften zurückgezogen hat. Was speziell die Axiomatik angeht, so sagt er folgendes: »Was ist die Mehrzahl jener Axiome, auf die die Mathematik so stolz ist, denn anders als der Ausdruck einer und derselben einfachen Vorstellung durch zwei verschiedene Zeichen oder Worte?« Man erkennt den Tautologismus, den natürlich Leibniz zugeben würde, den d'Alembert aber zu billig, zu leer auffaßt. Übrigens spielt dieser d'alembertsche Tautologismus eine gewisse Rolle in dem sogenannten Calculus-Streit, der um 1758 zwischen Ploucquet, Lambert und Holland ausbrach[118]. –

Die Ausführungen über Logik, die sich in der »Vorrede« zur *Enzyklopädie* den Betrachtungen über die Axiome anschließen, urteilen noch härter über diese wenigstens von Leibniz, wenn auch nicht von Descartes und Pascal so hervorgehobene Wissenschaft. »Doch muß man nicht glauben, daß sie den ersten Platz in der wissenschaftlichen Praxis einnimmt. Die Kunst, zu urteilen, hat die Natur den guten Köpfen von selbst zum Geschenk gemacht, und man kann wohl sagen, daß die Bücher, die darüber geschrieben sind, höchstens für denjenigen einen Wert haben, der ihrer entraten kann.« Damit ist eigentlich ein vernichtendes Urteil über das große logische Ereignis der Zeit der Mathesis universalis, über die Logik von Port Royal gesprochen. Und ganz ähnlich urteilt d'Alembert auch in dem Werk, in dem er sich zum erstenmal als bedeutender Mathematiker ausweist, in der Einleitung zum *Traité de dynamique*. Jedoch begründet er hier eine recht interessante Stufenleiter der Evidenzen, indem er sagt, die Evidenz werde abgestuft in der Reihenfolge der mathematischen Wissenschaften, und diese Reihenfolge sieht seiner Meinung nach folgendermaßen aus: Algebra, Geometrie, Mechanik. Die Geometrie sei einfacher als die Mechanik, aber beide weniger einfach als die Algebra.

Dieses Verhältnis zur Mathematik ist um so erstaunlicher, als d'Alembert gelegentlich ein sehr modernes Beweismittel völlig formalen Charakters bevorzugt, nämlich den mathematischen Existenzbeweis, den er in seinen *Mélanges* von 1760 beschreibt: »Bei den indirekten Beweisen dagegen zeigt man, daß eine Behauptung darum wahr sein muß, weil sie nicht unwahr sein kann, indem man nämlich dartut, wie man durch die Annahme, sie sei falsch, also das Gegenteil davon wahr, in Widerspruch gerät.«

Davon jedoch abgesehen, kann man nirgendwo den offenen oder geheimen Pragmatismus der enzyklopädistischen Wissenschaftstheorie deutlicher erkennen als an ihrer Stellungnahme zur Mathematik. Diderot, der die erarbeiteten Tatsachen der Forscher immer wieder an ihrer Bedeutung für die Allgemeinheit spiegelt, hat jenen pragmatischen Standpunkt in den *Pensées sur l'interprétation de la nature* zusammenfassend folgendermaßen ausgedrückt: »Es gibt nur ein einziges Mittel, um die Philosophie für die Augen des einfachen Mannes wirklich empfehlenswert zu machen: man muß ihm die Nützlichkeit zeigen.« Aus dieser pragmatischen Einstellung heraus wird die Mathematik beurteilt. Die Konstruktion eines theoretisch abgeschlossenen Reiches der mathematischen Theoreme, so wie es vor allem Descartes und Leibniz mit der Scientia generalis noch im Sinne hatten, genügt weder ihm noch d'Alembert noch dem Zeitalter dieser Männer. Sie erfassen die Mathesis universalis als die Scientia universalis völlig richtig. Denn Diderot sagt uns, »daß die Region des Mathematikers eine geistige Welt ist«. Aber sie erkennen die Notwendigkeit, daß die mathematischen Theoreme nicht auf die geistige Welt beschränkt bleiben. Worüber sich die großen Schöpfer der mathematischen Naturerkenntnis, die Galilei, Newton, Huygens, Leibniz und Euler, eigentlich wenig Gedanken gemacht haben, warum eigentlich die geistige Welt des Mathematikers eine Verwirklichung in der Natur besitzt, das wirft Diderot jetzt noch einmal als gewaltiges wissenschaftstheoretisches Problem auf, wenn er mit Nachdruck fragt: Was nutzt es? –

Wenn es eine Rechtfertigung der reinen Mathematik gibt, so ist es für d'Alembert, für Diderot und für ihr Zeitalter selbstverständlich nur eine pragmatistische. Sie ist von methodischem Nutzen für die Wissenschaften, und allein darin liegt ihre umfassende Bedeutung; aus pragmatistischen Gründen wird die Natur, wird die Mechanik mathematisiert; aus pragmatistischen Gründen wird Rousseau im ersten Kapitel des dritten Buches des *Contrat social*[119] das Verhältnis von Regierung und Volk durch eine mathematische Formel ausdrücken und so, scheinbar ganz nach dem Programm der Mathesis universalis und dem Vorbild der leibnizischen Abhandlung »Specimen demonstrationum politicarum pro eligendo Polonorum novo scribendi genere ad claram certitudinem exactum« von 1669, die Politik mathematisch behandeln. Die prinzipiellen Gründe zur Behauptung eines Primats der Mathematik sind pragmatistischen gewichen. Der abstrakte Denker hat den Vorrang an den konkreten Denker abgetreten – übrigens ein immer wiederkehrendes Faktum, wenn Revolutionen geistiger und politischer Art durchgesetzt werden.

Man kann, um im speziellen Raume zu bleiben, diesen ganzen Vorgang auch so beschreiben, daß man sagt: die Mathematik hat sich unter dem Eindruck des Interesses für die universale Mechanik fortlaufend von der Philosophie emanzipiert. Dieser Ausdruck ist allgemein genug, um die kantische Wendung mit der Vernunftkritik noch einzubeziehen. Tatsächlich versuchte ja Kant eine prinzipielle Begründung des Standpunktes, daß die mathematische Methode nicht auf die philosophische angewendet werden könne, mit dem Erfolg, daß mindestens bis Bolzano kein innerer Zusammenhang mehr zwischen mathematischer und philosophischer Forschung bestand. Indessen haben vor allem Duhem und Mach in ihren historischen Untersuchungen zur Geschichte der Mechanik hervorgehoben, daß mit der Entwicklung von Leibniz zu Lagrange und Laplace eine Befreiung der Mechanik von theologischen und metaphysischen Einflüssen sich vollzieht. Aber man muß hinzusetzen, daß gerade diese Befreiung von theologischen und philosophischen Einflüssen in der Entwicklung der theoretischen Mechanik einen Effekt hervorgerufen hat, der nun wieder der ganzen Richtung, die d'Alembert und Diderot mit ihrer empiristischen, positivistischen und maschinalistischen Universalmechanik im Sinne hatten und die ja ein konkretes Denken ins Werk setzen sollte, entgegenlief, zumindest jedoch davonlief, nämlich der immer stärker werdenden Mathematisierung, ja Formalisierung der Mechanik. Die theologischen Analogien, die Leibniz und Maupertuis z. B. zu ihren Variationsprinzipien geführt haben, sind bekannt. Leibniz definiert geradezu die wirkliche Welt als die beste der möglichen Welten und versteht darunter eine Welt, die aus einem einzigen Prinzip zu entwickeln ist. Euler führt sein Prinzip der kleinsten Wirkung nicht ohne Rechtfertigung durch eine Art von causa finalis ein. Erst d'Alembert und Lagrange denken nicht mehr an solche spekulativen Begründungen. D'Alembert anerkennt nur die Beobachtung als Ausgangspunkt der mathematisch-mechanischen Theorie; aber er gründet gleichzeitig die Infinitesimalrechnung, die zur Beherrschung der Mechanik notwendig ist, nicht mehr auf die das Infinitesimale sinnlich-anschaulich verdeutlichenden Fluxionen, wie das MacLaurin in seinem Lehrbuch noch getan hat, sondern auf reine Grenzwertbetrachtungen, und so sehen wir auch hier wieder wie schon einmal in d'Alembert den Formalisten. In diesem Punkt wird er sich von Diderot trennen, der in der Mechanik, dem konsequenten Materialisten schon nahe stehend, kein deduktives, sondern ein deskriptives System der Naturbetrachtung sieht und im übrigen das, was die modernen Formalisten, wie z. B. Hilbert, als Charakteristikum ihrer Methode hervorheben, daß sie nämlich von der Art eines höheren Spiels sei, zwar durchaus erkennt, jedoch im dritten Abschnitt seiner *Pensées sur l'interprétation de la nature* verächtlich macht. Lagrange geht dann in der Auffassung der die Mechanik beherrschenden Infinitesimalrechnung formalistisch noch einen Schritt weiter. Für Lagrange ist der Kalkül fast nur noch eine façon de parler, eine Frage der Schreibweise. Die Funktion $y = f(x)$ wird als Potenzreihe eingeführt, derart, daß gilt:

$$y = f(x) = a_0 + a_1x + a_2x^2 + a_3x^3 + \dots$$

Dann ist der Differentialquotient der Reihe der der einzelnen Glieder, d. h. aber, der Potenzreihe für y wird eine andere zugeordnet, eben

$$y' = a_1 + 2\,a_2\,x + 3\,a_3\,x^2 + \dots$$

Lagrange greift mit diesem Verfahren Versuche auf, die Johannes Segner bereits um die Mitte des Jahrhunderts aufgestellt hat. Es handelt sich um den Ausbau des Differentialkalküls zu einem Derivationskalkül, den allerdings erst Louis Arbogast in seinem

1800 erscheinenden Werk *Du calcul des dérivations* vollenden sollte.

So sehen wir vor uns eine zweiphasige Entwicklung: Diderot drängt durch die Mathematik hindurch auf eine rein deskriptive maschinalistische Auffassung der Mechanik, streng auf empirischer Grundlage. Es ist die Richtung auf die konsequenten Materialisten sowohl in der Philosophie als auch in der Naturwissenschaft. D'Alembert, ebenfalls ausgehend von empirischen Fakten, drängt jedoch auf eine mathematische Behandlung der Mechanik, der Materie. Es ist die Richtung auf die konsequenten Positivisten und logischen Empiristen.

In beiden Phasen aber zeichnet sich schon das ab, was die moderne Wissenschaftstheorie als das Unabhängigkeitspostulat des Forschers formuliert hat. Es ist jene Mindestforderung, die an die Existenz und die Methode der Forscher gestellt werden muß: daß sie nämlich den zu erforschenden Gegenstand unabhängig von einem außerwissenschaftlichen Druck etwa politischer oder religiöser Art bearbeiten, eine einleuchtende Mindestforderung, die das einzige Ethos der Forschung bezeichnet, das der Höhe einer gereinigten Rationalität entspricht.

Wir können jetzt auch die dritte der aufgeworfenen Fragen beantworten: in welchem Verhältnis steht die Mathesis mechanica der Jahre 1750–1800 zum Materialismus der Epoche? – Zu einem Materialismus, der durch die Existenz der Lamettrie, Helvétius und Holbach hinlänglich bezeichnet ist. Und nun ist es auffällig: keiner von ihnen ist Mathematiker. Lamettrie ist Arzt, Helvétius Finanzbeamter und Holbach Weltmann und freier Schriftsteller. Man wird auch schon daraus den Schluß ziehen können, daß sie die Stimme Diderots, die Stimme, die für eine deskriptiv-maschinalistische Mechanik eintritt, eher vernehmen als die Stimme d'Alemberts, die Stimme dessen, der maßgeblich an der Ausbildung einer mathematischen Theorie der Mechanik mitgewirkt hat. Man kann in Lamettries *L'homme machine*[120] verschiedentlich die Auffassung eines universalen Mechanismus vertreten finden, aber von einer Mathesis mechanica im Sinne einer Theorie der Massenpunkte und ihrer Bewegungen keine Spur. Und man kennt Holbachs geistvolle Reflexionen über Atome und Moleküle als Ursachen historischer Ereignisse; aber an der Frage, wie die Bewegungsverhältnisse beherrscht, nicht bloß durch irgendein spekulativ gefundenes Bild gedeutet werden können, geht er vorüber. Helvétius endlich schreibt »über den Geist«; aber daß Pascal eine sehr eindrucksvolle Theorie des Geistes, die zwischen dem esprit géométrique und dem esprit de finesse zu scheiden weiß, entworfen hat, das alles wird von Helvétius nicht berührt, als ob es für ihn vermeidlich gewesen wäre, wenn er vom Geist handelt, auch von der Mathematik und der Logik zu handeln. Und sie waren doch Materialisten, die der *Enzyklopädie* entstammten, sie gediehen doch im engeren oder weiteren Kreise d'Alemberts und Diderots, und sie waren durch die berühmte »Vorrede« darüber belehrt worden, daß erst die mathematischen Eigenschaften dessen, was wir mit Descartes als die Ausdehnungseigenschaften der Materie ansprechen, geklärt werden müßten, ehe man mechanische und physiologische Schlüsse zöge. Was diese Männer als Philosophen gesagt haben, das haben sie als Materialisten gesagt; aber was sie als Materialisten aussprachen, das wurde in einem philosophischen Stil vorgetragen, der alle Anzeichen des spekulativen, dogmatischen, nicht aber des wissenschaftlichen deduktiven Geistes aufwies.

Und daran ist einzig und allein die Tatsache schuld, daß sie durch die einzige Schule des Geistes jener Zeit, durch die mit Gewinn hindurchgegangen werden mußte, nicht hindurchgegangen sind, nämlich durch die Schule der entstehenden Mathesis mechanica, durch die Schule der mathematischen Theorie der Mechanik, wie sie bei d'Alembert, bei Lagrange und Laplace zu finden war. Daher ist ihr Materialismus auch nicht streng systematisch aufgebaut, er hat eine literarische Struktur, er berechnet die Wirkungen auf die Gesellschaft, nicht auf die Wissenschaften. Daher kommt es, daß es z. B. falsch ist, was Philipp Frank in seiner Auseinandersetzung mit den Materialisten hervorhebt, daß es die große Tat der Materialisten des achtzehnten Jahrhunderts gewesen sei, alle Naturerscheinungen »auf präzise, mathematisch formulierbare Sätze und deren Folgerungen zurückzuführen und nicht auf verschwommene Begriffe«. Es ist ein nicht zu widerlegender Tatbestand, daß gerade die klassischen Materialisten dieser Forderung nicht nachgekommen sind – weil sie nämlich kein wissenschaftliches Verhältnis zur Mathematik besaßen –, daß sie vielmehr wie Diderot den elementaren maschinellen Materialismus entwickelt haben. Man war in der Geschichte des neueren Materialismus niemals weiter von einem wissenschaftlichen Materialismus, niemals weiter von einem nominalistischen Materialismus oder einem geometrischen Materialismus entfernt als im Umkreis von Holbach, Helvétius und Lamettrie, und zwar deshalb, weil man sich einfach völlig von den occamschen, cartesischen und hobbesschen Ansätzen entfernt hatte, indem man in ein Mißverhältnis zur Mathematik, klassischen Mechanik und Logik geraten war, was, wie gesagt, schon aus der *Enzyklopädie* belegt werden kann. Indessen ist jene Forderung von den uneigentlichen Materialisten, von den Enzyklopädisten, von den wirklichen Wissenschaftlern neuer Kreise genau erfüllt worden, nämlich von Lagrange und Laplace, die sich dem positivistisch gerichteten mathematisierten Mechanismus d'Alemberts angeschlossen hatten. Aus diesem Umkreis ging dann auch das Werk Lavoisiers hervor, der in seiner Einstellung zur Wissenschaft eine stark materialistische Überzeugung besaß. Sein berühmter Satz von der Erhaltung der Materie, der in den Grenzen seiner Wissenschaft, der Chemie, eine sehr folgenreiche Theorie dargestellt hat und der 1789 in seinem *Traité élémentaire de Chimie* formuliert wurde, ist ohne die materialistische Literatur seiner Zeit nicht denkbar. Dieser Satz kann als eines der wenigen wissenschaftlichen Resultate des konsequenten Materialismus der Jahre 1750–1800 angesehen werden, auch dann, wenn er heute außer Kraft ist.

Man kann zusammenfassend folgendermaßen formulieren: Die Emanzipation der Mathematik von der Philosophie, die durch die Emanzipation der Mechanik von theologischen und philosophischen Voraussetzungen und Analogien verursacht worden war, hatte umgekehrt zur Folge, daß sich auch die Philosophen von der mathematischen Methode frei machen zu müssen glaubten, eine Bewegung, die mit Diderot in seinen beiden *Pensées* von 1746 und 1754 beginnt und in allen Veröffentlichungen von Holbach, Lamettrie und Helvétius aufzufinden ist.

In nichts verrät sich die literarisch-weltanschauliche Struktur des enzyklopädistischen Mechanismus so sehr wie darin, daß er wieder einmal eine Rezeption des lukrezischen Lehrgedichtes *De rerum natura*[121], seines Atomismus und seines Epikureismus bedeutete. G. R. Hocke[122] hat in seiner Dissertation von 1935 die Entwicklung des Einflusses des Lukrez auf den Geist Frankreichs von der Renaissance bis zur Revolution verfolgt. Die lukrezischen Motive des enzyklopädistischen Materialismus und Mechanismus können nicht hoch genug veranschlagt werden. Sie bedeuten ein Beweisstück für die Bildung einer philosophischen Weltkonzeption aus dem Geist der Poesie. Aber eben: genau in ihrem Verhältnis zum lukrezischen Atomismus unterscheiden sich die klassischen Mechaniker von den klassischen Enzyklopädisten.

Aus allem folgte in den Werken dieser Männer der Ersatz des wissenschaftlichen Geistes durch die literarische Manier; daraus folgte der geringe wissenschaftliche Ertrag des konsequenten Materialismus der Holbach, Lamettrie und Helvétius, während die klassische Mechanik d'Alemberts, Lagranges und Laplaces natürlich von einer fundamentalen Bedeutung für die gesamte Entwicklung der modernen Naturerkenntnisse geworden ist. Präziser und kürzer ausgedrückt: für die moderne Naturwissenschaft wurde nicht der konsequente Materialismus auf der maschinalistischen Stufe der Holbach, Lamettrie und Helvétius fruchtbar, sondern der konsequente Mechanismus auf der mathematischen Stufe der d'Alembert, Lagrange und Laplace. Damit im Einklang steht die Tatsache, daß – wenn man den Zusammenhang zwischen diesen beiden philosophischen Tendenzen betrachtet – der Materialismus auf der maschinalistischen Stufe gerade durch jenen Zug auf die Fortentwicklung der mathematischen und physikalischen Theorie der Mechanik, d. h. auf die zukünftige Naturwissenschaft wirkt, der eigentlich einen Abbruch des konsequenten Materialismus bedeutet, nämlich durch den naturwissenschaftlichen Phänomenalismus, der ohne Zweifel aus dem Materialismus auf der maschinalistischen Stufe hervorgegangen ist. Was unter diesem Phänomenalismus naturwissenschaftlicher Prägung zu verstehen ist, das hat Lamettrie ausgesprochen, und von seinem phänomenalistischen Materialismus auf maschinalistischer Stufe ging dann auch die Wirkung auf den konsequenten Mechanismus auf mathematischer Stufe aus. »Ich getröste mich ebenso gern, nichts darüber zu wissen, wie die an sich träge und einfache Materie dazu gelangt, zur tätigen und organisierten Materie zu werden, als ich nichts von den anderen unbegreiflichen Wundern der Natur weiß – als ich z. B. die Entstehung des Gefühls und des Denkens in einem Wesen, das unseren beschränkten Sinnen nur gleich einem Stück Kot erscheint, nicht verstehen kann. Man gebe mir nur das eine zu, daß die organische Materie ein Prinzip der Bewegung in sich enthält, durch welches sie differenziert wird, und daß alles tierische Leben von dem Unterschied dieser Organisation abhängt.« Dieses »Man gebe mir nur das eine zu...« schränkt die Dogmatik ein. Man verzichtet darauf, das absolute Wesen der Materie zu bestimmen; man begnügt sich mir ihrer Konstatierung. Das ist materialistischer Phänomenalismus, und er bleibt verbindlich für die konsequenten Mechaniker auf der mathematischen Stufe, also für die Naturwissenschaftler. Er ist z. B. deutlich noch zu konstatieren bei dem Schöpfer der *Theorie der Wärme* und der nach ihm benannten Reihendarstellung der Funktionen bzw. Schwingungen, bei Fourier. Der erste Satz seiner Einleitung zur *Théorie analytique de la chaleur* von 1822 lautet: »Les causes primordiales ne nous sont point connues; mais elles sont assujetties à des lois simples et constantes, que l'on peut découvrir par l'observation et dont l'étude est l'objet de la philosophie naturelle.« Das ist ein phänomenalistischer Satz. Auch die mathematische Naturbeschreibung dient dem Phänomenalismus: »La méthode qui en dérive ne laisse rien de vague et d'indéterminé dans les solutions...« Es ist hier nicht der Platz, die Geschichte der Physik und Chemie weiter zu verfolgen unter dem Gesichtspunkt der Wirkung materialistischer Gedanken. Es sei nur darauf hingewiesen, daß der konsequente Materialismus auf maschinalistischer Stufe nach und nach ganz ausgeschieden wird, und selbst der konsequente Mechanismus auf mathematischer Stufe wird schließlich in der sogenannten modernen Physik dahingehend korrigiert, daß die Mechanik, die ihren Vorstellungen zugrunde liegt, nicht mehr als Abbild der materiellen Wirklichkeit gelten kann, sondern nur als Modell zur Veranschaulichung mechanischer Vorgänge. Das bedeutet ein weiteres Vordringen des lamettrieschen, auf die absolute Bestimmung der materiellen Prädikate verzichtenden Phänomenalismus. Gegenstand der Forschung bleibt die Materie; aber die Aussagen, die widerspruchsfrei und nachprüfbar über sie gemacht werden können, sprechen nicht von ihren unmittelbar materiellen Eigenschaften, sondern letztlich nur noch von ihren mathematischen Eigenschaften. Der moderne Materialismus der Naturerkenntnis ist ein Materialismus auf mathematischer Stufe. Dies aber auszuführen, bedürfte es einer besonderen Arbeit. Wir haben hier jedoch noch einige andere Tatsachen des Zeitalters, das wir betrachten, zu entwickeln.

II

So scheint also in diesen Jahren der Enzyklopädisten, Materialisten und Revolutionäre von 1750–1800 die Stellung der Mathematik sehr nachdrücklich erschüttert gewesen zu sein. Man muß jedoch hervorheben, daß bei aller Kritik sowohl der Verständigen als auch der Unverständigen eines nicht angetastet wurde, und das war die pädagogische Bedeutung der Mathematik. Das Zeitalter war revolutionär; also wollte es erziehen. Erziehen um jeden Preis. Aber ein revolutionäres Zeitalter will nicht nur erziehen, es protestiert auch, und zwar gegen Privilegien. Nicht nur gegen die ökonomischen und politischen Privilegien bestimmter Klassen, des Adels und der Kirche, auch – jedoch gleichsam nur am Rande und unauffällig – gegen jene, die im Besitz der Theoreme sind. Und dieser Protest, der stets zwangsläufig ein Protest gegen Gelehrte und Intellektuelle ist, ruft immer eine Aufklärungsbewegung hervor. Der Kampf richtet sich gegen die Aristokratie, gegen die, die im Besitz der Theoreme waren, und hiergegen gibt es nur ein Mittel: Aufklärung, Popularisierung. Eine Aufklärung, eine Popularisierung, um die Theoreme allen zugänglich zu machen, ist so lange fortschrittlich, wie die Theoreme selbst nicht angetastet, nicht nivelliert werden. Ich habe den Eindruck, daß unter den Enzyklopädisten auch ein so kluger Mann wie Diderot gelegentlich die Theoreme der Mathematik angetastet hat, weil sie sich auf eine sehr eindeutige Weise der konsequenten Popularisierung entziehen. D'Alembert hat das nicht getan. Darin ist er Diderot überlegen. Die Tatsache, daß sich in jener revolutionären Epoche nur ein konsequenter Materialismus auf maschinalistischer Stufe literarisch durchsetzte, die mathematische Theorie der Mechanik von diesem Materialismus nicht aufgenommen wurde, liegt zweifellos darin begründet, daß die Mathematik sich der aufklärerischen Popularisierung entzog; denn die mathematischen Theoreme sind Besitz der Mathematiker, so allgemeingültig sie ihrer Natur nach nun auch immer sein mögen, sie können nicht literarisch, nur wissenschaftlich verbreitet werden. Das bedeutet, daß man nicht gleichzeitig im Besitz der mathematischen Theoreme sein und unter das Niveau dieser Theoreme gehen kann.

Es scheint nun, daß dies den fortschrittlichen Köpfen der Zeit nicht entgangen ist. Denn im Effekt werden die Diskussionen über die prinzipielle Stellung der Mathematik so geführt, daß sie ihre pädagogische Bedeutung nicht gefährden. Indem man also einsieht, daß die Mathematik nicht literarisch zu propagieren und zu popularisieren ist, hält man daran fest, einerseits den Wissenschaftler und Techniker zur Mathematik zu erziehen und andererseits die Gelehrten mit Hilfe der Mathematik zu erziehen. Und nicht nur die Gelehrten, auch die Ingenieure, die Offiziere, die Kaufleute. Im Jahre 1774 entwickelt Diderot den *Plan d'une université pour le gouvernement de Russie ou d'une éducation publique dans toutes les sciences* (1813–14). In diesem Plan einer Universität und eines Unterrichtsinstituts für Rußland offenbart Diderot einen pädagogischen Realismus, der die philosophische Fakultät, zu der damals noch die naturwissenschaftlichen Fächer zählten, voranstellt, und in dieser Fakultät erhält die Mechanik die Aufgabe der einleitenden und fundamentalen Kurse zugewiesen, und zwar genau in der Folge, wie die *Enzyklopädie* es nach der Skala der Evidenzen entwickelt hatte. Zunächst Arithmetik und Algebra, dann Wahrscheinlichkeitsrechnung und Geometrie, dann Mechanik und Hydraulik und daran anschließend Astronomie und Naturgeschichte. Den Übergang zu den Sprachen leistet die Logik, die in der Verbindung mit einer philosophischen Grammatik – eine Verbindung, um die man sich gegenwärtig wieder in der modernen Logik der »Schule von Münster« bemüht – erscheint. Erst auf dieser Grundlage können die anderen Fächer: Philosophie und Geschichte, Geographie usw. getrieben werden. Ich möchte nicht unerwähnt lassen, daß auch d'Alembert in pädagogischer Hinsicht der Mathematik diese Vorrangstellung, die er im Pädagogischen antastet, wieder einräumt, und zwar genau dort, wo man es auch erwartet, nämlich in seinem Artikel »Collège«, den er für die *Enzyklopädie* verfaßt hat. Es ist notwendig, darauf hinzuweisen, daß sowohl Diderots Plan wie d'Alemberts Artikel lebhaft diskutiert wurden. Es ist unverkennbar, daß sie auch auf Pestalozzi[123], insbesondere auf seine drei Elementarbücher – die um 1800 entstanden – gewirkt haben. Das zweite dieser Bücher trägt den Titel *Anschauungslehre der Zahlenverhältnisse.* Das dritte bezieht sich auf die Geometrie und ist betitelt *ABC der Anschauung, oder Anschauungslehre der Maßverhältnisse.* Man kann zeigen, daß vieles in diesen Büchern den Anschauungen der Enzyklopädisten über Geometrie und Algebra entspricht. Und seit Loreys Untersuchungen ist uns bekannt, daß sich Goethes Bild der Mathematik an den Anschauungen Pestalozzis entwickelt hat, ganz davon abgesehen, daß Goethe sich mit d'Alembert und Diderot beschäftigt hat. Am wesentlichsten jedoch scheint mir zu sein, daß aus der öffentlichen Diskussion über die pädagogische Stellung der Mathematik im Zusammenhang mit der Umgestaltung des Schulwesens, die nicht zuletzt sowohl von Revolutionären als auch von Gelehrten geführt wurde und daran sich Männer wie Condillac, Mirabeau, Talleyrand und Condorcet beteiligten, schließlich im Jahre 1794, als praktische Aufgaben wie Entwässerungen, Straßenbauten und Kanalisierungen einer dringenden Lösung zugeführt werden mußten, eine für die Revolution, für den europäischen Fortschritt und für das sich anmeldende technische Zeitalter signifikante Institution hervorging: die Ecole Polytechnique in Paris. Mit ihr wird gleichsam der zweifache Geist der Mechanik und der Mathematik konkret. Die Mathesis mechanica tritt mit einem soziologischen Nachdruck in Erscheinung: sie erhält ihre Pflanzstätte und sie erfährt ihre ausdrückliche Anerkennung von der revolutionären und staatspolitischen Kraft. Gaspard Monge, der große Neubegründer der darstellenden Geometrie, ist ihr erster Organisator, Rektor und Kurator in einer Person. Lagrange, der berühmte Verfasser der *Mécanique analytique* von 1788 und der *Théorie des fonctions analytiques* von 1797, erhält eine Professur. Mathematik und Mechanik stehen im Vordergrund des Lehrplans, und die Mechanik ist erfüllt vom Geist des Differentialkalküls der Newton, Leibniz, Euler, d'Alembert, Lagrange und Laplace wie niemals zuvor. So ist diese Schule der klassische Ausdruck einer bestimmten Epoche der Mechanica universalis. Es ist schon so, wie Felix Klein es formuliert hat: »Der Einfluß eines so intensiven Betriebes auf die gesamte Wissenschaft konnte nicht ausbleiben. Tatsächlich ist fast alles, was in den ersten Jahrzehnten des 19. Jahrhunderts in Mathematik,

Physik und Chemie in Frankreich geleistet wurde, aus der Ecole Polytechnique hervorgegangen.« Ich brauche nur einige Namen hinzusetzen, um den Satz zu beweisen. Poisson, Fourier, Cauchy gingen durch diese Schule und haben an ihr gewirkt.

Diese Namen schließen die klassische Mechanik auf einem sehr hohen Stand und in einem sehr bedeutenden Grad an Differenziertheit und Präzisiertheit ab und setzen auf diese Weise die theoretische und die mathematische Physik ins Werk, die dann gegen Ende des 19. Jahrhunderts in Deutschland, in Berlin mit Kirchhoff, Planck und Einstein einen erneuten Grad von Perfektion gewinnen sollten.

Aber nicht nur die reine Theorie, die reine Naturerkenntnis vollendet sich hier im Geiste der Mathesis mechanica universalis. Ich sagte ja schon, daß das technische Zeitalter in den Beiträgen Diderots für die *Enzyklopädie* sich ausdrücklich angemeldet hat. Und Diderot unterdrückt es auch nicht, darauf aufmerksam zu machen, daß die Entstehung der technischen Welt verknüpft ist mit der Entstehung einer neuen gesellschaftlichen Lage. Es ist geradezu unvermeidlich, daß diese Schule, die auch dem Geiste Diderots und d'Alemberts ihre Verbeugung macht, wie ein mächtiger wissenschaftlicher Seismograph für die neuen Dinge wirkt. Das erkennt man an zwei Dingen: erstens daran, daß aus der Ecole Polytechnique das hervorgegangen ist, was wir heute technische Mechanik nennen, also eine Wissenschaft, die unmittelbar den Erfordernissen der sozialen Fürsorge und staatspolitischen Belangen dient. In diesem Umkreis sind vor allem Poncelet und Coriolis zu nennen. Aber auch Sadi Carnot und der Ingenieur Clapeyron gehören zu den Schöpfern dieser neuen wissenschaftlich-technischen Richtung, die das heraufkommende Zeitalter genau und eindeutig bezeichnet. Zweitens aber daran, daß der Geist der Polytechniker an dieser Schule – wie hätte es auch anders sein können? – ein sehr aufgeklärter und republikanischer Geist war, immerhin so aufgeklärt und republikanisch, daß die sozialistischen Jünger Saint-Simons, der bekanntlich von keinem Geringeren als d'Alembert erzogen worden ist, an dieser Schule eine Stätte gefunden haben. Ich kann diese Schule immer nur vergleichen mit jener »Accademia del disegno«, die durch Vasari in Florenz hervorgerufen worden war. Die Ecole Polytechnique ist ein Nachfahre. Während dort Kunst und Technik im Geiste des Euklid in ein Verhältnis gesetzt wurden, das für die künstlerischen Stile und Methoden des europäischen Geistes verbindlich geblieben ist, wurden hier Wissenschaft und Technik im Geiste von Descartes, Pascal, Leibniz, Newton, Huygens und Euler in ein Verhältnis gesetzt, das maßgeblich blieb für die entstehende und noch nicht vollendete technische Welt. Es sei hinzugesetzt, daß sich in beiden Schulen insofern ein sozialer Fortschritt ausdrückt, als sie den Besitz der Theoreme nicht eingeschränkt wissen wollen und die Theoreme weitergeben an Klassen, die sie vorher nicht besaßen oder nur mit Widerstand gegen Privilegien gewinnen konnten. Dort wurde Euklid öffentlich gelehrt. Hier wurde Mathematik und Mechanik zu den Grundlagen des Zeitalters erhoben. Das bald nach der Gründung und Eröffnung der Schule ins Leben gerufene *Journal de l'Ecole Polytechnique* spiegelt nicht nur den fortschreitenden wissenschaftlichen Geist der Schule, sondern spricht auch von ihrer allgemeinen soziologischen, pädagogischen und geistigen Bedeutung. Die Nachwirkungen des konsequenten Materialismus und des konsequenten Mechanismus können in den veröffentlichten Arbeiten ebenso studiert werden wie die Symptome des naturwissenschaftlichen Phänomenalismus und Mathematizismus. Und darin, daß eine hohe Schule zugleich ihr eigenes Journal besitzt, muß man ohne Zweifel den Ausdruck einer Modernität sehen, die verbindlich sein kann. Die esoterische Wissenschaft ist völlig der öffentlichen Wissenschaft gewichen.

III

Gaspard Monge, der, wie bereits erwähnt, zu den Gestaltern dieser, wie man damals vielfach sagte, »ersten Schule der Welt« zählte, hat noch eine sehr kluge Einrichtung im Zusammenhang mit ihr hervorgerufen, die sowohl die öffentlichen wie die pädagogischen Absichten dieser hervorragenden Institution auf das deutlichste bestätigte: den »Conseil de perfectionnement«, den »Rat der Vervollkommnung«. Dieser Rat hatte die Aufgabe, für das Land wertvolle Verbesserungsvorschläge auszuarbeiten und solche, die von anderer Seite herangetragen wurden, zu beurteilen. Und in diesem Wort »perfectionnement« steckt nun mehr oder weniger sichtbar eine Tradition, die bis in das klassische Zeitalter der Mathesis universalis der Descartes, Pascal und Leibniz zurückgeht und den Zusammenhang mit dem zarten Ausdruck, den der Gedanke der Vollkommenheit und der Vervollkommnung damals gewann, herstellt. Denn sofern die Ecole Polytechnique den »Conseil de perfectionnement« begründet, hat sie dem Gedanken des Fortschritts, den das aufsteigende technische Zeitalter aus der Epoche der Mathesis mechanica, der Aufklärer, Enzyklopädisten und Materialisten entwickelte, die einzig mögliche Interpretation gegeben, die Interpretation der Vervollkommnung. Der Sinn des Fortschritts war die Vollkommenheit. Und indem dieser Gedanke die Entschlüsse der Poly techniker des »Conseil de perfectionnement« lenkte, sammeln sich in ihrer Intelligenz die schönsten und tiefsten Traditionen jener Epoche, aus der die Mathesis mechanica hervorgegangen war, der Epoche der Mathesis universalis.

Ich glaube nicht, daß es eine deutlichere Darstellung dessen, was Fortschritt ist, gibt als jene, die Pascal 1647 in seiner *Vorrede zur Abhandlung über den leeren Raum*[124] gegeben hat. Dort heißt es: »Denn da die Natur nur das Ziel hat, die Tiere in einer begrenzten Ordnung der Vollkommenheit zu erhalten, inspiriert sie ihnen diese notwendige Wissenschaft, die sich immer gleichbleibt, damit sie nicht zugrunde gehen; sie erlaubt ihnen aber nicht, etwas hinzuzufügen, damit sie die Grenzen nicht überschreiten, die sie ihnen gesetzt hat. Mit dem Menschen, der nur für die Ewigkeit geschaffen wurde, ist es nicht ebenso. Während der ersten Zeit seines Lebens steht er in der Unwissenheit; aber er lernt ohne Unterlaß, während er voranschreitet. Daher kommt es, daß auf Grund eines besonderen Vorrechtes nicht nur jeder einzelne Mensch von Tag zu Tag Fortschritte in den Wissenschaften macht, sondern auch die Gesamtheit der Menschen, im Maße das Weltall älter wird, sich unaufhörlich darin vervollkommnet; denn mit der Aufeinanderfolge der Menschen geht es ebenso wie mit den verschiedenen Lebensaltern beim Einzelnen. So müssen wir die Gesamtheit der Menschen im Verlaufe so vieler Jahrhunderte wie einen einzigen Menschen betrachten, der noch immer da ist und ohne Unterlaß lernt.«

Auf der leibnizischen Stufe erscheint der gleiche Gedanke nun wieder, aber, charakteristisch, als ein Axiom. In einem merkwürdigen Fragment aus der Zeit von 1676 bis 1686 stellt Leibniz dieses »Axioma perfectionis« auf. Er spricht davon so enthusiasmiert, daß er es »mein großes Axiom der Vollkommenheit« nennt. Freilich steht dieses Axiom – wie könnte es bei diesem Manne, der die aristotelischen Kommentare Suárez', also der barockalen Spätscholastik mit Gewinn studiert hat, auch anders sein? – unter dem Eindruck sowohl physikalischer als auch theologischer Absichten. Aber es wird deutlich genug formuliert: »Immer also strebt die Welt nach größerer Vollkommenheit, und sie lernt immer vollkommener ihren Urheber auszudrücken, indem sie sich entfaltet.«

Man muß bedenken, daß hier bei Pascal und Leibniz der Gedanke an den Fortschritt und die Vollkommenheit zwar eine theologische Färbung besitzt, daß er aber doch damit zugleich bei den Männern auftritt, die Mathematiker, Physiker und Techniker gewesen sind. Nicht als Theologen, auch nicht als Metaphysiker geben sie den Gedanken des Fortschritts und der Vollkommenheit weiter, wohl aber als Mathematiker, Physiker und Techniker. Und so wurde er auch von den großen Mechanikern der klassischen Epoche der Mathesis mechanica universalis verstanden. Und diese wiederum waren es, die ihn, indem sie ihn an ihren Theoremen und Maschinen studierten, an die Soziologen und Philosophen weitergaben. Denn daß der Gedanke des Fortschritts und der Vollkommenheit während der Epoche der Mechaniker, Enzyklopädisten und Materialisten nicht verlorengegangen war, beweisen viele Sätze d'Alemberts in seiner *Einleitung* und viele Ausführungen Diderots in seinen beiden *Pensées.* Am deutlichsten aber wird der Gedanke an den Fortschritt in jenem Artikel der Enzyklopädie, wo diese sozusagen über sich selbst spricht, im Artikel »Encyclopédie« von Diderot. Dort heißt es: »Der Zweck einer Enzyklopädie ist es, die Erkenntnisse, die über die Oberfläche der Erde verstreut sind, zu sammeln, das allgemeine System dieser Erkenntnisse den Menschen, die mit uns leben, darzulegen und es den Menschen, die nach uns kommen werden, zu überliefern, damit unsere Nachkommen, indem sie kenntnisreicher werden, auch besser und glücklicher werden und damit wir nicht sterben, ohne uns um die Menschen wohl verdient gemacht zu haben...«[125] Niemand wird verkennen, daß in dieser Ausdrucksweise die Gedankengänge der Enzyklopädisten in die

Nähe der pascalschen Ausführungen gerückt sind. Und so ist es schließlich, wie gesagt, nicht auffällig, daß in dem großen sozialpädagogischen Ergebnis der klassischen Epoche der Mathesis mechanica universalis, der Ecole Polytechnique, der »Conseil de perfectionnement« eingerichtet wird. Darüber hinaus aber gibt es noch einen anderen Ausdruck der schönen geistesgeschichtlichen Kontinuität zwischen den Universalisten der klassischen Zeit der Mathesis universalis und den Polytechnikern der klassischen Zeit der Mathesis mechanica. Ohne Zweifel schließt eine Epoche ja in dem Augenblick ab und ruft eine nachfolgende hervor, in dem sie ihre erste Selbstdarstellung konzipiert. Die erste Selbstdarstellung jener Epoche, der Mathesis mechanica, der Enzyklopädisten und Materialisten, vollzieht sich aber mit Auguste Comte, und zwar vor allem in seinem *Cours de philosophie positive* von 1830; mit Comte, der sein enzyklopädisches Gesetz ganz aus dem Zeitalter der d'Alembert und Diderot formuliert, und dieses enzyklopädische Gesetz ist völlig Ausdruck des Vollkommenheitsgedankens in der Hierarchie der Wissenschaften; mit Comte, der sein Dreistadiengesetz nicht unabhängig von d'Alemberts »Vorrede« ausspricht. Dieses, sein zweites Gesetz, ist ganz und gar Ausdruck des Fortschrittsgedankens in der Entwicklung der menschlichen Gesellschaft. Und das letzte Glied in dieser Kette, die dann die geistige Brücke von ihm selber über die Enzyklopädisten bis zu Pascal schlägt, ist die erstaunliche Tatsache, daß er Pascals Sätze, nach denen im Verlaufe so vieler Jahrhunderte die Gesamtheit der Menschen wie ein einziger Mensch betrachtet werden muß, der »noch immer da ist und ohne Unterlaß lernt«, im 3. Band des *Cours* auch zitiert. So anerkennt Comte die rationalen Wurzeln des Gedankens der Vollkommenheit und des Fortschritts und führt sie auf die geistesgeschichtliche Quelle, auf das klassische Zeitalter der Mathesis universalis zurück.

IV

Mit Comtes erster Selbstdarstellung erreicht das Zeitalter der Mathesis mechanica, der Enzyklopädisten und Materialisten, seinen endgültigen Abschluß. Also mit dem Jahre 1830, dem Jahre des Erscheinens. Und mit Recht macht Felix Klein in seinem

Aufsatz »Frankreich und die Ecole Polytechnique« darauf aufmerksam, daß auch die mathematisch-physikalisch-technischen Wirkungen der Ecole um 1830 nachlassen und daß damals eine neue Art von Mathematik anhebt. Mathematikgeschichtlich hängt dieser Vorgang zunächst mit dem Weggang Cauchys von Paris und mit dem plötzlich aufsteigenden Stern des unglücklichen Galois zusammen. Die Mathematik gewinnt gegenüber der Mechanik wieder eine hohe Selbständigkeit und widerlegt Diderots Behauptung aus den *Pensées* von 1754, daß sie zu Ende sei. Die Selbständigkeit drückt sich in dem großen Stil der Arithmetisierung aus, der eigentlich mit Descartes anhub, aber erst mit Cauchys *Cours d'Analyse* von 1823 und 1829 sich durchsetzte. Aber es ist klar, daß hinter den mathematikhistorischen Vorgängen, insbesondere hinter der nachlassenden Wirkung der Ecole Polytechnique, soziologische Vorgänge sich abspielen, die zwar verursachend sind, die wir hier aber nicht mehr zu untersuchen haben.

V

In seinem wohlwollenden Versuch über Swedenborg hat Paul Valéry darauf hingewiesen, daß Europa die gleichzeitige Existenz der verschiedenartigsten Lehren und Ideologien gestattet, und wenn ich ihn richtig verstanden habe, glaubt er dies als ein Kennzeichen europäischen Geistes anführen zu müssen. Er weist dabei auch auf das 18. Jahrhundert hin, auf die Fülle klarer und konfuser Ideen, die hier beheimatet seien. Ich möchte insofern widersprechen, als ich glaube, daß Europa durchaus eines Geistes ist und daß zumindest die Herausarbeitung dessen, was ein geistiger, ein intellektueller Mensch ist, zu seiner Geschichte gehört, zu seiner Geschichte in dem Sinne, daß ihr damit das Fortschreiten auf eine Vollkommenheit, eine Perfektion eingepflanzt ist. Es ist natürlich die Geschichte des »schwankenden Rohres« Pascals, das die Eigenschaft besitzt, ein »denkendes Rohr« zu sein, die damit offenbar wird. Es ist dies aber die Geschichte der Vernunft, die Geschichte der Wissenschaft. Wir haben von Anfang an, sagen wir seit der Antike, eine europäisch fortschreitende Geschichte der Wissenschaften, an der der Zustand des geistigen, des intellektuellen Menschen und seiner Gesellschaft studiert werden kann. Daher glauben wir insbesondere aus dem 18. Jahrhundert und den wissenschaftstheoretischen und wissenschaftssoziologischen Vorgängen, die im Zusammenhang mit der Entstehung der modernen Mathematik und Physik stehen, den Satz ableiten zu müssen, daß es eigentlich nur ein Kennzeichen des unbezweifelbaren Fortschritts gibt, nämlich die Vollkommenheit der Wissenschaft. Und diese Vollkommenheit betrifft sowohl die Begründung als auch die Vermehrung ihrer wahren Sätze. Die Vervollkommnung der Begründung wird durch die methodische Tieferlegung der Fundamente ermöglicht. Die Vervollkommnung der Vermehrung wird durch die methodische Deduktion und die empirische Induktion erreicht. Der Effekt, der dabei erzielt wird, betrifft aber nicht nur die Wissenschaft. Mit der Perfektion der Wissenschaft wächst auch die Perfektion des Geistes, der sie macht.

Aber ich sage ausdrücklich: die Perfektion des Geistes, der sie macht. Denn damit habe ich nicht gesagt, daß die Schöpfungsfähigkeit, die Intensität und Reinheit der geistigen Realitäten zunimmt. Und so möchte ich hier zusammenfassend zweierlei noch hervorheben, wenn ich an den Weg des Geistes von Descartes, Pascal und Leibniz bis Diderot, Rousseau und Comte denke.

Erstens drückt der Weg vom Rationalismus zum Empirismus den Weg des Zerfalls der Formen einerseits und den Weg der Schwächung der Schöpfungsfähigkeit der Intelligenz andererseits aus. Man darf die Summe der Erfahrungen niemals mit einem Akt der Hervorbringung verwechseln. Im Akt der Hervorbringung ist die Intensität des Geistes größer als im Akt der Erfahrung. Daher ist das »geistige Sein« im Raume um Pascal intensiver, tiefer und schwerer als im Raume um Diderot und im Raume um Comte. Die Poesie im Zeitalter der Mathesis universalis, die Poesie Corneilles und Racines ist zuletzt doch vollkommener als die Poesie Voltaires und Rousseaus. Das Gefühl für Stil und Form wird größer, wenn die Intensität des Geistes nachläßt, und sie läßt nach, wenn die Summe der Erfahrungen den Glauben an die Erfahrung hervorbringt. Zweitens aber drückt der Weg vom Rationalismus zum Empirismus den Übergang des geistigen Menschen aus dem ästhetischen Stadium in das ethische Stadium aus. Descartes, Pascal und Leibniz und in ihrem Umkreis Corneille und Racine sind im Grunde doch Männer, für die »die Welt nur als ästhetisches Phänomen« von Interesse ist – bei allen: auch für Moralisten wie Pascal und Corneille. Die Noblesse ihres Stils ist unverkennbar der Ausdruck der Noblesse ihrer Welt. Aber d'Alembert und Diderot und Voltaire und Rousseau sind doch Ethiker – Sinn und Kraft der Enzyklopädie liegt im Ethischen. Ganz und gar gehört Kant dieser Tendenz an.

Exkurs über Goethe und die Theorie des Impressionismus

Ohne Zweifel ist der impressionistische Stil in der Malerei, der etwa im letzten Viertel des 19. Jahrhunderts recht bedeutsam das Zeitalter erfüllte, einer der interessantesten der gesamten Geschichte der Malerei. Ihn im Rahmen der Geistesgeschichte der Mathematik auftreten zu lassen, bedeutet, seine Reaktion gegen das akademische Formelspiel aus einer größer angelegten Krisis der Form verständlich werden zu lassen. Denn es ist in keiner Weise zufällig, daß die durch den Impressionismus eingeleitete auflösende Tendenz gegen die klare, gegenständliche Kontur parallel läuft der berühmten zweiten großen Grundlagenkrisis der Mathematik, die mit der Mengenlehre und den nichteuklidischen Geometrien einsetzte.

1874 stellte Claude Monet sein den Stil inaugurierendes Bild *Impression, soleil levant* in Paris aus. Und genau im gleichen Jahre, also wieder 1874, war im *Crelleschen Journal*, in dessen Redaktion auch Kronecker saß, die Abhandlung »Über eine Eigenschaft des Inbegriffs aller reellen algebraischen Zahlen« von Georg Cantor erschienen, in der wir heute die Geburtsstunde der Mengenlehre sehen, insofern als hier nämlich erstmalig zwei verschiedene Arten unendlicher Mengen voneinander unterschieden werden. Die auf B. Riemann zurückgehende Deutung der nichteuklidischen Verhältnisse unseres Raumes stammt bereits aus dem Jahre 1854.[126] Die Arbeiten über diese beiden, die mengentheoretischen und die nichteuklidischen Problemkreise verursachten insofern eine Grundlagenkrisis der gesamten Mathematik, als mit der Mengenlehre Widersprüche im axiomatisch-deduktiv scheinbar festgefügten Gebäude der Arithmetik sichtbar wurden und mit dem Auftauchen der nichteuklidischen Geometrien die Forderung der Anschaulichkeit und euklidischen Evidenz in der Geometrie nicht erfüllt werden konnte. Das aus dem 17. Jahrhundert herübergeführte mathematische Bewußtsein erlebte damit in seinem unablässigen Bemühen um eine Reduktion des Geistes auf Form eine empfindliche Störung: in der Theorie wurde die Frage der Widerspruchsfreiheit der Mathematik zum Problem, in der Praxis wurde die Anwendung der Geometrie – d. h. welcher Geometrie? – auf die Natur zum Problem.

In der entsprechenden Lage befand sich die Malerei jener Jahre. Bezeichnend ist, daß der gesamte Impressionismus zunächst als eine Reaktion gegen jede Art von Ateliermalerei auftritt und die Meinung zerstört, daß das Bild der Natur sich aus Konturen, aus Linien und Flächen mit begrenzten Lokalfarben aufbaue. Damit ist die Entwicklung des Bildes aus der Zeichnung, aus der geometrisch konzipierbaren Form zerstört und es ist unmöglich, das ästhetische Bewußtsein des Impressionismus auf ein im weitesten Sinne geometrisches zurückzuführen. Die Grundlagenkrisis der Zeichnung ist eine solche der Kontur, eine solche der Anwendung der Kontur, der Linien, der vollbegrenzten Flächen, also schließlich der geometrischen Methode auf die Natur, eine Situation, die genau der der Mathematik Riemanns entspricht.

Das also ist das erste, was wir feststellen. Wir können hierzu genügend Dokumente angeben. Zunächst sagt Cézanne: »Alles in der Natur formt sich nach Kugel, Konus und Zylinder. Lernt man nach diesem einfachen Schema zeichnen, so kann man nachher alles machen.« Insoweit ist denn auch alles in Ordnung: es bleibt bei der Zeichnung, bei der Linie, bei der Kontur; es bleibt alles im euklidischen Verständnis. Aber dann kommt die Grundlagenkrisis: »Zeichnen aber heißt für den Maler Farbe. Wenn die Farbe ihr Maximum erreicht, ist die Form vollendet. Es gibt für den Maler weder Linie noch Rundung. Es gibt für ihn nur Farbenkontraste.«[127] Das ist natürlich nichteuklidisch. Das Ästhetische ist nicht mehr auf die Form reduzierbar und man fragt sich tatsächlich, wie Cézanne den Harmoniebegriff noch einführen und verstanden haben will, wenn er dann abschließend sagt: »Diese Kontraste sind nicht Schwarz-Weiß allein, sondern alles, was Farbempfindung vermag. Aus dem rechten Verhältnis der Töne geht die Modellierung hervor. Sind die Töne alle da in vollkommener Harmonisierung, so ist das Bild fertig.« Ich will noch einen anderen Zeugen der auflösenden Tendenz des Impressionismus anführen, Max Picard: »Die scharf bestimmte Antiposition von Luft und Gegenständen zerfiel in die verwischte Bewegtheit von Lichtpünktchen, in die beide aufgelöst waren.«[128]

Wir kehren jetzt wieder für einen Augenblick zur geschichtlichen Situation der Mathematik zurück. Es ist so, daß mit dem Auftreten der nichteuklidischen Geometrie und der Mengenlehre – also mit der Krisis des euklidischen Programms – die Arithmetisierung der Mathematik, die mit der analytischen Geometrie des Descartes 1637 begonnen hatte, sich nun vollendet. Damit hängen nun innerhalb des ästhetisch-künstlerischen Bewußtseins, aus dem der Impressionismus hervorgeht, folgende Formprobleme zusammen:

1. Die Entwicklung des malerischen Stils nicht aus dem Geometrischen im Sinne des Euklidischen und Räumlichen, sondern aus der Farbmannigfaltigkeit, der nur ein arithmetisches Schema zugrunde gelegt werden kann.
2. Die Entwicklung der Farbtechnik, die nicht der objektiven rein physikalischen Theorie Newtons entspricht, sondern die subjektiv-physiologische Farbenlehre Goethes zur Voraussetzung hat.

Zu 1. Es ist bekannt, daß neben den Raumgebilden auch noch ein anderer anschaulich gegebener Dingbereich, nämlich die Farbenmannigfaltigkeit einer geometrischen Theorie unterworfen werden kann. Allerdings muß man festhalten, daß diese Farbenmannigfaltigkeit nicht geometrisch im Sinne des Euklidisch-Räumlich-Anschaulichen auftritt. Wir übertragen lediglich das Schema der projektiven Geometrie auf das Kontinuum der Farbqualitäten. Dabei verstehen wir unter der projektiven Geometrie eine Geometrie, die aus der allgemeinen Geometrie der aus Punkten und Geraden aufgebauten Gebilde dadurch hervorgeht, daß man nur noch die Eigenschaft der Inzidenz, d. h. die Tatsache, daß ein Punkt auf einer Geraden liegt und die Gerade durch den Punkt geht, als geometrische Eigenschaft festhält. Man erkennt dann leicht, daß damit eine Geometrie des Strahlenbüschels in 0, also im Nullpunkt, vorgegeben ist, von dem aus die Vektoren gerechnet werden. Weyl hat diese Dinge sehr schön dargelegt und ihre allgemeine Bedeutung hervorgehoben: Zwei in bestimmter Intensität gegebene Farben erzeugen durch Zusammenfügen (Mischung) eine bestimmte neue Farbe in bestimmter Intensität. Die

Intensitäten einer Farbe lassen sich miteinander vergleichen, so daß nach vorgenommener Wahl einer Einheitsintensität jede durch eine Maßzahl gekennzeichnet werden kann. Das geschieht durch das wiederholte Zusammenfügen einer Farbe in der Einheitsintensität mit sich selbst, wodurch eine Skala der Intensitäten ohne Qualitätsänderung entsteht. Hingegen sind die Intensitäten zweier verschiedener Farbqualitäten unvergleichbar. Die mit Intensitäten behafteten Farben erfüllen also die Axiome der Vektorgeometrie, wobei die Mischung der Addition korrespondiert; für die Farbqualitäten gilt mithin die projektive Geometrie.

Ich finde diese arithmetische Konstruktion der Farben, die in der Tiefe der impressionistischen Mathematik vorhanden ist, z. B. deutlich ausgedrückt in einer Bemerkung, die van Gogh gemacht hat, wenn er sagt: kein Blau ohne Gelb und ohne Orange, und wenn ihr Blau macht, macht doch Gelb und Orange mit. Charakteristisch ist das Bild Max Liebermanns *Die Schusterwerkstatt*, das im Zusammenhang mit der Schule von Barbizon, mit Millet und dem französischen Pleinairismus entstanden ist und deutlich die nebeneinandergesetzten Farbtöne zeigt. Auch Paul Signacs *Capo di Noli* ist als Beispiel für diese mathematische Interpretation, die ganz von der euklidisch-geometrischen in eine arithmetische verwandelt ist, klassisch. Meier-Graefe schreibt über Cézanne – und das scheint mir eine Formel für den ganzen Hochimpressionismus der Manet, Monet, Renoir, Signac, Seurat u. a. zu sein –: »Die Farbe wird bis an die Grenze der Auflösung zerlegt... Die Mathematik der ins Räumliche wogenden Striche hält das Farbige wieder zusammen.« Das ist nicht aus der euklidisch-geometrisch-planimetrischen Analyse der Bildformen zu verstehen, das kann nur aus der projektiv-synthetischen Geometrie begriffen werden. Man bemerkt, daß die impressionistische Technik eine synthetische Malweise ist in dem gleichen Sinne, wie die projektive Geometrie eine synthetische Geometrie ist. Vom mathematischen Standpunkt in dieser Hinsicht völlig verständlich ist die Tatsache, daß im Impressionismus die Luftperspektive mehr und mehr an die Stelle der linearen Raumperspektive tritt. Die Luftperspektive erzeugt die Staffelung in den optischen Hintergrund allein durch die Farbtöne, durch die mathematisch progressive Abschwächung der Intensitäten, während die lineare Raumperspektive den optischen Hintergrund mit den Mitteln der euklidischen Geometrie fluchtpunktmäßig konstruiert. Deri schreibt hierzu in seiner *Malerei im 19. Jahrhundert:* »Man hatte nicht mehr nötig, den Raum schichtweise zu teilen, ihn gleichsam zu rationalisieren, verstandesmäßig durch Konstruktionen zu bezwingen; sondern man konnte durch die Beobachtung der feinsten Valeur-Abstufungen das lebendig Kontinuierliche, das Verlaufende und ganz allmählich und stetig in die Tiefe Führende des lufterfüllten und lichtdurchflossenen Raumes für das Erlebnis festhalten. Denn selbst die kleinsten Tiefenabstände werden durch dieses Prinzip der Luftperspektive ebensogut bezwungen wie meilenweite Erstreckungen zum Horizont.«[129] Ich möchte hinzufügen, daß damit das chinesisch-japanische Malprinzip in den Impressionismus eindringt. Es ist ja bekannt, daß China, von der schrägen Parallelperspektive einmal abgesehen, die mathematisierte Raumdarstellung nicht kennt.[130] Auch die Auffassung, die im Impressionismus gelegentlich laut wird, daß ein Fragment zur Darstellung des Ganzen genüge, nähert sich der chinesisch-japanischen Theorie, nämlich dem berühmten Eineckstil, der in der Tuschmalerei Ma Yuans seinen hervorragendsten Ausdruck findet und die gesamte Zen-Malerei bestimmt.[131]

Zu 2. Zunächst scheint es, als setze die impressionistische Theorie die Optik Newtons voraus: man will »durch prismatische Zerlegung der natürlichen Mischungen«, wie Max Osborn schreibt, von einer fast wissenschaftlichen Analyse eine neue Malweise einüben. Richtig; aber man darf nicht vergessen, daß aus der experimentellen Absicht sehr früh schon das erwächst, was man eigentlich will: die Gegenstände nicht aus ihrer euklidischen Geometrie konstruieren, sondern aus der optischen, also subjektiven Seinsempfindung synthetisieren. Insbesondere bei Cézanne wird das positive, synthetische Ziel klar ausgesprochen: »Alle Stofflichkeit wird in farbige Substanz zerlegt. ... Ein Wind von Farbe trägt mich davon. Für einen Maler sind nur die Farben wahr.« Wenn der Kreis, den der junge Gauguin 1886 um sich sammelte und dem etwa Emile Bernard und Paul Sérusier angehörten, betonte, daß sie »elementare Kunst«, eine »vereinfachte Form« und eine »synthetische Kunst« wollten, so fügt sich das hervorragend in die Manier ein. Das Ganze bleibt durchaus naturalistisch; aber es handelt sich um einen »subjektiven Naturalismus«, wie ihn Deri in seinem bereits zitierten Buch nennt (S. 144). Die Äußerung Cézannes über Monet »Er ist nur ein Auge, aber was für ein Auge!« ist ebenso charakteristisch wie die Meinung Picards, daß auf den impressionistischen Bildern »jede Gelegenheit für eine Beteiligung eines anderen Sinnes als des Auges« fehle. Es ist ohne weiteres einsichtig, daß dieser Subjektivismus in seiner Physiologie ebenso wenig vom Standpunkt der newtonschen Farbenlehre verständlich ist, wie er in seiner Geometrie euklidisch-planimetrisch gedeutet werden kann. Wenn im Bereich des Impressionismus, wie Picard es ausspricht, »die Gemälde... vorgeschobene Teile der Sinnesorgane« darstellen, derart, daß »erst die Netzhaut die Vereinigung der verschiedenen Farbnuancen zu einem einzelnen Farbton« besorge, dann gibt es dafür weder bei Euklid noch bei Newton – d. h. in der klassischen Physik – eine Erklärung. Selbstverständlich jedoch kann diese optische Lage durch die Optik bzw. Farbenlehre Goethes verstanden werden, und so stehen wir grundsätzlich auf dem Standpunkt, daß es notwendig ist, die goethische Farbenlehre in die Kunsttheorie bzw. Kunstgeschichte einzubeziehen und den Impressionismus als eine experimentelle Demonstration der goethischen Farbentheorie aufzufassen.

Um das verständlich zu machen, sind einige Belege aus Goethes *Farbenlehre* notwendig. In jedem Sinne prospektiv können folgende Äußerungen verstanden werden: »Wir sagten, die ganze Natur offenbare sich durch die Farbe dem Sinne des Auges. Nunmehr behaupten wir, wenn es auch einigermaßen sonderbar klingen mag, daß das Auge keine Form sehe, indem Hell, Dunkel und Farbe zusammen allein dasjenige ausmachen, was den Gegenstand vom Gegenstand, die Zeilen des Gegenstandes voneinander fürs Auge unterscheidet. Und so erbauen wir aus diesen dreien die sichtbare Welt und machen dadurch zugleich die Malerei möglich, welche auf der Tafel eine weit vollkommenere sichtbare Welt, als die wirkliche sein kann, hervorzubringen vermag.« Das ist nicht nur eine perfekte Theorie der impressionistischen Dingauffassung – daß es nämlich durch die Farben, nicht durch die Konturen bestimmt sei –, das ist auch eine glänzende Vorhersage des hier erörterten malerischen Stils bei Goethe. Die Theorie Goethes wird genauer im Folgenden ausgesprochen: die Farbe sei »ein elementares Naturphänomen für den Sinn des Auges, das sich, wie die übrigen alle, durch Trennung und Gegensatz, durch Mischung und Vereinigung, durch Erhöhung und Neutralisation, durch Mitteilung und Verteilung usw. manifestiert und unter diesen allgemeinen Naturformeln am besten angeschaut und begriffen werden kann«. (S. 437) Ich möchte hierzu eine Stelle aus einem beachtenswerten Kommentar, aus dem schon zitierten Werk Deris, anführen: »Physikalische Mischung trübt eben erfahrungsgemäß immer die Bestandteile« (dies ist eine goethische Erfahrung, die am Ausgangspunkt der *Farbenlehre* steht). »Der Pleinairismus will aber doch gerade das Leuchtende... Darum sucht er einen Ausweg, und findet ihn in der physiologischen Mischung der Farben.« Letzteres erinnert daran, daß Goethe genau zwischen physikalischen und physiologischen Farben unterscheidet.

Die beiden wichtigsten Begriffe, die in der goethischen Farbenlehre für die Entstehung der Farben entscheidend sind, heißen »Trübung« und »Durchscheinen«. Auch die impressionistische Malweise arbeitet mit ihnen. Um bestimmte Tönungen zu erzeugen, wird die Leinwand gelegentlich mit einem Ton grundiert, so daß die Leuchtkraft der Farben sich eintrübt. Um aber die Farben satt, hell und rein wirken zu lassen, sind die Impressionisten dazu übergegangen, die helle Leinwand durchschimmern zu lassen. Und um etwa einer goethischen Trübung des Rotgelben zu entgehen, wird dieser Ton nicht physikalisch auf der Palette gemischt, man setzt vielmehr auf kleiner Fläche des hellen Leinwandgrundes Gelb und Rot nebeneinander und läßt im betrachtenden Auge, das sich im sinnvollen Abstand davor befindet, »physiologisch den Ton durch subjektive Mischung entstehen«.

Ich will hier die alte Lieblingsfarbe der Impressionisten nicht ungenannt sein lassen: das Gelb. Goethe sagt darüber: »Es ist die nächste Farbe am Licht. Sie entsteht durch die gehinderte Mäßigung desselben, es sei durch trübe Mittel oder durch schwache Zurückwerfung von weißen Flächen. Bei den prismatischen Versuchen erstreckt sie sich allein breit in den lichten Raum und kann dort, wenn die beiden Pole noch abgesondert voneinander stehen, ehe sie sich mit dem Blauen zum Grünen vermischt, in ihrer schönsten Reinheit gesehen werden.« In diesem Sinne macht der Impressionist vom Gelb Gebrauch. Er konstrastiert es mit

Vorliebe dem Blau. Das kann man bei Corinth und bei van Gogh studieren. Ich zitiere noch einmal van Gogh: »Kein Blau ohne Gelb und ohne Orange, und wenn ihr Blau macht, macht doch Gelb und Orange mit.« Ich verweise hier auf die Bilder *Landschaft mit dem Gemüsegarten, Die Boote, Der Bauer* und auch auf die *Sonnenblumen, Die Brücke* und das *Selbstporträt* von 1888. Wie wenig der Impressionist die Trübungen hebt um der Helle willen und wie nahe er in seiner Schattenlehre an Goethes durch Trübung entstandene farbige Schatten heranrückt, mag dann noch daraus hervorgehen, daß van Gogh, und nicht nur er, schließlich um eines schäumenden Lichtes willen die schattenlose Malerei verlangt. Goethe hat in seinen vielen Nachträgen zur *Farbenlehre* auf die »Glasmalerei« hingewiesen (Propyläen-Ausgabe Bd. 35, S. 474).[132] Die Fenster, auf die ein trüber Schmelz aufgetragen ist, bringen bei durchscheinendem Licht ein schönes Gelb hervor. Ich habe in einer Kölner Ausstellung von Bildern des 1933 verstorbenen Malers Heinrich Hoerle Bilder gesehen, die auf Wachs gemalt waren, und hier wurde durch das durchscheinende Licht den aufgetragenen Farben eine Lebendigkeit, eine Intensität verliehen, die den impressionistischen Effekt bedeutsam steigerte.[133] Ich kann sagen, daß Hoerle bewußt von Goethes Theorie der Glasmalerei Gebrauch gemacht hat. Er war weniger eine Künstlerseele denn eine Intelligenz und als solche ein Theoretiker des Impressionismus par excellence.

Wir sehen eine Übereinstimmung darin, daß der Impressionismus als »subjektiver Naturalismus« malerisch eine Grundlagenkrisis der Geometrie der Gegenstände ausdrückt und in der malerischen Theorie nicht auf Newtons Physik, sondern auf Goethes physiologisch-phänomenologische Optik und ihre Absage an die Mathematik zurückgeht. Diese mathematisch-physikalische Grundlagenkrisis des Impressionismus entspricht weiterhin der rein mathematischen Grundlagenkrisis seiner Zeit. Diese umfassenden Koinzidenzerscheinungen zwischen Malerei und Mathematik sind uns verständlich, wenn man von einer Koinzidenz des mathematischen und ästhetischen Bewußtseins ausgeht.

Surrealität und Surrationalität

Mich beschäftigt außerordentlich die Tatsache, daß ich die unbestreitbare Flüchtigkeit unseres Daseins bereits darin angezeigt sehe, daß der Bereich dessen, was Realität heißt, nicht feststehend, nicht konstant ist, wie der Physiker sagt. Er ist vielmehr höchst veränderlich, variabel, wie man sich fachlich ausdrückt. Und zwar variabel in dem Sinne, daß sich sowohl seine Reichweite als aber auch seine Tiefe, seine Klarheit, seine Kontur mehr oder weniger scharf graduieren. Es existieren indessen nur diejenigen Bereiche der Realität, deren Dinge und Ereignisse ausgedrückt werden können in den Zeichen unserer Sprache, in den Formen eines Stils, in den Röhren einer Methode. Was darüber hinausreicht, ist, genau genommen, gar nicht vorhanden. Ich gebe ohne Besinnen zu, daß dieser Standpunkt ein wenig eng ist; aber er bietet den Vorteil unzerstörbarer philosophischer Position – eine Position übrigens, die, wie ich behaupten möchte, schon immer die Position der Realisten und Rationalisten gewesen ist. Der Realisten, sofern man darunter eine Klasse von Intellektuellen versteht, für die Dinge und Ereignisse nicht gemacht, sondern gegeben werden; der Rationalisten, sofern man darunter eine Klasse von Intellektuellen versteht, die den gegebenen Dingen und Ereignissen nur deshalb ihr Sein zukommen lassen, weil sie ihnen wie einstmals Adam ihre Namen verleihen können. Ich zögere daher nicht hinzuzusetzen, daß jeder Rationalist im Grunde seines Geistes also ein Nominalist, ja sogar ein Formalist ist, ein Proklamateur der nominalistischen und formalistischen Weltbetrachtung, die er jedoch eindeutig und nachdrücklich von jeder pharisäisch-artistischen Weltbetrachtung, die nur für Affen des Intellektes vorhanden ist, geschieden wissen will. Er ist mit Occam und Leibniz grundsätzlich der Überzeugung, daß erst durch die Namen die Dinge und Ereignisse ihr wohlunterscheidbares Dasein erhalten, ihre fixierbare, unwiderrufliche Existenz, ihren Aspekt, während sie ohne Namen, namenlos dahintreiben in der großen Herde der aus der unermüdlichen Quelle des Seins sprudelnden Dinge, von denen wir nichts wissen, weil wir sie nicht aussprechen. Und ich meine nun: Künstler, Literaten, Wissenschaftler und Philosophen teilen sich in großem Maße die Arbeit, den Realitätsbereich, den wir *unsere* innere und äußere Welt nennen dürfen und der sich dadurch auszeichnet, daß wir ihn befragen und ausdrücken können, zu erweitern, zu erweitern in dem Sinne, daß wir selber dadurch realer werden, also immer umfänglicher in unserer Reichweite, das heißt in unserem Argwohn, in unserer Bewunderung und unserer Daseinslust, immer schärfer in der Kontur, das heißt immer abstrakter in unseren Ausschweifungen der Gedanken und Stimulantien und immer tiefer in unserer Existenz, und das heißt dann schließlich, immer durchsichtiger in unseren Gründen, zu handeln und zu denken. Was daraus folgt, ist leicht zu erschließen: es wird im Grunde immer nur eine abgestimmte Realität unsere Gewohnheiten körperlicher und geistiger Art aufsaugen können, nur in einer abgestimmten Realität werden wir eine Rolle spielen können, nur in ihr das selbstverständliche und außergewöhnliche Dasein versuchen, und nur in ihr vermögen wir dieses leicht zerstörbare Gebilde körperlich, emotional und geistig in der Hand zu halten. Nur die abgestimmte Realität, vermeinen wir, könnte Gegenstand der Kunst, der Forschung, der Literatur, der Poesie, der Philosophie sein, und den Rest empfinden wir schon als essentiell zerstörerisch, weil wir glauben, die menschliche Gesellschaft sei Ausdruck dieser aufs höchste abgestimmten Realität, über die wir mit Argwohn wachen. Was ich also zu sagen habe, ist nicht mehr und nicht weniger als dies: daß jede Entdeckung einer neuen Realität, gleichgültig ob sie die Sphäre des Vitalen, Emotionalen, Materiellen oder Geistigen betrifft, ohne weiteres das Thema all unserer approximativen, limitierenden und experimentierenden Versuche ist, daß also jeder neue Realismus, der sich sogleich an der neuen Realität entzündet, verbunden ist mit einem neuen Rationalismus, einer bewußten Verfeinerung und Erweiterung unserer Denkweise. Hierin gibt es keine geschichtliche Einmaligkeit, hierin gibt es nur die geschichtliche Wiederholung. Und das Wesentlichste dieses neuen Rationalismus, der gewissermaßen die neue Realität von oben her sanktioniert, ist darin zu sehen, daß er bis zum äußersten von einem Nominalismus auf der einen Seite und einem Kausalismus auf der anderen Seite begleitet ist. Denn in zweifacher Weise wird die neue Realität, die uns zwingt, Gewohnheiten zu verlassen, als ein Labyrinth empfunden: darin, daß ihre Gegenstände voll Dunkelheit, wie gesagt, namenlos sind, und darin, daß diese dunklen Gegenstände, die namenlos sind, nicht in der alten, vertrauten Weise verknüpft werden können. Aber gerade der labyrinthische Charakter der neuen Realität schärft die Ratio, entwickelt die Lust, mit Leichtigkeit Namen zu geben und die Relationen der Dinge festzulegen. Es gibt gleichsam nur ein einziges Mittel, dem Unbehagen in der labyrinthischen Undurchdringlichkeit der neuen Realität zu entgehen, und dieses Mittel besteht darin, das Labyrinth durch phantastische Relationen zwischen den allbekannten Dingen der vertrauten Realität noch einmal zu produzieren. Wir überlassen uns der großmütigen Gnade unserer Einbildungskraft und reproduzieren die Undurchdringlichkeit des Labyrinths der fernen Realität in der gewöhnlichen Welt, verleihen dieser damit die Schrecken, sehen also einerseits in dieser Reproduzierbarkeit des Labyrinthes den Trost und werden doch erstaunt gewahr, wie sehr die fremde, dunklere Realität in die vertraute hineinreicht. Eben dies aber bezeichnen wir als die Surrealität: die Möglichkeit, die labyrinthische Undurchdringlichkeit einer verdunkelten Realität in den Gewohnheiten der erhellten Realität darzustellen; und als die damit verbundene Surrationalität sei jener ungewöhnliche Akt des Denkens bezeichnet, der aus der Einbildungskraft die neuen Kausalitäten und Relationen unter längst vertrauten, uralten Dingen hervorruft. Die Surrealität einer Realität liegt also nicht in den Dingen dieser Realität, sondern in den Relationen und Kausalitäten, die eine Surrationalität zwischen diesen Dingen herstellt. Es ist klar, daß ich in dem Augenblick, wo ich das sage, nicht unmittelbar an einen malerischen oder dichterischen Stil dieser Gegenwart denke. Hier wird von Surrealität und Surrationalität in einem viel weiteren, ich möchte sagen philosophischen Sinne gesprochen. Denn die unpopuläre, fremde labyrinthische Realität ist keineswegs den Entdeckungen der Künstler und Literaten vorbehalten. Sie ist ein ganz allgemeines erkenntnistheoretisches Ereignis, ein Ereignis, das unsere Existenz unmittelbar betrifft und also die Erwartungen unserer Einbildungskraft sowohl im Raume der Kunst und der Dichtung als auch im Raume der Forschung und Philosophie berührt. Hierin gibt es auch keine Prioritäten, wenigstens keine prinzipiellen Prioritäten. Die ganze Existenz versucht die Annäherung an die neue Realität, die der Aufmerksamkeit nicht entging.

Alle großen, mehr oder weniger deutlich abgrenzbaren Epochen der inneren und äußeren Geschichte dieser Welt, die wir glauben vital, materiell, emotional und intellektuell in der Hand zu halten, haben mit der Entdeckung einer neuen Realität begonnen, deren labyrinthischer Charakter den Augen der argwöhnischen Wesen nicht entging. Max Scheler, einer der letzten philosophisch gesonnenen Menschen großen, freien Stils, hat eine Theorie der Daseinsrelativität entwickelt, die mit außergewöhnlicher Klarheit das, was wir hier sagen wollen, ausspricht. Die Dinge, die in unser Dasein treten und deren Inbegriff das bildet, was wir Realität nennen, sind durchaus nicht das, was sie in unserer Realität darstellen. Sie geben sich gewissermaßen nicht sogleich als sich selbst, als das, was sie von sich selbst her tatsächlich auch sind; sie geben sich vielmehr sehr daseinsrelativ, daseinsrelativ zu unserer wahrnehmenden, fühlenden, lebenden, erkennenden, denkenden, liebenden und leidenden Existenz. Keineswegs machen wir die Dinge. Unsere idealistische Meinung ist wohl endgültig dahin. Aber wir besitzen von den Dingen immer nur das, was wir suchten, was wir besitzen wollen. Darin liegt die Daseinsrelativität ihres höchsteigenen Seins. Scheler ist der Meinung, wir besitzen die Dinge in einer Reihe zunehmender oder abnehmender Daseinsrelativität. Er hat es nicht ausdrücklich gesagt, aber ich bin der Meinung, daß er zustimmt, wenn ich behaupte, die Daseinsrelativität der Dinge, deren Inbegriff wir jeweils als Realität bezeichnen, ruft eine Relativität der Realität hervor, die uns mit einem Schlage das verwirrende Labyrinth der ganzen Realität vor unsere Einbildungskraft bringt. Die Stufe des Labyrinthes ist gleichsam bezeichnend für den höchsten Grad zunehmender Daseinsrelativität. In unserer Sprache würde das bedeuten: die Surrealität ist die labyrinthische Form einer Realität, der äußerste Grad relativen Daseins. Symbolisierende, karikierende, pointierende Mittel unseres künstlerischen, literarischen, wissenschaftlichen und philosophischen Nominalismus bilden sich hier aus und erzeugen methodisch jenen Akt der scheinbar planlosen Großzügigkeit unserer Einbildungskraft, die in Mathematik, Physik, Dichtung, Malerei und Philosophie zu allen Zeiten die surreale Welt mit einem surrationalen Netz von Bildern und Begriffen einfing und nach Hause trug. Und gerade dort, wo die Daseinsrelativität der Realität bemerkt wird – mit dem Beginn einer neuen Epoche, einer neuen Entfaltung unseres Geistes, der ein unvermeidbares Bestimmungsstück unserer Existenz ist, und von unwiderruflicher Unantastbarkeit in seinen Freiheiten –, gerade dort also tritt der Surrealismus auf und mit ihm die brillierende Surrationalität. Alle Instanzen pflegen sich dann an der Entdeckung zu beteiligen. Und so kommt es, daß dichterische, wissenschaftliche und philosophische Aussagen sich nicht mehr trennen, sondern vorübergehend berühren; denn auf die Komplexität der Aussage kommt es jetzt an. Das philosophische Thema wird Thema der Literatur; die Malerei steht nicht abseits, sondern pflegt wie ein Lieblingskind die Novität; die Konturen, die der alte Rationalist immer wieder einmal zu verschärfen trachtet, drohen zu zerfallen, und das alles gehört zu den herzbezwingenden Gesten angesichts des Labyrinthes der neuen Dinge, die wir zu integrieren gedenken.

Ich will an die Epoche erinnern, die für uns alle durch den Namen »Renaissance« bezeichnet ist. Jedermann, der Bescheid weiß, kennt die Schwierigkeit der Rechtfertigung dieser Bezeichnung. Die unerläßlichen Bestimmungsstücke dieses Zeitalters, das für mich immer dadurch gekennzeichnet sein wird, daß es den Christen großen, signifikanten Stils abgelöst hat durch den Geistigen großen, signifikanten Stils, sind zahlreich. Der sich demütigende Mensch wird in den historischen Hintergrund gerückt, und wer sich zeigt, das ist der sich aufrichtende Mensch. Den heiligen Menschen löst der große Mensch ab. Der christliche Mensch zerfällt angesichts des geistigen Menschen. Urbanität, Humanität, Rationalität rufen eine völlig neue Seinslage des Menschen, eine neue Existenz hervor, neue Existentialien, wie Heidegger sagen würde, und damit eine neue innerweltliche Realität. Die angebetete Größe Gottes wird ausgewechselt durch die bewunderte Größe des Menschen. Der Raum der Existenz heißt nicht mehr das Reich Gottes, er heißt jetzt Weltenraum und Weltlichkeit, verwirklicht in physikalischer Transparenz. Der hierarchische Raum des ordo verwandelt sich in den planetarischen

Raum der Naturgesetze. Der Raum süßer Geborgenheit wird zum Raum bedrückender Verborgenheit. Der theologisch-astrologische Raum geht über in den mathematisch-astronomischen Raum. Die Transzendenz wird zu einer optischen Frage. Die Lehre vom ordo wird zu einer Theorie der Perspektive. Und so kommt es, daß dieser ganze Zug, den Huizinga in seinem Artikel »Renaissance und Realismus« aus dem bezaubernden Buch *Wege der Kulturgeschichte*[134] eben als Realismus bezeichnet hat, nichts anderes bedeutet als die Aneignung des Raumes im weltlichen Sinne sowohl durch die Wissenschaft als auch durch die Kunst; denn dieses sind ja die beiden großen Phänomene der Aneignung durch Ausdruck, die der Mensch besitzt. Des Raumes im weltlichen Sinne, das bedeutet: des Raumes im Sinne der soeben entstandenen Astronomie, des Raumes im Sinne der soeben tastend hervorkommenden Mechanik, des Raumes der Perspektive, aber auch des Raumes, der eine Tiefe hat, die unsere Empfindung, unsere Stimmung beeinflußt, also des Raumes, von dem dann später, etwa hundert Jahre später, Pascal lehren wird, daß er den Menschen, das schwache, schwankende, aber denkende Rohr, zunichte macht. Daran also, daß dieser makrophysikalische Raum zugleich mathematische Eigenschaften und existentielle Wirkung habe, entwickelt sich dieser Realismus der Renaissance, von dem Huizinga spricht; an dem Raum mit dem labyrinthischen Charakter, an dem »Labyrinth des Kontinuums«, von dem wiederum später Leibniz so nachdrücklich reden wird, offenbart sich indessen zugleich die neue Rationalität, die Summe der rationalen Mittel, die zur Darstellung dieses Raumes, der Raum der Natur und Raum ihrer Wesen ist, geeignet sind.

Überdies hat Galilei deutlich von diesem Labyrinth gesprochen. In seiner polemischen Schrift *Die Goldwaage*[135] heißt es: »Die Philosophie steht in diesem großen Buch geschrieben, das uns stets aufgeschlagen vor Augen liegt (ich meine das Universum), das man aber nicht begreifen kann, wenn man nicht vorher seine Sprache zu verstehen lernt und die Buchstaben zu erkennen, mit denen es geschrieben ist. Es ist geschrieben in mathematischer Sprache, und seine Buchstaben sind Dreiecke, Kreise und andere geometrische Figuren, ohne welche es menschlich unmöglich ist, auch ein einziges Wort zu verstehen; ohne sie dreht man sich ohne Nutzen in einem finsteren Labyrinth herum.« Auf dem geschichtlichen Wege von Nikolaus von Oresme bis zu Galilei, Kopernikus und Kepler wird dieser Natur-Raum mit den mathematischen Eigenschaften und existentiellen Wirkungen wissenschaftlich beherrschen gelehrt. Auf dem Wege von Giotto bis Brunelleschi, Piero della Francesca und Leonardo da Vinci wird dieser Natur-Raum mit den mathematischen Eigenschaften und existentiellen Wirkungen künstlerisch zum Ausdruck gebracht. Das Labyrinth ist besänftigt, wenn man seine Gesetze erkannt hat; es ängstigt nicht mehr, sondern tröstet, wenn man es darstellen kann. Die perspektivische Kunst der Maler und die algebraische Methode der Geometer, Brunelleschi dort, Vieta hier, haben die neuen rationalen Mittel gebildet, um die neue Realität, die Realität des Natur-Raumes mit den mathematischen Eigenschaften und den existentiellen Wirkungen, auszudrücken. Man muß sich aber darüber klar sein, daß das Verhältnis zwischen der neue Realität, die ausgedrückt werden soll – sowohl künstlerisch als auch wissenschaftlich –, und den neuen rationalen Mitteln, die ausdrücken sollen, zunächst stets als ein Mißverhältnis auftritt. Die neue Realität erscheint als mißgestaltete Realität gegenüber den alten Mitteln, und daher neigen wir dazu, sie als eine Surrealität zu bezeichnen. Und die neue Rationalität erscheint als mißgestaltet gegenüber der alten Rationalität, und daher neigen wir dazu, sie als eine Surrationalität anzusprechen. Wenn ich diese Surrealität und Surrationalität im Raume der Renaissance zu demonstrieren hätte, würde ich malerisch an Bosch, literarisch an Rabelais und wissenschaftlich an Leonardos Mechanik erinnern müssen. Man vergegenwärtige sich einen Augenblick Boschs berühmtes Triptychon mit dem *Garten der Lüste*, das im Escorial hängt, jenes gewaltige Ereignis seiner Einbildungskraft, in der sich eschatologische und dämonologische Elemente vermischen mit wundervollen Naturgebilden, Blumen, Gewässern wie aus Glasflüssen, Gebüschen, Vögeln, Getier und rätselvollen Gegenständen, Ohren mit einer Taschenmesserklinge verbunden, kombinierten Musikinstrumenten, Folterwerkzeugen, Glasglocken, die allesamt jener beginnenden technischen Phantasie der damaligen Zeit – es ist das frühe 16. Jahrhundert – entstammen, die hundertfach in den Traktaten der Konrad Kyser, Johannes Fontana, Jacopo Mariano, Philipp von Seldenek u. a. belegt ist. Noch ist der Raum der beinah gnostische Raum, der, wie Jonas[136] gezeigt hat, als eine Höhlenwirklichkeit verstanden wird, die, sofern sie den Kosmos birgt, vor allem die Möglichkeiten des Bösen birgt. Aber schon deuten sich in dem Gewimmel dieser spielenden Dämonen, die diesen Höhlenraum verbergen, auch die Landschaften mit den richtigen perspektivischen Verkürzungen, die natürliche Ordnung des Getiers, Physik und Technik nachdrücklich an. Völlig skurrile Kausalitäten, Dingkomplexe abstruser Heterogenität, daran der Kenner des zeitgenössischen Surrealismus seine Freude besitzt. Aber die Literatur steht nicht zurück. Nur zu gern versteht man das Menschlich-Allzumenschliche, dessen Eingeständnis zu den großen Bekenntnissen, Selbstbekenntnissen des Realismus der Renaissance gehört, als die Eigendarstellung der Schwächen und Laster. Man entgeht nicht nur diesen Schwächen und Lastern, indem man sie übertreibt, man stellt sie auch dar, indem man sie übertreibt. Selbst die Vergrößerung ist ein Thema der Perspektive, eine Methode, die gerade Rabelais glänzend beherrscht, doch nicht im Stile eines dämonischen Manierismus wie Bosch, sondern im Stile eines um vieles temperierteren humoristischen und ironischen Manierismus. Der große Roman Rabelais' besteht aus fünf Büchern. Das erste Buch behandelt das Leben des Riesen Gargantua, die anderen jedoch Jugend, Taten, Untaten und Fahrten seines Sohnes Pantagruel. Gargantua ist ein unersättlicher Fresser und Säufer, und die Übersteigerung jener menschlichen Eigenschaften, die keinem Menschen fremd sein sollen, wie der große Humanist lehrte, ist in diesem Roman zu einer einzigartigen Kunst entwickelt worden. Man darf sagen, daß sich hier eine behagliche, breit dahinfließende Prosa ausbreitet zwischen einer Liebe zum Menschlich-Allzumenschlichen und einer Kritik am Menschlich-Allzumenschlichen. Dieser rabelaisische Humanismus erweist sich als ein übersteigernder, karikierender, unverbesserlich liebender wie auch unnachsichtig kritisierender Realismus, der durchaus die Zeichen eines echten Surrealismus enthält.

Schließlich Leonardos Mechanik. Es ist klar, daß ich seine Technische Mechanik meine, wie sie in seinen unübersehbaren Aufzeichnungen und in seinen Kompendien von Entwürfen zu studieren ist. Diese Technische Mechanik wird natürlich unterbaut durch eine Art von Theoretischer Mechanik, die eine große Vorliebe für die Mathematik besitzt. Sagt doch Leonardo auf einem Blatt: »Die Mechanik ist das Paradies der mathematischen Wissenschaften; denn durch sie kommt man zur mathematischen Frucht.« (E, Blatt 8 v.) Vor allem sind es die »Prophezeiungen«, in denen Leonardos Surrealismus verbunden mit einer Surrationalität zum Ausdruck kommt. Leonardo hat seine »Prophezeiungen« eingeteilt. Acht Gruppen unterscheidet er. Die Interpretation der einzelnen Aussagen ist äußerst mühevoll. Auch bedeutende Leonardoforscher vermögen nicht alles zu deuten. Gerade an diesen Aussagen wird man gewahr, wie sehr Leonardos Realismus gelegentlich dadurch die Gestalt des Surrealismus annimmt, daß er einen ungewöhnlichen Blick auf die gewöhnlichsten Dinge fallen läßt. Zum Beispiel diese Bemerkung: »Von den Eiern, die keine Kücken hervorbringen können, weil sie gegessen werden. Ach, wie vielen wird es nicht vergönnt sein, geboren zu werden!« Dann aber kommen dunklere Aussagen: »In jedem Punkt kann man die Scheidung in zwei Hemisphären vornehmen. Alle Menschen werden die Hemisphäre plötzlich vertauschen.« Dann spricht er von einem »Edelmetall«, das »aus den dunklen unheimlichen Höhlen... kommen wird, was die ganze Menschheit in große Not, Gefahr und Tod bringen wird. Zwar wird es manchem seiner Anhänger nach vielen Leiden eine gewisse Genugtuung gewähren; doch wer ihm nicht huldigt, der wird sterben in Kummer und Elend«. Wir Modernen vermögen es kaum zu unterlassen, in diesem Edelmetall die Ankündigung des Urans zu entdecken. Auch jener Art bizarrer Musikinstrumente, die sich gelegentlich auf den Bildern Boschs finden, hat Leonardo sein konstruktives Talent gewidmet. Vasari erzählt in seiner Biographie Leonardos von einer Lyra, die »er mit eigner Hand aus Silber größtenteils in Form eines Pferdeschädels gemacht hatte – bizarre und neue Sache –, damit die Harmonie von größerem Ton und Schall der Stimme sei«, ohne Zweifel eine Verknüpfung von Form und Zweck, deren realer Sinn völlig dunkel bleibt. Gerade in seinen technischen Entwürfen hat Leonardo seine Zeit weit überragt. Mit Recht bemerkt Feldhaus, der diese Dinge genauer dargestellt hat, daß die Fülle der Pläne von Flugmaschinen, Bohrmaschinen, Drehbänken, Taucheranzügen, Radschiffen, Kreiseln, Gelenkketten, Geschützen usw. so umfassend und neuartig gewesen ist, daß »250 Jahre nach Leonardo... die Zeit noch nicht reif« war, »seine technischen Ideen aufzunehmen«. Das technische Vermögen der Zeit erscheint hier überspannt, überspannt in dem Sinne, wie die Darstellung des Menschlich-Allzumenschlichen bei Rabelais, wie die Darstellung des neuen perspektivischen Raumes bei fast allen Malern der Hochrenaissance, die ganz simple Ereignisse in die großartigsten Renaissancebauten verlagern und damit die Disharmonie zwischen den zeitgenössischen Fakten bzw. Milieus in einer durchaus nicht zu begründenden Kausalität offenbaren, surreal in Bezug auf das Genre, z. B. auf die Christusfigur bzw. die Heilandsfamilie bleibt.

Interessant in diesem Zusammenhang ist natürlich die Tatsache, daß eigentlich Galilei dieses Mißverhältnis zwischen dem neuen Blick auf die alten Dinge, zwischen der alten Sprache und den neuen Realitäten als ein »Moderni« ausdrücklich feststellt und kritisch behandelt und damit die Surrealität der neuen Realität auflöst. Am Ende seines berühmten Spätwerkes, der *Discorsi* von 1638, nimmt Galilei[137] mit den neuen naturwissenschaftlichen Mitteln, also mit der Mechanik und das heißt seiner Mechanik, Stellung zu der Frage der körperlichen Möglichkeit von Riesen z. B., die so gerne – wie L. Olschki in seinem Buch über *Galilei und seine Zeit* (1927, S. 427ff.) hervorhebt – »von den Dichtern der Renaissance geschildert, von den Malern dargestellt, von den Gelehrten beschrieben wurden«. Galilei weist darauf hin, daß diese Wesen der Einbildungskraft ganz anders gebaut sein müßten als ein Mensch, um nicht unter ihrem eigenen Gewicht zusammenzubrechen. Und sehr richtig setzt Olschki hinzu: »Hiermit nötigt der Forscher der bildenden Phantasie keine mathematischen und physikalischen Gesetze auf, er bezeichnet aber die Merkmale, an welchen die natürlichen von den phantastischen Gestalten erkennbar werden, und setzt die Grenze des Möglichen und Zweckmäßigen gegenüber dem Erfundenen und Widersinnigen mit rationalen Mitteln fest.« Auf diese Weise zerstört Galilei das zu solchen Zeiten der Entdeckung neuer Realitätsbereiche auftretende Mißverhältnis zwischen einer Sprache, die für die alltägliche Welt der Gewöhnung ausreichte, und den neuen Realitäten, für die diese Sprache nicht ausreicht. Er ist im Besitz der Mittel für die aus den neuen Bereichen mit Hilfe der Einbildungskraft erzeugte Surrealität. Es sind diejenigen Mittel, die in Bezug auf die alten, vertrauten Mittel für die gewohnte Realität nur surrational genannt werden können. Ist man im

Besitz der surrationalen Mittel für die surrealen Bereiche, dann verschwindet das Mißverhältnis. Und so kommt es, daß in dem gleichen Maße, wie Galilei aus der Tiermechanik Leonardos eine echte anatomische Mechanik ableitet, auch der Riese, die Chimäre, der Gigant aus der Einbildungskraft verschwindet, die Kausalitäten zu den klassischen Kausalitäten der Mechanik werden und damit in einer für uns als klassisch bezeichneten makrophysikalischen Welt vorerst keine Surrealität mehr auftritt. Der Arzt und Dichter Francesco Redi aus Arezzo, der von 1626 bis 1698 lebte, hat das Verdienst, Galileis korrespondierende Methode nachdrücklich in ihrer Bedeutung für die Naturkunde hervorgehoben zu haben. Seine Dichtung geht uns nichts mehr an. Seine Naturkunde auch nicht. Aber sie bezeichnen sehr genau die Zeit, in der der Surrealismus der Renaissance unter dem Einfluß der als surrational empfundenen Mittel sich auflöst.

Als im Jahre 1917 Guillaume Apollinaire mit dem Untertitel seines Dramas *Die Brüste des Tiresias*[138] den Ausdruck »Surrealismus« einführte, verlieh er einer epochalen Situation den Namen, der ihr entsprach. Und diese Situation kann durchaus entsprechend derjenigen bestimmt werden, die wir Renaissance zu nennen gewöhnt sind. Das bedeutet: auch die Epoche des modernen Surrealismus, die ja noch keineswegs abgeschlossen ist, läßt sich nicht einfach als eine Farce wegdiskutieren, sondern sie besitzt in Wirklichkeit eine Grundlage, die durch die Entdeckung neuer Realitätsbereiche gegeben ist. Man muß sich einschärfen, daß es ohne neue Realitäten keine Surrealität gibt. Und daß die Surrealität nichts anderes bedeutet als die Darstellung einer nicht vertrauten, fremden labyrinthischen Realität mit nicht entsprechenden Mitteln, deren endlich zerfallende Unzulänglichkeit die neue Surrationalität hervorruft. Es ist bekannt, daß erst 1924 Breton in einem *Manifest des Surrealismus*[139] der neuen Manier programmatischen Ausdruck gegeben hat. Dieses *Manifest des Surrealismus* läßt es zu, unsere Theorie zu prüfen. Ausdrücklich hebt das Manifest das Mißverhältnis zur Logik hervor, das Benda, den Rationalisten, veranlaßt hat, den Surrealismus als einen Zerfall des Denkens zu bekämpfen. Breton und seine Freunde schreiben: »Wir leben noch unter der Herrschaft der Logik. Aber die logischen Methoden werden in unseren Tagen nur noch auf die Lösung zweitrangiger Probleme angewandt. Der absolute

Rationalismus, der nach wie vor Geltung hat, erlaubt nur die Erwägung von Tatsachen, die engbegrenzt aus unserer Erfahrung hervorgehen. Unnötig hinzuzufügen, daß die Erfahrung selbst sich hat Grenzen ziehen lassen müssen.« Es ist also gar keine Rede davon, daß hier der Ratio abgeschworen wird. Aber es wird bemerkt, daß diese Ratio der Welt der alltäglichen Erfahrungen angepaßt ist und daß es für den Künstler, für die künstlerische Einbildungskraft Realitäten gibt, die sich dieser Ratio, die haargenau der makroskopischen Welt entspricht, die durch die Mittel der galilei-newtonschen Mechanik beherrscht werden kann, entziehen. A. Rolland de Renéville hat erst kürzlich bemerkt, daß der »Surrealismus... die Dichtung als eine eigne Erkenntnismethode« betrachtet, »um dem Menschen die noch nicht enthüllten Regionen seines Geistes zu entdecken«. So wird also das, was wir in Bezug auf jeden Surrealismus als notwendige Voraussetzung bezeichnen, nämlich das erkenntnistheoretische Auftreten neuer Realitätsbereiche, ausdrücklich zugestanden. Ohne Zweifel handelt es sich bei diesen neuen Realitätsbereichen, die unsere moderne surrealistische Epoche – genau genommen schon seit der poetischen Lehre vom Ideorealismus Saint-Pol-Roux' aus dem Jahre 1893, wie Renéville bemerkt – hervorgerufen haben, um zwei gewaltige Erfahrungen: den Bereich der Libido, der Komplexe, der Verdrängungen, Sublimierungen usw., der durch Freud und seine psychoanalytische Schule erschlossen worden ist; und den Bereich der relativitätstheoretisch und quantentheoretisch bestimmten Welt der Protonen, Elektronen, Positronen, Kerne usw. einerseits und die Welt des mehrdimensionalen, weltlinienmäßig, prinzipiell unanschaulich bestimmten Universums andererseits. Der Physiker pflegt in dieser Hinsicht von der mikrophysikalischen und hypomakrophysikalischen Welt zu sprechen. Die Reihe der Entdeckungen zu diesen neuen Realitätsbereichen, die den kosmologischen Raum der realen galilei-newtonschen Mechanik, die wir die klassische nennen, durch den relativistischen und mehrdimensionalen Raum des Kosmos einerseits und der Elektronenkonfigurationen andererseits, durch eine moderne, relativistische bzw. quantentheoretische nichtklassische Mechanik ausdrücklich (komplementär) ergänzen, begann etwa im Jahre 1900 und ist bis heute noch nicht abgeschlossen. Ich kann auch hinzufügen, daß das *Manifest des Surrealismus* von 1924 ausdrücklich auf Freuds Erfahrungen hinweist. »Mit vollendeter Berechtigung hat Freud seine Kritik auf den Traum gerichtet. Es ist tatsächlich unvorstellbar, daß dieser beträchtliche Teil der psychischen Aktivität noch so wenig Aufmerksamkeit gefunden hat. Da zumindestens von der Geburt des Menschen bis zu seinem Tode das Denken keinerlei zusammenhängende Lösung aufweist, ist die Summe der Traummomente, zeitlich gesehen, der Summe der realen Augenblicke, das heißt kurz gesagt der wachen Momente, ebenbürtig.«

Was insbesondere diese neuen relativistischen mikrophysikalischen bzw. auch mikrobiologischen Realitätsbereiche der Quanten, Elektronen, Kerne bzw. der biologischen Elementarobjekte der Viren, Gene, hochmolekularen Proteine, Sphäreokohlenhydrate einerseits und die psychoanalytischen Realitätsbereiche andererseits auszeichnet, sind die völlig neuen kausalen bzw. akausalen Strukturen. Ich möchte es geradezu als ein Gesetz für die Ausbildung der surrealistischen Manier aussprechen, daß sie zugleich mit einem Zerfall der Elemente der Anschauung, aber auch mit einem Zerfall der kausalen Strukturen einsetzt. Die Reduzierung der Anschauung in der modernen relativistischen und quantentheoretischen Mikrophysik bietet ein glänzendes Beispiel für den Zerfall der Anschauung einerseits, aber auch ein Beispiel für den Zerfall der kausalen Strukturen andererseits, d. h. genauer für den Zerfall der Anschaulichkeit und kausalen Struktur, die für die makrophysikalische Mechanik sinnvoll sind. Entsprechend bieten die von der psychoanalytischen Methode erschlossenen Realitätsbereiche der Träume, der Neurosen, Komplexe usw. Anlaß, von einem Zerfall seelischer Determinationen zu sprechen, die bis dahin den Psychologen geleitet haben. Darüber hinaus aber enthält der gesamte moderne Existentialismus in seinen verschiedenen Zweigen (Heidegger, Marcel, Jaspers, Sartre, Mounier) den Ansatz der Destruktion der bewohnten inneren und äußeren Welt in völlig neue Elemente. Und keineswegs verhält sich dabei die im Umkreis von Ernst Jünger vor allem von Gerhard Nebel geübte moderne Analyse der antiken Elemente bloß als eine geistesgeschichtliche Arabeske.

Aber selbstverständlich kehren diese Destruktionen der Anschauung und der kausalen Strukturen sehr deutlich sichtbar in jenen künstlerischen Äußerungen wieder, die in der Malerei sich mit den Namen Max Ernst und Salvador Dalí verbinden und in der Literatur Geschöpfe Eluards, Tzaras oder Aragons bezeichnen. Von Henri Michaux ist kürzlich eine Anthologie erschienen, die Stücke enthält, deren Inhalt den Zerfall der Anschauung und der kausalen Strukturen, wie sie makrophysikalisch sinnvoll sind, widerspiegelt. Es handelt sich um Stücke aus dem *Buch der seltsamen Begegnungen*. Es heißt dort z. B. folgendermaßen: »In dem abgelegenen Gehöft fand man, inmitten eines großen Schweigens, einen regungslosen Hirsch in einen Schal gewickelt, der Wandschrank stand offen, verstreute Banknoten lagen umher, und der Dieb in einer Ecke mit abgeschlagenem Kopf hielt noch den Schlüssel. Er sah müde aus, und es schien, als lausche er inmitten des tiefen Schweigens. – Als lausche er wirklich? Wirklich?« Oder: »In einem Müllkasten wurde ein Taucherhelm gefunden. Allgemeine Verwunderung. ›Und der Taucher?‹ fragte man. O Welt, unermeßlich! Der Bescheidene fühlt sich wie zu Hause, und der Blinde findet sich in dir zurecht. – Aber trotzdem, der Taucher? –«[140]

Es ist völlig gleichgültig, ob die Dinge, die hier dargestellt, in Worten oder in Farben und Konturen dargestellt werden. Surrealismus ist keineswegs an die Bevorzugung bestimmter künstlerischer Mittel gebunden, ja, er macht noch nicht einmal einen sonderlichen Unterschied zwischen wissenschaftlicher und künstlerischer Darstellung der neuen Realitätsbereiche. Die Größe der Einbildungskraft, die gegenwärtig zur wissenschaftlichen Darstellung eines Atombildes notwendig ist, ist nicht verschieden von der Größe der Einbildungskraft, die notwendig ist, um eine der »seltsamen Begegnungen«, die der Surrealist zu lieben scheint, in Farbe und Kontur so zu gestalten, daß man noch von einer echten künstlerischen Komposition sprechen darf. Da wie dort ist das Reale voller Imagination und durch die Imagination allein ist es beherrschbar. Da wie dort ist der Gegenstand destruiert und die kausale Struktur, der er angehört, aufgehoben. Die Zeichen, in denen dargestellt wird, sind – sowohl in der Wissenschaft als auch in der Kunst – äußerste Symbolismen. Gerade der moderne malerische und literarisch-dichterische Surrealismus bedeutet den Versuch einer imaginativen, rein symbolischen Weltanschauung, wie sie die Wissenschaft zumindest seit der Renaissance aufbaut. Wie die Wissenschaft die natürliche Weltanschauung längst überwunden hat, so hat mit dem Surrealismus auch die Kunst die natürliche Weltanschauung überwunden. Der Realitätsbereich ist vergrößert um Bereiche, die gewissermaßen weder wissenschaftlich noch künstlerisch in die natürliche Weltanschauung fallen. Die Gegenstände und die Verknüpfungen der Gegenstände dieses neuen Realitätsbereiches sind äußerst daseinsrelativ gegeben, um Schelers Ausdruck zu verwenden. Sie sind nur surrealistisch gegeben. Denn wenn es eine Möglichkeit gibt, jede Art von Surrealismus zu kennzeichnen, so nur dadurch, daß surrealistische Realität als effektiv daseinsrelative Realität verstanden wird.[141]

Unsere geistesgeschichtliche These von der ursprünglichen Einheit des ästhetischen und mathematischen Bewußtseins, schließlich dahingehend generalisiert, daß ich von der ursprünglichen Einheit eines künstlerischen wie wissenschaftlichen Rationalismus spreche, der voll und ganz die innere Geschichte Europas einheitlich bestimmt, läßt sich also gerade am Thema Surrealismus – Surrationalismus, die zusammengehören, wie ich behaupte, demonstrieren. Ich will anfügen, daß die Selbstdifferenzierung der gegebenen Realität dadurch einsetzt, daß die Gegenstände bzw. Realitäten stets nur daseinsrelativ gegeben sind. Diese Daseinsrelativität darf nicht idealistisch, nur realistisch verstanden werden. Diese Selbstdifferenzierung der Realität, die sich vor unserem geistigen Auge vollzieht, vermag eine Selbstdifferenzierung des Geistes zu erzeugen, derart, daß vom Standpunkt einer natürlichen Weltanschauung ein bestimmtes Ding so völlig verschieden von dem gleichen Ding, betrachtet vom Standpunkt einer wissenschaftlichen Weltanschauung, sich darbietet, daß eine sinnvolle Verständigung über dieses Ding zuletzt zwischen denen, die im Besitz der Theoreme sind, und denen, die nicht im Besitz der Theoreme sind, gar nicht mehr möglich ist. Die Soziologie des Wissens bzw. des Geistes steht hier vor einem außergewöhnlichen Problem. Ich glaube aber beinah, daß der innere Zusammenhang zwischen der künstlerischen und wissenschaftlichen Tätigkeit, wie er sich aus der These der ursprünglichen Einheit des mathematischen und ästhetischen Bewußtseins entwickeln läßt, die Ursache abgibt, daß sich gegen die wissenschaftstheoretische Selbstdifferenzierung des Geistes und der Realität immer wieder einmal das Korrektiv aus der produktiven, konzentrierenden Einbildungskraft des Künstlers ausbildet. Ein

Korrektiv, das dementsprechend dann auch seine soziologische Funktion besitzt, die einmal in großem Umfange untersucht werden müßte.

Die Vereinbarung von Musik und Mathematik

Unsere Studien über den Zusammenhang zwischen der künstlerischen und mathematischen Entwicklung gipfeln im wesentlichen in drei Thesen, in einer ersten, allgemeinen und in zwei weiteren, speziellen Thesen. Die erste, allgemeine läßt sich etwa folgendermaßen aussprechen: in der Frühzeit unserer Geistesgeschichte kann in erster Näherung eine ursprüngliche Einheit des ästhetischen und mathematischen Bewußtseins aufgewiesen werden. Daß das Wort »Kosmos« ursprünglich Schmuck bedeutet, wie Semper bemerkt hat, kennzeichnet jene Situation.[142] Die beiden weiteren, speziellen Thesen können etwa so formuliert werden: die Antike gibt ein Beispiel für die befruchtende Wirkung der Musik auf die Mathematik und die bildenden Künste, und die Renaissance gibt ein Beispiel für die befruchtende Wirkung der bildenden Künste und der Architektur auf die Mathematik, die mathematische und technische Mechanik bzw. die exakte Naturwissenschaft. Wir haben es in diesem Abschnitt mit der zweiten These zu tun, also mit den Impulsen, die die antike Mathematik der Musik verdankt, und wir werden die Thesis eines solchen Zusammenhangs durch die abendländische Geschichte in großen Zügen verfolgen.

Julius Stenzel[143] hat darauf hingewiesen, daß dem antiken Denken eine Vereinbarung zwischen ästhetischer und mathematischer Betrachtungsweise viel näher gelegen hat als uns. Und Erich Frank[144] hat darauf hingewiesen, in welchem Umfange z. B. einer der wesentlichsten Bestandteile griechischer Mathematik, nämlich die Proportionenlehre, im Zusammenhang mit der Erforschung der musikalischen Intervalle gesehen werden müsse, wie das vor allem auch der glänzende Historiker solcher Dinge, Paul Tannery, auf den er sich beruft, schon gezeigt habe. Es sei keineswegs Zufall, daß das griechische Wort für Gesetz, nämlich »Nomos«, zugleich auch die Tonart bedeute, und des Bildhauers

Polyklet berühmtes Buch verwende den Titel »Kanon«, der sonst zur Bezeichnung der Tonskala und der sie bestimmenden mathematischen Zahlenverhältnisse auf der schwingenden Saite verwendet werde; es verdanke diese Übertragung eben der Nachbildung der Theorie der bildenden Kunst gemäß der Musiktheorie.

Die Geschichte der Wissenschaften ist natürlich zunächst eine Geschichte der wissenschaftstheoretischen Differenzierung. Sie beginnt eigentlich mit dem seit etwa 500 v. Chr. so spärlich überlieferten Mythos der pythagoreischen Arithmetica universalis. Diese mythische Arithmetica universalis bedeutet durchaus die Darstellung einer ursprünglichen Einheit der Wissenschaften, vor allem die Darstellung einer ursprünglichen Einheit von ästhetischem und mathematischem Bewußtsein. Die Ausbildung dieser Arithmetica universalis steht in einem innigen Zusammenhang mit der vermutlichen Entdeckung des Pythagoraskreises, daß auch die musikalischen Intervalle arithmetisiert werden können, derart, daß die zu den harmonischen Intervallen führenden Längen schwingender Saiten in einfachen ganzzahligen Verhältnissen zueinander stehen müssen. Es ist sicher, daß diese mathematische Grundlage sowohl der Musik als auch der Akustik durch bewußte Messungen am Monochord sichergestellt worden ist. Damit steht ein Stück vorsokratischer Physik vor uns, das zur Frühgeschichte der klassischen Mechanik, und zwar der Akustik gehört, und es handelt sich dabei sowohl um experimentelle als auch theoretische Physik. Dieses Stück ist aus musiktheoretisch-ästhetischen Untersuchungen hervorgegangen. Es handelt sich um die Anwendung der Mathematik auf einen sowohl ästhetischen als auch physikalischen Gegenstand, und man schloß daraus auf das Auftreten eben solcher mathematischer Eigenschaften an sowohl ästhetischen als auch physikalischen Gegenständen. Es konnte selbstverständlich der kosmologische Schluß nicht ausbleiben, daß derartige mathematische Eigenschaften allem Seienden zukämen. Aus dem Satz, daß sich die Dinge wie Zahlen verhielten, mußte schließlich die Präzisierung werden, daß das eigentliche Wesen der Dinge in den Zahlen bestehe. Die Eigenschaft wurde zum Sein, eine logisch unkorrekte Konsequenz. Auf diese Weise wurde aus der akustischen, musiktheoretischen und physikalischen Entdeckung eine kosmologische

Theorie. Damit waren die vier Schwesterwissenschaften Geometrie, Arithmetik, Sphärik und Musik in den »Mathemata« vereint, und in diesen Mathemata ist die erste Kontur eines wissenschaftstheoretischen Systems zu erkennen, das später einmal, bei Descartes, als Folge von Wissenschaften definiert, ein philosophisches System bilden sollte.

Eines der wichtigsten Belegstücke für die pythagoreische mathematisch-musikalische Weltbetrachtung bringt Aristoteles in der Reihe seiner Werke, die später unter dem Titel *Metaphysik* zusammengefaßt wurden. Dort heißt es an einer Stelle: »Da sie – die Pythagoräer – ferner erkannten, daß die Verhältnisse und Gesetze der musikalischen Harmonie auf Zahlen beruhten, und da überhaupt alle anderen Dinge ihrer ganzen Natur nach den Zahlen zu gleichen schienen, die Zahlen aber die ersten Prinzipien der ganzen Natur seien, so glaubten sie, daß die Elemente der Zahlen auch die Elemente aller Dinge wären und daß die Welt Harmonie und Zahl wäre. Und alles, was sie unter den Zahlen und den musikalischen Harmonien in Übereinstimmung mit den Erscheinungen und Teilen des Himmels und der ganzen Welteinrichtung aufzeigen konnten, das brachten sie zusammen und suchten eine harmonische Beziehung festzustellen.«[144]

Übrigens ist schon vielfach darauf hingewiesen worden, daß diese pythagoreische mythische Kosmogonie auf der Grundlage einer Arithmetica universalis ein Analogon in der chinesischen Zahlenmystik besitze. Ich kann diese These nicht selbständig nachprüfen. Von älteren Autoren haben Glaisch, Deguignes, der französische Herausgeber des *Schi-king*, einer kanonischen Liedersammlung, von neueren Biernatzki, Mikami und Colling auf diese Übereinstimmung aufmerksam gemacht. Deguignes sagt sogar: »La musique était la base de toutes les sciences.« Er sagt es, wie wir es etwa von der Mathematik sagen würden. Franz Dornseiff bemerkte: »Von der Musik her sind die Pythagoreer zur aufmerksamen Beschäftigung mit der Buchstabenwissenschaft gekommen. Sie rechneten die Grammatik zur Musik.« Bekanntlich haben später insbesondere die Scholastiker – z. B. Duns Scotus und Thomas von Erfurt – die Grammatik zur Logik gerechnet, und die Logik wurde ja mit unserer Zeit mehr und mehr Bestandteil der generalisierten Mathematik, insbesondere als mathematische Logik.

Der Stellenwert der Musik in dem, was man später das »Quadrivium« nannte und das, wie gesagt, aus Geometrie, Arithmetik, Sphärik und Musik bestand, wird jedenfalls in der platonischen Akademie um 330 v. Chr. kanonisch. Im 9. Jahrhundert sagt noch Aurelian von Réomé, daß *bewegliche* Zahlen Gegenstand der Musik seien. Allerdings heißt die aristotelische Folge von Wissenschaften, die dann für die Scholastik verbindlich wird, einfach Metaphysik, Mathematik und Philosophia naturalis oder Physik. Und zwar sind dies die Scientiae theoreticae. Die Musik wird nicht besonders hervorgehoben. Bei Thomas gibt es eine Scientia sermonialis. Ihr gehören Rhetorik, Grammatik und Logik an. Dort ist auch gelegentlich die Musik zu suchen. Damit ist sie natürlich von ihrer alten kosmologischen Stellung weggerückt.

Sie ist weggerückt von jenem Stellenwert, den ihr Archytas von Tarent, der um 365 v. Chr. starb, noch einmal zugewiesen hatte: »Schöne Erkenntnisse scheinen mir die Mathematiker gewonnen zu haben, und es ist kein Wunder, daß sie über die einzelnen Dinge, so wie sie wirklich sind, die richtige Einsicht haben. Denn da sie über die Natur des Weltganzen die richtige Erkenntnis gewonnen haben, war es nur natürlich, daß sie auch über die Beschaffenheit der einzelnen Dinge die rechte Einsicht gewannen. Daher haben sie uns denn auch über die Schnelligkeit der Gestirne und ihre Auf- und Untergänge eine klare Erkenntnis überliefert und ebenso über Geometrie, Arithmetik und Sphärik und nicht zum wenigsten über Musik. Denn diese Wissenschaften scheinen verschwistert zu sein. Denn sie haben es mit den beiden verschwisterten Urgestalten des Seienden (gemeint sind Zahl und Größe) zu tun.« (Nikomachos, *Einführ. i. d. Zahlenlehre I*, 3/4, S. 16)[145]

Das ist durchaus noch eine mathematisch-kosmologische Stellung der Musik, eine Stellung, die das verrät, was wir die ursprüngliche Einheit zwischen ästhetischer und mathematischer Erkenntnis – wozu auch die physikalische Erkenntnis hinzutritt – nennen.

Bei Platon und Aristoteles ist dieser Zusammenhang schon zerrissen. Sie haben die Musik als eine Kunst im Sinne, wenn sie über sie sprechen, und ihre Beurteilung ist eine ethische und politische, darüber hinaus referieren sie bloß. Aristoxenes, ein

Schüler des Aristoteles, ist wieder ein Musiktheoretiker im pythagoreischen Sinne, ein Mann, der die Musik nicht losgelöst von der Physik sieht und also echter Akustiker ist.

Nach der Zeitenwende ist es vor allem Nikomachos von Gerasa (100 n. Chr.), der einige Fortschritte erzielt, indem er in seinen Untersuchungen sowohl Ästhetiker als auch Mathematiker bzw. Physiker bleibt. In seiner *Einführung in die Arithmetik* errechnet er die harmonische Proportion 12:9 = 8:6. Er überträgt sie in Streckenverhältnisse und findet, indem er diese Streckenverhältnisse auf die schwingende Saite des Monochords abbildet, ein ästhetisches Tonverhältnis, das einem musikalischen Intervall entspricht, das wir Quart nennen. Da die Zahlenreihe, die hier als Proportion auftritt, noch weitere geometrisch-akustisch-ästhetische Proportionen, und zwar 6:12, die Oktave heißt, 6:9, die Quinte genannt wird, und 8:9, die den großen Ganzton bezeichnet, enthält, nennt Nikomachos jene Zahlenfolge 12, 9, 8, 6 die vollkommenste; Iamblichos, ein neuplatonischer Kommentator, verwendet für sie den Namen »musikalisch«, und Boethius an der Schwelle des Überganges zur frühen Scholastik spricht von der »Harmonia maxima perfecta«, womit dann die ursprünglich sowohl ästhetisch als auch mathematisch und physikalisch konzipierte Theorie ihren sinnvollsten Namen gefunden hatte.

Was die berühmten Bücher *De musica* des Augustinus und das 11. Buch seiner *Konfessionen* über diese Dinge angeht, so haben wir hier, um die Wende des 4. Jahrhunderts, wieder mathematischen und musikalischen Geist im Einklang vor uns. Er rezipiert natürlich die antiken Vorstellungen; aber er ist genauer und gründlicher. Er bringt die Musik auch in Beziehung zur Kosmologie, aber nicht mehr in dem statischen Sinne wie im pythagoreischen Mythos von der Arithmetica universalis, er denkt physikalischer. Er hat einen dynamischen Begriff von Kosmos, einen wesentlich astronomischen, also einen zeitlichen und weniger sphärischen. Die Anfangsfrage des ersten Buches und zweiten Kapitels: »Quid est musica?« wird denn auch nicht ohne den Zeitbegriff, ohne den Bewegungsbegriff beantwortet: Scientia bene modulandi, eine Antwort, auf die die bereits zitierte Definition des Aurelianus Reomensis sicher zurückgeht.

Trotz der großen Bedeutung der augustinischen Bücher über

Musik sind es dennoch nicht sie, sondern das Werk des Boethius *De institutione musicae* und die dickleibige Enzyklopädie des römischen Konsuls und Präfekten Cassiodor (um 490–580) mit dem Titel *Institutiones divinarum et humanarum litterarum* gewesen, welche die akustischen Lehren der Antike über die Alpen nach Norden trugen und die griechische Tonästhetik und Tonmathematik sowohl als Kunst wie auch als Wissenschaft einführten. Was ihre Bücher an Mathematik enthielten, war im wesentlichen nicht mehr als euklidische Proportionenlehre. Man darf behaupten, daß gerade die Musiktheorie, die so früh den Geist in Anspruch nahm, die euklidische Proportionenlehre populär machte und nicht nur allenthalben aufnahm, sondern auch fortentwikkeln half. Aber nicht nur in der Musik, auch in der Malerei gewann diese Proportionenlehre ihre gegenständliche Interpretation, wie die Renaissancemalerei lehrt.

Noch im 13. Jahrhundert beruft sich der Engländer Walter Odington auf Nikomachos und die pythagoreische zahlentheoretische Musiklehre. Aber bei Bonaventura und bei Thomas sind derartige Gedanken doch schon blasser. Neben der Zahl ist – von Augustinus her – der Begriff der Bewegung in den Vordergrund gerückt. Besonders Odo von Cluny und Johannes Cotto heben ihn hervor, so die Brücke herstellend zwischen Mathematik und Astronomie.[146]

Den Übertrag zur Renaissance vollenden natürlich nicht nur der große Neuplatoniker Proklos Diadochos, der in seinem *Euklidkommentar*, der für die Renaissance so wichtig werden sollte, die alte Vierteilung Arithmetik, Geometrie, Sphärik und Musik wieder betont, und Dionysius Areopagita mit seinen Schriften *De nominibus deorum* und *De hierarchia*[147], sondern die bedeutenden Scholastiker, deren Ordo-Gedanke ja selber eine späte Reflexion des pythagoreischen Mythos der Arithmetica universalis, gewissermaßen seine Theodizee-Gestalt bedeutet. Sehr schön sind diese scholastischen Beiträge zur abendländischen Musiklehre mit ihrem antiken Erbe einerseits und ihren theologisierenden Verbrämungen andererseits von Kathi Meyer in der Straßburger *Sammlung musikwissenschaftlicher Abhandlungen* 1932 auseinandergesetzt worden. Leider übersieht sie die grundsätzliche Bedeutung Jean de Meurs' (1310–1360) und Nikolaus' von Oresme (1323–1382). Auch Roger Bacons (um 1214–1294) Auffassungen werden von ihr nicht berührt, obwohl gerade an ihnen der Übergang von antiker zu neuerer Musiklehre (Renaissance) bereits beobachtet werden kann. Denn Roger Bacon offenbart sich doch in seinen beiden großen Schriften, dem *Opus Maius* und dem *Opus Tertium*, als scharf denkender und empirischer Geist. Die Musik wird zur Mathematik gerechnet. Sie ist ihr vierter Teil, neben Geometrie, Arithmetik und Astronomie (*Opus Tertium*, S. 200). Bedenkt man, daß Roger Bacon die Auffassung vertritt, daß Mathematik das Tor zum Wissen sei (*Opus Maius*, S. 61), so weiß man, daß damit der Musik eine eindeutige wissenschaftstheoretische Stellung zugesprochen ist. Übrigens gehören für Roger Bacon auch die grammatikalischen Betrachtungen – Silben, Versmaße, Interpunktionen usw. – zur Musik. »Grammatica in hac parte mechanica; – grammaticus se habet ad musicum, sicut carpentator ad geometricum« (*Opus Tertium*, S. 231).[148]

Nach der Einführung der geregelten Notenschrift und der melodischen Gesangslehre durch den mittelalterlichen Theoretiker Guido von Arezzo (980–1050) bedeutet das bereits 1321 erschienene Werk Jean de Meurs' *Speculum musicae* die erste Notenvervollkommnung durch einen französischen Mathematiker. Es galt bis in die Hochrenaissance an vielen deutschen und französischen Universitäten als gutes und wohl auch bedeutendes Lehrbuch. Nikolaus von Oresme, der Bischof von Lisieux und die wichtigste Gestalt der scholastischen Frühgeschichte der klassischen Mechanik und kopernikanischen Astronomie und außerdem der Verfasser des die Nationalökonomie begründenden Traktates *Über Geldabwertungen*[149], hat das Lehrbuch Jean de Meurs' genau gekannt. Als Mathematiker hat er im Anschluß an Boethius Untersuchungen über Proportionen an schwingenden Saiten vorgenommen und im Zusammenhang damit die Arbeit Jean de Meurs' studiert.

Nicht übergangen werden darf aber in dieser Hinsicht die Tätigkeit Beldomandis. Beldomandi war ein sehr fruchtbarer italienischer Mathematiker, der von 1380 bis 1428 lebte und der nicht nur den *Algorithmus de integris* (1483) verfaßt hat, sondern auch als Musiktheoretiker großes Ansehen genoß. Nicht umsonst hat er in Padua studiert, einem Zentrum der damaligen musiktheoretischen Forschung. Bereits 1404 verfaßte dieser Freund auch der ausübenden Musik Erläuterungen zu einem

Werk des erwähnten Jean de Meurs, und 1412 vollendete er eine Abhandlung über den *Contrapunctus completus*. Moritz Cantor bemerkt in seiner *Geschichte der Mathematik* (II, S. 205), er verstehe unter Kontrapunkt die Stellung der einzelnen Note gegen eine andere innerhalb einer Melodie. An sich ist diese Auffassung vom Kontrapunkt schon im 14. Jahrhundert entwickelt worden: »contrapunctus id est nota contra notam«. Heute verstehen wir unter Kontrapunkt den auf der Bewegung mehrerer selbständiger Stimmen beruhenden Tonsatz; wir haben also den Definitionsbereich eingeschränkt. Jedenfalls ist Beldomandi ein typischer Vertreter der mathematisierenden Musiker und Musiktheoretiker, wie sie die Renaissance so vielfach hervorgebracht hat: fruchtbar als Mathematiker, vor allem als Algebraiker, fruchtbar als Musiktheoretiker und dazu noch ausübender Musiker, wie Favaro, sein Biograph, hervorgehoben hat.

Nicht vergessen möchte ich zu sagen, daß auch Girolamo Cardano, den die Mathematikgeschichte im Zusammenhang mit der Auflösung der Gleichung dritten Grades nennt, auch Musiker und Musiktheoretiker gewesen ist. Er lebte von 1501 bis 1576. In seiner Selbstbiographie von 1575 führt er unter den mathematischen Schriften ein Werk *De musica* an. Das darf uns nicht wundern. Perspektive wurde meist mit der Optik und Proportionenlehre meist mit Musiktheorie verbunden. Gerade darin lag das große wissenschaftstheoretische Erbe, das die Renaissancekunst einerseits und die Renaissancewissenschaft andererseits aus der Antike übernommen hatte und das von nun an den abendländischen Geist mit einheitlichen Strukturen, ich möchte sagen, mit einem einheitlichen Formprinzip sowohl in künstlerischer als auch in wissenschaftlicher Hinsicht versah. Es ist ein Formprinzip, das nicht nur zu einer rationalen Wissenschaftstheorie führt, sondern auch zu einer rationalen Ästhetik. Cardano hat zwar nicht die Wissenschaftstheorie formuliert, obwohl er Mathematiker war, das haben erst Galilei und Kepler, dann vor allem aber Pascal getan, aber Cardano hat die Grundlage jener rationalen Ästhetik formuliert. Sie lautet so: »Die Gegenstände erregen in den Sinnen in dem Maße Lust, als sie leicht erkennbar sind; so entspringt eine die Konsonanz und die überschauende Proportion begleitende Lust. Der Eindruck des Schönen entsteht hier aus den Maßverhältnissen der Dinge.« Es ist noch zu bemerken, daß

Cardano die Harmonie nicht mehr – wie die Scholastik – als göttliche Harmonie interpretiert, sondern naturwissenschaftlich und psychologisch wertet.

Daß die Entstehung der modernen mathematischen Naturwissenschaft in jener Zeit erstens zwar auch als Emanzipation vom pythagoreischen Mythos der Arithmetica universalis aufzufassen ist und zweitens aber doch nicht ohne die musikalische Sphärentheorie bzw. auch nicht ohne die scholastische Lehre der Musica mundana gelang, das scheinen mir eben Keplers *Weltharmonik* und seine *Neue Astronomie* zu beweisen, die beide ja – die erste erschien 1619 und die zweite 1609 – Galileis *Dialoge über das neue Weltsystem*[149] einleiteten. Mit Recht weist Max Caspar darauf hin, daß Rheticus in seinem »Ersten Bericht... über des Nikolaus Kopernikus... Bücher von den Kreisbewegungen« die pythagoreische Arithmetica universalis vermittelt habe. Damit ist natürlich Keplers mathematische Astronomie in Kopernikus' empirischer Astronomie verankert, aber darüber hinaus doch in das feine Gespinst der antiken Mathematik und ihrer Philosophie eingefügt. Vor allem greift Kepler auf den Überträger der antiken Mathematik und ihrer Philosophie zurück, auf Proklos Diadochos, der damals wieder populär wurde. Kepler zitiert ihn auf der Titelseite und in der Einleitung. Er zitiert aus dem ersten Buch seines Kommentars zum ersten Buch des Euklid: »Für die Betrachtung der Natur leistet die Mathematik den größten Beitrag, indem sie das wohlgeordnete Gefüge der Gedanken enthüllt, nach dem das All gebildet ist... und die einfachen Urelemente in ihrem ganzen harmonischen und gleichmäßigen Aufbau darlegt, mit denen auch der ganze Himmel begründet wurde, indem er in seinen einzelnen Teilen die ihm zukommenden Formen annahm.«

Man hört bereits die sphärentheoretisch-harmonietheoretische Sprache, aus deren antiken prinzipiellen Einsichten dann Kepler eine wirkliche Theorie gemacht hat, von der er sagte: »Ebenso schreibe ich über die musikalischen Proportionen nicht so sehr musikalisch als vielmehr geometrisch, physikalisch, und schließlich wie vorher astronomisch und metaphysisch, da ich ja wie der fünf regulären Körper aus der Geometrie, so auch der Proportionen und des ganzen harmonischen Apparats aus der Musik bedarf, um die Proportionen der himmlischen Bahnen, der Exzentrizitäten und der Bewegungen in den Apsiden ursächlich zu erklären. Die Kompositionskunst, die musikalische Praxis, aber ist keineswegs mein Beruf. Diese mag, wer dazu Lust hat, besser aus den Büchern holen, die der oben genannte Artusi und mein ehemaliger Freund Sethus Calvisius über die Kunst der Komposition herausgegeben haben. Ich führe jedoch diese Bücher nicht deswegen an, weil ich sie für die besten halte, sondern weil ich keine anderen zu Gesicht bekommen habe.« (*Weltharmonik*, München/Berlin 1939, S. 175).

Worauf es hier ankommt, ist, zu sehen, wie sehr das musiktheoretische Studium für einen Mann wie Kepler Voraussetzung der mathematischen Naturwissenschaften gewesen ist, die sich bei ihm vor Galilei und Newton schon andeutet.

Ohne Zweifel hat die mathematische Musiktheorie die mathematische Naturlehre vorbereitet, hat sie ihr vorgearbeitet. Und liest sich die ganze *Weltharmonik* natürlich auch noch recht wenig als ein axiomatisch-deduktives System von Sätzen, obwohl natürlich Euklids Axiomatik von Kepler studiert und nachzubilden versucht wurde, so hat doch Kepler schon recht deutlich das entscheidende Postulat der mathematischen Naturwissenschaften, das, was die Mathematik in der Naturwissenschaft im Grunde erst rechtfertigt, nämlich das Postulat der Vorausberechenbarkeit im Zusammenhang mit seinen musikalisch-mathematisch-astronomischen Studien formuliert: »Wer die Bewegungen und Lagen der Gestirne so vollkommen wie möglich voraussagt, der erfüllt seine Pflicht als Astronom, aber noch etwas Höheres leistet und noch größeres Lob verdient der, der außerdem wahre Sätze über die Form des Universums aufstellt.« Das ist die frühste mathematisch-naturwissenschaftliche Definition des fiktiven Laplace'schen Dämons, die ich kenne. Aber man darf nicht übersehen, daß eine solche Methodologie astrologischer Herkunft ist. Auch den Astrologen geht es ja um die Stellung der Planeten zu jeder Zeit. Und so wird denn z. B. bei Roger Bacon der Begriff der *spekulativen Astronomie*, der bei ihm so viel wie rechnende Astronomie bedeutet, auch gleich verwendet für *Astrologie* überhaupt (*Opus Maius*, S. 65). Übrigens deutet Jebb, der sich in England ausgiebig der Roger-Bacon-Forschung hingegeben hat, an, daß Einflüsse von Roger Bacon auf Nikolaus Kopernikus nachweisbar seien.

In besonderer Weise war Galilei mit der Musik verknüpft. Zunächst durch seinen Vater Vincenzo, der sowohl ein ausgezeichneter Theoretiker als auch Praktiker gewesen war. Er gehörte zu denjenigen, die den Primat kontrapunktischer Polyphonie durch Betonung der Einzelstimme und freien Melodik brechen wollten. Er gehörte also mit seinem musikalischen Freundeskreis zu denen, die von der alten Kontrapunktlehre zu der neuen übergingen. Im Zusammenhang mit diesen Überlegungen hatte Vincenzo Galilei auch die antiken Musiktheorien zu studieren, und so verraten seine Beiträge zur Musiklehre nicht nur den ausgezeichneten Musiktheoretiker, sondern auch den vorzüglichen Mathematiker, Physiker und Musikhistoriker. Die wichtigsten seiner Schriften, in deren Entstehungsjahren Galileo Gailei groß wurde und selbst seinen musikalischen und ästhetischen Neigungen nachging, sind: *Fronimo, nel quale si contengo le vere et necessarie regole dell'intavolare la Musica del Linto* (1568) und *Dialogo della musica antica e moderna* (1581). Galilei hat aus dem mathematischen und physikalischen Gleichgewicht seiner Forschungen heraus die musiktheoretischen Forschungen seines Vaters in den *Unterredungen über die neuen Wissenschaften*[149] von 1638 zu einem gewissen Abschluß gebracht. Aber schon in den *Dialogen über die Weltsysteme* von 1632 wird der für die gesamte spätere Naturwissenschaft entscheidende Gedanke festgehalten, daß die Natur mit der Mathematik übereinstimme, und dieser Gedanke hat ja einen pythagoreischen musiktheoretischen Ursprung. Er läuft durch die Scholastik bzw. durch die mittelalterliche Musiklehre, die die Musik in drei große Bereiche teilt: in die Musica mundana, die unhörbare Musik der Sphären, in die Musica humana, das wohlgeordnete Verhältnis von Leib und Seele des Menschen, und eine Musica instrumentalis, worunter die eigentliche Musik zu verstehen ist. In der Renaissance wird diese Musiklehre der Übereinstimmung von Tonharmonien und Seinsharmonien bei Galilei zur These der Übereinstimmung von Natur und Mathematik, die bei Kepler, der den Gedanken der Musica mundana noch einmal astronomisch spiegelt, und bei Leibniz, der im Gedanken der prästabilierten Harmonie auch die Lehre von der Musica humana festhält, zum letzten Male mit den mythisch-spekulativen Konturen erscheint, um dann endgültig der Rationalisierung anheimzufallen.

Der Vater des großen Physikers, also Vincenzo Galilei, hat übrigens auch gegen den ebenso berühmten venezianischen Komponisten und Musiktheoretiker Gioseppo Zarlino, der von beiden Galileis wohl als Mathematiker, der er nicht war, aber gelegentlich zu sein vorgab, nicht ernst genommen wurde, in einer Schrift polemisiert. Sie trug den Titel *Discorso intorno all'opere di Messer Gioseppo Zarlino* und erschien 1589. Dessen ungeachtet war natürlich Zarlino ein bedeutender Mann, sowohl als Praktiker als auch als Theoretiker. In seinem theoretischen Meisterwerk hat dieser größte Kapellmeister von S. Marco in Venedig die antike Tradition der Intervallehre – überliefert, wie gesagt, durch Boethius und Cassiodor – zum ersten Male für alle Zukunft durchbrochen. Seine beiden großen Werke tragen die Titel: *Istituzioni harmoniche* (1558) und *Dimostrazioni harmoniche* (1571). Daß Zarlinos moderne Gesinnung einen antiken Geist wie Vincenzo Galilei auf den Plan rufen mußte, war klar. Vincenzo Galilei war gewissermaßen der Mann der Renaissance, der Wiedergeburt der antiken Vorstellungen und Einsichten, und darin konservativ, aber Zarlino war nicht bloß der Mann der Renaissance, sondern auch der Humanist, und der Humanist erscheint in jener Zeit immer um einen Grad fortschrittlicher; und so ist eben Zarlino letzten Endes doch der Kopf, der das Zurückziehen der Intervallehre auf Streckenverhältnisse, wie das für die antike musiktheoretische Proportionenlehre typisch war, aufgibt, physikalischer denkt und dem ästhetisch-mathematischen Barock mit dem Begriff der »Schwingung«, den er schon konzipiert, wenn auch Mersenne ihn erst zu Messungen an der gespannten Saite verwertet, seine großen akustischen, physikalischen und mathematischen Aufgaben stellt, die ihn zwar nicht in die Nachbarschaft des Vaters Galileis, wohl aber des Sohnes bringen.

Das nun folgende sogenannte klassische Zeitalter der Mathesis universalis, das ebenso als Zeitalter einer Philosophie der Mathematik bzw. mathematisierenden Philosophie und machtvollen Erweiterung der Mathematik verstanden werden muß und das durch Pascal, Descartes, Leibniz, aber auch Newton, Huygens und Hobbes charakterisiert werden kann, dieses Zeitalter läßt zunächst die ästhetisch-mathematischen Probleme der Musik in den Hintergrund rücken. Physikalisch-mathematische Probleme treten in den Vordergrund. Natürlich hängt das mit der Ausbildung neuer mathematischer Methoden zusammen. Vor allem mit der analytischen Methode der Geometrie, wie sie von Nikolaus von Oresme und Descartes, und der infinitesimalen Methode, wie sie von Barrow, Newton und Leibniz entwickelt worden ist. Immerhin ist es charakteristisch, daß die großen Mathematiker und mathematisierenden Philosophen dieser Zeit sich mit den musiktheoretischen Problemen befassen. Noch wirkt das alte Quadrivium, das Arithmetik, Geometrie, Astronomie und Musik verbindet, in der Anerkennung des geistigen Universalismus, der das Zeitalter auszeichnet. Indessen sind die großen musiktheoretischen Erkenntnisse mathematisch-physikalischen, sagen wir akustischen Inhalts nicht von den Geistern erster Ordnung, also nicht von Descartes, Pascal, Leibniz und Newton erarbeitet worden, sondern von Männern zweiter Ordnung.

Descartes verkehrte um 1618 in Breda mit Isaac Beeckman, der sicherlich das 1618 verfaßte, aber erst 1648 gedruckte *Compendium Musicae* beeinflußte. Dieses Werk des Franzosen ist jedoch nicht von entscheidender musikwissenschaftlicher Bedeutung, auch nicht die erste Ausgabe der *Regeln zur Leitung des Geistes*, die ein halbes Jahrhundert nach dem Tode des Verfassers in Amsterdam herauskam, enthält einen Abschnitt »Elucidationes in Cartesii Musicam«.

Steht so fest, daß Descartes durchaus ein positives Verhältnis zur Musik besaß und sich theoretisch mit ihr auseinandersetzte und diese Art von Auseinandersetzung übrigens z. B. durch den Entwurf eines »Ballet« praktisch ergänzte, ist die Stellung Pascals zur Musik völlig dunkel. In den *Gedanken* gibt es keine Passagen, keine Fragmente über Musik. Musiktheoretische Probleme tauchen auch in seinen mathematisch-physikalischen Arbeiten nicht auf. Desgleichen habe ich auch nichts über diesen Gegenstand in seinen Briefen an Fermat, Noël u. a. finden können, jedenfalls nichts, was der Hervorhebung wert wäre.

Was nun Leibniz anbetrifft, so wäre zunächst das bereits von Schopenhauer zitierte Fragment zu nennen, das die Musik als ein »exercitium arithmeticae occultum nescientis se numerare animi« anspricht. Denn dieses Fragment ordnet die Musik in den Geist der Mathesis universalis ein und drückt jedenfalls eine sowohl für den Barock als auch für die philosophische Epoche und die machtvoll aufstrebende Mathematik kennzeichnende Definition aus. Ungleich wichtiger für die sich in diesem Zeitalter entwickelnde ästhetisch-physikalisch-mathematische Akustik ist natürlich die Durchsetzung des Begriffs »Funktion« an Stelle des alten Analogiebegriffs, die Leibniz 1694 in der Abhandlung »Nova calculi differentialis applicatio...« gelingt. Der Begriff »Funktion« erhellt blitzartig die neuen Untersuchungen, die der Pariser Mönch und Musiktheoretiker Marin Mersenne schon indirekt eingeführt hatte. Mersenne spannt die Saite durch verschiedene Gewichte. Er wechselt auch die Saiten aus, die aus mannigfachen Stoffen verschiedener Elastizität bestehen können, und berücksichtigt die Temperaturen der Umgebung. Das heißt also, nicht von Tonstrecken im alten Sinne ist hier die Rede, Mersenne spricht von abhängigen Tonhöhen und kennt die verschiedenen Parameter dieser Tonhöhen. Er führt so in die Akustik diejenige moderne Betrachtungsweise ein, die eben durch den 1694 von Leibniz eingeführten Begriff Funktionalbetrachtung genannt werden darf. Er bezieht damit die Akustik insofern in den entstehenden Bereich der neueren Naturforschung ein, als er sie in eine Theorie der Funktionen der den Gegenstandsbereich bestimmenden Parameter verwandelt. Das ist das Entscheidende gewesen bei Mersenne. Sein *Harmonicorum libri XII* vom Jahre 1636 ist darum weder aus der Geschichte der akustischen Musiktheorie noch aus der Geschichte der modernen Naturforschung überhaupt wegzudenken. Das Buch führt jene Art von analytischer Methode ein – aus dem Geist der Akustik, um nicht zu sagen »aus dem Geiste der Musik« –, die, ein Jahr später, Descartes in der »Analytischen Geometrie« auf breiterer Basis begründen sollte. Die innere Verwandtschaft dieser beiden Werke sollte man jedenfalls nicht übersehen.

Allerdings formuliert erst Brook Taylor die akustische Hauptaufgabe im modernen Sinne: durch mathematische Analyse die Geschwindigkeit jedes einzelnen Punktes der schwingenden Saite zu einer gegebenen Zeit zu finden. Taylor begann seine Arbeit mit der Untersuchung von 1708 über den Schwingungsmittelpunkt, er setzte sie fort in seinem Hauptwerk *Methodus incrementorum* von 1715, und zwar im 22. und 23. Satz, die von den Bewegungen der Saiten musikalischer Instrumente handeln und zum ersten Male eine infinitesimalrechnerische Behandlung akustischer Probleme enthalten, vor allem das Problem der Berechnung der Schwingungszahl aus Länge, Gewicht und Spannung, was bis dahin nur experimentell versucht worden war. Natürlich ist die ästhetische Seite des akustischen Problems gänzlich hinter der physikalisch-mathematisch-technischen zurückgetreten. Obwohl Taylor ein außerordentliches Verhältnis zur Kunst – wie gesagt, auch zur Malerei – besaß, ist das Instrument für ihn kein ästhetisches Mittel, sondern lediglich ein technisches Gebilde, und bloß als solches interessiert es die mathematisch-naturwissenschaftliche Forschung.

Natürlich ist es keineswegs so, daß das ästhetische Problem völlig aus den Augen der Mathematiker und mathematischen Methodiker der Philosophen unter den klassischen Rationalisten verschwindet. Man kann sogar leicht zeigen, daß der mathematische Geist des klassischen Rationalismus, nämlich der Gedanke der generalisierten Mathematik der Mathesis universalis, die Musikästhetik, ja sogar die praktische Kompositionskunst tief beeindruckte und beeinflußte. Als Methode ist die Mathesis universalis durchaus der weit hinter Descartes, Pascal und Leibniz zurückreichenden, nur rationalistisch zu verstehenden Ars inveniendi verwandt. Mindestens für Raymundus Lullus war eine Sapientia universalis oder auch Mathesis universalis wesentlich Ars inveniendi, Findekunst. Eine solche rationale bzw. mechanische Findekunst, die selbstverständlich in der Vorgeschichte des leibnizischen Kalkülprogramms eine ebenso sichtbare Rolle spielt wie in der cartesischen Methodologie oder in der pascalschen Auffassung, daß der Mensch wesentlich auch Maschine sei, sollte ursprünglich nicht nur der Auffindung von Schlüssen dienen, auch der Auffindung neuer Fakten. Sie sollte nicht auf Logik und Mathematik beschränkt bleiben, sondern alle Zweige der menschlichen Erkenntnis und schließlich auch der Kunst umfassen. Bereits 1547 weist Glareanus, der übrigens 1546 zusammen mit M. Rota eine Boethius-Ausgabe veranstaltet hat, in seinem Hauptwerk *Dodekachordon* darauf hin, daß dem Phonascus, dem Erfinder der Weise, der Vorrang gebühre vor dem Ausarbeiter. Er leitet eigentlich damit die Auffassung ein, daß der entscheidende musikalische Akt die Erfindung sei, die durch eine musikalische Ars inveniendi beherrscht werden könne. Den Gipfel dieser rationalen Auffassung kann man dann in Werken wie

Conclave thesauri magnae artis musicae von Mauritius Vogt in Prag (1719), in der *Generalbaßschule* Heinichens von 1728 und im *Vollkommenen Kapellmeister* Matthesons von 1739 sehen. Es zeigt sich, wie sehr mit dem Leibnizianer Christian Wolff, dem Schöpfer der *Psychologia empirica* (1733), der Einfluß des strengen Kalkülprogramms in der Kunst bereits dahin ist, wenn man seine Definition der »Findekunst« liest, die er im § 469 des genannten Werks gegeben hat. »Findekünste (artifica heuristica) werden die Regeln genannt, durch welche der Geist entsprechend bestimmt wird, mittels bereits durchschauter Grundsätze eine unbekannte Wahrheit herauszustellen, welche mit Hilfe eines bloßen Berechnungsverfahrens allein von ihm nicht entdeckt werden könnte.« Die »Findekunst« ist also hier nicht mehr identisch mit einem »bloßen Berechnungsverfahren«. Wolff addiert die psychologische Seite des Einfalls der formalen Findekunst hinzu. Er wird empirischer, konkreter, wie es dem um 1750 vollzogenen Umbruch in den exakten Wissenschaften von der Vorherrschaft der reinen Mathematik zur Vorherrschaft der Mechanik entspricht.

Die Findekunst der Musiker im Zeitalter der klassischen Mathesis universalis war natürlich im wesentlichen als eine Art der leibnizischen Ars combinatoria gedacht. Mattheson spricht auch von der Ars combinatoria, obwohl er selbst »keine großen Wunderwerke« dieser Kunst »zutraue«. Auch Kuhnau, Heinichens Lehrer, redet vor allem von »Combination«. So wie in der Ars combinatoria des Leibniz die Zeichen zu Begriffen und Aussagen kombiniert werden sollen, die umkehrbar eindeutig den Gegenständen bzw. ausgesagten Sachverhalten entsprächen, so sollte im Rahmen der musikalischen Findekunst eine »Combination« von Tönen oder musikalischen Tonfolgen einem »Effekt in dem Gemüthe der Zuhörer« entsprechen (Kuhnau). Mit der »Combination«, mit der Ars combinatoria, die also, wie wir sahen, eine Interpretation sowohl in der Wissenschaft (Logik, Mathematik, Erkenntnistheorie) als auch in der Kunst (Ars inveniendi) besitzt, ist jedoch eng verknüpft der Gedanke der Variation. Die Ars combinatoria der Mathesis universalis und der Ars inveniendi ist zugleich eine Variationstechnik. Die Variationstechnik beherrscht sowohl die musikalische Findekunst als auch die mathematische Analysis, gestattet z. B. bei Mattheson durch rhythmische Veränderungen aus Kirchenliedern Tänze zu erzeugen, wie Arnold Schering hervorgehoben hat, und erlaubt es auch bei Leibniz im Zusammenhang mit dem späteren Prinzip der kleinsten Wirkung, das bei Leibniz in der *Theodizee*[149] bereits vorhanden ist, alle Eigenschaften der Welt aus einem einheitlichen Prinzip abzuleiten. Auch dieses mit der Ars combinatoria eng verwandte Prinzip der Variation – ich möchte sagen: ohne das Prinzip der Variation haben wir überhaupt nur eine Hälfte des Prinzips der Combination – besitzt also seine Deutung sowohl in der Wissenschaft (Mathematik und Mechanik) als auch in der Musik. Das wird von den Wissenschaftlern und Künstlern der Zeit der klassischen Mathesis universalis bzw. des Barock durchaus begriffen, und so haben wir zumindest in der theoretischen Deutung der geistigen Erzeugnisse während der damaligen Zeit, also in der Selbstauffassung der Mathesis universalis und der musikalischen Barockkunst, d. h. der großen Kontrapunktik, eine sehr tiefgehende Übereinstimmung. Jedenfalls sollte es uns zu denken geben, daß die musikalische Kompositionstechnik, wie sie zumindest der Barock im hochpolyphonen Stil hervorbringt, rational durch Methoden und Prinzipien beherrscht werden kann, die charakteristisch sind für die Mathematik der Zeit und für die Beherrschung der mechanischen Weltvorgänge. Dieser musikhistorische und musikästhetische Tatbestand entspricht genau der Situation in der Malerei und Baukunst des gleichen Zeitalters. Die Infinitesimalrechnung – wir entwickelten es ja bereits – tritt in dem Augenblick auf, als Malerei und Architektur jene Art gekrümmter Linien und Flächen und Räume bevorzugen, die nur mit den infinitesimalen bzw. differentialgeometrischen Verfahren berechnet werden können. Ebenso wie die Ars inveniendi und die musikalische Variationstechnik im Zeitalter der Mathesis universalis – des mechanischen Variationsprinzips, der mathematischen Variationsrechnung bzw. des Isoperimetrieproblems – typisch ist, ist es auch die Einführung des Schwingungsbegriffs auf der Grundlage des Funktionsbegriffs. Nach Mersenne sind es vor allem Noble, Pigott – ein Schüler des Oxforder Mathematikers Wallis –, Taylor und Sauveur gewesen, die die mersenneschen Versuche einer Schwingungszahlmessung vorangetrieben hatten. Ihrer Arbeit ist die Vorbereitung der weiteren rein akustischen Probleme und deren Lösungen zu danken, die vor allem die objektive Darstellung der Obertöne durch Schwingungskurven von Saiten betreffen und daran vor allem Physiker und Mathematiker vom Range der Daniel Bernoulli, Euler, d'Alembert und Lagrange beteiligt sind. Das ist gewiß nur die physikalische Seite eines Problems; aber es zeigt sich, daß dieses, unendlich charakteristisch für Barockphysik und Barockmathematik, auch dem musikalischen Bereich der gesamten Barockästhetik angehört. Gerade in der Theorie der Schwingung – von der man jetzt spricht – und der damit verbundenen Darstellung der Obertöne schlägt ja das Akustische in das Musikalische wieder um, berührt sich die mathematisch-physikalische Theorie wieder mit der mathematisch-ästhetischen in einem Ausmaße, wie das eigentlich nur noch einmal repräsentativ in der Antike gewesen ist. Insbesondere gelingt im Rahmen dieser Einheit von mathematisch-physikalischer und mathematisch-ästhetischer Theorie die Lösung der Temperaturfrage bzw. vollzieht sich die barocke Lösung der musikalischen Temperaturfrage auf der Grundlage der barocken Einheit von mathematisch-physikalischer und mathematisch-ästhetischer Musiklehre. Insbesondere Mersenne berechnete – noch am Monochord – die richtigen Schwingungszahlen (wohlgemerkt: nicht mehr die Streckenproportionen, sondern Schwingungszahlen!) der »gleichschwebenden Temperatur« oder Stimmung, die die Mißstände der großen Unreinheit der über E- und As-Dur hinausgehenden Tonarten in der alten auf dem pythagoreischen Tonsystem beruhenden Temperatur, die wesentlich »ungleichschwebende Temperatur« gewesen ist, radikal behob. Nach Mersenne bemühten sich um die »gleichschwebende Temperatur« vor allem Neidhardt (1706), d'Alembert, Rameau, Mattheson, Sorge und Marpurg, bis dann Johann Sebastian Bach das Problem der »gleichschwebenden Temperatur« zwar nicht auf der Grundlage der mathematisch-physikalischen Theorie, wohl aber im Einklang mit ihr und ohne die Ergebnisse der mathematisch-ästhetischen Eigenschaften der »gleichschwebenden Temperatur« – und das ist das ganz Entscheidende – zu mißachten, in den beiden Teilen des *Wohltemperierten Klaviers* (1722 und 1744) praktisch gelöst vorstellte. Was war gewonnen? – Es war damit zugegeben worden, und zwar theoretisch und praktisch und damit unwiderlegbar, daß das Ideal des reinen Musizierens auf der Grundlage einer mathematisch-akustisch reinen Temperatur unmöglich ist, daß jedoch der Verlust an Reinheit aufgewogen wird durch einen unnachahmlichen Schmelz der Modulation. Und was sich für die Musikästhetik erstmalig theoretisch wie praktisch als völlig gewiß erwies, ist, daß nicht die mathematisch-physikalische Reinheit der Tonfolgen das Musikalisch-Ästhetische hervorbringt, sondern die mathematisch-physikalische Dispersion der Tonfolgen. Im Zusammenhang mit dieser barocken Entdeckung muß man es verstehen, wenn von führenden Musikgeschichtlern und Musikästhetikern zugegeben wird, daß einerseits die barocke Tonkunst eine sehr klare rationale Grundlage besitzt, die sogar für Bach uneingeschränkt oder gerade für ihn uneingeschränkt zugegeben werden muß (Schering), aber andererseits die kalte Klarheit durch eine Art von außermusikalischer und vielleicht, wie Schering vermutet, poetischer Symbolik zerstreut wird, die den Hörenden in so erstaunlichem Grad in das ästhetische Stadium höchster Intensität zwingt, woran ja immer wieder einmal die echte, unmittelbare Wirkung der Musik wie überhaupt aller Kunst erkannt wird. Insbesondere die formale Erhellung der großartigen Hinterlassenschaft Bachs, nämlich der *Kunst der Fuge*[149] durch Wolfgang Graeser, erschienen in der Gestalt einer neuen Ausgabe des Werks und einer neuen Instrumentation 1924, warf ein mathematisches Licht auf dieses barocke Tonkunstwerk par excellence und bestätigt zugleich seine wundervolle mathematische Struktur, vollendet, zart gebrochen und zerstreut an symbolisch erfüllten Klangfolgen. Diese formale, genauer: diese mathematische Erhellung geschieht auf der Grundlage eines mathematischen Verfahrens, das modern genannt werden muß, mit Hilfe des Verfahrens, das die Symmetrien bzw. die Folge von Symmetrien und ihre Erzeugung formal beherrschen lehrt, nämlich mit Hilfe gruppentheoretischer Begriffsbildungen, die im Rahmen der höheren Algebra entwickelt worden sind und auf die wir im Zusammenhang mit der antiken Ornamentik bereits ausführlich hingewiesen haben. Im 17. Jahrhundert hatten vor allem Pascal und Leibniz die Symmetrien wieder bemerkt. Vor allem Pascal hat ihren erkenntnistheoretischen Sinn aufgezeichnet. In seinem Fragment 28 (Brunschvicg) schreibt er: »Symmetrie gründet darauf, daß man etwas mit einem Blick überschaut, weil es keinen Grund gibt, daß es anders wäre, und sie gründet auch auf der Figur des Menschen, weshalb man Symmetrie nur in der Breite, nicht in der Höhe noch in der Tiefe verlangt.« Es ist erstaunlich, daß Pascal trotz solcher Einsichten keinen Satz einer strengen Symmetrietheorie gefunden hat.

Es soll daher hier nur noch einmal gesagt werden, um was es sich mathematisch dabei handelt: unter Gruppen werden Inbegriffe von Elementen verstanden, die dadurch ausgezeichnet sind, daß Verknüpfungen dieser Elemente wieder ein Element ergeben, das der Gruppe angehört. Symmetrien bilden eine Gruppe, weil Verknüpfungen zweier Symmetrien wieder zu einer Symmetrie führen. Die gesamte Theorie solcher Elemente mit Gruppeneigenschaften heißt in der höheren Algebra Gruppentheorie. Sie klärt die Technik der Symmetrienbildung jeder Art, also in der Ornamentik wie auch in der Musik, völlig auf. Es handelt sich bei ihr um eine Art von Mathematik, die nicht einfach Zahlen und Raumgrößen zum Gegenstand hat; es handelt sich bei ihr also nicht um eine Art der spezifizierten Mathematik der Raum- und Zahlengrößen, auch nicht um eine generalisierte Mathematik logischer Kalküle, sondern um eine Mathematik, deren Gegenstand überhaupt nicht einfach Elemente, sondern Systeme von Elementen darstellt, wie wir es in Band I dieser *Geistesgeschichte der Mathematik* bezeichnet haben und wie wir es – denken wir an Mengenlehre, Invariantentheorie usw. – für die moderne Mathematik so charakteristisch fanden. Das gruppentheoretische Verfahren, das die arithmetische Struktur der Symmetrien, also die arithmetische Struktur von Systemen von Elementen beherrschen lehrt, kann natürlich auch nur wieder Aussagen machen, die die Systematik von Elementen beherrschen, und so muß man es verstehen, was als Ergebnis der von gruppentheoretischem Geist getragenen Untersuchungen Graesers an Bachs *Kunst der Fuge* sich herausgestellt hat. Dies Ergebnis kann etwa so formuliert werden: die formale mathematische Untersuchung der bachschen *Kunst der Fuge* offenbart, daß es sich hier nicht um eine bloße Sammlung von einzelnen Fugen handelt, sondern um die planmäßige Konstruktion einer einzigen Riesenfuge auf der Grundlage von einzelnen Fugen, derart, daß die aus neunzehn Einzelfugen bestehende Riesenfuge aus einem einzigen Thema in d-Moll aufgebaut ist, d. h. es handelt sich bei der *Kunst der Fuge* um ein System von Fugen, das die Eigenschaften besitzt, daß die Verknüpfung aller Fugen wieder zu einer Fuge führt, der Riesenfuge, eine typisch gruppentheoretische Eigenschaft, d. h. eine Eigenschaft, die durch die einfache Gruppentheorie beherrscht werden kann.

Natürlich kannte Bach keine Gruppentheorie, ebenso wenig wie Pascal. Aber die Technik der Symmetrienbildung – das Thema in d-Moll erscheint in normaler wie in umgekehrter Form, es tritt als Thema rectum und als Thema inversum in je 35 Varianten auf, es hat seine 8 Nebenthemen, die ebenfalls normal und umgekehrt auftreten, im ganzen also ein formal schwer übersehbares System von einfachen, Doppel-, Tripel- und Quadrupelfugen – bedeutete ihm nichts anderes als eben die höchste Technik der Variation überhaupt, und diese Technik ist unmittelbares Thema der zeitgenössischen Mathematik, wenn man, wie bereits gesagt, an die ersten Arbeiten der Variationsrechnung bei Leibniz, Johann Bernoulli (im Zusammenhang mit der Konstruktion der Brachistochrone) und Euler denkt. Vielleicht drückt man sich genauer aus, wenn man sagt: Bachs musikalische Variationstechnik ist weniger Ausdruck der variationstheoretischen Probleme der barocken Mathematik, als vielmehr einer invariantentheoretischen Kompositionstechnik; dann hat man sowohl das Variationsprogramm, das dem mathematischen Geist des Barock entspricht, festgehalten als auch das durch die Gruppentheorie beherrschte Verfahren der Symmetriebildung großen Stils. Dann kann man in erster Näherung die *Kunst der Fuge* bestimmen als musikalische Darstellung der Invariantentheorie – denn niemand wird bestreiten wollen, daß Bach bei der Komposition des Werks auch theoretische Absichten verfolgte – einer Gruppe, d. h. einer Symmetrienfolge.

Ich will abschließend darauf hinweisen, daß natürlich auch heute noch die große Wirkung mathematischen Geistes auf die Musik anhält. Es sei nur an Ernst Krenecks Aufsatz »Musik und Mathematik« erinnert. Kreneck, ein Vertreter moderner Kompositionskunst, hat folgendes ausgeführt[150]:

»Neben den vagen Spekulationen, den angenehm unverbindlichen und einem Populär-Mystizismus angehörenden Vorstellungen der Pythagoreer kennt man ziemlich allgemein die Tatsache, daß sich gewisse musikalische oder eigentlich akustische Verhältnisse zahlenmäßig ausdrücken lassen. Ihre Erkenntnis ist ein

Ergebnis wissenschaftlicher Untersuchungen an dem Material der Musik, an den Tönen: dieses Ergebnis hat aber für die musikalisch-künstlerische Verwendung jenes Materials keine Bedeutung. – Gelingt es jedoch, zu zeigen, daß der Wandlungsprozeß der Musik, der den Hörer anfangs immer zu leidenschaftlicher Ablehnung des Neuen veranlaßt, auf der logischen Geschlossenheit eines aus bestimmten Voraussetzungen ableitbaren Gesamtorganismus beruht, so ist zum mindesten die gedankliche Legitimität des Stilwandels nachgewiesen, und der Hörer hat dann die Vorstellung eines sinnvollen Fortschritts, nicht die eines sinnlosen Chaos. – Die moderne Mathematik gibt nun uns Musikern da ein gutes Beispiel in ihrem Axiomsbegriff an die Hand. Ebenso wie z. B. die neuere Geometrie sagt: wir denken drei verschiedene Systeme von Dingen, die Dinge des ersten Systems nennen wir Punkte usw. - ebenso können wir Musiker, da die Beziehungen der Töne untereinander ebenfalls nur gedachte sind (indem sie keiner naturgegebenen Gesetzlichkeit entsprechen und in keiner Naturerscheinung ein Paradigma haben), sagen, daß wir die Normen für die musikalischen Beziehungen genauso in unserem Geist haben und wir frei damit operieren können, wie die Mathematiker es mit ihren Axiomen tun. Wir können also etwa so vorgehen: Wir denken (d. h. hören) die Töne in gewissen gegenseitigen Beziehungen, die wir mit den Worten ›Intervall‹, ›konsonant‹, ›dissonant‹ usw. bezeichnen. Wir gelangen auf diese Weise zur Denkmöglichkeit und -notwendigkeit einer nichttonalen Musik, wie sie ja auch vor 1600 auf der Basis der Kirchentonarten bestand.«

Wir diskutieren diese Auffassung nicht. Hans Kayser hat sich aus seinem harmonikalen Weltbild heraus mit ihr auseinandergesetzt. Wir erkennen nur die Spätwirkung einer Vereinbarung, die zum unantastbaren Bestand europäischen Geistes gehört.

Nicht die bewußte Anwendung eines Verfahrens, das es gestattet, auf eine mathematisch übersehbare Weise einwandfreie Symmetrien zu erzeugen, ist das Entscheidende des künstlerischen Aktes, insbesondere des Kompositionsaktes; sondern es ist vielmehr so, daß wie das Naturgebilde ebenso auch das Kunstgebilde, sofern es real ist, sich durch mathematische Eigenschaften auszeichnet und daß dies sozusagen den unvermeidlichen pythagoreischen Zahlenmaterialismus bedeutet, der auch heute noch seinen guten Sinn besitzt.

Nachwort über ästhetische Fragen

Als Ergebnis dieser geistesgeschichtlichen Untersuchung über Mathematik und Kunst kann festgehalten werden, daß jede Entstehung eines neuen Stils in der europäischen Kunst verknüpft ist mit der Einführung mathematischer Methoden und Theoreme, auf die die formalen Elemente jenes Stils mehr oder weniger einheitlich und vollständig zurückgeführt werden können. Dieser spezielle geistesgeschichtliche Zusammenhang zwischen den formalen Elementen eines künstlerischen Stils und der jeweils zeitgenössischen Mathematik ist nur der äußerste und sublimste Niederschlag der inneren und äußeren Verknüpfung zwischen gesellschaftlichen, ökonomischen und politischen Prozessen einerseits und intellektuellen, geistigen Vorgängen andererseits. Als allgemeines geistesgeschichtliches Fazit dieser rein historischen Feststellungen erscheint dann das Theorem von der ursprünglichen Einheit ästhetischer und mathematischer Kategorien, und es ist fast selbstverständlich, daß dieses Theorem auf eine Ästhetik hinweist, deren Konturen zu ermitteln sind. Es handelt sich um eine Ästhetik der reinen künstlerischen Formen, und das Hauptunternehmen dieser Ästhetik besteht darin, diese reinen künstlerischen Formen auf mathematische Formen zurückzuführen. Es ist nicht schwer, diese Ästhetik aus Leibniz abzuleiten.

Wir verstehen unter der allgemeinen leibnizischen Reduktion des Geistes auf Form jede Zurückführung eines Satzes über Geist auf einen Satz über Form.

Unter der speziellen leibnizischen Reduktion erster Art verstehen wir die Reduktion der wissenschaftlichen Sprachen auf mathematische oder formalisierte Sprachen. Und unter der speziellen leibnizischen Reduktion zweiter Art verstehen wir die Reduktion der künstlerischen Formen auf mathematische Formen geometrischen oder arithmetischen Charakters.

Es ist die Frage, durch welche Art von Einschränkung aus der

Menge der mathematischen Formen Formen hervorgehen, die wir als künstlerisch bezeichnen können. Insbesondere muß eine Festsetzung getroffen werden, was unter Ästhetik zu verstehen sei.

Unter den mathematischen Formen gibt es eine besondere Klasse von Formen geometrischer und arithmetischer Art, die sich dadurch auszeichnen, daß sie unsere Sinne affizieren, d. h. daß sie nicht nur gedacht, sondern wahrgenommen werden können, daß sie auch nicht nur wahrgenommen werden, sondern uns berühren, verwandeln, und diese affizierenden Formen nennen wir ästhetische Formen. Wenn wir sagen, diese Formen können wahrgenommen werden, dann wollen wir sagen, daß die Affektion unserer Sinne durch sie zugleich unsere anschauende Einbildungskraft in Tätigkeit setzt. Sogleich folgern wir, daß wir dann und nur dann von einem ästhetischen Zustand sprechen, wenn eine Affektion unter der Kategorie der Form eintritt und diese Form der speziellen leibnizischen Reduktion zweiter Art verfällt. Wir haben ein Paradigma nicht nur für diese spezielle leibnizische Reduktion zweiter Art, das von ihm selbst stammt und das darüber hinaus auch ein für allemal die ästhetische Form als eine mathematische Form, die imstande ist, unsere Sinne zu affizieren, herausstellt. Es ist seine berühmte Äußerung über die Musik, in der er sagt, sie sei ein »exercitium arithmeticae occultum nescientis se numerare animi«. Und wir haben noch ein anderes Paradigma für diese Art von Ästhetik, die auf mathematische Formen reduziert, eines, das mit weniger Präzision scheinbar ausgesprochen wurde, aber dennoch deutlich genug ist. Es stammt aus dem Umkreis der Poetik. Es stammt von Lessing und es steht in der kleinen Kampfschrift und Preisschrift, die jener klare Geist zusammen mit Mendelssohn verfaßt hat, nämlich in *Pope, ein Metaphysiker?*, in der im übrigen die Redeweise des abstrakten Denkers auf eine sehr deutliche Art von der Redeweise des Dichters abgegrenzt wird. Dort – in *Pope, ein Metaphysiker?* – heißt es: »Ein Gedicht ist die vollkommene sinnliche Rede.« Und ich will folgendes hinzufügen: Daß die Rede vollkommen sei, deutet an, daß sie im Sinne einer Form, die beherrscht werden kann, vollkommen ist, und daß die Rede sinnlich sei, meint, daß sie die Sinne des Hörenden affiziere.

Wir sprechen also dann und nur dann von Ästhetik, wenn wir

den Geist eines Kunstwerks auf eine Form zurückführen können, die unsere Sinne affiziert; wo aber dieser Geist, der wesentlich Form ist, nicht die Sinne affiziert, sondern rein, abstrakt in der ihm eigenen Sphäre bleibt, die Sinne flieht, schränken wir diese Ästhetik auf eine transzendentalphilosophische ein, mit der wir aber nicht sagen wollen, daß sie aus Kant konstruiert sei, sondern daß sie tatsächlich unsere wirkliche, also auch sinnliche Welt übersteige und in jeder möglichen Welt gültig wäre. Diese transzendentalphilosophische Ästhetik[151] hat eine konsequente Interpretation in der zu einer Mathesis universalis erweiterten generalisierten Mathematik nichtmathematischer Objekte. Die transzendentale Ästhetik, die Kant im Sinne hat, geht aus der transzendentalphilosophischen reinen Ästhetik dadurch hervor, daß man die generalisierte Mathematik der Mathesis universalis auf die spezifizierte Mathematik der Raum- und Zahlengrößen Euklids spezifiziert, und auf diese spezifizierte Mathematik Euklids können Formen reduziert werden, die, wahrgenommen, unsere Sinne tief affizieren. Ich nenne diese Ästhetik, die als eine kantische transzendentale Ästhetik aus der spezifizierten Mathematik der Raum- und Zahlengrößen affizierende Formen hervorruft, eine euklidische Ästhetik. Noch vermag ich nicht zu sagen, ob es eine nichteuklidische Ästhetik gibt, die aus einer nichteuklidischen Mathematik affizierende Formen erzeugen kann; aber ich kann mir recht wohl vorstellen, daß es Bezirke der Kunst gibt, die unsere aus der Welt der Formen einer generalisierten Mathematik verfeinerten Sinne zu berühren vermögen; wir hätten dann Gebilde vor uns, die der transzendentalphilosophischen Ästhetik angehören, die in jeder Welt gültig ist, und ich meine, jene Gebilde würden dann mit Gewißheit in jeder möglichen Welt die Sinne affizieren und nicht nur jene der wirklichen Welt, der also die unseren angehören. –

Aber ich breche diesen spekulativen Gedankengang ab. Es genügt in erster Näherung, die Möglichkeiten einer Ästhetik entworfen zu haben, die Geist auf Form und Form auf Mathematik zurückführt. Die großen Hermeneutiker und Intuitionisten unter den Kunsthistorikern mögen ohne Verwunderung erschrekken angesichts dieser Vorschläge; aber ich kann den Gedanken nicht loswerden, daß man doch erst dann wirklich vom Stil einer Sache sprechen kann, wenn man diesen Stil auf eine Form zurückgeführt hat. Und man hat ihn erst auf eine Form zurückgeführt, wenn man die generalisierte oder spezifizierte mathematische Form in ihm erkannt hat. Denn ich weiß nicht, wie anders als mathematisch man über Form reden soll, wenn man überhaupt verbindlich, nachprüfbar und allgemeingültig reden will.

Kybernetik
oder
Die Metatechnik einer Maschine

Philosophie

Wir verstehen hier unter Philosophie eine Folge von Wissenschaften, die weder zu den Naturwissenschaften noch zu den Geisteswissenschaften gehören, aber für den Aufbau beider unerläßlich sind. Sie untersuchen Grundlagen, Gegenstandsbereich und Zusammenhang positiver Wissenschaften wie Mathematik, Physik, Biologie, Literaturgeschichte, Jurisprudenz usw. Wir rechnen insbesondere Logik, Erkenntnistheorie, Wissenschaftstheorie, Ontologie, Metaphysik zu solchen philosophischen Wissenschaften. An und für sich haben sie keinen selbständigen Gegenstand; sie bekommen ihn vielmehr von den positiven Wissenschaften genannter Art geliefert, bilden ihn um, transponieren ihn auf ihre Ebene, beschäftigen sich mit Merkmalen, über deren Zutreffen oder Nichtzutreffen Verfahrensweisen nichtphilosophischer Wissenschaften keine Entscheidung haben. Philosophische Wissenschaften sprechen also genau genommen ausnahmslos über nichtphilosophische, positive, *eigentliche Wissenschaften*; ohne sie sind sie sozusagen »leer«. Philosophische Wissenschaften sind also Meta-Wissenschaften. Tatsächlich rechnen wir auch Metaphysik und Metamathematik dazu; in einem gewissen Sinne entsprechen sowohl die aristotelische Metaphysik als auch die hilbertsche Metamathematik dem vorstehend angedeuteten Begriff der philosophischen Wissenschaften. Nun ist aber neuerdings immer klarer geworden, daß, genau wie von der Literatur und der Kunst aus, auch von der Technik her die Folge philosophischer Wissenschaften aufgerollt werden kann. Auch ihr Gegenstand kann auf die Ebene philosophischer Betrachtung gehoben werden. Und es scheint, daß dies für eine geistige Bewältigung der Technik unerläßlich ist. Die philosophische Konstruktion einer Metatechnik ist also sinnvoll.

Naturphilosophie und Technik

Von jeher war die Natur ein hervorragender Anlaß philosophischer Gedankenbildung. Der wissenschaftlichen Philosophie, von solcher wird hier gesprochen, liefert die neuzeitliche Naturwissenschaft jenen Gegenstand, den wir »Natur« nennen. Diese Natur der Physik, Chemie, Biologie usw. ist aber seit Galilei nicht mehr schlechthin »gegebene Natur«. Sie ist »veränderte Natur«, Natur des Laboratoriums, des Gedankenexperiments. Der freie Fall des Aristoteles war noch der Fall der Blätter und der Fall des Schnees in der freien Natur; Galileis freier Fall war ein sehr analytisch verfolgter Fall im luftleeren Raum, der im Rezipienten hergestellt werden konnte. Der freie Fall des Griechen war natürlich; der freie Fall des Toskaners war künstlich, denaturiert. Zweierlei war nötig, damit Galilei seine berühmten Gesetze formulieren konnte: erstens eine abstrakte Betrachtung mathematischer Art, die ihn die zahlenmäßige Abhängigkeit zweier veränderlicher Größen, Fallzeit und Fallweg z. B., verfolgen lassen konnte, und dieses abstrakte Gedankenexperiment erfolgt im Zusammenhang mit einer geometrischen Figur, wie die *Discorsi*[1] von 1638 beweisen; gewisse Anfänge infinitesimaler und koordinatengeometrischer Betrachtung stecken darin, deren Einzelheiten hier nichts zur Sache beibringen. So wurde also die Natur zunächst einmal an der Geometrie reflektiert. Dann kommt das zweite, das Experiment, die Prüfung an der Realität. Und nun erweist sich, daß schon Galilei das mathematische Naturgesetz nicht an der gegebenen Natur prüft, sondern an der Natur des Laboratoriums, an der Maschine. Er konstruiert eine schiefe Ebene mit sorgfältig gewählten Haltepunkten und mit einer Rinne, in der eine Kugel herunterlaufen kann. Eine genaue Wasseruhr gestattet ihm, Laufzeit und Laufweg der Kugel auf der schiefen Ebene zu messen. Mathematische Physik und technische Physik gehen hier eine Verbindung ein. Sie übergeben der Philosophie eine zweite, künstliche, zugleich abstrakte und technische Natur zur Betrachtung. Wir wissen heute, daß man Naturphilosophie nicht von der freien, gegebenen Natur aus treiben kann; man benötigt die Natur der Physik und der Technik. Die Philosophie der Technik ist ein Bestandteil der Naturphilosophie geworden.

Die galileische Ableitung

Die galileische Ableitung zeigt aber nicht nur, daß und wie man Naturvorgänge in ihrem quantitativen Verlauf durch mathematische Formeln beschreiben kann. Sie zeigt auch, daß und wie man gedankliche Prozesse – die Überlegung am Dreieck – in technische Prozesse – der Lauf der Kugel auf der schiefen Ebene – übersetzen kann. Der berühmte Abschnitt aus den *Discorsi*, den wir hier beständig vor Augen haben, ist also, philosophisch gesprochen, auch ein Beispiel für die Erkenntnis, daß ein und derselbe Prozeß, genügend weit gefaßt, ebenso *gedanklich* wie *technisch* reproduziert werden kann. Die rätselvolle Doppelnatur der technischen Welt wie auch der technischen Intelligenz: ebenso sehr reine Theorie wie reine Praxis, reiner Gedanke wie reine Materie, abstrakt wie konkret zu sein, rückt hier zum ersten Mal in ein methodisches Bewußtsein. Technik liegt im Feld *idealer*, aber auch im Feld *realer Seinsverhältnisse* und sie gehört ebenso der subjektiven wie der objektiven Sphäre des Seins an. Ontologisch gesprochen bedeutet das, daß die *Technik weiter reicht als die Natur*: sie überstreicht ebenso sehr die Bereiche des idealen wie die Bereiche des realen Seins. Damit ist aber prinzipiell, gleichsam aus der Theorie des Seins überhaupt, die Möglichkeit gegeben, an die technische Reproduktion idealer, gedanklicher Vorgänge zu denken, also an die materielle, mechanische Konstruktion geistiger Prozesse wie Addition, Multiplikation, aber auch logischer Operationen heranzugehen. Pascals Rechenmaschine[2] mußte sich ebenso zwangsläufig im Bereich der Technik ergeben wie Leibniz' Kalkül im Felde der reinen Theorie.

Die Ausgangsfrage ist stets die gleiche: Welcher technische Vorgang entspricht dem bestimmten geistigen Vorgang? – Die Zurückführung auf die identischen formalen Operationen erleichtert die Auffindung des technischen Analogons für einen intelligiblen Akt. Hat man den formalen Vorgang gefunden, so gewinnt man Zugang sowohl zu seiner mechanischen als auch zu seiner geistigen Reproduktion. So kann man sich etwa eine *Aussage*, also das Gebilde, über das der Logiker spricht und das die Eigenschaft besitzt, wahr oder falsch zu sein, technisch dargestellt denken durch ein Relais, durch einen Schalter, der aus- oder eingeschaltet sein kann. Die logische Zweiwertigkeit der Aussage, wahr oder falsch zu sein, ein rein formales Merkmal, entspricht der technischen Zweiwertigkeit, ein- oder ausgeschaltet zu sein. Weiterhin beschäftigt sich der Logiker z. B. mit dem satzverknüpfenden Bindewort »sowohl ... als auch«. Mit Hilfe dieses Bindeworts können zwei einfache Aussagen verbunden werden. Setzt man nun voraus, daß die Aussage ein sprachliches Gebilde ist, das, wie gesagt, wahr oder falsch sein kann, so wird auch die durch satzverknüpfende Bindeworte wie »sowohl ... als auch« erzeugte Verbindung aus zwei Aussagen wahr oder falsch, je nachdem, ob die verknüpften Aussagen wahr oder falsch oder die eine wahr und die andere falsch ist. Offenbar sind vier Fälle zu unterscheiden. Der Logiker kann diese Fälle sehr genau erfassen, gleichsam in einer besonders gebauten Tabelle, die er Matrix nennt. Für die einzelnen satzverknüpfenden Bindeworte wie »sowohl ... als auch«, »und«, »oder«, »wenn ... so« usw. gibt es typische Matrizen. Die Matrix drückt jeweils den Mechanismus der Verknüpfung aus. Wenn man nun die Frage stellt, ob es einen technischen Prozeß, eine Maschine gibt, die nach dem Schema der »Sowohl ... als auch«-Verknüpfung zweier Aussagen, die wahr oder falsch sein können, arbeitet, dann verweist die Antwort auf die Hollerithmaschine[3]. Mit Hilfe der Hollerithmaschine kann man z. B. aus einer Kartei, sofern danach gefragt ist, alle diejenigen Physiker aussortieren, die gleichzeitig Bakteriologen sind. Die »sowohl ... als auch«-Schematik ist leicht einzusehen. Grob ausgedrückt, wiederholt also eine Hollerithmaschine den Mechanismus der »Sowohl ... als auch«-Matrix des Aussagenkalküls. Wie die Mathematik, so verwirklicht also auch die Logik gewisse Vorgänge, die ohne weiteres technisch reproduziert werden können. Rechenmaschinen und Hollerithmaschinen beweisen es. Was aber den Prozeß des Zählens anbetrifft, so ist es nicht nötig, die Zahlen mit Hilfe eines Zehnersystems zu zählen.

Man kann die Reihe der natürlichen Zahlen 1, 2, 3... auch mit Hilfe zweier Zeichen, also zweier Zahlen, in einem dyadischen System ausdrücken. Und die beiden Zeichen? – Sie sind mit Hilfe des Relais zu verwirklichen. Das geschlossene, eingeschaltete Relais entspricht der einen, das geöffnete, ausgeschaltete Relais der anderen Zahl. Durch Folgen des offenen oder geschlossenen Kontaktes demonstriert das gesteuerte Relais die Zahlenreihe: ein Kontakt kann also zählen. Damit sind wir bereits in den Kreis der großen neuzeitlichen mathematischen Maschinen getreten, und in einer gewissen Hinsicht besteht für solche Maschinen das Wesen der Mathematik in Prozessen, nicht in Theoremen. Das wiederum ist ein Faktum, das auch den Resultaten der modernen Logik entspricht. Forscher wie H. B. Curry[4] u.a. haben erkannt, daß das Mathematische der Mathematik in ihren Ableitungen, nicht in ihren vermeintlichen Gegenständen liegt. Unter dem Aspekt dieser Einsicht läßt sich begreifen, daß der technische Prozeß der *Steuerung*, also der genauen raum-zeitlichen rhythmischen Beherrschung mechanischer Vorgänge für die maschinenmäßige Reproduktion gewisser intellektueller Aktionen unseres Bewußtseins entscheidend sein muß. Und wenn diese intellektuellen Aktionen, Additionen, Multiplikationen, Zählen, Sortieren usw. feiner werden, dann müssen auch die technischen Steuerungen einen subtileren Grad annehmen. An die Stelle gewöhnlicher mechanischer Steuerung reproduzierbarer Vorgänge treten dann elektromagnetische und elektronenmechanische Steuerungen, wie sie, im einfachsten Fall, durch die gewöhnliche Gitterröhre – das Gitter steuert ja den von der Kathode innerhalb der Röhre ausgehenden Elektronenstrom – bekannt geworden sind.

Die kybernetische Erweiterung

Damit sind wir zu jener Theorie vorgedrungen, die kürzlich Norbert Wiener[5], ein amerikanischer Mathematiker, der auch in Göttingen studiert hat und jetzt Professor am Massachusetts Institute of Technology ist, unter dem Titel *Cybernetics – or Control and Communication in The Animal and The Machine* 1949 publiziert hat. Kybernetik kommt von einem griechischen Wort, dessen Stamm soviel wie Steuer bedeutet. *Gubernator* ist das lateinische Wort für Steuermann. Der Untertitel weist darauf hin, daß Wiener die moderne elektrische Steuerungstechnik und Nachrichtenübermittlung – *Control and Communication* –, besonders aber die elektronischen Rechenmaschinen in den Mittelpunkt seiner Überlegungen stellt, die bei Mensch und Maschine gewisse identische, technisch isolierbare Prozesse feststellen wollen. Die Einbeziehung der modernen Logik, Mathematik, Physik, Psychologie, Physiologie, Psychiatrie, Anthropologie, Soziologie und – Metaphysik machen das Werk zu einem grundlegenden Buch moderner Natur- und Technikphilosophie, zu einem Paradigma dessen, was wir *Metatechnik* nennen möchten. Technik war bisher im wesentlichen ein Phänomen der Oberfläche der bewohnten und bewohnbaren Sphäre: was jetzt vor unseren Augen entsteht, ist *Tiefentechnik*; wir erleben ihr Eindringen in die Feinstrukturen der Welt, in die immateriellen Bestandteile, wo dementsprechend ihre pathologischen Züge verborgener und gefährlicher sind. Die kybernetische Erweiterung der neuzeitlichen Technik bedeutet also ihre *Erweiterung unter die Haut* der Welt; Technik kann in keiner Weise mehr isoliert (objektiviert) betrachtet werden vom Weltprozeß und seinen soziologischen, ideologischen und vitalen Phasen. Sie bezieht alles ein, sie hat einen verstärkten konsumierenden Charakter angenommen. Literatur, Kunst, Musik nehmen ihre Züge an, genau wie seit Galilei Wissenschaft, Medizin, Architektur und mindestens seit der Aufklärung die gesellschaftlichen und politischen Vorgänge sich ihren Strukturen anpaßten.

Dieses Eindringen der Technik in Zonen, die bisher unerreichbar waren, und ihre Umwandlung in Metatechnik, die beständig die Grenzlinie zwischen den sogenannten materiellen und nichtmateriellen Bereichen verwischt, kann durch die Tatsache belegt werden, daß die kybernetischen Maschinen, von denen Norbert Wiener spricht, nicht nur, wie die programm- und ideengeschichtliche Einleitung seines Buches es darstellt, in beständiger Zusammenarbeit von Logikern, Mathematikern und Technikern geschaffen wurden und, wie angedeutet, auf der Übersetzung logischer und mathematischer Prozesse in technische Vorgänge beruhen, sondern Funktionen aufweisen, die gewissen charakteristischen Fähigkeiten des menschlichen Bewußtseins, etwa dem Gedächtnis, entpsrechen. Ich sagte »Funktionen des Gedächtnisses«, nicht »Gedächtnis«. Das bedeutet, daß ich nur sagen will, die kybernetischen Maschinen reproduzieren Vorgänge, deren formaler Ablauf dem Vorgang entspricht, durch den wir die Gedächtnisbildung im menschlichen Bewußtsein verstehen können. Man hat es nicht nötig, zu erschrecken. Jeder Kenner der Psychoanalyse weiß, daß es eine Mechanik unseres vitalen, emotionalen und intellektuellen Lebens gibt, die Verdrängungen, Komplexe, Sublimierungen sexueller Traumsymbolik usw. regelt und deren Kenntnis, wie Freud und seine Schule bewiesen haben, einen hohen therapeutischen Nutzeffekt besitzt. Hat man nun einmal begriffen, daß die Funktionen des Gedächtnisses in der Aufspeicherung von Signalen bestehen, so erleichtert diese technische Redeweise sofort den Übergang vom bewußtseinsmäßigen zum technischen Prozeß. Henri Bergson, der in seinem berühmten Buch *Matière et mémoire*[6] von 1896 zweierlei Arten von Gedächtnis unterscheidet, würde jetzt erklären, daß nur die bewußtseinsmäßige Wiederholung einer automatisch gewordenen Funktion – die erste Gedächtnisart –, nicht aber das Entstehen der Erinnerungsbilder – die zweite Gedächtnisart – technisch reproduziert werden könne. Im *Prozeß* Franz Kafkas[7] steht der Satz: »Das Umdrehen des Schlüssels im Schloß erinnerte K. daran, daß er bald hatte weggehen wollen.« (S. 174) Ohne Zweifel funktioniert hier das Gedächtnis erster Art. Marcel Prousts mächtiger Titel *A la recherche du temps perdu* scheint auf das Gedächtnis zweiter Art anzuspielen, das er, da es »eine Sache des Zufalls« ist, als »mémoire involontaire« bezeichnet. Ich möchte hier übrigens anmerken dürfen, daß in der Art, wie Balzac die *comédie humaine* zugleich als literarisches und soziologisches Programm entwirft, und in der Art, wie Proust in seinem Zyklus die *temps perdu* zugleich als literarisches und metaphysisches Programm empfindet, ein Anzeichen des Eindringens der Theorie metatechnischer Strukturen in den Roman gesehen werden darf. Die Explikation der proustschen Erinnerungsbilder, die Walter Benjamin[8] 1939 mit Hilfe der Psychoanalyse gegeben hat, stützt diese Auffassung.

Doch kehren wir zur Kybernetik zurück. Höchstwahrscheinlich hat, wie Bergson es darlegt, die Materie kein Gedächtnis. Aber es gibt steuerbare, subtile elektronische Vorgänge in röhrentechnischen Aggregaten, die alles das reproduzieren können, was innerhalb des Gedächtnisses auf einer feinen Mechanik der Signale beruht und in den übersehbaren Bereich der Signalübertragung, der *Communication*, wie Wiener sagt, fällt. Der sensationelle Abschnitt seines Buches »Computing Machines and the Nervous System« erspart uns in dieser Hinsicht keine Überraschung. In den elektronischen Computern und Analysatoren vollzieht sich die Aufspeicherung von Intelligenzsignalen, die, wenn auch nur über kurze Funktionszeiten, der Arbeit zumindest des bergsonschen Gedächtnisses erster Art entspricht. Man stelle sich für einen Augenblick eine erkaltete, menschenlose Erde vor und irgendwo, wohlverwahrt, gleichsam in einem idealen, überdauernden Museum alle Geräte, die der Mensch einstmals besaß. Darunter auch ein vervollkommneter *Computer*, aber kein Buch, kein Schriftstück. Dann könnte man sich in dieser Maschine einen Teil abstrakter Erkenntnisse aufgespeichert denken, und ein Wesen von einem anderen Stern wäre in einem gewissen Idealfall imstande, diesem toten Gebilde Bestandteile unseres Wissens zu entlocken.

Die Maschinen

Der Gedanke, mathematisches Denken technisch nachzubilden, durch Maschinen ausführen zu lassen und zu verkürzen, geht mindestens bis auf Pascal zurück. Es gibt nicht nur das Modell seiner kleinen, einfallsreichen Maschine: es existiert auch ihre Metaphysik in den *Pensées*; ein Brief an den Kanzler Pierre Séguier, in dem er sie beschreibt; eine geschäftstüchtige Selbstanzeige; eine ehrerbietige Ankündigung für die Königin Christine; eine Lizenz für diese Maschine von seiten des Königs an Pascal und endlich die prächtige Beschreibung, die Diderot in seiner *Encyclopédie*[9] von ihr gegeben hat. Leibniz[10] hat unabhängig von Pascal eine Rechenmaschine erdacht und gebaut. Sie ist dem Vorgänger überlegen. Pascals Lizenz stammt anscheinend vom 22. Mai 1649. Leibniz' Pläne stammen aus den siebziger Jahren. Er führt das klassische Prinzip der Staffelwalzen ein. Dieses beherrscht alle diejenigen Maschinen, die das mathematische Denken mit rein mechanischen Mitteln nachbilden und, wie man sagt, additiv arbeiten. Sie addieren Zahlenreihen, wenn man jede der Zahlen durch ebenso viel Kurbeldrehungen in ein mechanisches Zählwerk hineinkurbelt, und die Multiplikation führen sie auf Addition zurück. Die späteren Multiplikationsmaschinen führen die Multiplikationen sogleich aus, im allgemeinen werden sie nicht zum Addieren und Subtrahieren benutzt. »Nürnberger Scheren« und »Multiplikationskörper« gehören zu den mechanischen Elementen dieser Multiplikationsmaschinen. Der leibnizische Gedanke mit den Staffelwalzen ist wichtig geworden für einen großen Teil späterer Konstruktionen. Nach seinen Angaben wurden offenbar zwei Maschinen gebaut. Eine ist verschollen, die andere war instand gesetzt worden und wurde in der Hannoverschen Bibliothek gezeigt. Pascals Maschine war etwa 36 cm lang, 13 cm breit und 8 cm hoch, wie es in einem Pariser Akademiebericht aus dem Jahre 1849 heißt, in dem zwei spätere Konstrukteure, Maurel und Jayet, noch einmal auf den usprünglichen Erfinder zurückkommen. Um die gleiche Zeit, als man sich in Frankreich wieder auf Pascals Maschine besann, baute der Amerikaner Babbage[11] eine aufsehenerregende Rechenmaschine. Edgar Allan Poe hat sie zum Gegenstand einer ebenso technologischen wie philosophischen Betrachtung gemacht, und zwar in seiner kleinen Geschichte von »Maelzels Schachspieler«[12]. Es war dies das zweite Mal nach Diderots glänzender Beschreibung, daß eine Rechenmaschine Gegenstand der Literatur wurde. Seither kamen und gingen die Konstruktionen. Aber sie blieben ein zugleich reales wie utopisches Stück neuzeitlicher Technik. Man versäumt keine Gelegenheit, aus der konstruierten Materie die große mathematische Maschine, das künstliche Hirn zu formen. Die Rechenmaschine durchlief in kürzester Zeit die Stadien der technischen Welt: das mechanische, thermodynamische, elektrotechnische und hochfrequenztechnische Stadium. Heute haben die großen mathematischen Maschinen eine elektrotechnische und hochfrequenztechnische Grundlage.

Die Entwicklung begann eigentlich im Jahre 1930, als die Amerikaner Bush und Caldwell[13] ihre berühmte Maschine schufen, die imstande war, Differentialgleichungen, durch die wir heute unsere Naturgesetze ausdrücken, zu lösen; sie sprachen dabei von einem »Analysator«: die Rechenvorgänge waren in ihm völlig automatisiert. Der elektrische Antrieb, seit dem ersten Weltkrieg eine Selbstverständlichkeit, bestand hier die erste große Prüfung. Der Übertritt der Maschine in das Zeitalter der Hochfrequenztechnik und der Elektromechanik erfolgte schließlich endgültig im Jahre 1942, in dem Aiken an der Harvard-Universität seine universale Maschine konstruierte, die »Electronical Numerical Integrator And Computer«, genannt »Eniac«[14]. In ihrem System vollzog sich die neuartige Kombination von Elektronenröhren-Technik und Lochkarten(Hollerith)-Verfahren. Diese große mathematische Maschine repräsentiert insofern ein universales Kalkül, als sie addieren, subtrahieren, multiplizieren, dividieren, wurzelziehen, differenzieren und integrieren kann. Ja, darüber hinaus vermag sie zu tabellieren, also etwa Logarithmentafeln auszurechnen und auf diese Weise ganz allgemein der Herstellung numerischer, mathematischer Anordnungen zu dienen. Vielleicht ist das aber noch nicht einmal das Erstaunlichste. Der Sinn der Maschine beruht darauf, daß sie uns die Mühsal solcher Aufgaben abnimmt und sie in der kürzesten Zeit, selbst für vielstellige Zahlen, erledigt, wobei im Prinzip der durchführbaren Zahl der mathematischen Operationen keine Grenze gesetzt ist. Galilei hatte Mühe, die kleinen Fallzeiten zu messen. Er verlangsamte den Fall durch die schiefe Ebene, die er an seine Stelle setzte. Die kybernetischen Maschinen erschöpfen das kleinste Intervall. Eine Addition geschieht in einer fünfmillionstel Sekunde; in fünf Minuten können zehn Millionen Additionen oder Subtraktionen zehnstelliger Zahlen durchgeführt werden. Bereits hier erscheint das *besondere Zeitverhältnis dieser Maschine*: sie arbeitet in den Feinstrukturen, in den Mikroverläufen der Zeit, die durch menschliches Handeln oder Denken nicht ausgenützt werden können. Desgleichen reicht unsere Vorstellungskraft nicht aus, Vorgänge in solche infinitesimalen Zeitbezirke zusammengerückt zu denken.

Wie ist das möglich? – Nur ein Techniker vermag das zu übersehen. Die anderen müssen sich mit der Andeutung der Prinzipien begnügen. Die Details und die einzelnen Verfahrensweisen bleiben außerhalb der Darstellung. Die universale Tätigkeit der Maschinen vermag etwa dadurch verwirklicht zu werden, daß die ständig wiederkehrenden mathematischen Operationen, etwa die Lösung einer bestimmten Art von Gleichung, strukturell auf Lochkartenstreifen festgelegt werden. Die Lochstreifen laufen dann durch Abtasteinrichtungen und steuern das Rechenwerk im Sinne der auf der Lochkarte festgelegten mathematischen Operation. Was Geschwindigkeit und Umfang der Rechnungen anbetrifft, so werden sie auf folgende Weise erzielt: Vor allem arbeitet das ganze technische System in einem dyadischen Zahlensystem. Die Zahlen werden durch zwei Zeichen ausgedrückt, nicht durch zehn. Wenn die Zeichen 0 und 1 heißen, so stellt sich z.B. 466 durch die Zeichenfolge 111010010 dar. Der Vorteil besteht darin, daß nur zwei Zahlzeichen durch die

Maschine technisch realisiert werden müssen. Wir sahen schon, wie man das machen kann. Dabei vereinfachen sich natürlich auch die Prozesse. Es gibt gleichsam nur zwei Multiplikationen: 0 und 1. In den modernen Maschinen werden diese beiden Zeichen 0 und 1 als Vorsprünge und Lücken einer zickzackförmigen, leuchtenden Linie realisiert, die als Spur des Rhythmus elektrischer Impulse in bestimmten Elektronenröhren entsteht. Jede Zahl ergibt sich als Folge von Vorsprüngen und Lücken in der Kurve, genauer, im Rhythmus der elektrischen Impulse der Röhre. Jede Röhre, die solche elektrischen Impulse erzeugt, kann also die Zahlenreihe schreiben. Viele Röhren vermögen also gleichzeitig viele Zahlen zu schreiben. Es ist ohne Schwierigkeit einzusehen, daß eine solche elektronische Rechenmaschine großzahlige Operationen durchführen kann, wenn in ihr möglichst viele Impulsschreiber, also Röhren, kombiniert werden. Jede Röhre bildet gleichsam eine technische Nervenzelle des technischen Hirns, das durch die ganze Maschine repräsentiert wird. Das Spiel der Röhren ist ein auf Zahlen, also Impulsfolgen, reagierendes Spiel. Die Reaktion erfolgt nach Maßgabe der mit Hilfe der geeigneten Lochkarte eingesteuerten mathematischen Operation. Um eine Vorstellung vom Ausmaß der technischen Kombination zu geben, nenne ich folgende Zahlen. Man arbeitet meist mit hochfrequenten Strömen, die in der Sekunde 100000 Schwingungen machen. 15000 bis 18000 Röhren sind normal, ebenso zehntausende von Relais und Kontakten. 300 Kilometer Draht und mehr werden gebraucht, über 100 Motoren. Das Gewicht der ganzen Maschine steigt bis auf 100 Tonnen. Im allgemeinen können die Maschinen mit zehnstelligen Zahlen arbeiten. Koppelt man zwei Maschinen, was möglich ist, dann kann man Prozesse mit zwanzigstelligen Zahlen vornehmen. Die Anzahl der Zahlen, die in einer einzigen Röhre aufgespeichert, in ihr also technisch verwirklicht werden können wie Signale, die zur gegebenen Zeit hervorbrechen – ganz wie die Erinnerungsbilder eines Gedächtnisses bei bestimmten Anlässen (Kafkas Schlüssel!), übersteigt 1200. Die gesamte Apparatur gleicht einer gewaltigen feinnervigen Telefonzentrale.

Sein und Zeit der Maschinen

Es gibt eine ontologische Theorie der Maschinen. Darin müßten die Modi und Attribute, die Kategorien und Seinsschichten der technischen Gebilde entwickelt werden. Auch würde sich zeigen, daß das Seinsverhältnis der technischen Welt nicht dem klassischen Seinsverhältnis der Theodizee entspricht, das in der Geschichte der Philosophie zumindest von Aristoteles bis zu Christian Wolff beschrieben worden ist und in der die Dinge als Geschöpfe Gottes, aber distanzierbar von ihm, als selbständige Gegenstände gedeutet werden können. Das Seinsverhältnis der Maschinen ist ein nichtobjektivierbares Sein; man kann es nicht verdinglichen; der Hervorbringer, der Mensch, gehört zu ihm, aber er ist der Punkt, auf den alles bezogen werden muß; technische Welt ist durch und durch funktionales Sein. Jede Maschine ist kompossibel und konezessiv, mitmöglich und mitnotwendig, wie der Ontologe sagt, zu den anderen. Übrigens beruht gerade darauf der im weitesten Sinne konsumierende Charakter der Maschinenwelt: die Perfektion beruht auf dem Einbeziehen von allem. Unter einem anderen Aspekt hat Martin Heidegger ein solches konsumierendes Seinsverhältnis (»Das Seiende, dessen Analyse zur Aufgabe steht, sind wir je selbst. Das Sein dieses Seienden ist je meines«, so heißt es in *Sein und Zeit*) als »Fundamentalontologie« bezeichnet. Wir übernehmen den Ausdruck, um das Seinsverhältnis der Maschine festzulegen.

Norbert Wiener bringt nun eine sehr wichtige Ergänzung zu einer möglichen ontologischen Theorie der technischen Gebilde und Aggregate. In einem metaphysischen Kapitel seines Buches, betitelt »Newtonian and Bergsonian Time«, spricht er über Newtons gleichmäßig dahingehende absolute Zeit, die eine Voraussetzung der klassischen Naturbeschreibung darstellt, und entwickelt, daß diese Zeit eine *reversible, umkehrbare Zeit* bedeutet. Von diesem newtonschen Zeitbegriff unterscheidet sich Bergsons »Dauer« sehr wesentlich. Die Dauer kann man nicht umkehren. Dauer ist *irreversible Zeit.* Die Skala der Dauer weist stets nach vorn. Das ist gleichsam der Sinn, der phänomenologische Sinn, wie Husserl sagen würde, einer Redeweise wie »Die Lehrzeit dauert drei Jahre«. Auch verbirgt sich dieser Tatbestand in jenen programmatischen Sätzen, die Proust zur Erläuterung seines bereits zitierten Romanwerks, das ja wesentlich unter dem Eindruck der bergsonschen Philosophie der Dauer und des Gedächtnisses konzipiert wurde, beibringt: »So steht es mit unserer Vergangenheit. Umsonst, daß wir sie willentlich zu beschwören suchen; alle Bemühungen unserer Intelligenz sind dazu nichts nutze...« Walter Benjamin, der, wie gesagt, den Spuren Bergsons in den proustschen Romanen nachgegangen ist, zitiert übrigens in seiner Analyse auch die psychoanalytische Auffassung, daß die Erinnerung destruktiv sei. Mit Recht; denn der destruktive Charakter der Erinnerung hängt mit der Nichtumkehrbarkeit der Dauer zusammen, die in der Erinnerung gerade zunichte gemacht werden soll.

In Anbetracht der Tatsache nun, daß, wie Bergson gezeigt hat, das Leben gegenüber der Materie sich durch Dauer auszeichne, und daß die großen mathematischen Maschinen, wie Wiener darstellt, sich in ihrer Fähigkeit, Intelligenzsignale, Theoreme wie in einem Gedächtnis aufzuspeichern, bis ein zukünftiger Appell sie zur Äußerung reizt (wenn ich einmal so sagen darf), wie menschliche Hirne verhalten, sollen sie nicht in der newtonschen *Zeit*, sondern in der bergsonschen *Dauer* sein. Es gehöre zum Wesen des Prozeßcharakters dieser subtilen Gebilde, daß ihr Sein in der Zeit nicht umkehrbar, irreversibel ist. Betrachtet man unter diesem Aspekt die Zeitlichkeit des Daseins, von der Heideggers Fundamentalontologie handelt, so entdeckt man sehr schnell, daß jene vom Phänomen der *Sorge* her deutbare Zeit von gleicher irreversibler Natur ist. Die fundamentalontologische Seinsweise technischer Gebilde würde zumindest formal mit dem metatechnischen System Norbert Wieners verträglich sein.

Maelzels Schachspieler

Ich nannte bereits Edgar Allan Poes Essay »Maelzels Schachspieler«, der wohl die früheste literarische Dokumentation dessen darstellt, was wir hier »Metatechnik« nennen. Es handelt sich bei Poe um die utopische Beschreibung eines Automaten, der Schach spielt, dessen Mechanik es also zuläßt, auf Züge eines Gegners so zu reagieren, wie es sich gehört. Das Tiefsinnige und die Perfektion der poeschen technischen Spekulation besteht nun darin, daß

Maelzels Schachspieler nicht immer gewinnt; er sei also keine reine Maschine, so folgert sogleich Poe und knüpft daran den Gedanken an eine Maschine, die jedes Spiel des Gegners gewinnt, die also nach einem idealen Prinzip des siegreichen Spiels schlechthin konstruiert wäre. Das ist der Punkt, der offensichtlich die Kybernetiker interessiert. Der berühmte Mathematiker v. Neumann hat sich mit dem Gedanken beschäftigt. Wiener widmet ihm kybernetische, metatechnische Überlegungen. Eine solche Maschine müßte – wie die Zahlen in den einzelnen Röhren der Eniac – alle Züge aufgespeichert enthalten. Und diese Aufspeicherung würde nichts anderes darstellen als das, was wir die äußerste Konzentration eines Schachspielers nennen, die ja auch im Besitz, im aufgespeicherten Besitz aller Züge und Gegenzüge ist. Das konzentrierte Gedächtnis vermittelt uns einen Begriff von dem, was die Philosophie gelegentlich »Einheit des Bewußtseins«, ja auch »Einheit des Ichs« nennt. Jede Röhre repräsentierte technisch eine solche »Einheit des Bewußtseins«, das die Voraussetzung einer sinnvollen Reaktion auf Signale, auf die Züge des Gegenspielers darstellte. Was der Metaphysiker in seiner Sprache als transzendentallogische Einheit des Ichs, wie Gotthard Günther[15] sich ausgedrückt hat, bezeichnet, bedeutet für den Metatechniker die planmäßig funktionierende, aufspeichernde und reagierende Impulstätigkeit der Röhre. Innerhalb mathematischer und technischer Kompetenz gäbe es also für Maelzels Schachspieler, der Spiele verlieren kann, wie für Poes Schachspieler, der kein Spiel verlieren kann, eine Zukunft. Maelzels Automat läßt theoretisch und praktisch den Betrug zu; daher vermag er, wie Poe sagt, keine reine Maschine zu sein, und offenbart noch die unbestimmte Kontur des Lebens. Aber der poesche Automat, der jedes Spiel gewinnt, ist reine Maschine. Er repräsentiert eine vollständig geschlossene, übersehbare Einheit eines Intelligenzspeichers, eine lückenlose Automatik, die, wie Wiener ergänzt, zwar nicht böse, wohl aber lächerlich sei. Die Überlegung zeigt, daß die Präzision innerhalb einer vollständig geschlossenen Einheit des reagierenden Bewußtseins mit dem Verlust des Irrtums, der Freiheit, also des Lebens erkauft wird. Die Maschine vermag den detaillierten Umfang faktischen, menschlichen Wissens zu übertreffen, aber sie weiß dennoch nur das, was wir wissen können, ohne zu wissen, daß wir es wissen, wie es kürzlich

H. E. Hollmann[16] ausgedrückt hat. Mich erinnert Maelzels Schachspieler, der keine vollständige Maschine ist, weil er nicht das Prinzip aller siegreichen Züge besitzt oder es auch bewußt nicht anwendet – Poe läßt das ja ein wenig offen – immer an den »täuschenden Gott« der cartesischen *Meditationen*. Man vergegenwärtige sich den Verlauf der cartesischen Überlegung: da Gott nicht wollen kann, daß ich mich über das täusche, was völlig evident ist, denn das widerspräche seiner Allmacht, seiner Güte, seiner Wahrheitsliebe, gelingt der Beweis der Wahrheiten über alles, was ist, aus der Unmöglichkeit eines Irrtums über die höchsteigene Selbstgewißheit des Ich. Das unteilbare, transzendentale, immer voraussetzende Ich ist die Ausgangsposition, und sofern dieses Ich – da Gott keines Betruges fähig sein soll – im Prinzip wenigstens imstande ist, richtig zu denken, demonstriert es Raum und Zeit und Welt. Die vollständige, übersehbare, geschlossene Einheit des Ich gehört zur Voraussetzung des präzisen Kalküls; aus der Koordination beider folgt die Wahrheit, innerhalb deren kein Irrtum, oder das Spiel, innerhalb dessen keine Niederlage möglich sein kann. Die technologische Einheit einer Maschine und die transzendentale Einheit eines Ich können gleichermaßen unter dem cartesischen Aspekt gesehen werden. Es scheint, daß auf diese Weise die höchste Klarheit über das metatechnische, das platonische Wesen der Maschine zu erzielen ist.

Metatechnik und Anthropologie

Wir haben den Weg von der galileischen Physik bis zur Kybernetik als einen Prozeß des beständigen Abbaus der Natur auf der einen, aber auch der natürlichen Vernunft auf der anderen Seite beschrieben. An die Stelle des ursprünglichen Worts trat mehr und mehr die mathematische Symbolik und an die Stelle des naturgegebenen Vorgangs mehr und mehr der technisch nachgebildete Vorgang. Das Ergebnis ist die technische Intelligenz, die uns sukzessive in einer technischen Welt etabliert. Beide, Intelligenz und Welt, bedingen einander, und das ist ebenso ein kybernetischer wie auch ein anthropologischer Satz. Man wird also durchaus nach der Rolle der Metatechnik im Rahmen einer philosophischen Anthropologie fragen dürfen, die bei Scheler metaphysische, bei Heidegger ontologische und bei Arnold Gehlen[17] (*Der Mensch, seine Natur und seine Stellung in der Welt*, 1940) empirische Zusammenhänge verfolgt. Das von ihnen allen zugestandene Mißverhältnis zwischen Natur und Mensch reicht über Nietzsche, Herder, Pascal u.a. weit zurück. Man darf von ihm ausgehen. Die Feststellung, daß der Mensch nicht vollständig einsichtig aus der Natur expliziert werden könne, daß der Mensch, wie Nietzsche es ausdrückt, das »noch nicht festgestellte Tier« sei, formuliert einen wichtigen Ausgangspunkt moderner Anthropologie. Unter dem Eindruck eines Eindringens technischer Phänomene in die tieferen Schichten menschlicher Seinsverhältnisse, wie es gerade die kybernetischen Maschinen offenbar gemacht haben, sieht man sich gezwungen, die Technik als eine mögliche Lösung jenes anthropologisch fixierbaren Mißverhältnisses aufzufassen. Durch die Technik schafft sich der Mensch eine *Umwelt*, die seiner Doppelrolle als naturhaftes und geistiges Wesen angemessen ist. Die technische Welt ist eine Umwelt, eine seinsmäßige Sphäre, aus der das, was wir technische Existenz und technische Intelligenz nennen, wenigstens im Idealfalle lückenlos expliziert werden kann. Innerhalb der naturhaften Welt ist der *Mensch*, wie es formuliert wurde, *das höhere, aber zugleich schwächere Wesen*; innerhalb der technischen Welt ist er durchaus das stärkere Geschöpf. Es ist nicht gesagt, daß die technische Welt der bisher einzige Versuch einer *Selbsteinrichtung des Menschen innerhalb der Natur* sei, aber es scheint sich hier um den planmäßigsten und vielleicht erfolgreichsten der bisher möglichen Versuche dieser Art, durch die ein evidentes Mißverhältnis kompensiert werden soll, zu handeln. Manuelle, physische Vorgänge haben im gleichen Sinne eine technische Möglichkeit wie intelligible, psychische Vorgänge. Das zeigen die abstrakten mathematischen Kalküle ebenso wie die kybernetischen Maschinen. Daraus folgt, daß unter einem eingeschränkten Aspekt die Sphäre des technischen Seins umfassender ist als die Sphäre dessen, was man Natur oder was man Geist nennt. Technisches Sein umfaßt beide. Das ist der Grund dafür, daß ein Wesen wie der Mensch, das gleichermaßen Geist- und Naturwesen ist, als Bewohner der technischen Welt eine seinsmäßig zu rechtfertigende Chance seines Daseins besitzt. *Der Mensch als technische Existenz*[18]: das scheint mir eine der großen Aufgaben einer philosophischen Anthropologie von morgen zu sein.

Anmerkungen

Einleitung

Elisabeth Emter: Von Hause aus Physiker und Mathematiker. Der Philosoph Max Bense

1 August Häfner: »Max Bense. Ein streitbarer Aufklärer« (*Baden-Württemberg*, 2, 1989, S. 40–43, hier S. 41).

2 vgl. zur Geschichte der modernen Physik: John Gribbin: *Auf der Suche nach Schrödingers Katze. Quantenphysik und Wirklichkeit*, München [5]1993.

3 vgl. hierzu: Elisabeth Emter: *Literatur und Quantentheorie. Die Rezeption der modernen Physik in Schriften zur Literatur und Philosophie deutschsprachiger Autoren (1925–1970)*, Berlin/New York 1995, S. 64–100.

4 vgl. hierzu u. a.: Max Bense: »Umwälzende Neuentdeckungen der Physik« (*Kölnische Zeitung* Nr. 188, Samstag-Abendblatt, 14. 4. 1934). – Ders.: »Die Überwindung des Atommodells? Erweiterung oder Umsturz des Bohrschen Atombildes. Neuere Fragen der Materieforschung« (*Kölnische Zeitung* Nr. 642–643, Kultur der Gegenwart Nr. 65, 19. 12. 1935). – Ders.: »Um das Weltbild der modernen Physik. Zur Physiker- und Mathematikertagung« (*Kölnische Zeitung* Nr. 487, 26. 9. 1937).

5 Max Bense: »Was ist Substanz? Zwischen Elektron und Feld – Spekulationen und Tatsachen aus der modernen Physik« (*Kölnische Zeitung* Nr. 344, Geist der Gegenwart Nr. 28, 11. 7. 1937).

6 Max Scheler: »Manuskripte zur Erkenntnis- und Methodenlehre der Metaphysik als positive Erkenntnis« (Auseinandersetzung mit Gegnern), in: *Schriften aus dem Nachlaß*, Bd. II: Erkenntnislehre und Metaphysik, hg. u. mit e. Anhang versehen v. Manfred S. Frings, Bern/München 1979 (*Ges. Werke*, Bd. 11), S. 72–122, hier S. 109.

7 Lieteke van Vucht Tijssen: *Auf dem Weg zur Relativierung der Vernunft. Eine vergleichende Rekonstruktion der kultur- und wissenssoziologischen Auffassungen Max Schelers und Max Webers*, Berlin 1989, S. 176f.

8 Max Scheler: »Manuskripte zur Erkenntnis- und Methodenlehre« (wie Anm. 6), S. 109.

9 Max Scheler: »Idealismus – Realismus« (*Späte Schriften*. Mit einem

Anhang hg. v. Manfred S. Frings, Bern/München 1976, *Ges. Werke*, Bd. 9, S. 183–241, hier S. 197).

10 Martin Heidegger: *Kant und die Philosophie der Metaphysik*, Frankfurt/M. 1991 (*Gesamtausgabe*, 1. Abt., Bd. 3).

11 Steffen Richter: »Die ›Deutsche Physik‹« (*Naturwissenschaft, Technik und NS-Ideologie. Beiträge zur Wissenschaftsgeschichte des Dritten Reiches*, hg. v. Herbert Mehrtens u. Steffen Richter, Frankfurt/M. 1980, S. 116–140, hier S. 119).

12 Wie auch das folgende ebd., S. 124.

13 Klaus Hentschel: »Introduction« (*Physics and National Socialism. An Anthology of Primary Sources*, ed. by Klaus Hentschel, Basel/Boston/Berlin 1996, S. LXXVI).

14 Max Bense: »›Deutsche Physik‹. Bemerkungen zu Untersuchungen Prof. Lenards« (*Kölnische Zeitung* Nr. 608, Kulturbeilage Nr. 78, 29. 11. 1936).

15 Philipp Lenard: *Deutsche Physik*, 4 Bde., München 1936/1937.

16 Max Bense: »Deutsche Physik« (wie Anm. 14).

17 Max Bense: *Aufstand des Geistes. Eine Verteidigung der Erkenntnis*, München/Berlin 1935, S. 13.

18 Dr. Karl Zink [d. i. Max Bense]: *Physikalische Welträtsel. Ein Buch von Atomen, Kernen, Strahlen und Zellen*, Köln 1942.

19 vgl. zum rhetorischen Rückgriff von Physikern auf historische Persönlichkeiten, um Kritik an der Nazi-Doktrin zu üben: Klaus Hentschel: »Introduction« (wie Anm. 13), S. XCV.

20 Dr. Karl Zink [d. i. Max Bense]: *Physikalische Welträtsel* (wie Anm. 18), S. 12.

21 ebd., S. 13.

22 vgl. u. a.: M[ax] B[ense] (Rez.): »Neue Mathematik. Grundlagenforschung von zwei Seiten« (*Kölnische Zeitung* Nr. 421, Kultur der Gegenwart Nr. 54, 20. 8. 1936). – Ders.: »Das Jahrhundert der Mathematik« (*Kölnische Zeitung* Nr. 458, Abendblatt, Randnote, 10. 9. 1938, S. 1–2). – Ders.: »Der mathematische Geist. III. Leonhard Euler und die Phantasie in der Mathematik« (*Kölnische Zeitung* Nr. 98, 2. Morgenblatt, Feuilleton, 23. 2. 1943). – Ders.: »Dem Andenken David Hilberts« (*Kölnische Zeitung* Nr. 112, Abendblatt/1. Morgenblatt, Randnote, 3. 3. 1943, S. 1–2).

23 Max Bense: *Geist der Mathematik. Abschnitte aus der Philosophie der Arithmetik und Geometrie*, mit 4 Tafeln, München/Berlin 1939. – Es kann hier nicht entschieden werden, ob er sich mit dem Zitat von Ludwig Bieberbach, das er als Motto diesem Werk voranstellte, dessen Idee einer »Deutschen Mathematik« oder dessen Verteidigung für das keineswegs in den deutschen Universitäten unangefochtene Fach anschließen wollte. Es spricht jedoch viel dafür, daß es sich hierbei um eine Selbstschutzmaßnahme von Bense oder von Seiten des Verlages handelte. Hinweise auf eine rassistische Fundierung der Mathematik finden sich an keiner Stelle des Buches. Dagegen werden von Bense jüdische Mathematiker wie Kurt Gödel, Hermann Weyl und Georg Cantor zitiert. Damit unterscheidet er sich von den meisten anderen

Mathematikern, die auf jede Nennung ihrer jüdischen Kollegen verzichteten. Vgl. zur »Deutschen Mathematik«: Helmut Lindner: »›Deutsche‹ und ›gegentypische‹ Mathematik. Zur Begründung einer ›arteigenen Mathematik‹ im ›Dritten Reich‹ durch Ludwig Bieberbach« (*Naturwissenschaft, Technik und NS-Ideologie. Beiträge zur Wissenschaftsgeschichte des Dritten Reiches* [wie Anm. 11], S. 88–115).

24 Max Bense: *Geist der Mathematik* (wie Anm. 23), S. 10.

25 ebd., S. 141.

26 ebd., S. 18.

27 vgl. für das folgende: John D. Barrow: *Ein Himmel voller Zahlen. Auf den Spuren mathematischer Wahrheit*, aus d. Engl. übers. v. Anita Ehlers, Heidelberg/Berlin/Oxford 1994, S. 198–201.

28 Hermann Lübbe: *Politische Philosophie in Deutschland. Studien zu ihrer Geschichte*, Basel/Stuttgart 1963, S. 15.

29 Hans Jörg Sandkühler: »Ideologie« (*Europäische Enzyklopädie zu Philosophie und Wissenschaften*, hg. v. Hans Jörg Sandkühler, Bd. 2, Hamburg 1990, S. 616–639).

30 Karl Mannheim: *Ideologie und Utopie*, Frankfurt/M. [8]1995.

31 Max Bense: *Aesthetica. Einführung in die neue Aesthetik*, Baden-Baden [2]erw. 1965.

32 Max Bense: *Der Begriff der Naturphilosophie*, Stuttgart 1953.

33 vgl. hierzu: Max Bense: »Der geistige Mensch und die Technik«, (*Ueber Leibniz*, Jena 1946, S. 26–48). – Ders.: *Technische Existenz. Essays*, Stuttgart 1949.

34 Max Bense: »Vorwort« (Louis Couffignal: *Denkmaschinen*, aus dem Französischen übers. von Elisabeth Walther, Stuttgart 1955, S. 7–10, hier S. 8).

35 Max Bense: *Von der Verborgenheit des Geistes*, Berlin 1948, S. 88.

36 vgl. Alistair Cameron Crombie: *Styles of Scientific Thinking in the European Tradition. The History of Argument and Explanation Especially in the Mathematical and Biomedical Sciences and Arts*, London 1994. Detlef Laugwitz: *Zur Genese des Denkens in mathematischen Begriffen: Bernhard Riemanns neuer Stil in der Analysis*, Darmstadt 1993. *Mathematik – à la mode? : Tendenzen und Modeerscheinungen in Forschung, Lehre und Stil*, hg. v. Christa Binder, Wien 1989.

37 vgl. Klaus Mainzer: *Computer – neue Flügel des Geistes? Die Evolution computergestützter Technik, Wissenschaft, Kultur und Philosophie*, Berlin/New York 1995. *Computer, Kultur, Geschichte. Beiträge zur Philosophie des Informationszeitalters*, hg. v. Dieter Mersch, Wien 1991.

Quantenmechanik und Daseinsrelativität. Eine Untersuchung über die Prinzipien der Quantenmechanik und ihre Beziehung zu Schelers Lehre von der Daseinsrelativität der Gegenstandsarten.

Diss. Bonn 1937, Welzel-Druck, Köln 1938. Anmerkungen und Nachweise des Autors, überarbeitet von der Herausgeberin.

1 Albert Einstein: »Zur Elektrodynamik bewegter Körper« (*Annalen der Physik*, Bd. 17, 1905, S. 891–921).
Hermann Minkowski: »Die Grundgleichungen für die elektromagnetischen Vorgänge in bewegten Körpern« (*Nachrichten der Göttinger Akademie der Wissenschaften*, Göttingen 1908).
Albert Einstein: *Die Grundlagen der allgemeinen Relativitätstheorie*, Leipzig 1916.
Albert Einstein: »Prinzipielles zur allgemeinen Relativitätstheorie« (*Annalen der Physik*, Bd. 55, 1918, S. 142–144).
Max Planck: *Vorlesungen über die Theorie der Wärmestrahlung*, Leipzig 1913.
Werner Heisenberg: »Über quantentheoretische Umdeutung kinematischer und mechanischer Beziehungen« (*Zeitschrift für Physik*, Jg. 33, 1925, S. 879–893).
Max Born, Werner Heisenberg, Pascual Jordan: »Zur Quantenmechanik. II« (*Zeitschrift für Physik*, Jg. 35, 1926, S. 557–615).
Louis de Broglie: »Recherche sur la théorie des quanta«, Diss. 1924 (*Annales de Physique*, série 10, Bd. III, 1925, S. 22–128; dt. Leipzig 1927).
Erwin Schrödinger: »Über das Verhältnis der Heisenberg-Born-Jordanschen Quantenmechanik zu der meinen« (*Annalen der Physik*, Bd. 79, 4. Folge, H. 8, 1926, S. 734–756).
Paul A. M. Dirac: »On the Theory of Quantum Mechanics« (*Proceedings of the Royal Society* (A), Bd. 109, 1925, S. 661–677).
Paul A. M. Dirac: »The Fundamental Equations of Quantum Mechanics« (*Proceedings of the Royal Society* (A), Bd. 109, 1925, S. 642–653).
Werner Heisenberg: *Die physikalischen Prinzipien der Quantenmechanik*, Leipzig 1930.

2 Karl Wagner: »Quantentheorie und Metaphysik« (*Jahrbuch der Schopenhauer-Gesellschaft*, 1937, S. 20).

3 Pascual Jordan: »Über den positivistischen Begriff der Wirklichkeit« (*Die Naturwissenschaften*, Jg. 22, H. 29, 1934, S. 485–490).
Moritz Schlick: »Positivismus und Realismus« (*Erkenntnis*, Bd. 3, H. 1, 1932, S. 1–31).

4 Karl Popper: *Logik der Forschung*, Wien 1935, S. 9.

5 Grete Hermann: *Die naturphilosophischen Grundlagen der Quantenmechanik*, Berlin 1935.

6 Aloys Wenzl: *Metaphysik der Physik von heute*, Leipzig 1935.

7 Bernhard Bavink: *Ergebnisse und Probleme der Naturwissenschaften*, ^{2}1921, ^{3}1924, 1933.

8 Oskar Becker: »Die apriorische Struktur des Anschauungsraumes« (*Philosophischer Anzeiger*, IV, 1930, S. 2).

9 Ewald Wasmuth: *Der Mensch in der Mitte*, Berlin 1936.

10 Hugo Bergmann: *Der Kampf um das Kausalgesetz in der jüngsten Physik*, Braunschweig 1929.

11 Eduard May: *Die Bedeutung der modernen Physik für die Theorie der Erkenntnis*, Leipzig 1937.

12 Heinrich Maier: *Philosophie der Wirklichkeit*, II/2, Tübingen 1935.

13 Max Hartmann: *Philosophie der Naturwissenschaften*, Berlin 1937.

14 Grete Hermann, Theodor Vogel und Eduard May: *Die Bedeutung der modernen Physik für die Theorie der Erkenntnis*, Leipzig 1937.

15 Ernst Cassirer: *Determinismus und Indeterminismus in der modernen Physik*, Kopenhagen 1937.

16 Hans Reichenbach: »Ziele und Wege der physikalischen Erkenntnis« (*Handbuch der Physik*, Bd. 4, Berlin 1928, Ziff. 8, 9, 20–22).
Hans Reichenbach: »Das Kausalproblem in der Physik« (*Die Naturwissenschaften*, Jg. 19, H. 34, 1931, S. 713–722).
Hans Reichenbach: »Kausalität und Wahrscheinlichkeit« (*Erkenntnis*, Bd. 2, H. 2–3, 1931, S. 156–172).
Richard v. Mises: »Über kausale und statistische Gesetzmäßigkeit in der Physik« (*Die Naturwissenschaften*, Jg. 18, H. 7, 1930, S. 145–153).
A. Herzberg: »Möglichkeitsfragen betreffend den Satz vom ausgeschlossenen Dritten, Kausalität und Telepathie« (*Annalen der Philosophie*, Bd. 7, 1928, S. 338-343).
Lothar v. Strauß und Thorney: »Das Kausalgesetz in der neuen Physik« (*Annalen der Philosophie*, Bd. 7, 1928, S. 49–78).

17 Moritz Schlick: »Naturphilosophische Betrachtungen über das Kausalprinzip« (*Die Naturwissenschaften*, Jg. 8, H. 24, 1920, S. 461–474).
Moritz Schlick: »Naturphilosophie« (*Lehrbuch der Philosophie*, Bd. 2, hg. v. Dessoir, Berlin 1925, S. 393–492).

18 Edgar Zilsel: »Über die Asymmetrie der Kausalität und die Einsinnigkeit der Zeit« (*Die Naturwissenschaften*, Jg. 15, H. 12, 1927, S. 280–286).
Otto Neurath: »Soziologie im Physikalismus« (*Erkenntnis*, Bd. 2, H. 5, 1931, S. 393–431).

19 Pascual Jordan: »Über den positivistischen Begriff der Wirklichkeit« (*Die Naturwissenschaften*, Jg. 22, H. 29, 1934, S. 485–490).

20 Max Planck: *Wege zur physikalischen Erkenntnis*, 1933.

21 Edgar Wind: *Das Experiment und die Metaphysik*, Tübingen 1934.

22 Karl Popper: *Logik der Forschung*, Wien 1935.

23 Rudolf Carnap: *Physikalische Begriffsbildung*, 1926.
Rudolf Carnap: *Die Kausalität und ihre Grenzen*, Wien 1931.

24 Karl Popper: *Logik der Forschung*, 1935, S. 233.

25 Karl Popper: ebd. S. 7–12.
26 Gotthard Günther: *Die ontologischen Grundlagen der neueren Erkenntnislehre*, Halle 1933, S. 3–4.
27 Nicolai Hartmann: *Zur Grundlegung der Ontologie*, Berlin 1935, S. 7–19.
28 ebd., S. 5.
29 Louis Rougier: *Les paralogismes du rationalisme*, Paris 1920.
Henri Poincaré: *La science et l'hypothèse*, Paris 1906.
30 Emile Boutroux: *De la contingence des lois de la nature*, 1874.
Emile Boutroux: *De l'idée de loi naturelle dans la science et la philosophie contemporaines*, Paris 1894.
Emile Borel: *Pluralisme*.
Hier ist einzufügen, daß neuerdings das bei diesen französischen Denkern behandelte Problem der Vielschichtigkeit der Natur bzw. die Frage homogener, einheitlicher Naturerklärung auch in der jüngsten deutschen naturphilosophischen Bewegung eine Rolle spielt. Die Referate der letzten Arbeitstagung im Jenaer Eucken-Haus stehen dem Verfasser leider erst jetzt zur Verfügung, so daß er sich mit Hinweisen begnügen muß (vgl. *Die Tatwelt*, Jg. 13, H. 3, 1937).
Im Zusammenhang mit der Diskussion über die systematische Einheit der Wissenschaft fordert Aloys Wenzl: 1. die Einordnung der wissenschaftlichen Fragestellung in einen philosophischen metaphysischen Rahmen und 2. die Betrachtung der Gesamtwirklichkeit und demgemäß auch der Realwissenschaften unter dem Bild des Stammbaums, der mehrschichtigen Ordnung, der Stufen einer Hierarchie.
Im Anschluß daran wies Dr. Carl Friedrich v. Weizsäcker darauf hin, daß ein solcher hierarchischer Stufenbau in der Scheidung klassischer und quantenmechanischer Mechanik bereits enthalten sei.
Bernhard Bavink betonte, daß diese Tendenzen ontologisch gerichtet sein müßten.
Pascual Jordan betonte die Möglichkeit solcher Stufenordnung für die Physik.
Näher entwickelt ist dieser ontologische Gedanke einer Stufenordnung der Wirklichkeit nicht. Aber es hat sich doch gezeigt, daß der Versuch des Verfassers, unabhängig von den auf der genannten Tagung erörterten Thesen, diese Idee für die Ontologie der quantenmechanischen Zusammenhänge fruchtbar zu machen, nicht unerwartet kommt.
31 Grete Hermann, Theodor Vogel und Eduard May: *Die Bedeutung der modernen Physik für die Theorie der Erkenntnis*, 1937, S. 206.
32 Eugen Fink: *Die phänomenologische Philosophie Edmund Husserls in der gegenwärtigen Kritik*, Berlin 1934.
33 Werner Heisenberg: »Über quantentheoretische Umdeutung kinematischer und mechanischer Beziehungen« (*Zeitschrift für Physik*, Jg. 33, 1925, S. 879–893).
Born, Heisenberg, Jordan: »Zur Quantenmechanik. II« (*Zeitschrift für Physik*, Jg. 35, 1926, S. 557–615).
Werner Heisenberg: *Die physikalischen Prinzipien der Quantenmechanik*, 1930.

Pascual Jordan: »Über den positivistischen Begriff der Wirklichkeit« (*Die Naturwissenschaften*, Jg. 22. H. 29, 1934, S. 485–490).
Moritz Schlick: »Positivismus und Realismus« (*Erkenntnis*, Bd. 3, H. 1, 1932, S. 1–31).

34 Angefügt sei hier noch, daß zuletzt Heinz Heimsoeth in seinem Artikel für das *Lehrbuch der Geschichte der Philosophie* (Neuausgabe des Windelbandschen Werkes, 1935, S. 584) darauf hinwies, daß eine ontisch gerichtete Philosophie des Anorganischen auf der Basis der neuesten Erkenntnis noch nicht in Angriff genommen sei. Auch er sieht nur erkenntnistheoretisch-methodologische Fragestellungen.

35 Max Scheler: *Schriften aus dem Nachlaß*, Bd. I, Berlin 1937.

36 Max Scheler: *Vom Umsturz der Werte*, Bd. I, [2]1919, S. 41, Anm. 1, und S. 221.

37 Max Scheler: *Nachlaß*, I, S. 286.

38 G. Kraenzlin: *Max Schelers phänomenologische Systematik*, Leipzig 1934.
Wilhelm Pöll: *Wesen und Wesenserkenntnis*, München 1936.

39 Edmund Husserl: *Logische Untersuchungen*, I, II, Halle 1900, 1901, [2]1913, 1921.
vgl. Nicolai Hartmann: *Zur Grundlegung der Ontologie*, 1935, S. 232. Wissenschaftskritik und Phänomenologie, eine Auseinandersetzung mit Husserl, die aber größtenteils auf einer einseitigen Hinnahme Husserls beruht.

40 Vgl. Max Scheler: *Nachlaß*, I, Abschnitt: »Phänomenologie und Erkenntnistheorie«.

41 Windelband-Heimsoeth: *Lehrbuch der Geschichte der Philosophie*, Tübingen 1935, S. 592.

42 Max Scheler: *Die Stellung des Menschen im Kosmos*, Darmstadt 1928.
Helmuth Plessner: *Die Stufen des Organischen*, 1928.

43 Max Hartmann: *Das Weltbild der Naturwissenschaften*, Stuttgart 1931.

44 Oskar Becker: *Mathematische Existenz*, Halle 1927.
Oskar Becker: »Beiträge zur phänomenologischen Begründung der Geometrie und ihre physikalischen Anwendungen« (*Jahrbuch für Philosophie und phänomenologische Forschung*, Bd. 6, 1923, S. 385–560).
Oskar Becker: »Die apriorische Struktur des Anschauungsraumes« (*Philosophischer Anzeiger*, IV, 1930, S. 2).
Oskar Becker: »Zur Logik der Modalitäten« (*Jahrbuch für Philosophie und phänomenologische Forschung*, Bd. 11, 1930, S. 497–548).

45 a.a.O.

46 H. H. Grundwaldt: *Über die Phänomenologie Husserls mit besonderer Berücksichtigung der Wesensschau und der Forschungsmethode G. Galileis*, Diss. Berlin 1927.

47 Hedwig Conrad-Martius: »Realontologie« (*Jahrbuch für Philosophie und phänomenologische Forschung*, Bd. 6, 1923, S. 159–333).

48 Fritz Heinemann: *Neue Wege der Philosophie*, Leipzig 1929.
Fritz Heinemann: »Goethe als Phänomenologe« (*Frankfurter Zeitung*, 22.3.1935).
49 Hermann Weyl: *Raum, Zeit, Materie*, Berlin 1918, ^{5}1923, Einleitung.
50 Max Scheler: *Vom Umsturz der Werte*, II, ^{2}1919, S. 61, Anm. 1.
51 Wilhelm Pöll: a.a.O., Einleitung.
52 Heinz Heimsoeth: a.a.O.
53 Nicolai Hartmann: *Zur Grundlegung der Ontologie*, 1935, S. 126, 232.
54 ebd., S. 231–232.
55 Reinhard Kynast: *Grundriß der Logik und Erkenntnistheorie. Ein ontologischer Versuch*, Berlin 1932, Kap. 1 und 14.
56 Arnold Metzger: *Phänomenologie und Metaphysik*, 1933, S. 65–66.
57 Nicolai Hartmann: a.a.O., S. 231–232.
58 Edmund Husserl: »Ideen zu einer reinen Phänomenologie und phänomenologischen Philosophie« (*Jahrbuch für Philosophie und phänomenologische Forschung*, Bd. 1, 1913, S. 1–323).
59 Werner Heisenberg: *Wandlungen in den Grundlagen der Naturwissenschaft*, Leipzig 1935.
60 Oskar Becker: *Mathematische Existenz*, Halle 1927, S. 181.
61 Moritz Schlick: »Positivismus und Realismus« (*Erkenntnis*, Bd. 3, H. 1, 1932/33, S. 1–31).
62 Pascual Jordan: »Über den positivistischen Begriff der Wirklichkeit« (*Die Naturwissenschaften*, Jg. 22, H. 29, 1934, S. 485–490).
63 Vgl. Heinrich Maier: *Philosophie der Wirklichkeit*, II/2, Tübingen 1935, S. 19, 60, 64, 150ff., 944.
64 ebd., S. 487.
65 Nicolai Hartmann: a.a.O., S. 235.
66 Werner Heisenberg: *Die physikalischen Prinzipien der Quantenmechanik*, 1930.
Werner Heisenberg: »Über den anschaulichen Inhalt der quantentheoretischen Kinematik und Mechanik« (*Zeitschrift für Physik*, Jg. 43, H. 3 u. 4, 1927, S. 172–198).
Werner Heisenberg: »Die Entwicklung der Quantentheorie 1918–1928« (*Die Naturwissenschaften*, Bd. 17, H. 26, 1929, S. 490–496).
Werner Heisenberg: vgl. alle angeführten Arbeiten.
Pascual Jordan: »Kausalität und Statistik in der modernen Physik« (*Die Naturwissenschaften*, Jg. 15, H. 5, 1927, S. 105–110).
Pascual Jordan: *Anschauliche Quantentheorie*, Berlin 1936.
67 James Franck und Gustav Hertz: »Über Zusammenstöße zwischen langsamen Elektronen und Gasmolekülen II« (*Verhandlungen der deutschen physikalischen Gesellschaft*, 15, 1913, S. 613–620, hier S. 613).
68 Moritz Schlick: »Positivismus und Realismus« (*Erkenntnis*, Bd. 3, H. 1, 1932, S. 29).
69 Pascual Jordan: »Über den positivistischen Begriff der Wirklichkeit« (*Die Naturwissenschaften*, Jg. 22, H. 29, 1934, S. 485–490).

70 Moritz Schlick: a.a.O., S. 30.
71 Karl Popper: *Logik der Forschung*, Wien 1935, Abschnitt VII.
72 vgl. Werner Heisenberg: *Die physikalischen Prinzipien der Quantenmechanik*, 1930, S. 49.
73 Erwin Schrödinger: »Über die Unanwendbarkeit der Geometrie im Kleinen« (*Die Naturwissenschaften*, Jg. 22, H. 31, 1934, S. 518–520).
74 Emmy Stein: »Über neuere Fragen der künstlichen Änderung erblicher Anlagen« (*Forschungen und Fortschritte*, Jg. 12, H. 3, 1936, S. 40–41).
Vor allem der hier dargelegte Begriff der Mutationsrate und sein Zusammenhang mit der zu einer Mutation notwendigen Strahlendosis bzw. Strahlenquantität weist in die Richtung unserer Auffassung.
75 Walter Krisch: »Eine neue Theorie der Sinnesorgane« (*Die Naturwissenschaften*, Jg. 21, H. 50, 1933, S. 876–879).
Die hier vorgetragenen, scheinbaren Abschweifungen haben zunächst freilich nur heuristischen, nicht systematischen Wert. Der im phänomenologischen Sinne verstandene Anschauungsgehalt der Quantenmechanik wäre systematisch nur in einer speziell dieser Frage gewidmeten Arbeit zu erfassen.
76 Pascual Jordan: »Biologie und Quantenmechanik« (*Forschungen und Fortschritte*, Jg. 11, H. 3, 1935, S. 34–35).
vgl. Anm. 66.
77 Zum Beispiel Erwin Bünning und Max Hartmann.
78 Aloys Wenzl: »Das Leib-Seeleproblem« (*Forschungen und Fortschritte*, Jg. 12, H. 31, 1936, S. 393–394).
Aloys Wenzl: *Das naturwissenschaftliche Weltbild der Gegenwart*, Leipzig 1929.
79 Melchior Palágyi: *Naturphilosophische Vorlesungen*, 1908.
80 Max Planck: »Das Wesen der Willensfreiheit« (*Forschungen und Fortschritte,* Jg. 12, H. 17, 1937, S. 213–214).
81 vgl. Pascual Jordan: »Biologie und Quantenmechanik« (*Forschungen und Fortschritte*, H. 3, 1935, S. 34–35); vgl. Anm. 66.
82 a.a.O.
83 Pascual Jordan: »Kernkräfte« (*Die Naturwissenschaften*, Jg. 25, H. 18, 1937, S. 273–279).
Pascual Jordan: »Die physikalischen Weltkonstanten«(*Die Naturwissenschaften*, Jg. 25, H. 32, 1937, S. 513–517).
84 David Hilbert und John v. Neumann: »Über die Grundlagen der Quantenmechanik« (*Mathematische Annalen*, Bd. 98, 1928, S. 1–30).
Oskar Becker: »Das Symbolische in der Mathematik« (*Blätter für deutsche Philosophie*, Bd. 1, 1927/28, S. 329–348).
85 Werner Heisenberg: *Wandlungen in den Grundlagen der Naturwissenschaft*, 1935, S. 45.
86 Philipp Frank: »Was bedeuten die gegenwärtigen physikalischen Theorien für die allgemeine Erkenntnislehre?« (*Die Naturwissenschaften,* Jg. 17, H. 50, 1929, S. 971–977).

87 Max Hartmann: *Philosophie der Naturwissenschaft*, 1937, S. 23.
88 Oskar Becker: *Mathematische Existenz*, Halle 1927, S. 101.
89 Gottfried Wilhelm Leibniz: *Discours de métaphysique* (hg. v. J. Gerhardt, Bd. IV, S. 422, Nr. 24).
90 Immanuel Kant: *Kritik der Urteilskraft*, 1798, § 59.
91 Edmund Husserl: *Logische Untersuchungen*, II, Halle 1901, S. 440. Die Einschränkung, unter der Scheler die hier erörterte phänomenologische Methode gelten läßt, mutet leicht wie ein Mißverständnis Husserls von seiten Schelers an. Die Modifizierungen, die Scheler vornimmt, entspringen seiner realistischen Einstellung, die wir bereits betonten, vor allem aber seinem Absehen vom phänomenologischen Transzendentalismus.
92 Wilhelm Pöll: *Wesen und Wesenserkenntnis*, München 1936, S. 19.
93 Max Scheler: *Schriften aus dem Nachlaß*, Bd. I, S. 266–282.
94 Wilhelm Pöll: a. a. O., S. 19.
95 vgl. Max Scheler, a. a. O.
96 Eugen Fink: *Die phänomenologische Philosophie Edmund Husserls in der gegenwärtigen Kritik*, Berlin 1934, S. 13 und Anm. 2.
97 Eugen Fink: a. a. O., S. 37–38.
98 vgl. Max Scheler, a. a. O.
99 Wilhelm Pöll: a. a. O., vgl. Zusammenfassung.
100 vgl. hierzu auch Bruno Baron v. Freytag, gen. Löringhoff: *Die ontologischen Grundlagen der Mathematik*, Halle 1937 (Diss. Greifswald). Die Arbeit ist auf Grund der jacobyschen Ontologie entstanden, trägt jedoch sehr wenig zum Thema unserer Unterscheidung des Essentiell-Ontologischen vom Existentiell-Ontologischen bei.
Deutlich festgehalten wird dieser Unterschied jedoch – ohne die hier in Frage stehenden ontologischen Begriffe zu verwerten – bei David Hilbert, wenn formale und inhaltliche Mathematik (z. B. bezüglich der Sicherung des Unendlichen, die nicht inhaltlich, sondern nur formal gelingt) getrennt werden. Vielleicht kann man sagen: die brouwersche Mathematik nimmt eine phänomenologische Reduktion der Mathematik vor, Beckers Untersuchungen haben das ja gezeigt, aber Hilberts Mathematik vollzieht sich aus einer formalen (im Sinne Schelers) »wissenschaftlichen Reduktion«.
101 Johann Gottlieb Fichte: *Sämtliche Werke*, I, hg. v. I. H. Fichte, Leipzig 1845, S. 380.
102 Günther Jacoby: *Allgemeine Ontologie der Wirklichkeit*, I, Halle 1925.
Günther Jacoby: »Neue Ontologie« (*Geistige Arbeit*, 1935, H. 24, S. 3–5).
103 Oskar Becker: *Mathematische Existenz*, Halle 1927, S. 28.
104 Adolf Fraenkel: *Einleitung in die Mengenlehre*, Berlin 1928, S. 227.
105 Formale Existenzbeweise hat man gelegentlich als »theologisch« bezeichnet. Man erinnert sich damit der ontologischen Methode des Anselmus, allerdings angewendet auf mathematische Existenz, nicht Essenz. Auch wenn Rudolf Carnap gelegentlich (*Erkenntnis*, Bd. 2,

1931, S. 102) Frank Ramseys Verfahren zur Überwindung des Problems nichtprädikativer Begriffsbildungen in der logizistischen Begründung der Mathematik als theologisch bezeichnet, will er eine ontologische Einstellung kennzeichnen, die der phänomenologisch-intuitionistischen entgegengesetzt ist und zuletzt auf einer vorgängigen Unterscheidung von existentieller und essentieller Ontologie beruht.

106 Philipp Frank: »Was bedeuten die gegenwärtigen physikalischen Theorien für die allgemeine Erkenntnislehre?« (*Die Naturwissenschaften*, Jg. 17, H. 50, 1929, S. 971–977 und H. 51, S. 987–994).

107 vgl. Paul A. M. Dirac: »The cosmological constants« (*Nature*, Bd. 139, Febr. 1937, S. 323). Neuerdings soll Shankland jedoch widerlegt worden sein.

108 vgl. Werner Heisenbergs angeführte Arbeiten.

109 Pascual Jordan: »Über eine neue Begründung der Quantenmechanik. II« (*Zeitschrift für Physik*, Bd. 44, 1927, S. 1–25, hier S. 3).

110 Werner Heisenberg: *Die physikalischen Prinzipien der Quantenmechanik*, 1930.

111 James Franck, Gustav Hertz, a.a.O. Tatsächlich wird natürlich nicht die Partikelnatur unmittelbar erkannt, sondern nur die Diskontinuität, aber gerade letztere ist ja das Entscheidende in der Quantenmechanik.

112 Werner Heisenberg: a.a.O.

113 Erwin Schrödinger: *Über Indeterminismus in der Physik*, Leipzig 1932.

114 Hermann Weyl: *Gruppentheorie und Quantenmechanik*, 1928, ^{2}1931, S. 68.

115 Max v. Laue: »Über Heisenbergs Ungenauigkeitsbeziehungen und ihre erkenntnistheoretische Bedeutung« (*Die Naturwissenschaften*, Jg. 22, H. 26, 1934, S. 439–441).

116 Max v. Laue: »Zu den Erörterungen über Kausalität« (*Die Naturwissenschaften*, Jg. 20, H. 51, 1932, S. 915–916).

117 vgl. die angeführten Arbeiten Max v. Laues.

118 Philipp Frank: *Vom Ende der mechanischen Physik*, 1936.

119 Niels Bohr: »Das Quantenpostulat und die neuere Entwicklung der Atomistik« (*Die Naturwissenschaften*, Jg. 16, H. 15, 1928, S. 245–257).
vgl. auch Niels Bohr: *Mathematik und Naturbeschreibung*, 1931, S. 3.

120 Grete Hermann: *Die naturphilosophischen Grundlagen der Quantenmechanik*, 1935, Einleitung.

121 Karl Popper: *Logik der Forschung*, Wien 1935.

122 Werner Heisenberg: vgl. Anm. 66.

123 Werner Heisenberg: *Die physikalischen Prinzipien der Quantenmechanik*, 1930.

124 Max v. Laue: vgl. die angeführten Arbeiten.

125 Richard v. Mises: »Über Heisenbergs Ungenauigkeitsbeziehungen und ihre erkenntnistheoretische Bedeutung« (*Die Naturwissenschaften*, Jg. 22, H. 49, 1934, S. 822).

126 Immanuel Kant: *Kritik der reinen Vernunft*, 1781, S. 181, Suppl. I, S. 649.
127 Werner Heisenberg: »Kausalgesetz und Quantenmechanik« (*Erkenntnis*, Bd. 2, H. 2–3, 1931, S. 172–183).
vgl. dagegen die Feststellungen in *Zeitschrift für Physik*, Bd. 43, 1927, S. 97–98.
128 Max Hartmann: *Philosophie der Naturwissenschaften*, 1937.
129 Max Planck: *Wege zur physikalischen Erkenntnis*, 1933, S. 147.
130 Vor allem in der populären angelsächsischen Literatur der Arthur Eddington und James Jeans, aber auch bei Ernst Zimmer, Max Planck, usw. werden diese Termini verwertet.
131 Pascual Jordan: »Das Einerseits – Andererseits in der modernen Physik. Atomphysik und Komplementarität« (*Geistige Arbeit*, Jg. 3, H. 6, 1936, S. 1–3).
132 Gustav Mie: *Die physikalische Denkweise*, 1937.
133 Arthur March: *Die Grundlagen der Quantenmechanik*, 1931, S. 250.
134 Hier ist auf einige chemisch-biologisch orientierte Werke zu verweisen, in denen der Gedanke der hierarchischen Seinsordnung deuterisch verwertet wird. Mit Arthur Schopenhauer finden z.B. Hans Driesch in *Die Maschine und der Organismus*, Leipzig 1935 und Ludwig v. Bertalanffy in *Das Gefüge des Lebens*, Leipzig 1937, eine strenge hierarchische Geschiedenheit zwischen dem Anorganischen und Organischen. H. Schmalfuss behandelt in *Stoff und Leben*, 1937, »Rangordnungsstufen« und »Rangordnungsganzheiten«. Auch Oskar Becker hat in seinen Werken oft von einer »Stufenfolge von Weltbausteinen« gesprochen. Allerdings gehen diese Arbeiten nicht von ontologischen bzw. phänomenologischen Erörterungen aus. Die Stufenordnung hängt daher stark an äußeren Erscheinungen. Tiefer gelagert ist schon die »Zerspaltung der Welt in Raum und Zeit», wie sie zur anschaulichen Darlegung physikalischer Verhältnisse erforderlich sei und wie sie von jedem berechtigten Bezugskörper aus vollzogen werden könne, von der Hermann Weyl gesprochen hat (vgl. *Raum, Zeit, Materie*, 1923, S. 166ff.). Sehr deutlich hat auch E. Oldekop *Das hierarchische Prinzip in der Natur*, 1930, herausgestellt. In gewisser Weise verfolgt auch Bertrand Russell in den Typentheorien seiner logizistischen Grundlegung der Mathematik ein hierarchisches Prinzip (vgl. *Principia Mathematica*, 1910–13, ²1925–1927).
135 Ewald Wasmuth: *Der Mensch in der Mitte*, Berlin 1936, S. 130.
136 Bohr und Heisenberg: a.a.O.
137 Wolfgang Pauli: »Die allgemeinen Prinzipien der Wellenmechanik« (*Handbuch der Physik*, Bd. 24/1, Berlin 1933, Kap. 2, S. 83–272).
138 Max Planck: *Wege zur physikalischen Erkenntnis*, 1933, S. 248.
139 Paul A.M. Dirac: »The Quantum Theory of the Electron« (*Proceedings of the Royal Society* (A), 1927, Bd. 117, S. 610–624 und 1929, S. 359).
Paul A.M. Dirac: »A Theory of Electrons and Protons« (*Proceedings of the Royal Society* (A), Bd. 126, 1929, S. 360–365).

140 Martin Heidegger: *Kant und das Problem der Metaphysik*, 1929.
141 ebd., S. 29.
142 Hermann Weyl: *Philosophie der Mathematik und Naturwissenschaft*, 1927, S. 44.
143 a.a.O.
144 Ernst Friedrich Apelt: *Über Begriff und Aufgabe der Naturphilosophie*, 1906, S. 104.
145 Im Sinne der phänomenologischen Bedeutung von »Wahrheit«.
146 Erwin Schrödinger: vgl. Anm. 1.
147 John v. Neumann: »Mathematische Begründung der Quantenmechanik« (*Göttinger Nachrichten der Mathematisch-Physikalischen Klasse*, 1927, H. 1, S. 1–57).
148 Hermann Weyl: *Raum, Zeit, Materie*, 1923, S. 104.
149 Hermann Weyl: *Philosophie der Mathematik und Naturwissenschaft*, 1918, [5]1923, S. 97.

Konturen einer Geistesgeschichte der Mathematik. Die Mathematik und die Wissenschaften.

Claassen und Goverts, Hamburg 1946. Anmerkungen des Autors, von der Herausgeberin überarbeitet.

1 Nicolai Hartmann: *Der philosophische Gedanke und seine Geschichte*, Berlin 1936.
2 Max Bense: *Einleitung in die Philosophie*, München 1942.
Max Bense: »Über Philosophiekritik und die ansichhaltende Vernunft« (*Europäische Revue*, Jg. 18, H. 9, September 1942, S. 470–476).
Max Bense: »Über den Sinn der Systeme. Erinnerungen aus Leibniz« (*Europäische Revue*, Jg. 19, H. 1, Januar 1943, S. 31–36).
3 Theodor Haering: *Hegel, sein Wollen und sein Werk*, II, Leipzig 1938, S. 28ff.
4 Jean le Rond d'Alembert: *Einleitung in die französische Enzyklopädie*, Leipzig 1912.
5 Heinrich Scholz: »Die Philosophie im Zeitalter der Mathesis universalis«, Vorlesung Wintersemester 1933/34 an der Universität Münster.
6 Louis Couturat: *La logique de Leibniz d'après des mss. inédits*, Paris 1901.
Gottfried Wilhelm Leibniz: *Opuscules et Fragments inédits*, hg. v. Louis Couturat, Paris 1903.
7 Heinrich Scholz: *Geschichte der Logik*, Berlin 1931.
8 Rudolf Unger: *Gesammelte Studien*, Bd. I: *Aufsätze zur Prinzipienlehre der Literaturgeschichte*, Berlin 1929, S. 223.
9 Georg Cantor: *Mathematische Beiträge zum Kulturleben der Völker*, 1865.

10 Felix Klein: *Elementarmathematik vom höheren Standpunkt*, I-III, Berlin 1908, [2]1933.
11 Oswald Spengler: *Der Untergang des Abendlandes. Umriß einer Morphologie der Weltgeschichte*, 1921, S. 75.
12 Andreas Speiser: *Die mathematische Denkweise*, Zürich 1932.
13 Karl Menninger: *Kulturgeschichte der Zahlen*, Breslau 1934, [2]1958 u. d. T. *Zahlwort und Ziffer. Eine Kulturgeschichte der Zahl.*
14 Georg Prange: »Die allgemeinen Integrationsmethoden der analytischen Mechanik« (*Enzyklopädie der mathematischen Wissenschaften*, Bd. IV, 2, Leipzig 1904–35, S. 505–804).
15 Federigo Enriques: *Le matematiche nella storia e nella cultura*, Bologna 1938.
16 Oswald Spengler: a. a. O.
17 Helmut Hasse und Heinrich Scholz: *Die Grundlagenkrisis der Griechischen Mathematik*, Leipzig 1928.
18 Kurt Reidemeister: *Die Arithmetik der Griechen*, Berlin/Leipzig 1940.
19 Heinrich Scholz: »Leibniz«-Vortrag, Berlin 1942.
Heinrich Scholz: *Metaphysik als strenge Wissenschaft*, Köln 1941.
20 Jacob Burckhardt: »Rom 1848/ Berichte von Jacob Burckhardt« mitgeteilt von Max Burckhardt (*Corona*, Jg. 10, H. 2, 1940, S. 207–233).
21 Herbert Cysarz »Zur Zeit- und Wesensbestimmung des dichterischen Barock« (*Forschungen und Fortschritte*, Jg. 11, H. 32, 1935, S. 409–411).
22 Max Wundt: *Die deutsche Schulmetaphysik*, Tübingen 1939.
23 Adolf v. Grolmann: *Die Musik und das Musikalische im Menschen*, Berlin 1942.
24 Moritz Cantor: *Euclid und sein Jahrhundert*, Leipzig 1867.
25 Felix Klein: *Elementarmathematik vom höheren Standpunkt*, I und II, Berlin 1908/09, [2]1926/27.
26 Nicolai Hartmann: *Der philosophische Gedanke und seine Geschichte*, Berlin 1936.
27 Felix Klein: *Gesammelte Abhandlungen*, Bd. 1, Berlin 1921; *Entwicklung der Mathematik im 19. Jahrhundert*, Bd. I, Berlin 1926, Bd. II, Berlin 1927.
28 Adolf Fraenkel: *Mengenlehre*, Berlin 1928.
Andreas Speiser: *Gruppentheorie*, Berlin 1927.
Ernst Foradori: *Grundgedanken der Teiltheorie*, Leipzig 1937.
29 Andreas Speiser: *Parmenideskommentar*, Leipzig 1937.
30 Hermann Weyl: *Gruppentheorie und Quantenmechanik*, Leipzig 1931.
31 Wilhelm Capelle: *Die Vorsokratiker*, Leipzig 1935.
32 Heinrich Scholz: *Was ist Philosophie?*, Berlin/Wien 1940.
Kurt Reidemeister: *Mathematik und Logik bei Platon*, Berlin 1942.
33 Dietrich Mahnke: *Unendliche Sphäre und Allmittelpunkt. Beiträge zur Genealogie der mathematischen Mystik*, Halle 1937.
Dietrich Mahnke: »Die Rationalisierung der Mystik bei Leibniz und

Kant« (*Blätter für deutsche Philosophie*, Jg. 13, H. 1/2, 1939, S. 1–73).

34 Franz von Baader: *Seele und Welt. F. Baaders Jugendtagebücher 1786–92*, hg. v. David Baumgardt, Berlin 1927, S. 39, 41.

35 Adolf Kneser: *Das Prinzip der kleinsten Wirkung von Leibniz bis zur Gegenwart*, 1920 (Wissenschaftliche Grundfragen IX).

36 René Descartes: *Discours de la méthode*, dt. v. Buchenau, Leipzig 1920.

37 Alfred Tarski: »Fundamentale Begriffe der Methodologie der deduktiven Wissenschaften I« (*Monatshefte für Mathematik und Physik*, Jg. 37, 1930, S. 361–404).
Alfred Tarski: *Einführung in die mathematische Logik*, Wien 1937, S. 70–98, 118.
Kurt Gödel: »Über formal unentscheidbare Sätze der Principia Mathematica und anderer verwandter Systeme, I« (*Monatshefte für Mathematik und Physik*, Bd. 38, 1931, S. 173–198).

38 José Ortega y Gasset: *Geschichte als System*, Berlin 1943.

39 Johann Wolfgang von Goethe: *Schriften zur Naturwissenschaft*, Propyläen-Ausgabe, Berlin, Bd. 39, S. 90 (Bemerkung von 1826).
Johannes Thyssen: »Neuere Versuche zur Wiederherstellung objektiver Sinnesqualitäten« (*Blätter für deutsche Philosophie*, Jg. 14, H. 4, 1941, S. 382–409).

40 Wilhelm Troll: *Gestalt und Urbild*, Leipzig 1941.
Wilhelm Troll u. L. Wolf: *Goethes Morphologischer Auftrag*, Leipzig 1940.
Günther Müller: *Die Gestaltfrage in der Literaturwissenschaft und Goethes Morphologie*, Halle 1944.

41 Hermann Weyl: »Philosophie der Mathematik und Naturwissenschaft« (*Handbuch der Philosophie*, Abt. II, München u. Berlin 1927, Teil A, S. 3–95, hier S. 59).
Wilhelm Ganzenmüller: *Die Alchemie im Mittelalter*, Paderborn 1938.

42 Georg Kalb: »Kristallmorphologie /Kristallgeometrie« (*Handwörterbuch der Naturwissenschaft*, Bd. 5, Jena 1934, S. 1178–1209).

43 Joseph Henry Woodger: *The Axiomatic Method in Biology, With Appendices by A. Tarski and W. F. Floyd*, Cambridge 1937.
Umberto d'Ancona: *Der Kampf ums Dasein. Eine biologisch-mathematische Darstellung der Lebensgemeinschaften*, Berlin 1939.
Karl Menger: »Einige neuere Fortschritte in der exakten Behandlung sozialwissenschaftlicher Probleme« (*Neuere Fortschritte in den exakten Wissenschaften*, Wien 1936, S. 103–132).

44 Die Bemerkungen Werner Speisers stammen aus brieflichen Mitteilungen an den Verfasser aus Norwegen 1944.

45 Albert Erich Brinckmann: »Geist der Nationen« (*Geistige Gestalten und Probleme. Eduard Spranger zum 60. Geburtstag*, Leipzig 1942).
Heinrich Scholz: »Zur Erhellung des Verstehens« (*Geistige Gestalten und Probleme. Eduard Spranger zum 60. Geburtstag*, Leipzig 1942).
Roman Ingarden: *Das literarische Kunstwerk*, Halle 1931.

46 René Descartes: a.a.O.
47 Heinrich Scholz: »Wie ist eine evangelische Theologie als Wissenschaft möglich?« (*Zwischen den Zeiten*, H. 1, 1931, S. 8–53).
48 Heinrich Scholz: »Was ist unter einer theologischen Aussage zu verstehen?« (*Theologische Aufsätze. Festschrift für Karl Barth*, München 1936).
49 Bruno Baron v. Freytag, gen. Löringhoff: »Zur Seinsweise der mathematischen Gegenstände« (*Deutsche Mathematik*, Jg. 4, 1939, S. 238 ff.).
Max Steck: *Das Hauptproblem der Mathematik*, Berlin 1942.
50 Rudolf Carnap: »Die logizistische Grundlegung der Mathematik« (*Erkenntnis*, Jg. 2, H. 2–3, 1931, S. 91–105).
51 Max Weber: *Die protestantische Ethik und der Geist des Kapitalismus*, Tübingen 1934.
52 Imbart de La Tour: *Calvin*, München 1936.
53 Pierre Simon de Laplace: *Mécanique Céleste*, 5 Bde., Paris 1799–1825.
54 Erasmus von Rotterdam: *Briefe*, Leipzig 1930.
55 Heinrich Scholz: Rezension. »Agnes von Zahn-Harnack, Adolf von Harnack« (*Deutsche Literaturzeitung*, Berlin, Jg. 57, H. 20, Mai 1936, Sp. 821–831).
56 Max Wundt: *Die deutsche Schulmetaphysik*, Tübingen 1939.
57 Karl Holl: *Gesammelte Aufsätze. Der Westen*, Tübingen 1928.
58 Ernst Jünger: *Der Arbeiter. Herrschaft und Gestalt*, Hamburg [5]1932.
59 Ernst Jünger: *Blätter und Steine*, Hamburg 1934, S. 125.
60 Wilhelm Capelle: *Die Vorsokratiker*, Leipzig 1935.
61 Jonathan Swift: *Gullivers Reisen*, Leipzig 1811, 3. Bde., S. 23.
62 Blaise Pascal: *Über die Religion (Pensées)*, zitiert nach der Übersetzung von Wasmuth, Berlin 1937.
63 Gerhard Stammler: *Berkeleys Philosophie der Mathematik*, Berlin 1922, S. 61.
64 Edward Gibbon: *Selbstbiographie*, Leipzig 1802.
65 vgl. Anm. 39.
66 Georg Christoph Lichtenberg: *Aphorismen, Briefe, Schriften*, hg. v. P. Requadt, Stuttgart [2]1953.
67 Arthur Schopenhauer: *Parerga und Paralipomena*, 2 Bde., 1851, § 35.
68 Wilhelm Gustav Weigand: *Stendhal und Balzac*, Leipzig 1911.
69 Rudolf Kayser: »Paul Valéry« (*Hommage des écrivains étrangers à Paul Valéry*, Maestricht 1927, S. 35–49).
70 Eduard Fueter: »Das Jahrhundert der Mathematik (1650–1750)« (*Forschungen und Fortschritte*, Jg. 14, H. 33, 1938, S. 381–382).
71 Jules u. Edmond Goncourt: *Die Frau im 18. Jahrhundert*, Leipzig 1907.
72 Paul Valéry: »Über Degas« (*Corona*, Jg. 9, H. 1, 1939, S. 39–50).

Konturen einer Geistesgeschichte der Mathematik II. Die Mathematik in der Kunst.

Claassen und Goverts, Hamburg 1949. Anmerkungen des Autors, überarbeitet von der Herausgeberin.

1 Max Bense: *Philosophie als Forschung*, Köln 1947.
2 Max Bense: *Konturen einer Geistesgeschichte der Mathematik. Die Mathematik und die Wissenschaften*, Hamburg 1946.
3 Augustinus: *De musica.*
Augustinus: *De libero arbitrio*, lib. II, cap. XVI.
4 Conrad Fiedler: *Briefwechsel und Schriften über Kunst*, 1896.
5 Hugo Riemann: *Geschichte der Musiktheorie*, 1898.
6 August Schmarsow: *Kompositionsgesetze in der Kunst des Mittelalters*, 1922.
7 Auguste Rodin: *Die Kunst. Gespräche*, 1933.
Gustave Flaubert: Brief an Louise Colet v. 16. 1. 1852.
8 Nicolas Boileau-Despréaux: *L'art poétique*, 1674 (dt. *Die Dichtkunst*).
9 René Descartes: *Discours de la méthode*, 1637.
10 Pierre Corneille: *Le Cid*, 1637.
11 Heinrich Wölfflin: *Kunstgeschichtliche Grundbegriffe*, München 1915.
12 Die geplante dritte Untersuchung ist nicht erschienen. Man kann die *Technische Intelligenz* (1949) als Fortsetzung dieser Gedankengänge verstehen.
13 Weitere Literatur zur Frage der antiken Bauproportionen:
Paul Fauré: *Théorie des proportions en architecture d'après l'analyse des monuments*, Paris 1893.
Hans Riemann: *Zum griechischen Peripteraltempel.* Eine verdienstvolle Dissertation von 1935, die zeigt, daß allen griechischen Peripteraltempeln, was ihren Grundriß anlangt, gleichviel ob dorisch oder ionisch, derselbe Formgedanke zugrunde liegt. Die maßgebende Figur für Cella und Peristasis ist das Rechteck.
14 Jean-Jacques Rousseau: *Discours sur les sciences et les arts*, 1750 (dt. *Abhandlung: ob die Wissenschaften etwas zur Läuterung der Sitten beigetragen haben?*).
15 Denis Diderot: *Pensées sur l'interprétation de la nature*, Paris 1754 (dt. *Gedanken über Philosophie und Natur,* hg. u. übers. v. Max Bense und Ilse Lange, Weimar 1948).
16 Jacob Burckhardt: *Nachlaß-Fragmente*, 1940.
17 Gottlob Frege: *Begriffsschrift*, Halle 1879.
18 Albert Verwey: *Rhythmus und Metrum*, 1934.
Paul Bourget: *Nouveaux essais*, 1885.
Gustave Flaubert: Brief an George Sand v. 3.4. 1876
19 Alfarabi, einer der Logiker der arabischen Scholastik. Die Logik verdankt ihm den Begriff »Prämisse«. (vgl. Karl von Prantl: *Geschichte der Logik im Abendlande*, 4 Bde., 1855-1870, hier Bd. 2).

20 August Schmarsow: a. a. O.
21 Hildebert von Tours: *Moralis philosophia* und *Tractatus theologicus.*
22 Bruno Snell: *Die Entdeckung des Geistes*, Hamburg 1946.
23 Bertrand Russell: *Our Knowledge of the External World*, Chicago/London 1914 (dt. *Unser Wissen von der Außenwelt*, Leipzig 1926).
24 Herbert Franke, Köln, hat mir auf eine briefliche Anfrage, wie der Zusammenhang zwischen Logik, Grammatik und Metaphysik im chinesischen Geistesraum sei, geantwortet:
1. Eine Untersuchung der Beziehung zwischen Sprache und Denkform sei erschwert, weil wir infolge der Eigenart der überlieferten chinesischen Texte nicht genau sagen können, inwieweit die in den ältesten philosophischen Texten vorliegende Sprache identisch mit der zu der betreffenden Zeit (6.–4. Jahrhundert) gesprochenen Sprache war.
2. Eine auffallende zeitliche Übereinstimmung besteht zwischen der chinesischen Rationalisierung bzw. Entmythologisierung der Sprache und den entsprechenden griechischen Sprachveränderungen (6.–3. Jahrhundert v. Chr.).
3. Die Formen des Schließens in der älteren Zeit beruhten fast durchweg auf dem einfachen »wenn ... so«-Schema (wir sagen heute dafür »Implikation« und sprechen von »Implikationslogik«).
4. Schlüsse von der Form »Alle M sind N« usw. (also Schlüsse, die wir heute in der speziellen aristotelischen Prädikatenlogik behandeln) seien nach einer ersten Durchsicht der philosophischen Texte nicht zu finden. Allerdings wäre zu einer besonderen Untersuchung über Schlußtechnik ein Studium z. Z. nicht verfügbarer Werke notwendig (z. B. Fragmente der Sophistenschulen *Yin-wen*, *Gung-sun Lung*).
5. Eine außergewöhnlich sichere Handhabung der Gleichnisse würde die Definitionen erleichtern (*Dschuang-dsi*, übers. v. Richard Wilhelm, 1920, II, 4, S. 15). »Ein Weg bildet sich dadurch, daß er begangen wird; die Dinge erhalten ihr Sosein dadurch, daß sie genannt werden.«
6. Auch im Chinesischen kann die Kopula mehrere Funktionen haben, aber sie wird nicht im Sinne einer Identität gebraucht. Man würde zugeben können, daß auch im Chinesischen die spezifizierten Seinszeichen (*yu* = Vorhandensein, *jan* = Sosein, *djü-an* = an einem Ort sein u. a.) Einfluß auf die Ontologien gehabt haben.
Interessant ist Frankes Hinweis, daß die prädikative Kopula ganz fehlen kann. Eines der ältesten Kopula-Zeichen sei *wei*, das sich bereits um 1000 v. Chr. findet.
25 Leonardo Olschki: *Geschichte der neusprachlichen wissenschaftlichen Literatur*, 3 Bde., Heidelberg 1919–1927.
26 Galileo Galilei: »Considerazioni al Tasso«, in: *Edizione Nazionale delle opere di G. G.*, 21 Bde., 1890–1909.
27 Christian Wolff: *Vernunftlehre*, 1691.
28 Hans L. Stoltenberg: »Vernunftsprachtum« (*Deutsche Wortgeschichte*, 1943).

29 Thomas von Erfurt: *De modis significandi, seu Grammatica speculativa*, um 1293.
30 Antoine Arnauld und Pierre Nicole: *Grammaire générale et raisonnée*, Paris 1660.
31 Max Bense: »Die Wissenschaftstheorie Blaise Pascals« (*Zeitschrift für philosophische Forschung*, Jg. 2, H. 1, 1947, S. 32–45).
32 Léon Brunschvicg: *Descartes et Pascal, lecteurs de Montaigne*, Paris 1944.
Charles du Bos: *Approximations*, Paris 1932.
33 Ernst Jünger: *Geheimnisse der Sprache*, Teil I: *Lob der Vokale*, Hamburg 1934.
Ernst Jünger: *Sprache und Körperbau*, 1947.
34 Ludwig Wittgenstein: *Logisch-philosophischer Traktat*, 1921.
Friedrich Waismann: »Was ist logische Analyse?« (*The Journal of Unified Science*, Bd. 8, New York 1939/40, S. 265–289).
35 Herbert Cysarz: »Zur Zeit- und Wesensbestimmung des dichterischen Barockstils« (*Forschungen und Fortschritte*, Jg. 11, H. 32, Nov. 1935, S. 409–411).
36 Georg Christoph Lichtenberg: »Von dem Nutzen, den die Mathematik einem Bel Esprit bringen kann« (*Vermischte Schriften*, 1753).
37 William Gerard Hamilton: *Parlamentarische Logik und Rhetorik*, Köln/Berlin 1949.
38 Edgar Allan Poe: *Vom Ursprung des Dichterischen* (übers. v. Albrecht Fabri), Köln 1947.
39 Charles Bellanger: *Le principe de la poésie.*
40 Edgar Allan Poe: *The Philosophy of Composition*, 1846.
41 Aristoteles: *Rhetorik* (Buch 3, Kap. 8).
42 Carl Steinweg: *Goethes Seelendramen*, Halle 1912.
43 Walt Whitman: Leaves of Grass, 1855, 1891 (dt. *Grashalme*).
44 Albert Verwey: a. a. O.
45 Carl Steinweg: a. a. O.
46 Rudolf Alexander Schröder: »Die Komposition der Ilias. Gedanken zur Homerfrage« (*Europäische Revue*, Jg. 13, H. 9, 1937, S. 708–723 und H. 10, 1937, S. 795–807).
47 Andreas Speiser: *Die mathematische Denkweise*, Basel 1932.
48 Paul Valéry: »Über Ornamente« (*Variété III*, Gallimard, Paris 1930).
Gustave Flaubert: Brief an Louise Colet v. 7. 9. 1853.
49 Paul Valéry: »Sur Bossuet«, 1927 (*Morceaux choisis*, Gallimard, Paris 1930, S. 264–266).
50 Paul Valéry: »Trois fragments de l'introduction à la méthode de Léonard de Vinci« (*Morceaux choisis*, Gallimard, Paris 1930, S. 63–95).
51 Paul Valéry: *Variété III*, Gallimard, Paris 1930.
52 Max Rychner: »Notizen über Edmond Teste« (*Zur europäischen Literatur zwischen zwei Weltkriegen*, Zürich ^{2}1951, S. 170).
53 Paul Valéry: »Auszüge aus dem Logbuch von Herrn Teste« (*Herr Teste*, übers. v. M. Rychner, Insel-Verlag 1947, S. 104).

54 Paul Valéry: »Une conquête méthodique«, 1896 (*Morceaux choisis*, 1930, S. 131–137).
Paul Valéry: »Deux fragments de la crise de l'esprit«, 1919 (ebd., S. 112–121).
Paul Valéry: Existence du symbolisme, Maestricht 1939.
55 Thomas Stearns Eliot: »Tradition und individuelle Begabung« (*Europäische Revue*, Jg. 12, H. 11, 1936, S. 874–882).
Hans Hennecke: »Der Dichter als Kritiker« (*Europäische Revue*, Jg. 12, H. 9, September 1936, S. 721–735).
56 David H. Lawrence: zit. nach Hennecke, a.a.O., S. 727.
57 T. S. Eliot, zit. nach H. Hennecke, a.a.O., S. 726, 732f.
58 Johann Georg Sulzer: *Allgemeine Theorie der Schönen Künste*, 2 Teile, 1771–74.
59 Richard Moritz Meyer: *Deutsche Stilistik*, München 1906, ^{2}1913, S. 65.
60 Paul Valéry: »Méthode de Léonard de Vinci«, a.a.O.
61 Paul Frankl: *Das System der Kunstwissenschaft*, 1938, S. 501ff.
62 Wilhelm Worringer: *Abstraktion und Einfühlung*, 1908, ^{5}1918.
63 Owen Jones: *Grammatik der Ornamente*, London 1868.
64 Andreas Speiser: *Die Theorie der Gruppen von endlicher Ordnung*, Basel 1928, S. 3.
65 Alois Riegl: *Stilfragen. Grundlegungen zu einer Geschichte der Ornamentik*, 1893.
66 Wolfgang Graeser: »Bachs ›Kunst der Fuge‹« (*Bach-Jahrbuch*, Jg. 21, 1924, S. 1–104).
67 Walther Litzmann: *Mathematik und bildende Kunst*, 1931.
68 Lottlisa Behling: *Gestalt und Geschichte des Maßwerks*, Halle 1944.
69 Johannes Kepler: *Mysterium Cosmographicum*, 1596.
70 Ferdinand von Lindemann: »Zur Geschichte der Polyeder« (*Forschungen und Fortschritte*, Jg. 11, H. 8, März 1935, S. 102).
71 Johannes Kepler: *Vom sechseckigen Schnee*, 1611.
72 Euklid: *Elemente*, Buch X.
73 Albrecht Dürer: *Melancolia*, 1514.
74 Georg Dehio: *Das Straßburger Münster*, 1941.
75 Walter Thomae: *Das Proportionenwesen in der Geschichte der gotischen Baukunst und die Frage der Triangulation*, Heidelberg 1933.
Walter Thomae: »Der Architekturraum als Erlebnisraum« (*Zeitschrift für Ästhetik und allgemeine Kunstwissenschaft*, Jg. 34, H. 4, 1940, S. 250–257).
Karl Heinz Esser: *Der Architektur-Raum als Erlebnisraum. Eine kunstwissenschaftliche Wesens- und Begriffsbestimmung* (Diss. Bonn 1939), 1940.
76 Richard Delbrück: *Beiträge zur Kenntnis der Linienperspektive in der griechischen Kunst*, Bonn 1899.
77 Euklid: *Optika* (*Euclidis opera omnia*, hg. v. Heiberg und Menge, 1883–1916, Bd. 7, S. 6).
78 Proklos Diadochos: *Kommentar zum ersten Buch von Euklids Elementen*, hg. v. Emil Abderhalden, Halle 1945, I (10,10).

79 Bernard Bolzano: *Wissenschaftslehre*, 1837.
80 Meister Wilhelm von Köln: *Madonna mit der Wickenblüte. Die heilige Veronika.*
81 Leon Battista Alberti: *Della pittura*, 1435.
82 Jacob Burckhardt: *Die Cultur der Renaissance in Italien*, 1860.
83 Pierre Duhem: *Etudes sur Léonard de Vinci*, Paris 1906–1909.
Pierre Duhem: *Le système du monde*, 7 Bde., 1913–1917, hier I und II, Paris 1913–1914.
84 Vitruv: *De architectura libri decem*, nach 27 v. Chr.
85 Archimedes: »Über die schwimmenden Körper«, »Über die Quadratur der Parabel«, »Über Sphäroide und Konchoide«, »Über das Gleichgewicht ebener Figuren« (Deutsche *Gesamtausgabe*, hg. v. Ernst Nizze, Stralsund 1824).
86 Bartholomaeus Zambertus: *Euklid-Ausgabe*, Venedig 1505.
87 Luca Paciuola: *Summa geometria proportioni et proportionalita*, 1494.
88 Moritz Cantor: *Vorlesungen über Geschichte der Mathematik*, 4 Bde., 1863–1913.
89 Albrecht Dürer: *Unterweisung der Messung mit dem Zirkel und Richtscheit in Linien, Ebenen und ganzen Körpern*, Nürnberg 1525.
90 Piero della Francesca: *De prospectiva pingendi*, 1484–1487.
91 Giorgio Vasari: *Künstler der Renaissance*, Leipzig 1940.
Emmy Voigtländer: *Zur Gesetzlichkeit der abendländischen Kunst*, Bonn u. Leipzig 1921.
Julius Schlosser: *Die Kunstliteratur*, Wien 1924.
92 Moritz Cantor: a.a.O.
93 Felix Klein: *Elementarmathematik vom höheren Standpunkt*, 3 Bde., 1933.
94 Leon Battista Alberti: *De re aedificatoria*, 1451 (dt. *10 Bücher über die Baukunst*).
Leon Battista Alberti: *Della pittura*, 1435 (dt. in: *Kleinere kunsttheoretische Schriften*).
95 Jacob Klein: »Griechische Logistik und die Entstehung der Algebra« (*Quellen und Studien zur Geschichte der Mathematik*, Bd. 3, 1936).
96 Franciscus Vieta (François Viète): *In artem analyticum isagoge*, 1591.
97 René Descartes: *Regulae ad directionem ingenii*, 1701.
98 Max Bense: s. Anm. 31.
99 Karl Scheffler: *Verwandlungen des Barocks in der Kunst des 19. Jahrhunderts*, Wien 1947.
100 J. Prokop Mayer: *Pomona franconica*, Nürnberg, Bd. I–III, 1776–92.
101 Heinrich Wölfflin: *Kunstgeschichtliche Grundbegriffe*, 1915, S. 167ff., S. 170.
102 Geronimo (Girolamo) Cardano: *Selbstbiographie*, Jena 1914.
103 Oskar Becker: *Mathematische Existenz*, Halle 1927.

104 Johann Bernoulli: Abhandlung in: Académie des Sciences, 1718. (*Opera omnia*, 4 Bde., Lausanne und Genf, 1742).
105 Werner Hager: *Die Bauten des deutschen Barocks: 1690–1770*, Jena 1942.
106 Heinrich Wölfflin: a.a.O., S. 138.
107 Albert Erich Brinckmann: *Giotto bis Juvarra*, 1940.
Albert Erich Brinckmann: *Baukunst des 17. und 18. Jahrhunderts in den romanischen Ländern*, 1925.
Albert Erich Brinckmann: *Theatrum Novum Pedemontii*, 1931.
108 Carl von Lorck: *Von der Kunst zu sehen*, Königsberg 1943.
109 Heinrich Scholz: »Die Philosophie im Zeitalter der Mathesis universalis: Descartes, Pascal, Leibniz«, Vorlesung Winter 1933/34, hg. v. Die mathematische Fachschaft an der Universität Münster.
Heinrich Scholz: *Leibniz*, 1943.
Gottfried Wilhelm Leibniz: *Monadologie*, 1714.
110 Guarino Guarini: *Architettura civile*, hg. 1737.
111 Gottfried Wilhelm Leibniz: »Denkschrift von der Aufrichtung einer Akademie in Deutschland, zur Förderung der Künste und Wissenschaften«; »Unvorgreifliche Gedanken betreffend die Ausübung und Verbesserung der deutschen Sprache«; »Über die beste Vortragsweise des Philosophen« (in: *Deutsche Schriften*, Bd. 1, Felix Meiner-Verlag, Leipzig 1916).
112 Brook Taylor: *On the principles of linear perspective*, London 1715.
113 Denis Diderot und Jean le Rond d'Alembert: *L'Encyclopédie ou Dictionnaire raisonné des sciences, des arts et des métiers*, Paris 1751ff.
114 Karl Dürr: »Die Einheit der Wissenschaften« (*Erkenntnis*, Jg. 7, H. 5, 1937/38, S. 65-80).
Louis Couturat: *La logique de Leibniz, d'après des documents inédits*, Paris 1901.
115 Pierre Duhem: a.a.O.
116 Franz Maria Feldhaus: *Leonardo, der Techniker und Erfinder*, Jena 1922.
Franz Maria Feldhaus: *Technik der Antike und des Mittelalters*, 1931.
117 Isaac Newton: *Naturalis philosophiae principia mathematica*, 1687.
118 Karl Aner: *Gottfried Plouquets Leben und Lehren*, 1909.
119 Jean Jacques Rousseau: *Contrat social*, 1762.
120 Julien de Lamettrie: *L'homme machine*, 1748.
121 Lukrez: *De rerum natura*, um 55 v. Chr.
122 Gustav René Hocke: *Lukrez in Frankreich*, Diss. Bonn 1935.
123 Johann Heinrich Pestalozzi: *Anschauungslehre der Zahlenverhältnisse*, H. 1–3, Zürich/Tübingen 1803/04.
Johann Heinrich Pestalozzi: *ABC der Anschauung, oder Anschauungslehre der Maßverhältnisse*, H. 1/2, Zürich/Tübingen 1803.
124 Blaise Pascal: *Traité sur le vide*, 1647 (dt. Vorrede zur Abhandlung über den leeren Raum).

125 Denis Diderot: Artikel »Encyclopédie«, in: *Encyclopédie*, 1751.
126 Bernhard Riemann: *Über die Hypothesen, welche der Geometrie zu Grunde liegen*, 1854.
127 Paul Cézanne: *Correspondance*, hg. v. E. J. Rewaldt, 1937.
128 Max Picard: *Ende des Impressionismus*, 1920.
129 Max Deri: *Die Malerei im 19. Jahrhundert*, Berlin 1919, hier S. 150.
130 Otto Fischer: *Chinesische Landschaftsmalerei*, München 1943, S. 121 ff.
131 Werner Speiser: *Die Kunst Ostasiens*, Berlin 1946.
132 Johann Wolfgang von Goethe: *Farbenlehre*, Propyläen-Ausgabe, Bd. 35, S. 474.
133 Ausstellung Heinrich Hoerle, Köln 10. 9. 1932–10. 10. 1932.
134 Johan Huizinga: *Wege der Kulturgeschichte*, 1929, Kapitel »Renaissance und Realismus«.
135 Galileo Galilei: *Il saggiatore*, 1623 (dt. *Prüfer mit der Goldwaage*).
136 Hans Jonas: *Gnosis und spätantiker Geist*, Bd. 1, 1934.
137 Galileo Galilei: *Discorsi e dimostrazioni matematiche intorno a due nuove scienze*, 1638 (dt. 1891).
138 Guillaume Apollinaire: *Les mamelles de Tirésias, drame surréaliste*, 1917 (dt. *Die Brüste des Tiresias*).
139 André Breton: *Manifeste du surréalisme*, 1924.
140 Henri Michaux: Zitat (*Frankreich*, München, H. 2–4, 1947).
141 André Breton: Zitat (*Frankreich*, H. 2–4, 1947).
142 Gottfried Semper: *Der Stil in den technischen und tektonischen Künsten*, 2 Bde., 1860–1863.
143 Julius Stenzel: *Zahl und Gestalt bei Platon und Aristoteles*, 1933.
144 Erich Frank: *Platon und die sogenannten Pythagoräer*, 1923.
Aristoteles: *Metaphysik*, Buch I, 5,985 b, S. 23 ff., zitiert nach Wilhelm Capelle, *Die Vorsokratiker*, 1935, S. 490.
145 Archytas von Tarent: zitiert nach Nikomachos (100 n. Chr.): *Einführung in die Zahlenlehre* I, hg. v. Ricardus Hoche, 3/4, S. 16).
146 Joseph Schmidt-Görg: *Musik der Gotik*, 1946.
147 Dionysius Areopagita: *De nominibus deorum.*
Dionysius Areopagita: *De hierarchia.*
148 Roger Bacon: *Opus Maius*, um 1267; *Opus Tertium* um 1267.
149 Nikolaus von Oresme: *Über Ursprung, Wesen und Umlauf des Geldes*, um 1350.
Galileo Galilei: *Dialogo sopra i due massimi sistemi*, Florenz 1632 (dt. *Dialog über die beiden hauptsächlichsten Weltsysteme, das ptolemäische und das kopernikanische*).
Galileo Galilei: *Discorsi e dimostrazioni matematiche intorno a due nuove scienze*, 1638. (dt. *Unterredungen und mathematische Demonstrationen über zwei neue Wissenszweige, die Mechanik und die Fallgesetze betreffend*, 3 Bde., 1890–1891).
Gottfried Wilhelm Leibniz: *Theodizee*, 1710.
Wolfgang Graeser: »Bachs ›Kunst der Fuge‹« (*Bach-Jahrbuch*, Jg. 21, 1924).

150 Ernst Kreneck: »Musik und Mathematik« (*Frankfurter Zeitung*, 11. April 1933).
Hans Kayser: »Musikzeitalter« (*Tägliche Rundschau*, 14. Juni 1933).

151 Heinrich Scholz: *Metaphysik als strenge Wissenschaft*, Köln 1941.

»Kybernetik oder die Metatechnik einer Maschine«.

In: *Merkur*, Jg. 5, H. 3, März 1951, S. 205–218.
Anmerkungen des Autors, ergänzt von der Herausgeberin.

1943 veröffentlichte M. B. *Briefe großer Naturforscher* im Staufen-Verlag in Köln, die durch Techniker-Briefe ergänzt werden sollten, aber dort nicht erschienen. Das Typoskript der »Briefe großer Techniker« wurde dann 1949 der Deutschen Verlags-Anstalt angeboten, an seiner Stelle wurden 1949 jedoch die Essay-Sammlung *Technische Existenz* und 1953 *Der Begriff der Naturphilosophie* veröffentlicht. Anfang 1949 korrespondierte Max Bense auch mit der Redaktion des *Merkur* – Joachim Moras und Hans Paeschke – über seine Pläne, »Briefe großer Techniker« herauszugeben und einen Artikel über Kybernetik zu schreiben. Im Brief vom 2. Februar 1949 an Hans Paeschke fragt er an, ob der *Merkur* an einem Artikel mit dem Titel »Die Rechenmaschine oder Mechanik und Metaphysik« interessiert sei. Im Brief vom 3. März 1949 an Hans Paeschke wird er genauer und preist die neue kybernetische Maschine, die »Eniac«, mit folgenden Worten an: »Natürlich interessiert Sie die Eniac besonders. Ich verrate Ihnen, dass diese Maschine einen Raum mit 150 m Kantenlänge einnimmt, dass sie mit 15 000 Röhren (Radio-Röhren) arbeitet, auf 150 KW läuft, 30 Tonnen wiegt und 320 Kilometer Draht aufweist. C'est tout! – Die jüngsten elektronengesteuerten Maschinen – ein Beispiel über sie steht im Technischen Lesebuch – arbeiten mit einem Ja-Nein-Prinzip, machen also vom Grundsatz der chrysippischen und russellschen Aussagenlogik Gebrauch, danach eine Aussage ein Gebilde ist, das die Eigenschaft hat, entweder wahr oder falsch zu sein. D. h. *logische Prinzipien* sind in *technische* umgesetzt worden!! –

Das kann man allerdings nicht alles bringen. Wenn Sie aber meine Arbeit drucken wollen, so füge ich obige Tatsachen noch ein und ich streiche die ›dunklen Stellen‹ weg. Man *muß* heute *gedrängt* schreiben. Es geht nicht anders. Man *muß* auch im Technischen Worte voraussetzen, einfach hinnehmen können vom Fachmann. Philologisch und geistesgeschichtlich mutet man ohne weiteres alles zu ... technisch will man es nicht. Machen Sie den Versuch mit meinen Ausführungen. Schließlich lesen ja auch Techniker + Physiker Ihre Zeitschrift. Die wollen auch mal was hören, was ihre Welt anbetrifft. Bezeichnen Sie mir die Ihnen dunklen Stellen; ich werde sie klären oder streichen. Dafür verlängere ich ein wenig die ›Eniac‹-Passagen. Da meine Theorie der Technik Geistesgeschichte, Philologie, Logik und Philosophie einbezieht und bewusst rein ›intelligible‹ Gründe der technischen Gebilde aufweist (so wie Curtius intelligible Gründe der poetischen Gebilde aufweist, wobei er, wie ich Ihnen schrieb, übersah, dass das bei Proklos sogar ein mathematisches Programm darstellt), kann ich den Sprung in den existentiellen Rationalismus der Technischen Existenz ohne weiteres machen.«

Der Artikel mit dem Titel »Kybernetik oder die Metatechnik einer Maschine« wurde schließlich im März-Heft 1951 des *Merkur* veröffentlicht.

1 Galileo Galilei: *Discorsi e dimostrazioni matematiche intorno a due nuove sicenze*, 1638 (dt. 1891).

2 Blaise Pascal entwickelte seine Rechenmaschine als Addiermaschine zwischen 1640–45. Sie war die älteste erhaltene Maschine, bis Bruno v. Freytag gen. Löringhoff die erste deutsche Rechenmaschine von Wilhelm Schickhardt für Addition und Subtraktion, die teilweise erhalten war, instand setzte. Sie ist seit kurzem im Kepler-Museum in Weil der Stadt zu besichtigen. Die pascalsche Maschine regte Leibniz zum Entwurf einer Rechenmaschine an, die neben addieren und substrahieren auch multiplizieren und dividieren konnte. 1693 gebaut, wird sie heute in der Niedersächsischen Landesbibliothek Hannover aufbewahrt.

3 Hermann Hollerith baute mit Hilfe von Lochkarten 1890 eine Sortier-Maschine mit Lochbandsteuerung, die auf Ideen des britischen Mathematikers Charles Babbage von 1832 zurückgeht, und gründete 1896 die Tabulating Machine Company in New York, die später in International Business Machines (IBM) umbenannt wurde.

4 Haskell B. Curry, ein amerikanischer Mathematiker und Logiker, der bei David Hilbert in Göttingen promoviert hat, veröffentlichte 1951 ein Buch, das 1939 bereits konzipiert und auszugsweise publiziert worden war, mit dem Titel *Outlines of a formalist philosophy of mathematics.* M. B. schätzte seine logischen Untersuchungen sehr.

5 Norbert Wieners Buch *Cybernetics* hat seit 1949 viele Auflagen und Übersetzungen in aller Welt erfahren. Mit diesem Werk begann das

Zeitalter der Computer. Norbert Wiener wurde am 16. Mai 1955 von M. B. brieflich zu Vorträgen eingeladen. Er kündigte im Brief vom 27. Mai aus London an, daß er zwischen dem 10. und 16. Juli kommen könnte. Wiener sprach dann im Juli 1955 an der TH Stuttgart und an der Hochschule für Gestaltung in Ulm.

6 Henri Bergsons *Matière et Mémoire, essai sur la relation du corps à l'esprit* erschien 1896 in Paris (dt. *Materie und Gedächtnis*, 1907). Als Hauptvertreter der französischen Lebensphilosophie hat er auch in Deutschland, England und Amerika große Wirkung gehabt. 1927 erhielt er den Nobelpreis für Literatur. Sein Einfluß auf Marcel Proust wird von Ilse Walther-Dulk in »Auf der Suche nach der Philosophie Marcel Prousts« (*Semiosis*, Jg. 22/23, H. 85–90, S. 216–231) mit Recht bestritten.

7 M. B. hat sich in verschiedenen Schriften mit Franz Kafka beschäftigt. Sein Buch *Die Theorie Kafkas* (1952) wurde mit Ausführungen über Kafka in der *Literaturmetaphysik. Der Schriftsteller in der technischen Welt* von 1950 (s. Band 3) vorbereitet. Es ist eine ästhetische Analyse der Literatur Kafkas, die auch in *Aesthetica. Metaphysische Beobachtungen am Schönen* (1954) fortgesetzt wurde.

8 Walter Benjamins Aufsatz über Proust erschien 1939 in Paris in der *Zeitschrift für Sozialforschung*, deren freier Mitarbeiter Benjamin von 1932–1941 war.

9 Denis Diderot hat die pascalsche Rechenmaschine in der *Encyclopédie* (1751 ff) beschrieben.

10 Gottfried Wilhelm Leibniz; vgl. Anm. 2.

11 Charles Babbage, vgl. Anm. 3.

12 Edgar A. Poes Erzählung »Maelzels Schachspieler« ist heute insofern aktuell, als ein IBM-Schachcomputer kürzlich gegen den Schachweltmeister gespielt und gewonnen hat.

13 Vannevar Bush war Professor am MIT (Massachusetts Institute of Technology) in Cambridge. Der erste Analogrechner wurde 1927, der erste elektronische Differentialanalysator 1942 entwickelt. Zusammen mit S. H. Caldwell wurden die Arbeiten um 1930 fortgesetzt.

14 Howard Aiken baute 1942 die »Eniac«, 1939–44 entwickelte er »Mark I« und 1947 »Mark II«.

15 Gotthard Günther veröffentlichte sein Buch *Das Bewußtsein der Maschinen* 1957 im Agis-Verlag in Baden-Baden, das in erweiterter Form 1963 eine zweite Auflage erfuhr. Ähnliche Überlegungen sind nachzulesen in Günthers *Beiträge zur Grundlegung einer operationsfähigen Dialektik*, Bd. 1, Hamburg 1976.

16 Hans Erich Hollmann gründete in Berlin ein elektromedizinisches Labor, das während des Krieges Rüstungsaufgaben zu erfüllen hatte. M. B. arbeitete von 1942 bis 1945 als Physiker und Mathematiker in diesem Labor. Hollmann ging nach dem Krieg nach Amerika, wo er in Californien für die NASA tätig war.

17 Arnold Gehlens Buch *Der Mensch, seine Natur und seine Stellung in der Welt* erschien 1940. Alle weiteren Auflagen wurden erweitert.

18 M. B.s *Technische Existenz* von 1949 wird in Band 3 enthalten sein.

Namenregister

GPSR Compliance

The European Union's (EU) General Product Safety Regulation (GPSR) is a set of rules that requires consumer products to be safe and our obligations to ensure this.

If you have any concerns about our products, you can contact us on ProductSafety@springernature.com

In case Publisher is established outside the EU, the EU authorized representative is:

Springer Nature Customer Service Center GmbH
Europaplatz 3
69115 Heidelberg, Germany

Batch number: 10808638

Printed by Printforce, the Netherlands